O. Tietjens

Strömungslehre

Physikalische Grundlagen vom technischen Standpunkt

Zweiter Band

Bewegung der Flüssigkeiten und Gase

Mit 280 Abbildungen
und einem Fadenkreuz auf Cellophan

Springer-Verlag Berlin Heidelberg GmbH

Dr. phil. O. TIETJENS
em. o. Professor an der Universität Karlsruhe (T. H.)
ehem. o. Professor für Mechanik und Strömungslehre
an der Technischen Hochschule Wien

ISBN 978-3-642-48069-0 ISBN 978-3-642-48068-3 (eBook)
DOI 10.1007/978-3-642-48068-3

Ursprünglich erschienen bei Springer-Verlag, Berlin/Heidelberg 1970
Softcover reprint of the hardcover 1st edition 1970.
Library of Congress Catalog Card Number: A 61-1227

Titel-Nr. 1580

Meiner Frau

als meinem besten Kameraden

in Liebe zugeeignet

Vorwort

Vieles von dem, was im Vorwort zum ersten Band gesagt wurde, gilt ebenfalls für den vorliegenden zweiten Band. Auch hier wird auf Anschaulichkeit in der Behandlung des Gegenstandes größter Wert gelegt. Ausgehend von einfachen physikalischen Vorstellungen oder Experimenten wird die Theorie in genügender Breite und Ausführlichkeit entwickelt und zwar, ohne daß dem Leser größere Zwischenrechnungen abverlangt werden. Es ist deshalb — abgesehen von ganz wenigen Fällen — darauf verzichtet worden, anderweitig abgeleitete Ergebnisse aufzunehmen oder theoretische Ableitungen nur kurz zu skizzieren. Denn damit würde dem Leser nicht die Vertrautheit und Sicherheit gegeben, die erforderlich ist, die Theorie sinngemäß anzuwenden, und es würde ihn schon gar nicht befähigen, selber an einer Weiterentwicklung mitzuarbeiten.

Der Leser soll nicht lediglich zur Kenntnis nehmen, sondern verstehen lernen. In vielen Fällen ist es lehrreich, zu erkennen, welche Wege zu den theoretischen Ergebnissen führen, wie man z. B. in der Gasdynamik fast zwangsläufig zu den Stoßpolaren oder zum Charakteristiken-Diagramm kommt. Hat der Leser das verstanden, so ist er auch in der Lage, mit diesen Hilfsmitteln zu arbeiten.

Aber auch das Urteilsvermögen soll gestärkt, es soll sogar beim Leser die Kritik wachgerufen werden. Am Beispiel der Strömung einer zähen Flüssigkeit um eine Kugel (schleichende Bewegung) wird gezeigt, daß selbst Resultate, die seit Jahren in Hand- und Lehrbüchern mitgeführt werden, einer kritischen Betrachtung wert sind. Und hier sind es wieder die Berechnung und das Zeichnen von Stromlinien, wodurch man eine anschauliche Vorstellung vom Strömungsvorgang gewinnt. Ein anderes Beispiel ist der Übergang der laminaren Strömung in die turbulente; auch hier soll der Leser so weit geführt werden, daß er selbständig einen Standpunkt einnehmen und die diesbezüglichen oft recht unterschiedlichen Darstellungen in Hand- und Lehrbüchern kritisch beurteilen kann.

Wie schon im Vorwort zum ersten Band gesagt, soll der Leser nichts rein äußerlich Angelerntes mitnehmen, sondern etwas, das er von Grund aus verstanden hat. Auch soll die jeweils abgeleitete Formel nicht nur „leere“ Formel bleiben, vielmehr wird versucht, sie mit einer anschaulichen Vorstellung zu verbinden. Dies geschieht vielfach dadurch, daß spezielle Werte in die Formel eingesetzt werden. So erhält man beispielsweise bei der Strömung längs einer Platte eine Vorstellung von den überraschend langen Wellen, die bei der kritischen Reynoldsschen Zahl dem Übergang zur Turbulenz, gleichsam dem Zerfall der Wellen in „Brechern“, vorhergehen.

Um die soeben angedeuteten Ziele zu erreichen, mußte auf Vollständigkeit jeglicher Art verzichtet werden; auch schien ein streng systematischer Aufbau nicht zweckmäßig. Ebenso wie der erste ist auch der zweite Band ein Lehrbuch und in keiner Hinsicht ein Handbuch oder Nachschlagewerk. Bei der Auswahl des Stoffes konnte eine gewisse Willkür nicht vermieden werden. Ist z. B. bei der Turbulenz die Prandtlsche Impulsaustauschtheorie mit dem Begriff der Mischungsweglänge ausführlich behandelt, so wurde die Taylorsche Wirbeltransporttheorie nicht einmal erwähnt. Dafür wird aber der Leser befähigt, die Begrenztheit des phänomenologischen Ansatzes der Mischungsweglänge zu erkennen.

Ebenso machen die Literaturangaben keinen Anspruch auf Vollständigkeit; es ist auch davon abgesehen, dem Buch eine besondere Bibliographie beizugeben. Abgesehen davon, daß eine solche in einem Lehrbuch erst dann von großem Nutzen sein würde, wenn sie eine Charakterisierung der einzelnen Lehr- und Handbücher enthielte — was allerdings den Umfang beträchtlich vergrößern würde —, sind solche Bibliographien verschiedentlich abgedruckt, z. B. recht ausführlich in dem Buch Strömungsmechanik von E. Truckenbrodt.

Bei den Abbildungen — soweit diese Kurvenbilder darstellen — ist die Abszissen- und Ordinateneinteilung nur auf der Berandung der Abbildung angegeben, um das Kurvenbild besser hervortreten zu lassen. Mit dem am Schluß des Buches beigefügten „Fadenkreuz auf Cellophan“ können die Koordinaten zu beliebigen Punkten der Kurven leicht und recht genau abgelesen werden; dies erleichtert dem Leser die Kontrolle für den Fall, daß er selbst — als eine Übung — einzelne Punkte der Kurve berechnen will.

Wie am Ende des ersten Bandes näher ausgeführt, enthält der vorliegende zweite Band diejenigen Teile der Strömungslehre, die nicht mehr unter Annahme einer idealen, d. h. zähigkeitsfreien und inkompressiblen Flüssigkeit (bzw. Gas) behandelt werden können. Dies ist der Fall

I. wenn eine an sich sehr geringe Zähigkeit eine akkumulierende Wirkung hat (z. B. laminare Strömung in Rohren), ferner wenn die Zähigkeit an sich sehr groß, bzw. die Reynoldssche Zahl sehr klein ist,

II. wenn die Zähigkeit an sich sehr gering ist, sich aber eine Grenzschicht bildet, die sich von der Flüssigkeitsberandung ablöst,

III. wenn bei zwar großen aber doch endlichen Reynoldsschen Zahlen die laminare Strömung in Turbulenz übergeht,

IV. wenn bei Gasen die Geschwindigkeiten so groß sind, daß die damit verbundenen Druckunterschiede beträchtliche Änderungen der

Dichte bewirken, so daß diese auch nicht näherungsweise als konstant angesehen werden kann.

Dies sind die vier Hauptstücke, die den Inhalt des vorliegenden Bandes ausmachen.

Zum vierten Hauptstück der Gasdynamik ist zu bemerken, daß der zur Verfügung stehende Raum bei dieser stark entwickelten Teildisziplin nur eine erste Einführung ermöglichte. Dabei ist Wert darauf gelegt, den Übergang von der inkompressiblen zur kompressiblen Strömung möglichst stetig auf dem Weg über die Bernoullische Gleichung zu vollziehen. Es werden deshalb die thermodynamischen Sätze nicht an den Anfang gestellt, sondern erst dort gebracht, wo sie benötigt werden.

Auch bei der Gasdynamik, und hier besonders, sind die mathematischen Ableitungen in genügender Ausführlichkeit gebracht, um beim Leser keine Unsicherheit aufkommen zu lassen. Die Ergebnisse der Theorie werden dann an Beispielen der Anschauung nähergebracht. Die Methoden der Stoßpolaren z. B. oder der Charakteristiken werden nicht nur erklärt, sondern auch an einzelnen Beispielen bis zur zahlenmäßigen Auswertung angewendet.

Das hiermit vorliegende zweibändige Werk der Strömungslehre wendet sich in erster Linie an Studierende der mathematischen sowie physikalisch-technischen Fächer, insbesondere aber auch an Ingenieure und Techniker, die mit Strömungsproblemen zu tun haben, die Aerodynamiker der Flugzeug- und Raumfahrtindustrie, die Konstrukteure von Strömungsmaschinen und andere.

Dem Springer-Verlag bin ich zu großem Dank verpflichtet, nicht nur für die sorgfältige und bei den Formeln so klare Drucklegung sowie die hervorragend ausgeführten Abbildungen, sondern ganz besonders auch für die Nachsicht und das Verständnis, das der durch Krankheit bedingten immer wieder verzögerten Fertigstellung des Manuskriptes entgegengebracht wurde.

Mein Dank gilt auch Herrn Oberbaurat Dipl.-Ing. Karl Meerbeck dafür, daß er das Manuskript durchgesehen hat und mir beim Korrekturlesen behilflich war.

Zum Schluß möchte ich zum Ausdruck bringen, daß es mir ohne die Mitarbeit meiner Frau nicht möglich gewesen wäre, das Werk zu vollenden. Nicht nur, daß ihr guter Zuspruch mich immer wieder ermutigte, in der Arbeit fortzufahren, sie hat auch die Reinschrift der Manuskripte beider Bände sowie die Arbeit des Korrekturlesens übernommen.

Freiburg i. Br., im August 1969

O. Tietjens

Inhaltsverzeichnis

Fadenkreuz in der Tasche am Schluß des Buches.

I. Auswirkungen der Zähigkeit

1 Die laminare Strömung im Rohr

Wirkliche Flüssigkeiten unterscheiden sich von der sogenannten idealen Flüssigkeit vor allem dadurch, daß sie eine gewisse Zähigkeit (innere Reibung) besitzen, wenn diese in den meisten Fällen (z. B. Luft, Wasser) auch sehr gering ist. Das Bedeutungsvollste in der Auswirkung einer, wenn auch beliebig kleinen, Zähigkeit ist darin zu sehen, daß beim Vorbeiströmen an festen Wänden die den Körper berührenden Teile der Flüssigkeit an der Wandung haften. Ein Gleiten der Flüssigkeit relativ zur Wand, wie es bei der idealen Flüssigkeit angenommen wird, kommt bei wirklichen Flüssigkeiten nicht vor.

In manchen Fällen hat diese Tatsache auf die Strömungsform aber nur geringe Bedeutung: bei der Strömung durch eine abgerundete Düse haftet die Flüssigkeit zwar an der Düsenwandung; die Schicht, in welcher der Übergang von der Geschwindigkeit Null direkt an der Wand bis zur Geschwindigkeit in der Düse stattfindet, ist jedoch so dünn, daß man diese sogenannte Grenzschicht vernachlässigen kann. Dasselbe gilt für die Umströmung eines schlanken, stromlinienförmigen Körpers; auch hier ist die Grenzschicht, in der die Geschwindigkeit von Null direkt am Körper bis zur Umströmungsgeschwindigkeit anwächst, so dünn, daß sie vernachlässigt werden kann. Die Strömungsgeschwindigkeiten außerhalb der Grenzschicht sind in diesen Fällen weitgehend die gleichen, wie man sie bei Annahme einer idealen Flüssigkeit theoretisch berechnen kann.

Grundsätzlich anders werden diese Verhältnisse aber, wenn sich die an und für sich dünne Grenzschicht vom Körper löst, in das Innere der Strömung gelangt und damit das Strömungsbild vollkommen verändert; dies ist z. B. der Fall am rückwärtigen Teil einer umströmten Kugel. Hier ist die Strömung einer wirklichen Flüssigkeit durchaus anders als sich nach der Theorie einer idealen Flüssigkeit ergibt. Diese Vorgänge werden wir in der Prandtlschen Grenzschichttheorie ausführlich behandeln.

Aber es gibt noch eine andere Gruppe von Strömungsvorgängen, bei denen eine sehr geringe Zähigkeit die Strömung völlig verschieden von derjenigen einer idealen Flüssigkeit werden läßt. Dieses tritt immer dann ein, wenn der an sich geringen Zähigkeit genügend Zeit gegeben wird, sich auszuwirken; man kann in diesen Fällen gleichsam von einer akkumulierenden Wirkung der Zähigkeit sprechen: während z. B. die Zeit zum Durchströmen eines kurzen, abgerundeten Rohrstutzens zu klein ist, als daß sich die Zähigkeit von Wasser oder Luft merklich zur Geltung bringen könnte, werden die Verhältnisse anders, wenn sich ein langes Rohr anschließt. Hier bleibt die in das Rohr eintretende Flüssigkeit genügend lange unter der Einwirkung der Zähigkeit; diese äußert sich darin, daß die zuerst sehr dünne Grenzschicht mit der Zeit, d. h. in Strömungsrichtung, anwächst, bis schließlich die an sich geringe Zähigkeit soweit akkumuliert ist, daß das ganze Rohrinnere unter der Einwirkung der Zähigkeit steht. Die sich dabei ausbildende Geschwindigkeitsverteilung ist durchaus verschieden von derjenigen einer idealen Flüssigkeit.

1.1 Experiment. Wir wollen zunächst die Strömung untersuchen, die sich einstellt, wenn Wasser aus einem großen Behälter durch einen abgerundeten Rohrstutzen fließt (Abb. I, 1.1). Dabei nehmen wir an, daß

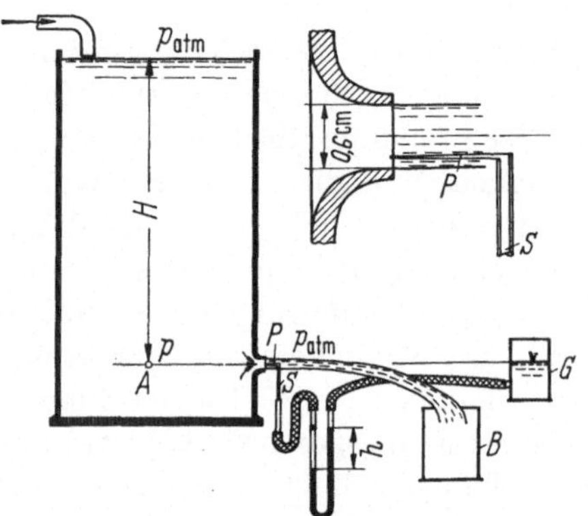

Abb. I, 1.1. Versuchsanordnung zur Messung der Geschwindigkeitsverteilung (schematisch)

der Querschnitt des Behälters — verglichen mit dem Düsenquerschnitt — so groß sei, daß die Strömung im Behälter vernachlässigbar klein ist, und ferner, daß die gleiche Wassermenge, die durch den Rohrstutzen abfließt, oben in den Behälter zufließt. Die Wasserhöhe H bleibt also konstant, so daß die Strömung in der Düse stationär ist.

Die Ausflußgeschwindigkeit im Rohrstutzen ist nach der Formel von TORRICELLI (vgl. Bd. I, S. 308)

$$u = \sqrt{2gH}\,.$$

Man kann diese Gleichung auch so deuten, daß die Druckdifferenz $p - p_{atm} = \gamma H$ eines Flüssigkeitsteilchens im Punkte A (also in Ruhe) sich im Strahle in kinetische Energie des Flüssigkeitsteilchens (pro

Volumeneinheit) verwandelt hat, d. h. nach der Bernoullischen Gleichung mit $\gamma = \varrho g$

$$p - p_{\text{atm}} = \gamma H = \frac{\varrho}{2} u^2 .$$

Befestigt man am Ende der Düse, wie in Abb. I, 1.1 dargestellt, ein sogenanntes Pitotrohr, so erhöht sich der Druck an dessen Spitze, d. h. dort, wo die Strahlgeschwindigkeit Null wird, um den Betrag γH. Verbindet man nun den einen Schenkel eines U-Manometers mit dem Stiel (S) des Pitotrohres und den anderen Schenkel mit einem Gefäß (G), dessen Wasserspiegel in der Höhe der Spitze des Pitotrohres liegt, so stellt sich im Manometer eine Höhendifferenz h ein, entsprechend

$$p - p_{\text{atm}} = \gamma_w H = (\gamma_{Hg} - \gamma_w) h = \frac{\varrho}{2} u^2 = \frac{\gamma_w}{2g} u^2$$

oder

$$u = \sqrt{2gH} = \sqrt{2g\left(\frac{\gamma_{Hg}}{\gamma_w} - 1\right) h},$$

wo γ_{Hg} das spezifische Gewicht von Quecksilber und γ_w dasjenige von Wasser ist. Mit $\gamma_{Hg}/\gamma_w = 13{,}59$ und $g = 981$ cm/s² ist also

$$u\,[\text{cm/s}] = 157{,}1 \left[\text{cm}^{\frac{1}{2}}/\text{s}\right] \sqrt{\text{h}\,[\text{cm}]} . \tag{I, 1.1}$$

Verschiebt man jetzt das Pitotrohr über den Strahlquerschnitt F, so wird man feststellen, daß sich dadurch die Höhendifferenz h im Manometer nicht ändert. Hieraus ist zu schließen, daß auch die Geschwindigkeit im Strahl über dessen ganzen Querschnitt konstant ist. Diese Geschwindigkeit, multipliziert mit dem Rohrquerschnitt, ergibt das ausfließende Volumen pro Zeiteinheit. Würde man dieses Volumen — wie in der Abbildung angedeutet — in einem Behälter (B) auffangen und zur genauen Bestimmung wägen, so würde man finden, daß beide Werte sehr gut miteinander übereinstimmen.

Auch wenn man als Pitotrohr ein sehr dünnes Röhrchen nehmen würde, z. B. eine sehr feine medizinische Injektionsnadel, so könnte man, wegen des immerhin endlichen Durchmessers an der Spitze, die Geschwindigkeit wohl bis dicht an der Rohrwandung messen, nicht aber an der Rohrwandung selbst.

1.2 Die Vorgänge in der Anlaufstrecke. Wir nehmen jetzt an, daß der Rohrstutzen wesentlich länger sei, sagen wir 15 cm (bei einem Durchmesser von 0,6 cm) und wiederholen die Messung der Geschwindigkeitsverteilung in derselben Weise wie vorher. Das Resultat ist in Kurve b

der Abb. I, 1.2 dargestellt; dort ist die jeweilige Geschwindigkeit u, dividiert durch die mittlere Geschwindigkeit $\overline{u} = V/tF$, als Funktion des dimensionslosen Wandabstandes y/r aufgetragen. Dabei ist V das in der Zeit t durch den Querschnitt F fließende Volumen. Man erkennt, in welcher Weise die Geschwindigkeit von einer mittleren, konstanten „Kernströmung" zur Rohrwandung hin abnimmt. Wenn auch die Geschwindigkeit direkt an der Wand auf diese Weise nicht gemessen werden kann, so doch bis sehr dicht an die Wandung heran, so daß man leicht bis $y/r = 0$ extrapolieren kann und damit $u(o) = 0$ erhält.

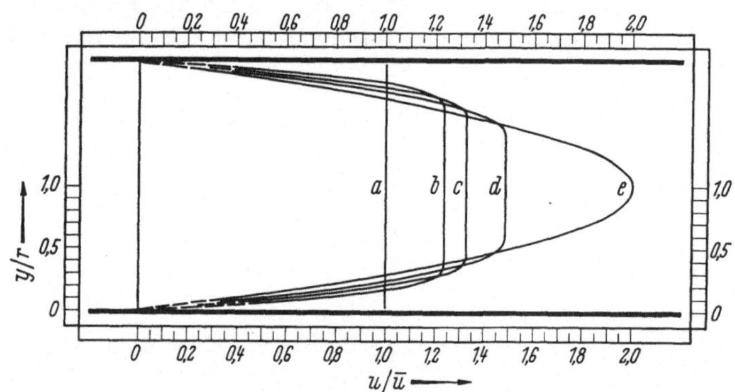

Abb. I, 1.2. Geschwindigkeitsverteilungen an verschiedenen Stellen der Anlaufstrecke bei einem geraden Rohr

Würden wir die Rohrlänge verdoppeln, d. h. $x = 30$ cm, so hätte das Geschwindigkeitsprofil etwa die Gestalt von Kurve c der Abb. I, 1.2. Wie man erkennt, dringt die Wirkung der an sich geringen Zähigkeit weiter in das Rohrinnere, so daß ein größerer Teil der wandnahen Schichten abgebremst wird. Die Geschwindigkeit der Kernströmung muß deshalb zunehmen, weil das durch jeden Rohrquerschnitt pro Zeiteinheit fließende Flüssigkeitsvolumen dasselbe sein muß. Bei noch größerer Länge des Rohres erhalten wir ein Geschwindigkeitsprofil ähnlich demjenigen der Kurve d in der Abbildung, und schließlich, wenn wir das Rohr sehr lang annehmen, die Geschwindigkeitsverteilung e. Hier ist die Wirkung der an sich geringen Zähigkeit im Verlaufe der Zeit bis zur Rohrmitte gedrungen (akkumulierende Wirkung). Das Geschwindigkeitsprofil hat die Form einer Parabel und bleibt im weiteren Verlauf, d. h. bei noch längerem Rohr, konstant; wir werden es in der nächsten Nummer ableiten.

Welcher Zusammenhang besteht nun zwischen den einzelnen Geschwindigkeitsprofilen $u/\overline{u} = f(y/r)$ der Abb. I, 1.2 und der Rohrlänge x bzw. der dimensionslosen Größe x/r? Die Entwicklung eines bestimmten

Profiles, z. B. das von c, erfordert offenbar — unter sonst gleichen Umständen — ein umso längeres Rohr, je geringer die Zähigkeit der Flüssigkeit ist; wir machen versuchsweise die Annahme, daß x umgekehrt proportional von μ sei. Ändert man nun die sekundliche Durchflußmenge (M/s) so zeigt sich, daß zu einem gegebenen Profil die benötigte Rohrlänge x proportional zu M/s ist. Mithin gehört zu jedem beliebigen Geschwindigkeitsprofil innerhalb der Anlaufstrecke, z. B. dem von c, ein Wert

$$x \sim \frac{M/s}{\mu} = \frac{\varrho r^2 \pi \bar{u}}{\mu} = \frac{r \cdot r \bar{u}}{\frac{\mu}{\varrho}} \pi,$$

d. h. mit $\mu/\varrho = \nu$ (kinematische Zähigkeit)

$$\frac{x}{r} \sim \mathrm{Re}, \qquad (\mathrm{I}, 1.2)$$

wo $\bar{u} r/\nu = \mathrm{Re}$ die Reynoldssche Zahl[87] genannt wird. Jedem Geschwindigkeitsprofil ist somit ein bestimmter Wert von $x/r\,\mathrm{Re}$ zugeordnet, d. h. es ist die

$$\text{Profilform} = f\left(\frac{x}{r\,\mathrm{Re}}\right). \qquad (\mathrm{I}, 1.3)$$

Die Formgebung eines Geschwindigkeitsprofiles erfolgt sowohl unter der Einwirkung von Zähigkeitskräften (Verzögerung in der wandnahen Schicht) als auch von Trägheitskräften, insofern als eine Beschleunigung der Kernströmung mit zunehmendem x/r besteht. Für die jeweilige Ausbildung eines Geschwindigkeitsprofiles wird es offenbar auf das Verhältnis dieser beiden Kräfte ankommen. Je größer die Trägheitskräfte und je kleiner die Zähigkeitskräfte sind, um so größer wird x/r sein, bis sich ein gewisses Geschwindigkeitsprofil ausgebildet hat; siehe Gl. (I, 1.2). In Übereinstimmung hiermit werden wir später zeigen, daß die Reynoldssche Zahl aufgefaßt werden kann als das Verhältnis von Trägheitskraft zu Zähigkeitskraft. Über die Art des funktionellen Zusammenhanges der Profilform mit der Größe $x/r\,\mathrm{Re}$, d. h. über die Funktion in Gl. (I, 1.3) gibt diese Dimensionsbetrachtung keinen Aufschluß; diesen werden wir in der übernächsten Nummer erhalten.

1.3 Ausgebildete Laminarströmung, Hagen-Poiseuillesches Gesetz. Bevor wir auf die Entwicklung der Laminarströmung im Anlaufgebiet (Abb. I, 1.2) näher eingehen, betrachten wir den asymptotischen Fall eines genügend langen Rohres, d. h. eines genügend großen Wertes von $x/r\,\mathrm{Re}$, so daß die Dicke der Reibungsschicht gleich dem Rohrradius geworden ist, und also die Zähigkeitskräfte in gleicher Weise im ganzen Rohrinneren zur Auswirkung kommen.

Um bei der Strömung durch das Rohr die Zähigkeitskräfte zu überwinden, ist ein gewisser Druckabfall in x-Richtung erforderlich. Bei einem konzentrischen Flüssigkeitszylinder vom Radius y und der Länge dx

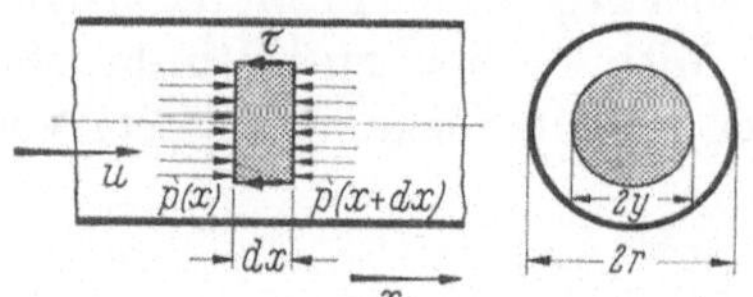

Abb. I, 1.3. Der resultierende Druck auf die Zylinderstirnflächen ist gleich der Schubspannung längs der Mantelfläche des Flüssigkeitszylinders

ist der resultierende Druck auf die Zylinderstirnflächen gleich der Schubspannung längs der Mantelfläche des Zylinders, d. h., wenn y *von der Achse aus gerechnet* wird (Abb. I, 1.3),

$$d p \, \pi y^2 = \tau \, 2\pi y \, dx,$$

also mit

$$\tau = \mu \frac{du}{dy} \quad \text{(vgl. Bd. I, S. 10)} \tag{I, 1.4}$$

$$du = \frac{1}{2\mu} \frac{dp}{dx} y \, dy,$$

mithin

$$\int_y^r du = \frac{1}{2\mu} \frac{dp}{dx} \int_y^r y \, dy$$

und unter Berücksichtigung, daß $u(r) = 0$ ist (Haften an der Wand),

$$u(y) = -\frac{1}{4\mu} \frac{dp}{dx} (r^2 - y^2), \tag{I, 1.5}$$

wobei dp/dx negativ ist (Druckabnahme mit zunehmendem x). Wir erhalten somit bei Anwendung von Gl. (I, 1.4) eine parabolische Geschwindigkeitsverteilung. Die Tatsache, daß genaue Experimente eine solche Verteilung der Geschwindigkeit ergeben, ist als eine der wichtigsten Stützen zu der Annahme der Gültigkeit von Gl. (I, 1.4) anzusehen.

Bei $y = 0$, d. h. in der Rohrachse, hat die Geschwindigkeit ihren größten Wert, der bei einem Parabaloid gleich dem doppelten Wert der durchschnittlichen Geschwindigkeit $\overline{u} = V/sF$ ist ($V \equiv$ Volumen, $F \equiv$ Querschnittsfläche), d. h.

$$u(o) = 2\overline{u}.$$

Hiermit erhalten wir, wenn Gl. (I, 1.5) nach dp/dx aufgelöst wird,

$$-\frac{dp}{dx} = 8\mu \frac{\overline{u}}{r^2}. \tag{I, 1.6}$$

Von einem Punkte x_1 bis Punkt x_2 integriert, bekommt man also

$$p_1 - p_2 = 8\mu \frac{(x_2 - x_1)}{r^2} \bar{u}. \tag{I, 1.7}$$

Diese Gleichung heißt das Hagen[1]-Poiseuillesche[2] Gesetz; es gilt nur für die ausgebildete Laminarströmung[3] mit parabolischer Geschwindigkeitsverteilung, nicht aber für das Gebiet der Anlaufstrecke mit den Geschwindigkeitsprofilen der Abb. I, 1.2 (ohne *e*).

1.4 Angenäherte Berechnung der Geschwindigkeitsverteilung in der laminaren Anlaufstrecke. Der Übergang von der konstanten Geschwindigkeit am Anfang des Rohres ($x = 0$), Abb. I, 1.2, bis zur parabolischen Geschwindigkeitsverteilung *e* erfolgt — wie Experimente gezeigt haben — in der Weise, daß der nahezu konstante Geschwindigkeitsbereich (*b*, *c*, *d*), der Bereich der sogenannten (reibungslosen) „Kernströmung", mit zunehmendem x kleiner wird, bis er schließlich verschwindet (*e*). Betreffs der Abnahme der Geschwindigkeit u_K der Kernströmung bis auf $u = 0$ an der Rohrwandung, kann man nach PRANDTL annehmen, daß

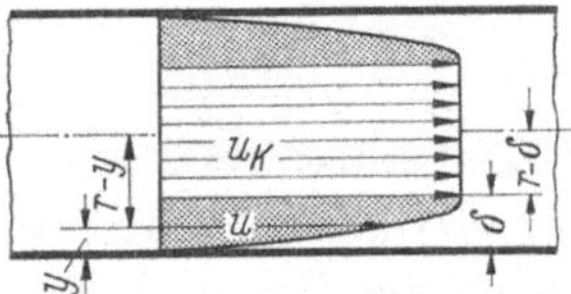

Abb. I, 1.4. Vereinfachtes Bild der Geschwindigkeit im Anlauf: konstante Kernströmung in der Mitte, parabolischer Abfall in der Reibungsschicht

diese in der Art einer halben Parabel erfolgt (Abb. I, 1.4). Damit ist auch der stetige Anschluß an die parabolische Verteilung gegeben dort, wo die Kernströmung durch die innere Reibung der Flüssigkeit aufgezehrt ist.

---

[1] HAGEN, G.: Über die Bewegung des Wassers in engen zylindrischen Röhren. Pogg. Ann. 46 (1839) 423.

[2] POISEUILLE, J. L. M.: Recherches expérimentelles sur le mouvement des liquides dans les tubes de très petits diamètres. C. R. 11 (1840) 961 u. 1041; 12 (1841) 112, ausführlicher: Mémoires des Savants Étrangers 9 (1846).
Während HAGEN bereits erkannt hat, daß die von ihm aufgestellte Beziehung nur auf die *ausgebildete* Laminarströmung zutrifft, benutzt POISEUILLE es vom Rohranfang an, wodurch einige seiner experimentellen Resultate weniger gut mit der Theorie übereinstimmen.

[3] Mit Laminarströmung bezeichnet man eine Strömung, bei welcher sich die einzelnen Flüssigkeitsteilchen in „Schichten" (laminae) aneinander entlang bewegen, wobei die Teilchen sich im allgemeinen stark verformen (vgl. Bd. I, Abb. S. 133 u. 142); im Gegensatz zu dieser Strömungsart treten bei der turbulenten Strömung zu der Hauptbewegung der Flüssigkeitsteilchen noch unregelmäßige, hochfrequente, fluktuierende Bewegungen hinzu, vgl. S. 110ff.

Innerhalb der Reibungsschicht von der Dicke δ ist also nach unserer Annahme der parabolischen Verteilung

$$u = u_K \left[2\,\frac{y}{\delta} - \left(\frac{y}{\delta}\right)^2\right]. \tag{I, 1.8}$$

Da das sekundlich durchfließende Volumen in jedem Querschnitt gleich demjenigen am Rohranfang sein muß:

$$\pi r^2 \bar{u} = \pi (r-\delta)^2 u_K + 2\pi \int\limits_{r-\delta}^{r} u(r-y)\, d(r-y)$$

oder

$$r^2 \bar{u} = (r-\delta)^2\, u_K + 2 \int\limits_0^{\delta} u\,(r-y)\, dy,$$

erhält man mit Gl. (I, 1.8) wenn integriert:

$$r^2\,\frac{\bar{u}}{u_K} = (r-\delta)^2 + \frac{4}{3}\, r\delta - \frac{5}{6}\,\delta^2$$

und nach δ/r aufgelöst:

$$\frac{\delta}{r} = 2 - \sqrt{6\,\frac{\bar{u}}{u_K} - 2}. \tag{I, 1.9}$$

Wäre es bekannt, in welchem Maße u_K bzw. $u_K/\bar{u}$ mit x bzw. x/r zunimmt, so könnte man mit Hilfe der beiden letzten numerierten Gleichungen die Geschwindigkeitsverteilungen als Funktion von x/r berechnen. Wir wollen deshalb eine Differentialgleichung der Veränderlichen u_K und x aufstellen, deren Integration den gewünschten Zusammenhang dieser Variablen liefert.

Zunächst weisen wir nochmals darauf hin, daß bei der *ausgebildeten* Laminarströmung die Druckkraft der Reibungskraft das Gleichgewicht hält; ihre Summe ist also gleich Null:

$$\pi r^2\,\frac{dp}{dx} + 2\pi r \mu \left(\frac{du}{dy}\right)_{y=0} = 0\,;$$

dies führt wegen

$$\left(\frac{du}{dy}\right)_{y=0} = \frac{2u_K}{r} = \frac{4\bar{u}}{r}$$

zu Gl. (I, 1.6 bzw. 7).

Bei der Anlaufströmung ist die *Zähigkeitskraft* längs einer Strecke dx unter Berücksichtigung von Gl. (I, 1.8 u. 9)

$$2\pi r\, dx\, \mu \left(\frac{du}{dy}\right)_{y=0} = 4\pi r \mu\,\frac{u_K}{\delta}\, dx = 4\pi\mu\,\frac{u_K}{2 - \sqrt{6\,\frac{\bar{u}}{u_K} - 2}}\, dx. \tag{I, 1.10}$$

Die resultierende *Druckkraft* auf zwei um dx von einander entfernten Querschnitte ist $\pi r^2 \frac{dp}{dx} dx$; dabei muß der Druck über dem Rohrquerschnitt konstant sein, da die Stromlinien geradlinig und parallel sind (vgl. Bd. I, S. 118 oben). Die Druckkraft ist also aus der reibungslosen Kernströmung mittels der Bernoullischen Gleichung $p + \varrho u_K^2/2 = \text{const}$ zu berechnen:

$$\pi r^2 \frac{dp}{dx} dx = \pi r^2 \frac{dp}{du_K} \frac{du_K}{dx} dx = -\pi r^2 \varrho u_K du_K. \qquad \text{(I, 1.11)}$$

Der Summe dieser beiden Kräfte entspricht ein Impulsfluß durch die Kontrollfläche[4]. Der Impuls I, d. h. die sekundlich durch den Rohrquerschnitt fließende Masse mal Geschwindigkeit ändert sich nämlich mit x.

Durch einen beliebigen Querschnitt an der Stelle x (innerhalb der Anlaufstrecke, Abb. I, 1.4) tritt der Impuls

$$I = \varrho (r - \delta)^2 \pi u_K^2 + \varrho\, 2\pi \int_0^\delta (r - y)\, dy\, u^2,$$

und wenn man u nach Gl. (I, 1.8) durch u_K ersetzt und integriert,

$$I = \pi r^2 \varrho \left[1 - \frac{14}{15} \frac{\delta}{r} + \frac{4}{15} \left(\frac{\delta}{r}\right)^2\right] u_K^2;$$

eliminiert man δ/r mittels Gl. (I, 1.9), so wird

$$I = \pi r^2 \varrho \left(\frac{8}{5} \bar{u} u_K - \frac{1}{3} u_K^2 - \frac{2}{15} u_K \sqrt{6 \bar{u} u_K - 2 u_K^2}\right).$$

Der Impulsfluß[4] ist somit:

$$\frac{dI}{dx} dx = \frac{dI}{du_K} \frac{du_K}{dx} dx$$

$$= \pi r^2 \varrho \left(\frac{8}{5} \bar{u} - \frac{2}{3} u_K - \frac{2}{15} \sqrt{6 \bar{u} u_K - 2 u_K^2} - \frac{2}{15} \frac{3 \bar{u} u_K - 2 u_K^2}{\sqrt{6 \bar{u} u_K - 2 u_K^2}}\right) du_K. \qquad \text{(I, 1.12)}$$

Setzt man schließlich die Summe von Zähigkeitskraft und Druckkraft der Impulsänderung unter Verwendung von Gl. (I, 1.10, 11 u. 12)

---

4 Vgl. S. 191ff. Die Kontrollfläche besteht aus zwei um die Strecke dx getrennten Rohrquerschnitten und der dazwischen liegenden Rohrwandung.

gleich[5], so erhalten wir die gesuchte Differntialgleichung in u_K und x:

$$\frac{r^2}{4\nu}\left(\frac{58}{15} - \frac{22}{5}\frac{\bar{u}}{u_K} - \frac{7}{5}\sqrt{6\frac{\bar{u}}{u_K} - 2} + \frac{8}{5}\frac{\bar{u}}{u_K}\sqrt{6\frac{\bar{u}}{u_K} - 2} + \right.$$
$$\left. + \frac{4}{5}\frac{\bar{u}}{\sqrt{6\bar{u}u_K - 2u_K^2}} - \frac{8}{15}\frac{u_K}{\sqrt{6\bar{u}u_K - 2u_K^2}}\right) du_K = dx.$$

Diese Gleichung läßt sich leicht gliedweise in den Grenzen von $\bar{u}$ bis u_K bzw. von $x = 0$ bis x integrieren und am zweckmäßigsten in der Form

$$\frac{x}{r\,\mathrm{Re}} = f\left(\frac{u_K}{\bar{u}} - 1\right)$$

darstellen (L. SCHILLER[5]). Der analytische Ausdruck dieser Funktion ist recht kompliziert, so daß wir uns darauf beschränken, sie graphisch zu geben und zwar in der Form der inversen Funktion

$$\frac{u_K}{\bar{u}} - 1 = g\left(\frac{x}{r\,\mathrm{Re}}\right) \tag{I, 1.13}$$

(Abb. I, 1.5). Hiermit hat man $u_K/\bar{u}$ als Funktion von x/r Re und mit Gl. (I, 1.9) auch δ/r als Funktion von x/r Re (in Abb. I, 1.5 aufgetragen). Unter Benutzung von Gl. (I, 1.8) kann man somit die Geschwindigkeitsprofile $u/\bar{u} = f(y/r)$ zu jedem x/r Re berechnen.

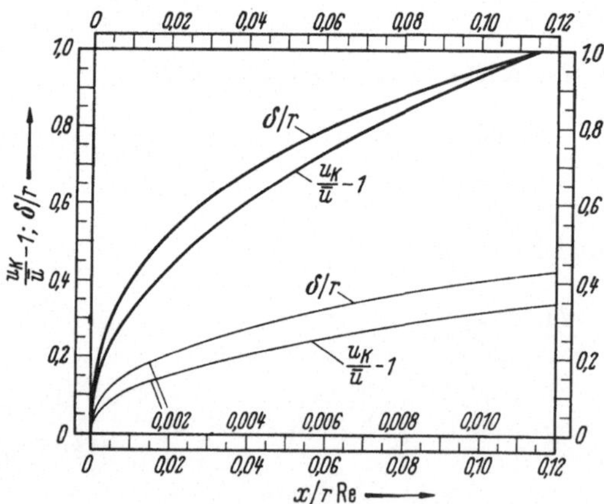

Abb. I, 1.5. Zunahme der Kerngeschwindigkeit sowie der Grenzschichtdicke mit wachsendem Abstand x vom Einlauf

[5] SCHILLER, L.: Untersuchungen über laminare und turbulente Strömung. VDI-Forsch.-Heft, Nr. 248 (1922), oder Z. ang. Math. Mech. 2 (1922) 96, oder Phys. Z. 23 (1922) 14, vgl. auch B. PUNNIS: Zur Berechnung der laminaren Einlaufströmung im Rohr. Diss. Göttingen 1947.

In Abb. I, 1.6 ist die in solcher Weise berechnete Geschwindigkeitsverteilung innerhalb der Anlaufstrecke dargestellt, und zwar $u/\bar{u}$ als Funktion von x/r Re bei festen Werten von y/r als Parameter; damit haben wir Gl. (I, 1.3), wenn auch nicht analytisch, so doch graphisch gelöst.

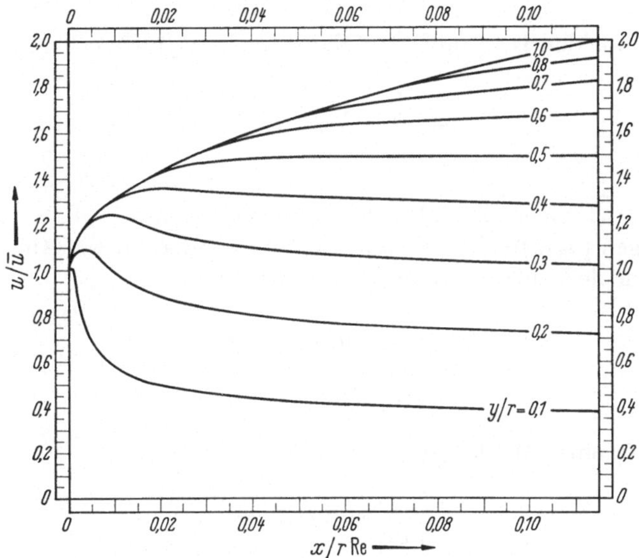

Abb. I, 1.6. Die Geschwindigkeit $u/\bar{u}$ in verschiedenen Abständen y/r von der Rohrwand als Funktion der Anlauflänge

Die Anlaufstrecke x, die erforderlich ist, bis sich das parabolische Geschwindigkeitsprofil ausgebildet hat, ist verhältnismäßig lang: In unserem Experiment auf S. 2 hatten wir einen Rohrradius von 0,3 cm angenommen; setzen wir beispielsweise $\bar{u} = 300$ cm/s, also mit $\nu = 0{,}01$ cm²/s, Re $= \bar{u}\,r/\nu = 9000$[6], so ist nach der Schillerschen Näherungstheorie, entsprechend Abb. I, 1.5, $\delta = r$, wenn x/r Re $= 0{,}0115$ ist, d. h.

$$x = 0{,}115 \cdot r \,\mathrm{Re} = 0{,}115 \cdot 0{,}3\,\mathrm{cm} \cdot 9000 = \mathrm{rd.}\ 3\,\mathrm{m}.$$

1.5 Der Druckabfall in der laminaren Anlaufstrecke. Mit der Abhängigkeit der Größe $u_K/\bar{u}$ von x/r Re, wie sie in Abb. I, 1.5 zum Ausdruck kommt, ist auch der Druckabfall gegeben: denn wir können näherungsweise annehmen, daß vom Rohranfang ($x = 0$, $p = p_0$) bis kurz vor der parabolischen Geschwindigkeitsverteilung ($x = x_2$) eine

[6] Bei abgerundeter Einlaufdüse und ruhigem Zufluß ist auch bei Re = 9000 noch laminare Strömung möglich.

Kernströmung besteht; bis dorthin ist die Zähigkeitswirkung noch nicht vorgedrungen, so daß wir hier die Bernoullische Gleichung anwenden können. Bis zu einem beliebigen $x < x_2$ haben wir also

$$p_0 - p = \frac{\varrho}{2}\left(u_K(x)^2 - \bar{u}(o)^2\right),$$

oder, wenn wir den Druckabfall in Einheiten von $\varrho\bar{u}^2/2$ rechnen,

$$\frac{p_0 - p}{\frac{\varrho}{2}\,\bar{u}^2} = \left(\frac{u_K}{\bar{u}}\right)^2 - 1. \tag{I, 1.14}$$

Greifen wir zu einer Anzahl von x/r Re-Werten aus Abb. I, 1.5 $u_K/\bar{u}$ ab und tragen $(u_K/\bar{u})^2 - 1$ über x/r Re auf, so erhalten wir Abb. I, 1.7.

Am Ende der Anlaufstrecke ($x = x_2$) ist somit

$$\frac{p_0 - p_2}{\frac{\varrho}{2}\,\bar{u}^2} = 2^2 - 1 = 3, \tag{I, 1.15}$$

und zwar für einen Wert von

$$\frac{x_2}{r\,\mathrm{Re}} = 0{,}115. \tag{I, 1.16}$$

Würden wir das Hagen-Poiseuillesche Gesetz, Gl. (I, 1.7), das allerdings nur für die *ausgebildete* Laminarströmung (Parabelprofil) abgeleitet wurde, auch auf die Anlaufstrecke von $x_1 = 0$ bis x_2 anwenden, so erhielten wir

$$\frac{p_0 - p_2}{\frac{\varrho}{2}\,\bar{u}^2} = 8\mu\,\frac{x_2\bar{u}}{r^2}\,\frac{1}{\frac{\varrho}{2}\,\bar{u}^2} = 16\,\frac{\nu}{r\bar{u}}\cdot\frac{x_2}{r} = 16\,\frac{x_2}{r\,\mathrm{Re}} \tag{I, 1.17}$$

und mit dem obigen Wert x_2/r Re $= 0{,}115$

$$\frac{p_0 - p_2}{\frac{\varrho}{2}\,\bar{u}^2} = 16\cdot 0{,}115 = 1{,}84;$$

der so berechnete Druckabfall ist aber um

$$(3 - 1{,}84)\,\frac{\varrho}{2}\,\bar{u}^2 = 1{,}16\,\frac{\varrho}{2}\,\bar{u}^2$$

zu klein.

Wollte man die Hagen-Poiseuillesche Gleichung (I, 1.17) auch für den Druckabfall von $x = 0$ bis zum Ende der Anlaufstrecke oder darüber hinaus, d. h. bis zu einem $x \geqq x_2$ benutzen, so müßte man also schreiben:

$$p_0 - p(x) = 8\mu \frac{x\bar{u}}{r^2} + 1{,}16 \frac{\varrho}{2} \bar{u}^2 \equiv \left(\frac{16}{\mathrm{Re}} \frac{x}{r} + 1{,}16\right) \frac{\varrho}{2} \bar{u}^2. \qquad \text{(I, 1.18)}$$

Rechnet man den Druckabfall statt vom Rohranfang (mit der konstanten Geschwindigkeit $\bar{u}$) vom Behälter aus (p_B), wo $\bar{u} = 0$ ist, so erhöht sich der Druckabfall um $\varrho\bar{u}^2/2$ und man hat

$$p_B - p(x) = 8\mu \frac{x\bar{u}}{r^2} + 2{,}16 \frac{\varrho}{2} \bar{u}^2 \equiv \left(\frac{16}{\mathrm{Re}} \frac{x}{r} + 2.16\right) \frac{\varrho}{2} \bar{u}^2. \qquad \text{(I, 1.19)}$$

Handelt es sich um einen scharfrandigen Einlauf, so vergrößert sich der Verlust infolge der Strahleinschnürung nach HAGEN von 2,16 $\varrho\bar{u}^2/2$ auf 2,70 $\varrho\bar{u}^2/2$.[7]

Daß Gl. (I, 1.17) ein Korrektionsglied benötigt, wenn sie auf eine Meßstrecke angewendet werden soll, die das gesamte Anlaufgebiet enthält, hat nach H. JACOBSON[8] bereits Fr. NEUMANN[9] festgestellt. Da nämlich die kinetische Energie des Parabelprofils doppelt so groß ist wie diejenige der gleichförmigen Geschwindigkeit (diese ist pro Volumeneinheit gleich $\varrho\bar{u}^2/2$), schien es gerechtfertigt, ein Korrektionsglied von $\varrho\bar{u}^2/2$ anzunehmen, und im Falle, daß der Druck vom Behälter aus gemessen wird, ein Korrektionsglied von $2\varrho\bar{u}^2/2$. Dieses würde aber nur dann zutreffen, wenn die Wirkung der Zähigkeit in der Anlaufstrecke die gleiche wäre wie bei der ausgebildeten Parabelströmung. Dies ist aber nicht der Fall; vielmehr sind nach Gl. (I, 1.10) die Zähigkeitskräfte im Anlaufgebiet größer, was nach der Näherungstheorie den Wert 1,16 $\varrho\bar{u}^2/2$ bzw. $2{,}16\varrho\bar{u}^2/2$ zur Folge hat.

Die beiden letzten Gleichungen gelten jedoch nicht mehr, wenn sich im Punkt x_2 noch nicht das Parabelprofil eingestellt hat, d. h. bei einem Wert von $x_2/r\,\mathrm{Re} < 0{,}115$. In solchen Fällen ist der Druckabfall aus Abb. I, 1.7 zu entnehmen. Wir erhalten z. B. zu $x_2/r\,\mathrm{Re} = 0{,}06$ den Druckabfall $p_0 - p_2 = 2{,}0\,\varrho\bar{u}^2/2$, wohingegen Gl. (I, 1.18) den zu großen Wert $(16 \cdot 0{,}06 + 1{,}16)\,\varrho\bar{u}^2/2 = 2{,}12\,\varrho\bar{u}^2/2$ liefern würde.

---

[7] PRANDTL-TIETJENS: Hydro- und Aeromechanik, Bd. 2, Berlin: Springer 1931, S. 18, oder PRANDTL-TIETJENS: Applied Hydro- and Aeromechanics, New York: Dover Publications 1957, S. 16.

[8] JACOBSON, H.: Beiträge zur Hämodynamik. Arch. Anat. Physiol. 1860, S. 80.

[9] NEUMANN, FR.: Einleitung in die theoretische Physik. Vorlesungen, gehalten 1859/60, hrsg. von C. PAPE, Leipzig (1883). Gelegentlich wird das Glied $2 \cdot \varrho\bar{u}^2/2$ die Hagenbachsche Korrektion genannt, jedoch nicht ganz zu Recht; denn erstens hat FR. NEUMANN dieses Korrektionsglied kurz vor HAGENBACH angegeben, und zweitens findet sich bei HAGENBACH ein Überlegungsfehler, infolge dessen er den zu kleinen Wert $2^{2/3} \cdot \varrho\bar{u}^2/2$ angibt. Ed. HAGENBACH: Über die Bestimmung der Zähigkeit einer Flüssigkeit durch den Ausfluß aus Röhren. Pogg. Ann. 109 (1860) 385.

1.6 Die Widerstandszahl. Bei der ausgebildeten Laminarströmung ist bei gegebener Meßlänge x_2 und gegebenem Radius, d. h. bei einem bestimmten Wert von x_2/r der Druckabfall in Einheiten von $\varrho \bar{u}^2/2$ der Reynoldsschen Zahl umgekehrt proportional. Nach Abb. I, 1.7 ist auch in der Anlaufstrecke der Druckabfall eine Funktion von Re, nur ist sie

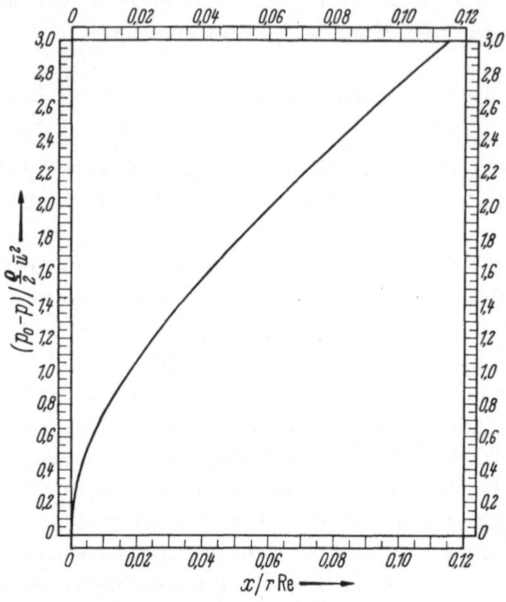

Abb. I, 1.7. Druckabfall in der Anlaufstrecke eines geraden Rohres

wesentlich komplizierter und nicht explicite in Re ausdrückbar. Diese Funktion wird die Widerstandszahl genannt und mit λ bezeichnet:

$$\frac{p_0 - p_2}{\frac{\varrho}{2}\,\bar{u}^2} = f(\mathrm{Re})\,\frac{x_2}{r} = \lambda\,\frac{x_2}{r}. \tag{I, 1.20}$$

In dem speziellen Fall der ausgebildeten Laminarströmung (mit überall parabolischer Geschwindigkeitsverteilung) ist, wie oben erwähnt,

$$\lambda_{l,a} = \frac{16}{\mathrm{Re}}\,[10].$$

Da der in Frage kommende Bereich der Re- und λ-Werte im allgemeinen recht groß ist, wählt man zweckmäßigerweise eine logarithmische Ko-

---

[10] Der Index l bezeichnet laminare Strömung im Gegensatz zur später behandelten turbulenten Strömung; der Index a ausgebildete Strömung.

ordinateneinteilung; in dieser erscheint 16/Re dann als eine unter 45° nach rechts abwärts geneigte Gerade, die unterste Kurve in Abb. I, 1.8.

Wir wollen jetzt die Abhängigkeit der Widerstandszahl von der Reynoldsschen Zahl in der Anlaufstrecke untersuchen; das Rohr habe beispielsweise einen Radius von 1,2 cm und eine Meßstrecke von $x_2 = 196{,}6$ cm[11] ($x_1 = 0$); es ist somit

$$\frac{x_2}{r} = 164 \quad \text{bzw.} \quad \frac{r}{x_2} = 0{,}0061 .$$

Die Frage ist zunächst: Bei welchem Wert von Re ist nach der Schillerschen Näherungstheorie im Meßpunkt x_2 die parabolische Geschwindigkeitsverteilung erreicht? Nach Gl. (I, 1.16) offenbar bei

$$\mathrm{Re} = \frac{x_2}{r \cdot 0{,}115} = \frac{164}{0{,}115} = 1425 . \tag{I, 1.21}$$

Der Druckabfall (immer in Einheiten von $\varrho \overline{u}^2/2$ gemessen) ist bei $x_2/r\,\mathrm{Re} = 0{,}115$ gleich 3 und somit nach Gl. (I, 1.20)

$$\lambda_{l,a} = 3 \frac{r}{x_2} = 3 \cdot 0{,}0061 = 0{,}0183$$

(in Abb. I, 1.8 auf der obersten Kurve durch ein kleines Quadrat gekennzeichnet).

Zu größeren Werten von Re als 1425, z. B. Re = 3000, bestimmt man zunächst

$$\frac{x_2}{r\,\mathrm{Re}} = \frac{164}{3000} = 0{,}0547 ,$$

entnimmt der Abb. I, 1.7 den dazugehörigen Druckabfall 1,89 und erhält damit

$$\lambda_l = 1{,}89 \frac{r}{x_2} = 1{,}89 \cdot 0{,}0061 = 0{,}0115$$

(in Abb. I, 1.8) durch ein stehendes Kreuz bezeichnet). In dieser Weise läßt sich die oberste Kurve rechts von Re = 1425 leicht berechnen.

Zu einem beliebigen Wert von Re < 1425, z. B. zu Re = 500, berechnen wir zunächst diejenige Rohrstelle x'/r, bei der die parabolische Geschwindigkeitsverteilung gerade erreicht wird, also

$$\frac{x'}{r} = 0{,}115\,\mathrm{Re} = 0{,}115 \cdot 500 = 57{,}5 .$$

---

[11] Diese Werte sind gewählt, da für sie experimentelle Werte von $\lambda = f(\mathrm{Re})$ vorliegen.

Der Druckabfall bis x' ist nach Gl. (I, 1.15) gleich $3\ \varrho\bar{u}^2/2$. Von x'/r ab, d. h. längs der in Radien gemessenen Strecke

$$\frac{x_2 - x'}{r} = 164 - 57{,}5 = 106{,}5,$$

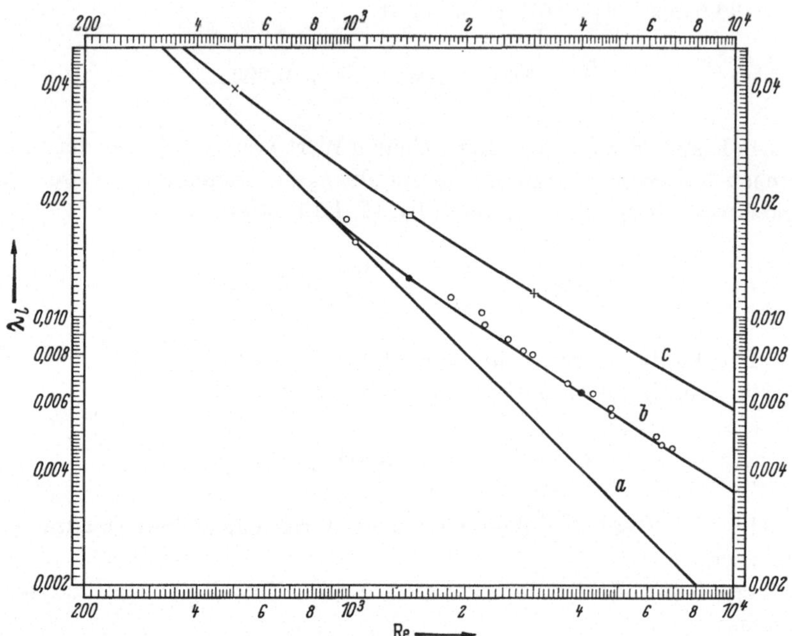

Abb. I, 1.8. Widerstandszahl der ausgebildeten Laminarströmung (a) als Funktion von Re; Widerstandszahlen (b u. c) für Punkte innerhalb der Anlaufstrecke; die kleinen Kreise bezeichnen Meßergebnisse nach L. SCHILLER[5]

haben wir ausgebildete Laminarströmung, mithin

$$\frac{p' - p_2}{\frac{\varrho}{2}\,\bar{u}^2} = \frac{16}{\mathrm{Re}}\,\frac{x_2 - x'}{r} = \frac{16}{500}\cdot 106{,}5 = 3{,}4\,.$$

Der gesamte Druckabfall $(p_0 - p_2)/\varrho\bar{u}^2/2$ ist also gleich $3 + 3{,}4 = 6{,}4$ und folglich

$$\lambda = 6{,}4\,\frac{r}{x_2} = 6{,}4\cdot 0{,}0061 = 0{,}039$$

(in Abb. I, 1.8 durch ein liegendes Kreuz markiert).

Leider sind in der angeführten Arbeit von L. SCHILLER[5] keine Versuchswerte, mit denen die soeben berechnete Kurve $\lambda = f(\mathrm{Re})$ verglichen werden könnte, wohl aber experimentelle Werte von λ zu einer

Meßstrecke von $x_1/r = 104/1{,}2 = 86{,}7$ bis $x_2/r = 196{,}6/1{,}2 = 164$ gegeben. Wir wollen deshalb $\lambda = f(\mathrm{Re})$ für diese Werte berechnen.

Bei der Meßstelle $x_1/r = 86{,}7$ wird das Parabelprofil bei

$$\mathrm{Re} = \frac{86{,}7}{0{,}115} = 754$$

erreicht, so daß erst bei größeren Reynoldsschen Zahlen Abweichungen von der Kurve 16/Re auftreten können; z. B. hat sich bei Re = 1200 im Punkte

$$\frac{x'}{r} = 0{,}115 \cdot 1200 = 138$$

das Parabelprofil ausgebildet, ist also im Meßpunkte $x_1/r = 86{,}7$ noch nicht erreicht. Da der Druckabfall von $x = 0$ bis zum obigen x'/r gleich 3 ist und der Druckabfall von $x = 0$ bis x_1/r entsprechend dem Wert $x_1/r\,\mathrm{Re} = 86{,}7/1200 = 0{,}0722$ nach Abb. I, 1.7 den Wert 2,23 hat, beträgt der Druckabfall

$$\frac{p_1 - p}{\frac{\varrho}{2}\,\bar{u}^2} = 3 - 2{,}33 = 0{,}77\,.$$

Längs der Strecke von x'/r bis x_2/r, d. h. längs der Strecke $164 - 138 = 26$ haben wir Parabelprofil und folglich als Druckabfall

$$\frac{p' - p_2}{\frac{\varrho}{2}\,\bar{u}^2} = \frac{16}{\mathrm{Re}}\,\frac{x_2 - x'}{r} = \frac{16}{1200} \cdot 26 = 0{,}347\,;$$

der Druckabfall längs der Meßstrecke, d. h. von x_1 bis x_2, beträgt also $0{,}77 + 0{,}347 = 1{,}117$ und somit

$$\lambda_l = 1{,}117\,\frac{r}{x_2 - x_1} = \frac{1{,}117}{77{,}3} = 0{,}0144$$

(vgl. Abb. I, 1.8).

Bei Re = 1425 ist nach Gl. (I, 1.21) im Punkte $x_2/r = 164$ das Parabelprofil erreicht, der Druckabfall bis dahin also 3; zu dem Wert $x_1/r\,\mathrm{Re} = 86{,}7/1425 = 0{,}061$ gehört nach Abb. I, 1.7 der Druckabfall 2,03, so daß ein Druckabfall $p_1 - p_2 = 3 - 2{,}03 = 0{,}97$ verbleibt, der den Wert

$$\lambda_l = 0{,}97\,\frac{r}{x_2 - x_1} = \frac{0{,}97}{77{,}3} = 0{,}0126$$

liefert (vgl. Punkt in Abb. I, 1.8).

Bei $\mathrm{Re} > 1425$ wird das Parabelprofil innerhalb der Meßstrecke nicht erreicht. Beispielsweise gehören zu $\mathrm{Re} = 4000$ die Werte

$$\frac{x_1}{r\,\mathrm{Re}} = \frac{86{,}7}{4000} = 0{,}0216 \quad \text{bzw.} \quad \frac{x_2}{r\,\mathrm{Re}} = \frac{164}{4000} = 0{,}041\,,$$

also nach Abb. I, 1.7 der Druckabfall

$$\frac{p_1 - p_2}{\frac{\varrho}{2}\,\bar{u}^2} = 1{,}59 - 1{,}10 = 0{,}49$$

und damit

$$\lambda_l = 0{,}49\,\frac{r}{x_2 - x_1} = \frac{0{,}49}{77{,}3} = 0{,}00634\,.$$

In dieser Weise ist die mittlere Kurve $\lambda = f(\mathrm{Re})$ der Meßstrecke $x_1/r = 86{,}7$ bis $x_2/r = 164$ berechnet. Die von L. SCHILLER[5] gemessenen Werte sind als kleine Kreise eingetragen.

Die gute Übereinstimmung der berechneten Kurve mit den gemessenen Werten kann als ein Zeichen dafür angesehen werden, daß die von PRANDTL vorgeschlagene Annahme der Geschwindigkeitsverteilung in der Anlaufstrecke sehr glücklich war: daß nämlich die Geschwindigkeit von einer konstanten Kernströmung nach Art einer halben Parabel zur Rohrwandung abnehme. Es ist dies ein typisches Beispiel, wie man ein Problem vereinfachen kann, um eine theoretische Behandlung zu ermöglichen, und dabei doch noch den physikalischen Gegebenheiten genügend Rechnung trägt[12].

Die Vorgänge in der laminaren Anlaufstrecke bei einem Kanal von großer Tiefe, verglichen mit der Breite $2a$ (ebenes Problem), hat H. SCHLICHTING[13] untersucht. Im Gegensatz zu der Behandlung der Rohrströmung wird aber nicht eine Annahme betr. der Geschwindigkeitsprofile zugrunde gelegt, sondern diese vielmehr aus der allgemeinen Differentialgleichung abgeleitet. Es zeigt sich, daß vom abgerundeten Einlauf ab die Profile zunächst auch (wie bei der Rohrströmung) eine konstante Kernströmung aufweisen mit einem Abfall zu den Wänden ähnlich zweier Parabeläste, daß aber weiter stromabwärts die Profile kein

[12] Wir werden auf S. 332ff. an einem Beispiel erkennen, daß man nicht immer eine solch glückliche Hand in der „Vereinfachung" des Problems hat. Dort werden zur Erklärung der Entstehung der Turbulenz auch gewisse Vereinfachungen hinsichtlich der Geschwindigkeitsprofile einer laminaren Strömung angenommen, die jedoch — wie der Vergleich der Theorie mit der Erfahrung zeigt — den physikalischen Gegebenheiten nicht mehr gerecht werden; die Vereinfachung war in diesem Falle zu weit getrieben.

[13] SCHLICHTING, H.: Laminare Kanaleinlaufströmung. Z. f. angew. Math. Mech. 1934, S. 368.

mittleres Geradenstück haben, sondern daß dieses sich mehr und mehr wölbt. Bezeichnet a die halbe Kanalbreite, so macht sich die Wölbung des bis dahin geraden Mittelstückes etwa von x/a Re $= 0{,}05$ bemerkbar, wo Re $= a\,\overline{u}/\nu$ ist; bei x/a Re $= 0{,}18$ ist die asymptotische Geschwindigkeitsverteilung bis auf 99% der mittleren Geschwindigkeit erreicht. Die Geschwindigkeitsverteilung in der Anlaufstrecke zeigt (analog zu Abb. I, 1.6) Abb. I, 1.9.

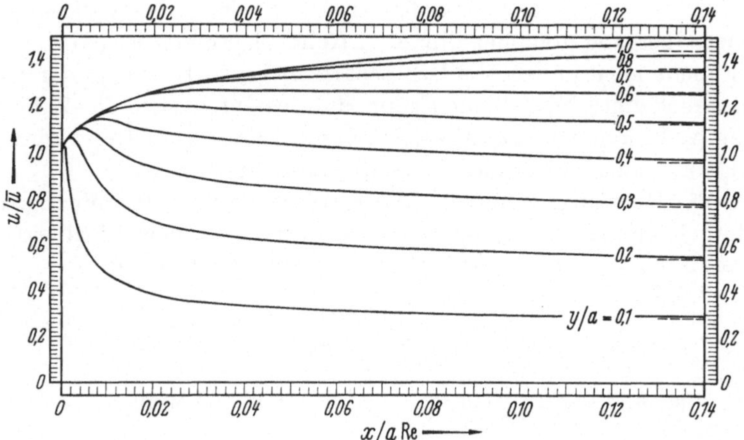

Abb. I, 1.9. Die Geschwindigkeit $u/\bar{u}$ in verschiedenen Abständen y/a von der Kanalwand (zweidimensionale Strömung) als Funktion der Anlauflänge; nach H. SCHLICHTING[13]

Bei den Vorgängen in der Anlaufstrecke haben wir es sowohl mit Trägheitswirkungen (Beschleunigung der Kernströmung) als auch mit Reibungswirkungen (Abbremsung der Geschwindigkeit zur Kanalwand) zu tun. Die oben erwähnte Differentialgleichung, deren Integration die Geschwindigkeitsprofile ergeben, muß also beide Wirkungen in Rechnung ziehen. Im nächsten Kapitel I, 2 werden wir diese wichtige Gleichung ableiten.

1.7 Bestimmung der Zähigkeit μ bei kurzen Rohren. Aus dem Druckabfall, der ja eine Funktion von Re ist und damit auch von μ, läßt sich die Zähigkeit berechnen. Die Messung setzt allerdings voraus, daß an den Druckmeßstellen die Rohrwandung zur Druckentnahme durchbohrt ist. Der Durchmesser dieser kleinen Löcher muß sehr klein sein (etwa 1 mm oder weniger), damit die Strömung im Rohr an der Meßstelle durch die Löcher nicht beeinflußt wird; insbesondere ist darauf zu achten, daß im Innern nicht der geringste Bohrgrat vorhanden ist. Bei Rohren mit kleinem Durchmesser ist diese Voraussetzung nicht immer leicht zu erfüllen, bei Kapillarrohren praktisch unmöglich. Es ist deshalb in vielen Fällen einfacher, die Flüssigkeitshöhe H (Abb. I, 1.1) zu messen.

Unter der Voraussetzung, daß die Rohrlänge x genügend lang ist, so daß $x/r\ \mathrm{Re} \geqq 0{,}115$, hat man mit $p_B - p(x) = H\gamma$ nach Gl. (I, 1.19)

$$H = 8\mu \frac{x\bar{u}}{\gamma r^2} + 2{,}16 \frac{\bar{u}^2}{2g}, \qquad \text{(I, 1.22)}$$

woraus bei gemessenen Werten von $x, r, \bar{u}$ und γ aus der Größe von H der Wert von μ berechnet werden kann; es wird dabei vorausgesetzt, daß der Übergang vom Behälter zum Rohr abgerundet ist (Abb. I, 1.1). Ist er nicht abgerundet, sondern scharfkantig, so tritt eine der Größe nach unbekannte Strahlkontraktion auf, wodurch sich die Zahl 2,16 erhöht (z. B. auf 2,7). Da diese Erhöhung jedoch vom Rohrradius abhängig ist, wählt man besser einen abgerundeten Übergang.

Ist die Rohrlänge x kürzer als dem Wert $x/r\ \mathrm{Re} = 0{,}115$ entspricht, so ist am Rohrende die parabolische Geschwindigkeit noch nicht erreicht; man muß in diesen Fällen auf Abb. I, 1.7 zurückgehen, wo

$$p_0 - p(x) = f\left(\frac{x}{r\ \mathrm{Re}}\right) \frac{\varrho}{2} \bar{u}^2$$

gegeben ist, und damit, wenn $p_B - p(x) = \gamma H$ und weil

$$p_B - p(x) = p_0 - p(x) + \frac{\varrho}{2} \bar{u}^2$$

$$H = \left[f\left(\frac{x}{r\ \mathrm{Re}}\right) + 1\right] \frac{\bar{u}^2}{2g}. \qquad \text{(I, 1.23)}$$

Beispiel: es sei $x = 5$ cm, $r = 0{,}1$ cm (also $x/r = 50$); ferner $\bar{u} = 167$ cm/s und $H = 33$ cm, die Wassertemperatur $t = 20°$. Nach Gl. (I, 1.23) ist somit

$$33\ \mathrm{cm} = \left[f\left(\frac{x}{r\ \mathrm{Re}}\right) + 1\right] 14{,}2\ \mathrm{cm}$$

oder

$$\frac{33}{14.2} - 1 = 1{,}33 = f\left(\frac{x}{r\ \mathrm{Re}}\right);$$

aus Abb. I, 1.7 entnehmen wir zur Ordinate 1,33 den Abszissenwert

$$\frac{x}{r\ \mathrm{Re}} = 0{,}03,$$

mithin

$$\mathrm{Re} = \frac{5}{0{,}1 \cdot 0{,}03} = 1670$$

und somit

$$\nu = \frac{\mu}{\varrho} = \frac{\bar{u}\, r}{1670} = \frac{167 \cdot 0{,}1}{1670} = 0{,}01 \text{ cm}^2/\text{s}.$$

Setzt man nach Bd. I, Gl. (I, 2.8) mit $t = 20°$ für ϱ den Wert 101,3 kp s²/m⁴, so erhält man schließlich

$$\begin{aligned}\mu = \varrho \nu &= 101{,}3 \text{ kp s}^2/\text{m}^4 \cdot 10^{-6} \text{ m}^2/\text{s} \\ &= 1{,}013 \cdot 10^{-4} \text{ kp s/m}^2,\end{aligned}$$

vgl. Bd. I, Abb. I, 1.4. Die Anwendung von Gl. (I, 1.22) würde den viel zu kleinen Wert $0{,}35 \cdot 10^{-4}$ liefern und die einfache Korrektur $2 \cdot \varrho \bar{u}^2/2$ den ebenfalls zu kleinen Wert 0,72 kp s/m².

2 Navier-Stokessche Gleichung

2.1 Die auf ein Flüssigkeitselement wirkenden Oberflächenkräfte, der Spannungszustand. Betrachten wir bei einer *in Bewegung befindlichen* zähen Flüssigkeit die auf ein Würfelelement der Flüssigkeit wirkenden Oberflächenkräfte, so stehen diese im allgemeinen nicht mehr senkrecht auf den jeweiligen Flächen, auf die sie wirken. Dies ist nur der Fall bei einer idealen, d. h. zähigkeitsfreien Flüssigkeit, wo die Oberflächenkräfte dann Druckkräfte sind (Bd. I, S. 102, Abb. IV, 1.10). Dort hatten wir gefunden, daß die x, y, z-Komponenten der auf ein Volumenelement $(d\,V)$ wirkenden Oberflächenkraft

$$X = -\frac{\partial p}{\partial x}\, dx \cdot dy\, dz = -\frac{\partial p}{\partial x}\, d\,V,$$

$$Y = -\frac{\partial p}{\partial y}\, dy \cdot dz\, dx = -\frac{\partial p}{\partial y}\, d\,V,$$

$$Z = -\frac{\partial p}{\partial z}\, dz \cdot dx\, dy = -\frac{\partial p}{\partial z}\, d\,V$$

sind[14].

Bei einer zähen Flüssigkeit stehen die Oberflächenkräfte, wie gesagt, nicht mehr senkrecht auf den Quaderflächen, sondern unter einem gewissen Winkel; jeder dieser Spannungsvektoren, nämlich $\mathfrak{p}_x$ auf dem

---

[14] Multipliziert man die drei Gleichungen beziehungsweise mit den Einheitsvektoren $\mathfrak{i}$, $\mathfrak{j}$, $\mathfrak{k}$ und addiert, so erhält man als resultierende Oberflächenkraft pro Volumeneinheit

$$\mathfrak{R} = -\left(\mathfrak{i}\,\frac{\partial p}{\partial x} + \mathfrak{j}\,\frac{\partial p}{\partial y} + \mathfrak{k}\,\frac{\partial p}{\partial z}\right) = -\Delta p = -\operatorname{grad} p.$$

Flächenelement $dy\,dz$, $\mathfrak{p}_y$ auf $dz\,dx$ und $\mathfrak{p}_z$ auf $dx\,dy$ kann somit in seine x, y, z-Komponenten zerlegt werden:

$$\begin{aligned} \mathfrak{p}_x &= \mathfrak{i}\,\sigma_x + \mathfrak{j}\,\tau_{xy} + \mathfrak{k}\,\tau_{xz}, \\ \mathfrak{p}_y &= \mathfrak{i}\,\tau_{yx} + \mathfrak{j}\,\sigma_y + \mathfrak{k}\,\tau_{yz}, \\ \mathfrak{p}_z &= \mathfrak{i}\,\tau_{zx} + \mathfrak{j}\,\tau_{zy} + \mathfrak{k}\,\sigma_z. \end{aligned} \tag{I, 2.1}$$

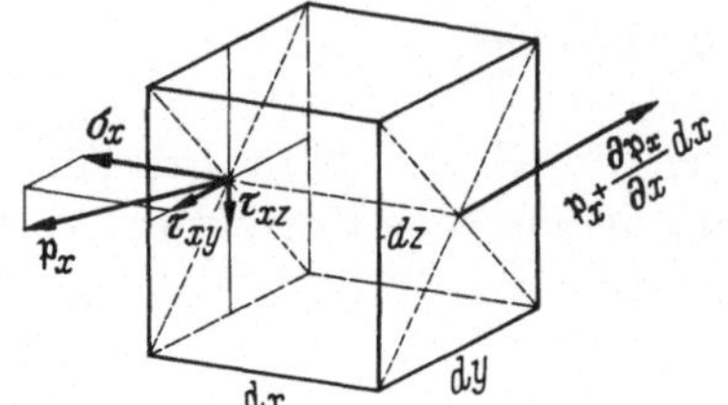

Abb. I, 2.1. Die auf zwei gegenüberliegenden Flächen eines flüssigen Würfels wirkenden Oberflächenkräfte bei einer in Bewegung befindlichen zähen Flüssigkeit

Als Resultierende auf den jeweils gegenüberliegenden Flächenelementen haben wir somit (Abb. I, 2.1)

$$\begin{aligned} \frac{\partial \mathfrak{p}_x}{\partial x}\,dx\cdot dy\,dz &= \left(\mathfrak{i}\,\frac{\partial \sigma_x}{\partial x} + \mathfrak{j}\,\frac{\partial \tau_{xy}}{\partial x} + \mathfrak{k}\,\frac{\partial \tau_{xz}}{\partial x}\right) dx\cdot dy\,dz, \\ \frac{\partial \mathfrak{p}_y}{\partial y}\,dy\cdot dz\,dx &= \left(\mathfrak{i}\,\frac{\partial \tau_{yx}}{\partial y} + \mathfrak{j}\,\frac{\partial \sigma_y}{\partial y} + \mathfrak{k}\,\frac{\partial \tau_{yz}}{\partial y}\right) dy\cdot dz\,dx, \\ \frac{\partial \mathfrak{p}_z}{\partial z}\,dz\cdot dx\,dy &= \left(\mathfrak{i}\,\frac{\partial \tau_{zx}}{\partial z} + \mathfrak{j}\,\frac{\partial \tau_{zy}}{\partial z} + \mathfrak{k}\,\frac{\partial \sigma_z}{\partial z}\right) dz\cdot dx\,dy. \end{aligned} \tag{I, 2.2}$$

Da wir annehmen, daß der Spannungszustand einer in Bewegung befindlichen (zähen) Flüssigkeit derselbe ist wie bei einem elastischen Körper, können wir diese Beziehung auch ableiten, wenn wir statt eines sich bewegenden Flüssigkeitsteilchens einen elastischen Körper verwenden. Der Unterschied ist nur der, daß beim elastischen Körper der Spannungszustand der Größe der *Formänderung*, beim flüssigen Körper jedoch der Formänderungs*geschwindigkeit* proportional gesetzt wird.

Bei einem elastischen Körper ist im Gleichgewichtsfall

$$\tau_{xy} = \tau_{yx}, \; \tau_{xz} = \tau_{zx}, \; \tau_{yz} = \tau_{zy}, \tag{I, 2.3}$$

was soviel bedeutet, daß im Gleichgewichtsfall das Drehmoment des elastischen Körpers in bezug auf irgend eine Achse gleich Null sein muß. Nehmen wir in Abb. I, 2.2 als elastischen Körper ein Prisma und als Drehachse beispielsweise die durch den Schwerpunkt der dreieckigen Grundfläche gehende z-Achse, so folgt unmittelbar

$$\tau_{xy} = \tau_{yx} = \tau \tag{I, 2.4}$$

und ferner

$$\tau = \sigma, \tag{I, 2.5}$$

wobei σ die Zugspannung an der Hypotenusenfläche $\sqrt{2}\,ab$ ist. Aus geometrischen Gründen gelten die beiden letzten Gleichungen auch dann, wenn die Drehachse durch einen beliebigen anderen Punkt, beispiels-

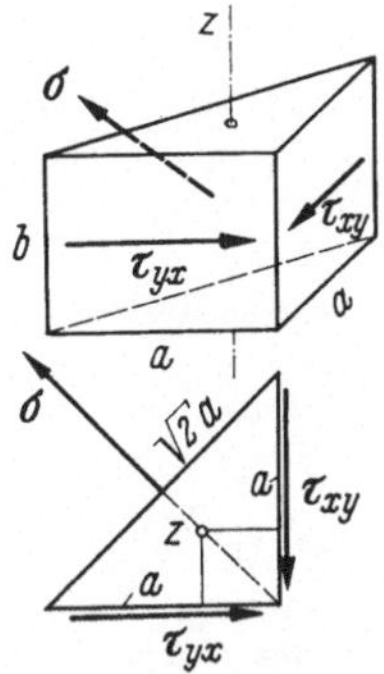

Abb. I, 2.2. Die auf ein Prisma im Gleichgewichtsfall wirkenden Oberflächenkräfte

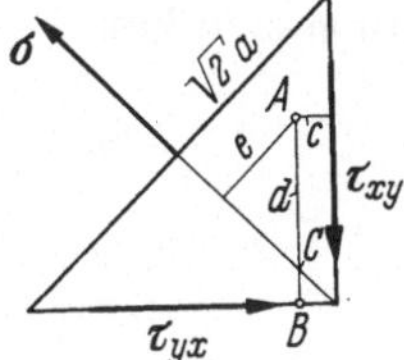

Abb. I, 2.3. Bei $\sigma = \tau_{xy} = \tau_{yx}$ ist das Prisma in bezug auf jede Achse A im Gleichgewicht

weise A, gehen würde (Abb. I, 2.3). Es wäre dann — unter Berücksichtigung der Drehrichtungen — im Gleichgewichtsfall

$$\tau_{xy}\, ab \cdot c + \sigma \sqrt{2} ab \cdot e = \tau_{yx}\, ab \cdot d, \quad \left[d = \overline{AB}\right]$$

so daß wir mit Gl. (I, 2.4 und 5) als Beziehung der Hebelarme haben:

$$c + \sqrt{2}\, e = d,$$

was wegen $\overline{BC} = c$ nach Abb. I, 2.3 auch zutrifft.

Fassen wir in Gl. (I, 2.2) die mit dem gleichen Einheitsvektor $\mathfrak{i}$ bzw. $\mathfrak{j}$ und $\mathfrak{k}$ behafteten Glieder zusammen, so erhalten wir als x, y, z-Komponenten der Oberflächenkraft auf ein Volumenelement, wenn wir Gl. (I, 2.3) in Betracht ziehen,

$$\begin{aligned} X &= \left(\frac{\partial \sigma_x}{\partial x} + \frac{\partial \tau_{xy}}{\partial y} + \frac{\partial \tau_{xz}}{\partial z}\right) dV, \\ Y &= \left(\frac{\partial \tau_{xy}}{\partial x} + \frac{\partial \sigma_y}{\partial y} + \frac{\partial \tau_{yz}}{\partial z}\right) dV, \\ Z &= \left(\frac{\partial \tau_{xz}}{\partial x} + \frac{\partial \tau_{yz}}{\partial y} + \frac{\partial \sigma_z}{\partial z}\right) dV. \end{aligned} \tag{I, 2.6}$$

Wir sind deshalb auf den inhomogenen Spannungszustand eines elastischen Körpers eingegangen, da sich die letzten drei Gleichungen, d. h.

insbesondere Gl. (I, 2.3) bei einer Flüssigkeit unter Zurückgehen auf den *Gleichgewichtsfall* nicht ableiten lassen, weil man geradezu als Definition auch einer zähen Flüssigkeit angeben kann, daß im Gleichgewichtsfall d. h. im Ruhezustand jegliche Schubspannungen verschwinden. Multipliziert man in Gl. (I, 2.6) die erste Gleichung mit $\mathfrak{i}$, die zweite mit $\mathfrak{j}$, die dritte mit $\mathfrak{k}$ und addiert, so erhält man als resultierende Oberflächenkraft ($\mathfrak{R}$) pro Volumeneinheit

$$\mathfrak{R} = \mathfrak{i}\left(\frac{\partial\sigma_x}{\partial x} + \frac{\partial\tau_{xy}}{\partial y} + \frac{\partial\tau_{xz}}{\partial z}\right) + \mathfrak{j}\left(\frac{\partial\tau_{xy}}{\partial x} + \frac{\partial\sigma_y}{\partial y} + \frac{\partial\tau_{xz}}{\partial z}\right) + \mathfrak{k}\left(\frac{\partial\tau_{xz}}{\partial x} + \frac{\partial\tau_{yz}}{\partial y} + \frac{\partial\sigma_z}{\partial z}\right), \tag{I, 2.6a}$$

wofür man setzen kann:

$$\begin{aligned} \mathfrak{R} &= \mathfrak{i}\, \nabla \circ (\mathfrak{i}\sigma_x + \mathfrak{j}\tau_{xy} + \mathfrak{k}\tau_{xz}) + \\ &+ \mathfrak{j}\, \nabla \circ (\mathfrak{i}\tau_{xy} + \mathfrak{j}\sigma_y + \mathfrak{k}\tau_{yz}) + \\ &+ \mathfrak{k}\, \nabla \circ (\mathfrak{i}\tau_{xz} + \mathfrak{j}\,\tau_{yz} + \mathfrak{k}\sigma_z), \end{aligned}$$

wo das Zeichen $\circ$ (gelesen ,,mit“) das skalare Produkt der damit verbundenen Größen bezeichnet. Statt der letzten Gleichung kann man auch schreiben:

$$\begin{aligned} \mathfrak{R} = \nabla \circ (&\mathfrak{i}\mathfrak{i}\sigma_x + \mathfrak{i}\mathfrak{j}\tau_{xy} + \mathfrak{i}\mathfrak{k}\tau_{xz} + \\ &+ \mathfrak{j}\mathfrak{i}\tau_{xy} + \mathfrak{j}\mathfrak{j}\,\sigma_y + \mathfrak{j}\mathfrak{k}\tau_{yz} + \\ &+ \mathfrak{k}\mathfrak{i}\tau_{xz} + \mathfrak{k}\mathfrak{j}\,\tau_{yz} + \mathfrak{k}\mathfrak{k}\,\sigma_z) = \nabla \circ \Pi. \end{aligned} \tag{I, 2.7}$$

Die einzelnen Größen des Klammerausdruckes werden nach Wilson-Gibbs[15] Dyaden genannt; es ist zu beachten, daß $\mathfrak{i}\mathfrak{j} \neq \mathfrak{j}\mathfrak{i}$ usw. ist. Der 9-gliedrige Klammerausdruck representiert den Spannungszustand und wird als Affinor (Π) bezeichnet. In diesem speziellen Fall ist er wegen $\tau_{xy} = \tau_{yx}$ usw. ,,symmetrisch“ und durch 6 Größen bestimmt; er heißt dann ein Tensor.

$\mathfrak{R} = \nabla \circ \Pi$ ist somit die Resultierende der Oberflächenkräfte pro Volumeneinheit und zwar bei einem inhomogenen Spannungszustand, bei dem also die Spannungen nicht nur abhängig sind von der Orientierung der Fläche, d. h. der Richtung ihrer Normalen in dem betrachteten Punkt, sondern auch noch von den Koordinaten des Punktes. Der Affinor oder Tensor eines inhomogenen Spannungszustandes ist somit eine Funktion des Ortes, während er beim homogenen Spannungszustand konstant, d. h. vom Ort unabhängig ist.

---

[15] Vectoranalysis, New York u. London 1902, S. 260ff.

Bei einem sich im Gleichgewicht befindlichen elastischen Körper ist ein inhomogener Spannungszustand nur möglich, wenn an dem Körper Volumenkräfte, oder sogenannte (von außen) „eingeprägte" Kräfte, z. B. Gravitationskräfte, magnetische Kräfte und ähnliche, angreifen. Ist $\mathfrak{K}$ die Resultierende der eingeprägten Kräfte pro Volumeneinheit, so ist im Gleichgewichtszustand eines elastischen Körpers

$$-\mathfrak{K} = \nabla \circ \Pi .$$

Bei einer in Bewegung befindlichen Flüssigkeit (zunächst ohne freie Oberflächen) ist die Resultierende der Oberflächenkräfte eines Flüssigkeitsteilchens gleich seiner substantiellen Beschleunigung, also pro Volumeneinheit

$$\varrho \frac{D\mathfrak{q}}{dt} = \nabla \circ \Pi . \qquad \text{(I, 2.8)}$$

Wir haben hier den gleichen Ansatz wie in der Eulerschen Gleichung, nur daß wir dort bei der angenommenen Reibungsfreiheit und damit bei dem Fortfall der Schubspannungen statt $\mathfrak{R} = \nabla \circ \Pi$ den negativen Druckgradienten $\mathfrak{R} = -\operatorname{grad} p$ haben (Bd. I, S. 104), vgl. Fußnote 14. Ebenso wie in der Eulerschen Gleichung werden wir in Gl. (I, 2.8) die x, y, z-Komponenten der substantiellen Beschleunigung den entsprechenden Komponenten der resultierenden Oberflächenkraft gleichsetzen, d. h. den Komponenten von $\mathfrak{R} = \nabla \circ \Pi$. Dieser Ausdruck ist nach Gl. (I, 2.7) nur eine kompakte Form der Gl. (I, 2.6a), d. h. also: die Komponenten der substantiellen Beschleunigung werden jeweils den Klammerausdrücken von Gl. (I, 2.6) entsprechen.

Wir gehen jetzt noch kurz auf den homogenen Spannungszustand ein und zwar deshalb, weil — wie wir sehen werden — auch der inhomogene Spannungszustand, der bei strömenden Flüssigkeiten auftritt, mit beliebiger Genauigkeit als homogen angesehen werden kann, wenn das in Betracht kommende Flüssigkeitsvolumen nur genügend klein angenommen wird; dies trifft insbesondere dann zu, wenn man das Volumen nach Null konvergieren läßt und so zu dem Spannungszustand in einem Punkte kommt. Wir wollen nämlich einen Ausdruck für die durchschnittliche Normalspannung in einem Punkte $\lim \Delta V \to 0$ eines elastischen Körpers bzw. einer zähen, in Bewegung befindlichen Flüssigkeit ableiten, da wir diesen später benötigen werden.

Man betrachte das Gleichgewicht eines elastischen Körpers von der Form eines beliebigen Tetraeders (Abb. I, 2.4). Ist $\mathfrak{p}_x$ die Spannung auf der Fläche $ADC \equiv F_x$, $\mathfrak{p}_y$ diejenige auf $ABC \equiv F_y$ und $\mathfrak{p}_z$ die auf $ABD \equiv F_z$, so muß im Gleichgewichtsfall

$$\mathfrak{P} = F\mathfrak{p} = F_x\mathfrak{p}_x + F_y\mathfrak{p}_y + F_z\mathfrak{p}_z \qquad \text{(I, 2.9)}$$

sein, wobei $\mathfrak{p}$ die Spannung auf der Fläche $BDC \equiv F = |\mathfrak{F}|$ ist. Da $F_x = \mathfrak{F} \circ \mathfrak{i}$, $F_y = \mathfrak{F} \circ \mathfrak{j}$, $F_z = \mathfrak{F} \circ \mathfrak{k}$ ist, kann man statt Gl. (I, 2.9) schreiben

$$\mathfrak{P} = F\mathfrak{p} = \mathfrak{F} \circ (\mathfrak{i}\mathfrak{p}_x + \mathfrak{j}\mathfrak{p}_y + \mathfrak{k}\mathfrak{p}_z)$$

und mit Gl. (I, 2.1) unter Berücksichtigung von Gl. (I, 2.3 und 7)

$$\mathfrak{P} = F\mathfrak{p} = \mathfrak{F}\circ\Pi \text{ bzw. } \mathfrak{p} = \frac{\mathfrak{F}}{F}\circ\Pi \neq f(x, y, z). \qquad \text{(I, 2.10)}$$

Beim homogenen Spannungszustand eines elastischen Körpers halten die Oberflächenkräfte einander das Gleichgewicht (Gl. I, 2.9), Volumenkräfte treten nicht auf; die Spannungen sind nur abhängig von der Orientierung der Flächen, auf denen sie wirken, und der Tensor Π ist deshalb konstant, d. h. er ist nicht eine Funktion des Ortes.

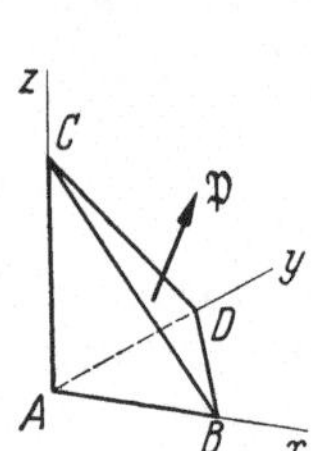

Abb. I, 2.4. Die auf eine Tetraederfläche wirkende Oberflächenkraft

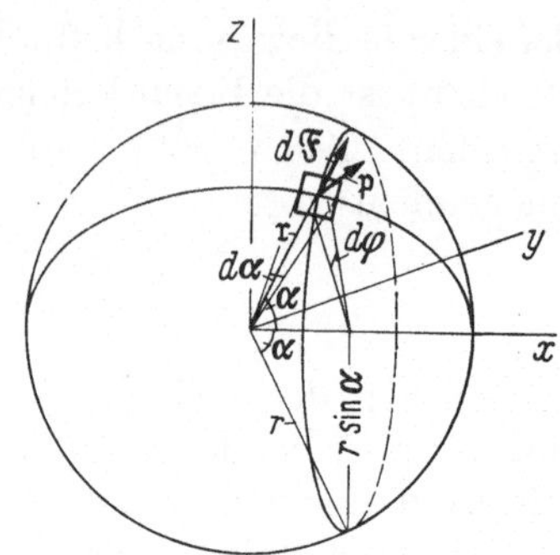

Abb. I, 2.5. Zur Ableitung der durchschnittlichen Normalspannung in einem Punkt

Da nun die Volumenkräfte der dritten Potenz der linearen Abmessungen des betrachteten Körpers proportional sind, die Oberflächenkräfte aber der zweiten Potenz, so werden die Volumenkräfte beliebig klein verglichen mit den Oberflächenkräften, wenn der betrachtete Körper nur genügend klein gewählt wird; in diesem Falle können wir also mit beliebiger Genauigkeit einen inhomogenen Spannungszustand als homogen ansehen, so daß für so kleine Volumenelemente Gl. (I, 2.10) gilt.

Wir wollen jetzt die durchschnittliche Normalspannung in einem Punkte (dV) berechnen, d. h. die Integration der Normalkomponenten der Oberflächenkräfte, dividiert durch die Oberfläche eines Volumenelementes dV von Kugelgestalt vornehmen. Da der Radius r der Kugel beliebig klein angenommen werden kann, darf man für die Kugel einen homogenen Spannungszustand annehmen, für den Gl. (I, 2.10) gilt. Die Kraft $d\mathfrak{P}$ auf ein Element dF der Kugeloberfläche ist also nach Gl. (I, 2.10)

$$d\mathfrak{P} = dF\mathfrak{p} = d\mathfrak{F}\circ\Pi.$$

Da nun $\mathfrak{r} \parallel d\mathfrak{F}$ ist (Abb. I, 2.5), können wir für die Spannung $\mathfrak{p}$ auch schreiben

$$\mathfrak{p} = \frac{d\mathfrak{F}}{dF}\circ\Pi = \frac{\mathfrak{r}}{r}\circ\Pi, \qquad \text{(I, 2.11)}$$

so daß die durchschnittliche *Normalspannung* auf der Kugel

$$\frac{1}{4\pi r^2}\oiint \mathfrak{p}\circ d\mathfrak{F} = \frac{1}{4\pi r^2}\oiint \frac{\mathfrak{r}}{r}\circ\Pi\circ d\mathfrak{F} \qquad \text{(I, 2.12)}$$

ist. Mit $d\mathfrak{F} = \mathfrak{r} r \, d\tilde{\omega}$ ($d\tilde{\omega}$ der räumliche Winkel) ist das Integral also

$$\frac{1}{4\pi r^2} \oiint \mathfrak{r} \circ \Pi \circ \mathfrak{r} d\tilde{\omega}.$$

Da

$$\mathfrak{r} \circ \Pi \circ \mathfrak{r} = (\mathfrak{i}x + \mathfrak{j}y + \mathfrak{k}z) \circ \Pi \circ (\mathfrak{i}x + \mathfrak{j}y + \mathfrak{k}z)$$

unter Berücksichtigung des Ausdruckes von Π in Gl. (I, 2.7)

$$= \sigma_x x^2 + \sigma_y y^2 + \sigma_z z^2 + \\ + 2\tau_{xy} xy + 2\tau_{xz} xz + 2\tau_{yz} yz$$

ist, haben wir, wenn noch $x = r \cos\alpha$, $y = r\cos\beta$, $z = r\cos\gamma$ gesetzt wird (wegen des angenommenen homogenen Spannungszustandes können σ_x usw. vor die Integrale genommen werden):

$$\oiint \mathfrak{p} \circ d\mathfrak{F} = \sigma_x r^2 \oiint \cos^2\alpha d\tilde{\omega} + \sigma_y r^2 \oiint \cos^2\beta d\tilde{\omega} + \sigma_z r^2 \oiint \cos^2\gamma d\tilde{\omega} + \\ + 2\tau_{xy} r^2 \oiint \cos\alpha \cos\beta d\tilde{\omega} + 2\tau_{xz} r^2 \oiint \cos\alpha \cos\gamma \, d\tilde{\omega} + 2\tau_{yz} r^2 \oiint \cos\beta \cos\gamma d\tilde{\omega}. \tag{I, 2.13}$$

Es ist aber (Abb. I, 2.5)

$$d\tilde{\omega} = d\alpha \sin\alpha d\varphi,$$
$$d\tilde{\omega} = d\beta \sin\beta d\varphi,$$
$$d\tilde{\omega} = d\gamma \sin\gamma d\varphi,$$

mithin

$$\oiint \cos^2\alpha d\tilde{\omega} = \int_0^{2\pi} d\varphi \int_0^{\pi} \cos^2\alpha \sin\alpha \, d\alpha$$
$$= 2\pi \left. \frac{-\cos^3\alpha}{3} \right|_0^{\pi} = \frac{4\pi}{3};$$

analog ist

$$\oiint \cos^2\beta d\tilde{\omega} = \frac{4\pi}{3} \quad \text{und} \quad \oiint \cos^2\gamma d\tilde{\omega} = \frac{4\pi}{3},$$

wohingegen

$$\oiint \cos\alpha \cos\beta d\tilde{\omega} = \oiint \cos\alpha \cos\beta d\alpha \sin\alpha d\varphi$$
$$= \int_0^{\pi} \sin\alpha \cos\alpha d\alpha \int_0^{2\pi} \cos\beta d\varphi = \frac{1}{2} \sin^2\alpha \Big|_0^{\pi} \int_0^{2\pi} \cos\beta d\varphi = 0$$

und ebenso

$$\oiint \cos\alpha \cos\gamma d\tilde{\omega} = 0, \quad \oiint \cos\beta \cos\gamma d\tilde{\omega} = 0$$

ist. Es bleibt somit in Gl. (I, 2.12 bzw. 13)

$$\frac{1}{4\pi r^2} \oiint \mathfrak{p} \circ d\mathfrak{F} = \frac{1}{4\pi r^2} \left(\sigma_x r^2 \frac{4\pi}{3} + \sigma_y r^2 \frac{4\pi}{3} + \sigma_z r^2 \frac{4\pi}{3} \right) = \frac{1}{3} (\sigma_x + \sigma_y + \sigma_z).$$

Den negativen Wert dieser durchschnittlichen Normalspannung (Zugkräfte positiv gerechnet) bezeichnet man bei Flüssigkeiten als den (positiv gerechneten) Druck p, mithin (bei $\lim r \to 0$)

$$-\frac{1}{3}(\sigma_x + \sigma_y + \sigma_z) = p. \qquad \text{(I, 2.14)}$$

Dieses Resultat läßt sich auch leicht mit Hilfe des Gaußschen Satzes ableiten; danach ist (vgl. Bd. I, S. 147 unten)

$$\frac{1}{4\pi r^2}\oiint \mathfrak{p} \circ d\mathfrak{F} = \frac{1}{4\pi r^2}\iiint \operatorname{div}\mathfrak{p}\, dV = \frac{1}{4\pi r^2}\iiint \nabla \circ \mathfrak{p}\, dV,$$

also wegen Gl. (I, 2.11)

$$= \frac{1}{4\pi r^2}\iiint \nabla \circ \frac{\mathfrak{r}}{r} \circ \Pi\, dV = \frac{1}{4\pi r^3}\cdot\frac{4\pi r^3}{3}\,\nabla \circ \mathfrak{r} \circ \Pi = \frac{1}{3}\nabla \circ \mathfrak{r} \circ \Pi.$$

Setzt man nach Gl. (I, 2.7) den Ausdruck von Π ein und multipliziert diesen Tensorskalar mit $\mathfrak{r} = \mathfrak{i}x + \mathfrak{j}y + \mathfrak{k}z$, so wird das obige Oberflächenintegral

$$\begin{aligned} = \frac{1}{3}\left(\mathfrak{i}\frac{\partial}{\partial x} + \mathfrak{j}\frac{\partial}{\partial y} + \mathfrak{k}\frac{\partial}{\partial z}\right) \circ (&\mathfrak{i}\sigma_x x + \mathfrak{j}\tau_{xy} x + \mathfrak{k}\tau_{xz} x + \\ &+ \mathfrak{i}\tau_{xy} y + \mathfrak{j}\sigma_y y + \mathfrak{k}\tau_{yz} y + \\ &+ \mathfrak{i}\tau_{xz} z + \mathfrak{j}\tau_{yz} z + \mathfrak{k}\sigma_z z) \end{aligned}$$

und, da die Spannungen wegen des als homogen angenommenen Spannungszustandes von x, y, z unabhängig sind, (also z. B. $\mathfrak{i}\partial/\partial x \circ \mathfrak{i}\sigma_x x = x\partial\sigma_x/\partial_x + \sigma_x \partial x/\partial x = 0 + \sigma_x$)

$$\frac{1}{4\pi r^2}\oiint \mathfrak{p} \circ d\mathfrak{F} = \frac{1}{3}(\sigma_x + \sigma_y + \sigma_z).$$

2.2 Zusammenhang der Oberflächenspannungen mit den Deformationsgeschwindigkeiten bzw. den räumlichen Ableitungen des Geschwindigkeitsfeldes. Wir gehen aus von Gl. (I, 2.6 bzw. 8). Die dortigen x, y und z-Komponenten der Resultierenden der Oberflächenkräfte werden gleichgesetzt den entsprechenden Komponenten der substantiellen Beschleunigung des Flüssigkeitsteilchens dV, multipliziert mit seiner Masse; die x-Komponente liefert somit die Gleichung

$$\left(\frac{\partial u}{\partial t} + u\frac{\partial u}{\partial x} + v\frac{\partial u}{\partial y} + w\frac{\partial u}{\partial z}\right)\varrho\, dV = \left(\frac{\partial \sigma_x}{\partial x} + \frac{\partial \tau_{xy}}{\partial y} + \frac{\partial \tau_{xz}}{\partial z}\right) dV. \qquad \text{(I, 2.15)}$$

In der Eulerschen Gleichung steht auf der rechten Seite (vgl. Bd. I, S. 104)

$$= -\frac{dp}{\partial x}\, dV.$$

Es soll jetzt unsere Aufgabe sein, den rechten Klammerausdruck bzw. die Klammerausdrücke der Gl. (I, 2.6) so umzuformen, daß außer den Komponenten des Druckgradienten nur die räumlichen Ableitungen des Geschwindigkeitsfeldes auftreten.

Wir beginnen mit den Schubspannungen. In Abb. I, 2.6 werde ein in Bewegung befindliches Flüssigkeitsteilchen von der Form eines Quaders durch die eingezeichneten Schubspannungen so deformiert, daß der Winkel R in den Winkel $R - \gamma$ übergeht. Abb. I, 2.7 zeigt die Aufsicht

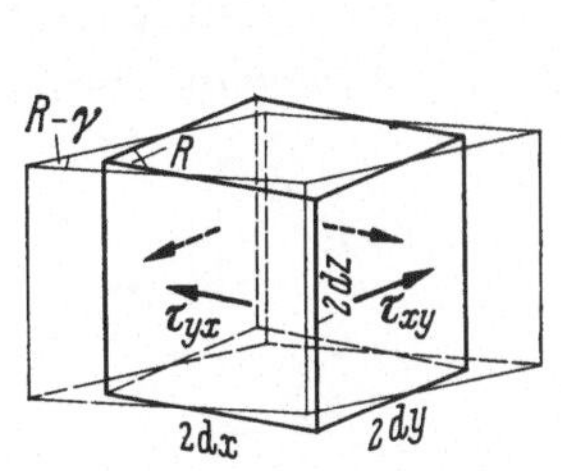

Abb. I, 2.6. Deformation eines in Bewegung befindlichen Flüssigkeitsteilchens von der Form eines Quaders

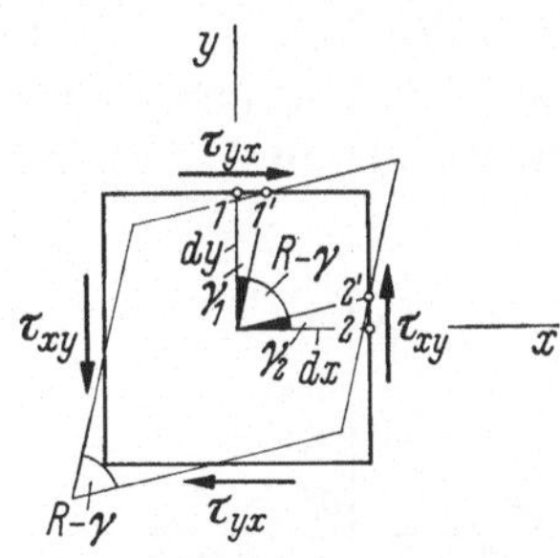

Abb. I, 2.7. Einzelheiten der Deformation eines flüssigen Quaders

mit einigen Einzelheiten. Da die Spannungen den Formänderungsgeschwindigkeiten proportional sind, so ist mit μ als Proportionalitätsfaktor

$$\tau_{xy} = \mu \frac{\partial \gamma}{\partial t}$$

und wegen Gl. (I, 2.3)

$$\tau_{xy} = \tau_{yx} = \mu \frac{\partial \gamma}{\partial t} = \mu \left(\frac{\partial \gamma_1}{\partial t} + \frac{\partial \gamma_2}{\partial t}\right).$$

Bezeichnet $\partial \xi$ die Verschiebung des Punktes 1 nach 1′ während des Zeitelementes ∂t und $\partial \eta$ diejenige des Punktes 2 nach 2′, so ist wegen

$$\gamma_1 = \frac{\partial \xi}{\partial y}, \quad \gamma_2 = \frac{\partial \eta}{\partial x},$$

$$\tau_{xy} = \tau_{yx} = \mu \left(\frac{\partial}{\partial t}\frac{\partial \xi}{\partial y} + \frac{\partial}{\partial t}\frac{\partial \eta}{\partial x}\right).$$

Da nun $\partial\xi/\partial t = u$ und $\partial\eta/\partial t = v$, haben wir

$$\tau_{xy} = \tau_{yx} = \mu \left(\frac{\partial u}{\partial y} + \frac{\partial v}{\partial x}\right);$$

analog ist

$$\tau_{yz} = \tau_{zy} = \mu \left(\frac{\partial v}{\partial z} + \frac{\partial w}{\partial y}\right) \qquad \text{(I, 2.16)}$$

und

$$\tau_{zx} = \tau_{xz} = \mu\left(\frac{\partial w}{\partial x} + \frac{\partial u}{\partial z}\right).$$

Hiermit haben wir die in Gl. (I, 2.6) auftretenden Schubspannungen durch räumliche Ableitungen der Geschwindigkeitskomponenten dargestellt.

Um das Entsprechende für die Normalspannungen $\sigma_x, \sigma_y, \sigma_z$ zu erreichen, nehmen wir an, daß die quadratische Querschnittsfläche $2\,dx \cdot 2dy$ der Abb. I, 2.7 Teil eines größeren, auf der Spitze stehenden Quadrates ist, das ebenso wie vorher durch die Schubspannungen τ verformt wird (Abb. I, 2.8). Während dabei der Winkel des gestrichelten

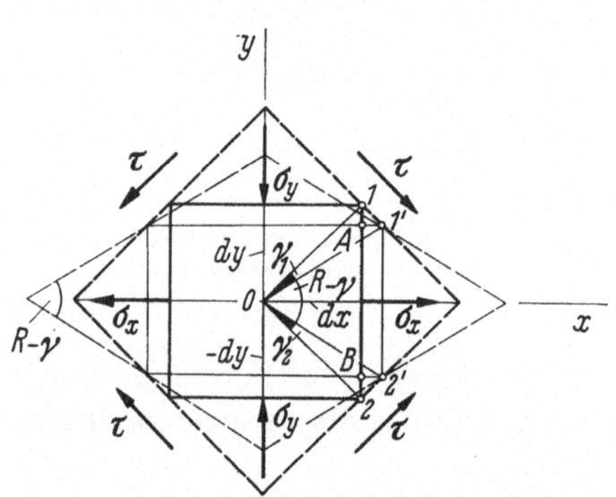

Abb. I, 2.8. Die auftretenden Normalspannungen bei der Deformation eines flüssigen Quaders

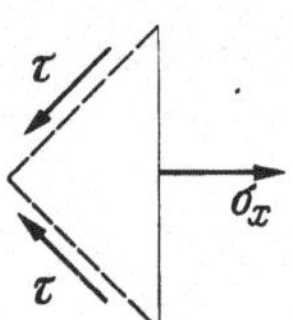

Abb. I, 2.9. Die Zugspannung ist mit den beiden Schubspannungen im Gleichgewicht

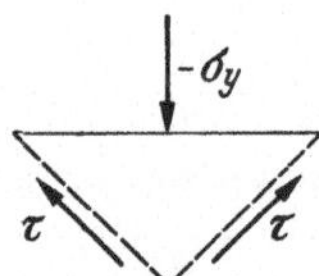

Abb. I, 2.10. Die Druckspannung ist mit den beiden Schubspannungen im Gleichgewicht

Quadrates wieder in einen Winkel $R - \gamma$ deformiert wird, geht das stark ausgezogene Quadrat — wegen der affinen Transformation[16] in ein Rechteck über, wobei auf die Seiten dieses Quadrates die Zugspannungen σ_x sowie die Druckspannungen $-\sigma_y$ wirken. Aus Gleichgewichtsgründen ist dabei, wenn wir die Vorstellung eines elastischen Körpers zu Hilfe nehmen, sowohl $\sigma_x = \tau$ als auch $-\sigma_y = \tau$ (Abb. I, 2.9 und 10), also somit bei einem sich bewegenden Flüssigkeitsteilchen

$$\sigma_x - \sigma_y = 2\tau = 2\mu\left(\frac{\partial\gamma_1}{\partial t} + \frac{\partial\gamma_2}{\partial t}\right).$$

Der Zusammenhang zwischen dem Deformationswinkel $\gamma = \gamma_1 + \gamma_2$ und den Dilatationen, d. h. der Dehnung bzw. der Verkürzung, ergibt sich aus

$$\gamma_1 = \frac{\overline{11'}}{\overline{01}} = \frac{\overline{A1'}}{dx} \text{ und } \gamma_2 = \frac{\overline{22'}}{\overline{02}} = \frac{\overline{2B}}{-dy}.$$

---

[16] Bei affinen Transformationen entsprechen parallelen Geraden wieder parallele Geraden.

Es ist aber $\overline{A1'} = u\,dt$ und $\overline{2B} = v\,dt$, d. h. also

$$\gamma_1 = \frac{u\,dt}{dx} \quad \text{sowie} \quad \gamma_2 = \frac{v\,dt}{-dy}$$

und in obige Gleichung eingesetzt:

$$\sigma_x - \sigma_y = 2\mu\left(\frac{\partial u}{\partial x} - \frac{\partial v}{\partial y}\right). \qquad \text{(I, 2.17)}$$

In gleicher Weise läßt sich ableiten, daß

$$\sigma_x - \sigma_z = 2\mu\left(\frac{\partial u}{\partial x} - \frac{\partial w}{\partial z}\right) \qquad \text{(I, 2.18)}$$

ist. Zur Bestimmung der einzelnen Normalspannungen σ_x, σ_y und σ_z benötigen wir außer den beiden letzten Gleichungen noch eine dritte Gleichung. Man erhält diese, indem man zum Ausdruck bringt, daß der Mittelwert der Normalspannungen gleich dem negativen Flüssigkeitsdruck p ist, d. h. nach Gl. (I, 2.14)

$$\frac{1}{3}(\sigma_x + \sigma_y + \sigma_z) = -p. \qquad \text{(I, 2.19)}$$

Addiert man die Summe der Gl. (I, 2.17 und 18) zu der mit 3 multiplizierten Gl. (I, 2.19), so erhält man

$$\sigma_x = -p + \frac{2}{3}\mu\left(2\frac{\partial u}{\partial x} - \frac{\partial v}{\partial y} - \frac{\partial w}{\partial z}\right)$$

oder

$$\sigma_x = -p + 2\mu\frac{\partial u}{\partial x} - \frac{2}{3}\mu\left(\frac{\partial u}{\partial x} + \frac{\partial v}{\partial y} + \frac{\partial w}{\partial z}\right),$$

analog

$$\sigma_y = -p + 2\mu\frac{\partial v}{\partial y} - \frac{2}{3}\mu\left(\frac{\partial u}{\partial x} + \frac{\partial v}{\partial y} + \frac{\partial w}{\partial z}\right) \qquad \text{(I, 2.20)}$$

und

$$\sigma_z = -p + 2\mu\frac{\partial w}{\partial z} - \frac{2}{3}\mu\left(\frac{\partial u}{\partial x} + \frac{\partial v}{\partial y} + \frac{\partial w}{\partial z}\right).$$

Die vorletzte Gleichung für σ_y erhält man, wenn die mit 2 multiplizierte Gl. (I, 2.17) von Gl. (I, 2.18) subtrahiert und die mit 3 multiplizierte Gl. (I, 2.19) addiert wird; die letzte Gleichung bekommt man wie vorher wenn 17 mit 18 vertauscht wird. Hiermit sind die in Gl. (I, 2.6) auftretenden Normalspannungen durch räumliche Ableitungen der Geschwindigkeitskomponenten sowie durch den Druck p dargestellt.

2.3 Die Navier-Stokesschen Gleichungen. Setzt man die Werte für die Normalspannungen nach Gl. (I, 2.20) sowie die Werte für die Schubspannungen nach Gl. (I, 2.16) in Gl. (I, 2.6) ein, so erhält man als die x, y, z-Komponenten der resultierenden Oberflächenkraft, wenn zur Abkürzung noch

$$\frac{\partial u}{\partial x} + \frac{\partial v}{\partial y} + \frac{\partial w}{\partial z} = \left(\mathfrak{i}\,\frac{\partial}{\partial x} + \mathfrak{j}\,\frac{\partial}{\partial y} + \mathfrak{k}\,\frac{\partial}{\partial z}\right) \circ (\mathfrak{i} u + \mathfrak{j} v + \mathfrak{k} w)$$

$$= \nabla \circ \mathfrak{q} = \operatorname{div} \mathfrak{q}$$

geschrieben wird:

$$X = \left[-\frac{\partial p}{\partial x} + \frac{\partial}{\partial x}\left\{\mu\left(2\,\frac{\partial u}{\partial x} - \frac{2}{3}\operatorname{div}\mathfrak{q}\right)\right\} + \right.$$
$$\left. + \frac{\partial}{\partial y}\left\{\mu\left(\frac{\partial u}{\partial y} + \frac{\partial v}{\partial x}\right)\right\} + \frac{\partial}{\partial z}\left\{\mu\left(\frac{\partial w}{\partial x} + \frac{\partial u}{\partial z}\right)\right\}\right] dV,$$

$$Y = \left[-\frac{\partial p}{\partial y} + \frac{\partial}{\partial y}\left\{\mu\left(2\,\frac{\partial v}{\partial y} - \frac{2}{3}\operatorname{div}\mathfrak{q}\right)\right\} + \right.$$
$$\left. + \frac{\partial}{\partial z}\left\{\mu\left(\frac{\partial v}{\partial z} + \frac{\partial w}{\partial y}\right)\right\} + \frac{\partial}{\partial x}\left\{\mu\left(\frac{\partial u}{\partial y} + \frac{\partial v}{\partial x}\right)\right\}\right] dV,$$

$$Z = \left[-\frac{\partial p}{\partial z} + \frac{\partial}{\partial z}\left\{\mu\left(2\,\frac{\partial w}{\partial z} - \frac{2}{3}\operatorname{div}\mathfrak{q}\right)\right\} + \right.$$
$$\left. + \frac{\partial}{\partial x}\left\{\mu\left(\frac{\partial w}{\partial x} + \frac{\partial u}{\partial z}\right)\right\} + \frac{\partial}{\partial y}\left\{\mu\left(\frac{\partial v}{\partial z} + \frac{\partial w}{\partial y}\right)\right\}\right] dV.$$

Da die Zähigkeit sehr von der Temperatur abhängt (vgl. Bd. I, S. 4 ff.), anderseits bei Kompressionsvorgängen von Gasen erhebliche Temperaturänderungen auftreten können, ist der Allgemeinheit wegen in den obigen Gleichungen angenommen, daß μ von x, y, z abhängig ist.

Nimmt man μ als vom Ort unabhängig an, so gehen die vorstehenden Gleichungen über in

$$X = \left[-\frac{\partial p}{\partial x} + \mu\left(\frac{\partial^2 u}{\partial x^2} + \frac{\partial^2 u}{\partial y^2} + \frac{\partial^2 u}{\partial z^2}\right) + \right.$$
$$\left. + \frac{1}{3}\,\mu\,\frac{\partial}{\partial x}\left(\frac{\partial u}{\partial x} + \frac{\partial v}{\partial y} + \frac{\partial w}{\partial z}\right)\right] dV,$$

$$Y = \left[-\frac{\partial p}{\partial y} + \mu\left(\frac{\partial^2 v}{\partial x^2} + \frac{\partial^2 v}{\partial y^2} + \frac{\partial^2 v}{\partial z^2}\right) + \right.$$
$$\left. + \frac{1}{3}\,\mu\,\frac{\partial}{\partial y}\left(\frac{\partial u}{\partial x} + \frac{\partial v}{\partial y} + \frac{\partial w}{\partial z}\right)\right] dV,$$

$$Z = \left[-\frac{\partial p}{\partial z} + \mu\left(\frac{\partial^2 w}{\partial x^2} + \frac{\partial^2 w}{\partial y^2} + \frac{\partial^2 w}{\partial z^2}\right) + \right.$$
$$\left. + \frac{1}{3}\,\mu\,\frac{\partial}{\partial z}\left(\frac{\partial u}{\partial x} + \frac{\partial v}{\partial y} + \frac{\partial w}{\partial z}\right)\right] dV.$$

Dividiert man diese Komponenten durch die Masse $\varrho\, d V$ des Flüssigkeitsteilchens und setzt die Kraftkomponenten pro Masseneinheit gleich den entsprechenden Komponenten der substantiellen Beschleunigung des Teilchens, so bleibt, wenn man noch $\mu/\varrho = \nu$ (kinematische Zähigkeit) setzt:

$$\begin{aligned}
\frac{\partial u}{\partial t} + u\frac{\partial u}{\partial x} + v\frac{\partial u}{\partial y} + w\frac{\partial u}{\partial z} &= -\frac{1}{\varrho}\frac{\partial p}{\partial x} + \\
&+ \nu\left(\frac{\partial^2 u}{\partial x^2} + \frac{\partial^2 u}{\partial y^2} + \frac{\partial^2 u}{\partial z^2}\right) + \frac{1}{3}\nu\frac{\partial}{\partial x}\left(\frac{\partial u}{\partial x} + \frac{\partial v}{\partial y} + \frac{\partial w}{\partial z}\right), \\
\frac{\partial v}{\partial t} + u\frac{\partial v}{\partial x} + v\frac{\partial v}{\partial y} + w\frac{\partial v}{\partial z} &= -\frac{1}{\varrho}\frac{\partial p}{\partial y} + \\
&+ \nu\left(\frac{\partial^2 v}{\partial x^2} + \frac{\partial^2 v}{\partial y^2} + \frac{\partial^2 v}{\partial z^2}\right) + \frac{1}{3}\nu\frac{\partial}{\partial y}\left(\frac{\partial u}{\partial x} + \frac{\partial v}{\partial y} + \frac{\partial w}{\partial z}\right), \qquad \text{(I, 2.21)} \\
\frac{\partial w}{\partial t} + u\frac{\partial w}{\partial x} + v\frac{\partial w}{\partial y} + w\frac{\partial w}{\partial z} &= -\frac{1}{\varrho}\frac{\partial p}{\partial z} + \\
&+ \nu\left(\frac{\partial^2 w}{\partial x^2} + \frac{\partial^2 w}{\partial y^2} + \frac{\partial^2 w}{\partial z^2}\right) + \frac{1}{3}\nu\frac{\partial}{\partial z}\left(\frac{\partial u}{\partial x} + \frac{\partial v}{\partial y} + \frac{\partial w}{\partial z}\right).
\end{aligned}$$

Multipliziert man diese Gleichungen beziehungsweise mit $\mathfrak{i}$, $\mathfrak{j}$, $\mathfrak{k}$ und addiert, so erhält man mit $\mathfrak{i}u + \mathfrak{j}v + \mathfrak{k}w = \mathfrak{q}$ und $\Delta = \partial^2/\partial x^2 + \partial^2/\partial y^2 + \partial^2/\partial z^2$ die obigen Gleichungen in vektorieller Schreibweise (vgl. auch Bd. I, S. 101f. und S. 116 oben):

$$\frac{\partial \mathfrak{q}}{\partial t} + \mathfrak{q} \circ \operatorname{grad} \mathfrak{q} = -\frac{1}{\varrho}\operatorname{grad} p + \nu \Delta \mathfrak{q} + \frac{1}{3}\nu \operatorname{grad} \operatorname{div} \mathfrak{q}. \qquad \text{(I, 2.22)}$$

Ist die Dichte (ϱ) auch noch von der Höhe (z) abhängig (meteorologische Probleme) oder treten freie Oberflächen auf, so ist der vollständige Druck $p_v = \overline{p} + p$ einzusetzen, wo $\overline{p}$ den hydrostatischen bzw. aerostatischen Druck bedeutet (vgl. Bd. I, S. 91, 106, 300). Es ist also

$$-\frac{\partial p}{\partial z} = \frac{\partial \overline{p}}{\partial z} - \frac{\partial p_v}{\partial z}$$

und, da

$$\frac{\partial \overline{p}}{\partial z} = -\gamma = -\varrho g,$$

haben wir in der dritten Gleichung von Gl. (I, 2.21)

$$-\frac{1}{\varrho}\frac{\partial p}{\partial z} \text{ durch } -g - \frac{1}{\varrho}\frac{\partial p_v}{\partial z}$$

zu ersetzen. Treten noch andere Massenkräfte auf, die ein Potential (U) haben, wie z. B. Zentrifugalkräfte (nicht aber z. B. Corioliskräfte), so ist in Gl. (I, 2.22)

$$-\frac{1}{\varrho}\,\mathrm{grad}\; p = \mathrm{grad}\left(U - \frac{p}{\varrho}\right)$$

zu setzen (vgl. Bd. I, S. 106).

Für inkompressible Flüssigkeiten ($\varrho = \mathrm{const}$) ist

$$\frac{\partial u}{\partial x} + \frac{\partial v}{\partial y} + \frac{\partial w}{\partial z} = \nabla \circ \mathfrak{q} = \mathrm{div}\,\mathfrak{q} = 0$$

(vgl. Bd. I, S. 116 oben), so daß Gl. (I, 2.21 bzw. 22) übergeht in

$$\begin{aligned}
\frac{\partial u}{\partial t} + u\frac{\partial u}{\partial x} + v\frac{\partial u}{\partial y} + w\frac{\partial u}{\partial z} &= -\frac{1}{\varrho}\frac{\partial p}{\partial x} + \nu \Delta u,\\
\frac{\partial v}{\partial t} + u\frac{\partial v}{\partial x} + v\frac{\partial v}{\partial y} + w\frac{\partial v}{\partial z} &= -\frac{1}{\varrho}\frac{\partial p}{\partial y} + \nu \Delta v, \qquad (\mathrm{I}, 2.23)\\
\frac{\partial w}{\partial t} + u\frac{\partial w}{\partial x} + v\frac{\partial w}{\partial y} + w\frac{\partial w}{\partial z} &= -\frac{1}{\varrho}\frac{\partial p}{\partial z} + \nu \Delta w,
\end{aligned}$$

bzw.

$$\frac{\partial \mathfrak{q}}{\partial t} + \mathfrak{q} \circ \mathrm{grad}\,\mathfrak{q} = -\frac{1}{\varrho}\,\mathrm{grad}\, p + \nu \Delta \mathfrak{q}. \qquad (\mathrm{I}, 2.24)$$

Die letzten vier bezifferten Gleichungen heißen die Navier-Stokesschen Gleichungen. Sie wurden zuerst von NAVIER[17] (1827) und POISSON[18] (1831) aufgestellt unter mannigfacher Betrachtung der gegenseitigen Einwirkung der Moleküle der Flüssigkeiten[19]. Ohne irgendwelche Hypothesen dieser Art fanden SAINT VENANT[20] und STOKES[21] dieselben Gleichungen; sie gingen von der — auch von uns gemachten — Voraussetzung aus, daß die Zähigkeit einer Flüssigkeit oder eines Gases nur dann zur Wirkung kommt, wenn sich Flüssigkeitsschichten relativ zueinander verschieben, daß sie aber nicht zur Wirkung kommt, wenn bei einer reinen Dilatation das Volumen einer Gasmasse sich ändert.

---

[17] NAVIER, C. L. M. H.: Mémoire sur les lois du mouvement des fluides. Mém. de l'Acad. des Sciences 6 (1827) 389.

[18] POISSON, S. D.: Mémoire sur les équations générales de l'équilibre et du mouvement des corps solides élastiques et des fluides. J. de l'Ècole politechn. 13 (1831) 1.

[19] Vgl. G. G. STOKES: British Association Reports (1846), u. O. E. MEYER: Crelle, Bd. 59.

[20] SAINT VENANT: Note à joindre un mémoire sur la dynamique des fluides. C. R. 18 (1843) S. 1240.

[21] STOKES, G. G.: On the Theories of the Internal Friction of Fluids in Motion. Trans. of the Cambr. Phil. Soc. 8 (1845) Teil III.

In gewissen Fällen kann es zweckmäßig sein, die in den letzten Gleichungen auftretenden Größen wie u, v, w, dx usw. dadurch dimensionslos zu machen, daß man sie auf entsprechende Größen, die für den Strömungsvorgang charakteristisch sind, als Einheiten bezieht. Nehmen wir beispielsweise an, eine Kugel vom Radius a bewege sich mit der Geschwindigkeit V durch eine ruhende Flüssigkeit. Die Größen a und V sind für die Strömung um die Kugel charakteristisch. Alle Längen werden deshalb in Einheiten von a gemessen und alle Geschwindigkeiten in Einheiten von V, d. h.

$$\frac{dx}{a} = dx^*, \quad \frac{dy}{a} = dy^*, \quad \frac{dz}{a} = dz^*, \quad \frac{\partial x^2}{a^2} = \partial x^{*2} \quad \text{usw.}$$

$$\frac{u}{V} = u^*, \quad \frac{v}{V} = v^* \quad \text{usw.} \quad \frac{\partial u}{V} = \partial u^*, \quad \frac{\partial^2 u}{V} = \partial^2 u^* \quad \text{usw.}$$

Mit a als Einheit der Länge und V als Einheit der Geschwindigkeit ist auch a/V als Einheit der Zeit festgelegt, so daß

$$\frac{dt}{a/V} = dt^*$$

ist. Diese Größen in die erste Gleichung von (I, 2.23) eingesetzt, ergibt

$$\frac{V^2}{a}\frac{\partial u^*}{\partial t^*} + \frac{V^2}{a}\left(u^*\frac{\partial u^*}{\partial x^*} + v^*\frac{\partial u^*}{\partial y^*} + w^*\frac{\partial u^*}{\partial z^*}\right) = -\frac{1}{\varrho}\frac{\partial p}{a\,d\,x^*} + \frac{\nu V}{a^2}\Delta^* u^*$$

oder, wenn durch V^2/a dividiert,

$$\frac{\partial u^*}{\partial t^*} + u^*\frac{\partial u^*}{\partial x^*} + v^*\frac{\partial u^*}{\partial y^*} + w^*\frac{\partial u^*}{\partial z^*} = -\frac{1}{\varrho V^2}\frac{\partial p}{\partial x^*} + \frac{\nu}{a V}\Delta^* u^*.$$

Bei der Bewegung der Kugel entsteht im Staupunkt der Druck $\varrho V^2/2$ (Staudruck). Mißt man die in der Strömung auftretenden Drucke p in Einheiten des *doppelten* Staudrucks, also

$$\frac{p}{\varrho V^2} = p^* \quad \text{oder} \quad dp = \varrho V^2\, dp^*,$$

so erhält man, wenn man der Einfachheit halber die * wieder fortläßt und noch $Va/\nu = \text{Re}$ (Reynoldssche Zahl) setzt,

$$\frac{\partial u}{\partial t} + u\frac{\partial u}{\partial x} + v\frac{\partial u}{\partial y} + w\frac{\partial u}{\partial z} = -\frac{\partial p}{\partial x} + \frac{1}{\text{Re}}\Delta u; \qquad \text{(I, 2.25)}$$

analog lauten die beiden andern Gleichungen von (I, 2.23) bzw. Gl. (I, 2.24). Tritt im Zähigkeitsglied ν auf, so sind alle Größen dimensionsbehaftet; tritt statt dessen 1/Re auf, so sind alle Größen in der Gleichung dimensionslos.

2.4 Bemerkungen zur Navier-Stokesschen Gleichung. Bei einer idealen Flüssigkeit ist jede Bewegung aus der Ruhe heraus eine Potentialströmung (vgl. Bd. I, S. 110ff.). In diesem Falle kann man bei Annahme der Inkompressibilität die Eulerschen Gleichungen für stationäre Strömungen auf die Gleichung $\Delta\Phi(x, y, z) = 0$ zurückführen, worin der Druckgradient nicht mehr vorkommt. Im zweidimensionalen Fall konnten wir auch noch eine Stromfunktion Ψ einführen und hatten

$$\Delta\Phi(x, y) = 0$$

und

$$\Delta\Psi(x, y) = 0, \qquad \text{(I, 2.26)}$$

die lediglich durch die Randbedingungen bestimmt sind; bei der letzteren Gleichung also durch die Randbedingungen $u = \partial\Psi/\partial y$ und $v = -\partial\Psi/\partial x$ im Unendlichen, und $\Psi = 0$ auf der umströmten Körperkontur.

Etwas Ähnliches läßt sich auch bei einer zähen, inkompressiblen Strömung erreichen; auch hier kann man in den Navier-Stokesschen Gleichungen den Druckgradienten eliminieren und eine Gleichung in Ψ (nicht aber in Φ) erhalten, die ausschließlich durch die Randbedingungen bestimmt ist.

Bildet man von der ersten Gleichung von (I, 2.23) die partielle Ableitung nach y und von der zweiten nach x und subtrahiert die zweite Gleichung von der ersten, so fallen die Ableitungen von p heraus und man erhält

$$\frac{\partial}{\partial t}\left(\frac{\partial u}{\partial y} - \frac{\partial v}{\partial x}\right) + u\frac{\partial}{\partial x}\left(\frac{\partial u}{\partial y} - \frac{\partial v}{\partial x}\right) + v\frac{\partial}{\partial y}\left(\frac{\partial u}{\partial y} - \frac{\partial v}{\partial x}\right) +$$
$$+ \frac{\partial u}{\partial y}\left(\frac{\partial u}{\partial x} + \frac{\partial v}{\partial y}\right) - \frac{\partial v}{\partial x}\left(\frac{\partial u}{\partial x} + \frac{\partial v}{\partial y}\right) = \nu\Delta\left(\frac{\partial u}{\partial y} - \frac{\partial v}{\partial x}\right).$$

Führt man die Stromfunktion Ψ ein, also

$$u = \frac{\partial\Psi}{\partial y}, \quad v = -\frac{\partial\Psi}{\partial x},$$

womit die Kontinuitätsgleichung berücksichtigt wird, so erhält man mit

$$\frac{\partial u}{\partial y} - \frac{\partial v}{\partial x} = \Delta\Psi$$

$$\frac{\partial}{\partial t}\Delta\Psi + u\frac{\partial}{\partial x}\Delta\Psi + v\frac{\partial}{\partial y}\Delta\Psi = \nu\Delta\Delta\Psi \qquad \text{(I, 2.27)}$$

und schließlich

$$\frac{\partial}{\partial t}\Delta\Psi + \frac{\partial\Psi}{\partial y}\frac{\partial}{\partial x}\Delta\Psi - \frac{\partial\Psi}{\partial x}\frac{\partial}{\partial y}\Delta\Psi = \nu\Delta\Delta\Psi, \qquad \text{(I, 2.28)}$$

d. h. eine Differentialgleichung 2. Grades und 4. Ordnung in Ψ mit den Randbedingungen $u = \partial\Psi/\partial y$ und $v = -\partial\Psi/\partial x$ im Unendlichen vorgegeben, sowie $\mathfrak{q}_n = 0$, d. h. $\Psi = 0$ *und* $\mathfrak{q}_t = 0$, d. h. $\partial\Psi/\partial n = 0$ auf der Berandung des umströmten Körpers. Man erkennt, wie viel komplizierter die letzte Gleichung — auch noch für die stationäre Strömung — ist, verglichen mit Gl. (I, 2.26); die mathematischen Schwierigkeiten von Gl. (I, 2.28) sind in der Tat so groß, daß nicht eine einzige strenge Lösung dieser Gleichung bekannt ist, bei welcher die für eine Flüssigkeitsbewegung charakteristischen konvektiven Glieder in voller Allgemeinheit mit den Reibungsgliedern in Wechselwirkung treten.

Die Bedeutung der Navier-Stokesschen Gleichung liegt darin, daß sie Näherungslösungen ermöglicht und zwar für die beiden Fälle, daß die Zähigkeitswirkungen *innerhalb* der Flüssigkeit entweder sehr groß sind (dickflüssige Öle) oder sehr klein (Wasser, Luft). Den ersten Fall werden wir in der nächsten Nummer über „schleichende" Bewegungen, den zweiten Fall im Kapitel über „Grenzschichten" behandeln.

Wir kommen nochmals kurz auf Gl. (I, 2.27) zurück. Die linke Seite dieser Gleichung stellt den substantiellen Differentialquotienten von $\Delta\Psi$ dar. $\Delta\Psi = \partial u/\partial y - \partial v/\partial x$ ist aber gleich dem negativen Wert der Rotation (vgl. Bd. I, S. 111). Gl. (I, 2.27) handelt also von der Änderung der Rotation eines Flüssigkeitsteilchens durch die Reibung; die Änderung der Rotation während eines Zeitelementes dt ist gleich $\nu\Delta\Delta\Psi$, während sie bei der Potentialströmung einer idealen Flüssigkeit gleich Null ist. Im ersteren Fall ist die Änderung der Richtung der Hauptachsen eines „flüssigen" Ellipsoides von der gleichen Größenordnung wie seine Ortsänderung; im zweiten Fall (Potentialströmung) ist die Änderung der Richtung der Hauptachsen von kleinerer Größenordnung (vgl. Bd. I, S. 144 oben).

2.5 Die Differentialgleichung der „schleichenden" Strömung um eine Kugel. Für den Fall, daß die Zähigkeit sehr groß ist (dickflüssige Öle, Sirup und dergl.), oder daß die Geschwindigkeiten und Dimensionen außerordentlich klein sind (fallende Nebeltröpfchen, nicht aber Regentropfen, die schon zu groß sind), ist es gerechtfertigt, bei stationären Strömungen die linke Seite der Gl. (I, 2.23 bzw. 24) in erster Näherung zu vernachlässigen. Man erhält dann

$$\mu\Delta u = \frac{\partial p}{\partial x}, \quad \mu\Delta v = \frac{\partial p}{\partial y}, \quad \mu\Delta w = \frac{\partial p}{\partial z}, \qquad \text{(I, 2.29)}$$

bzw.

$$\mu\Delta\mathfrak{q} = \operatorname{grad} p.$$

Wir nehmen als Beispiel den Fall, daß eine Kugel vom Radius a mit einer Geschwindigkeit V von links nach rechts angeströmt werde; die Reynoldssche Zahl ist $Va/\nu = \mathrm{Re}$ und (Gl. I, 2.25) wird

$$\frac{1}{\mathrm{Re}} \Delta u = \frac{\partial p}{\partial x}, \quad \frac{1}{\mathrm{Re}} \Delta v = \frac{\partial p}{\partial y}, \quad \frac{1}{\mathrm{Re}} \Delta w = \frac{\partial p}{\partial z} \qquad \text{(I, 2.30)}$$

oder in Vektorform

$$\frac{1}{\mathrm{Re}} \Delta \mathfrak{q} = \operatorname{grad} p. \qquad \text{(I, 2.31)}$$

Diese Gleichung ist erstmalig von STOKES[22] gelöst worden; außerdem gelang es ihm, den Strömungswiderstand der Kugel theoretisch zu bestimmen. Der Vergleich mit Experimenten, den wir auf S. 64 bringen, zeigt, daß gute Übereinstimmung bis etwa $\mathrm{Re} = Vd/\nu = 0{,}6$ besteht, daß aber schon ab $Vd/\nu = 1$ merkliche Abweichungen auftreten (d sei der Kugeldurchmesser).

Den Druck in der letzten Gleichung werden wir dadurch eliminieren, daß wir die Rotation bilden, da $\operatorname{rot} \operatorname{grad} \mathrm{p} = \nabla \times \nabla p \equiv 0$ ist;[23] mithin

$$\operatorname{rot} \Delta \mathfrak{q} = \Delta \operatorname{rot} \mathfrak{q} = 0. \qquad \text{(I, 2.32)}$$

Da die Strömung um eine Kugel aus Gründen der Symmetrie in allen durch die x-Achse (Anströmungsrichtung) gehenden Ebenen identisch ist, wollen wir die x, y, z-Koordinaten in Gl. (I, 2.29) durch die x, y^*, ϑ-Koordinaten ersetzen. Nach Abb. I, 2.11 ist

$$y = y^* \cos\vartheta, \quad z = y^* \sin\vartheta \quad \text{bzw.} \quad y^{*2} = y^2 + z^2, \; \vartheta = \arctan\frac{z}{y}.$$

Der Winkel ϑ ist willkürlich; setzen wir ihn gleich Null, so wird y mit y^* identisch, woraus folgt, daß bei $\vartheta = 0$

$$\frac{\partial^2}{\partial y^2} = \frac{\partial^2}{\partial y^{*2}}$$

---

[22] STOKES, G. G.: On the Effect of the Internal Friction of Fluids on the Motion of Pendulums. Trans. Cambr. Phil. Soc. 9 (1851) 8, oder Papers, Vol. 3, S. 22ff. u. S. 55ff.

[23] In Koordinaten:

$$\left(\mathfrak{i}\frac{\partial}{\partial x} + \mathfrak{j}\frac{\partial}{\partial y} + \mathfrak{k}\frac{\partial}{\partial z}\right) \times \left(\mathfrak{i}\frac{\partial p}{\partial x} + \mathfrak{j}\frac{\partial p}{\partial y} + \mathfrak{k}\frac{\partial p}{\partial z}\right)$$
$$= \mathfrak{k}\frac{\partial^2 p}{\partial x\,\partial y} - \mathfrak{j}\frac{\partial^2 p}{\partial x\,\partial z} - \mathfrak{k}\frac{\partial^2 p}{\partial x\,\partial y} + \mathfrak{i}\frac{\partial^2 p}{\partial y\,\partial z} + \mathfrak{j}\frac{\partial^2 p}{\partial x\,\partial z} - \mathfrak{i}\frac{\partial^2 p}{\partial y\,\partial z} = 0;$$

das Zeichen $\times$ (gelesen „an“) bezeichnet das vektorielle Produkt der damit verbundenen Größen.

ist. Wir wollen aber die Bezeichnung y^* beibehalten, und damit zum Ausdruck zu bringen, daß diese Ordinate zusammen mit ϑ und nicht — wie y — mit z verwendet wird. Um den entsprechenden Ausdruck $\partial^2/\partial z^2$ zu erhalten, der nicht etwa gleich $\partial^2/y^{*2}\,\partial\vartheta^2$ ist, müssen wir zunächst

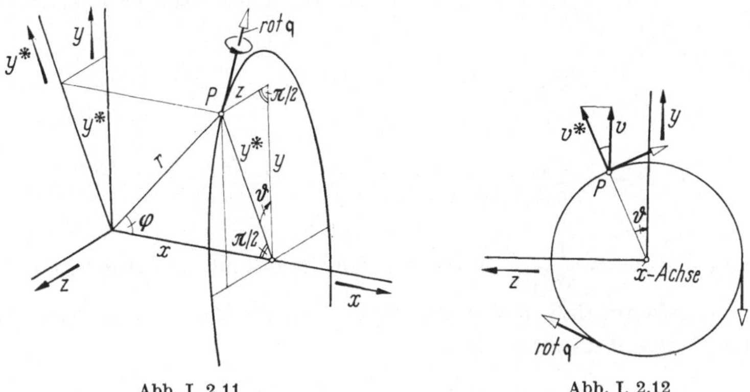

Abb. I, 2.11 Abb. I, 2.12

einen endlichen Winkel ϑ annehmen, die zweifache Differentiation nach z ausführen und können darauf den Übergang zu ϑ gleich Null vornehmen:

Es ist[24]

$$\frac{\partial}{\partial z} = \sin\vartheta\,\frac{\partial}{\partial y^*} + \frac{\cos\vartheta}{y^*}\,\frac{\partial}{\partial\vartheta}$$

und

$$\frac{\partial^2}{\partial z^2} = \sin\vartheta\,\frac{\partial^2}{\partial y^{*2}}\,\frac{\partial y^*}{\partial z} + \frac{\partial}{\partial y^*}\cdot\cos\vartheta\,\frac{\partial\vartheta}{\partial z} + \frac{\cos\vartheta}{y^*}\,\frac{\partial^2}{\partial\vartheta^2}\cdot\frac{\partial\vartheta}{\partial z} + \frac{\partial}{\partial\vartheta}\cdot\frac{\partial}{\partial z}\left(\frac{\cos\vartheta}{y^*}\right)$$

$$= \sin^2\vartheta\,\frac{\partial^2}{\partial y^{*2}} + \frac{\cos^2\vartheta}{y^*}\,\frac{\partial}{\partial y^*} + \frac{\cos^2\vartheta}{y^{*2}}\,\frac{\partial^2}{\partial\vartheta^2} - \frac{2\sin\vartheta\cos\vartheta}{y^{*2}}\,\frac{\partial}{\partial\vartheta}.$$

Drehen wir jetzt das x, y, z-System bezügl. der x-Achse um $-\vartheta$, so wird ϑ gleich Null und es bleibt

$$\frac{\partial^2}{\partial z^2} = \frac{1}{y^*}\,\frac{\partial}{\partial y^*} + \frac{1}{y^{*2}}\,\frac{\partial^2}{\partial\vartheta^2}.$$

---

[24] Wenn zwei beliebige Funktionen $u = f(y, z)$ und $v = g(y, z)$ gegeben sind, so ist bekanntlich die partielle Ableitung von $F(u, v)$ nach z

$$\frac{\partial}{\partial z} = \frac{\partial}{\partial u}\cdot\frac{\partial u}{\partial z} + \frac{\partial}{\partial v}\cdot\frac{\partial v}{\partial z}.$$

Im vorliegenden Falle sind

$$u = y^* = \sqrt{y^2 + z^2}, \quad v = \vartheta = \arctan\frac{z}{y}$$

und also

$$\frac{\partial u}{\partial z} = \frac{\partial y^*}{\partial z} = \frac{z}{y^*} = \sin\vartheta, \quad \frac{\partial v}{\partial z} = \frac{\partial\vartheta}{\partial z} = \frac{\cos\vartheta}{y^*}.$$

Es ist somit

$$\frac{\partial^2}{\partial x^2} + \frac{\partial^2}{\partial y^2} + \frac{\partial^2}{\partial z^2} = \frac{\partial^2}{\partial x^2} + \frac{\partial^2}{\partial y^{*2}} + \frac{1}{y^*}\frac{\partial}{\partial y^*} + \frac{1}{y^{*2}}\frac{\partial^2}{\partial \vartheta^2}. \qquad \text{(I, 2.33)}$$

Unter Berücksichtigung, daß die Geschwindigkeitskomponente u von ϑ unabhängig ist, haben wir also

$$\begin{aligned} \Delta u &= \frac{\partial^2 u}{\partial x^2} + \frac{\partial^2 u}{\partial y^{*2}} + \frac{1}{y^*}\frac{\partial u}{\partial y^*} &&= \frac{1}{\mu}\frac{\partial p}{\partial x} \\ \Delta v &= \frac{\partial^2 v}{\partial x^2} + \frac{\partial^2 v}{\partial y^{*2}} + \frac{1}{y^*}\frac{\partial v}{\partial y^*} + \frac{1}{y^{*2}}\frac{\partial^2 v}{\partial \vartheta^2} &&= \frac{1}{\mu}\frac{\partial p}{\partial y^*}. \end{aligned} \qquad \text{(I, 2.34)}$$

Um den Ausdruck $\frac{1}{y^{*2}}\frac{\partial^2 v}{\partial \vartheta^2}$ in der letzten Gleichung auszuwerten, nehmen wir nochmals an, daß $\vartheta \neq 0$ sei (Abb. I, 2.12). Mit $v = v^* \cos\vartheta$ haben wir, da v^* von ϑ unabhängig ist,

$$\frac{\partial^2 v}{\partial \vartheta^2} = \frac{v^* \partial^2 \cos\vartheta}{\partial \vartheta^2} = -v^* \cos\vartheta,$$

und erhalten statt der letzten Gleichung, wenn ϑ jetzt wieder gleich Null gesetzt wird und damit $v^* \neq v$,

$$\Delta v^* = \frac{\partial^2 v^*}{\partial x^2} + \frac{\partial^2 v^*}{\partial y^{*2}} + \frac{1}{y^*}\frac{\partial v^*}{\partial y^*} - \frac{v^*}{y^{*2}} = \frac{1}{\mu}\frac{\partial p}{\partial y^*}. \qquad \text{(I, 2.35)}$$

Um den Druck zu eliminieren, bilden wir die Rotation, d. h. differenzieren Gl. (I, 2.35) nach x und Gl. (I, 2.34) nach y^* und subtrahieren dann Gl. (I, 2.34) von (I, 2.35):

$$\frac{\partial}{\partial x}\left(\frac{\partial^2}{\partial x^2} + \frac{\partial^2}{\partial y^{*2}} + \frac{1}{y^*}\frac{\partial}{\partial y^*} - \frac{1}{y^{*2}}\right) v^* - \frac{\partial}{\partial y^*}\left(\frac{\partial^2}{\partial x^2} + \frac{\partial^2}{\partial y^{*2}} + \frac{1}{y^*}\frac{\partial}{\partial y^*}\right) u = 0. \qquad \text{(I, 2.36)}$$

Da

$$\frac{\partial}{\partial y^*}\left(\frac{1}{y^*}\frac{\partial u}{\partial y^*}\right) = \frac{1}{y^*}\frac{\partial^2 u}{\partial y^{*2}} - \frac{1}{y^{*2}}\frac{\partial u}{\partial y^*} = \left(\frac{1}{y^*}\frac{\partial}{d y^*} - \frac{1}{y^{*2}}\right)\frac{\partial u}{\partial y^*}$$

ist, kann man statt Gl. (I, 2.36) schreiben

$$\left(\frac{\partial^2}{\partial x^2} + \frac{\partial^2}{\partial y^{*2}} + \frac{1}{y^*}\frac{\partial}{\partial y^*} - \frac{1}{y^{*2}}\right)\left(\frac{\partial v^*}{\partial x} - \frac{\partial u}{\partial y^*}\right) = 0. \qquad \text{(I, 2.37)}$$

Führen wir jetzt die Stokessche Stromfunktion ein (Bd. I, S. 188ff.), also

$$u = \frac{1}{y^*}\frac{\partial \Psi_{St}}{\partial y^*}, \quad v^* = -\frac{1}{y^*}\frac{\partial \Psi_{St}}{\partial x}, \qquad \text{(I, 2.38)}$$

so wird

$$y^*\left(\frac{\partial v^*}{\partial x}-\frac{\partial u}{\partial y^*}\right)=-\left(\frac{\partial^2}{\partial x^2}+\frac{\partial^2}{\partial y^{*2}}-\frac{1}{y^*}\frac{\partial}{\partial y^*}\right)\Psi_{St}. \qquad \text{(I, 2.39)}$$

Es ist

$$\frac{\partial v^*}{\partial x}-\frac{\partial u}{\partial y^*}=|\mathrm{rot}\,\mathfrak{q}|\ \text{oder kurz}\ |\ |$$

(Abb. I, 2.11 u. 12), so daß wir Gl. (I, 2.37) schreiben können, wenn noch $1/y^*$ ausgeklammert wird,

$$\frac{1}{y^*}\left(\frac{\partial^2 y^*|\,|}{\partial x^2}+y^*\frac{\partial^2|\,|}{\partial y^{*2}}+\frac{\partial|\,|}{\partial y^*}-\frac{|\,|}{y^*}\right)=0. \qquad \text{(I, 2.40)}$$

Berücksichtigt man, daß

$$\frac{\partial^2 y^*|\,|}{\partial y^{*2}}-\frac{1}{y^*}\frac{\partial y^*|\,|}{\partial y^*}=y^*\frac{\partial^2|\,|}{\partial y^{*2}}+\underbrace{\frac{2\,\partial|\,|}{\partial y^*}-\frac{\partial|\,|}{\partial y^*}}_{+\frac{\partial|\,|}{\partial y^*}}-\frac{|\,|}{y^*}$$

ist, so erhält man für Gl. (I, 2.40), wenn $y^*\,|\ |$ herausgesetzt wird,

$$\left(\frac{\partial^2}{\partial x^2}+\frac{\partial^2}{\partial y^{*2}}-\frac{1}{y^*}\frac{\partial}{\partial y^*}\right)y^*\,|\mathrm{rot}\,\mathfrak{q}|=0$$

und mit Gl. (I, 2.39)

$$\left(\frac{\partial^2_{()}}{\partial x^2}+\frac{\partial^2_{()}}{\partial y^{*2}}-\frac{1}{y^*}\frac{\partial_{()}}{\partial y^*}\right)\left(\frac{\partial^2\Psi_{St}}{\partial x^2}+\frac{\partial^2\Psi_{St}}{\partial y^{*2}}-\frac{1}{y^*}\frac{\partial\Psi_{St}}{\partial y^*}\right)=0; \qquad \text{(I, 2.40a)}$$

die kleinen Klammern beinhalten das Resultat des rechten Klammerausdruckes. Zur Abkürzung kann man auch schreiben

$$\Delta^*\Delta^*\Psi_{St}=\{\Delta^*\}^2\,\Psi_{St}=0, \qquad \text{(I, 2.41)}$$

wobei Δ^* die Rechenoperation des rechten Klammerausdruckes von Gl. (I, 2.39) bezeichnet.

Wir gehen jetzt in der x, y^*-Ebene zu Polarkoordinaten über (Abb. I, 2.11) und erhalten mit

$$x=r\cos\varphi,\qquad y^*=r\sin\varphi,$$

bzw.

$$\frac{\partial r}{\partial x}=\cos\varphi,\qquad \frac{\partial r}{\partial y^*}=\sin\varphi$$

$$\frac{\partial\varphi}{\partial x}=-\frac{\sin\varphi}{r},\qquad \frac{\partial\varphi}{\partial y^*}=\frac{\cos\varphi}{r}$$

unter Berücksichtigung der Fußnote[24]

$$\frac{\partial}{\partial x} = \cos\varphi\,\frac{\partial}{\partial r} - \sin\varphi\,\frac{\partial}{r\,\partial\varphi}$$

$$\frac{\partial}{\partial y^*} = \sin\varphi\,\frac{\partial}{\partial r} + \cos\varphi\,\frac{\partial}{r\,\partial\varphi};$$

daraus:

$$\frac{\partial^2}{\partial x^2} = \cos^2\varphi\,\frac{\partial^2}{\partial r^2} + \sin^2\varphi\,\frac{\partial}{r\,\partial r} + \sin^2\varphi\,\frac{\partial^2}{r^2\,\partial\varphi^2} - \frac{\partial\left(\frac{y^*}{r^2}\right)}{\partial x}\,\frac{\partial}{\partial\varphi}$$

$$\frac{\partial^2}{\partial y^{*2}} = \sin^2\varphi\,\frac{\partial^2}{\partial r^2} + \cos^2\varphi\,\frac{\partial}{r\,\partial r} + \cos^2\varphi\,\frac{\partial^2}{r^2\,\partial\varphi^2} + \frac{\partial\left(\frac{x}{r^2}\right)}{\partial y^*}\,\frac{\partial}{\partial\varphi}$$

$$\frac{\partial}{y^*\,dy^*} = \frac{\partial}{r\,\partial r} + \frac{\cos\varphi}{r\sin\varphi}\,\frac{\partial}{r\,\partial r}$$

und somit

$$\left(\frac{\partial^2}{\partial x^2} + \frac{\partial^2}{\partial y^{*2}} - \frac{\partial}{y^*\,\partial y^*}\right) = \Delta^* = \left(\frac{\partial^2}{\partial r^2} + \frac{1}{r^2}\,\frac{\partial^2}{\partial\varphi^2} - \frac{\cot\varphi}{r^2}\,\frac{\partial}{\partial\varphi}\right)$$

oder

$$\Delta^* = \left(\frac{\partial^2}{\partial r^2} + \frac{\sin\varphi}{r^2}\,\frac{\partial}{\partial\varphi}\left(\frac{1}{\sin\varphi}\,\frac{\partial}{\partial\varphi}\right)\right)$$

und, in Gl. (I, 2.41) eingesetzt,

$$\{\Delta^*\}^2\,\Psi_{St} = \left\{\frac{\partial^2}{\partial r^2} + \frac{\sin\varphi}{r^2}\,\frac{\partial}{\partial\varphi}\left(\frac{1}{\sin\varphi}\,\frac{\partial}{\partial\varphi}\right)\right\}^2\Psi_{St} = 0. \qquad \text{(I, 2.42)}$$

Dies ist die Stokessche Ausgangsgleichung.

2.6 Stromlinien einer „schleichenden" Strömung um eine Kugel. Eine Lösung der letzten Gleichung ist — wie STOKES[22] gezeigt hat — und wie sich verifizieren läßt, gegeben durch

$$\Psi_{St} = \sin{}^2\varphi\, f(r), \qquad \text{(I, 2.43)}$$

falls $f(r)$ der Differentialgleichung

$$\left(\frac{\partial^2\,(\,)}{\partial r^2} - \frac{2\,(\,)}{r^2}\right)\left(\frac{\partial^2 f(r)}{\partial r^2} - \frac{2 f(r)}{r^2}\right) = 0$$

genügt.

Eine Lösung dieser Gleichung besitzt man in

$$f(r) = \frac{A}{r} + Br + Cr^2 + Dr^4,$$

denn es ist

$$\frac{\partial^2 f}{\partial r^2} - \frac{2f}{r^2} = 10\,D r^2 - \frac{2B}{r} = (\;),$$

mithin

$$\frac{\partial^2 (\;)}{\partial r^2} - \frac{2\,(\;)}{r^2} = 20\,D - \frac{4B}{r^3} - 20\,D + \frac{4B}{r^3} = 0\,.$$

Setzt man in Gl. (I, 2.43) $\sin^2\varphi = y^{*2}/r^2$, so hat man in

$$\Psi_{St} = y^{*2}\left(\frac{A}{r^3} + \frac{B}{r} + C + D r^2\right) \tag{I, 2.44}$$

eine Lösung der Differentialgleichung (I, 2.42). Die Konstanten werden durch die Randbedingungen bestimmt:

a) Im Unendlichen, d. h. für $r \to \infty$ soll die Geschwindigkeit gleich V und parallel der x-Achse sein, mithin nach Gl. (I, 2.44)

$$u = \frac{1}{y^*}\left(\frac{\partial \Psi_{St}}{\partial y^*}\right)_{r\to\infty} = 2C = V \quad \text{und} \quad D = 0\,.$$

b) Auf der Kugel (vom Radius 1) muß sowohl die Geschwindigkeitskomponente in Richtung von r, d. i. $\mathfrak{q}_r = 0$, als auch die Komponente senkrecht dazu, d. i. $\mathfrak{q}_\varphi = 0$ sein; mithin wegen $y^* = r\sin\varphi$ und da nach Definition von Ψ_{St} die Komponenten $\mathfrak{q}_r = -\partial\Psi_{St}/y^* r\,\partial\varphi$ und $\mathfrak{q}_\varphi = \partial\Psi_{St}/y^*\,\partial r$ sind, sowie in Verbindung mit Gl. (I, 2.43)

$$\mathfrak{q}_r = -\frac{1}{r\sin\varphi}\,\frac{\partial\Psi_{St}}{r\,\partial\varphi} = -\frac{2\cos\varphi}{r^2}\,f(r) = 0 \quad \text{für alle } \varphi \text{ und } \quad r = 1$$

$$\mathfrak{q}_\varphi = \frac{1}{r\sin\varphi}\,\frac{\partial\Psi_{St}}{\partial r} = \frac{\sin\varphi}{r}\,f'(r) = 0 \quad \text{für alle } \varphi \text{ und } \quad r = 1.$$

Da $C = V/2$ und $D = 0$ ist, folgt somit

$$f(1) = A + B + \frac{V}{2} = 0\,,$$

$$f'(r)_{r=1} = -A + B + V = 0$$

und hieraus

$$A = \frac{V}{4}\,, \quad B = -\frac{3V}{4}\,.$$

Setzt man diese Werte der Konstanten in Gl. (I, 2.44) ein, so hat man, wenn (außer $a = 1$ cm) auch noch die Anströmungsgeschwindigkeit

$V = 1$ cm/s gesetzt wird, und da $\sin^2\varphi = y^{*2}/r^2$ ist, in

$$\Psi_{St} = V y^{*2}\left(\frac{a^3}{4r^3} - \frac{3a}{4r} + \frac{1}{2}\right) \text{ bzw. } = y^{*2}\left(\frac{1}{4r^3} - \frac{3}{4r} + \frac{1}{2}\right) \qquad \text{(I, 2.45)}$$

die Stokessche Stromfunktion der sogenannten „schleichenden" Strömung um eine Kugel ($a = 1$ cm, $V = 1$ cm/s).

Die Stromlinien erhält man aus der letzten Gleichung, wenn man die Wertepaare y^* und r, die zu konstanten Werten von Ψ_{St} gehören, berechnet. Soll im Unendlichen der Abstand der Stromlinien von der x-Achse beispielsweise $y^*_\infty = 0{,}3$; $0{,}6$; $0{,}9$ und $1{,}2$ betragen (bei $a = 1$, $V = 1$), Abb. I, 2.13, so ergeben sich die Konstanten aus Gl. (I, 2.45) mit $\lim r \to \infty$ zu $y^{*2}_\infty/2 = \text{const}$; d. h.

$$\Psi_{St} = \frac{0{,}3^2}{2} = 0{,}045;\quad \frac{0{,}6^2}{2} = 0{,}18;\quad \frac{0{,}9^2}{2} = 0{,}405;\quad \frac{1{,}2^2}{2} = 0{,}72.$$

Am einfachsten ist es, beispielsweise in

$$y^{*2}\left(\frac{1}{4r^3} - \frac{3}{4r} + \frac{1}{2}\right) = 0{,}045$$

verschiedene Werte von r einzusetzen und die dazugehörenden y^*-Werte zu berechnen; in dieser Weise ist Abb. I, 2.13 entstanden.

Die Geschwindigkeitszunahme bei $\varphi = \pi/2$, wo also

$$\mathfrak{q}_\varphi \equiv u \quad \text{und} \quad r \equiv y^*$$

ist, ergibt sich nach Gl. (I, 2.45) aus

$$\Psi_{St\left(\varphi = \frac{\pi}{2}\right)} = \frac{1}{4y^*} - \frac{3}{4}y^* + \frac{1}{2}y^{*2},$$

wenn man von dieser Gleichung

$$u = \frac{1}{y^*}\frac{\partial \Psi_{St}}{\partial y^*} = 1 - \frac{3}{4y^*} - \frac{1}{4y^{*3}} \qquad \text{(I, 2.46)}$$

bildet (vgl. Abb. I, 2.13).

Der Vergleich der schleichenden Strömung um eine Kugel mit der entsprechenden (durchaus verschiedenen) Potentialströmung einer idealen Flüssigkeit (Abb. I, 2.14) zeigt, wie viel weiter im ersteren Falle der Einfluß der Kugel in das Innere der Flüssigkeit hineinragt.

2.7 Bemerkungen zur Stokesschen Lösung. Obwohl die Strömung *in der Nähe* der Kugel (bei $\mathrm{Re} = Va/\nu \ll 1$) durch die Stokessche Lösung richtig wiedergegeben wird — und damit auch der Strömungswiderstand —, sind die Stromlinien in einiger Entfernung von der Kugel nach der Stokesschen Theorie nicht richtig. Hierauf hat erstmalig C. W. OSEEN[25] und unabhängig von ihm FR. NOETHER[26] hingewiesen. Während die der Stokesschen Rechnung zugrunde liegende Voraussetzung, daß die Trägheitskräfte bei genügend kleinem Re-Wert gegenüber den Zähigkeits-

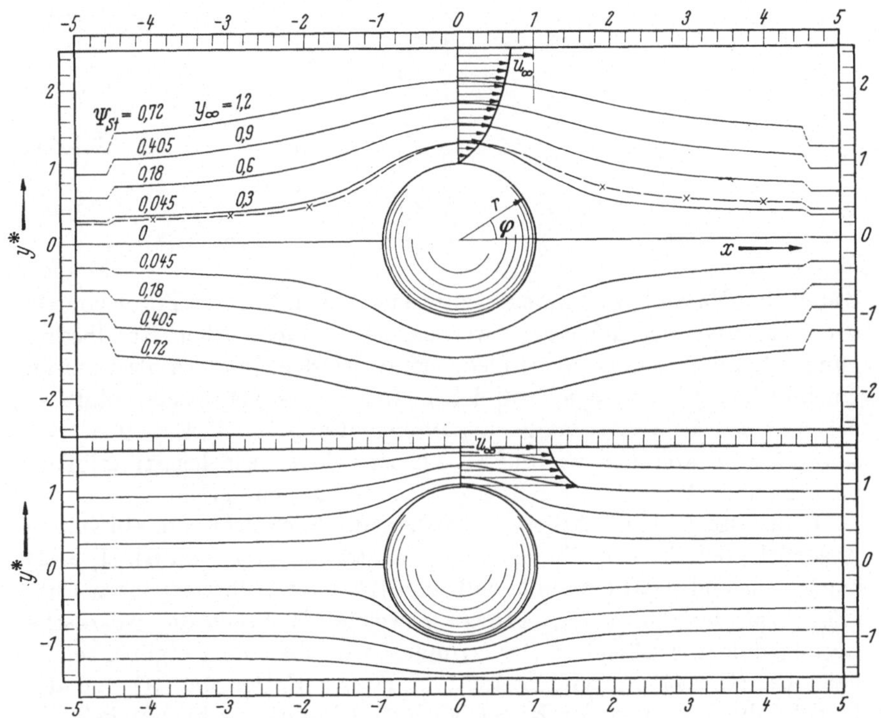

Abb. I, 2.13. Stromlinien einer „schleichenden" Strömung um eine Kugel nach STOKES; die gestrichelte Kurve nach NOETHER-OSEEN

Abb. I, 2.14. Stromlinien einer Potentialströmung um eine Kugel

kräften vernachlässigbar klein seien, in der Nähe der Kugel zwar zutrifft, ist dies in genügend großer Entfernung von der Kugel nicht mehr der Fall; hier kann — wie auf S. 50f. gezeigt wird — das Verhältnis Trägheitskraft zu Zähigkeitskraft sogar sehr groß werden (und zwar auch bei beliebig kleinem Re).

---

25 OSEEN, C. W.: Über die Stokessche Formel und über eine verwandte Aufgabe in der Hydrodynamik. Arkiv f. Math., Astr. och Fysik 6 (1911) Nr. 29.

26 NOETHER, FR.: Über den Gültigkeitsbereich der Stokesschen Widerstandsformel, Habilitationsschrift Karlsruhe Juli 1911. Z. Math. Phys. 62 (1913) 1.

Ein erster Versuch, diese Schwierigkeiten zu umgehen, führte OSEEN dazu, die konvektiven Glieder der substantiellen Beschleunigung in Gl. (I, 2.23) wenigstens teilweise dadurch zu berücksichtigen, daß statt $u\,\partial u/\partial x$ die Größe $V\,\partial u'/\partial x$ usw. gesetzt wird, wo u', v', w' die von der Kugel (mit der Geschwindigkeit V) hervorgerufenen Störungsgeschwindigkeiten bedeuten, so daß statt der Stokesschen Gleichungen (I, 2.29) die Gleichungen (das Koordinatensystem bewegt sich mit der Kugel)

$$
\begin{aligned}
V\frac{\partial u'}{\partial x} &= -\frac{1}{\varrho}\frac{\partial p}{\partial x} + \nu \Delta u', \\
V\frac{\partial v'}{\partial x} &= -\frac{1}{\varrho}\frac{\partial p}{\partial y} + \nu \Delta v', \\
V\frac{\partial w'}{\partial x} &= -\frac{1}{\varrho}\frac{\partial p}{\partial z} + \nu \Delta w'
\end{aligned}
\qquad \text{(I, 2.47)}
$$

treten; die Variablen kommen also wieder nur in linearer Form vor, da $u'\,\partial u'/\partial x$ usw. vernachlässigt werden. Die erforderlichen Randbedingungen konnten jedoch nicht mehr erfüllt werden, insofern als wohl im Unendlichen $u' = v' = w' = 0$ ist, nicht aber — wie es sein müßte — bei $r = a$ die Geschwindigkeitskomponenten $u' = V, v' = 0, w' = 0$ sind. Hierauf kommen wir auf S. 73ff. zurück, wo wir das Stromlinienbild ableiten, das dem Gleichungssystem (I, 2.47) entspricht.

In der Oseenschen[25] Arbeit sind als Resultat die (nicht ganz einfachen) Ausdrücke der Geschwindigkeitskomponenten u', v', w' von Gl. (I, 2.47) angegeben und dazu erwähnt, daß die Strömung in ihrem ganzen Charakter von derjenigen nach STOKES abweiche. Während die Stokessche Lösung eine zur Ebene $x = 0$ symmetrische Strömung ergäbe, sei sie nach Gl. (I, 2.47) unsymmetrisch; in großer Entfernung (r) von der Kugel nähme die von der Kugel bewirkte Störungsgeschwindigkeit auf der stromabwärtigen Seite wie $1/r$ ab, auf der stromaufwärtigen Seite dagegen wie $1/r^2$. Die Stokessche Formel für den Widerstand gegen die Bewegung der Kugel erleide dadurch jedoch keinen Eintrag in ihrer Gültigkeit (OSEEN).

In der in Fußnote 26 erwähnten Arbeit untersucht FR. NOETHER den Einfluß, den die *quadratischen* Glieder der substantiellen Beschleunigung in den Navier-Stokesschen Gleichungen (I, 2.23) auf die Strömungsform um eine (in Ruhe befindliche) Kugel ausüben. In der von ihm aufgestellten Differentialgleichung sind nur die mit dem Faktor Re $= Va/\nu$ behafteten Glieder berücksichtigt, die mit höheren Potenzen von Re versehenen Glieder jedoch vernachlässigt. Damit erhält er als Stromfunktion [Gl. (21) seiner Arbeit] mit unseren Bezeichnungen und unter Berücksichtigung, daß NOETHER die negativen Werte von Gl. (I,

2.38) benutzt, sowie mit $\sin\vartheta = y^*/r$, $\cos\vartheta = x/r$ (NOETHER[27] S. 8*),

$$\Psi_N = V y^{*2}\left[\left(\frac{1}{2} - \frac{3}{4}\frac{a}{r} + \frac{1}{4}\frac{a^3}{r^3}\right) - \right.$$
$$\left. - \operatorname{Re} x \frac{3}{32}\left(\frac{2}{r} - 3\frac{a}{r^2} + \frac{a^2}{r^3} - \frac{a^3}{r^4} + \frac{a^4}{r^5}\right)\right]. \qquad \text{(I, 2.48)}$$

Man erkennt, daß der linke Teil (vor dem fett gedruckten Minuszeichen) nichts anderes ist als die Stokessche Stromfunktion Ψ_{St} der Gl. (I, 2.45), und daß der rechte Teil deshalb den Einfluß der quadratischen Geschwindigkeitsglieder (in erster Näherung) darstellt. Dieser Einfluß ist verschieden, je nachdem ob x negativ oder positiv ist. Die Strömung wird also unsymmetrisch in bezug auf die Ebene $x = 0$ sein.

2.8 Die Noethersche bzw. Oseensche[28] Strömung um eine Kugel. Wir wollen jetzt mittels Gl. (I, 2.48) das Stromlinienbild berechnen und nehmen der Einfachheit halber wieder an, daß der Radius der Kugel gleich der Längeneinheit und daß die Einheit der Zeit so gewählt ist, daß auch die Anströmungsgeschwindigkeit gleich 1 ist, d. h. $a = 1$, $V = 1$; ferner sei beispielsweise $\operatorname{Re} = 1$ gewählt[29]. Dann ist mit

$$x = \pm\sqrt{r^2 - y^{*2}} = \pm r\sqrt{1 - \frac{y^{*2}}{r^2}}$$

---

* Die hinter Fußnotenziffern stehenden Seitenangaben beziehen sich immer auf die zitierte Literatur.

[27] Nach NOETHER[26] lautet seine Gl. (21)

$$\Psi = -\frac{U}{4}\sin^2\vartheta\,\frac{(R-a)^2}{R^2}\left[R(2R+a) - \frac{3}{8} S\cos\vartheta\,(2R^2 + aR + a^2)\right], \qquad (1)$$

worin U die von links nach rechts gerichtete Anströmungsgeschwindigkeit im Unendlichen, R der Radiusvektor $\sqrt{x^2 + r^2}$ mit $r^2 = x^2 + y^2$, a der Radius der Kugel, $S = aU/\nu$ die Reynoldssche Zahl, ferner

$$x = \mathrm{R}\cos\vartheta, \quad r = R\sin\vartheta,$$

ist, wobei ϑ der Winkel der x-Achse mit dem Radiusvektor ist. Die zueinander rechtwinkligen Geschwindigkeitskomponenten sind durch

$$u = -\frac{1}{r}\frac{\partial\Psi}{\partial r}, \quad q = \frac{1}{r}\frac{\partial\Psi}{\partial x} \qquad (2)$$

definiert (vgl. Fußnote 33).

[28] Wir werden später zeigen, daß die in einer zweiten Arbeit von OSEEN: Über den Gültigkeitsbereich der Stokesschen Widerstandsformel. Arkiv f. Math., Astr. och Fysik 9 (1914) Nr. 16, gegebene Stromfunktion mit derjenigen von NOETHER identisch ist, nur daß sie sich auf eine etwas größere Re-Zahl bezieht.

[29] Nehmen wir an: $a = 1$ cm, $V = 1$ cm/s, so muß bei $\operatorname{Re} = 1$ auch $\nu = 1$ cm²/s sein, z. B. ein Gemisch von 87 Teilen Glycerin und 13 Teilen Wasser bei 18 °C (vgl. Abb. I, 2.28, S. 81).

auf einer Stromlinie

$$\Psi = \text{const} = y^{*2}\left[\left(\frac{1}{2} - \frac{3}{4r} + \frac{1}{4r^3}\right) \mp \right.$$

$$\left. \mp \sqrt{1 - \frac{y^{*2}}{r^2}\frac{3}{32}\left(2 - \frac{3}{r} + \frac{1}{r^2} - \frac{1}{r^3} + \frac{1}{r^4}\right)}\right],$$

wobei sich das negative (positive) Zeichen vor der Wurzel auf positive (negative) Werte von x bezieht. Setzen wir zur Abkürzung

$$\frac{1}{2} - \frac{3}{4r} + \frac{1}{4r^3} = f(r)$$

und

$$\frac{3}{32}\left(2 - \frac{3}{r} + \frac{1}{r^2} - \frac{1}{r^3} + \frac{1}{r^4}\right) = g(r),$$

so ist

$$\Psi = \text{const} = y^{*2}\left[f(r) \mp \sqrt{1 - \frac{y^{*2}}{r^2}\,g(r)}\right]. \qquad \text{(I, 2.49)}$$

Die Konstante berechnet sich aus dem Abstand $y^*_{-\infty}$ der Stromlinie bei $x \to -\infty$; da

$$\lim_{r\to\infty} f(r) = 0{,}5,$$

ferner

$$\lim_{r\to\infty} \sqrt{1 - \frac{y^{*2}}{r^2}\,g(r)} = \frac{3}{16} = 0{,}1875$$

ist, haben wir somit (wegen des negativen Wertes von x)

$$\text{const} = y^{*2}_{-\infty}\,(0{,}5 + 0{,}1875) = 0{,}6875\, y^{*2}_{-\infty}.$$

Statt Gl. (I, 2.49) läßt sich also schreiben:

$$\frac{y^*}{\sqrt{\text{const}}} = \frac{1{,}206}{y^*_{-\infty}}\,y^* = \frac{1}{\sqrt{f(r) \mp \sqrt{1 - \frac{y^{*2}}{r^2}\,g(r)}}} = G(y^*\, r), \qquad \text{(I, 2.50)}$$

wobei das minus-Vorzeichen die positive, das plus-Vorzeichen die negative Halbebene, d. h. $x < 0$, betrifft.

In Abb. I, 2.15 ist $1{,}206\, y^*/y^*_{-\infty}$ als Funktion über y^* aufgetragen (gerade Linien), und zwar zu den Werten $y^*_{-\infty} = 0{,}3$; $0{,}6$; bis $1{,}5$. Ferner ist $G(y^*)$ für konstante Werte von r und zwar für $r = 2$, 3, 4 und 5 über y^* aufgetragen; dabei ist der zu positiven Werten von x gehörende Teil der Kurven ausgezogen (r^+), und der zu negativen Werten von $x\,(r^-)$ gestrichelt. In den Schnittpunkten der Geraden mit den Kurven ist Gl.

(I, 2.50) bzw. (I, 2.49) erfüllt; die Schnittpunkte ergeben somit Wertepaare (r, y^*), die auf Stromlinien liegen. In der Abbildung sind die

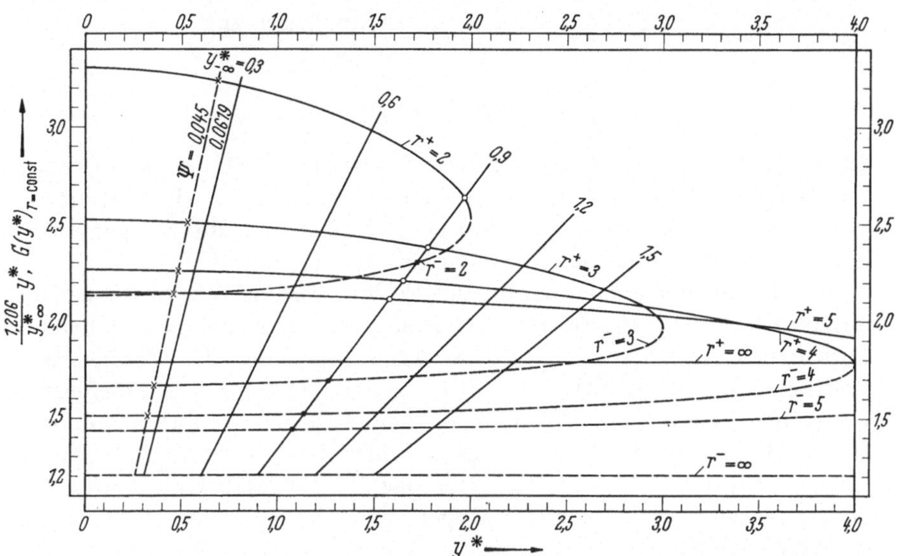

Abb. I, 2.15. Hilfszeichnung zur Berechnung der Stromlinien um eine Kugel (Re = 1) nach NOETHER bzw. OSEEN

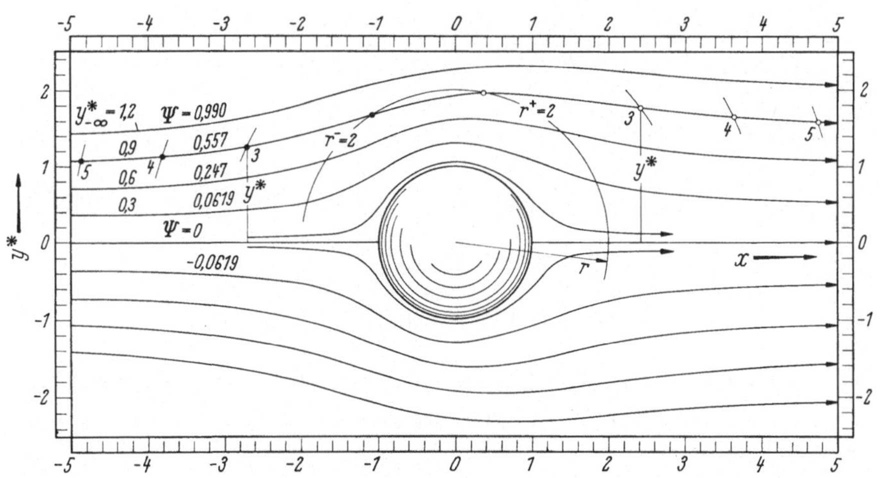

Abb. I, 2.16. Stromlinien einer schleichenden Strömung (Re = 1) um eine Kugel nach NOETHER bzw. OSEEN

Schnittpunkte der zu $y^*_{-\infty} = 0{,}9$ gehörenden Geraden mit den Kurven $r^- = 2$ bis $r^- = 5$ durch Punkte gekennzeichnet, und die zu den jeweiligen Werten von r^- gehörenden y^*-Werte abgegriffen und in Abb. I, 2.16 aufgetragen. Die Schnittpunkte derselben Geraden mit den Kurven $r^+ = 2$ bis 5 sind durch kleine Kreise markiert und deren y^*-Werte ebenfalls in Abb. I, 2.16 eingetragen. Wie man erkennt, ist die Stromlinie nicht mehr (wie bei der Stokesschen Lösung) symmetrisch zur $x = 0$ Ebene. Die Konstante dieser Stromlinie ergibt sich nach obigem zu

$$\Psi_{y^*_{-\infty}=0,9} = 0{,}6875\,(0{,}9)^2 = 0{,}557\,.$$

In der soeben gezeigten Weise sind die übrigen Stromlinien punktweise berechnet. Die Unsymmetrie der Strömung wird nach Gl. (I, 2.48) umso geringer, je kleiner die Reynolddssche Zahl ist; mit $\mathrm{Re} \to 0$ geht die Strömung in die Stokessche Lösung (Abb. I, 2.13) über.

Wir kommen nochmals darauf zurück, inwiefern bei dem Stokesschen Ansatz Gl. (I, 2.45) in größerer Entfernung von der Kugel die Trägheitskräfte nicht mehr vernachlässigbar klein gegenüber den Zähigkeitskräften sind, wie das in Gl. (I, 2.30) angenommen wird. Die Trägheitskräfte pro Volumeneinheit sind z. B. dem Ausdruck $\varrho u\, \partial u/\partial x$ proportional, die entsprechenden Zähigkeitskräfte beispielsweise dem Ausdruck $\mu\, \partial^2 u/\partial y^{*2}$. Wir wollen jetzt das Verhältnis beider Kräfte in großer Entfernung (r) von der Kugel (a), d. h. für kleine Werte von a/r ($\ll 1$), bilden.

Setzt man Gl. (I, 2.45) in die erste der Gl. (I, 2.38) so erhält man, wenn man nach Potenzen von a/r ordnet,

$$u = \frac{1}{y^*}\frac{\partial \Psi_{St}}{\partial y^*} = V\left(1 - \frac{3}{2}\frac{a}{r} + \frac{3}{4}\frac{a}{r}\frac{y^{*2}}{r^2} + \frac{1}{2}\left(\frac{a}{r}\right)^3 - \frac{3}{4}\left(\frac{a}{r}\right)^3\frac{y^{*2}}{r^2}\right), \tag{I, 2.51}$$

bzw. mit $y^{*2} = r^2 - x^2$

$$u = V\left(1 - \frac{3}{4}\frac{a}{r} - \frac{3}{4}\frac{a}{r}\frac{x^2}{r^2} - \frac{1}{4}\left(\frac{a}{r}\right)^3 + \frac{3}{4}\left(\frac{a}{r}\right)^3\frac{x^2}{r^2}\right). \tag{I, 2.52}$$

Falls $a/r \ll 1$, gilt somit angenähert

$$u = V\left(1 - \mathrm{Zahl}_1\,\frac{a}{r}\right),$$

wobei die Zahl_1 zwischen 3/2 (falls $y^* = 0$, d. h. $x \equiv r$) und 3/4 (falls $y^* \equiv r$, d. h. $x = 0$) liegt. Differenziert man Gl. (I, 2.52) partiell nach x, so erhält man

$$\frac{\partial u}{\partial x} = V\left(-\frac{3}{4}\frac{a}{r}\frac{x}{r^2} + \frac{9}{4}\frac{a}{r}\frac{x^3}{r^4} + \frac{9}{4}\left(\frac{a}{r}\right)^3\frac{x}{r^2} - \frac{15}{4}\left(\frac{a}{r}\right)^3\frac{x^3}{r^4}\right),$$

angenähert also

$$\frac{\partial u}{\partial x} = V \cdot \mathrm{Zahl}_2\,\frac{a x}{r^3},$$

wobei die Zahl_2 zwischen 3/2 (falls $y^* = 0$, d. h. $x \equiv r$) und $-3/4$ (falls $y^* \equiv r$, d. h. $x = 0$) liegt. Es gilt somit angenähert (d. h. a^2/r^2 und höhere Potenzen gegenüber a/r vernachlässigt)

$$\varrho u \frac{\partial u}{\partial x} = \text{Zahl}_2\, \varrho\, V^2 \frac{a x}{r^3}. \tag{I, 2.53}$$

Analog erhält man aus Gl. (I, 2.51)

$$\frac{\partial^2 u}{\partial y^{*2}} = V\left(3\frac{a}{r}\frac{1}{r^2} - \frac{63}{4}\frac{a}{r}\frac{y^{*2}}{r^4} + \frac{45}{4}\frac{a}{r}\frac{y^{*4}}{r^6} - 3\left(\frac{a}{r}\right)^3\frac{1}{r^2} + \right.$$
$$\left. + \frac{150}{4}\left(\frac{a}{r}\right)^3\frac{y^{*2}}{r^4} - \frac{105}{4}\left(\frac{a}{r}\right)^3\frac{y^{*4}}{r^6}\right)$$

und angenähert

$$\mu \frac{\partial^2 u}{\partial y^{*2}} = \text{Zahl}_3\, \mu\, V \frac{a}{r^3}, \tag{I, 2.54}$$

wobei die Zahl_3 zwischen 3 (falls $y^* = 0$) und $-3/2$ (falls $y^* \equiv r$) liegt. Das Verhältnis der beiden letzten bezifferten Gleichungen ist also

$$\frac{\text{Trägheitskraft}}{\text{Zähigkeitskraft}} = \frac{\text{Zahl}_2}{\text{Zahl}_3}\frac{\varrho V a}{\mu}\frac{x}{a} = \text{Re}\frac{x}{2a} = \frac{V x}{2\nu}.$$

Hätte man oben die Trägheitskraft pro Volumeneinheit z. B. proportional $\varrho u\, \partial u/\partial y^*$ gesetzt, so hätte man statt des letzten Ausdruckes (falls $y^* \approx r$)

$$-\text{Re}\frac{y^*}{2a} = -\frac{V y^*}{2\nu}$$

erhalten.

Man erkennt, daß selbst bei beliebig kleinem *vorgegebenem* Wert von Re die Trägheitskräfte sogar groß gegenüber den Zähigkeitskräften werden in Punkten, die genügend weit von der Kugel entfernt sind[30]. Dieses Resultat hat sich aus der Annahme der Gültigkeit der Stokesschen Differentialgleichung (I, 2.45) ergeben. Da diese aber aus der vereinfachten Gl. (I, 2.30) abgeleitet wird, bei der die Trägheitsglieder neben den Zähigkeitsgliedern vollständig vernachlässigt werden, folgt, daß der Stokessche Ansatz die Strömungsvorgänge in größerer Entfernung von der Kugel bei *gegebenem* Re nicht richtig wiedergeben kann. Dabei ist allerdings zu berücksichtigen, daß die Kräfte selbst sehr schnell mit grö-

[30] Man kann allerdings auch umgekehrt argumentieren: Bei beliebig großem *vorgegebenem* Abstand (x/a bzw. y^*/a) von der Kugel wird das Verhältnis Trägheitskraft/Zähigkeitskraft doch beliebig klein, wenn nur Re genügend klein genommen wird (z. B. bei genügend kleinem V oder genügend großem ν).

ßer werdender Entfernung von der Kugel abnehmen, und zwar wie $1/r^2$ bzw. $1/r^3$. Diese Gedankengänge waren es, die OSEEN und NOETHER dazu geführt hatten, die quadratischen Geschwindigkeitsglieder der substantiellen Beschleunigung teilweise [Gl. (I, 2.47)] bzw. in einer ersten Näherung [Gl. (I, 2.48)], zu berücksichtigen.

2.9 Bemerkungen zur Noether-Oseenschen Lösung. Nachdem C. W. OSEEN[25] 1911 die quadratischen Glieder der Geschwindigkeit wenigstens insofern nicht ganz vernachlässigt hatte, als er statt $u\,\partial u/\partial x$ $v\,\partial u/\partial x$ usw. $V\,\partial u'/\partial x$, $V\,\partial u'/\partial y$ usw. setzte (wodurch die Gl. I, 2.47 noch den linearen Charakter behielt), versuchte er 1914[31] die quadratischen Glieder in erster Näherung, d. h. für kleine Werte von Re, zu berücksichtigen. Das Resultat der nicht sehr durchsichtigen Näherungsrechnung wird in Gl. (22) der Arbeit in Form der Stromfunktion gegeben[32]. Mit unseren Bezeichnungen und unter Berücksichtigung, daß OSEEN die negativen Werte von Gl. (I, 2.38) benutzt, ferner die Anströmungsrichtung — entgegengesetzt der unsrigen — von rechts nach links annimmt, ist mit $\sin\vartheta = y^*/r$, $\cos\vartheta = x/r$ die Oseensche Stromfunktion [Gl. (22) bei OSEEN[33]]

$$\Psi_0 = V y^{*2}\left[\left(\frac{1}{2} - \frac{3a}{4r} + \frac{a^3}{4r^3}\right)\left(1 + \frac{3}{8}\mathrm{Re}\right) - \right.$$
$$\left. - \mathrm{Re}\, x\,\frac{3}{32}\left(\frac{2}{r} - 3\frac{a}{r^2} + \frac{a^2}{r^3} - \frac{a^3}{r^4} + \frac{a^4}{r^5}\right)\right]. \qquad \text{(I, 2.55)}$$

---

[31] OSEEN, C. W.: Über den Gültigkeitsbereich der Stokesschen Widerstandsformel. Arkiv f. Math., Astr. och Fysik 9 (1914) Nr. 16. In dieser Veröffentlichung greift OSEEN die Arbeit von NOETHER an, von der er meint, daß die von NOETHER gegebene neue Begründung der Stokesschen Formel vielleicht nicht jeden Mathematiker, gewiß aber jeden Physiker überzeugen werde; ferner, daß NOETHERs Versuch, den Einfluß der sogenannten quadratischen Glieder auf die Bewegung der Flüssigkeit in der Umgebung der Kugel in erster Näherung zu berechnen, seines Erachtens nicht gelungen sei.

[32] In der letzten Klammer ist ein Druckfehler: statt $2R + aR^2 + a^2$ muß es heißen $2R^2 + aR + a^2$.

[33] Nach OSEEN[31] ist dessen Gl. (22) identisch mit Gl. (1) der Fußnote 27, nur daß der erste Summand in der eckigen Klammer

$$\left(1 + \frac{3}{8}|S|\right) R(2R + a)$$

lautet und daß statt U eine ihr entgegengesetzt gerichtete Anströmungsgeschwindigkeit $-u_0$ angenommen wird.

Nach den von uns benutzten Bezeichnungen ist

$$U \equiv V, \quad R \equiv r \quad r^2 = x^2 + y^{*2}, \quad S \equiv \mathrm{Re} = \frac{Va}{\nu}, \qquad (3)$$

mithin

$$x = r\cos\vartheta,\ y^* = r\sin\vartheta;$$

Der Vergleich mit der entsprechenden Noetherschen Gleichung (S. 47) ergibt, daß hier ein Faktor $1 + 3\,\mathrm{Re}/8$ neu auftritt. Dividiert man die letzte Gleichung durch diesen Faktor, so hat man

$$\frac{\Psi_O}{1+\frac{3}{8}\mathrm{Re}} = V y^{*2}\left[\frac{1}{2} - \frac{3a}{4r} + \frac{a^3}{4r^3} - \right.$$
$$\left. - \frac{\mathrm{Re}}{1+\frac{3}{8}\mathrm{Re}}\, x \frac{3}{32}\left(\frac{2}{r} - 3\frac{a}{r^2} + \frac{a^2}{r^3} - \frac{a^3}{r^4} + \frac{a^4}{r^5}\right)\right].$$

Setzen wir der Einfachheit halber wieder $a = 1\,\mathrm{cm}$ sowie $V = 1\,\mathrm{cm/s}$, so ist mit den obigen Funktionen $f(r)$ und $g(r)$ auf einer Stromlinie (analog Gl. I, 2.49, wo $\mathrm{Re} = 1$ angenommen war)

$$\frac{\Psi_O}{1+\frac{3}{8}\mathrm{Re}} = \mathrm{const} = y^{*2}\left[f(r) \mp \frac{\mathrm{Re}}{1+\frac{3}{8}\mathrm{Re}}\sqrt{1 - \frac{y^{*2}}{r^2}}\, g(r)\right]. \quad \text{(I, 2.56)}$$

Nehmen wir wieder an, $(\mathrm{Re})_O$ sei gleich 1, so wird

$$\frac{(\mathrm{Re})_O}{1+\frac{3}{8}(\mathrm{Re})_O} = \frac{1}{1+\frac{3}{8}} = \frac{8}{11}.$$

Das nach der Oseenschen Stromfunktion berechnete Stromlinienbild ist bei $(\mathrm{Re})_O = 1$ also identisch mit demjenigen nach NOETHER bei $(\mathrm{Re})_N = 8/11$.

---

ferner setzen wir nach Gl. (I, 2.38)

$$u = \frac{1}{y^*}\frac{\partial \Psi}{\partial y^*}, \quad v \equiv q = -\frac{1}{y^*}\frac{\partial \Psi}{\partial x}. \tag{4}$$

Führt man die unter (3) angegebenen Bezeichnungen in Gl. (1) der Fußnote 27 ein, multipliziert die Klammern aus und ordnet nach Potenzen von $1/r$, so erhalten wir unter Berücksichtigung von Gl. (4)

$$\Psi_N = V y^{*2}\left[\frac{1}{2} - \frac{3a}{4r} + \frac{a^3}{4r^3} - \mathrm{Re}\, x \frac{3}{32}\left(\frac{2}{r} - \frac{3a}{r^2} + \frac{a^2}{r^3} - \frac{a^3}{r^4} + \frac{a^4}{r^5}\right)\right]$$

bzw.

$$\Psi_O = V y^{*2}\left[\left(\frac{1}{2} - \frac{3a}{4r} + \frac{a^3}{4r^3}\right)\left(1 + \frac{3}{8}\mathrm{Re}\right) - \right.$$
$$\left. - \mathrm{Re}\, x \frac{3}{32}\left(\frac{2}{r} - \frac{3a}{r^2} + \frac{a^2}{r^3} - \frac{a^3}{r^4} + \frac{a^4}{r^5}\right)\right],$$

d. h. Gl. (I, 2.48 u. 55).

Die Konstanten berechnen sich analog wie auf S. 48 zu

$$(\mathrm{const})_O = y^{*2}_{-\infty}\left(0{,}5 + \frac{8}{11}\cdot\frac{3}{16}\right) = 0{,}6364\, y^{*2}_{-\infty}.$$

Um das Stromlinienbild der Abb. I, 2.16 nach der Oseenschen Formel (I, 2.56) zu erhalten, müssen wir dort $(\mathrm{Re})_O = 8/5$ setzen, da dann

$$\frac{(\mathrm{Re})_O}{1+\frac{3}{8}(\mathrm{Re})_O} = \frac{\frac{8}{5}}{1+\frac{3}{8}\cdot\frac{8}{5}} = 1 = (\mathrm{Re})_N$$

ist, womit (bis auf die Konstantenbezifferung) Gl. (I, 2.56) in Gl. (I, 2.49) übergeht. Man erkennt somit, daß wir gleiche Stromlinienbilder erhalten, falls die Faktoren vor x in Gl. (I, 2.48 bzw. 56) gleich sind, d. h. falls $(\mathrm{Re})_N = (\mathrm{Re})_O/[1 + \frac{3}{8}(\mathrm{Re})_O]$ ist, oder falls deren reziproke Werte einander gleich sind. In diesem Falle ist also

$$\frac{1+\frac{3}{8}(\mathrm{Re})_O}{(\mathrm{Re})_O} = \frac{1}{(\mathrm{Re})_N}$$

und somit

$$\frac{1}{(\mathrm{Re})_O} = \frac{1}{(\mathrm{Re})_N} - \frac{3}{8}. \qquad \text{(I, 2.57)}$$

Um gleiche Stromlinienbilder zu erhalten, sind demnach die reziproken Werte der Reynoldsschen Zahlen bei Anwendung der Oseenschen Stromfunktion um 3/8 kleiner zu wählen als bei Benutzung der Noetherschen Stromfunktion. Hierauf werden wir bei der Berechnung des Widerstandes nach den beiden Methoden noch zurückkommen.

2.10 Das momentane (instationäre) Stromlinienbild nach Stokes, sowie nach Noether-Oseen. Addiert man zu der Stokesschen Stromfunktion Gl. (I, 2.45) die Stromfunktion einer gleichförmigen Geschwindigkeit $\Psi_1 = -\,y^{*2}V/2$, d. h. ein Geschwindigkeitsfeld von rechts nach links, nämlich

$$u = \frac{1}{y^*}\frac{\partial \Psi_1}{\partial y^*} = -\,V,$$

so haben wir den Fall einer mit gleichförmiger Geschwindigkeit $-V$ sich von rechts nach links bewegenden Kugel durch eine im Unendlichen ruhende Flüssigkeit. Die Stromfunktion dieser (instationären) Strömung lautet also

$$\Psi_{St} = V y^{*2}\left(\frac{a^3}{4r^3} - \frac{3a}{4r}\right). \qquad \text{(I, 2.58)}$$

Nehmen wir der Einfachheit halber wieder an, daß $a = 1$ cm, und $V = 1$ cm/s sei, so lassen sich die Stromlinien sehr leicht zeichnen, wenn man bei verschiedenen Konstanten aus

$$-\Psi_{St} = \text{const} = y^{*2}\left(\frac{3}{4r} - \frac{1}{4r^3}\right) \qquad \text{(I, 2.59)}$$

zu einer Anzahl von r-Werten die dazugehörigen Werte von y^* berechnet; dabei bestimmen sich die Konstanten aus dem Abstande y^*, in welchem einzelne Stromlinien die Kugel treffen. Nehmen wir beispielsweise an, die der x-Achse zunächst gelegene Stromlinie soll die Kugel im Abstande $y^* = 0{,}3$ treffen, so erhalten wir mit $r = 1$ aus obiger Gleichung

$$\text{const} = \frac{y^{*2}}{2} = \frac{0{,}3^2}{2} = 0{,}045 .$$

Für die nächsten beiden Stromlinien der unteren Hälfte von Abb. I, 2.17 haben wir

$$\text{const} = \frac{(2 \cdot 0{,}3)^2}{2} = \frac{0{,}6^2}{2} = 0{,}180 \quad \text{bzw.} \quad \text{const} = \frac{(3 \cdot 0{,}3)^2}{2} = \frac{0{,}9^2}{2} = 0{,}405;$$

für die weiteren Stromlinien setzen wir $(4 \cdot 0{,}3)^2/2$, $(5 \cdot 0{,}3)^2/2$ usw. Zu der Konstanten $0{,}9^2/2 = 0{,}405$ sind für $r = 1, 2, \ldots 5$ die Werte von y^* nach Gl. (I, 2.59) in der unteren Hälfte der Abb. I, 2.17 als liegende Kreuze eingezeichnet. Längs der Achse $x = 0$, wo $\pm\, y^* \equiv r$ ist, wird

$$\text{const} = \frac{3r}{4} - \frac{1}{4r}$$

oder

$$r = \frac{2}{3}\,\text{const}\,_{(\pm)}\sqrt{\frac{1}{3} + \left(\frac{2\,\text{const}}{3}\right)^2} .$$

Beispielsweise ergibt sich mit der Konstanten $-\Psi = 1{,}2^2/2 = 0{,}72$ zu $r = 2$ aus Gl. (I, 2.59) der Wert $y^* = \pm\, 1{,}45$ und zu $x = 0$ aus der letzten Gleichung $y^* = r = \pm\, 1{,}23$. Beide Werte sind in der unteren Hälfte der Abb. I, 2.17 als stehende Kreuze gekennzeichnet.

Durch Überlagerung eines gleichförmigen Geschwindigkeitsfeldes $-V = \text{const}$ zu der Strömung von Abb. I, 2.13 erhalten wir also die Stromlinien auf der unteren Hälfte der Abb. I, 2.17. Dies momentane Stromlinienbild bewegt sich mit der Kugel von rechts nach links. Wir wollen jetzt dasselbe mit dem Stromlinienbild nach NOETHER-OSEEN (Abb. I, 2.16) vornehmen und auch hier der von links nach rechts gerichteten Strömung ein gleichförmiges Geschwindigkeitsfeld $-V = \text{const}$ überlagern, d. h. zu der Stromfunktion der Gl. (I, 2.48) die Stromfunktion $-y^{*2}V/2$ addieren. Wir werden sehen, daß wir ein physikalisch wenig befriedigendes Resultat erhalten, wodurch die Näherungstheorien nach NOETHER und OSEEN recht gekünstelt erscheinen.

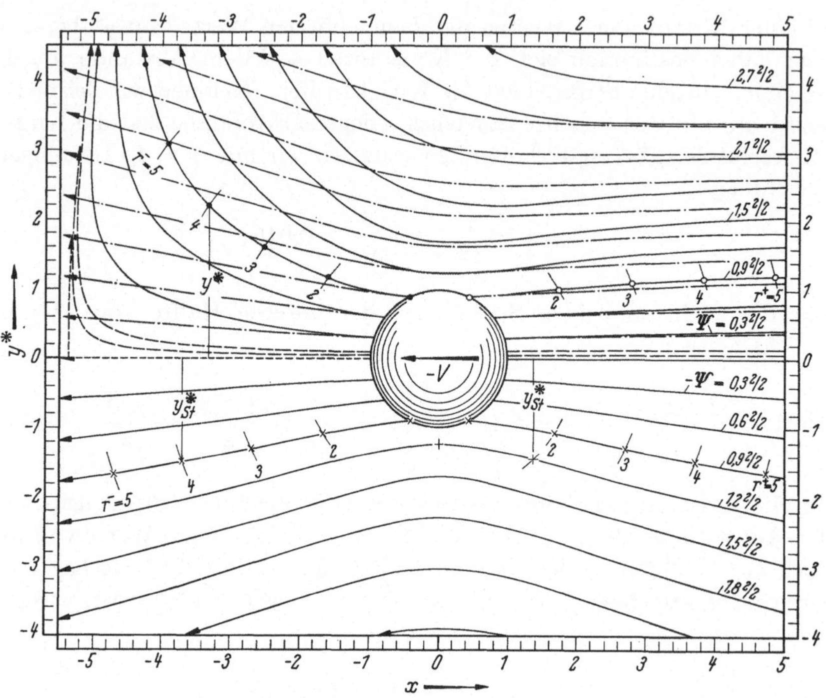

Abb. I, 2.17. Stromlinienbild (instationär) einer sich von rechts nach links bewegenden Kugel bei Re = 1; untere Hälfte nach STOKES, obere Hälfte (ausgezogene Kurven) nach NOETHER-OSEEN

Wir erhalten also aus Gl. (I, 2.48)

$$\Psi_N = V y^{*2}\left[-\frac{3a}{4r} + \frac{a^3}{4r^3} - \operatorname{Re} x \frac{3}{32}\left(\frac{2}{r} - 3\frac{a}{r^2} + \frac{a^2}{r^3} - \frac{a^3}{r^4} + \frac{a^4}{r^5}\right)\right]$$

oder, wenn wir wieder $a = 1$ cm, $V = 1$ cm/s setzen sowie $x = \pm r\sqrt{1 - \frac{y^{*2}}{r^2}}$,

$$-\Psi_N = y^{*2}\left[\frac{3}{4r} - \frac{1}{4r^3} \pm \operatorname{Re}\sqrt{1 - \frac{y^{*2}}{r^2}}\,\frac{3}{32}\left(2 - \frac{3}{r} + \frac{1}{r^2} - \frac{1}{r^3} + \frac{1}{r^4}\right)\right], \tag{I, 2.60}$$

wobei das Pluszeichen auf der rechten Halbebene von $x = 0$, das Minuszeichen auf der linken Halbebene gilt. Setzen wir der Abkürzung halber

$$\frac{3}{4r} - \frac{1}{4r^3} = f_1(r) \tag{I, 2.61}$$

und wie auf S. 48

$$\frac{3}{32}\left(2 - \frac{3}{r} + \frac{1}{r^2} - \frac{1}{r^3} + \frac{1}{r^4}\right) = g(r), \tag{I, 2.62}$$

so gilt für eine Stromlinie, wenn beispielsweise wieder $\mathrm{Re} = 1$ angenommen wird,

$$-\Psi_N = \mathrm{const} = y^{*2}\left[f_1(r) \pm \sqrt{1 - \frac{y^{*2}}{r^2}\, g(r)}\right]. \tag{I, 2.63}$$

Die Konstante einer Stromlinie bestimmt sich wegen $f_1(1) = 0{,}5$ und $g(1) = 0$ aus

$$-\Psi_N = \mathrm{const} = \frac{1}{2}\, y^{*2}_{r=1}\,;$$

mithin ist, wenn wir den Index N fortlassen,

$$-\Psi = \frac{1}{2}\, y^{*2}_{r=1} = y^{*2}\left[f_1(r) \pm \sqrt{1 - \frac{y^{*2}}{r^2}\, g(r)}\right]$$

oder, wenn wir der Abkürzung halber $y^*_{r=1} = y^*_1$ schreiben,

$$\frac{y^*}{\sqrt{-\Psi}} = \frac{\sqrt{2}}{y^*_1}\, y^* = \frac{1}{\sqrt{f_1(r) \pm \sqrt{1 - \frac{y^{*2}}{r^2}\, g(r)}}} = G_1(y^*, r). \tag{I, 2.64}$$

Trifft die der x-Achse nächst gelegene Stromlinie die Kugel beispielsweise in einem Punkte mit $y^*_1 = 0{,}3$, so ist $\mathrm{const} = 0{,}3^2/2 = 0{,}045 = -\Psi_1$; für die nächste Stromlinie mit $y^*_1 = 0{,}6$ ist die Konstante gleich $(2 \cdot 0{,}3)^2/2 = 0{,}6^2/2 = -\Psi_1 \cdot 2^2$ usw. Wir setzen nun allgemein für die weiteren Stromlinien (auch für diejenigen, welche die Kugel nicht treffen) $-\Psi_n = -\Psi_1 \cdot n^2$ und haben damit statt der letzten Gleichung für die einzelnen n Stromlinien

$$\frac{1}{n\sqrt{-\Psi_1}}\, y^* = G_1(y^*, r).$$

In Abb. I, 2.18 sind sowohl die Geraden $y^*/n\sqrt{-\Psi_1} = 4{,}72\, y^*/n$ für $n = 1$ bis $n = 8$ als auch die Funktion $G_1(y^*, r)$ über y^* aufgetragen und zwar G_1 als Funktion von y^* für konstante Werte von r $(= 2, \dots 5)$.

Diejenigen Teile der Kurven, die sich auf die linke Halbebene ($x < 0$) beziehen, für die also in Gl. (I, 2.64) das negative Vorzeichen gilt, sind gestrichelt gezeichnet, die anderen Teile der Kurven ausgezogen. Die Schnittpunkte der Geraden mit den Kurven geben wieder (analog wie auf S. 48f.) Wertepaare von y^* und r, die auf Stromlinien liegen. Zu der

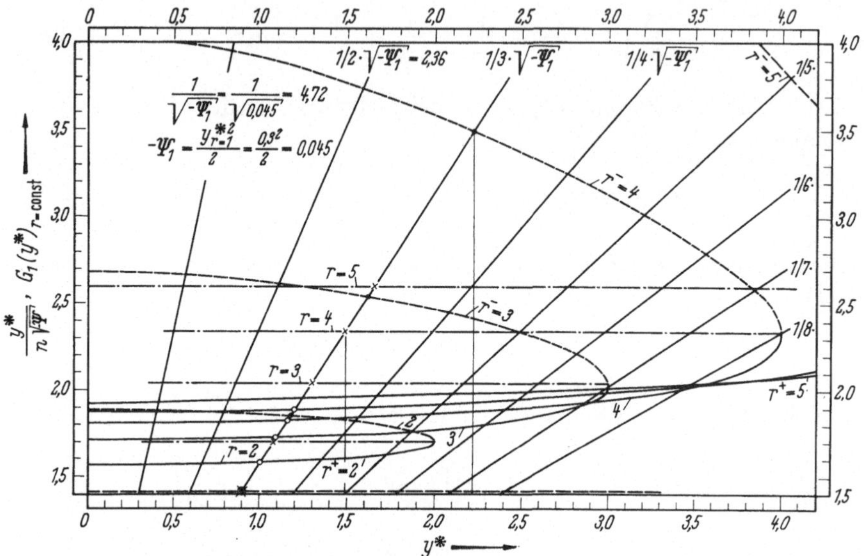

Abb. I, 2.18. Hilfszeichnung zur Berechnung der vorigen Abbildung

Stromlinie, welche die Kugel beispielsweise im Punkte ($r = 1$, $y^* = 0{,}9$) trifft, für welche also $-\Psi = 0{,}9^2/2$ gilt, d. h. in Abb. I, 2.18 die Gerade $y^*/3\sqrt{-\Psi_1} = 4{,}72\, y^*/3 = 1{,}57\, y^*$, sind die Schnittpunkte mit den gestrichelten ($x < 0$) Teilen der Kurven $r^- = 2{,}3$ und 4 als kleine Punkte, diejenigen mit den ausgezogenen ($x > 0$) Teilen der Kurven $r^+ = 2$, 3, 4 und 5 als kleine Kreise gekennzeichnet. Die strichpunktierten horizontalen Geraden durch die Scheitelpunkte der Kurven $G_1(y^*, r)$ geben mit den Geraden $y^*/n\sqrt{-\Psi_1}$ Schnittpunkte ($\times$), die auf Stromlinien der Stokesschen Lösung liegen, da in diesen Fällen $\sqrt{1 - \frac{y^{*2}}{r^2}\, g(r)}$ in Gl. (I, 2.64) identisch gleich Null ist.

In Abb. I, 2.17 sind die Wertepaare (r, y^*) dieser Schnittpunkte übertragen und zwar diejenigen der Punkte und Kreise in der oberen Hälfte der Abbildung sowie diejenigen der Kreuze auf der unteren Hälfte. (Der dem Werte $r^- = 5$ entsprechende Punkt konnte nicht der Abb. I, 2.18 entnommen werden, sondern ist aus Abb. I, 2.19 erhalten). In analoger Weise sind die übrigen Stromlinien berechnet.

Man erkennt aus der oberen Hälfte der Abb. I, 2.17, daß die Stromlinien — und ganz besonders diejenigen in der Nähe der x-Achse — ein unerwartetes Verhalten zeigen insofern, als sie in der Entfernung von einigen Durchmessern der Kugel stark nach außen abbiegen, fast so, als befände sich dort ein (sich mit der Geschwindigkeit $-V$ bewegender)

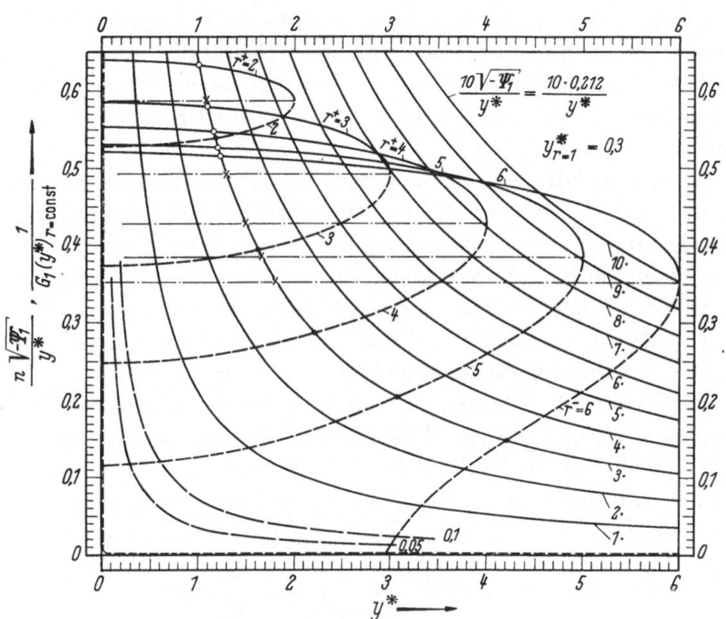

Abb. I, 2.19. Hilfszeichnung zur Erklärung der ausgezogenen Kurven auf der oberen Hälfte von Abb. I, 2.17

Staupunkt. Um dieses zunächst unverständliche Resultat näher zu untersuchen, sind in Abb. I, 2.19 die reziproken Werte der vorherigen Abbildung aufgetragen. Auch hier sind die Schnittpunkte der Kurve $3\sqrt{-\Psi_1}/y^* = 1/1{,}57\,y^* = 0{,}635/y^*$ mit den Kurven $1/G_1(y^*, r)$ in gleicher Weise wie in der vorigen Abbildung gekennzeichnet.

Das Bedeutungsvolle in Abb. I, 2.19 ist nun, daß auf dem Kurventeil $r^- = 6$ die Funktion $1/G_1(y^*, r)$ gleich Null wird. Wie nahe auch eine Stromlinie der x-Achse bei mäßigen Werten von r^- (selbst noch bei $r^- = 5$) anliegen möge, bei $r^- = 6$ hat sie bereits einen Abstand $>2{,}96$ von der x-Achse. Im Grenzfalle lim const $\to 0$ verläuft die Stromlinie längs der x-Achse, so lange nach Gl. (I, 2.63) zusammen mit Gl. (I, 2.61 und 62)

$$f_1(r) - r g(r) = \frac{3}{4r} - \frac{1}{4r^3} - \frac{3}{32}\left(2 - \frac{3}{r} + \frac{1}{r^2} - \frac{1}{r^3} + \frac{1}{r^4}\right) \geqq 0 \quad \text{(I, 2.65)}$$

ist. Bezeichnet r_1 die Wurzel dieser Gleichung, so wird also — bei const $= 0$ — die Größe y^* imaginär, wenn $f_1(r) - rg(r) < 0$ d. h. $r > r_1$ ist. Löst man Gl. (I, 2.65) nach r, so erhält man $r_1 = -x_1 = 5.34$.

Hätte man die gleiche Rechnung statt mit Re $= 1$ mit Re $= 0{,}5$ gemacht, so würde der rechte Klammerausdruck in Gl. (I, 2.65) mit 1/2 zu multiplizieren sein, und es ergäbe sich $r_1 = -x_1 = 9{,}3$; mit Re $= 0{,}2$ würde man $r_1 = -x_1 = 20$ erhalten. Die Anwendung der Oseenschen Stromfunktion hätte das gleiche Resultat ergeben, nur würden die berechneten Werte für $r_1 = -x_1$ sich nach S. 54 auf die Reynoldsschen Zahlen Re $= 8/5, 8/13, 8/37$ (statt auf Re $= 8/8, 8/16, 8/40$) beziehen.

Der Grund zu diesem eigenartigen Verhalten der (ausgezogenen) Stromlinien auf der oberen Hälfte von Abb. I, 2.17 liegt darin, daß nach Gl. (I, 2.48 bzw. 55) die Geschwindigkeit im Unendlichen ($x \to -\infty$) bei einer ruhenden Kugel nicht gleich der angenommenen Anströmungsgeschwindigkeit V ist, sondern bei der Noetherschen Lösung (mit Re $= 1$) gleich $(1 + 3/8)\, V = 1{,}375\, V$. Diese Geschwindigkeit nimmt auf der x-Achse bei Annäherung an die Kugel ab und hat im Punkte $x_1 = -5{,}34$ den Wert V erreicht. Überlagert man nun der Strömung von Abb. I, 2.16 das gleichförmige Geschwindigkeitsfeld $-V$, so erhält man im Punkte x_1 die Geschwindigkeit Null, d. h. den in Abb. I, 2.17 ersichtlichen Staupunkt. Man müßte also, um in $x \to -\infty$ die Geschwindigkeit Null zu haben, zur Strömungsfunktion Ψ der Gl. (I, 2.48) die Strömungsfunktion

$$\Psi_2 = -V y^{*2}\left(\frac{1}{2} + \frac{3}{16}\right) = -\frac{11}{16} V y^{*2}$$

addieren; damit würde der Staupunkt bzw. die Geschwindigkeit Null von $x_1 = -5{,}34$ nach $-\infty$ verlegt.

Führt man die Rechnung durch und zeichnet ein der Abb. I, 2.18 entsprechendes Kurvenblatt, so lassen sich daraus die strich-punktierten Stromlinien in der oberen Hälfte der Abb. I, 2.17 berechnen. In diesem Stromlinienbild, das den Strömungszustand einer Kugel darstellen sollte, die sich gleichförmig durch eine *im Unendlichen ruhende* Flüssigkeit von rechts nach links bewegt, ist zwar für $x \to -\infty$ die Geschwindigkeit u gleich Null, keineswegs aber für $x \to +\infty$. Hier haben wir eine Geschwindigkeit $u = (5/8 - 11/8)\, V = -0{,}75\, V$ und zwar *auch bei beliebig großem* y^*.

Wir hatten auf S. 45 festgestellt, daß die Stokessche Lösung den Strömungsvorgang um eine Kugel, selbst bei beliebig kleinen Reynoldsschen Zahlen, in genügend großer Entfernung von der Kugel nicht richtig wiedergeben kann, da dort das Verhältnis von Trägheitskraft zur Zähigkeitskraft nicht mehr klein gegenüber 1 ist (obschon die Kräfte selber außerordentlich schnell mit zunehmender Entfernung von der

Kugel abnehmen und zwar wie $1/r^2$ bzw. $1/r^3$). Jetzt erkennen wir, daß aber auch die Noether-Oseensche Lösung den Strömungsvorgang einer sich durch eine unendlich ausgedehnte, ruhende Flüssigkeit gleichförmig bewegenden Kugel nicht richtig wiedergibt. Man darf eben nicht vergessen, daß es sich sowohl bei NOETHER als auch bei OSEEN um Näherungslösungen handelt. In diesem Zusammenhang ist eine Bemerkung des Mathematikers E. BOREL[34] am Platz (auf die schon WEYSSENHOFF[35] hingewiesen hat): Um aus den Fehlern einer nur angenähert gültigen Differentialgleichung, insbesondere wenn es sich um eine partielle Differentialgleichung handelt, auf die Fehler des Integrals dieser Gleichung schließen zu können, ist eine besondere Untersuchung notwendig; man kann einfache Beispiele angeben, wo die Anwesenheit beliebig kleiner Zusatzglieder in der Differentialgleichung den Verlauf der Erscheinung, die durch diese Gleichung beschrieben wird, vollständig verändert.

2.11 Das Stokessche Widerstandsgesetz einer Kugel. Bei Strömungsvorgängen wie den soeben beschriebenen, bei denen sich der Körper gleichsam durch die Flüssigkeit hindurchschiebt und sie dabei deformiert, ist der Widerstand im wesentlichen dadurch bedingt, daß zu dieser Deformation Kräfte erforderlich sind. Man spricht deshalb von einem Deformationswiderstand. Es bildet sich ein Spannungssystem in der Flüssigkeit aus, welches die auf den Körper ausgeübte Kraft in die Flüssigkeit hinein fortpflanzt.

Durch Integration der Druck- und Reibungsspannungen über der ganzen Oberfläche der Kugel hat erstmalig STOKES[22] den Widerstand (W) berechnet und dafür den Ausdruck

$$W = 6\pi\mu a V \tag{I, 2.66}$$

gefunden, wo a den Radius der Kugel, V deren Geschwindigkeit und μ die Zähigkeit der Flüssigkeit bzw. des Gases bezeichnet[36]. Definiert man die sogenannte Widerstandszahl c (dimensionslos) durch die Gleichung

$$W = c \cdot a^2\pi \frac{\varrho}{2} V^2, \tag{I, 2.67}$$

so erhält man aus den beiden Gleichungen

$$c = 12 \frac{\frac{\mu}{\varrho}}{a V} = \frac{12}{\mathrm{Re}} \tag{I, 2.68}$$

[34] BORELL, E.: Introduction géometrique à quelques théories phys., Notes IV.

[35] WEYSSENHOFF, JAN: Betrachtungen über den Gültigkeitsbereich der Stokesschen und der Stokes-Cunninghamschen Formel. I. Hydrodynamischer Teil, Ann. Phys., Lpz. 62 (1920) 1.

[36] Eine einfache Ableitung stammt von G. KIRCHHOFF: Vorlesungen über mathem. Physik, Bd. 1, 4. Aufl., Leipzig: Teubner 1876, S. 379ff.

bzw. wenn man die Reynoldssche Zahl auf den Durchmesser (2a) der Kugel bezieht,

$$c = \frac{24}{\frac{2aV}{\nu}}.$$

Wie bereits erwähnt, hat OSEEN[25] das Gleichungssystem

$$V\frac{\partial u'}{\partial x} = -\frac{1}{\varrho}\frac{\partial p}{\partial x} + \nu\Delta u' \quad \text{usw.}$$

näherungsweise gelöst und gefunden, daß auch diese Gleichungen das Stokessche Widerstandsgesetz Gl. (I, 2.66 bzw. 68) ergeben. Dies ist auf einem anderen Wege auch von LAMB[37] bestätigt worden.

Darüber hinaus hat FR. NOETHER[26] unter Berücksichtigung der quadratischen Glieder eine Näherungslösung der Gleichungen

$$u\frac{\partial u}{\partial x} + v\frac{\partial u}{\partial y} + w\frac{\partial u}{\partial z} = -\frac{\partial p}{\partial x} + \frac{1}{\mathrm{Re}}\Delta u \quad \text{usw.}$$

gegeben, falls $\mathrm{Re} < 1$ ist, und festgestellt, daß auch in diesem Falle die Stokessche Formel Gl. (I, 2.66 bzw. 68) noch gültig ist. Demgegenüber gibt OSEEN[31] an, daß eine erste Näherungslösung ($\mathrm{Re} < 1$) der letzten Gleichung zu der Widerstandsformel

$$W = 6\pi\mu a V\left(1 + \frac{3}{8}\mathrm{Re}\right)$$

oder mit Gl. (I, 2.67) zu

$$c_O = \frac{12}{\mathrm{Re}}\left(1 + \frac{3}{8}\mathrm{Re}\right) = \frac{12}{\mathrm{Re}} + 4{,}5 = \frac{24}{\frac{2aV}{\nu}} + 4{,}5 \qquad \text{(I, 2.69)}$$

führt. Welche der beiden Widerstandsformeln Gl. (I, 2.68 oder 69) den Tatsachen am besten gerecht wird, läßt sich — da alles nur Näherungslösungen sind — allein durch den Vergleich mit experimentellen Daten bestimmen.

Bevor wir dies tun, wollen wir darauf hinweisen, daß Strömungen mit identischen Stromlinien auch den gleichen Strömungswiderstand bzw. das gleiche c haben müssen. Der Vergleich der Gl. (I, 2.68) mit Gl. (I, 2.69) ergibt für diesen Fall

$$\frac{12}{(\mathrm{Re})_N} = \frac{12}{(\mathrm{Re})_O} + 4{,}5 = 12\left(\frac{1}{(\mathrm{Re})_O} + \frac{3}{8}\right),$$

[37] LAMB, H.: On the Uniform Motion of a Sphere through a Viscous Fluid. Phil. Mag. 21 (1911) 112, oder Hydrodynamics 5th Ed., Cambridge: University Press 1924, S. 574ff.

wobei der Index N bzw. O die Noethersche bzw. Oseensche Näherungslösung andeutet; mithin haben wir

$$\frac{1}{(\mathrm{Re})_O} = \frac{1}{(\mathrm{Re})_N} - \frac{3}{8}$$

in Übereinstimmung mit Gl. (I, 2.57) und dem an dortiger Stelle Gesagten.

2.12 Bestätigung der Stokesschen Widerstandsformel durch das Experiment. Wir kommen jetzt zur Prüfung der Stokesschen sowie der Oseenschen Widerstandsformel durch das Experiment. Da die Näherungslösungen $\mathrm{Re} < 1$ voraussetzen, hat es keinen Sinn, den Vergleich der Theorie mit Experiment für größere Werte als $\mathrm{Re} = 1$ vorzunehmen. Da anderseits die Näherungslösungen und die davon abgeleiteten Widerstandsformeln um so mehr Gültigkeit besitzen, je kleiner Re ist, wollen wir den Vergleich mit $\mathrm{Re} = 0{,}01$ bis 1 durchführen. Um so große Bereiche der Unabhängigen (Re) sowie der entsprechend großen Bereiche der Abhängigen (c) (besonders auch für kleine Werte von Re) bequem überblicken zu können, pflegt man die Logarithmen der Variablen oder die Variablen selbst bei logarithmisch eingeteiltem Koordinatennetz aufzutragen.

Das Stokessche Widerstandsgesetz ergibt damit nach Gl. (I, 2.68) eine unter 45° nach rechts unten gerichtete Gerade, die beispielsweise bei $\mathrm{Re} = 0{,}12$ durch den Punkt $c = 100$ geht (in Abb. I, 2.20 die *obere* ausgezogene Gerade für den Bereich von $\mathrm{Re} = 0{,}1$ bis 1). Die darunter gelegene Parallele gilt für $\mathrm{Re} = 0{,}01$ bis $0{,}1$; auf diesen Bereich bezieht sich die äußere Bezifferung von $c = 120$ bis 1200. Das Oseensche Widerstandsgesetz ist als gestrichelte Kurve entsprechend Gl. (I, 2.69) eingezeichnet.

Von den vielen diesbezüglichen Messungen können wir nur einige bringen; wir lassen diejenigen aus, die sich auf größere Re-Zahlen als 1 bzw. $2aV/\nu = 2$ beziehen, da ja die Näherungstheorien $\mathrm{Re} < 1$ voraussetzen. Zunächst seien die sehr genauen Messungen von Arnold[38] erwähnt. Er ließ kleine Kügelchen aus Rose-Metall in Rapsöl fallen und maß die (gleichförmig gewordene) Fallgeschwindigkeit, woraus sich nach Gl. (I, 2.71) S. 67 die Widerstandszahl $c = f(\mathrm{Re})$ berechnen läßt. Da die Zähigkeit von Rapsöl sehr von der Temperatur abhängt, wurde diese

---

[38] Arnold, H. D.: Limitations Imposed by Slip and Inertia Terms on Stokes's Law for the Motion of Spheres through Liquids. Phil. Mag. 22 (1911) 755. Vgl. Prandtl-Tietjens: Hydro- und Aeromechanik, Bd. 2, Berlin: Springer 1931, S. 131, oder Applied Hydro- and Aeromechanics, New York: Dover Publications 1957, S. 115.

bis auf 1/10° konstant gehalten. Außerdem verwendete er kleine Wachskügelchen in einer Mischung von Alkohol und Wasser.

Schon vorher hatte LADENBURG[39] ähnliche Versuche bei durchweg sehr kleinen Re-Zahlen angestellt, indem er kleine Stahlkugeln in einem Gemisch von Terpentin und Kolophonium ($\mu = 1300$ g/cm s oder

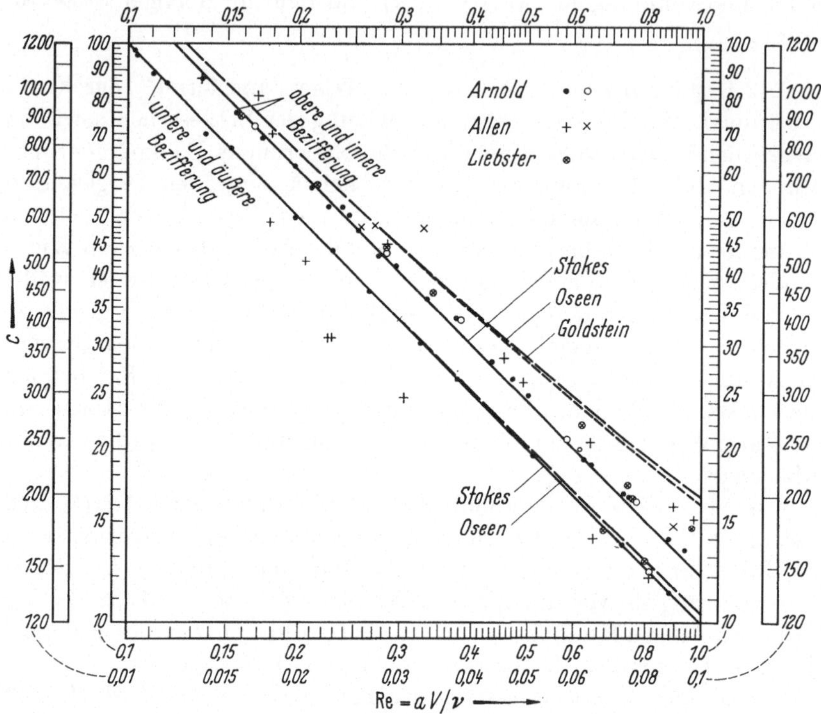

Abb. I, 2.20. Die Widerstandszahl einer Kugel bei sehr kleinen Reynoldsschen Zahlen; die beiden äußeren Skalen beziehen sich auf die untere Abszissenskala

$\mu = 1{,}325$ ps/cm² fallen ließ. Dabei stellte er fest, daß die Wände des Gefäßes, in welchem die Kügelchen fielen, einen großen Einfluß auf die Fallgeschwindigkeit und damit auf den Widerstand hatten, insofern als sie ihn vergrößerten. Die auf H. A. LORENTZ[40] zurückgehende Methode zur theoretischen Bestimmung des Wandeinflusses wurde von LADEN-

[39] LADENBURG: R.: Über die innere Reibung zäher Flüssigkeiten und ihre Abhängigkeit vom Druck. Ann. Phys. 22 (1907) 287; ferner: Über den Einfluß von Wänden auf die Bewegung einer Kugel in einer reibenden Flüssigkeit. Ann. Phys. 23 (1907) 447.

[40] LORENTZ, H. A.: Abh. über theor. Physik, Bd. 1, Leipzig: Akademische Verlagsgesellschaft 1907, S. 287.

BURG ausgearbeitet; sie ist auch bei den oben erwähnten Arnoldschen Versuchen berücksichtigt. Nach LADENBURG ist

$$W = 6\pi\mu a V\left(1 + 2{,}1\frac{a}{l}\right)\left(1 + 3{,}3\frac{a}{h}\right),$$

wo l den Radius des Gefäßes und h den Abstand der Decke vom Boden bezeichnet.

Ferner seien die Versuchsergebnisse von ALLEN[41] mitgeteilt, obwohl dessen Resultate — im Gegensatz zu denen von ARNOLD — eine beträchtliche Streuung aufweisen; er ließ kleine Luftbläschen aus sehr feinen Glaskapillaren in Wasser bzw. Anilin aufsteigen. Die in Abb. I, 2.20 als schräge bzw. aufrechte Kreuze eingetragenen Resultate sind einer Aufstellung von L. SCHILLER[42] entnommen (Ladenburgsche Korrektion ist berücksichtigt). Schließlich sind in der Abbildung noch die Meßresultate von LIEBSTER[43] aufgetragen und zwar mit der von ihm vorgenommenen Korrektion nach LADENBURG.

Aus der Abbildung ist ersichtlich, daß sich die Meßergebnisse bis etwa $\mathrm{Re} = 0{,}3$ um die Stokessche Gerade gruppieren; die Oseensche Kurve liegt zu hoch. Ab $\mathrm{Re} = 0{,}3$ heben sich die Durchschnittswerte der Meßergebnisse mit zunehmendem Re etwas von der Stokesschen Geraden ab, liegen aber immer merklich unter der Oseenschen Kurve (die für $\mathrm{Re} < 1$ abgeleitet wurde und um so genauer gelten sollte, je kleiner Re ist).

Da alle Versuche zur Widerstandsmessung nicht eine nach allen Seiten ausgedehnte Flüssigkeit verwirklichten, sondern mit Gefäßen von teilweise recht geringen Dimensionen vorgenommen wurden, ist die jeweils benutzte Methode zur Erfassung der Wandkorrektur für das auf unendliche Flüssigkeit umgerechnete Meßresultat von großer Bedeutung. Von H. FAXÉN[44], einem Schüler OSEENS, wurde eine umfangreiche Theorie des Wandeinflusses aufgestellt und von ihm und anderen, z. B. H. SCHMIEDEL[45], mit experimentellen Ergebnissen verglichen; es zeigte

[41] ALLEN, H. S.: The Motion of a Sphere in a Viscous Fluid. Phil. Mag. 50 (1900) 323.

[42] SCHILLER, L.: Fallversuche mit Kugeln und Scheiben. Handbuch der Experimental-Physik (WIEN-HARMS), Bd. 4, 2. Teil, Leipzig: Akademische Verlagsgesellschaft Geest & Portig 1932, S. 340ff. Hier auch ausführlichere Literaturangaben.

[43] LIEBSTER, H.: Über den Widerstand von Kugeln. Ann. Phys. 82 (1927) 541.

[44] FAXÉN, H.: Ann. Phys. 63 (1920) 581; 68 (1922) 89, ferner: Die Bewegung einer starren Kugel längs der Achse eines mit zäher Flüssigkeit gefüllten Rohres. Arkiv f. Math., Astr. och Fysik 17 (1923) Nr. 27, Der Widerstand einer starren Kugel in einer zähen Flüssigkeit, die zwischen zwei parallelen Wänden eingeschlossen ist. Arkiv f. Math., Astr. och Fysik 18 (1925) Nr. 29, u. 19 A (1926) Nr. 22.

[45] SCHMIEDEL, H.: Experimentelle Untersuchungen über die Fallbewegung von Kugeln und Scheiben in reibenden Flüssigkeiten. Phys. Z. 29 (1928) 593.

sich, daß die so erhaltenen Resultate der Oseenschen Kurve gut anlagen. Da die Methoden zur Berücksichtigung des Wandeinflusses aber auch nur Näherungslösungen darstellen, deren Genauigkeit nicht geprüft wurde, könnten erst Versuche mit so großen Gefäßdimensionen, daß deren Einfluß innerhalb der Meßgenauigkeit liegt, eine Entscheidung darüber herbeiführen, welche der Kurven in Abb. I, 2.20 den Tatsachen am besten gerecht wird.

Die Gültigkeit des Stokesschen Gesetzes in Luft wurde von ZELENY und McKEEHAN[46] experimentell im Bereich von $\mathrm{Re} = 3 \cdot 10^{-4}$ bis 0,6 bestätigt. Es wird angegeben, daß die gemessene Fallgeschwindigkeit im Durchschnitt sich nur um etwa 1/2% von der nach STOKES berechneten Geschwindigkeit unterschied. Mittels eines Zerstäubungsverfahrens wurden winzig kleine Kügelchen aus Wachs, Paraffin und Quecksilber hergestellt und der Durchmesser unter dem Mikroskop gemessen. Der Durchmesser der Röhre, in deren Mitte die Kügelchen fallen gelassen wurden, betrug 0,64 cm, der Durchmesser der Kugeln 80×10^{-4} bis herunter zu 7×10^{-4} cm; die Fallhöhe war 31,2 cm. Die in der Ladenburgschen Formel für die Wandkorrektur auftretende Größe $2{,}1\, a/l$ bewegte sich also in den Grenzen von $2{,}1 \times 80 \times 10^{-4}/0{,}64 = 2{,}6 \times 10^{-2}$ bis $2{,}1 \times 7 \times 10^{-4}/0{,}64 = 0{,}23 \times 10^{-2}$.

Sind die Durchmesser der Kugeln jedoch so gering, daß sie vergleichbar werden mit der mittleren freien Weglänge der Moleküle des Gases, so hört auch das Stokessche Gesetz (das unter der Voraussetzung eines Kontinuums abgeleitet wurde) auf, gültig zu sein. CUNNINGHAM[47] hat theoretisch und MILLIKAN[48] experimentell untersucht, in welcher Weise sich die Stokessche Widerstandsformel ändert, wenn die Voraussetzung eines Kontinuums fallen gelassen wird. Immerhin liegt bei Gasen *unter normalen Drucken* die untere Grenze des Stokesschen Gesetzes sehr tief; z. B. konnte PERRIN[49] noch bei Gummiguttkügelchen von 10^{-4} mm Durchmesser in Luft die Gültigkeit des Stokesschen Gesetzes bestätigen. Eine kritische Betrachtung der unteren Grenze für die Stokessche Formel mit ausführlicher Literaturangabe findet sich bei E. MEYER und W. GERLACH[50].

Die obere Grenze der Stokesschen Widerstandsformel einer Kugel liegt — wie die Experimente in Abb. I, 2.20 zeigen — bei etwa $\mathrm{Re} = 0{,}3$

[46] ZELENY, JOHN, u. L. W. McKEEHAN: Die Endgeschwindigkeit des Falles kleiner Kugeln in Luft. Phys. Z. 11 (1910) 78.

[47] CUNNINGHAM, E.: On the Velocity of Steady Fall of Spherical Particles through Fluid Medium. Proc. Roy. Soc. Lond. (A) 83 (1910) 357.

[48] MILLIKAN, R. A.: Phys. Rev. April 1911.

[49] PERRIN, J.: La loi de Stokes et le mouvement Brownien. C. R. 147 (1908) 475.

[50] MEYER, E., u. W. GERLACH: Über die Gültigkeit der Stokesschen Formel und die Massenbestimmung ultramikroskopischer Partikel. Arbeiten a. d. Gebiet d. Phys. Math. u. Chem. Festschrift für Elster und Geitel, Braunschweig 1915.

bzw. $2aV/\nu = 0{,}6$. Mit größer werdenden Reynoldsschen Zahlen nehmen die Trägheitswirkungen mehr und mehr zu. Aber auch, wenn diese — gegenüber den Zähigkeitskräften — beliebig groß werden ($\mathrm{Re} \to \infty$), dürfen die letzteren, wie sich im nächsten Kapitel zeigen wird, nicht vernachlässigt werden. Insofern ist der Grenzübergang zu $\mathrm{Re} \to 0$ wesentlich einfacher, als man hier die Trägheitskräfte tatsächlich gegenüber den Zähigkeitskräften vernachlässigen darf; vgl. Fußnote 30. Auf die Widerstandszahl einer Kugel als Funktion der Reynoldsschen Zahl, wenn diese bis zu Werten von 10^6 und darüber wächst, werden wir auf S. 79 zurückkommen.

Die Stokessche Formel läßt sich wohl auf Nebeltröpfchen anwenden — man denke z. B. an die experimentelle Bestimmung der elektrischen Elementarladung nach J. J. Thomson und H. A. Wilson — nicht aber mehr auf Regentropfen. Bei einem mit gleichförmiger Geschwindigkeit sinkenden Kügelchen (γ_K) ist dessen Gewicht gleich seinem Widerstand, d. h.

$$\frac{4}{3} a^3 \pi \gamma_K = 6\pi\mu a V = c \cdot a^2 \pi \frac{\varrho}{2} V^2 \tag{I, 2.70}$$

und damit

$$c = \frac{8}{3} \frac{\gamma_K}{\varrho} \frac{a}{V^2} \quad \text{und} \quad \mathrm{Re} = \frac{aV}{\nu}; \tag{I, 2.71}$$

hieraus läßt sich durch Messen der (gleichförmig gewordenen) Fallgeschwindigkeit und bei Kenntnis der übrigen auftretenden Größen die Widerstandszahl c sowie Re berechnen.

Nehmen wir an, daß $\mathrm{Re} < 0{,}3$ ist, so daß nach Gl. (I, 2.68) $c = 12/\mathrm{Re}$ gesetzt werden darf, so erhalten wir aus Gl. (I, 2.70)

$$a^3 = \frac{9}{2} \frac{\varrho \nu^2}{\gamma_K} \mathrm{Re};$$

für Wassertröpfchen ($\gamma_K = 1\ \mathrm{p/cm^3}$) in Luft bei etwa 760 mm Hg und 15 °C ($\varrho = 0{,}125 \cdot 10^{-5}\ \mathrm{ps^2/cm^4}$, $\nu = 0{,}145\ \mathrm{cm^2/s}$) ist also

$$a = \sqrt[3]{118} \cdot 10^{-3} \sqrt[3]{\mathrm{Re}} = 4{,}9 \cdot 10^{-3} \sqrt[3]{\mathrm{Re}}\ \mathrm{cm}$$

und mit $\mathrm{Re} = 0{,}3$ als obere Grenze der Gültigkeit des Stokesschen Gesetzes

$$a = 3{,}28 \cdot 10^{-3}\ \mathrm{cm} = 0{,}0328\ \mathrm{mm}.$$

Bei Nebeltröpfchen mit einem Durchmesser bis etwa $^7/_{100}$ mm können wir also von einer schleichenden Bewegung sprechen. Handelt es sich um Kügelchen in einem Medium, dessen Dichte (ϱ_M) nicht vernachlässigbar klein gegenüber derjenigen (ϱ_K) des Kügelchens ist, so ergibt sich die gleichförmig gewordene Fallgeschwindigkeit aus

$$\frac{4}{3} a^3 \pi (\varrho_K - \varrho_M) g = 6 \pi \mu a V$$

zu

$$V = \frac{2}{9} \frac{\varrho_K - \varrho_M}{\mu} g a^2,$$

so lange es eine schleichende Bewegung, d. h. $\mathrm{Re} < 0{,}3$ ist.

Um die Reynoldssche Zahl zu bestimmen, die einem gleichmäßig fallenden Wassertröpfchen von 1 mm Durchmesser entspricht, schreiben wir nach Gl. (I, 2.70) und mit den obigen Werten von γ_K, ϱ und ν

$$(2\mathrm{a})^3 = \frac{3}{4} \frac{\varrho \nu^2}{\gamma_K} \left(\frac{2a\,V}{\nu}\right)^2 c = 19{,}65 \cdot 10^{-9} \left(\frac{2a\,V}{\nu}\right)^2 c,$$

also mit $2a = 10^{-1}$ cm

$$\left(\frac{2a\,V}{\nu}\right)^2 c = 50\,900,$$

was nach C. WIESELSBERGER[58] einem $c = 0{,}7$ bei $2a\,V/\nu = 270$ entspricht. Die *konstant gewordene* Fallgeschwindigkeit dieses Wassertröpfchens von 1 mm Durchmesser ergibt sich aus

$$V = \frac{270\,\nu}{2a} = \frac{270 \cdot 0{,}145}{0{,}1} = 391 \text{ cm/s};$$

selbst kleine, durch Luft fallende Wassertröpfchen entsprechen also längst nicht mehr dem Stokesschen Widerstandsgesetz.

2.13 Das Stromlinienbild nach Oseen-Lamb. Der Vollständigkeit halber sei noch auf zwei Arbeiten von S. GOLDSTEIN[51] hingewiesen. Ausgehend von der Oseenschen Differentialgleichung (I, 2.47) bzw. Gl. (I, 2.73) — siehe Gl. (1) der ersteren Arbeit von GOLDSTEIN — entwickelt er für die Widerstandszahl eine Reihe nach Potenzen von $\mathrm{Re} = a\,V/\nu$ und erhält (Gleichung (67) seiner 2. Arbeit; dort ist $k_D = c/2$ und $R = 2\,\mathrm{Re}$)

$$c_G = \frac{12}{\mathrm{Re}} \left(1 + \frac{3}{8} \mathrm{Re} - \frac{19}{320} \mathrm{Re}^2 + - \cdots\right). \qquad \text{(I, 2.72)}$$

---

[51] GOLDSTEIN, S.: The Forces on a Solid Body Moving through Viscous Fluid. Proc. Roy. Soc. Lond. (A) 123 (1929) 216, und: The Steady Flow of Viscous Fluid past a Fixed Spherical Obstacle at Small Reynolds Numbers. Proc. Roy. Soc., Lond. (A) 123 (1929) 225.

Es ist aber nicht so, wie durchweg behauptet wird, daß OSEEN[52] aus derselben Differentialgleichung, d. h. aus

$$V \frac{\partial u'}{\partial x} = -\frac{1}{\varrho} \frac{\partial p}{\partial x} + \nu \Delta u' \quad \text{usw.} \tag{I, 2.73}$$

die Widerstandszahl

$$c_0 = \frac{12}{\text{Re}} \left(1 + \frac{3}{8} \text{Re}\right) = \frac{12}{\text{Re}} + 4{,}5 \tag{I, 2.74}$$

(was eine erste Näherung von Gl. (I, 2.72) wäre), abgeleitet hätte, vielmehr erhält er aus *dieser* Differentialgleichung die einfache *Stokessche* Widerstandszahl

$$c = \frac{12}{\text{Re}}\,^{52}. \tag{I, 2.75}$$

Das gleiche Resultat hat — wie bereits erwähnt — auf einem anderen (wesentlich einfacheren) Wege auch LAMB[37] bekommen. Um die Widerstandszahl nach Gl. (I, 2.74) zu erhalten, muß man nach OSEEN[31] die *quadratischen* Glieder der Geschwindigkeiten, welche durch die sich bewegende Kugel hervorgerufen werden, in erster Näherung berücksichtigen. Allerdings führt auch dieses nach F. NOETHER[26] zu der einfachen Stokesschen Formel. In diesem Zusammenhang sei nochmals auf die Bemerkung von E. BOREL[34] auf S. 61 hingewiesen.

In Anbetracht, daß in der Literatur immer wieder vermerkt wird, das Oseensche Gleichungssystem (I, 2.73) stelle eine Verbesserung gegenüber der vereinfachten Stokesschen Gleichung dar, insofern es eine „genauere" Abhängigkeit der Widerstandszahl von der Reynoldsschen Zahl ergäbe, nämlich Gl. (I, 2.74), ist es wünschenswert, sich den Stromlinienverlauf nach Gl. (I, 2.73) klar zu machen. Zunächst erwähnen wir nochmals, daß die Oseensche Lösung auf Grund von Gl. (I, 2.73) nach OSEEN und LAMB nicht zu Gl. (I, 2.74) führt, sondern die Stokessche Widerstandszahl (I, 2.75) ergibt.

Wir gehen aus von der Stromfunktion der Oseenschen Lösung von Gl. (I, 2.73), wie sie LAMB[53] gegeben hat, d. h. von

$$\Psi = \frac{3}{2} \nu a \,(1 + \cos\theta)\,\{1 - e^{-kr(1-\cos\theta)}\} - \frac{1}{4} \frac{U a^3}{r} \sin^2\theta,$$

wobei $\cos\theta = x/r$, $\sin\theta = y^*/r$, $k = U/2\nu$ und a den Kugelradius bezeichnen; dabei entspricht U unserem V. Berücksichtigen wir ferner,

[52] Fußnote 25, Text auf S. 20, letzter Satz.

[53] LAMB, H.: Hydrodynamics, 5th Ed., Cambridge: University Press **1924**, S. 577, Gl. (32).

daß LAMB $u' = -\partial\Psi/y^* dy^*$ setzt, statt wie wir $u' = +\partial\Psi/y^* dy^*$, so erhalten wir, wenn $\sin^2\theta = y^{*2}/r^2$ bzw. $\sin^2\theta = (1+\cos\theta)(1-\cos\theta)$ herausgesetzt wird,

$$-\Psi = \frac{y^{*2}}{r^2}\nu\left[\frac{3a}{2(1-\cos\theta)}\left\{1 - e^{-\mathrm{Re}\frac{r-x}{2a}}\right\} - \mathrm{Re}\frac{a^2}{4r}\right]$$

oder

$$-\Psi = V y^{*2}\left[\frac{3a}{4r}\,\frac{1-e^{-\mathrm{Re}\frac{r-x}{2a}}}{\mathrm{Re}\frac{r-x}{2a}} - \frac{a^3}{4r^3}\right]. \qquad \text{(I, 2.76)}$$

Wir erhalten somit Stromlinien, wenn die rechte Seite verschiedenen Konstanten gleichgesetzt wird und die zueinander gehörenden Werte von x und y^* berechnet werden, wobei $r^2 = x^2 + y^{*2}$ ist. Dies läßt sich verhältnismäßig leicht durchführen, wenn man statt der letzten Gleichung schreibt

$$\frac{y^*}{\sqrt{-\Psi}} = \frac{1}{\sqrt{V}\sqrt{\frac{3a}{4r}\,\frac{1-e^{-\mathrm{Re}\frac{r-x}{2a}}}{\mathrm{Re}\frac{r-x}{2a}} - \frac{a^3}{4r^3}}},$$

wobei $\Psi < 0$ ist. Um die Rechnung durchzuführen, nehmen wir beispielsweise wieder an, daß $a = 1$ cm, $V = 1$ cm/s, $\mathrm{Re} = 1$ ist, womit auch $\nu = 1\ \mathrm{cm^2/s}$ wird; mithin

$$\frac{y^*}{\sqrt{-\Psi}} = \frac{y^*}{\mathrm{const}} = \frac{1}{\sqrt{\frac{3}{4r}\,\frac{1-e^{-\frac{r-x}{2}}}{\frac{r-x}{2}} - \frac{1}{4r^3}}}. \qquad \text{(I, 2.77)}$$

In Abb. I, 2.21 ist zu konstanten Werten von r und zwar $r = 0{,}8$; 1; 2 bis 5 die rechte Seite der letzten Gleichung als Funktion von y^* aufgetragen, d. h. es sind bei konstant gehaltenem r, z. B. $r = 2$ zu verschiedenen Werten von y^* z. B. $y^* = 0{,}2$; $0{,}4\ldots$ bis 2 zunächst die zu diesen Werten von y^* gehörenden $x = \pm\sqrt{2^2 - 0{,}2^2}$, $x = \pm\sqrt{2^2 - 0{,}4^2}$ usw. bestimmt und damit die rechte Seite von Gl. (I, 2.77) berechnet. Der den Kurven zugehörige untere Teil entspricht den positiven Werten von x; der obere Teil der Kurven, mit r^- bezeichnet und gestrichelt, gehört zu den negativen Werten von x.

Aus Gl. (I, 2.77) ist ersichtlich, daß die Schnittpunkte einer jeden Geraden durch den Ursprung mit diesen Kurven Wertepaare (r, y^*) ergeben, die auf Stromlinien liegen, da für diese Wertepaare Gl. (I, 2.76) erfüllt ist. Nehmen wir beispielsweise an, die Stromfunktion in Gl. (I, 2.77) habe den — an sich beliebigen — Wert $\Psi_1 = -0{,}031$, so erhalten

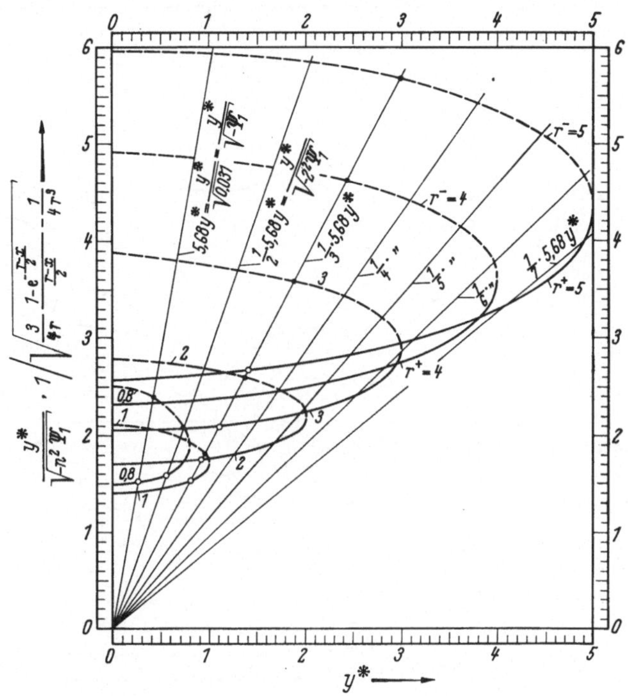

Abb. I, 2.21. Hilfszeichnung zur Berechnung der absoluten Stromlinien einer sich von rechts nach links bewegenden Kugel, obere Hälfte von Abb. I, 2.22

wir in Abb. I, 2.21 die Gerade $y^*/\sqrt{0{,}031} = 5{,}68\, y^*$. Diese Gerade schneidet die mit 0,8 bezeichnete Kurve in den beiden Punkten $y^* = 0{,}42$ und $y^* = 0{,}27$, wobei der erstere Wert einem negativen x entspricht, nämlich dem Wert $-\sqrt{0{,}8^2 - 0{,}42^2} = -0{,}681$, und der zweite dem Wert $x = +\sqrt{0{,}8^2 - 0{,}27^2} = 0{,}753$. In der oberen Hälfte der Abb. I, 2.22 ist der Halbkreis $r = 0{,}8$ gezeichnet und auf ihm die Werte $y^* = 0{,}42$ (als Punkt) und $y^* = 0{,}27$ (als kleiner Kreis) abgetragen. Beides sind Punkte der Stromlinien $\Psi_1 = -0{,}031$.

Bei den weiteren Geraden in Abb. I, 2.21 ist angenommen, daß diese lauten: $\frac{1}{2} \cdot 5{,}68\, y^*$, $\frac{1}{3} \cdot 5{,}68\, y^*$ usw. bis $\frac{1}{7} \cdot 5{,}68\; y^*$. Dies bedeutet, daß wir für die Stromfunktion die Werte $-2^2 \cdot 0{,}031$, $-3^2 \cdot 0{,}031$ bis

$-7^2 \cdot 0{,}031$ haben. Beispielsweise sind die Schnittpunkte der Geraden $\frac{1}{3} \cdot 5{,}68\, y^*$ mit den jeweiligen Kurven auf der negativen Halbebene $(x < 0)$ durch Punkte und auf der positiven Halbebene $(x > 0)$ durch

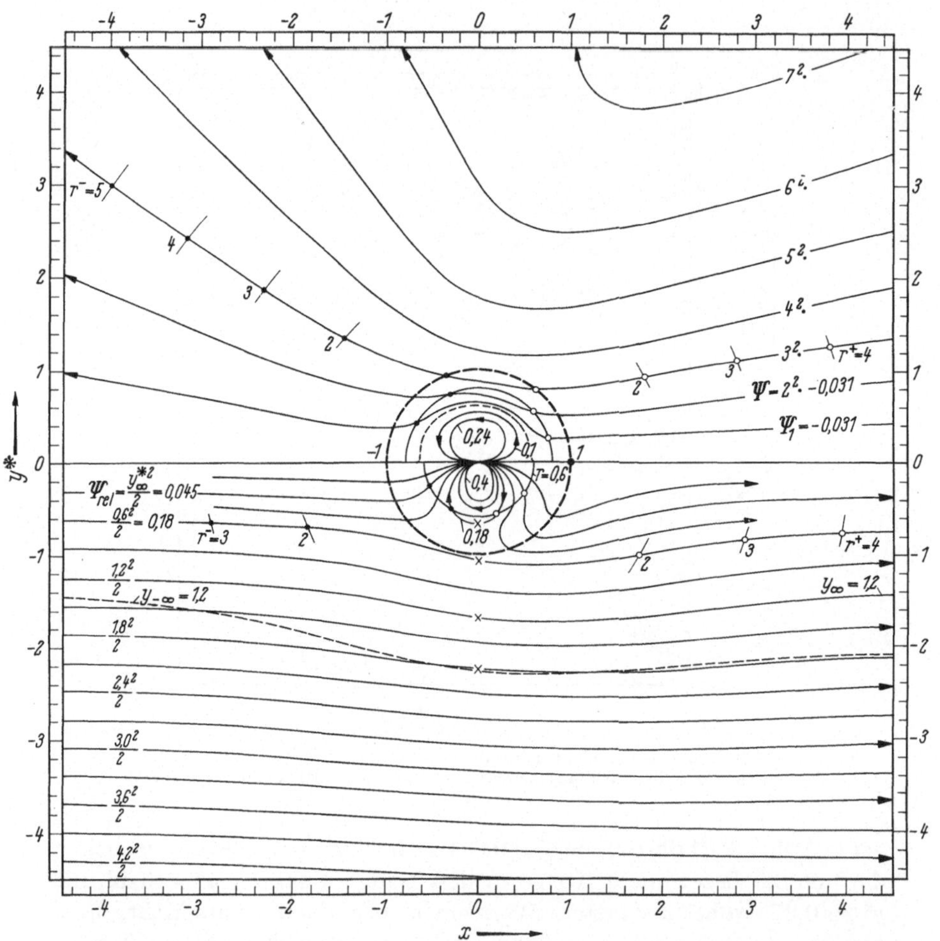

Abb. I, 2.22. Obere Hälfte: absolute Stromlinien einer sich von rechts nach links bewegenden Kugel; untere Hälfte: die entsprechenden relativen Stromlinien unter Annahme der Gleichungen $V\, \partial u'/\partial x = -\frac{1}{\varrho}\, \partial p/\partial x + \nu \Delta u'$ usw., nach Oseen-Lamb, $\mathrm{Re} = 2a\, V/\nu = 1$

Kreise gekennzeichnet. Die diesen Punkten entsprechenden y^*-Werte sind auf der oberen Hälfte der Abb. I, 2.22 auf den fraglichen Kreisen abgegriffen und beziehungsweise als Punkte oder kleine Kreise markiert. Die Verbindungslinie dieser Punkte ergibt die Stromlinie $\Psi = -3^2 \cdot 0{,}031 = -0{,}279$.

Um die Stromlinie $\Psi = 0$ zu konstruieren, haben wir nach Gl. (I, 2.77)

$$3\, r^2 \frac{1 - e^{-\frac{r-x}{2}}}{\frac{r-x}{2}} = 1 \qquad \text{(I, 2.78)}$$

nach x und r aufzulösen. Zu $x \equiv r$, also $y^* = 0$, ergibt sich $3r^2 = 1$, mithin $x = 0{,}577$; zu $-x \equiv r$ findet man aus $3r(1 - e^{-r}) = 1$ den Wert $x = -0{,}677$; zu $x = 0$, also $y^* = r$, den Wert $y^* = 0{,}623$. Berechnet man zu $x = \pm 0{,}5$ die entsprechenden Werte von r bzw. y^*, so erhält man $y^* = 0{,}302$ bzw. $0{,}435$ und kann jetzt unschwer durch die fünf berechneten Punkte die in Abb. I, 2.22 dünn punktierte kreisähnliche Kontur zeichnen. Diese Kontur, zusammen mit der x-Achse, bildet die Stromlinie $\Psi = 0$.

Die innerhalb dieser Kontur gezeichneten geschlossenen Stromlinien entsprechen positiven Werten von Ψ, wie sich leicht aus Gl. (I, 2.78), zusammen mit Gl. (I, 2.77), ersehen läßt. In diesem Falle sind die Vorzeichen der beiden Größen unter der Wurzel von Gl. (I, 2.77) umzukehren, sonst aber ist wie vorher zu verfahren.

Die zu $x = 0$ gehörenden y_0^*-Werte der Stromlinien (wo also $y_0^* \equiv r$ ist) lassen sich nach Gl. (I, 2.77) leicht berechnen, wenn man diese Gleichung in der Form

$$\Psi = \frac{1}{4 y_0^*} - \frac{3}{2}\left(1 - e^{-\frac{y_0^*}{2}}\right)$$

schreibt und Ψ als Funktion von y_0^* aufträgt. Bei $y_0^* = 0{,}623$ gehen die negativen Werte von Ψ, die zu $y_0^* > 0{,}623$ gehören, in positive Werte über; bei $y_0^* = 0{,}55$ ist $\Psi = +0{,}1$, bei $y_0^* = 0{,}46$ wird $\Psi = 0{,}24$.

Um das vollständige Bild dieser sogenannten absoluten Stromlinien zu erhalten, muß man sich auch die untere Hälfte der Abb. I, 2.22 mit den gleichen an der x-Achse gespiegelten Stromlinien bedeckt denken. Im Punkte $+1$ der x-Achse ist die Geschwindigkeit $u = -V$, d. h. von rechts nach links gerichtet, wie man erkennt, wenn man $u = \partial \Psi / y^* \partial y^*$ bildet und $r = 1$ und $x = 1$ setzt. Der rechte Punkt ($y^* = 0$) des Einheitskreises bewegt sich also mit diesem von rechts nach links mit der Geschwindigkeit $-V$ durch die im Unendlichen ruhende Flüssigkeit; an *allen* anderen Punkten des Einheitskreises, auch in $x = -1$, ist die Geschwindigkeit von $-V$ verschieden und zwar kleiner als $-V$.

Um die relativen Stromlinien zu erhalten, d. h. die Stromlinien, bei denen die Geschwindigkeit im Unendlichen der x-Achse parallel und gleich V ist, der Einheitskreis mit dem Koordinatensystem also ruht, haben wir die Geschwindigkeit $V = \text{const}$ der bisherigen Strömung zu überlagern;

wir addieren deshalb zu der vorigen Stromfunktion Gl. (I, 2.76)

$$\Psi_0 = \frac{1}{2} V y^{*2}$$

und erhalten als neue Stromfunktion Ψ_{rel}

$$\Psi_{\text{rel}} = \Psi_0 + \Psi = V y^{*2} \left[\frac{1}{2} - \left(\frac{3a}{4r} \, \frac{1 - e^{-\text{Re}\frac{r-x}{2a}}}{\text{Re}\,\frac{r-x}{2a}} - \frac{a^3}{4r^3} \right) \right] \qquad \text{(I, 2.79)}$$

oder mit $a = 1$ cm, $V = 1$ cm/s und Re $= 1$

$$\frac{y^*}{\sqrt{\Psi_{\text{rel}}}} = \frac{1}{\sqrt{\frac{1}{2} - \left(\frac{3}{4r} \, \frac{1 - e^{-\frac{r-x}{2}}}{\frac{r-x}{2}} - \frac{1}{4r^3} \right)}}. \qquad \text{(I, 2.80)}$$

Die Konstanten sind bestimmt durch den Abstand y_0^*, den die einzelnen Stromlinien im Unendlichen von der x-Achse haben, also mit $\lim r \to \infty$ nach Gl. (I, 2.80)

$$\Psi_{\text{rel}} = \frac{1}{2} \, y_\infty^{*2},$$

mithin

$$\frac{y^*}{\sqrt{\Psi_{\text{rel}}}} = \sqrt{2} \, \frac{y^*}{y_\infty^*} = \frac{1}{\sqrt{\frac{1}{2} - \left(\frac{3}{4r} \, \frac{1 - e^{-\frac{r-x}{2}}}{\frac{r-x}{2}} - \frac{1}{4r^3} \right)}}. \qquad \text{(I, 2.81)}$$

Analog wie bei der Berechnung der absoluten Stromlinien ist auch hier die rechte sowie die linke Seite der letzten Gleichung als Funktion von y^* aufgetragen und zwar für $r = 0{,}6;\ 0{,}8;\ 1;\ 2$ bis 5; die oberen ausgezogenen Teile der Kurven — mit r^+ bezeichnet — beziehen sich auf positive Werte von x, die unteren gestrichelten Teile (r^-) auf negative x-Werte (Abb. I, 2.23). Der Abstand der Stromlinien von der x-Achse (im Unendlichen) ist mit 0,3; 0,6... bis 4,2 angenommen; die Geraden haben also die Gleichung $\sqrt{2}\,y^*/0{,}3$; $\sqrt{2}\,y^*/0{,}6$ usw., und sie schneiden die Horizontale $\sqrt{2} = 1{,}414$ in den Punkten 0,3; 0,6; 0,9; 1,2 usw. Die Schnittpunkte dieser Geraden mit den Kurven geben wieder Wertepaare $(r,\ y^*)$ bzw. $(x,\ y^*)$, die auf Stromlinien liegen. Bei der Geraden $\sqrt{2}\,y^*/0{,}6$ sind eine Anzahl Schnittpunkte durch kleine Kreise bzw. durch Punkte gekennzeichnet und in der unteren Hälfte von Abb. I, 2.22 aufgetragen. Die Konstante dieser Stromlinie ist $0{,}6^2/2 = 0{,}18$; sie geht dicht am Einheitskreis vorbei, hat aber auch noch einen zweiten Zweig in Form einer geschlossenen Stromlinie innerhalb des Einheitskreises, da die

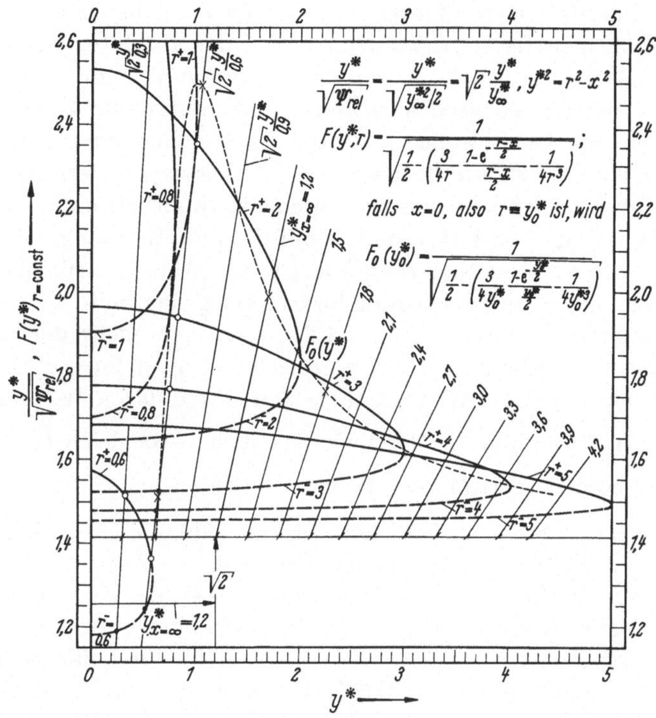

Abb. I, 2.23. Hilfszeichnung zur Berechnung der relativen Stromlinien um eine Kugel (untere Hälfte der Abb. I, 2.22)

Gerade $\sqrt{2}\,y^*/0{,}6$ auch die dem Radius $r = 0{,}6$ entsprechende Kurve in zwei Punkten schneidet. In dieser Weise sind die Stromlinien auf der unteren Hälfte der Abb. I, 2.22 aus den Schnittpunkten der Abb. I, 2.23 erhalten.

Im Falle $x = 0$, also $y_0^* \equiv r$, vereinfacht sich Gl. (I, 2.81) zu

$$\sqrt{2}\,\frac{y_0^*}{y_\infty^*} = \frac{1}{\sqrt{\dfrac{1}{2} - \left(\dfrac{3}{4y_0^*}\,\dfrac{1 - e^{-\frac{y_0^*}{2}}}{\dfrac{y_0^*}{2}} - \dfrac{1}{4y_0^{*3}}\right)}}$$

und ist als Funktion der einen Variablen y_0^* in Abb. I, 2.23 aufgetragen (punktierter Kurvenzug). Die jeweiligen Schnittpunkte dieser Kurve mit den einzelnen Geraden sind (z. T. durch Kreuze gekennzeichnet und in Abb. I, 2.22 übertragen. Auch hier sieht man, daß die Gerade $\sqrt{2}y^*/0{,}6$ die Kurve in zwei Punkten schneidet, entsprechend den Kreuzen auf den zwei Ästen der Stromlinie $\Psi = 0{,}6^2/2 = 0{,}18$.

Die Strömung hat im Punkte ($x = 1$, $y^* = 0$) den einzigen Staupunkt, indem hier die Geschwindigkeit $-V$ der absoluten Stromlinien durch die Überlagerung mit $V =$ const zu Null wird. Man erkennt, daß es sich bei dieser „Oseenschen Strömung" nicht um die Umströmung einer Kugel handelt, insofern als die achsennahen Stromlinien (bis etwa $y_\infty^* = 0{,}58$) nicht um die Kugel ($r = 1$) herum, sondern in sie hineingehen. Aber auch die mehr achsenentfernten Stromlinien, z. B. $\Psi = 1{,}2^2/2$, wo $y_\infty^* = 1{,}2$ ist, stimmen mit der punktiert eingezeichneten $y_{-\infty}^* = 1{,}2$ der zweiten Näherung von Oseen (Abb. I, 2.16) nur wenig überein. Vor allem auf der stromabwärts gelegenen Seite wendet sich die ausgezogene Stromlinie ($y_\infty^* = 1{,}2$) wesentlich mehr der x-Achse zu als die entsprechende punktiert gezeichnete Stromlinie $y_{-\infty}^* = 1{,}2$; dies hat nach S. 47 bzw. Gl. (I, 2.48) seinen Grund darin, daß, wenn bei der letzteren Stromlinie die Geschwindigkeit in $-\infty$ gleich $\left(1 + \frac{3}{8}\right) V$ ist, sie in $+\infty$ den Wert $\left(1 - \frac{3}{8}\right) V$ hat.

Im Falle, daß Re nach Null konvergiert, geht die Oseen-Lambsche Lösung Gl. (I, 2.76) in die Stokessche Lösung Gl. (I, 2.58), S. 54, über[54]. In der oberen Hälfte der Abb. I, 2.22 wird dabei die dünn gestrichelte halbkreis*ähnliche* Kontur ($\Psi = 0$) in einen Halbkreis übergeführt; der Radius dieses Halbkreises ist nach Gl. (I, 2.76) durch die Gleichung $r^2 = a^2/3$ bestimmt, d. h. $r = 0{,}577\, a$. Sowohl im Punkte $(+1{,}0)$ als auch $(-1{,}0)$ wird die Geschwindigkeit gleich $-V$; das Stromlinienbild wird symmetrisch (Abb. I, 2.17 untere Hälfte). In der unteren Hälfte der Abb. I, 2.22 rücken bei $\mathrm{Re} \to 0$ die Schnittpunkte der achsennahen Stromlinien mit dem Einheitskreis mehr und mehr nach dessen Zenit; das Gebiet der (inneren) geschlossenen Kurven vergrößert sich. Bei $\mathrm{Re} = 0$ schneidet keine der achsennahen Stromlinien den Kreis; die Stromlinien $\Psi = 0$, d. h. die x-Achse, fällt dann von -1 bis $+1$ mit dem Kreis zusammen. Zu den (äußeren) Stromlinien lassen sich im Innern des Einheitskreises geschlossene Kurven konstruieren. Die y^*-Werte sind besonders leicht zu berechnen für den Fall, daß $x = 0$,

---

[54] Mit $\mathrm{Re} \cdot \dfrac{r - x}{2a} = \alpha$ ist $\lim\limits_{\alpha \to 0} \dfrac{1 - e^{-\alpha}}{\alpha} = 1$, da
$$e^{-\alpha} = 1 - \frac{\alpha}{1!} + \frac{\alpha^2}{2!} - \frac{\alpha^3}{3!} + \cdots$$

d. h. $r \equiv y_0^*$, ist; nach Gl. (I, 2.79 u. 80) ist dann mit $\mathrm{Re} \to 0$ statt $\mathrm{Re} = 1$, ferner — wie bisher — $a = 1$ cm, $V = 1$ cm/s, also $\nu \to \infty$

$$0{,}5\, y_0^{*2} - 0{,}75\, y_0^* + \frac{0{,}25}{y_0^*} = \Psi = \text{const}.$$

Beispielsweise erhält man mit $\Psi = 0{,}72$, d. h. ($y_\infty^* = 1{,}2$) die Werte $y_{01}^* = \pm\, 2{,}08$ und $y_{02}^* = \pm\, 0{,}28$; der erstere Wert ist auch aus Abb. I, 2.13 abzulesen.

Indem wir die Ergebnisse der verschiedenen Lösungsversuche der „schleichenden“ Bewegung einer Kugel zusammenfassen, können wir also feststellen:

	Randbedingungen sind	*Widerstandszahl*
STOKES Gl. (I, 2.45)	bei $r = a$ erfüllt bei $r = \infty$ erfüllt[55]	$c = \dfrac{12}{\frac{V a}{\nu}} = \dfrac{12}{\mathrm{Re}}$
OSEEN Gl. (I, 2.79) LAMB	bei $r = a$ nicht erfüllt bei $r = \infty$ erfüllt	OSEEN, LAMB $\Big\}\; c = \dfrac{12}{\mathrm{Re}}$
NOETHER Gl. (I, 2.48)	bei $r = a$ erfüllt	NOETHER $c = \dfrac{12}{\mathrm{Re}}$
OSEEN Gl. (I, 2.55)	bei $r = \infty$ nicht erfüllt	OSEEN $c = \dfrac{12}{\mathrm{Re}} + 4{,}5.$

Wir haben hier an einem Beispiel für viele gezeigt, wie zweckmäßig es sein kann, sich durch das Konstruieren von Stromlinienbildern eine bessere Einsicht in den Strömungsvorgang zu verschaffen, als man es lediglich aus der Lösungsgleichung (besonders bei einer Näherungstheorie) erhalten könnte; denn wie viel klarer erkennt man aus Abb. (I, 2.22) den Tatbestand, daß die Randbedingung an der Kugeloberfläche nicht erfüllt ist, als aus der Oseenschen Bemerkung, „daß die Randbedingung bei $r = a$ nur bis auf Glieder von der Größenordnung Re V befriedigt sei“ (S. 6 seiner 2. Abh., Fußnote 31), oder aus der Bemerkung von LAMB (Fußnote 53, S. 576 unten), „daß die Randbedingung bei $r = a$ nur angenähert befriedigt sei, und daß der Erfolg der Näherungstheorie wiederum bedingt, daß Re klein ist“.

2.14 „Schleichende“ Strömung um einen Kreiszylinder (zweidimensional). Es würde zuviel Platz in Anspruch nehmen, wollten wir mit

[55] Es sind jedoch in einiger Entfernung von der Kugel — wo die Kräfte an sich allerdings sehr klein werden — die Trägheitskräfte nicht mehr vernachlässigbar klein gegenüber den Reibungskräften, wie dies in der benutzten Differentialgleichung angenommen wird.

derselben Ausführlichkeit wie bei der Kugel die entsprechende zweidimensionale Strömung um einen Kreiszylinder behandeln. Auch hat man bisher keine Probleme aus der Praxis, wie sie auf S. 66 bei der Kugel erwähnt wurden, die eine genauere Kenntnis dieser Strömung wichtig erscheinen ließen. Und nicht zuletzt: es fehlen die (recht schwierig zu erhaltenden) experimentellen Daten, die zum Vergleich mit der vorhandenen Näherungstheorie[56] herangezogen werden könnten. Statt dessen wollen wir hier einige Strömungsbilder bringen[57].

Zuvor bemerken wir, daß es STOKES[22] nicht gelingen wollte, die zweidimensionale Strömung um einen Kreis und ihren Widerstand in ähnlicher Weise theoretisch abzuleiten, wie er es für die Kugel getan hatte, indem er nämlich von der vereinfachten Gl. (I, 2.29) ausging. OSEEN[25] hatte dann gezeigt, daß man die Stokessche Widerstandsformel für die Kugel auch erhält, wenn man die Gl. (I, 2.47) zugrunde legt, daß man dann aber eine zur $x = 0$-Ebene unsymmetrische Strömung bekommt (Abb. I, 2.22). Hiervon ausgehend hat LAMB[37] — wie bereits erwähnt — auf einem andern Wege nochmals die Stokessche Formel für die Kugel aus Gl. (I, 2.47) abgeleitet und in derselben Arbeit unter Zugrundelegung *dieser* Gleichung den Widerstand der zweidimensionalen Strömung um den Kreiszylinder berechnet. Er erhält

$$W = \frac{4\pi \mu V l}{\frac{1}{2} - C - \ln \frac{V d}{8\nu}},$$

wo $d = 2a$ den Durchmesser des Zylinders, l dessen Länge und $C = 0{,}5772$ die Eulersche Konstante bezeichnet. Setzen wir diesen Ausdruck gleich

$$W = c \cdot l d \cdot \frac{\varrho}{2} V^2,$$

so ergibt sich mit $\mathrm{Re} = \frac{V d}{\nu}$

$$c = \frac{8\pi}{\mathrm{Re}\left(\frac{1}{2} - 0{,}5772 - \ln \frac{\mathrm{Re}}{8}\right)} = \frac{8\pi}{\mathrm{Re}\,(2{,}0022 - \ln \mathrm{Re})}. \qquad \text{(I, 2.82)}$$

---

[56] LAMB, H.: Hydrodynamics, 5th Ed., Cambridge: University Press 1924, S. 582f; ähnlich wie bei der ensprechenden Näherungslösung der Strömung um eine Kugel sind auch hier die Randbedingungen für $r = a$ nicht, bzw. nur im Grenzfalle $\mathrm{Re} \to 0$ erfüllt.

[57] TIETJENS, O.: Beobachtung von Strömungsformen. Handb. d. Experimentalphysik (WIEN-HARMS), Bd. 4, 1. Teil 1931, S. 669, und: Pictures of Flow for Small and Medium Reynolds' Numbers. Proc. of the Third Int. Congr. for Applied Mechanics in Stockholm, 1930.

Eine experimentelle Bestätigung dieser Näherungslösung (die $\mathrm{Re} < 1$ voraussetzt) steht noch aus.

C. WIESELSBERGER[58] hat die Widerstandszahlen von Kugeln und Zylindern in einem sehr großen Bereich von Reynoldsschen Zahlen (von $\mathrm{Re} = Vd/\nu = 4{,}22$ bis $\mathrm{Re} = 8 \times 10^5$) experimentell bestimmt. Die von ihm durch die Meßpunkte gelegte Kurve läßt sich bis zu Re-Werten < 1 extrapolieren und an die von LAMB theoretisch berechnete Kurve $c = f(\mathrm{Re})$ entsprechend Gl. (I, 2.82) angleichen[58]. Diese Experimente können aber kaum als eine Bestätigung für die Gültigkeit der Lambschen Näherungsformel gelten, um so weniger als die letzten von Wieselsberger

Abb. I, 2.24. Stromlinien um einen Kreiszylinder (a) bei $\mathrm{Re} = 2a\,V/\nu = 0{,}25$ die eingezeichneten zwei weißen Stromlinien entsprechen einer Potentialströmung

gemessenen c-Werte bei $\mathrm{Re} = 4{,}2$ und $7{,}72$ zu streuen scheinen (der verwendete Drahtdurchmesser betrug 0,05 mm und die Windgeschwindigkeit $V = 1{,}26$ bzw. 2,30 m/s); dadurch besteht eine gewisse Willkür bez. der Extrapolation im Bereich von $\mathrm{Re} = 4$ bis etwa $\mathrm{Re} = 0{,}5$. Ähnlich wie bei der Kugel liefert die auf Gl. (I, 2.47) zurückgehende Lambsche[53] Näherungslösung auch für die zweidimensionale Strömung um einen Kreiszylinder eine zur $x = 0$-Ebene unsymmetrische Strömung; auch hier ist die Unsymmetrie um so weniger ausgeprägt, je kleiner die Reynoldssche Zahl ist, sie wird symmetrisch im Grenzfall $\mathrm{Re} = 0$.

Abb. I, 2.24 zeigt die nahezu symmetrische Strömung bei $\mathrm{Re} = Vd/\nu = 0{,}25$. Die beiden in das Stromlinienbild eingezeichneten, mit Pfeilen versehenen, weißen Stromlinien entsprechen der zweidimensionalen Potentialströmung. Man erkennt auch hier — wie in Abb. I, 2.13

---

[58] WIESELSBERGER, C.: Neuere Feststellungen über die Gesetze des Flüssigkeits- und Luftwiderstandes. Phys. Z. 22 (1921) 321, und: Weitere Feststellungen über die Gesetze des Flüssigkeits- und Luftwiderstandes. Phys. Z. 23 (1922) 219.

und 14 bei der Kugel — den großen Unterschied der Potentialströmung mit der „schleichenden" Strömung einer zähen Flüssigkeit; bei dieser reicht die deformierende Wirkung des Körpers sehr viel weiter in die Flüssigkeit hinein als bei der Potentialströmung. Abb. I, 2.25 zeigt die Strömung um einen Zylinder bei Re $= Vd/\nu = 1{,}5$; hier ist das Stromlinienbild schon merklich unsymmetrisch.

Abb. I, 2.25. Stromlinien um einen Zylinder bei Re $= 2a\, V/\nu = 1{,}5$

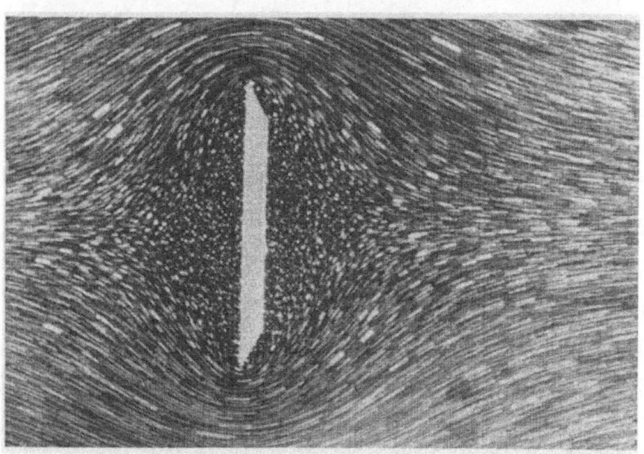

Abb. I, 2.26. Stromlinien um eine zur Strömung quer gestellte Platte bei Re $= 0{,}25$

In Abb. I, 2.26 ist die Strömung um eine quergestellte, scharfkantige Platte dargestellt (Re $= Vb/\nu = 0{,}25$, wo b die Breite der Platte ist). Die Strömung ist nahezu symmetrisch; die Geschwindigkeit an den Kanten ist Null und nimmt nach außen zu (im Gegensatz zur Potentialströmung, wo sie an den scharfen Kanten nach ∞ geht und nach außen hin sehr schnell abnimmt). Abb. I, 2.27 zeigt das unsymmetrisch gewordene Stromlinienbild bei Re $= 1{,}3$.

Um die gewünschten sehr kleinen Reynoldsschen Zahlen zu erhalten, ist als Flüssigkeit ein Gemisch von Glycerin und Wasser benutzt worden.

Nimmt man einen Durchmesser des Zylinders von beispielsweise $d = 2$ cm an (sehr viel kleinere Durchmesser sind nicht zweckmäßig, da sonst die auf die Wasseroberfläche aufgestreuten Aluminiumteilchen

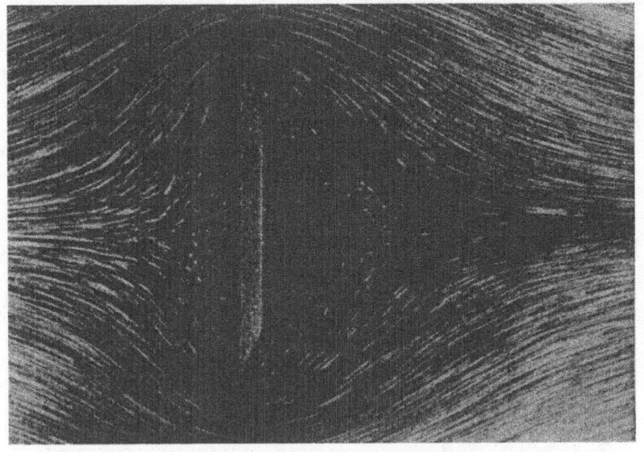

Abb. I, 2.27. Wie vorher, aber bei Re = 1,3

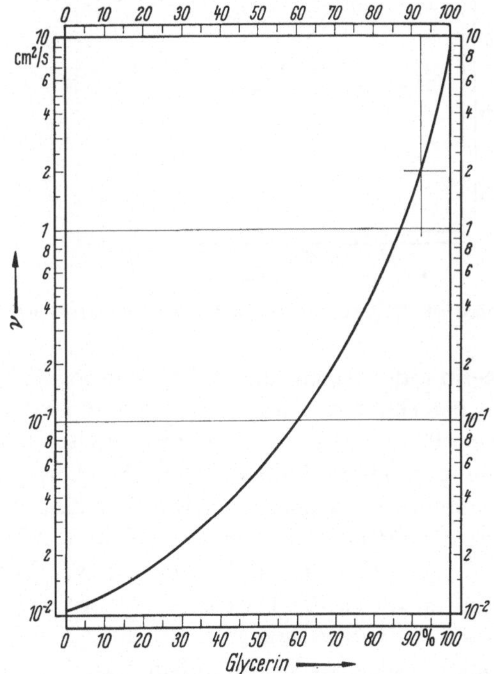

Abb. I, 2.28. Kinematische Zähigkeit eines Gemisches aus Glycerin und Wasser bei 18 °C

relativ groß erscheinen) und eine Geschwindigkeit des Zylinders (mit festgekoppelter Aufnahmeapparatur) von z. B. 0,25 cm/s (sehr viel kleinere Geschwindigkeiten genügend gleichmäßig zu erhalten, ist schwierig), so ist bei $Vd/\nu = 0{,}25$ (Abb. I, 2.23) eine kinematische Zähigkeit von $\nu = 2\ \text{cm}^2/\text{s}$ erforderlich.

Entnimmt man der Tabelle 1 auf S. 6 des I. Bandes die Werte von μ (kp s/m²) und dividiert sie durch die jeweilige Dichte $\varrho = \gamma/g$ (kp s²/m⁴) des Glycerin-Wasser-Gemisches, so erhält man die kinematische Zähigkeit ν (in m²/s). In Abb. I, 2.28 ist ν in cm²/s als Funktion des Prozent-

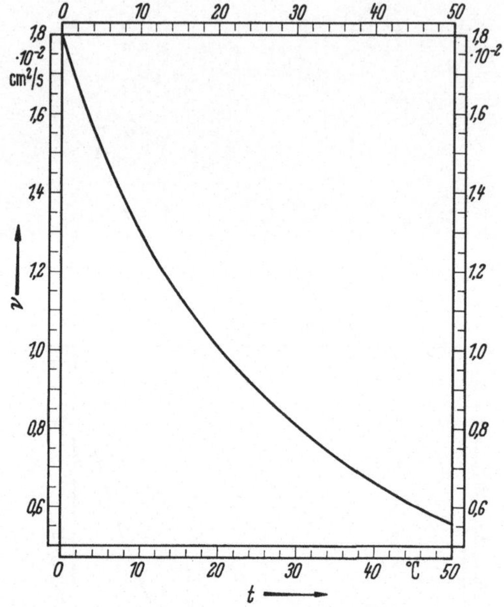

Abb. I, 2.29. Kinematische Zähigkeit von Wasser in Abhängigkeit von der Temperatur

gehaltes von Glycerin aufgetragen (die Ordinate in logarithmischer Einteilung). Den oben berechneten Wert von $\nu = 2\ \text{cm}^2/\text{s}$ hat man nach der Abbildung bei einem 92,5 % Glycerin-Wassergemisch von 18°C.

An dieser Stelle sei auch die kinematische Zähigkeit von Wasser als Funktion der Temperaturen angegeben (Abb. I, 2.29), sowie diejenige von Luft bei konstanten Atmosphärendrücken (Abb. I, 2.30). Man erhält die erstere Kurve, wenn man die Zähigkeitswerte von Wasser (Abb. I, 1.4, S. 4 des I. Bandes) durch die Dichte — entsprechend Gl. (I, 2.8), S. 12 des I. Bandes — dividiert und mit 10^4 multipliziert. Die zweite Kurve bekommt man in gleicher Weise, indem man die Zähigkeitswerte von Luft entsprechend der Formel zu Abb. I, 1.5[59] durch die Dichte nach Abb. I, 2.1 des I. Bandes dividiert und wieder mit 10^4 multipliziert, da ν in cm²/s statt in m²/s angegeben ist.

[59] In dieser Abbildung bzw. Formel muß es 10^{-6} statt 10^{-5} heißen.

2.15 Lösungen der Navier-Stokesschen Gleichung bei speziellen Strömungsformen. Als ein Beispiel betrachten wir die ausgebildete Laminarströmung in einem geraden Rohr, wie sie auf S. 5ff. bereits behandelt wurde. Die Achse des Rohres sei die x-Koordinate, die dazu radiale Koordinate sei y^*; u ($\equiv \mathfrak{q}_x$) ist die einzige vorkommende Ge-

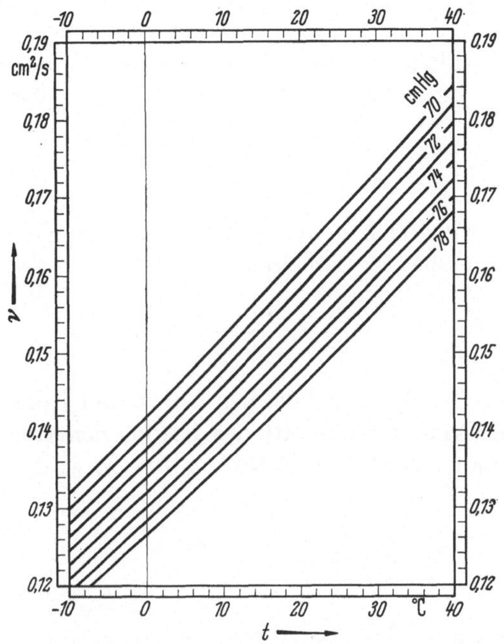

Abb. I, 2.30. Kinematische Zähigkeit von Luft in Abhängigkeit von der Temperatur und dem Druck

schwindigkeitskomponente; die beiden anderen Komponenten $\mathfrak{q}_r$ und $\mathfrak{q}_\varphi$ sind beide identisch gleich Null. Aus der Kontinuitätsgleichung (vgl. Bd. I, S. 516 mit $\mathfrak{q}_z \equiv \mathfrak{q}_x$, $z = x$)

$$\operatorname{div} \mathfrak{q} = \frac{\partial \mathfrak{q}_r}{\partial r} + \frac{\partial \mathfrak{q}_\varphi}{r \partial \varphi} + \frac{\mathfrak{q}_r}{r} + \frac{\partial \mathfrak{q}_x}{\partial x} = 0$$

folgt somit $\partial u/\partial x = 0$, d. h. u ist unabhängig von x und wegen der Symmetrie nur eine Funktion von y^*. Da die Strömung außerdem stationär ist, fallen somit alle Trägheitsglieder der (dimensionslosen) Navier-Stokesschen Gleichungen (I, 2.25) fort, und es bleibt nur, da $\Delta u = d^2u/dy^{*2} + du/y^*\, dy^*$ ist (vgl. Bd. I, S. 518 mit $w \equiv u$, $r \equiv y^*$, $z \equiv x$),

$$\frac{1}{\mathrm{Re}} \left(\frac{d^2u}{dy^{*2}} + \frac{1}{y^*} \frac{du}{dy^*} \right) = \frac{dp}{dx}$$

mit der Randbedingung: $u = 0$ falls $y^* = 1$ (Rohrradius). Hier sind die Längen in Einheiten von r, die Geschwindigkeiten in Einheiten von $\bar{u} = Q/r^2\pi$ und der Druck in Einheiten von $\varrho\bar{u}^2$ gemessen (Q das sekundlich durchfließende Flüssigkeitsvolumen). Die Lösung dieser Gleichung hat man in

$$u(y^*) = -\frac{\mathrm{Re}}{4}\frac{dp}{dx}(1 - y^{*2}),$$

wie man durch Verifikation sofort erkennt. Da bei dieser rotationsparabolischen Geschwindigkeitsverteilung $u(o) = 2$ ist, wird

$$2 = -\frac{\mathrm{Re}}{4}\frac{dp}{dx}$$

oder, wenn man — wie üblich — den Druck in Einheiten des Staudrucks $\varrho\bar{u}^2/2$ mißt (statt wie oben in Einheiten von $\varrho\bar{u}^2$),

$$-\frac{dp}{dx} = \frac{16}{\mathrm{Re}} = \lambda, \qquad \text{(I, 2.83)}$$

wo λ das dimensionslose Druckgefälle bezeichnet und Rohrwiderstandszahl genannt wird. Nimmt man statt des Radius den Durchmesser als charakteristische Länge (was dx und Re betrifft), so wird

$$-\frac{dp}{dx} = \frac{64}{\frac{\bar{u}d}{\nu}} = \lambda_d. \qquad \text{(I, 2.84)}$$

Führt man die dimensionsbehafteten Größen wieder ein, so wird, wenn man von x_1 bis x_2 integriert,

$$p_1 - p_2 = \frac{16}{\mathrm{Re}}\frac{(x_2 - x_1)}{r}\cdot\frac{\varrho\bar{u}^2}{2} \quad \text{bzw.} \quad = \frac{64}{\frac{\bar{u}d}{\nu}}\frac{(x_2 - x_1)}{d}\cdot\frac{\varrho\bar{u}^2}{2}. \qquad \text{(I, 2.85)}$$

Nach Gl. (I, 2.83 bzw. 85) ist das Druckgefälle von der Reynoldsschen Zahl abhängig, und zwar ist es um so kleiner, je größer Re ist. Wie kann aber der Strömungsvorgang und insbesondere das Druckgefälle von der Reynoldsschen Zahl abhängen, wo diese doch das Verhältnis von Trägheitskraft zur Zähigkeitskraft ausdrückt, und im vorliegenden Falle die Trägheitskräfte identisch gleich Null sind? Das hängt damit zusammen, daß wir willkürlich einen für diesen Strömungsvorgang fremdartigen und garnicht auftretenden Druck als Druckeinheit angenommen haben, nämlich den Staudruck $\varrho\bar{u}^2/2$; dadurch haben wir die Massenträgheit in die Formel hineingebracht. Dies ist jedoch aus zwei Gründen zweckmäßig: einmal gewinnen wir damit den Anschluß an die Vorgänge in der Anlaufstrecke (vgl. S. 11ff.), wo Trägheitskräfte neben Zähigkeitskräften zur Auswirkung kommen, zum andern gilt die Gleichung in dieser Form auch für die turbulente Rohrströmung (vgl. S. 219), bei der ebenfalls die Trägheitskräfte mit den Zähigkeitskräften im Wechselspiel sind, nur daß dann λ eine komplizierte Funktion von Re ist. Bei der ausgebildeten laminaren Rohrströmung ist nach Gl. (I, 2.85) und in Übereinstimmung mit Gl. (I, 1.7), S. 7,

$$p_1 - p_2 = 8\mu \frac{x_2 - x_1}{r^2} \bar{u}.$$

In ähnlicher Weise läßt sich die zweidimensionale Strömung zwischen zwei unendlich ausgedehnten ebenen Wänden berechnen; auch hier sind die Trägheitsglieder identisch gleich Null. Dies trifft auch bei der sogenannten Couette-Strömung zu; bei dieser ist die eine Wand in Ruhe während die andere sich mit konstanter Geschwindigkeit in Richtung ihrer Ebene bewegt. Auch die Strömung zwischen zwei konzentrischen Zylindern, deren Drehzahl verschieden ist, gehört in diese Gruppe von Strömungen, bei der die Trägheitsglieder verschwinden. Näheres darüber sowie ausführliche Literaturangaben findet man bei H. SCHLICHTING[60].

Wir wollen jetzt noch auf eine besonders interessante schleichende Strömung eingehen, nämlich auf die

2.16 Hele-Shaw-Strömung. Zwischen zwei planparallelen (Glas)-Scheiben G_1 und G_2, deren gegenseitiger Abstand ($2h$) sehr gering sei, befinde sich der (scheibenförmige) Querschnitt eines beliebigen zylindrischen Körpers K, z. B. eines kreisförmigen Zylinders vom Radius a; die Größe h/a sei sehr klein, z. B. von der Größenordnung 1/50 (Abb. I, 2.31).

Läßt man eine Flüssigkeit (Wasser) aus dem Gefäß W gleichmäßig durch den Spalt S fließen, so hat man eine dreidimensionale Strömung, wobei die Flüssigkeit sowohl an den Glasflächen als auch an der Körperberandung haftet. Bei genügend kleiner Durchflußgeschwindigkeit erhält man wegen des kleinen Wertes von h/a eine „schleichende" Strömung. Die Navier-Stokesschen Gleichungen gehen somit — da außerdem die z-Komponente der Geschwindigkeit $w \equiv 0$ ist — über in

$$\mu \left(\frac{\partial^2 u}{\partial x^2} + \frac{\partial^2 u}{\partial y^2} + \frac{\partial^2 u}{\partial z^2}\right) = \frac{\partial p}{\partial x}$$

$$\mu \left(\frac{\partial^2 v}{\partial x^2} + \frac{\partial^2 v}{\partial y^2} + \frac{\partial^2 v}{\partial z^2}\right) = \frac{\partial p}{\partial y}.$$

---

[60] SCHLICHTING, H.: Grenzschicht-Theorie, 5. Aufl., Karlsruhe: G. Braun 1964, S. 68ff.

Bezeichnet man z. B. $a/100$ mit Δx bzw. Δy und $h/100$ mit Δz, so erkennt man aus

$$\frac{1}{\Delta x} = \frac{1}{\Delta y} = \frac{h}{a}\frac{1}{\Delta z},$$

daß

$$\frac{\partial^2}{\partial x^2} \sim \frac{\partial^2}{\partial y^2} \sim \left(\frac{h}{a}\right)^2 \frac{\partial^2}{\partial z^2}$$

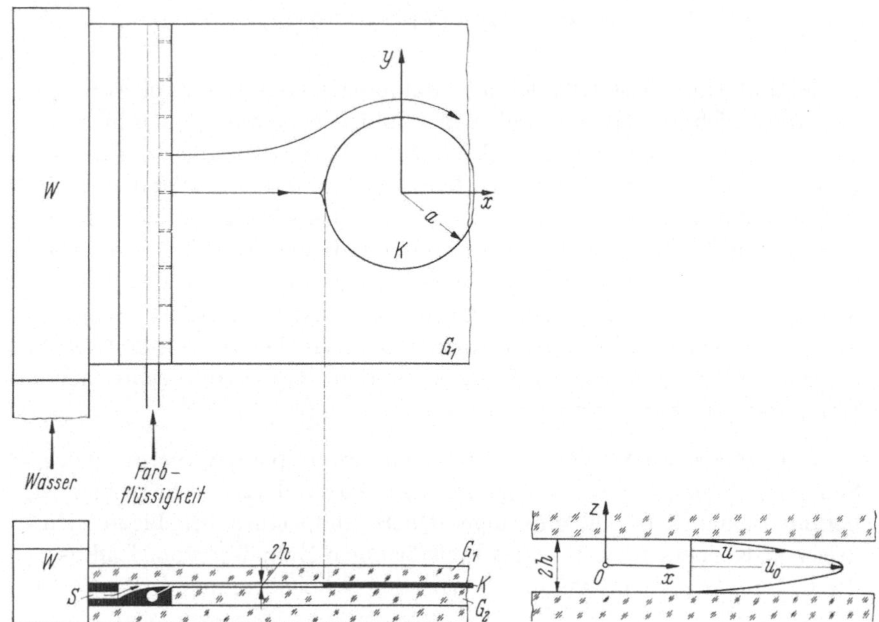

Abb. I, 2.31 u. 32. Schematische Darstellung der Hele-Shaw-Strömung

ist. Wegen der Kleinheit des Wertes $(h/a)^2$ bleiben also von den beiden obigen Gleichungen lediglich

$$\mu \frac{\partial^2 u(x, y, z)}{\partial z^2} = \frac{\partial p}{\partial x} \quad \text{und} \quad \mu \frac{\partial^2 v(x, y, z)}{\partial z^2} = \frac{\partial p}{\partial y} \qquad \text{(I, 2.86)}$$

mit den Randbedingungen: $u = v = 0$ bei $z = \pm h$, als auch an der Berandung von K; ferner $u = u_\infty$ und $v = 0$ im Unendlichen.

Die Änderung der Geschwindigkeitskomponenten in der z-Richtung ist wegen der Kleinheit von h gegeben durch

$$u = u_0(x, y)\left[1 - \frac{z^2}{h^2}\right], \quad v = v_0(x, y)\left[1 - \frac{z^2}{h^2}\right] \qquad \text{(I, 2.87)}$$

(Laminarströmung mit parabolischer Geschwindigkeitsverteilung), wo u_0 und v_0 die Werte in der Mitte der Flüssigkeitsschicht ($z = 0$) bezeichnen (Abb. I, 2.32)[61].

Setzt man Gl. (I, 2.87) in (I, 2.86) ein, so erhält man

$$u_0(x, y)\,\frac{2\mu}{h^2} = -\frac{\partial p}{\partial x}, \quad v_0(x, y)\,\frac{2\mu}{h^2} = -\frac{\partial p}{\partial y}, \qquad \text{(I, 2.88)}$$

woraus sich ergibt, daß

$$\left(\frac{\partial u_0}{\partial y} - \frac{\partial v_0}{\partial x}\right)\frac{2\mu}{h^2} = -\frac{\partial^2 p}{\partial x \partial y} + \frac{\partial^2 p}{\partial y \partial x} \equiv 0 \qquad \text{(I, 2.89)}$$

ist. Da anderseits (wegen $w \equiv 0$) in jeder Schicht, also auch bei $z = 0$, die Kontinuitätsgleichung

$$\operatorname{div} \mathfrak{q}_0 = \operatorname{div}(\mathfrak{i} u_0 + \mathfrak{j} v_0) = \frac{\partial u_0}{\partial x} + \frac{\partial v_0}{\partial y} = 0 \qquad \text{(I, 2.90)}$$

gelten muß, kann man die Stromfunktion $\Psi(x, y)$ entsprechend

$$u_0 = \frac{\partial \Psi}{\partial y}, \quad v_0 = -\frac{\partial \Psi}{\partial x}$$

einführen, so daß man mit Gl. (I, 2.89) schreiben kann:

$$\frac{\partial^2 \Psi}{\partial x^2} + \frac{\partial^2 \Psi}{\partial y^2} = \Delta \Psi = 0,$$

mit der Bedingung, daß die Begrenzungskurve des umströmten Körpers eine Stromlinie ($\psi = 0$) bildet.

Die letzte Gleichung ist aber die Differentialgleichung einer ebenen Potentialströmung um den Körper K (in unserem Beispiel um einen Kreiszylinder). Bei der Potentialströmung treten aber im Falle $\Psi = 0$ endliche Tangentialgeschwindigkeiten auf, die im vorliegenden Falle jedoch nicht vorhanden sein können, da die Flüssigkeit an der Begrenzungskurve haftet. Streng genommen gilt hier die Randbedingung der Potentialströmung deshalb nicht für die Begrenzungskurve des umströmten Körpers, wohl aber für eine Kontur C, die den Körper in einem sehr kleinen Abstand (etwa h) umgibt.

Die naheliegende Frage ist nun: Warum kommt es auf der Rückseite des umströmten Kreises innerhalb der Grenzschicht von der Dicke h

[61] Die folgenden Überlegungen lassen sich auch auf eine andere Geschwindigkeit als u_0 durchführen; z. B. $u_1 = u_0/2$, also $u = 2u_1[1 - z^2/h^2]$ oder auf die durchschnittlichen Geschwindigkeitskomponenten $\bar{u} = 2u_0/3$, mithin $u = 3/2\,\bar{u}\,[1 - - z^2/h^2]$ usw.

nicht auch zu Rückströmungen mit nachfolgender Wirbelbildung, wie wir sie bei der ebenen Potentialströmung auf S. 109 kennen lernen werden? Um dieses einzusehen, untersuchen wir den Druckverlauf längs der Kontur C. Aus Gl. (I, 2.88) erkennt man, daß

$$\frac{2\mu}{h_2}(\mathrm{i}u_0 + \mathrm{j}v_0) = \frac{2\mu}{h^2}\mathfrak{a}_0 = -\left(\mathrm{i}\frac{\partial p}{\partial x} + \mathrm{j}\frac{\partial p}{\partial y}\right) = -\operatorname{grad} p \quad \text{(I, 2.91)}$$

ist, d. h. der Druckabfall hat die Richtung der Geschwindigkeit und ist der Größe nach dem Betrag der Geschwindigkeit proportional. Wir entnehmen daraus, daß längs der Kontur C (und zwar auch auf dessen Rückseite!) ein Druck*abfall* besteht, so daß die notwendige Voraussetzung für eine Rückströmung, nämlich Druck*anstieg* in Strömungsrichtung nicht vorhanden ist (vgl. S. 109).

Die Geschwindigkeiten stimmen nach Größe und Richtung mit derjenigen einer ebenen Potentialströmung überein, nicht aber die Druckverteilung. Es handelt sich eben nicht um eine Potentialströmung, sondern um eine „schleichende" Bewegung einer zähen Flüssigkeit *in einer sehr dünnen Schicht*; es ist deshalb nicht angängig, auf diese sogenannte Hele-Shaw-Strömung[62] die Bernoullische Gleichung anzuwenden.

Differenziert man die erstere der Gl. (I, 2.88) nach x und die zweite nach y und addiert, so erhält man

$$\frac{\partial^2 p}{\partial x^2} + \frac{\partial^2 p}{\partial y^2} = -\frac{2\mu}{h^2}\left(\frac{\partial u_0}{\partial x} + \frac{\partial v_0}{\partial y}\right),$$

also mit Gl. (I, 2.90) sowie $u_0 = \partial\Phi/\partial x$ und $v_0 = \partial\Phi/\partial y$

$$\Delta p = -\frac{2\mu}{h^2}\Delta\Phi = 0. \quad \text{(I, 2.92)}$$

Die zu den Stromlinien orthogonalen Trajektorien (identisch mit $\Phi = \text{const}$) sind somit Kurven gleichen Druckes. In Abb. I, 2.33a sind auf der oberen Halbebene zwei Stromlinien um den Einheitskreis dargestellt, sowie eine Anzahl Kurven konstanten Potentials, die, wie wir gesehen haben, hier auch Kurven konstanten Druckes sind. Während die Werte

---

[62] Hele-Shaw: H. S.: Experiments of the Nature of Surface Resistance. Trans. Instn. naval Archit. 39 (1897) 145, Investigation of the Nature of Surface Resistance of Water and of Stream-Line Motion under Certain Experimental Conditions. Trans. Instn. naval Archit. 40 (1898) 21, ferner Nature, Lond. 58 (1898) 34, Proc. Roy. Soc., Lond. 16 (1899) 49, vgl. auch G. G. Stokes: Mathematical Proof of the Identity of the Stream Lines Obtained by Means of a Viscous Film with those of a Perfect Fluid Moving in Two Dimensions. Rep. of the Brit. Assn. 143 (1898).

der Potentiale in Strömungsrichtung (von links nach rechts) zunehmen, da ja $\mathfrak{q} = \operatorname{grad} \Phi$ ist, nehmen die Werte der Kurven gleichen Druckes in Strömungsrichtung ab, weil nach Gl. (I, 2.91) $2\mu/h^2 \cdot \mathfrak{q} = -\operatorname{grad} p$ ist.

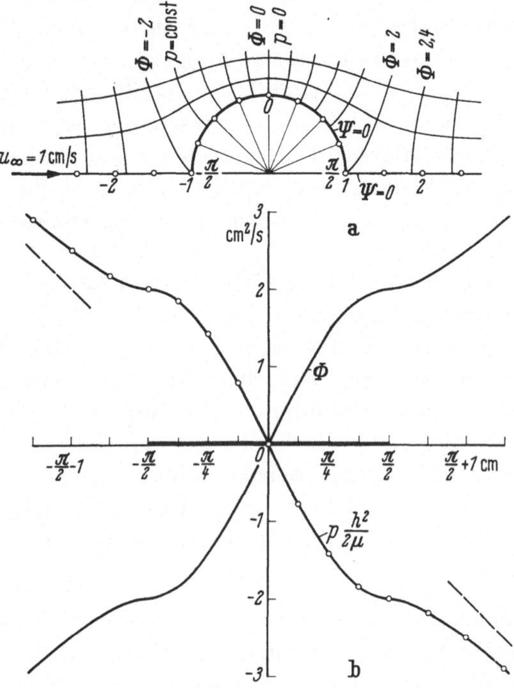

Abb. I, 2.33. a) Kurven $\Psi = \text{const}$ und $\Phi = \text{const}$ bei der Hele-Shaw-Strömung um einen Kreis; b) der Verlauf von Φ und von dem Druck p aufgetragen über den von $-\pi/2$ bis $\pi/2$ ausgestreckten Kreis

Wir fragen uns: Wie ist der Druckverlauf auf der Stromlinie $\Psi = 0$? Längs der x-Achse ist nach Gl. (V, 2.9, Bd. I, S. 202)

$$\Phi = x + \frac{1}{x}$$

längs des Halbkreises von -1 bis 1

$$\Phi = 2 \cos \varphi .$$

Setzen wir (willkürlich) $\Phi = 0$ bzw. $p = 0$ im Punkte $x = 0, y = 1$, und strecken wir den Halbkreis in Abb. I, 2.33b in eine Gerade von $-\pi/2$ bis $\pi/2$ aus, so erhalten wir die in der Abbildung dargestellten Kurven. Man erkennt, daß auf der Stromlinie $\Psi = 0$ ein Druckabfall besteht. Der negative Differentialquotient in einem beliebigen Punkte dieser Kurve ist der Geschwindigkeit in diesem Punkte proportional; er ist Null in den beiden Staupunkten -1 und $+1$ (bzw. $-\pi/2$ und $\pi/2$).

Läßt man, wie in Abb. I, 2.31 angedeutet, durch eine Anzahl feiner Düsen eine Farbflüssigkeit austreten, so kann man sehr saubere Stromlinien einer Potentialströmung erhalten. Voraussetzung ist allerdings, daß die Dicke des Flüssigkeitsfilmes so gering ist, daß sich schon vor dem Körper die ausgebildete Laminarströmung mit parabolischer Geschwindigkeitsverteilung (Abb. I, 2.32) eingestellt hat. Wie sich das Stromlinienbild ändert, wenn diese Voraussetzung nicht mehr erfüllt ist, hat FR. RIEGELS[63] untersucht. Bei noch größerem Plattenabstand ($h \gg a$) und genügend kleiner Geschwindigkeit nehmen die Stromlinien schließlich die Formen einer zweidimensionalen „schleichenden" Bewegung an (Abb. I, 2.24).

Es sind aber auch in einzelnen Fällen exakte Lösungen der Navier-Stokesschen Gleichung gefunden worden, bei denen die konvektiven Beschleunigungsglieder von Null verschieden sind, so daß der quadratische Charakter der Navier-Stokesschen Gleichung erhalten bleibt: z. B. die ebene und räumliche Staupunktströmung, die Strömung in der Nähe einer rotierenden Scheibe sowie Strömungen in konvergenten und divergenten Kanälen. Als letztes Beispiel wollen wir — gleichsam als einen Übergang zur Grenzschicht — noch die instationäre Strömung behandeln, die sich einstellt, wenn eine Platte in ihrer Ebene plötzlich in Bewegung gesetzt wird.

2.17 Die plötzlich in Bewegung gesetzte ebene Wand. Denkt man sich eine Platte (P) plötzlich, gleichsam ruckartig, nach links in ihrer Ebene (x-Ebene) beschleunigt bis zu einer Geschwindigkeit $-U_0$ (die sie dann

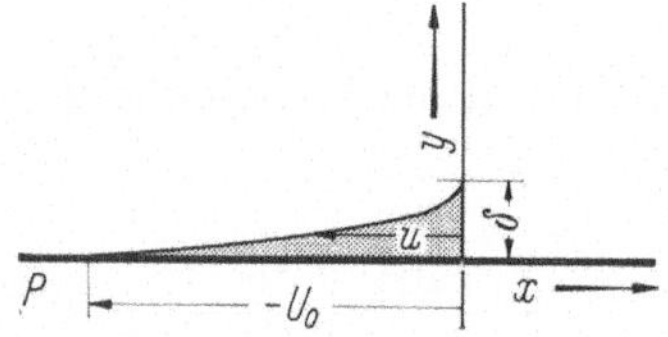

Abb. I, 2.34. Der durch Zähigkeit bedingte Geschwindigkeitsabfall einer in ihrer Ebene ruckartig beschleunigten ebenen Platte

weiterhin behalten möge), so nimmt die Plattenwand dabei (auf beiden Seiten) eine sehr dünne Flüssigkeitsschicht mit sich (in Abb. I, 2.34, ist dies für eine Seite dargestellt). In dieser Schicht δ findet der Übergang von der Geschwindigkeit $u = -U_0$ direkt an der Platte bis $u = 0$ bei $y = \delta$ statt. Je größer die Beschleunigung $\partial u/\partial t$, d.h. je kleiner das Zeitintervall ist, in welchem $-U_0$ erreicht wird, je weniger Zeit ver-

[63] RIEGELS, FR.: Zur Kritik des Hele-Shaw-Versuchs. Z. angew. Math. Mech. 18 (1938) 95.

bleibt der Zähigkeit, sich auszuwirken, und um so dünner ist die Schicht δ und damit — bei gegebenem U_0 — um so größer der Wert $\partial^2 u/\partial y^2$. Alle anderen Glieder der Navier-Stokesschen Gleichungen, wie die konvektiven Beschleunigungsglieder $u\,\partial u/\partial x$ usw. sowie das Druckgefälle in der x-Richtung (und der y-Richtung) fallen demgegenüber fort. Der Druck außerhalb der Schicht δ ist konstant und da — wegen deren außerordentlich geringen Dicke — die Stromlinien in der Schicht angenähert geradlinig und parallel sind, muß auch das Druckgefälle in der y-Richtung Null sein (vgl. Bd. I, S. 118) und damit also auch innerhalb der Grenzschicht $\partial p/\partial x \sim 0$. Es bleibt somit von der Navier-Stokesschen Gleichung lediglich

$$\frac{\partial u}{\partial t} = \nu \frac{\partial^2 u}{\partial y^2}.$$

Führt man als neue Variable die Größe

$$\eta = \frac{y}{2\sqrt{\nu t}}, \quad \text{also} \quad \frac{\partial \eta}{\partial y} = \frac{1}{2\sqrt{\nu t}} \quad \text{und} \quad \frac{\partial y}{\partial t} = -\sqrt{\frac{\nu}{t}}\,\eta \qquad \text{(I, 2.93)}$$

ein, so wird

$$\frac{\partial u}{\partial \eta} \cdot \frac{\partial \eta}{\partial y} \cdot \frac{\partial y}{\partial t} = \nu \frac{\partial^2 u}{\partial \eta^2} \left(\frac{\partial \eta}{\partial y}\right)^2$$

oder

$$\frac{d^2 u}{d\eta^2} + 2\eta \frac{du}{d\eta} = 0,$$

also wenn man $u/U_0 = f(\eta)$ setzt,

$$\frac{d^2 f}{d\eta^2} + 2\eta \frac{df}{d\eta} = 0$$

mit den Randbedingungen: $f(0) = 1,\ f(\infty) = 0$.

Ist das Bezugssystem bzw. der Beobachter mit der Platte starr verbunden, so ist für ihn die Platte in Ruhe, während sich die Flüssigkeit ruckartig von links nach rechts bis auf die Geschwindigkeit U_0 beschleunigt, um dann mit dieser Geschwindigkeit weiter zu strömen. Die Randbedingungen lauten in diesem Falle

$$f(0) = 0 \text{ und } f(\infty) = 1.$$

Wie man durch Verifikation sofort erkennt, genügt die Funktion

$$f(\eta) = C \int_0^\eta e^{-\eta^2}\, d\eta$$

der letzten Differentialgleichung, wobei C durch die Randbedingung $f(\infty) = 1$ bestimmt ist. Da das Integral

$$\int_0^\infty e^{-\eta^2}\, d\eta = \frac{\sqrt{\pi}}{2}$$

ist, folgt $C = \frac{2}{\sqrt{\pi}}$, mithin

$$f(\eta) = \frac{u}{U_0} = \frac{2}{\sqrt{\pi}} \int_0^\eta e^{-\eta^2}\, d\eta\,,$$

d. h. wir erhalten als Funktion das Fehlerintegral. In Abb. I, 2.35 ist u/U_0 als Abszisse zu η als Ordinate aufgetragen.

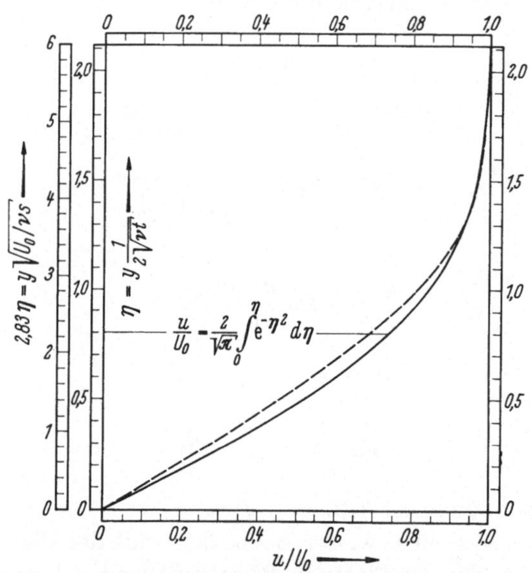

Abb. I, 2.35. Die quantitativ genaue Kurve der vorigen Abbildung (ausgezogene Kurve), verglichen mit der nach Blasius berechneten Geschwindigkeitsverteilung innerhalb der Plattengrenzschicht (gestrichelte Kurve)

Nehmen wir eine konstante Beschleunigung (b) der Platte bzw. der Flüssigkeit an, so ist die Wegstrecke, die im letzteren Falle ein Flüssigkeitsteilchen bei $y \sim \delta$ während der Beschleunigungszeit t zurückgelegt hat, $s = bt^2/2$, also mit $b = U_0/t$

$$s = \frac{U_0 t}{2} \quad \text{oder} \quad t = \frac{2\,s}{U_0}\,.$$

Setzen wir diesen Wert von t in Gl. (I, 2.93) ein, so erhält man

$$\eta = y\,\frac{\sqrt{U_0}}{2\sqrt{2\nu s}} = \frac{y}{\sqrt{8}}\sqrt{\frac{U_0}{\nu s}}$$

oder

$$2{,}83\,\eta = y\sqrt{\frac{U_0}{\nu s}}\,.$$

Diese Größe ist als eine zweite Ordinatenbezifferung links in Abb. I, 2.35 eingezeichnet, und zwar um einen Vergleich mit Abb. II, 1.6 zu ermöglichen, wo die Geschwindigkeitsverteilung einer Plattengrenzschicht (Theorie nach Blasius) dargestellt ist. In jener Abbildung bezeichnet x diejenige Strecke, die ein Flüssigkeitsteilchen bei $y \sim \delta$ während der Zeit des Strömens längs der Platte, d. h. vom Beginn der Bremsung der Flüssigkeit an der Plattenvorderkante, zurückgelegt hat; die Strecke x ist somit der Strecke s vergleichbar. In Abb. I, 2.35 ist das Fehlerintegral gleich $u/U_0 = 0{,}99$ bei $\eta = 1{,}82$ bzw. bei $2{,}83 \cdot 1{,}82 = 5{,}15$, was mit der Zahl 5 in Gl. (II, 1.5) in guter Übereinstimmung ist. Auch der Verlauf der Grenzschichtkurve von Abb. II, 1.6, d. h. bei einer stationären Strömung längs einer Platte, zeigt eine gewisse Ähnlichkeit mit der entsprechenden Kurve einer ruckartig beschleunigten Ebene. Um dies zu erkennen, ist in Abb. I, 2.35 die Kurve der Blasiusschen Grenzschichttheorie gestrichelt eingetragen.

Da bei $u/U_0 = 0{,}99$ angenähert $y = \delta$ gesetzt werden kann, und wir anderseits diesen Wert von u/U_0 bei $\eta = 1{,}82$ haben, ist nach Gl. (I, 2.93)

$$\delta = 1{,}82 \cdot 2\sqrt{\nu t} = 3{,}64\sqrt{\nu t}\,.$$

II. Prandtlsche Grenzschicht

1 Anschauliche Behandlungsweise der Grenzschichtlehre

1.1 Vorbemerkungen. Bei einer stationären, inkompressiblen Potentialströmung gilt die Laplacesche Differentialgleichung

$$\Delta\Phi(x, y, z) = 0\,,$$

also ebenfalls

$$\mathrm{grad}\,(\Delta\Phi) = \Delta(\mathrm{grad}\,\Phi) = 0$$

und somit wegen

$$\mathrm{grad}\,\Phi = \mathfrak{q}$$

auch

$$\Delta\mathfrak{q} = 0\,.$$

Diese Gleichung läßt aber das Zähigkeitsglied der Navier-Stokesschen Gleichung (I, 2.24) auf S. 34 identisch gleich Null werden. Damit erhalten wir das sehr überraschende Resultat, daß die *volumenbeständigen* Potentialströmungen als strenge Lösungen der Navier-Stokesschen Gleichung aufgefaßt werden könnten, wenn es möglich wäre, die notwendigen Randbedingungen mit $\Delta\Phi = 0$ bzw. $\Delta\Psi = 0$ zu erfüllen.

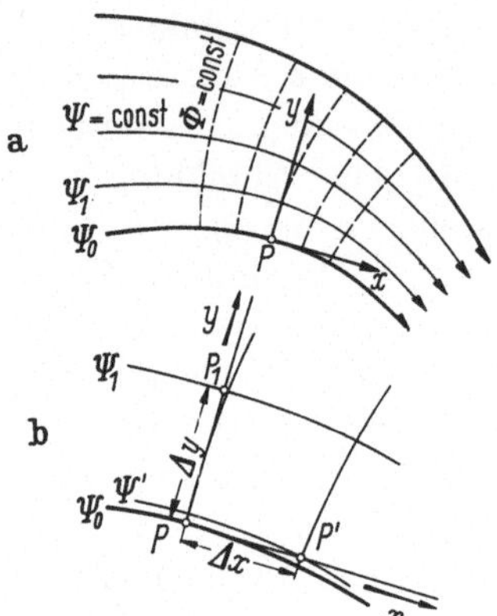

Abb. II, 1.1. Die Kurven Ψ = const und Φ = const bei einer gekrümmten Potentialströmung

Diese Randbedingungen einer (zähen) Flüssigkeit lauten unter anderem: An den festen Begrenzungswänden der Flüssigkeit muß sowohl die Normal- als auch die Tangentialkomponente der Geschwindigkeit gleich Null sein. Bei der Normalkomponente folgt dies aus der Voraussetzung, daß die feste Begrenzung der strömenden Flüssigkeit für diese undurchlässig ist, bei der Tangentialkomponente folgt es aus der Tatsache, daß jede wirkliche (d. h. zähe) Flüssigkeit an der Wandung haftet. Bei der Potentialströmung ist aber die Tangentialkomponente der Geschwindigkeit im allgemeinen (d. h. mit Ausnahme von singulären Punkten, z. B. dem Staupunkt) von Null verschieden.

Um dies einzusehen, betrachten wir in Abb. II, 1.1a eine zweidimensionale Potentialströmung in einem gekrümmten Kanal von abnehmendem Querschnitt (mit eingezeichneten Strom- und Potentiallinien). In einen beliebigen Punkt P der unteren Berandung legen wir den Nullpunkt des Koordinatensystems wie in der Abbildung gezeigt. Bewegt man sich vom Punkt P in der x-Richtung um das kleine Wegstückchen Δx zur nächsten Kurve Φ = const, so kommt man — wie in Abb. II, 1.1b angedeutet — im Punkte P' zu einer Stromlinie Ψ' = const, deren Entfernung von der Berandung Ψ_0 = const von kleinerer Größenordnung als Δx ist. Bewegt man sich hingegen von Punkt P in der y-Richtung um Δy, so kommt man im Punkt P_1 zu einer Stromlinie Ψ_1 = const, deren Entfernung von Ψ_0 = const eben gleich

Δy ist. Auf Grund der physikalischen Deutung der Stromfunktion (Bd. I, S. 183f.) ist diese, oder besser die Konstantendifferenz $\Psi' - \Psi_0$ bzw. $\Psi_1 - \Psi_0$ der jeweiligen Strecke senkrecht zur Begrenzungskurve proportional. Damit ist

$$-v = \frac{\partial \Psi}{\partial x} = \lim_{\Delta x \to 0} \frac{\Psi' - \Psi_0}{\Delta x} = 0,$$

aber

$$u = \frac{\partial \Psi}{\partial y} = \lim_{\Delta y \to 0} \frac{\Psi_1 - \Psi_0}{\Delta y} \neq 0, \qquad \text{d. h. endlich.}$$

Dieses folgt aus der Tatsache, daß wegen $\Delta \Phi = 0$ und $\Delta \Psi = 0$ die Kurven $\Phi = \text{const}$ und $\Psi = \text{const}$ im Grenzfall $\lim \Delta x \to 0$ und $\lim \Delta y \to 0$ Quadrate bilden (Bd. I, S. 187).

Das Verschwinden der Normalkomponente der Geschwindigkeit läßt sich bei der Potentialströmung wohl erreichen, nicht aber das gleichzeitige Verschwinden der Tangentialkomponente; dies erfordert — mathematisch ausgedrückt — eine höhere Ordnung in Ψ, wie sie im Zähigkeitsglied der Navier-Stokesschen Gleichung (I, 2.28, S. 37) auch auftritt. Damit erscheint aber der oben abgeleitete Satz, daß Potentialströmungen einer inkompressiblen Flüssigkeit als Lösungen der Navier-Stokesschen Gleichung aufgefaßt werden können — eben wegen der Unmöglichkeit, die Randbedingungen zu erfüllen — jegliche Bedeutung zu verlieren. Dem ist aber nicht so, wie wir gleich sehen werden. Zunächst sei darauf hingewiesen, daß es Strömungen von (zähen) Flüssigkeiten um gewisse Konturen gibt, bei denen die zweite Randbedingung: $q_t = 0$ auf der Kontur nicht erfüllt sein muß. Es handelt sich in diesen Fällen allerdings nicht um eine feste Berandung, sondern um eine bewegte flüssige Grenzfläche: Bewegt sich z. B. die Flüssigkeit gegen ein geradliniges Wirbelpaar von gleicher Stärke aber entgegengesetztem Drehsinn und zwar mit einer Geschwindigkeit entgegengesetzt gleich derjenigen der Eigengeschwindigkeit des Wirbelpaares, so ist die Strömung stationär (Abb. II, 1.2); der Raum innerhalb der ovalen Kontur (grau dargestellt) wird dauernd von derselben Flüssigkeit ausgefüllt. Bei einer idealen Flüssigkeit arten die Wirbelkerne in Wirbelachsen aus; bei einer mehr oder weniger zähen Flüssigkeit haben wir dickere oder dünnere Wirbelkerne, was aber auf die Strömung um die ovale Kontur keinen Einfluß hat, so lange im Innern des Ovals — abgesehen vom Gebiete der Kerne — noch Potentialströmung herrscht. Die beiden Wirbelkerne sind schwarz dargestellt; hier haben wir eine vom Zentrum nach außen linear zunehmende, nahezu kreisförmige Geschwindigkeit. In dem punktierten Gebiet findet der Übergang von der Bewegung mit Rotation zur rotationsfreien Strömung, d. h. Potentialströmung, statt (Bd. I, S. 379ff.).

Die Normalkomponente q_n ist auf der ovalen Kontur gleich Null, nicht aber die Tangentialkomponente q_t. Wir haben hier den Fall, daß die Strömung einer wirklichen Flüssigkeit (im Gegensatz zu einer idealen) gleich derjenigen einer Potentialströmung ist und durch $\Delta \Phi = 0$ bzw. $\Delta \Psi = 0$ bestimmt wird. Und zwar ist nicht nur die Form der Stromlinien mit derjenigen einer Potentialströmung identisch, sondern auch

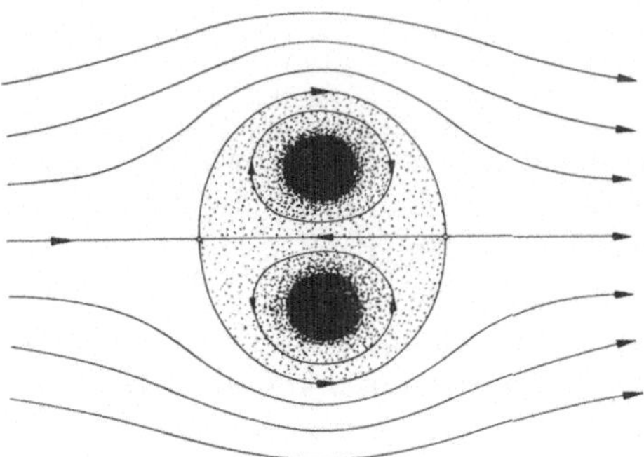

Abb. II, 1.2. Strömung um ein geradliniges Wirbelpaar von gleicher Stärke aber entgegengesetztem Drehsinn

die Druckverteilung. Außerhalb des ovalen Bereiches — um den immer neue Flüssigkeit herumfließt — gilt die Bernoullische Gleichung. Derselbe Druckanstieg, den wir im vorderen (linken) Staupunkt haben, bildet sich auch im stromabwärtigen (rechten) Staupunkt aus. Die Strömung dieser wirklichen (d. h. zähen) Flüssigkeit ist in jeder Hinsicht eine Potentialströmung[64].

Betrachten wir ein Flüssigkeitselement außerhalb des Ovales etwa von der Form in Abb. I, 2.7 oder 8 bei seiner Bewegung längs einer Stromlinie, so treten zwar Schubspannungen auf, da es sich ja um eine zähe Flüssigkeit (z. B. Luft) handelt; es folgt aber aus der Tatsache, daß die Strömung die einer idealen Flüssigkeit ist (bei der Schubspannungen nicht vorhanden sind), daß die Schubspannungen an jedem Volumenelement sich das Gleichgewicht halten. Daß es solche Strömungsvorgänge tatsächlich gibt, ist bedeutungsvoll im Hinblick auf die in I, 2.2 gegebene Ableitung des Zusammenhanges der Oberflächenspannungen mit den Deformationsgeschwindigkeiten bzw. mit den räumlichen Ableitungen des Geschwindigkeitsfeldes; denn dort (Abb. I, 2.7 bzw. 8 und auf S. 30) haben wir angenommen, daß ein solches Gleichgewicht vorhanden ist.

[64] Prinzipiell anders liegen die Verhältnisse bei der auf S. 85ff. behandelten sogenannten Hele-Shaw-Strömung, wo zwar die Stromlinien die Form einer Potentialströmung haben, die Strömung selbst aber keineswegs eine Potentialströmung ist, sondern eine Bewegung mit Rotation, wo deshalb die Bernoullische Gleichung nicht gilt.

Die so gefundenen Ausdrücke der Oberflächenspannungen d. h. Gl. (I, 2.16 und 20) haben wir dann in Gl. (I, 2.6) eingesetzt, wobei diese Gleichung den allgemeineren Fall darstellt (Abb. I, 2.1), bei dem die Schubspannungen an einem Volumenelement sich gegenseitig *nicht* das Gleichgewicht zu halten brauchen.

Wir werden noch in einem anderen Zusammenhang die große Bedeutung erkennen, die dem oben gefundenen Satz zukommt: daß die Strömung einer (zähen) Flüssigkeit eine Potentialströmung sein kann, vorausgesetzt, daß die Randbedingung außer $\mathfrak{q}_n = 0$ *nicht auch noch* $\mathfrak{q}_t = 0$ verlangt. Es wird sich zeigen, daß der Satz im allgemeinen jedoch nur dann von Wichtigkeit ist, wenn die Zähigkeit sehr gering ist, wie z. B. bei Luft und Wasser, im Gegensatz zu dickflüssigen Ölen. Um das zu erkennen, wollen wir zunächst untersuchen, in welcher Weise das Haften an der festen Wandung bei Flüssigkeiten sehr geringer Zähigkeit vor sich geht.

1.2 Beobachtungstatsachen und Folgerungen. Wir betrachten in Abb. II, 1.3 eine schlanke Strebe (Maßstab 1 : 10) in einer Wasserströmung von 250 cm/s und untersuchen mit Hilfe eines feinen Pitotrohres (ähnlich wie in Abb. I, 1.1), in welcher Weise die äußere Geschwindigkeit U

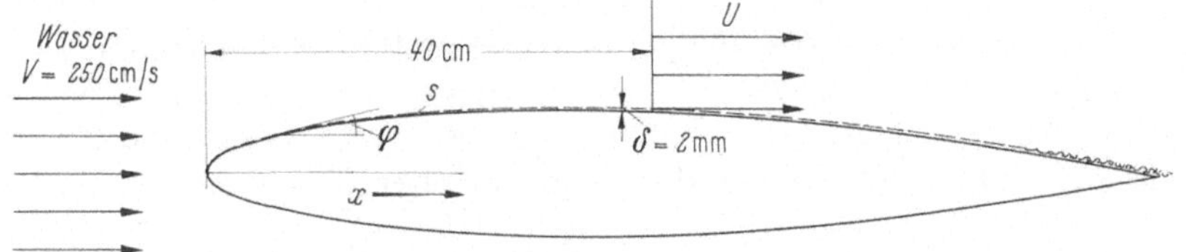

Abb. II, 1.3. Strömung um eine stromlinienförmige Strebe; die Außengeschwindigkeit (U) wird in einer sehr dünnen Schicht (s), der Grenzschicht, bis auf Null an der Wand abgebremst

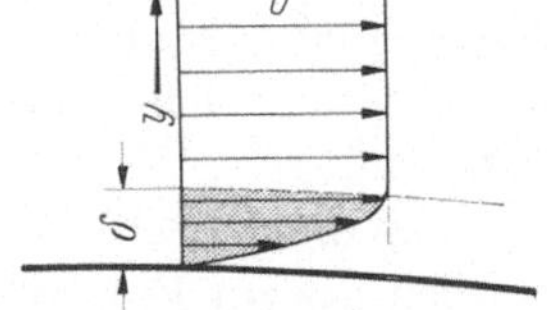

Abb. II, 1.4. Die Grenzschichtdicke δ der vorigen Abbildung auf das 25fache überhöht

bis auf Null an der Strebenoberfläche abgebremst wird. Erst in fast unmittelbarer Nähe der Wandung bei etwa 2 mm Abstand wird die Höhendifferenz h des Manometers — die bis dahin nahezu konstant war — geringer werden, was (nach BERNOULLI) auf eine Abnahme der Geschwindigkeit schließen läßt. Im Abstand von 1 mm von der Oberfläche ist die Manometerdifferenz auf 0,5 h gefallen, was einer Geschwindigkeit von $\sqrt{0{,}5}\,U = 0{,}7$ U entspricht. Abb. II, 1.4 zeigt bei einer 25fachen Überhöhung der y-Koordinate das Resultat der Messung, d. h.

die Geschwindigkeitsverteilung innerhalb der Schicht von 2 mm, in welcher sich also der Übergang von der Außengeschwindigkeit bis auf Null an der Wandung vollzieht.

Blicken wir nochmals auf Abb. II, 1.3, wo die Übergangsschicht bei der oberen Strebenfläche durch eine gestrichelte Kurve dargestellt ist, so ist es überraschend, daß in einer derart dünnen Schicht die Außengeschwindigkeit bis auf Null an der Wandung abgebremst wird. Durch diese Schicht ist die Profilform der Strebe kaum geändert. Würden wir diese geringfügige Änderung der Profilform vernachlässigen, so könnte man sagen, daß bei der Strömung um die gestrichelte Kontur die Tangentialkomponente der Geschwindigkeit von Null verschieden ist; die Strömung außerhalb der gestrichelten Kurve kann man somit als Potentialströmung einer Flüssigkeit (mit geringer Zähigkeit) behandeln. Denn für diese Strömung gilt der oben gefundene Satz, daß auch die Strömung einer wirklichen Flüssigkeit (im Gegensatz zur „idealen") eine Potentialströmung sein kann, wenn — wie bei der gestrichelten Kontur — die Randbedingung $\mathfrak{q}_t = 0$ entfällt. In dieser Strömung halten sich die vorhandenen Schubspannungen (es ist ja $\mu \neq 0$ angenommen) an den einzelnen Flüssigkeitselementen das Gleichgewicht; die Strömung ist durch $\Delta\Phi = 0$ bzw. $\Delta\Psi = 0$ bestimmt.

Hat man hiermit auch die Stromlinien, das Geschwindigkeitsfeld und damit die Druckverteilung gefunden, so besteht dennoch ein wesentlicher Unterschied zwischen der Strömung um die gestrichelte Kurve und um die der eigentlichen Strebe: Der sehr starke Geschwindigkeitsanstieg $(\partial u/\partial y)_{y=0}$ an der Wand bedingt nach der Gleichung

$$\tau_0 = \mu \left(\frac{\partial u}{\partial y}\right)_0$$

Schubspannungen, die selbst bei kleinem μ (Wasser) beträchtlich werden können und die, über die Oberfläche integriert, einen Reibungswiderstand verursachen. Man muß also doch die Übergangsschicht berücksichtigen.

Innerhalb dieser Schicht gilt die Navier-Stokessche Gleichung; sie ist (im Gegensatz zur Eulerschen Gleichung) von der zweiten Ordnung in $\mathfrak{q}$ und ermöglicht damit die *beiden* Randbedingungen an der Wandung: $\mathfrak{q}_n = 0$ und $\mathfrak{q}_t = 0$ zu erfüllen. Worin aber — wird man fragen — liegt dann die Zweckmäßigkeit, die äußere Strömung gesondert als Potentialströmung zu behandeln, wenn man für die Übergangsschicht doch die mathematisch so schwierigen Navier-Stokesschen Gleichungen lösen muß; warum sollte man dann nicht diese gleich für das gesamte Gebiet lösen? Der Vorteil liegt nun — wie wir sehen werden — darin, daß sich die Navier-Stokesschen Gleichungen sehr beträchtlich vereinfachen, wenn sie auf eine dünne Schicht angewendet werden.

Diese Schicht ist von L. PRANDTL als Grenzschicht bezeichnet worden. Er hat sie in einer bahnbrechenden Arbeit[65] als neuen Begriff eingeführt. Dieser Begriff der Grenzschicht hat sich zum Verständnis sehr vieler Strömungsvorgänge als außerordentlich fruchtbar erwiesen; er kennzeichnet geradezu den Übergang von der früheren „klassischen" Hydrodynamik zur modernen Strömungslehre.

1.3 Abschätzung der Dicke der laminaren Grenzschicht. Aus Abb. II, 1.4 entnehmen wir, daß auf Grund des in 1.2 beschriebenen Experimentes die Geschwindigkeitsverteilung innerhalb der Grenzschicht durch eine halbe Parabel angenähert werden kann, ähnlich wie bei der Strömung im ersten Teile der Anlaufstrecke bei einem geraden Rohr (vgl. S. 7). Mißt man die Geschwindigkeitsverteilung innerhalb der Genzschicht in verschiedenen Entfernungen von der Strebenspitze, so wird man finden, daß die Grenzschichtdicke in Strömungsrichtung zunimmt, analog wie bei der Strömung in der Rohranlaufstrecke. Aus dieser experimentell gefundenen Tatsache, zusammen mit der Annahme, daß die Geschwindigkeitsverteilung die Gestalt einer halben Parabel habe, wollen wir eine Abschätzung der Grenzschichtdicke ableiten. Zur Vereinfachung nehmen wir noch an, daß es sich — statt um eine Strebe — um eine ebene Wand handle, längs der die Flüssigkeit strömt.

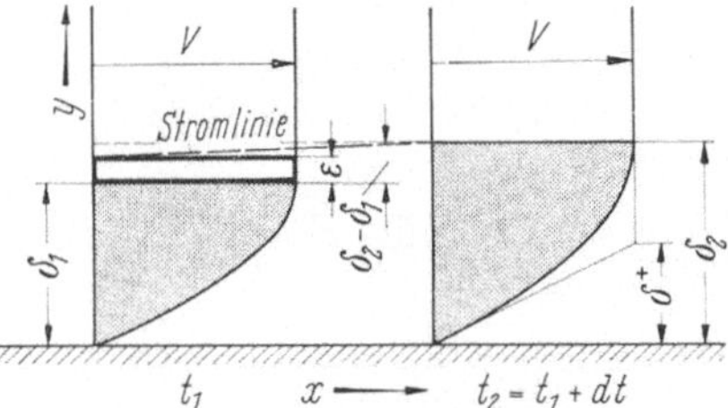

Abb. II, 1.5. Abschätzung der Grenzschichtdicke δ bei einer angeströmten ebenen Platte

Die Grenzschichtdicke zur Zeit t_1 bzw. $t_2 = t_1 + dt$ sei δ_1 bzw. δ_2 (Abb. II, 1.5). Die spezifische Masse, d. h. die Masse pro Einheit der Fläche $F = \Delta x \cdot \Delta z$ der angeströmten Ebene ist zur Zeit t_2

$$\varrho \int_0^{\delta_2} \left[1 - \left(1 - \frac{y}{\delta_2}\right)^2\right] dy = \frac{2}{3}\,\varrho\,\delta_2\,;$$

[65] PRANDTL, L.: Über Flüssigkeitsbewegung bei sehr kleiner Reibung. Verhandl. d. III. Intern. Math. Kongr. Heidelberg 1904, Leipzig: Teubner 1905, wieder abgedruckt in: Vier Abhandlungen zur Hydrodynamik und Aerodynamik, Göttingen: Vandenhoeck & Ruprecht 1927, NACA T. M. 452 (1928), oder: Gesammelte Abhandlungen zur angewandten Mechanik, Hydro- u. Aerodynamik, Berlin/Göttingen/Heidelberg: Springer 1961, S. 575.

die aus Kontinuitätsgründen gleich große spezifische Masse zur Zeit t_1 sei

$$\frac{2}{3}\,\varrho\delta_1 + \varrho\varepsilon,$$

mithin

$$\varepsilon = \frac{2}{3}\,(\delta_2 - \delta_1) \qquad \text{(II, 1.1)}$$

Der spezifische Impuls ($F = \Delta x \cdot \Delta z = 1$) zur Zeit t_2 ist

$$I_2 = \varrho V \int_0^{\delta_2} \left[1 - \left(1 - \frac{y}{\delta_2}\right)^2\right]^2 dy = \frac{8}{15}\,\varrho V \delta_2, \qquad \text{(II, 1.2)}$$

und zur Zeit t_1 mit Berücksichtigung von Gl. (II, 1.1)

$$I_1 = \frac{8}{15}\,\varrho V \delta_1 + \frac{2}{3}\,\varrho V (\delta_2 - \delta_1),$$

woraus sich

$$\frac{I_1 - I_2}{I_2} = \frac{1}{4}\,\frac{\delta_2 - \delta_1}{\delta_2}$$

ergibt. Man hat somit, da nach Gl. (II, 1.2) $I/\delta = 8\varrho V/15$ ist,

$$\frac{dI}{dt} = \frac{I}{4\delta}\,\frac{d\delta}{dt} = \frac{2}{15}\,\varrho V\,\frac{d\delta}{dt}.$$

Anderseits ist mit $F = \Delta x \cdot \Delta z = 1$ und nach Abb. II, 1.5

$$\frac{dI}{dt} = \tau_0 = \mu \left(\frac{\partial u}{\partial y}\right)_{y=0} = \mu\,\frac{V}{\delta^+} = \mu\,\frac{2V}{\delta} \qquad \text{(II, 1.3)}$$

und deshalb aus den beiden letzten Gleichungen

$$\delta\, d\delta = 15\,\frac{\mu}{\varrho}\,dt,$$

also, wenn von 0 bis δ bzw. 0 bis t integriert und $\mu/\varrho = \nu$ gesetzt wird,

$$\delta = \sqrt{30\nu t} = 5{,}48\sqrt{\nu t}. \qquad \text{(II, 1.4)}$$

Setzt man $t = l/V$, wo l die Strecke ist, in der die Grenzschichtdicke sich von Null bis δ entwickelt hat, so wird

$$\delta = 5{,}48\sqrt{\frac{\nu l}{V}} \qquad \text{(parabolische Grenzschicht)}$$

bzw.

$$\frac{\delta}{l} = 5{,}48\sqrt{\frac{\nu}{Vl}} = \frac{5{,}48}{\sqrt{\mathrm{Re}_l}}. \quad \text{(parabolische Grenzschicht)}$$

Hier tritt als neue Reynoldssche Zahl Vl/ν auf, wo l die für den Vorgang der Bildung der Grenzschicht charakteristische Länge ist.

Bei Annahme einer parabolischen Grenzschicht reicht diese bis zum Scheitel der Parabel. Die Lösung der Differentialgleichung der Grenzschicht (vgl. S. 153ff.) zeigt jedoch, daß die Geschwindigkeit in der Grenzschicht asymptotisch in die Außengeschwindigkeit übergeht. Setzt man (willkürlich) fest, daß die Grenzschichtdicke bis zu dem Punkt reiche, wo sich u nur noch um 1% von V unterscheidet, d. h. wo $u/V = 0{,}99$ ist, so gibt die Lösung der Grenzschichtgleichung die Zahl ~ 5 statt 5,48, d. h.

$$\delta = 5\sqrt{\frac{\nu l}{V}} \text{ bzw. } \frac{\delta}{l} = \frac{5}{\sqrt{\mathrm{Re}_l}}. \tag{II, 1.5}$$

Eine andere Definition der Grenzschichtdicke geht von folgender Überlegung aus: Durch das Abgebremstwerden der Flüssigkeit in der Grenzschicht wird die Potentialströmung, wie sie sich ohne Zähigkeit einstellen würde, von der Wand fortgeschoben, gleichsam verdrängt. Das Maß dieser Verschiebung wird als Verdrängungsdicke δ^* bezeichnet; danach ist also bei Annahme einer parabolischen Grenzschicht

$$\delta^* V = \int_0^\delta [V - u(y)]\,dy \quad \text{oder} \quad \delta^* = \int_0^\delta \left(1 - \frac{y}{\delta}\right)^2 dy = \frac{\delta}{3}$$

und nach Gl. (II, 1.5) mit $l \equiv x$

$$\delta^* = \frac{5{,}48}{3}\sqrt{\frac{\nu x}{V}} = 1{,}83\sqrt{\frac{\nu x}{V}} \quad \text{(parabolische Grenzschicht).}$$

Die Näherungslösung der Grenzschichtgleichung, welche ein von der Parabel etwas abweichendes Geschwindigkeitsprofil ergibt, liefert den richtigeren Wert

$$\delta^* = 1{,}73\sqrt{\frac{\nu x}{V}}.$$

In Abb. II, 1.6 ist die parabolische Grenzschicht und die dazu gehörende Verdrängungsdicke (δ^*) gestrichelt und die nach der Theorie erhaltene Geschwindigkeitsverteilung sowie Verdrängungsdicke δ^* ausgezogen dargestellt. Außerdem sind die beiden Tangenten im Punkte $y = 0$ eingezeichnet. Die parabolische Grenzschicht liefert nach Gl. (II, 1.3 und 4) den zu großen Wert $(\partial u/\partial y)_{y=0} = 2\,V/\delta = 0{,}365\,V\sqrt{V/\nu x}$, während die Grenzschichttheorie (vgl. S. 158) den Wert

$$\left(\frac{\partial u}{\partial y}\right)_{y=0} = 0{,}332\ V \sqrt{\frac{V}{\nu x}} \tag{II, 1.6}$$

ergibt.

Die Geschwindigkeitsverteilung, wie sie sich aus der Grenzschichttheorie ergibt, und wie sie in Abb. II, 1.6 dargestellt ist, hat durch zahlreiche Experimente eine sehr gute Bestätigung gefunden[66].

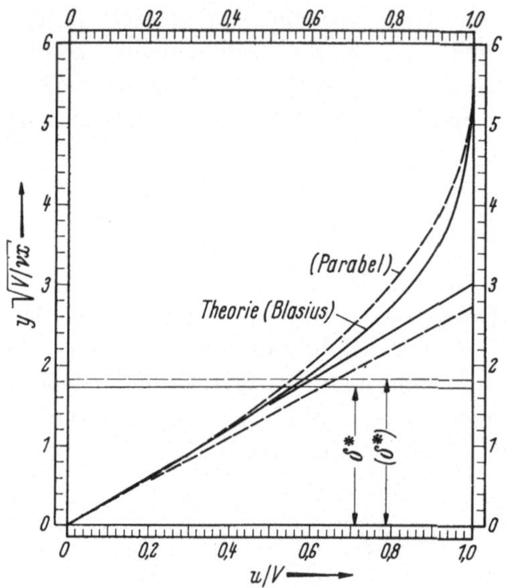

Abb. II, 1.6. Die Verdrängungsdicke δ^* der Grenzschicht

1.4 Reibungswiderstand der laminaren Grenzschicht. Der Reibungswiderstand einer ebenen Fläche $F = \Delta x \cdot \Delta z$ (Abb. II, 1.5) ist nach Gl. (II, 1.3 und 5), d. h. bei Annahme einer parabolischen Grenzschicht,

$$W = \tau_0 F = \mu \frac{2V}{\delta} F = \frac{2}{5{,}48} \sqrt{\mu \varrho}\, \frac{V^{\frac{3}{2}}}{\sqrt{x}} F \tag{II, 1.7}$$

[66] Burgers, I. M.: The Motion of a Fluid in the Boundary Layer along a Plane Smooth Surface. Proc. of the First Internat. Congr. for Applied Mechanics, Delft 1924. — Van der Hegge Zijnen, B. G.: Measurements of the Velocity Distribution in the Boundary Layer along a Plane Surface, Thesis Delft 1924. — Hansen, M.: Die Geschwindigkeitsverteilung in der Grenzschicht an einer eingetauchten Platte. Z. angew. Math. Mech. 8 (1928) 185, oder: Abhandl. Aerodyn. Inst. TH Aachen, H. 8, Berlin: Springer 1928, S. 31. — Nikuradse, J.: Laminare Reibungsschichten an der längs angeströmten Platte, Berlin: Zentrale f. wiss. Berichtswesen 1942.

und mit dem örtlichen Reibungsbeiwert c_f' entsprechend

$$W = c_f' \frac{\varrho V^2}{2} F$$

also

$$c_f' = \frac{0{,}73}{\sqrt{\mathrm{Re}_x}}. \quad \text{(parabolische Grenzschicht)}$$

Die Näherungsrechnung der Grenzschichtgleichung gibt den richtigeren Wert

$$c_f' = \frac{0{,}664}{\sqrt{\mathrm{Re}_x}}. \tag{II, 1.8}$$

Diese Abhängigkeit des örtlichen Reibungskoeffizienten von der Reynoldsschen Zahl ist von H. W. LIEPMANN und S. DHAWAN[67, 68] experimentell bestätigt worden. Die Meßmethode bestand darin, ein kleines Stückchen der ebenen Wand durch ein bewegliches und mit einer Meßeinrichtung verbundenes Element zu ersetzen.

Den Reibungswiderstand der gesamten Fläche lb, wobei l die Strecke von $x = 0\,(\delta = 0)$ bis $x = l$ und b die Breite der Fläche in der z-Richtung bezeichnet, erhält man durch Integration von Gl. (II, 1.7)

$$W = b \int\limits_0^l \tau_0 dx = \overset{(0{,}365)}{0{,}332} \sqrt{\mu \varrho}\; V^{\frac{3}{2}}\, b \int\limits_0^l \frac{dx}{\sqrt{x}}$$

oder

$$W = \overset{(0{,}73)}{0{,}664}\, b\, V^{\frac{3}{2}} \sqrt{\mu \varrho l},$$

bzw. mit $\quad W = c_f b l \dfrac{\varrho V^2}{2}$

$$c_f = \frac{\overset{(1{,}46)}{1{,}328}}{\sqrt{\mathrm{Re}_l}}; \tag{II, 1.9}$$

dabei beziehen sich die eingeklammerten Zahlen auf die elementare Rechnung bei Annahme einer parabolischen Geschwindigkeitsverteilung in der Grenzschicht. Die letzte Formel mit dem Zahlenwert 1,328 ist erstmalig von H. BLASIUS[117] theoretisch aus der Differentialgleichung

---

[67] LIEPMANN, H. W., u. S. DHAWAN: Direct Measurements of Local Skin Friction in Low-Speed and High-Speed Flow. Proc. First U. S. National Congr. Appl. Mechanics 1953, S. 869.

[68] DHAWAN, S.: Direct Measurements of Skin Friction, NACA Techn. Note 2567 oder NACA Rep. 1121 (1953).

der Grenzschicht abgeleitet worden. Der Reibungswiderstand ist also nicht der Plattengröße bl proportional, sondern wächst langsamer mit zunehmendem l und zwar wie $\sqrt{l}$. Dies ist darauf zurückzuführen, daß die von der Kante entfernteren Teile einen geringeren Beitrag zum Reibungswiderstand leisten als die näher gelegenen, da $\tau_0 = \mu(\partial u/\partial y)_0$ mit zunehmendem x wegen des Anwachsens der Grenzschichtdicke in der x-Richtung abnimmt.

Es mag daran erinnert werden, daß bei der schleichenden Bewegung eine Proportionalität des Widerstandes mit der ersten Potenz von V und μ besteht, während bei reinen Trägheitswiderständen (z. B. quer gestellte Platte) eine Proportionalität mit der zweiten Potenz von V und der Größe ϱ vorhanden ist. Hier ist der Reibungswiderstand dem Produkt $\sqrt{\mu\varrho}$ proportional sowie der 3/2 Potenz von V.

Den Reibungswiderstand einer stromlinienförmigen Strebe, etwa wie in Abb. II, 1.3, erhält man durch Integration der Wandschubspannungen über die gesamte Oberfläche:

$$W = 2b\int_0^l \tau_0 \cos\varphi\, ds = 2b\int_0^l \tau_0\, dx = 2\mu b\int_0^l \left(\frac{\partial u}{\partial y}\right)_0 dx, \qquad \text{(II, 1.10)}$$

wo $(\partial u/\partial y)_0$ mittels Integration der Grenzschichtgleichung zu erhalten ist. Die Größe $(\partial u/\partial y)_0$ ist nach Gl. (II, 1.6) von Re_l abhängig:

$$\left(\frac{\partial u}{\partial y}\right)_0 = 0{,}332\,\frac{V}{x}\,\sqrt{\mathrm{Re}_l}\,.$$

Es wird später gezeigt werden, daß die laminare Grenzschicht nur bis zu gewissen Reynoldsschen Zahlen bestehen kann und bei größeren Re-Zahlen durch eine turbulente Grenzschicht, für welche Gl. (II, 1.6) nicht mehr gilt, ersetzt wird. Insofern hat Gl. (II, 1.10) nur bis zu diesen kritischen Reynoldsschen Zahlen Gültigkeit. Es gibt aber noch eine andere Erscheinung, welche den Geltungsbereich der Gl. (II, 1.10) beschränkt. Nicht immer bleibt nämlich die Grenzschicht an der Wandung eines in einer Flüssigkeit bewegten Körpers haften, vielmehr löst sie sich in den weitaus meisten Fällen vom Körper ab. Hätten wir die Strebe der Abb. II, 1.3 weniger schlank, z. B. bei gleicher Länge doppelt so dick gewählt, so hätte sich die in der Abbildung gezeichnete Grenzschicht an einer bestimmten Stelle, der sog. Ablösungsstelle, vom Körper entfernt. Insofern hat Gl. (II, 1.10) nur bis zur Ablösungsstelle Gültigkeit.

Auf diesen Vorgang der Ablösung der Grenzschicht, durch den — wie wir gleich sehen werden — auch die Wirbelbildung hinter einem umströmten Körper erklärt werden kann, werden wir im folgenden ausführlich eingehen.

1.5 Ablösungsvorgang der Grenzschicht und Wirbelbildung. Wir betrachten die Strömung entlang eines Körpers (Abb. II, 1.7), wenn dieser, nachdem er plötzlich beschleunigt wurde, sich mit gleichförmiger Geschwindigkeit ($-V$) von rechts nach links bewegt. Befestigen wir die aufnehmende Kamera starr mit dem geschleppten Körper und machen

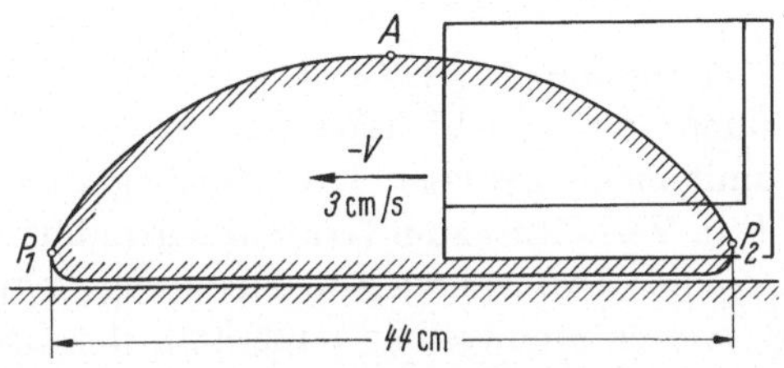

Abb. II, 1.7. Bewegung eines zylindrischen Körpers von rechts nach links (zweidimensionale Strömung) und Abgrenzung des Bildausschnittes der folgenden Abbildungen

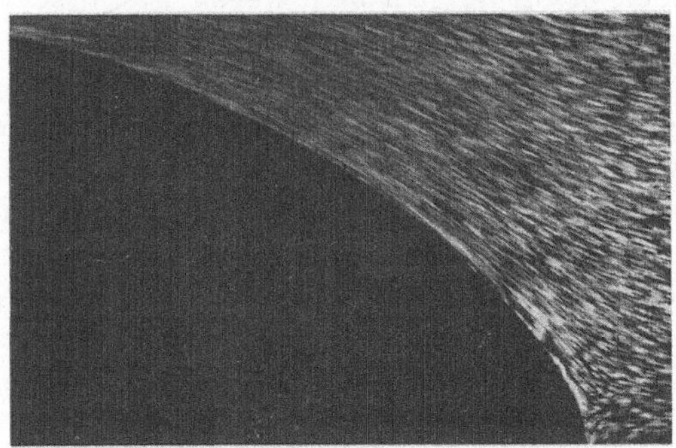

Abb. II, 1.8. Strömungsbeginn (Potentialströmung)

wir die Strömung dadurch sichtbar[69], daß vor Beginn der Bewegung Aluminiumflitter auf die Wasseroberfläche gestreut wurde, so erhalten wir auf den Photos Stromlinien, die von links nach rechts gerichtet sind.

Abb. II, 1.8 ist etwa 1/3 s nach Beginn der Bewegung aufgenommen; die endgültige Geschwindigkeit V war erst zur Hälfte erreicht. Die gesamte Beschleunigungszeit betrug 0,5 s, die dann erreichte Geschwindigkeit $V = 3$ cm/s. Die so erhaltene Anströmungsgeschwindigkeit war absichtlich klein gehalten, um die Grenzschichtdicke verhältnismäßig groß, d. h. gut sichtbar, werden zu lassen. Man erkennt in der Abbildung, wie die Strömung dicht an der Wandung entlang fließt und

[69] Tietjens, O.: Beobachtung von Strömungsformen. Handbuch der Experimentalphysik (Wien-Harms), Bd. 4, 1. Teil, Leipzig: Akademische Verlagsgesellschaft Geest & Portig 1931, S. 671—703.

wie sich im Punkt P_2 der hintere Staupunkt bildet. Die Grenzschichtdicke ist auf dem Photo etwa 0,7 mm, beim Körper (Maßstab 1:3) also 0,2 cm. Benutzen wir Abb. I, 2.34, die allerdings für die ruckartig beschleunigte *Platte* abgeleitet wurde, so erhalten wir (entsprechend $u/U_0 = 0{,}99$ für $y \equiv \delta$) mit $\eta = 1{,}82$

$$1{,}82 \cdot 2\sqrt{\nu t} = y \equiv \delta ,$$

also mit $\nu = 0{,}01\ \mathrm{cm^2/s}$ und $t = 1/3$ s den Wert $\delta = 0{,}21$ cm.

Bis auf die dünne Grenzschicht haben wir in Abb. II, 1.8 Potentialströmung und damit einen gewissen Druckanstieg zum Staupunkt P_2. Da δ sehr klein ist im Verhältnis zum Krümmungsradius r der Wandung, so haben wir denselben Druckanstieg in Strömungsrichtung im Innern der Grenzschicht, wie er unmittelbar außerhalb der Grenzschicht sich auf Grund der Potentialströmung einstellt; man sagt, der Druck innerhalb der (sehr dünnen!) Grenzschicht sei ihr von der Druckverteilung der äußeren (Potential-) Strömung aufgeprägt. Wegen der Dünne der Grenzschicht oder, besser ausgedrückt, wegen $\delta \ll r$ sind die Geschwindigkeiten innerhalb der Grenzschicht mit sehr guter Näherung parallel der Wandung und für eine Strecke in Strömungsrichtung, die von der Größenordnung der Grenzschichtdicke ist, auch nahezu geradlinig. Unter diesen Voraussetzungen ist aber keine Druckänderung senkrecht zur Strömungsrichtung vorhanden (vgl. Bd. I, S. 118 oben).

Außerhalb der Grenzschicht herrscht für jedes Flüssigkeitsteilchen ein Energiegleichgewicht und zwar im Hinblick auf seine kinetische Energie und seine Druckenergie, wie es in der Bernoullischen Gleichung zum Ausdruck kommt. Die kinetische Energie eines Flüssigkeitsteilchens im Punkte A der Abb. II, 1.7 unmittelbar außerhalb der Grenzschicht ist hinreichend aber auch notwendig (!), um dieses Teilchen zu befähigen, entgegen dem Druckanstieg bis zum Staugebiet vorzudringen, wobei seine kinetische Energie in Druckenergie umgesetzt wird. Wie steht es aber mit den Flüssigkeitsteilchen innerhalb der Grenzschicht, die bei ihrer geringeren Geschwindigkeit nicht mehr die erforderliche kinetische Energie zur Verfügung haben, da ein Teil davon infolge der Zähigkeit in Wärme verwandelt worden ist? Diese Teilchen bewegen sich je nach ihrer größeren oder kleineren kinetischen Energie auch noch mehr oder weniger gegen den Druckanstieg, kommen dann aber, nachdem ihre kinetische Energie in Druckenergie umgesetzt ist, zum Stillstand, ohne das Staudruckgebiet erreicht zu haben. Die Folge davon ist, daß sich schon sehr bald nach Beginn der Bewegung stagnierendes Grenzschichtmaterial in der Grenzschicht ansammelt, wie es in Abb. II, 1.9 schematisch dargestellt ist.

Nun ist aber zu bedenken, daß dieses angesammelte und zur Ruhe gekommene Grenzschichtmaterial sich in einem (durch die äußere

Strömung verursachten) Druckgefälle von P_2 nach A (Abb. II, 1.7) befindet und demzufolge in Richtung von P_2 nach A beschleunigt wird. Man muß also eine rückläufige Bewegung des angesammelten Grenzschichtmaterials, d. h. eine Bewegung in Richtung nach A, erwarten, wie in Abb. II, 1.10 schematisch gezeigt ist. Auch hier werden — wegen

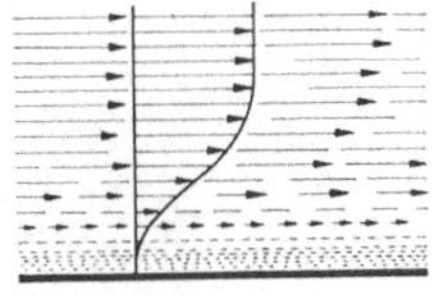

Abb. II, 1.9. Die Geschwindigkeitsverteilung in der Grenzschicht hat an der Wand eine senkrechte Tangente

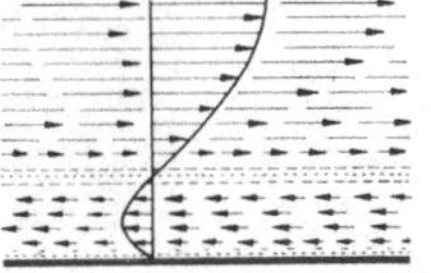

Abb. II, 1.10. An einer stromabwärts gelegenen Stelle ist innerhalb der Grenzschicht Rückströmung eingetreten

der Haftbedingung der Flüssigkeit an der Wand — die Flüssigkeitsteilchen, die mit der Wand in Berührung kommen, in Ruhe bleiben.

Diese soeben beschriebenen Vorgänge lassen sich deutlich in Abb. II, 1.11 erkennen. Wir haben innerhalb der Grenzschicht gleichsam eine Trennungsschicht mit beiderseits entgegengesetzt gerichteten Geschwindigkeiten. Solche Trennungsschichten sind jedoch nicht stabil

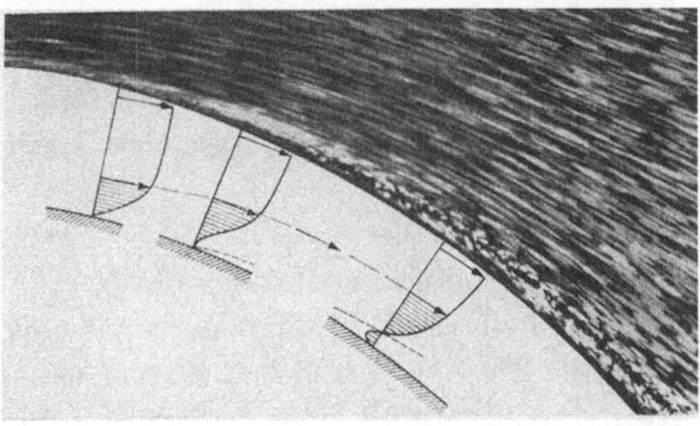

Abb. II, 1.11. Die Ausbildung der Grenzschicht mit Rückströmung; an den jeweiligen Stellen der Wand ist darunter das entsprechende Geschwindigkeitsprofil gezeichnet

(vgl. Bd. I, S. 498ff.), wovon man sich auch im Hinblick auf die Welligkeit der Trennungslinie in Abb. II, 1.12 überzeugt. Treten solche Trennungsschichten im Innern der Flüssigkeit auf, z. B. bei der Anfahrt einer Tragfläche (Bd. I, S. 498f.), so zerfällt diese Schicht zunächst in Einzelwirbel, die sich dann zum sog. Anfahrwirbel aufspulen. Ähnlich gestalten sich die Einzelheiten bei der Umströmung einer scharfen Kante (Bd. I, S. 506). Bei der Umströmung eines abgerundeten Körpers (Abb. II, 1.7) liegen die Verhältnisse insofern anders, als immer neue Flüssigkeitsteilchen sich in den keilförmigen Raum von Körperwandung und Trennungsfläche hineinschieben, diese weiter vom Körper abdrängen und damit zur Wirbelbildung beitragen (Abb. II, 1.13). Dadurch ist die Druck-

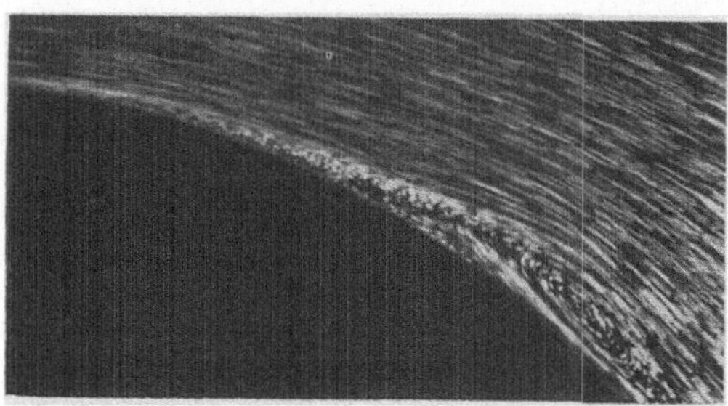

Abb. II, 1.12. Die gewellte Diskontinuitätsfläche zwischen Vorwärts- und Rückströmung ist instabil

Abb. II, 1.13. Die Diskontinuitätsfläche der vorigen Abbildung rollt sich zu einem Wirbel auf

verteilung am Körper, dort wo die Wirbelbildung einsetzt, durchaus von derjenigen des früheren Strömungszustandes (Abb. II, 1.8) verschieden.

In Abb. II, 1.14 bis 21 sind die Vorgänge nochmals an einem umströmten Zylinder dargestellt. Die Belichtungszeit ist hier wesentlich kürzer als in den vorigen Aufnahmen, so daß längere Striche nur dort erscheinen, wo die Geschwindigkeit relativ groß ist. In Abb. 14 erkennt man, wie das Grenzschichtmaterial, das infolge Verlust an kinetischer Energie (durch Zähigkeitswirkung) nicht mehr in das Gebiet des hinteren Staupunktes eindringen kann, sich am rückwärtigen Zylinder, *aber noch vor dem Staupunkt,* ansammelt. Auf Abb. II, 1.15 hat die Rückströmung bereits eingesetzt, wodurch das angesammelte Grenzschichtmaterial von der Zylinderwand abgedrängt wird. Abb. II, 1.16 zeigt an der Verkrümmung der Trennungsschicht, daß diese nicht stabil ist. In Abb. II, 1.17

erkennt man, wie sich die Trennungsschicht zu einem Wirbel ausbildet, der in Abb. II, 1.18 noch deutlichere Gestalt angenommen hat. Auf diesem Bilde sieht man auch, daß die links vom Wirbel an der Zylinderwand rückströmende Flüssigkeit von der Wand sich wiederum ablöst, was auf einen Druck*anstieg* in der *Rück*strömungsrichtung hindeutet. In dieser Phase der Strömung ist die Druckverteilung an der Zylinderwand offenbar recht kompliziert; sie wird keineswegs mehr von der Druckverteilung der äußeren „gesunden" Strömung der Zylinderwandung aufgeprägt. Abb. II, 1.19 zeigt eine spätere Phase der Strömung. In Abb. II, 1.20 ist der Wirbel voll entwickelt und hat sich in Abb. II, 1.21 mit der Strömung vom Zylinder entfernt. Von nun ab bilden sich hinter dem Zylinder wechselseitig oben und unten neue Wirbel, die mit der Strömung fortschwimmen und die sog. Kármánsche Wirbelstraße bilden (vgl. Bd. I, S. 507ff.).

Bei der ebenen Platte besteht kein Druckanstieg in Strömungsrichtung, so daß eine Ansammlung von zur Ruhe gekommenen Grenzschichtmaterial mit anschließender Rückströmung nicht auftritt. Zur Rückströmung (mit daraus entstehender Wirbelbildung) ist ein Druckanstieg in Strömungsrichtung eine notwendige Voraussetzung. Die Frage ist nun: ist sie auch hinreichend, d. h. tritt immer dann, wenn ein Druckanstieg vorhanden ist, auch Rückströmung ein? Dies ist nicht der Fall.

Die Wirkung der Zähigkeit zeigt sich auch darin, daß die äußere Strömung, d. h. die Teilchen eben außerhalb der Grenzschicht, die Flüssigkeitsteilchen innerhalb der Grenzschicht infolge der inneren Reibung antreiben und dabei selbst etwas kinetische Energie einbüßen. Auf diese Weise ist es möglich, die Teilchen in der Grenzschicht am Rückströmen zu hindern — vorausgesetzt allerdings, daß der Druckanstieg in Strömungsrichtung nur sehr gering ist.

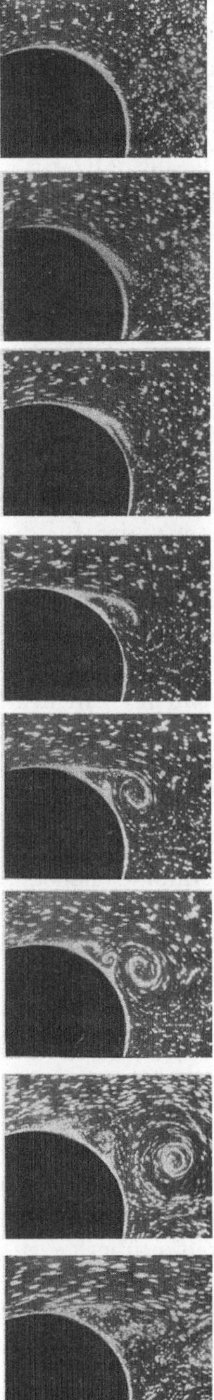

Abb. II, 1.14–21. Strömung um einen Zylinder aus der Ruhe heraus; Ausbildung der Grenzschicht, der Rückströmung und der darauf folgenden Wirbelbildung

In diesem Zusammenhang sei auf ein Gedankenbild hingewiesen, das manchmal bei der Beschreibung der Grenzschicht irrtümlicherweise benutzt wird: Man sagt wohl gelegentlich, daß zur Erklärung der Grenzschichttheorie innerhalb der Grenzschicht eine zähe Flüssigkeit anzunehmen sei und daß hier die Navier-Stokessche Gleichung bzw. die daraus abgeleitete Grenzschichtgleichung gelte, daß außerhalb der Grenzschicht aber eine ideale Flüssigkeit angenommen werden müsse, wo dann die Gleichung der „reibungslosen" Potentialströmung gültig sei. Abgesehen davon, daß es physikalisch sehr unbefriedigend wäre, wollte man zwei verschiedenartige Flüssigkeiten annehmen, könnte man mit diesem Gedankenbild auch nicht die Tatsache erklären, daß eine laminare Grenzschicht bei sehr geringem Druckanstieg möglich ist, ohne daß Rückströmung eintritt. Denn die Strömung einer idealen Flüssigkeit würde einfach an der äußeren Berandung der Grenzschicht vorbeiströmen, wie sie es auch an festen Wänden tut, und dabei keinerlei mitschleppende Wirkung auf Teilchen der Grenzschicht haben. Daß vielmehr auch für die äußere Strömung dieselbe (d. h. zähe) Flüssigkeit anzunehmen ist, wie innerhalb der Grenzschicht, hängt damit zusammen, daß auch bei der zähen Flüssigkeit die Potentialströmungen (einer inkompressiblen Flüssigkeit) strenge Lösungen der Navier-Stokesschen Gleichungen sind, wenn — wie bei der Strömung außerhalb der Grenzschicht — nicht die Randbedingung des Haftens erfüllt werden braucht. Wir erkennen hier wieder die große Bedeutung dieses auf S. 94 abgeleiteten Satzes.

1.6 Der turbulente Strömungszustand. Neben der „laminaren" Strömung, bei welcher die einzelnen Flüssigkeitsteilchen in Schichten (laminae) nebeneinander fließen (nur diese haben wir bisher behandelt), gibt es noch eine andere, sehr viel öfter auftretende Strömungsart: die sogenannte „turbulente" Strömung. Bei dieser fließen die einzelnen Flüssigkeitsteilchen nicht in geordneter Weise, d. h. in Schichten aneinander vorbei, vielmehr führen sie eine scheinbar völlig ungeordnete Bewegung aus. Es lassen sich zwar auch hier noch zeitliche Durchschnittswerte der einzelnen Strömungsgrößen wie Geschwindigkeit, Druck usw. feststellen; allein diese Größen, in einem Raumpunkt betrachtet, scheinen zeitlich in sehr schneller Weise zu fluktuieren. Man erhält den Eindruck, als ob beispielsweise den zeitlichen Mittelwerten der Geschwindigkeiten in den einzelnen Raumpunkten kleine zusätzliche Geschwindigkeiten überlagert sind.

Bereits 1839 hatte G. HAGEN[70] darauf aufmerksam gemacht, daß die von ihm untersuchte (laminare) Strömung in einem Rohr zu existieren

---

[70] HAGEN, G.: Über die Bewegung von Wasser in engen zylindrischen Röhren. Pogg. Ann. 46 (1839) 423.

aufhört, sobald die Durchflußmenge eine gewisse Grenze überschreitet. In einer zweiten Arbeit[71] berichtet er 1854 von Versuchen, die Strömung in einem Glasrohr durch Beifügen von Holzfeilspänchen sichtbar zu machen. Während es bei geringen Geschwindigkeiten deutlich erkennbar war, wie die Spänchen sich parallel der Rohrwand bewegten, wurde die Bewegung plötzlich wild und scheinbar ungeordnet, wenn die Durchflußgeschwindigkeit über eine gewisse Grenze erhöht wurde. Neben der Hauptbewegung in Richtung der Rohrachse ließen sich deutlich senkrecht dazu gerichtete Nebenbewegungen erkennen.

Auch O. REYNOLDS[72] hat den verschiedenen Charakter der laminaren und der turbulenten Strömung in einem Glasrohr beobachtet; zu dem Zweck ließ er am abgerundeten Rohreinlauf aus einer feinen Düse gefärbtes Wasser ausfließen. Dieses war als fein abgegrenzter Farbfaden durch die ganze Rohrlänge deutlich sichtbar, solange die Strömung laminar war, der Farbfaden zerflatterte, ohne Einzelheiten erkennen zu lassen, sobald Turbulenz eintrat; in diesem Falle erschien der turbulent strömende Teil der Rohrstrecke gleichmäßig gefärbt. Die Bedeutung dieser klassisch gewordenen Arbeit liegt darin, daß REYNOLDS aufzeigte, wovon es in einer Rohrströmung abhängt, ob laminare oder turbulente Strömung besteht. Nach ihm ist das Kriterium die Größe $\overline{u}d/\nu$ ($\overline{u} = Q/r^2\pi$, $d = 2r$, $\nu = \mu/\varrho$). Bei kleinen Werten von $\overline{u}d/\nu$ ($<$ etwa 2000) ist nur laminare Strömung möglich, bei entsprechend großen Werten turbulente Strömung. Ihm zu Ehren ist diese dimensionslose Größe die Reynoldssche Zahl genannt.

Der Verfasser hat 1926[73] ähnliche Versuche angestellt und die Vorgänge mit einer Hochfrequenzkamera (Bildzahl: $1400/s$) photographisch festgehalten. Abb. II, 1.22 zeigt die laminare Strömung bei einem Rohr von 1,9 cm Durchmesser und einer Durchflußgeschwindigkeit von $\overline{u} = 250$ cm/s, $\nu = 0{,}0129$ cm²/s also $\overline{u}d/\nu = \mathrm{Re} = 36800$. Daß trotz so großer Reynoldsscher Zahl die Strömung dennoch laminar war, hängt damit zusammen, daß eine sehr gut abgerundete Rohreinlaufdüse verwendet wurde und das einströmende Wasser äußerst störungsfrei war. Abb. II, 1.23 zeigt, wie die laminare Strömung zusammenbricht. Wir werden später (S. 301ff.) sehen, daß sich die laminare Strömung bei der

---

[71] HAGEN, G.: Über den Einfluß der Temperatur auf die Bewegung des Wassers in Rohren. Abh. Akad. Wiss., Berlin 1854, S. 17.

[72] REYNOLDS, O.: An Experimental Investigation of the Circumstances which Determine whether the Motion of Water Shall Be Direct or Sinuous, and the Law of Resistance in Parallel Channels. Phil. Trans. Roy. Soc., Lond. 174 (1883) 935, oder Sci. Pap., Vol. 2, 251, und: On the Dynamical Theory of Incompressible Viscous Fluids and the Determination of the Criterion. Phil. Trans. Roy. Soc. Lond. (A) 186 (1895) 123.

[73] Im damaligen Kaiser-Wilhelm-Institut für Strömungsforschung, Göttingen.

großen Reynoldsschen Zahl in einem Zustand hoher Labilität befindet; in Abb. II, 1.24 ist im ganzen abgebildeten Rohrstück turbulente Strömung. Die Belichtungszeit beträgt etwa 10^{-4} s.

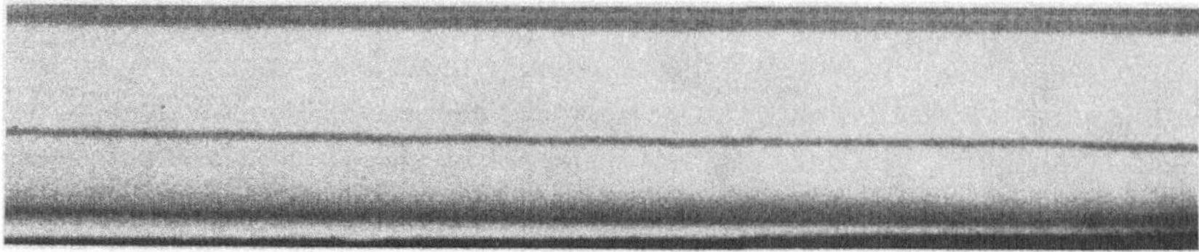

Abb. II, 1.22. Laminare Strömung in einem Glasrohr

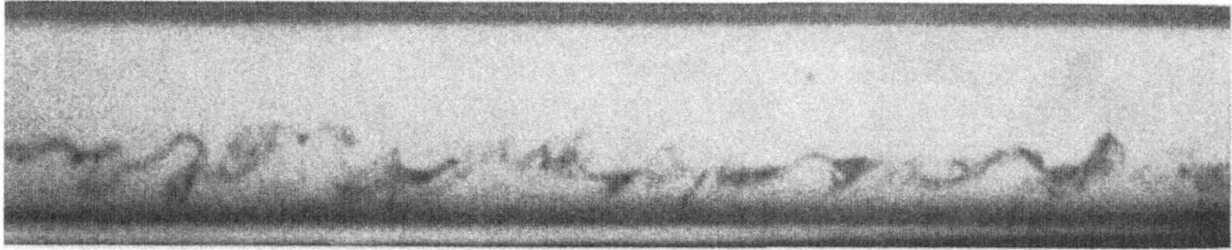

Abb. II, 1.23. Auf der linken Hälfte der Abbildung ist Turbulenz eingetreten

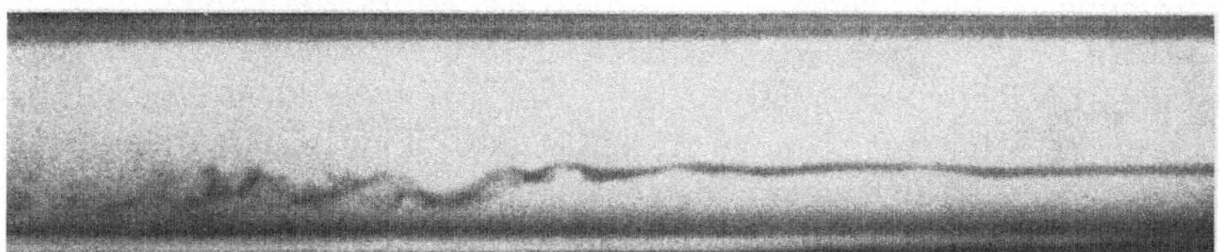

Abb. II, 1.24. Turbulente Strömung

Ebenso wie im Rohr kann auch im Kanal je nach Größe der Reynoldsschen Zahl laminare oder turbulente Strömung bestehen. Zur Sichtbarmachung dieser Vorgänge bestreut man zweckmäßig die Wasseroberfläche mit Aluminiumflitter. Im Falle der laminaren Strömung bilden sich die kleinen Aluminiumflitter entsprechend ihrer Geschwindigkeit als kleinere oder größere Striche auf dem Film ab, die alle der Kanalwand parallel sind. Im Falle der Turbulenz ist die ganze Strömung von unregelmäßigen Wirbeln und anderen Störbewegungen durchsetzt. Abbildungen II, 1.25 bis 27 zeigen einige vom Verfasser[74] 1923 hergestellte Aufnahmen der turbulenten Strömung in einem Kanal von 15 cm Breite und 25 cm Tiefe, bei einer von links nach rechts gerichteten mittleren Geschwindigkeit von etwa $\bar{u} = 10$ cm/s. Je nach der Geschwindigkeit der Kamera erhält man verschiedene Strömungsbilder. Das rührt daher, daß die Geschwindigkeiten in der Kanalmitte am größten sind

[74] Im damaligen Institut für Angewandte Mechanik der Universität Göttingen.

und zur Kanalwand hin erst langsam, in unmittelbarer Wandnähe dann aber sehr schnell bis auf Null an der Kanalwand abnehmen.

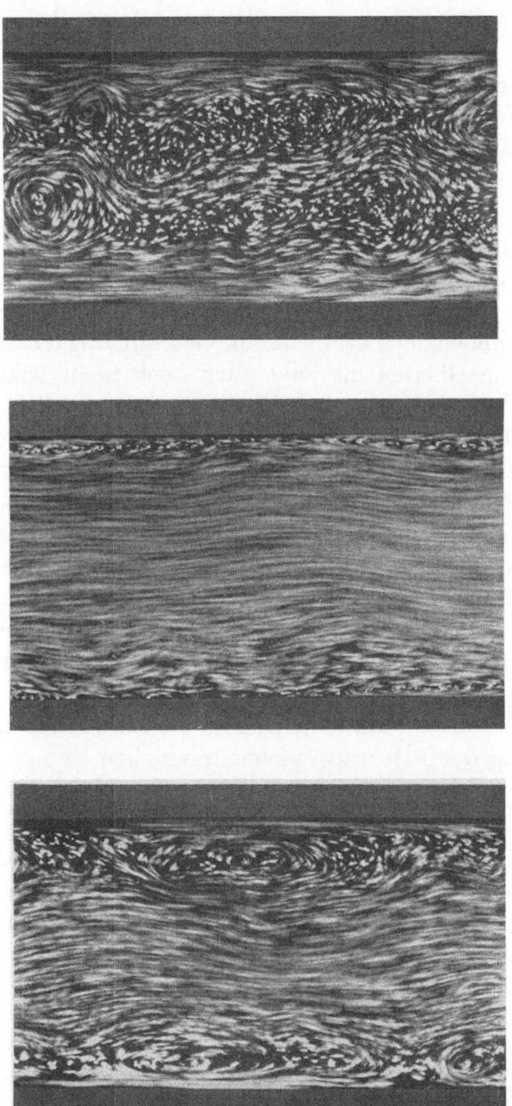

Abb. II, 1.25 – 27. Turbulente Strömung in einem Kanal, Strömung von links nach rechts

In Abb. II, 1.25 hat die kinematographische Kamera eine Geschwindigkeit, die nahezu mit der maximalen Geschwindigkeit in der Kanalmitte ($u_{\max} = 12$ cm/s) übereinstimmt. Man erkennt dies daran, daß in der Kanalmitte kleine Strichelchen vorhanden sind (Wellenlinien), daß hier also die Geschwindigkeit (von links nach rechts) noch etwas größer als diejenige der Kamera ist. Dort, wo die Aluminiumflitterchen sich als Punkte abbilden, haben wir die Geschwindigkeit der Kamera; weiter zur Wand hin, wo wieder Striche erscheinen, sind die Geschwindigkeiten der Wasserteilchen kleiner als die der Kamera und fließen, *relativ zur Kamera*, von rechts nach links. Abb. II, 1.26 zeigt eine ähnliche Strömung, nur daß die Kamera eine geringere Geschwindigkeit hat ($u_K/u_{\max}$ etwa 0,8); in Abb. II, 1.27 ist diese Geschwindigkeit immerhin noch etwa $u_K/u_{\max} = 0{,}6$, woraus man erkennt, daß der Geschwindigkeitsabfall zur Wand in einer relativ sehr dünnen Schicht erfolgt.

So regellos und ungeordnet die Strömung der letzten drei Bilder oder der vorherigen Bilder der turbulenten Rohrströmung auch erscheinen mag, es liegt dennoch der Turbulenz eine Gesetzmäßigkeit zugrunde, wenn diese in den Einzelheiten bis jetzt auch noch nicht bekannt ist. Mißt man z. B. mittels Pitotrohr und Manometer die zeitlichen Mittelwerte der Geschwindigkeit in verschiedenen Abständen von der Kanalwand bis zur Kanalmitte, so erhält man nicht etwa einmal diese Geschwindigkeitsverteilung und ein andermal eine andere Verteilung, sondern — trotz der scheinbaren Regellosigkeit — stets die gleiche; dies deutet auf eine innere Gesetzmäßigkeit der Turbulenz hin. Nimmt man, wie es J. Nikuradse[75] getan hat, eine größere Anzahl von Strömungsbildern der letzten Art (mit konstantem $\overline{u}$) und bestimmt auf ihnen diejenigen Kurven, welche durch die *Punkte* auf den Bildern hindurchgehen (in welchen Punkten also die bekannte Geschwindigkeit der Kamera herrscht), so sind diese Punkte keine geraden Linien, wie es bei der laminaren Strömung der Fall wäre, vielmehr weichen sie in unregelmäßiger Weise von denjenigen wandparallelen Geraden ab, die man nach Augenmaß so durch die Kurven legt, daß die Schwankungen nach beiden Seiten möglichst gleich sind. Tut man dies auf einer genügend großen Anzahl von Bildern (um das Zufällige der Strömung möglichst auszuschalten), so läßt sich dadurch die Geschwindigkeitsverteilung ableiten. Diese stimmt sehr gut mit derjenigen überein, die man erhält, wenn man mit einem Pitotrohr die Geschwindigkeitsverteilung etwas unterhalb der Wasseroberfläche bestimmt.

Auch der Druckabfall einer turbulenten Rohrströmung, der — wie wir noch sehen werden — in einem inneren Zusammenhang mit der Geschwindigkeitsverteilung steht, folgt ganz bestimmten Gesetzen. Die turbulente Strömung, so ungeordnet und willkürlich sie auch erscheinen mag, gehorcht nichtsdestoweniger einer inneren Gesetzmäßigkeit. Nicht

---

[75] Nikuradse, J.: Untersuchungen über die Geschwindigkeitsverteilung in turbulenten Strömungen. Diss. Göttingen 1925, Forschg. Ing.-Wes. H. 281 (1926).

jede unregelmäßige Bewegung, z. B. die Strömung direkt hinter einem Drahtgeflecht, ist deshalb eine „turbulente" Strömung.

Die Geschwindigkeitsverteilung der turbulenten Rohrströmung unterscheidet sich nach Abb. II, 1.28 von derjenigen der laminaren vor allem dadurch, daß der Geschwindigkeitsanstieg an der Wand wesentlich steiler ist als bei der laminaren Strömung, daß im übrigen aber die Verteilung der turbulenten Geschwindigkeit im Innern gleichmäßiger ist als diejenige der laminaren. Es ist dies auch zu erwarten, wenn man bedenkt,

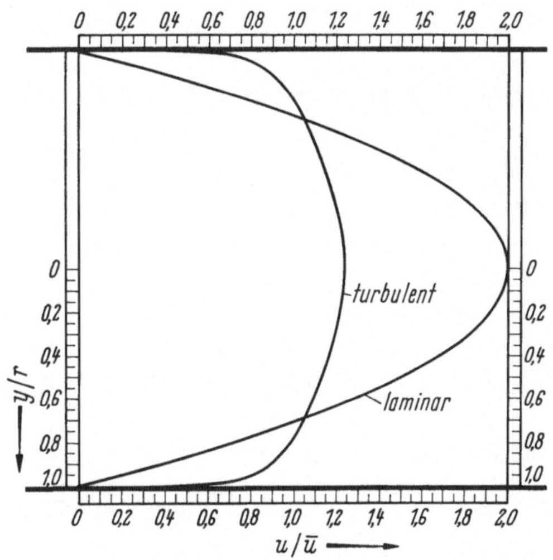

Abb. II, 1.28. Laminare und turbulente Geschwindigkeitsverteilung

daß durch die Querbewegungen der turbulenten Strömung die größeren Geschwindigkeiten in der Rohrmitte mit den kleineren in Wandnähe in Austausch kommen und sich dadurch z. T. ausgleichen.

Ebenso wie bei der laminaren Bewegung gibt es auch bei der turbulenten Rohrströmung eine Anlaufstrecke, innerhalb der sich das endgültige Profil der Abb. II, 1.28 allmählich ausbildet[76, 77]. Allerdings ist diese Strecke sehr viel kürzer (etwa 40 Rohrdurchmesser) als die laminare Anlaufstrecke und — im Gegensatz zu dieser — nahezu unabhängig von der Reynoldsschen Zahl.

Rechnet man den Druck bzw. die Druckhöhe (h) vom Behälter ($\bar{u} = 0$), so haben wir — wie bei der laminaren Strömung — am Rohreintritt einen Druckhöhenverlust von $\bar{u}^2/2g$. Da die kinetische Energie

---

[76] KIRSTEN, H.: Experimentelle Untersuchungen der Entwicklung der Geschwindigkeitsverteilung bei der turbulenten Rohrströmung. Diss. Leipzig 1927.

[77] SZABLEWSKI, W.: Der Einlauf einer turbulenten Rohrströmung. Ing.-Arch. *1953*, S. 323.

der ausgebildeten turbulenten Geschwindigkeitsverteilung um etwa 9% größer als diejenige des (konstanten) Eintrittsprofiles ist, vergrößert sich der Druckhöhenverlust in der Anlaufstrecke um $h_1 = 0{,}09\,\bar{u}^2/2g$. Handelt es sich um ein Rohr (r) mit scharfkantigem Einlauf, so kommt noch ein Verlust hinzu, der dadurch bedingt ist, daß der im Einlauf kontrahierte Strahl sich verhältnismäßig rasch wieder auf den vollen Querschnitt erweitert. Der durch diese plötzliche Erweiterung bedingte Druckhöhenverlust ist nach dem Impulssatz

$$h_2 = \frac{(u_1 - \bar{u})^2}{2g},$$

wenn u_1 die durchschnittliche Geschwindigkeit an der Stelle des kleinsten Querschnittes ($(F_1 = \alpha r^2 \pi)$ bezeichnet. Wegen der Kontinuitätsgleichung $u_1 F_1 = \bar{u} r^2 \pi$ ergibt sich

$$h_2 = \left(\frac{1}{\alpha} - 1\right)^2 \frac{\bar{u}^2}{2g}.$$

Setzt man für α etwa 0,64, so wird

$$h_2 = 0{,}31\,\frac{\bar{u}^2}{2g},$$

mithin

$$h = h_1 + h_2 = (1 + 0{,}09 + 0{,}31)\,\frac{\bar{u}^2}{2g} = 1{,}4\,\frac{\bar{u}^2}{2g}. \qquad \text{(II, 1.10a)}$$

In Abb. II, 1.29 ist das Geschwindigkeitsprofil einer turbulenten Strömung dargestellt, wie es sich in einer Entfernung von etwa 14 Radien vom abgerundeten Rohreinlauf ausbildet ($\mathrm{Re} = \bar{u} r/\nu = 30000$); die Grenzschichtdicke ist dabei etwa gleich $0{,}4\,r$. Das Verhältnis der maximalen Geschwindigkeit ($u_{\max}$) zur durchschnittlichen Durchflußgeschwindigkeit ($\bar{u}$) ist $u_{\max}/\bar{u} = 1{,}072$ (nach KIRSTEN[76]). Zum Vergleich ist das laminare Profil einer Anlaufstrecke eingezeichnet und zwar eines, bei dem das gleiche $u_{\max}/\bar{u} = 1{,}072$ vorhanden ist. Nach Gl. (I, 1.9) S. 19 erhält man damit

$$\frac{\delta_l}{r} = 2 - \sqrt{\frac{6}{1{,}072} - 2} = 0{,}11,$$

und der hierzu gehörende Wert von $x/r\,\mathrm{Re}$ nach Abb. I, 1.5 etwa gleich 0,001. Sorgt man dafür, daß bei gut abgerundetem Rohreinlauf das aus einem Kessel ausfließende Wasser möglichst störungsfrei ist, so läßt sich eine laminare Strömung noch bei $\mathrm{Re} = 10000$ erhalten, so daß sich unter diesen Umständen das in der Abbildung dargestellte laminare Profil bei einem Werte von $x/r = 10$ ausbildet. Man erkennt, daß das

Profil der turbulenten Strömung einen viel größeren Geschwindigkeitsanstieg $\partial u/\partial y$ an der Wand hat als das entsprechende laminare Profil, daß aber die Grenzschichtdicke δ_t der turbulenten Strömung sehr viel größer als die der laminaren Strömung ist.

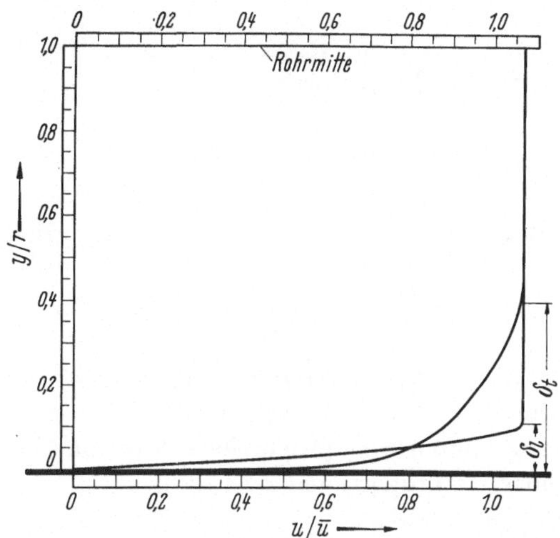

Abb. II, 1.29. Turbulente Geschwindigkeitsverteilung in einer Entfernung von etwa 14 Radien vom abgerundeten Rohreinlauf; zum Vergleich die laminare Geschwindigkeitsverteilung bei gleichem $u_{\max}$

1.7 Das Potenzgesetz der turbulenten Geschwindigkeitsverteilung bei der Rohrströmung. Wie bereits erwähnt, entspricht der scheinbar ungeordneten turbulenten Strömung im Rohr sowohl ein bestimmtes Geschwindigkeitsprofil als auch ein gewisser Druckabfall pro Längeneinheit des Rohres. Daß ein Zusammenhang zwischen diesem Druckabfall und der Geschwindigkeitsverteilung bestehen müsse, da in beiden offenbar das der Turbulenz innewohnende Gesetz zur Auswirkung kommt, ist zuerst (etwa 1920) von PRANDTL erkannt worden. Die von diesem Gedanken ausgehenden Überlegungen haben sich als sehr fruchtbar für die theoretische Behandlung der turbulenten Strömungen erwiesen.

H. BLASIUS[78] hatte 1911 ein außerordentlich umfangreiches Versuchsmaterial von Rohrströmungen dadurch in eine sehr übersichtliche Form gebracht, daß er als Ordnungsprinzip die Reynoldssche Zahl benutzte; als Resultat erhielt er die empirische Formel

$$p_1 - p_2 = 0{,}316 \left(\frac{\nu}{\bar{u}\, d}\right)^{\frac{1}{4}} \frac{l}{d} \frac{\varrho \bar{u}^2}{2}$$

[78] BLASIUS, H.: Das Ähnlichkeitsgesetz bei Reibungsvorgängen in Flüssigkeiten. Forsch.-Arb. Ing.-Wes. H. 131 (1913), oder (gekürzt) Z. VDI (1912) S. 639.

oder, wenn statt des Durchmessers der Radius eingeführt wird,

$$p_1 - p_2 = 0{,}133 \left(\frac{\nu}{\bar{u}\,r}\right)^{\frac{1}{4}} \frac{l}{r} \frac{\varrho \bar{u}^2}{2}. \quad \text{(Blasiussches Widerstandsgesetz)} \tag{II, 1.11}$$

Dieser Druckabfall ist aber wegen $(p_1 - p_2)\,\pi r^2 = 2\pi r l \tau_0$ mit der Schubspannung an der Wand durch

$$p_1 - p_2 = \frac{2l}{r}\,\tau_0$$

verbunden, so daß man für diese nach Gl. (II, 1.11) erhält

$$\tau_0 = 0{,}03325\,\varrho\,\nu^{\frac{1}{4}}\,r^{-\frac{1}{4}}\,\bar{u}^{\frac{7}{4}}.$$

Hinsichtlich des Geschwindigkeitsprofils nehmen wir an, daß $u/\bar{u}$ nur eine Funktion von y/r ist, wobei y den Wandabstand bezeichnet, d. h. $u = \bar{u} f(y/r)$, ferner daß $u(y/r)$ proportional $\bar{u}$ ist, und insbesondere, daß $u_{\max}$ in der Rohrmitte proportional $\bar{u}$ ist, d. h.

$$\bar{u} = \text{Zahl} \cdot u_{\max}. \tag{II, 1.12}$$

Damit erhalten wir aus der letzten Gleichung

$$\tau_0 = 0{,}03325\,\text{Zahl}^{\frac{7}{4}}\,\varrho\,\nu^{\frac{1}{4}}\,r^{-\frac{1}{4}}\,u_{\max}{}^{\frac{7}{4}}. \tag{II, 1.13}$$

Nach PRANDTL „liegt es nahe, zu vermuten, daß weder der Rohrradius noch die Geschwindigkeit in der Mitte ein innerliches Verhältnis zur Wandreibung haben, sondern hier nur formal auftreten, während in Wirklichkeit lediglich die Strömungsverhältnisse in der Nähe der Wand für die Wandreibung bestimmend sind. Umgekehrt läßt sich dann auch erwarten, daß die Geschwindigkeitsverteilung in der Nähe der Wand durch das Reibungsgesetz allein bestimmt ist.“[79]

Eliminiert man deshalb die Geschwindigkeit in der Rohrmitte durch den Ansatz

$$u = u_{\max}\left(\frac{y}{r}\right)^n \quad \text{bzw.} \quad u_{\max} = u\left(\frac{r}{y}\right)^n, \tag{II, 1.14}$$

---

[79] PRANDTL, L.: Über den Reibungswiderstand strömender Luft. Ergebn. Aerodyn. Versuchsanst., Göttingen, III. Lieferung (1927) S. 1, oder Ges. Abh. S. 621, vgl. auch TH. v. KÁRMÁN: Über laminare und turbulente Reibung. Z. angew. Math. Mech. 1 (1921) 233. v. KÁRMÁN erwähnt in dieser Arbeit, daß die Anregung betr. der 1/7 Potenz auf eine mündliche Mitteilung PRANDTLs im Herbst 1920 zurückgehe.

wo n zunächst noch unbestimmt ist, so erhalten wir aus Gl. (II, 1.13)

$$\tau_0 = 0{,}03325 \, \mathrm{Zahl}^{\frac{7}{4}} \, \varrho \nu^{\frac{1}{4}} \, u^{\frac{7}{4}} \, y^{-\frac{7n}{4}} \, r^{\frac{7n}{4}-\frac{1}{4}}. \qquad \text{(II, 1.15)}$$

Die oben ausgesprochene Vermutung, daß die Schubspannung vom Radius unabhängig ist, führt dann dazu, den Exponenten von r gleich Null zu setzen, d. h.

$$\frac{7n}{4} - \frac{1}{4} = 0 \quad \text{oder} \quad n = \frac{1}{7}.$$

Damit erhält man statt Gl. (II, 1.14)

$$u = u_{\max} \left(\frac{y}{r}\right)^{\frac{1}{7}}. \qquad \text{(II, 1.16)}$$

Es ist nun von großem Interesse, diese Formel (und damit die zugrunde liegenden Annahmen) durch das Experiment zu prüfen. Benutzt man eine der sehr genauen Geschwindigkeitsmessungen von J. Nikuradse[80] ($r = 1$ cm, $\mathrm{Re} = \bar{u}d/\nu = 43400$, $\bar{u} = 258{,}2$ cm/s) und trägt die 7. Potenz von $u/u_{\max}$ als Funktion von y/r auf, so erhält man Abb. II, 1.30.

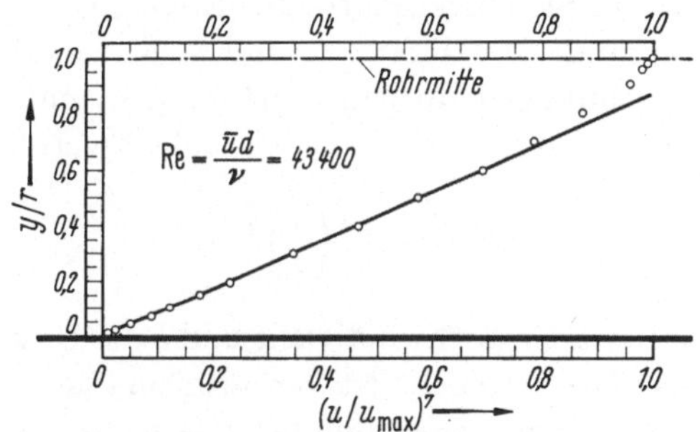

Abb. II, 1.30. Die 7. Potenz der Geschwindigkeit $u/u_{\max}$ über y/r aufgetragen (turbulente Strömung), nach J. Nikuradse[80]

Die Übereinstimmung von Theorie und Experiment ist außerordentlich gut; daß die Lage der Punkte auf einer Geraden noch dazu bis nahe zur Rohrmitte geht, war mehr als erwartet werden konnte.

Legt man die x-Achse des Koordinatensystems — wie in Abb. II, 1.28 — in die Rohrachse und setzt der Einfachheit halber $r = 1$, so ist mit Gl. (II, 1.14)

$$2\pi \int_0^1 y u \, dy = 2\pi u_{\max} \int_0^1 y(1-y)^n \, dy = \pi \bar{u}$$

[80] Nikuradse, J.: Gesetzmäßigkeiten der turbulenten Strömung in glatten Rohren. Forsch.-Arb. Ing.-Wesen, H. 356 (1932).

oder

$$\frac{\bar{u}}{u_{max}} = 2\int_0^1 y(1-y)^n\,dy = \frac{2}{(n+1)(n+2)}\;^{81} \qquad \text{(II, 1.17)}$$

was mit $n = \frac{1}{7}$ den Wert

$$\frac{\bar{u}}{u_{max}} = 0{,}817 = \text{„Zahl"} \qquad \text{(II, 1.18)}$$

gibt. Setzt man diese „Zahl" in Gl. (II, 1.13), so erhält man

$$\tau_0 = 0{,}0233\,\varrho\, u_{max}^2 \left(\frac{\nu}{u_{max} r}\right)^{\frac{1}{4}}. \qquad \text{(II, 1.19)}$$

1.8 Die Dicke der turbulenten Grenzschicht bei der angeströmten Platte und deren Reibungswiderstand. Die oben vermerkte Prandtlsche Vermutung, daß der Rohrradius in keinem inneren Verhältnis zu den Vorgängen der Wandreibung steht, eine Vermutung, die durch das Experiment (Abb. II, 1.30) außerordentlich gestützt wird und deshalb gerechtfertigt erscheint, ermöglicht es, die aus der Rohrströmung abgeleiteten Gesetze auf die ebene Platte anzuwenden.

Nach dem Vorgange von PRANDTL und v. KÁRMÁN[79], die beide unabhängig diese Rechnungen durchgeführt haben, nimmt man bei der Platte in Analogie zum Rohr eine Geschwindigkeitsverteilung

$$u = U\left(\frac{y}{\delta}\right)^{\frac{1}{7}} \qquad \text{(II, 1.20)}$$

an, wo U die Anströmungsgeschwindigkeit und δ die Dicke der Reibungsschicht bezeichnet. Diese Schicht ist verhältnismäßig dünn und wächst entlang der Strömung langsam an (ähnlich wie bei der laminaren Grenzschicht).

Auf die Platte angewandt, haben wir als Schubspannung an der Wand, entsprechend Gl. (II, 1.19)

$$\tau_0 = 0{,}0233\,\varrho\, U^2 \left(\frac{\nu}{U\delta}\right)^{\frac{1}{4}}.$$

Der Reibungswiderstand läßt sich nun in zweifacher Weise ausdrücken: einerseits als die Summenwirkung der Reibungsspannungen längs der Platte (von der Breite b senkrecht zur Plattenlänge x)

$$W = b\int_0^x \tau_0\,dx, \qquad \text{(II, 1.21)}$$

[81] Vgl. „Hütte" Bd. 1, 26. Aufl., S. 90, Gl. (13) u. (1).

anderseits als der Impulsverlust der von der Reibung erfaßten Flüssigkeitsmasse $b\varrho \int_0^\delta u\,dy$, also

$$I = b\varrho \int_0^\delta u\,dy \cdot (U - u),$$

da der Druck als konstant angesehen werden kann. Setzen wir in das letzte Integral die Geschwindigkeitsverteilung entsprechend Gl. (II, 1.20) ein, so wird

$$I = b\varrho U^2 \left[\int_0^\delta \left(\frac{y}{\delta}\right)^{\frac{1}{7}} dy - \int_0^\delta \left(\frac{y}{\delta}\right)^{\frac{2}{7}} dy \right] = \frac{7}{72}\,\delta b\varrho U^2. \quad \text{(II, 1.22)}$$

Da nun $I = W$, so ist mit Gl. (II, 1.21)

$$\delta = \frac{72}{7} \cdot 0{,}0233 \left(\frac{\nu}{U}\right)^{\frac{1}{4}} \int_0^x \left(\frac{1}{\delta}\right)^{\frac{1}{4}} dx$$

oder nach x differenziert

$$\delta^{\frac{1}{4}} \frac{\partial \delta}{\partial x} = 0{,}2397 \left(\frac{\nu}{U}\right)^{\frac{1}{4}},$$

mithin

$$\frac{4}{5}\,\delta^{\frac{5}{4}} = 0{,}2397 \left(\frac{\nu}{U}\right)^{\frac{1}{4}} x$$

oder

$$\delta = 0{,}38 x^{\frac{4}{5}} \left(\frac{\nu}{U}\right)^{\frac{1}{5}}. \quad \text{(II, 1.23)}$$

Die turbulente Grenzschicht wächst also mit der 4/5. Potenz von x und somit beträchtlich stärker als die laminare Grenzschichtdicke $\sim x^{\frac{1}{2}}$.

Setzt man den Ausdruck für δ in Gl. (II, 1.22), so erhalten wir, da $I = W$ ist,

$$W = \frac{7}{72} \cdot 0{,}38 x^{\frac{4}{5}} \left(\frac{\nu}{U}\right)^{\frac{1}{5}} b\varrho U^2$$

oder

$$W = 0{,}037 \left(\frac{\nu}{Ux}\right)^{\frac{1}{5}} bx\varrho U^2$$

und wenn wir mit $Ux/\nu = \mathrm{Re}_x$ die auf die Länge x bezogene Reynoldssche Zahl einführen,

$$W = 0{,}074\,\mathrm{Re}_x^{-\frac{1}{5}}\,b\,x\,\frac{\varrho U^2}{2} = c_f\,b\,x\,\frac{\varrho U^2}{2}$$

und somit

$$c_f = 0{,}074\,\mathrm{Re}_x^{-\frac{1}{5}}.\qquad \text{(II, 1.24)}$$ [82]

Das 1/7. Potenzgesetz der Geschwindigkeitsverteilung der turbulenten Rohrströmung wie auch die Grenzschichtdicke Gl. (II, 1.23) längs der Platte sowie deren Reibungswiderstand Gl. (II, 1.24) geht auf das Blasiussche Widerstandsgesetz Gl. (II, 1.11) zurück. Dies gilt jedoch nur bis zu Reynoldsschen Zahlen von etwa $\mathrm{Re} = \bar{u}d/\nu = 10^5$ (bis zu dieser Zahl reichte das seinerzeit von Blasius gesichtete Versuchsmaterial). Spätere Versuche, besonders die von Stanton und Pannel[83], H. Ombeck[84], Jakob und Erck[85], R. Hermann[86] und J. Nikuradse[80] bei höheren Reynoldsschen Zahlen (bis $3.24 \cdot 10^6$) zeigten jedoch, daß der Druckabfall nicht mit der 1/4. Potenz der inversen Reynoldsschen Zahl zunimmt, sondern mit einer kleineren Potenz (bei $\mathrm{Re} = 10^6$ etwa mit der 1/5. Potenz). Damit wird aber der Exponent von r in Gl. (II, 1.15) gleich $9n/5 - 1/5 = 0$, d. h. $n = 1/9$. Auf die weitere Entwicklung der Theorie, die diese Abhängigkeit von der Reynoldsschen Zahl behandelt, werden wir später auf S. 222ff. eingehen.

1.9 Das Blasiussche Widerstandsgesetz, Einführung der Reynoldschen Zahl. Der Unterschied von laminarer und turbulenter Strömung in Rohren war bereits G. Hagen[71] bekannt. Auch er hat, wie später Reynolds, die Verschiedenheit dieser beiden Strömungen sowie den Übergang von der einen in die andere Strömung durch Verwendung von Glasrohren beobachtet. Hagen hatte eine für die damalige Zeit beträchtliche

---

[82] Daß wir hier die Zahl 0,074 erhalten, die nach Prandtl besser mit den Versuchsergebnissen übereinstimmt als die Zahl 0,072 (vgl. Ergebn. d. Aerodyn. Versuchsanstalt Göttingen, III. Lieferung, S. 4), hängt damit zusammen, daß wir entsprechend Gl. (II, 1.17 u. 18) den genaueren Wert $\bar{u}/u_{\max} = 0{,}817$ statt des von Prandtl angenommenen ungefähren Wertes 0,80 benutzt haben.

[83] Stanton, T. E., u. J. R. Pannel: Similarity of Motion in Relation to the Surface Friction of Fluids. Phil. Trans. Roy. Soc. Lond. A 214 (1914) 199, vgl. auch Proc. Roy. Soc., London A 91 (1915) 46.

[84] Ombeck, H.: Druckverlust strömender Luft in geraden zylindrischen Rohrleitungen. Forsch.-Arb. Ing.-Wes. H. 158/59 (1914).

[85] Jakob, M. u. S. Erck: Der Druckabfall in glatten Rohren und die Durchflußziffer von Normaldüsen. Forsch.-Arb. Ing.-Wes. H. 267 (1914).

[86] Hermann, R.: Experimentelle Untersuchungen zum Widerstandsgesetz des Kreisrohres bei hohen Reynoldsschen Zahlen und großen Anlauflängen. Diss. Leipzig: Akad. Verlagsges. 1930.

Einsicht in die Vorgänge der laminaren und turbulenten Strömung; mehrfach weist er darauf hin, daß der Übergang der einen Strömung in die andere vom Rohrdurchmesser, von der Geschwindigkeit und von der Temperatur des Wassers abhängig sei. Allein, es ist ihm nicht gelungen, aus dieser Erkenntnis ein ordnendes Prinzip für seine zahlreichen und außerordentlich sorgfältigen Messungen zu finden.

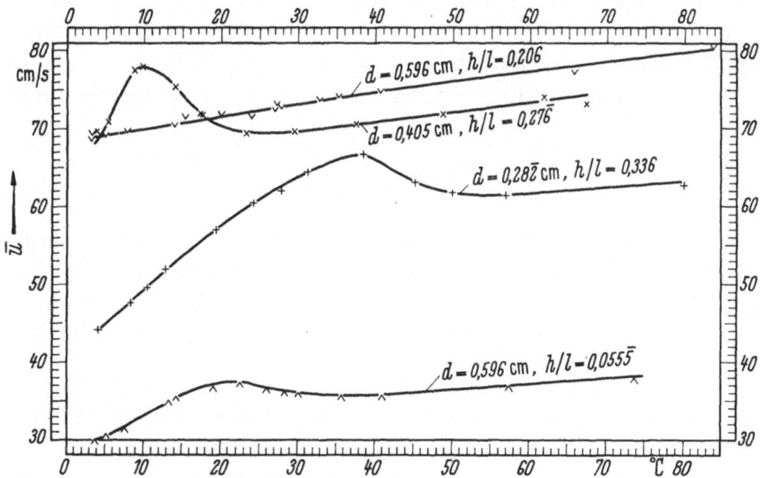

Abb. II, 1.31. Die Geschwindigkeit bei verschiedenen Druckhöhen und Rohrdurchmessern in Abhängigkeit von der Wassertemperatur, nach G. Hagen[71]

In Abb. II, 1.31 sind einige seiner Meßergebnisse aufgetragen. Für drei verschiedene Rohrdurchmesser und jeweils konstante Druckhöhe (h) im Vorratskessel bzw. h/l (l ist die Länge der Rohre) ist die Ausflußgeschwindigkeit ($\bar{u}$) als Funktion der Temperatur des Wassers aufgetragen. Man erkennt, wie bei konstanter Druckhöhe mit zunehmender Temperatur (entsprechend abnehmender Zähigkeit) die Ausflußgeschwindigkeit $\bar{u}$ zunächst wächst, dann aber bei weiterer Temperaturzunahme nach Überschreiten eines Maximums fällt, um später von einem Minimum an wieder — jetzt allerdings langsamer als früher — zu steigen. Nach den Beobachtungen von Hagen entspricht dem ersten aufsteigenden Ast die laminare Strömung, das Gebiet vom Maximum der Kurve bis zum Minimum bezeichnet den Übergang von der laminaren zur turbulenten Strömung, während der letzte langsamer steigende Ast den turbulenten Strömungszustand darstellt.

Etwa 30 Jahre später kam O. Reynolds[72] — ausgehend von den physikalischen Dimensionen der in den Navier-Stokesschen Gleichungen auftretenden Größen — zu der Überzeugung, daß der Übergang der laminaren Rohrströmung zur turbulenten nur abhängen könne von der Größe einer Zahl vom Typus $\bar{u}d/\nu$. Seine Experimente, die wir auf S. 111 bereits kurz erwähnten, bestätigten diese Vermutung. Er stellte fest, daß die „kritische" Geschwindigkeit $\bar{u}_{kr}$ — bei Benutzung verschiedener Rohrdurchmesser — immer dem Werte ν/d proportional war, vorausgesetzt, daß das zufließende Wasser den gleichen Beruhigungszustand hatte. Das eindrucksvollste Resultat war nach REYNOLDS aber die Tatsache, daß „nicht nur bei der kritischen Geschwindigkeit sondern im ganzen Strömungsbereich das Widerstandsgesetz Geschwindigkeiten entsprach, die im Verhältnis ν/d standen" (vgl. Gl. (4) S. 946 seiner Arbeit). Das von ihm aufgestellte Widerstandsgesetz für Rohrströmungen lautet:

$$A\,\frac{d^3}{P^2}\,i = \left(\frac{B\,d\,\bar{u}}{P}\right)^n,$$

wo beim laminaren Strömungszustand $n = 1$, beim turbulenten $n = 1{,}723$ ist; dabei bedeutet i den Druckhöhenverlust pro Rohrlängeneinheit, d. h.

$$i = \frac{h_1 - h_2}{l_2 - l_1} = \frac{h}{l} \quad \text{und} \quad \bar{u} = \frac{Q}{r^2\pi}$$

die durchschnittliche Geschwindigkeit in m/s, ferner $A = 67{,}78 \cdot 10^6\,m^{-3}$, $B = 396{,}3\ \mathrm{m^{-2}\,s}$, d den Innendurchmesser des Rohres in m und $P = (1 + 0{,}03368\,t + 0{,}000221\,t^2)^{-1}$ den Faktor, der den Einfluß der Zähigkeit von der Wassertemperatur in °C berücksichtigt (S. 976 der oben zitierten Reynoldsschen Arbeit). Für die laminare Strömung erhält er

$$i = \frac{BP}{A\,d^2}\,\bar{u}$$

oder

$$\log i = \log \frac{BP}{A\,d^2} + \log \bar{u},$$

d. h., da REYNOLDS $\log \bar{u}$ als Funktion von $\log i$ aufträgt — je nach der Größe der Konstanten $BP/A\,d^2$ — eine Gerade unter 45° (Abb. II, 1.32). Daß die Meßpunkte nicht besser auf diesen Geraden liegen, hängt teilweise damit zusammen, daß die Wassertemperaturen im laminaren Bereich nicht immer gleich waren, im Gegensatz zum turbulenten Bereich, wo $t = \text{const} = 5\,°\text{C}$ war.

Für die turbulente Strömung erhält er

$$\log i = \log\left[\left(\frac{B\,d}{P}\right)^{1.723} \cdot \frac{P^2}{A\,d^3}\right] + 1.723 \lg \bar{u},$$

d. h. Gerade unter einer Neigung von 1.723 : 1 (Abb. II, 1.32).

In derselben Abbildung hat REYNOLDS noch einige experimentelle Daten von POISEUILLE (laminarer Bereich), sowie von DARCY (turbulente Strömung) eingetragen.

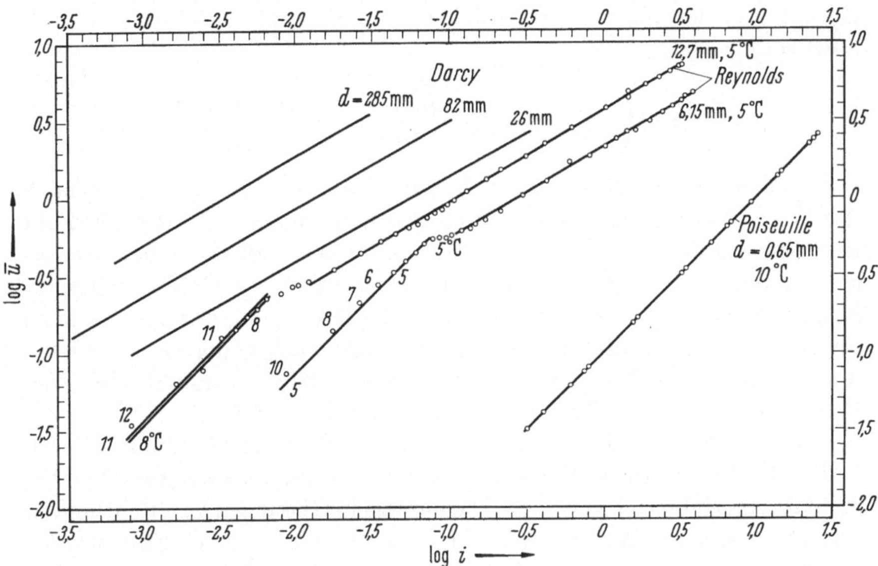

Abb. II, 1.32. Die Durchschnittsgeschwindigkeit ($\bar{u}$) als Funktion vom Druckhöhenverlust pro Rohrlängeneinheit (i) bei verschiedenen Rohrdurchmessern nach O. REYNOLDS[72]

Wenn auch die Bedeutung der Zahl $\bar{u}d/\nu$ für das Eintreten der Turbulenz von O. REYNOLDS zum ersten Male klar erkannt und ausgesprochen worden war, und wenn auch die Wichtigkeit der einzelnen Faktoren dieser Zahl für das allgemeine Widerstandsgesetz von Strömungen in Rohren soweit erkannt war, daß die rein rechnerisch erhaltenen Geschwindigkeiten mit den experimentell beobachteten in hohem Maße ($\pm 3\%$) übereinstimmten, so ist dennoch das der Zahl $\bar{u}d/\nu$ innewohnende Ordnungsprinzip von REYNOLDS nicht angewendet worden; denn sonst würden alle die verschiedenen Kurven der letzten Abbildung in einen einzigen Kurvenzug zusammenfallen. Diesen bedeutungsvollen Schritt getan zu haben, ist das Verdienst von H. BLASIUS.

Wieder etwa 30 Jahre später, auf der Naturforscherversammlung 1911 in Karlsruhe hat H. BLASIUS[87] in einem kurzen, aber nichtsdestoweniger bahnbrechenden Vortrag als erster von einer Reynoldsschen Zahl gesprochen. Bei diesem Vortrag wurde zum ersten Male eine dimen-

---

[87] BLASIUS, H.: Das Ähnlichkeitsgesetz bei Reibungsvorgängen. Phys. Z. 12 (1911) 1175—1177. BLASIUS war, nachdem er 1907 bei PRANDTL promoviert hatte, seit 1908 an der Versuchsanstalt für Wasserbau und Schiffbau in Berlin tätig.

sionslose Größe als Funktion der Reynoldsschen Zahl aufgetragen. Bezugnehmend auf das von REYNOLDS aufgestellte Ähnlichkeitsgesetz stellte BLASIUS die Forderung auf, daß die Widerstandszahl (c) von umströmten Körpern, von angeströmten Platten (c_f) und von Rohren (λ) nur von der *einen* Veränderlichen ul/ν (der „Reynoldsschen Zahl") aufzutragen sei:

$$c = f_1\left(\frac{ul}{\nu}\right), \qquad c_f = f_2\left(\frac{ul}{\nu}\right), \qquad \lambda = f_3\left(\frac{ud}{\nu}\right),$$

wozu nach BLASIUS bei rauhen Rohren als zweite Veränderliche noch das Verhältnis ε/d von Rauhigkeit (ε) und Durchmesser (d) tritt. Die Zahl ul/ν nennt BLASIUS die Reynoldssche Zahl. Daß BLASIUS bei der angeströmten Platte deren Länge als charakteristische Größe eingesetzt hat, zeigt, daß er schon damals (1911) die Bedeutung der Plattenlänge im Zusammenhang mit der entlang der Platte wachsenden Grenzschichtdicke erkannt hat[88]. Auch hat er in dieser Arbeit vorgeschlagen, die Proportionalität mit $V^2/2$ anzunehmen statt der mit V^2.

Obwohl PRANDTL bereits 1910[89] auf die Bedeutung der Größe ul/ν bei Luftwiderstandsformeln hingewiesen hatte, wurde in Göttingen zunächst nicht davon Gebrauch gemacht. Die damals in Göttingen veröffentlichten (dimensionslosen) Widerstandszahlen, z. B. die von G. FUHRMANN[90] für Ballonmodelle, wurden als Funktion der Anströmungsgeschwindigkeit aufgetragen, die von O. FÖPPL[91] für Drähte und Seile in Luft als Funktion von vd ($d \equiv$ Durchmesser). Im letzteren Falle ist zwar — da gleichtemperierte Luft und damit gleiches ν vorausgesetzt wird — das Reynoldssche Ähnlichkeitsgesetz erfüllt, die Abszisse vd ist aber dimensionsbehaftet und damit an die gewählten Maßeinheiten: v in m/s und d in mm gebunden. Das Gleiche gilt für die in der I. Lieferung (1921) der Göttinger Ergebnisse eingeführte (später aber wieder aufgegebene) Kennzahl E, die in mm · m/s gemessen wird. Bei dem auf S. 34 der I. Lieferung zugrunde gelegten Normalwert von $\nu_0 = 0{,}143\ \mathrm{cm^2/s}$ ist $E\,(\mathrm{mm \cdot m/s}) = \mathrm{Re}/70\ (\mathrm{mm^{-1}\,s/m})$. Zum Vergleich mit Messungen in anderen Maßeinheiten (z. B. anglo-amerikanischen) ist die Auftragung nach Werten von E deshalb nicht zweckmäßig. Die erste Veröffentlichung nach derjenigen von BLASIUS (1911), in der (dimensionslose) Widerstandszahlen als Funktion der (dimensionslosen) Reynoldsschen Zahl aufgetragen

[88] BLASIUS, H.: Luftwiderstand und Reynoldssche Zahl. Verh. der Versammlung von Vertretern der Flugwissenschaft 1911, Göttingen: Oldenbourg 1912.

[89] PRANDTL, L.: Bemerkungen über Dimensionen und Luftwiderstandsformeln. Z. Flugtechn. I (1910) 157, oder Ges. Abh.[65], S. 291

[90] FUHRMANN, G.: Widerstands- und Druckmessungen an Ballonmodellen. Z. Flugtechn. I (1910) 130.

[91] FÖPPL, O.: Widerstand von Drähten und Seilen. Z. Flugtechn. I (1910) 259.

worden sind, ist die Arbeit von PRANDTL (1914) über den Luftwiderstand von Kugeln, auf die in der nächsten Nummer näher eingegangen wird.

Bereits auf dem Karlsruher Vortrag (1911) bringt BLASIUS das nach ihm benannte Widerstandsgesetz für glatte Rohre:

$$p_2 - p_1 = 0{,}316 (\bar{u} d/\nu)^{-\frac{1}{4}} \cdot \frac{l}{d} \cdot \frac{\varrho \bar{u}^2}{2},$$

d. h.

$$\lambda_t = \frac{0{,}316}{\sqrt[4]{\frac{\bar{u}d}{\nu}}} = \frac{0{,}316}{\sqrt[4]{\mathrm{Re}}}. \tag{II, 1.25}$$

In seiner damals angekündigten großen Zusammenstellung von Rohrwiderstandsmessungen hat BLASIUS[87] als erster von dem der Reynoldsschen Zahl innewohnenden Ordnungsprinzip Gebrauch gemacht. Zu dem Zweck trug er die Widerstandszahl $\lambda = \frac{p_1 - p_2}{l_2 - l_1} d \frac{2}{\varrho \bar{u}^2} = \frac{h}{l} \frac{2dg}{\bar{u}^2}$, siehe Gl. (I, 1.20), als Funktion der Reynoldsschen Zahl $\bar{u}d/\nu$ auf und zwar, um den weiten Bereich der beiden Veränderlichen in gleichmäßiger

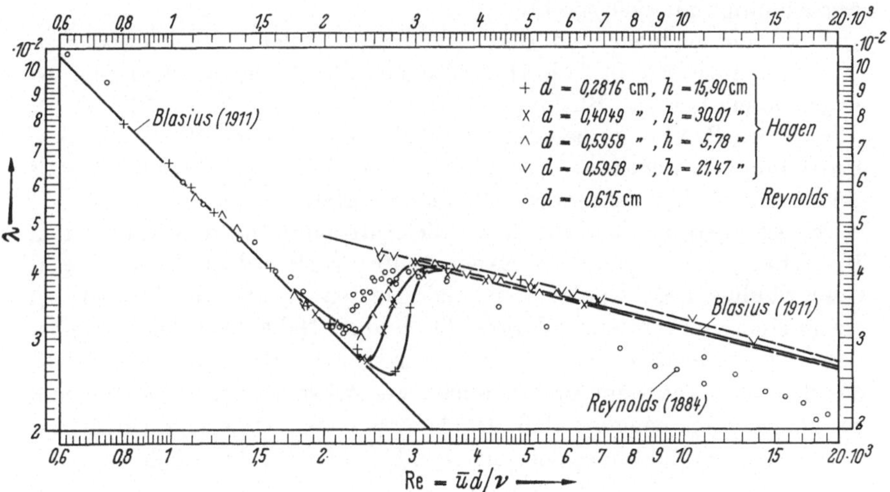

Abb. II, 1.33. Die Widerstandszahl λ als Funktion der Reynoldsschen Zahl, Auftragung nach H. BLASIUS[87]

Weise zu erfassen, in logarithmischer Einteilung der Koordinaten. Die Ergebnisse der zahlreichen Messungen, besonders derjenigen von SAPH und SCHODER[92] (gezogene Messingrohre), lagen in einem schmalen Streifen (gestrichelte Kurven), der durch die Gerade der Abb. II, 1.33

[92] SAPH u. SCHODER: Trans. of the Am. Soc. of Civ. Eng. 51 (1903) 253.

bzw. durch Gl. (II, 1.25) gut wiedergegeben wird. In diese Abbildung sind auch die umgerechneten Daten der Hagenschen Messungen der Abb. II, 1.33 eingetragen, sowie die von REYNOLDS mit dem Rohr von $d = 0{,}615$ cm.

Bezüglich der Hagenschen Messungen, bei denen h die Wasserhöhe *im Behälter* gegenüber der Rohrausflußmündung bedeutet, ist — wegen des benutzten scharfkantigen Rohreinlaufes — beim laminaren Teil (Satz nach Gl. I, 1.19, S. 13) $h' = h - 2.7\,\bar{u}^2/2g$ und beim turbulenten Teil nach Gl. (II, 1.10a S. 116) $h' = h - 1.4\,\bar{u}^2/2g$ zu bilden und h' statt h in die obige Formel für λ einzusetzen (der von HAGEN benutzte Rheinländische Zoll ist gleich 2,615 cm). Da nach Abb. II, 1.33 jedem $\bar{u}$ (bei gegebenem d und h/l) eine gewisse Temperatur und damit ein bestimmter Wert von ν entspricht, läßt sich das zugehörige Re leicht bestimmen. Es ist erstaunlich, wie gut die umgerechneten Werte der Hagenschen Messungen (Abb. II, 1.33), die BLASIUS nicht berücksichtigt hatte, sich dem Kurvenzug von BLASIUS bzw. dem von BLASIUS festgelegten Streifen (gestrichelte Kurven) in Abb. II, 1.33 einfügen; dabei ist zu berücksichtigen, daß die Wassertemperaturen bis 80 °C reichten, was beträchtliche experimentelle Schwierigkeiten (Verdampfung, Ausdehnung) mit sich brachte.

Was die Versuche von REYNOLDS im turbulenten Teil anbelangt, so stimmen sie, wie in Abb. II, 1.33 ersichtlich, nicht mit dem Blasiusschen Gesetz überein. BLASIUS hat daher selber Versuche mit Bleirohren, wie sie von REYNOLDS benutzt worden waren, durchgeführt, aber diese Unstimmigkeit nicht festgestellt; er vermutet deshalb, daß bei REYNOLDS ein systematischer Fehler der Messungen vorliegt.

Es ist überraschend, wie durch die Auftragung nach BLASIUS, d. h. $\lambda = f(\mathrm{Re})$, die Vielfalt der Experimente: verschiedene Durchmesser, Geschwindigkeiten, Zähigkeiten und Medien (Luft und Wasser) in einem einzigen Kurvenzug dargestellt werden. Dabei liegt das Verdienst von BLASIUS nicht so sehr darin, daß er sich der Mühe unterzogen hat, das damals vorhandene umfangreiche Versuchsmaterial zu sichten und zu verarbeiten, sondern daß er als erster das Ordnungsprinzip der Reynoldsschen Zahl in seiner Allgemeinheit klar herausgestellt hat.

1.10 Einfluß der Turbulenz in der Grenzschicht auf den Ablösungsvorgang. Bei *sehr* schlanken Körpern, wie z. B. Abb. II, 1.3, tritt im allgemeinen erst gegen Ende des Körpers Ablösung auf. Der sehr geringe Druckanstieg an dem rückwärtigen Teil des Körpers kann gerade noch von der mitschleppenden Wirkung der Zähigkeit überwunden werden. Der Widerstand ist etwa zur Hälfte Reibungswiderstand, der verbleibende Teil ist Druckwiderstand infolge der Druckverteilung an der Körperoberfläche. Bei völligeren Körpern tritt bereits in der Gegend der größten

Dicke Ablösung ein. Der Widerstand ist dabei fast ausschließlich Druckwiderstand; er findet sein Äquivalent in der kinetischen Energie im „Totwassergebiet" hinter dem Körper.

Bei scharfkantigen Körpern, z. B. einem Würfel oder bei einer zur Strömungsrichtung quergestellten Platte, tritt immer Ablösung ein, wobei die Ablösungsstellen durch die Kanten des Körpers gegeben sind. In diesen Fällen ist der Widerstand der Querschnittsfläche F des Körpers, der Dichte ϱ des Mediums sowie dem Quadrat der Geschwindigkeit V proportional, d. h.

$$W = c F \frac{\varrho V^2}{2}, \qquad \text{(II, 1.26)}$$

wo c nur von der Gestalt des Körpers und seiner Lage im Raum abhängig ist; F ist im allgemeinen die Projektion des Körpers auf eine zur Strömungsrichtung senkrechte Ebene. Hat man zu einem solchen Körper, beispielsweise an einem geometrisch ähnlichen Modell in einem Windkanal, die Widerstandszahl c bestimmt, so kann man den Widerstand dieses Körpers nach Gl. (II, 1.26) bei jeder Geschwindigkeit V, zu jeder Dichte ϱ und für jede Größe F berechnen.

Das Problem des Widerstandes von umströmten Körpern erhielt eine besonders große Bedeutung, als um die Jahrhundertwende die Entwicklung der Flugtechnik einsetzte. L. PRANDTL[93] in Göttingen und G. EIFFEL[94] in Paris waren mit die ersten, die sogenannte Windkanäle bauten, nachdem bereits T. E. STANTON[95] in England und D. RIABOUCHINSKY[96] nach Vorschlägen von N. E. JOUKOWSKI in Moskau kleinere derartige Versuchsanlagen ausgeführt hatten. Um der Flugtechnik Angaben über die Widerstände der dem Luftstrom ausgesetzten Teile wie Tragflügel, Streben usw. zur Verfügung zu stellen, wurden die Widerstandszahlen der verschiedensten Körper in diesen Windkanälen bestimmt, u. a. auch die der Kugel.

Hierbei gab es nun eine große Überraschung insofern, als in Göttingen die Widerstandszahl der Kugel $c = 0{,}44$ gemessen wurde, wohingegen EIFFEL die Zahl $c = 0{,}176$, d. h. weniger als die Hälfte, angab. EIFFEL

[93] PRANDTL, L.: Die Bedeutung von Modellversuchen für die Luftschiffahrt und Flugtechnik und die Einrichtungen für solche Versuche in Göttingen. Z. VDI 53 (1909) 1711–1719, oder Ges. Abh.[65], Bd. 3, S. 1212–1233.

[94] EIFFEL, G.: La résistance de l'air et l'aviation, Paris: Dunod & Pinat 1910; deutsche Übersetzung von FR. HUTH: Der Luftwiderstand und der Flug, Berlin: R. C. Schmidt 1912.

[95] STANTON, T. E.: On the Resistance of Plane Surfaces in Uniform Current of Air. Proc. Inst. Civ. Engs., London 156 (1903/4).

[96] RIABOUCHINSKY, D.: Bull. de l'institut aérodynamique de Koutchino. Fascicule I, II et III; Moscou 1906, 1909, vgl. auch O. FLACHSBARTH: Geschichte d. experimentellen Hydro- u. Aeromechanik, insbesondere der Widerstandsforschung, Handb. d. Exp. Phys. [69], Bd. 4, 2. Teil.

ging dieser Unstimmigkeit nach und entdeckte, daß Kugeln von verschiedenen Durchmessern bei größeren Geschwindigkeiten die kleineren Widerstandszahlen haben, und daß sie bei kleineren Geschwindigkeiten (wie sie bei den Göttinger Versuchen vorlagen) die größeren Widerstandszahlen besitzen. Wurde durch diese Messungen auch die Zuverlässigkeit der Meßergebnisse verschiedener Windkanäle bestätigt, so war doch die Vorstellung, welche den Modellversuchsanstalten zugrunde lag — für

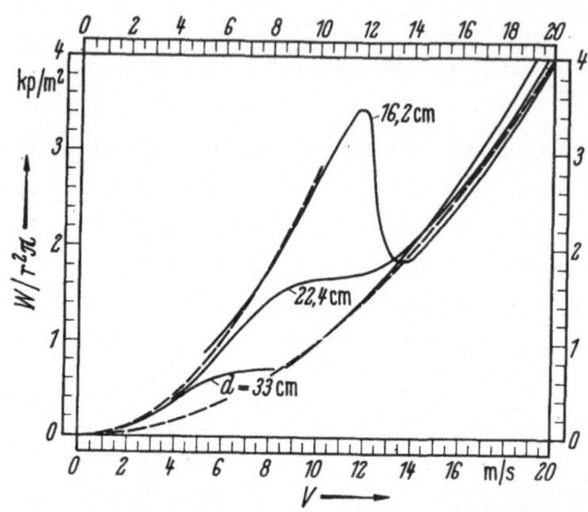

Abb. II, 1.34. Widerstände pro Querschnittsfläche von 3 verschieden großen Kugeln als Funktion der Anströmungsgeschwindigkeit

die verschiedenen Körperformen am Modell die Widerstandszahl zu bestimmen —, um dann für andere Größen und Geschwindigkeiten den Widerstand berechnen zu können, stark ins Wanken gebracht; das Widerstandsproblem schien sehr viel komplizierter zu sein.

Trägt man die Widerstände der drei von Eiffel gemessenen Kugeln als Funktion der Geschwindigkeit auf, oder — um besser vergleichen zu können — die Widerstände pro Querschnittsfläche $r^2\pi$, so erhält man Abb. II, 1.34. Statt der drei Kurven hätte man einen einzigen Kurvenzug erwartet und zwar eine durch Null gehende Parabel, wenn die Annahme richtig gewesen wäre, daß — entsprechend Gl. (II, 1.26) — der Kugelgestalt eine einzige Widerstandszahl entspräche. Aus der Abbildung erkennt man, daß in gewissen von der Kugelgröße abhängigen Geschwindigkeitsgebieten, der Widerstand von der Geschwindigkeit nahezu unabhängig ist, ja, daß bei der kleinsten der drei Kugeln der Widerstand bei einer gewissen Geschwindigkeit mit deren Zunahme sogar stark abfällt, statt quadratisch mit V zu wachsen. Abgesehen von diesen Übergangsgebieten gibt es einen unteren und einen oberen Bereich (gestrichelte Kurven), wo das quadratische Widerstandsgesetz nahezu erfüllt ist. Beiden Bereichen entspricht offenbar ein verschiedenes Stromlinienbild.

Dieses ist aber von dem Verhältnis der auftretenden Kräfte — nämlich den Trägheitskräften und den Zähigkeitskräften — d. h. also von der Reynoldsschen Zahl abhängig.

Trägt man, wie Blasius[87] schon 1911 gefordert hat, die Widerstandszahl als Funktion der Reynoldsschen Zahl auf, so erhält man aus der letzten Abbildung die drei linken Kurven der Abb. II, 1.35. Es erscheint zunächst erstaunlich, daß die Änderung der einen Strömungsform in die

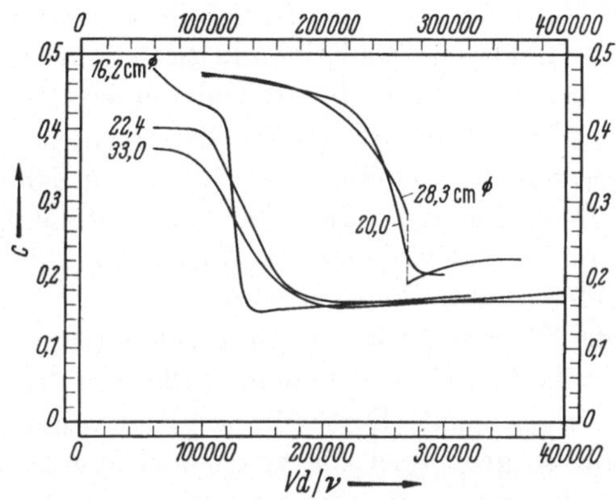

Abb. II, 1.35. Die Widerstandszahl von 3 verschieden großen Kugeln in Abhängigkeit von der Re-Zahl (die 3 linken Kurven); die beiden rechten Kurven beziehen sich auf eine größere Störungsfreiheit der Anströmung

andere bei so hohen Reynoldsschen Zahlen eintritt, d. h. daß eine Wechselwirkung von Trägheitskraft und Zähigkeitskraft noch in einer Größenordnung von 10^5 auf die Strömungsform um die Kugel einen Einfluß haben soll. Allein, wir kennen ähnliche Verhältnisse bei der Strömung in Rohren oder längs Platten, wo auch der Strömungscharakter sich plötzlich ändert, wenn eine gewisse kritische Reynoldssche Zahl überschritten wird. In diesen Fällen geht die laminare Strömung in der Grenzschicht in die turbulente über; nach Blasius[78] tritt dies bei der Platte ein, falls $Vl/\nu = 5 \cdot 10^5$ wird.

Sowohl bei der Strömung im Rohr als auch längs der Platte nimmt die Widerstandszahl λ bzw. c_f beim Überschreiten der kritischen Reynoldsschen Zahl zu; die Widerstandszahl c der umströmten Kugel nimmt jedoch ab. Die Erklärung dieses so eigenartigen Verhaltens verdankt man Prandtl[97]. Hier haben wir einen typischen Fall, wie man durch den Begriff der Grenzschicht einen neuen Einblick in bis dahin nicht erklärbare Strömungsvorgänge erhält, wie denn überhaupt das Bedeutungs-

[97] Prandtl. L.: Der Luftwiderstand von Kugeln. Göttinger Nachr. 1914, S. 177—190, oder Ges. Abh.[65], Teil 2, S. 597—608.

vollste der Grenzschichtlehre nicht so sehr in der Integration der aus der Navier-Stokesschen Gleichung abgeleiteten Grenzschichtgleichung erblickt werden sollte — wie man nach der bahnbrechenden Prandtlschen Arbeit[65] vermuten könnte — sondern in dem Begriff der Grenzschicht schlechthin, und zwar einmal im Hinblick auf den Reibungswiderstand, und dann in Hinsicht auf den durch die Grenzschicht erklärbaren Ablösungsvorgang.

An den letzteren knüpfte Prandtl an, indem er darauf hinwies, daß auch bei der Umströmung einer Kugel die Grenzschicht turbulent wird, sobald die Reynoldssche Zahl einen kritischen Wert überschreitet. Die Folge davon ist aber, daß die fluktuierenden Mischbewegungen innerhalb der Grenzschicht die infolge des Druckanstieges stagnierenden Flüssigkeitsteilchen besser wegspült, als es der reinen Zähigkeit bei einer laminaren Grenzschicht möglich wäre. Dadurch wird die Ablösungsstelle etwas weiter stromabwärts verlagert, wodurch das „Totwassergebiet" und damit der Widerstand verkleinert wird.

Der Eintritt der Turbulenz in der Grenzschicht hängt (wie bei der ebenen Platte oder beim Rohr) in hohem Maße von der Wirbelfreiheit der anströmenden Flüssigkeit (Luft) ab; je gleichförmiger und wirbelfreier diese ist, um so größer ist die kritische Reynoldssche Zahl, bei welcher der Umschlag von laminarer zu turbulenter Strömung in der Grenzschicht bzw. von hoher zu niedriger Widerstandszahl der Kugel einsetzt. Als in Göttingen die Eiffelschen Versuche mit Kugeln von verschiedenen Durchmessern bei verschiedenen Geschwindigkeiten wiederholt wurden und man dabei wesentlich größere kritische Reynoldssche Zahlen feststellte (die beiden rechten Kurven der Abb. II, 1.35), konnte dies damit erklärt werden, daß der Göttinger Windkanal wirbelfreier und gleichmäßiger war als der in Paris. Dadurch, daß man den Luftstrom in Göttingen durch ein Bindfadensieb (1 mm Bindfaden in 5 cm Abstand der Fäden) künstlich wirblig machte, wurden die rechten Kurven der Abb. II, 1.35 in die Nähe der Eiffelschen Kurven verschoben. Nach Prandtl hat man damit ein Mittel, die Wirbligkeit der Luftströme von verschiedenen Windkanälen zu vergleichen[98]. Je größer die kritische Geschwindigkeit bei der Kugel ist, um so gleichförmiger ist der Luftstrom; die obere Grenze dieser kritischen Reynoldsschen Zahl ist etwa $4 \cdot 10^5$. Auf weitere Einzelheiten der sog. Windkanalturbulenz wird auf S. 285ff. eingegangen.

Es blieb aber immer noch die Möglichkeit anzunehmen, daß wirblige Luftströme an sich geringere Widerstände ergäben, indem sie sich besser der Oberfläche der Kugel anzulegen vermögen, und damit ein kleineres

[98] Hoerner, S.: Versuche mit Kugeln betreffend Kennzahl, Turbulenz und Oberflächenbeschaffenheit. Luftf. Forschg. 12 (1935) 42.

„Totwassergebiet" lieferten. Um zu beweisen, daß tatsächlich nur das Turbulentwerden der Grenzschicht für den Abfall der Widerstandszahl verantwortlich ist, führte PRANDTL ein experimentum crucis, wie er es nannte, durch: In einem möglichst gleichförmigen und wirbelfreien Luftstrom wurde der Widerstand der Kugel im unterkritischen Gebiet

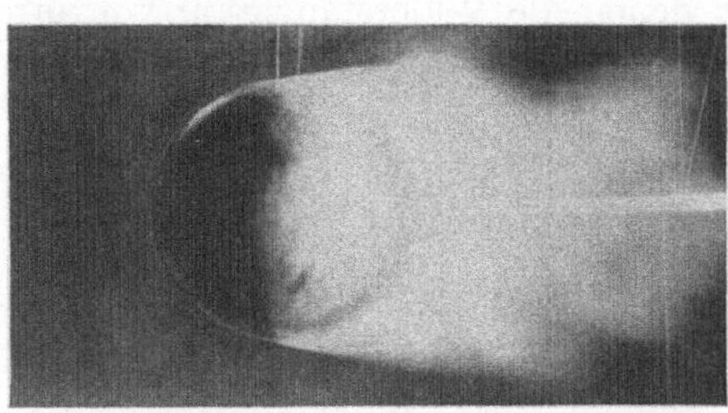

Abb. II, 1.36. Wirbelgebiet hinter einer umströmten Kugel bei laminarer Grenzschicht an der vorderen Hälfte der Kugel, nach C. WIESELSBERGER

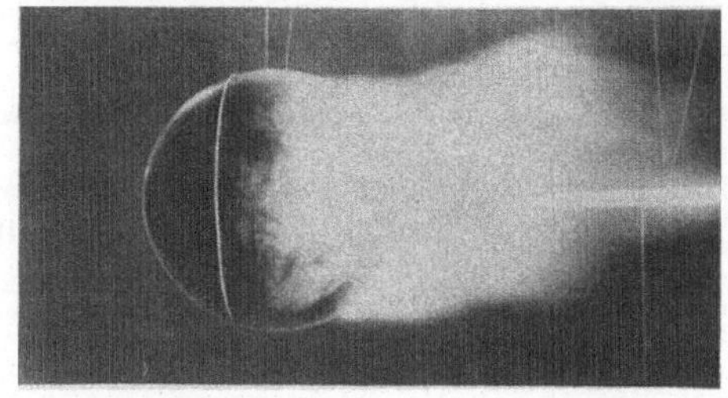

Abb. II, 1.37. Wirbelgebiet hinter einer umströmten Kugel bei turbulenter Grenzschicht, bewirkt durch einen Drahtring, nach L. PRANDTL[97]

gemessen und also die größere Widerstandszahl erhalten. Um durch künstlichen Eingriff die laminare Grenzschicht turbulent zu machen, wurde auf der dem Luftstrom zugekehrten Kugelseite, etwa 15 Bogengrad vom Äquator entfernt, ein Drahtreifen von 1 mm Stärke befestigt. Anstatt, daß dadurch — wie man bei elementarer Betrachtung erwarten sollte — der Widerstand eine Vergrößerung erfuhr, wurde er kleiner und entsprach der überkritischen Widerstandszahl. In Abb. II, 1.36 ist das Wirbelgebiet sichtbar gemacht und zwar dadurch, daß weißer Rauch am hinteren Teil der Kugel zugeführt wurde; man erkennt, daß bei dieser unterkritischen Strömung die laminare Grenzschicht sich etwa am Äquator von der Kugel loslöst. Abb. II, 1.37 zeigt, wie bei gleicher Reynoldsscher Zahl die durch den „Stolperdraht" turbulent gewordene Grenzschicht die Ablösungsstelle weiter stromabwärts verlegt und damit das Wirbelgebiet verkleinert.

Eine wichtige Frage ist nun: Treten auch bei anderen Körpern derartige kritische Reynoldssche Zahlen auf, wobei durch das Turbulentwerden der Grenzschicht die Ablösungsstelle sich stromabwärts verschiebt? Bei scharfkantigen Körpern z. B. Würfeln, quergestellten Platten usw. ist dies — wie schon bemerkt — nicht der Fall, da die

Ablösungsstellen durch die scharfen Kanten gegeben sind; hier ist das quadratische Widerstandsgesetz streng erfüllt (mit Ausnahme der Gebiete *sehr* kleiner Reynoldsscher Zahlen) und die Widerstandszahl nur von der Form des Körpers und seiner Stellung zur Strömung abhängig. Bei abgerundeten Körpern, wie auch bei Tragflächen, müssen wir jedoch mit Gebieten kritischer Reynoldsscher Zahlen rechnen, innerhalb denen die Widerstandszahl von ihren höheren Werten im unterkritischen Gebiet zu den niedrigeren Werten im überkritischen Gebiet

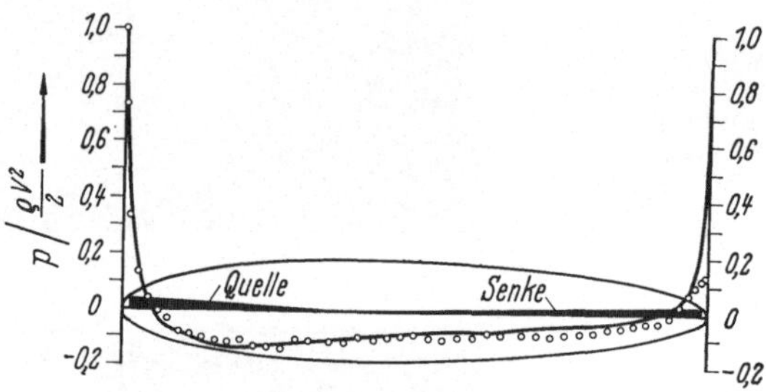

Abb. II, 1.38. Druckverteilung an einem stromlinienförmigen Körper, nach G. FUHRMANN[99]

abfallen. Dieser Übergang ist um so allmählicher, je schlanker der Körper ist (vgl. Abb. 5 der Prandtlschen Arbeit[97]). In jedem Fall muß man sich bei Anwendung von Modellversuchen überzeugen, daß, wenn die Strömung der Großausführung im überkritischen Gebiet stattfindet, dies auch bei der Strömung am Modell zutrifft.

Wir erwähnten bereits, daß auch die laminare Grenzschicht einen gewissen, wenn allerdings auch nur sehr geringen Druckanstieg überwinden kann, ohne daß es zur Ablösung und Rückströmung kommt. Ein Beispiel dafür ist die von G. FUHRMANN[99] untersuchte Modellform eines Ballons, wie in Abb. II, 1.38 dargestellt. Die Länge des Modells betrug $l = 1{,}06$ m, die größte Breite $b = 0{,}18$ m; die Geschwindigkeitshöhe $\varrho V^2/2 = 5{,}77$ kp/m² [= 5,77 mm WS.] d. h. die Geschwindigkeit $V = 9{,}6$ m/s ($\varrho = 0{,}125$ kps²m⁻⁴). Mit $\nu = 0{,}14 \cdot 10^{-4}$ m²/s ergibt sich deshalb als Reynoldssche Zahl $Vb/\nu = 1{,}23 \cdot 10^5$ bzw. $Vl/\nu = 7{,}28 \cdot 10^5$. Daß die Strömung ohne Ablösung ist, erkennt man aus der guten Übereinstimmung der gemessenen Druckverteilung mit der berechneten einer Potentialströmung (siehe Bd. I, S. 176ff.). Daß es sich dabei um eine laminare Grenzschicht handelt, ergibt sich daraus, daß nach FUHRMANN

[99] FUHRMANN, G.: Theoretische und experimentelle Untersuchungen an Ballonmodellen. Diss. Göttingen 1912; Jahrb. der Motorluftstudiengesellschaft 5 (1911/12), München/Berlin: R. Oldenbourg, S. 63—123, oder: Widerstands- und Druckmessungen an Ballonmodellen, nach Mitteilungen aus der Göttinger Modellversuchsanstalt. Z. Flugtechn. 1911, H. 13.

der Reibungswiderstand des Modelles der 1,5. Potenz der Geschwindigkeit proportional ist (vgl. S. 102). Der Reibungswiderstand wurde als Differenz des (an der Waage gemessenen) Gesamtwiderstandes und des (aus der gemessenen Druckverteilung berechneten) Druckwiderstandes bestimmt.

Nimmt man eine im Vorderteil des Körpers völligere Form, wie in Abb. II, 1.39, so erhält man dort einen kräftigen Druckanstieg; auch in diesem Falle folgt die gemessene Druckverteilung sehr gut der berech-

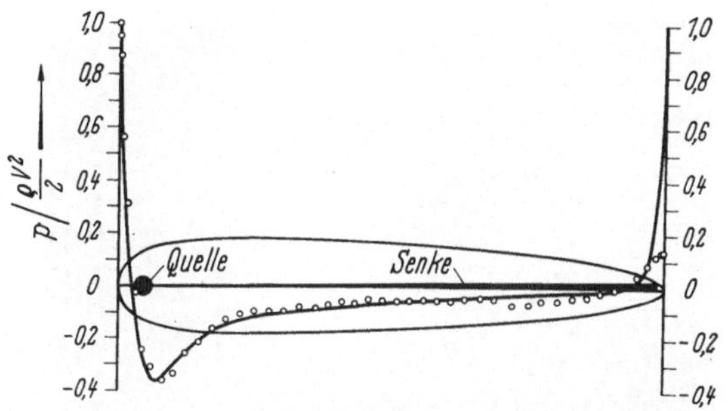

Abb. II, 1.39. Druckverteilung an einem stromlinienförmigen Körper mit völligerem Vorderteil, nach G. FUHRMANN[99]

neten, was darauf schließen läßt, daß die Strömung dem Körper anliegt und nicht abreißt. Der von FUHRMANN bestimmte Reibungswiderstand ist hier jedoch der 1,8. Potenz der Geschwindigkeit proportional, was nach S. 121 bedeutet, daß die Grenzschicht turbulent ist. Der Druckanstieg bewirkt ein Geschwindigkeitsprofil mit Wendepunkt, ähnlich wie in Abb. II, 1.9; damit wird aber — wie wir auf S. 336 sehen werden — das Eintreten der Turbulenz in der Grenzschicht begünstigt bzw. ausgelöst.

Im allgemeinen wird in einem Gebiet mit Druckanstieg, so auch auf der Oberseite von Tragflügeln, die Ablösung nur bei turbulenter Grenzschicht vermieden; nur so lassen sich die großen erreichbaren Auftriebskräfte der Tragflügel bei kleinem Widerstand erreichen. Dieser Widerstand ist im wesentlichen der einer turbulenten Grenzschicht; man würde den Widerstand noch verringern, wenn es gelingt, durch eine geeignete Druckverteilung an der Oberseite des Tragflügels die Grenzschicht weitgehend laminar zu halten, ohne daß es zur Ablösung kommt.

1.11 Vermeidung von Ablösung und Wirbelbildung durch Beeinflussung der Grenzschicht. Auf S. 107 haben wir erkannt, daß man das Grenzschichtmaterial, das wegen des Haftens an der Wand zur Ruhe gekommen ist, als Ursache für Ablösung und Wirbelbildung ansehen muß. Daraus ergeben sich dann die Möglichkeiten, um beides, Ablösung und Wirbelbildung, zu vermeiden:

a) entweder saugt man das stagnierende Grenzschichtmaterial in das Innere des umströmten Körpers, oder

b) man beschleunigt das abgebremste Grenzschichtmaterial, oder

c) man verhindert das Zurruhekommen der Flüssigkeit infolge der Haftbedingung an der Wandung dadurch, daß man diese selbst in Strömungsrichtung bewegt.

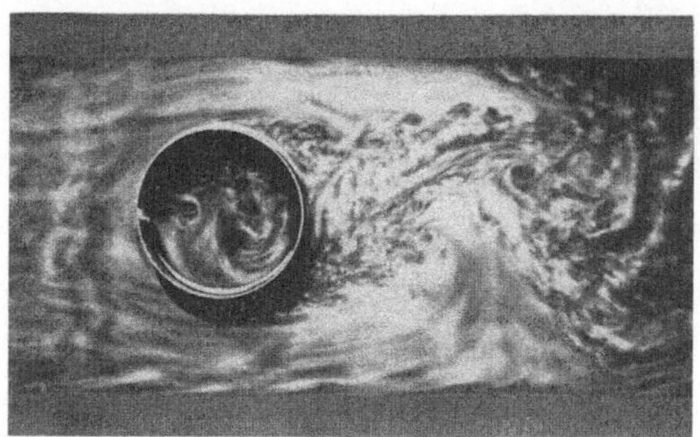

Abb. II, 1.40. Strömung um einen Kreiszylinder, nach L. PRANDTL[65]

Abb. II, 1.41. Strömung um einen Kreiszylinder mit einseitiger Absaugung der Grenzschicht, nach L. PRANDTL[65]

a) Absaugung. Bereits 1904 hat PRANDTL[65] in seiner Arbeit über Grenzschichten diese Methode angewandt. In Abb. II, 1.40 ist die Strömung um einen Kreiszylinder dargestellt, wobei die Strömung dadurch sichtbar gemacht wurde, daß im Wasser ein aus feinen glänzenden Blättchen bestehendes Mineral (Eisenglimmer) suspendiert war; dadurch treten nach PRANDTL „alle einigermaßen deformierten Stellen des Wassers, also besonders alle Wirbel, durch einen eigentümlichen Glanz hervor, der durch die Orientierung der dort befindlichen Blättchen hervorgerufen wird". Die Strömung zeigt das typische, etwas pendelnde Totwassergebiet, bedingt durch die wechselseitige Wirbelbildung an der stromabwärtigen Seite des Zylinders. Abb. II, 1.41 zeigt, wie auf einer Seite das Grenzschichtmaterial durch einen Spalt in das Innere des Zylinders gesogen und von dort mittels eines Schlauches nach außen befördert wird. Die Folge ist, daß auf dieser, der oberen Seite des Zylinders, die Flüssigkeit der Zylinderkontur folgt, und es hier nicht zur Rückströmung und Wirbelbildung kommt.

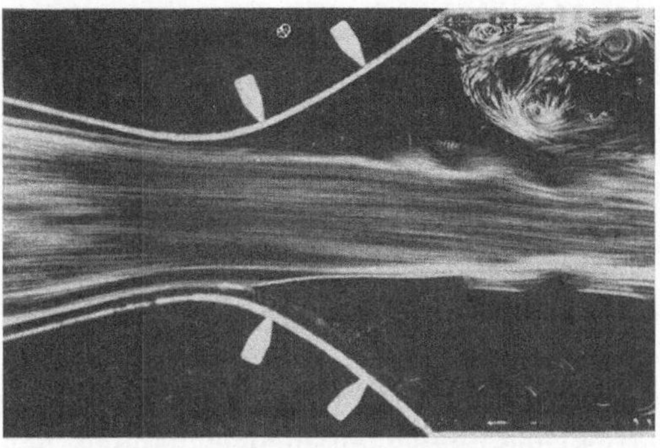

Abb. II, 1.42. Strömung von links nach rechts durch einen Diffusor mit sehr großem Öffnungswinkel

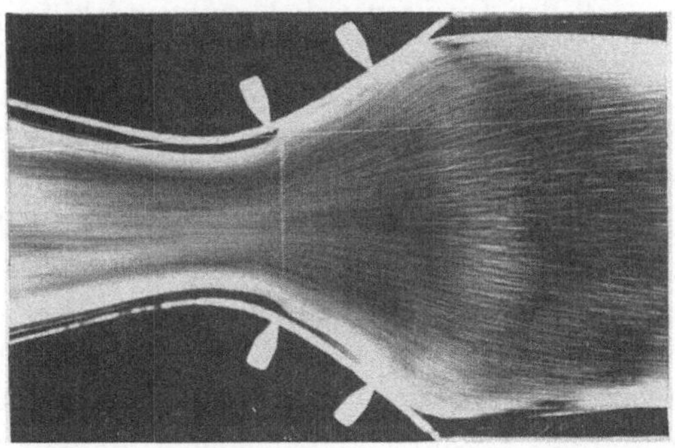

Abb. II, 1.43. Strömung von links nach rechts durch einen Diffusor mit sehr großem Öffnungswinkel bei beiderseitiger Absaugung (Pfeile)

Auch bei der Strömung in Diffusoren mit großem Öffnungswinkel (etwa $>10°$) tritt im allgemeinen Rückströmung und Wirbelbildung auf. In Abb. II, 1.42 ist ein „Diffusor" mit außerordentlich großem Öffnungswinkel von etwa 60° (die Strömung ist von links nach rechts gerichtet) dargestellt. Man erkennt, wie die Flüssigkeit etwa im engsten Querschnitt von der Diffusorwandung abreißt und als Strahl durch das umgebende Wasser hindurchströmt. Im ersten Augenblick, d. h. bei Beginn der Strömung, folgt die Flüssigkeit der Wandung des Diffusors, und es bildet sich ein der Geschwindigkeitsabnahme entsprechender Druckanstieg in Strömungsrichtung aus. Infolge dieses Druckgradienten werden die durch die Zähigkeitswirkung in der Grenzschicht zur Ruhe gekommenen Flüssigkeitsteilchen entgegen der Richtung der Hauptströmung beschleunigt (d. h. von rechts nach links), und es treten die zu Abb. II, 1.11 bis 21 beschriebenen Vorgänge der Wirbelbildung auf. Diese Wirbel werden dann bald von der als Strahl sich ausbildenden Strömung fortgeschwemmt; rechts oben sind noch Teile dieses Wirbels sichtbar. Saugt man — wie in Abb. II, 1.43 dargestellt — auf beiden Seiten des Diffusors *vom Strömungsbeginn ab* — durch je zwei Schlitze (auf dem Photo markiert) das sich ausbildende stagnierende Grenzschichtmaterial aus dem Diffusorraum nach außen ab, so kann dieses nicht mehr durch den im Diffusor vorhandenen Druckgradienten nach rückwärts beschleunigt werden und somit nicht mehr die Rückströmung und Wirbelbildung verursachen; die Strömung folgt deshalb auch der sich stark öffnenden Diffusorwandung mit sehr starker Geschwindigkeitsabnahme und dementsprechender Druckzunahme (Bernoulli), Obwohl, wie J. Ackeret[100] gezeigt hat, die Absaugeleistung nur gering ist, da es sich bei der Absaugung um relativ kleine Flüssigkeitsmengen handelt, hat diese Methode kaum praktische Anwendung gefunden. Der Grund dafür liegt darin, daß man die Ablösung der Strömung von der Wandung auch dadurch vermeiden kann, daß der Diffusorwinkel genügend klein gewählt wird. Allerdings wird damit auch die Länge des Diffusors beträchtlich vergrößert, so daß, falls bauliche Gründe gegen eine solche Verlängerung sprechen, die Methode der Grenzschichtabsaugung sehr wohl gerechtfertigt sein kann.

In dieser Hinsicht liegen die Verhältnisse bei Tragflächen anders. Bei großen Anstellwinkeln reißt auch hier die Strömung an der Saugseite der Tragfläche ab; solche Anstellwinkel sind aber erforderlich, um die beim Starten und Landen erwünschten großen Auftriebsbeiwerte zu erhalten. Dies läßt sich nun durch Grenzschichtabsaugung in hohem Maße erreichen[101]. Eine große Anzahl von Versuchen mit sehr verschiedenen Anordnungen der Absaugung sind von O. Schrenk[102] ausgeführt worden. Das Prinzip zur Vermeidung der Ablösung ist das gleiche wie beim

---

[100] Ackeret, J.: Grenzschichtabsaugung. Z. VDI 35 (1926) 1153.

[101] Ackeret, J., A. Betz u. O. Schrenk: Versuche an einem Flügel mit Grenzschichtabsaugung. Vorl. Mitt. AVA, Göttingen, H. 4 (1925).

[102] Schrenk, O.: Tragflügel mit Grenzschichtabsaugung. Lufo 2 (1928) 49 bis 62, Versuche an einem Absaugflügel. Z. Flugtechn. 22 (1931) 259—264, Versuche mit Absaugflügeln. Lufo 12 (1935) 10—27, Grenzschichtabsaugung. Luftwissen 7 (1940) 409—414, NACA TM 974 (1941), vgl. auch R. Regenscheit: Absaugung in der Flugtechnik, Jahrb. d. WGL 1952, Braunschweig: Vieweg & Sohn, S. 55, sowie H. Schlichting: Absaugung in der Aerodynamik, Jahrb. d. WGL 1956, S. 19.

Zylinder und beim Diffusor; auch hier wird das Grenzschichtmaterial an der Unterdruckseite des Tragflügels in dessen Inneres hineingesogen und dadurch Rückströmung und Wirbelbildung bzw. Ablösung verhindert. Die Absaugung wird entweder an einer oder mehreren Stellen durch Schlitze in der Oberfläche des Flügels vorgenommen oder mehr kontinuierlich mittels durchlöcherter oder poröser Flügeloberfläche. Auf die Theorie der Grenzschichtabsaugung soll hier nicht eingegangen werden; es sei statt dessen auf die Ausführungen von H. SCHLICHTING[60] (S. 249ff.) in seiner „Grenzschichttheorie" verwiesen, wo auch experimentelle Ergebnisse mitgeteilt werden, sowie eine Zusammenstellung

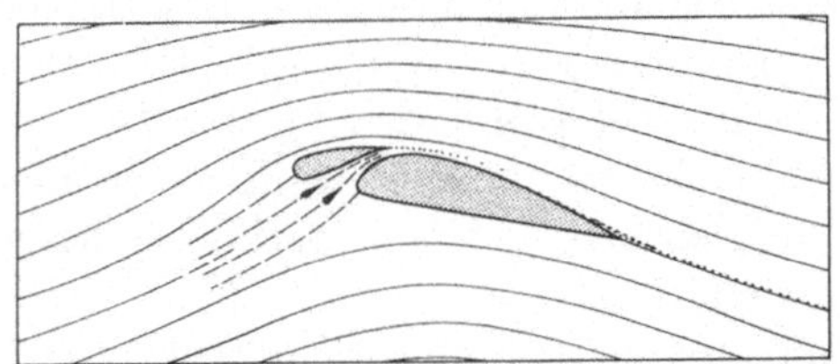

Abb. II, 1.44. Strömung um einen Schlitz- oder Spaltflügel

der einschlägigen Literatur. Nur auf die zusammenfassende Darstellung von A. BETZ[103] sowie G. V. LACHMANN[104] sei noch hingewiesen.

b) Beschleunigung des Grenzschichtmaterials. Der Wunsch nach möglichst großen Auftriebsbeiwerten (c_a), damit Start- und Landegeschwindigkeit (und somit auch die kostspieligen Startbahnlängen) niedrig bleiben, führte G. V. LACHMANN[105] und, unabhängig von ihm, SIR FREDERICK HANDLEY PAGE[106] zu der Erfindung von unterteilten Profilen oder von sogenannten Schlitzflügeln oder Spaltflügeln (Abb. II, 1.44). Nach A. BETZ[107] ist die Wirkungsweise dieser Flügelart so zu erklären: Durch die im Spalt von der Überdruck- zur Unterdruckseite beschleunigte Strömung wird einerseits die an der Hinterkante des Hilfsflügels ab-

---

[103] BETZ, A.: Beeinflussung der Reibungsschicht und ihre praktische Verwertung. Schriften d. dtsch. Akad. d. Luftfahrtforschung, Nr. 49 (1939).

[104] LACHMANN, G. V.: Allgemeine Probleme der Grenzschichtsteuerung. Jahrb. d. WGL 1953, S. 132—144, Boundary Layer Control. J. Roy. Aer. Soc. 59 (1955) 163—198, Aer. Eng. Rev. 13 (1954) 37—51.

[105] LACHMANN, G. V.: Deutsches Reichspatent (1918), Patentanspruch: Tragfläche, gekennzeichnet dadurch, daß die Fläche in eine Anzahl hintereinander gestaffelter Teilflächen zerfällt, die ihrerseits flächenprofilartig ausgebildet sind, vgl. auch: Das unterteilte Flächenprofil. Z. Flugtechn. 12 (1921) 164—169.

[106] HANDLEY PAGE, SIR FREDRICK: The Handley Page Wing Patent. Aviation, N. Y. 9 (1920) 197.

[107] BETZ, A.: Die Wirkungsweise von unterteilten Flügelprofilen. Ber. Abh. Wiss. Ges. Luftfahrt Nr. 6 (1922), NACA Techn. Nemo. Nr. 100 (1922).

reißende Grenzschicht in die freie Strömung fortgespült und anderseits der sich an der Oberseite des Hauptflügels bildenden Grenzschicht zusätzliche kinetische Energie zugeführt. Dabei ist zu berücksichtigen, daß wegen des Auftriebes des Hilfsflügels bzw. wegen dessen Zirkulation der Druckanstieg an der Oberseite des Hauptflügels geringer geworden ist (als er es ohne Hilfsflügel sein würde), so daß es der Grenzschicht möglich ist, ohne Ablösung über den Hauptflügel entlang zu strömen. Auf diese Weise lassen sich c_a-Werte von etwa 2 erhalten.

Die von Betz gegebene Erklärung der Wirkungsweise des Schlitzflügels brachte A. Baumann[108] auf die Idee, die Außenhaut des Tragflügels auf dessen Unterdruckseite mit Öffnungen zu versehen und durch diese in die Grenzschicht Luft zu blasen, um ihr zusätzliche Geschwindigkeit zu erteilen. Hierdurch wird wiederum verhindert, daß das Grenzschichtmaterial infolge Zähigkeitswirkung zur Ruhe kommt; es kann sich deshalb auch nicht auf Grund des Druckanstieges der äußeren Strömung nach rückwärts beschleunigen, d. h. es kann keine Ablösung und Wirbelbildung eintreten.

Die ersten Windkanalmessungen zur Untersuchung dieser Strömungsvorgänge stammen von K. Wieland[109] und Fr. Seewald[110]. Die erforderliche Leistung zum Ausblasen der Luft dürfte aber im allgemeinen wesentlich größer sein als diejenige, die nötig ist, die Grenzschicht abzusaugen.

Besonders um extrem große c_a-Werte mittels Klappen zu erreichen, hat die Technik des Ausblasens große Fortschritte gemacht[111]. Durch die Beeinflussung der Grenzschicht — sei es durch Absaugen, sei es durch Ausblasen, sei es durch eine Kombination von beidem — hat man ein außerordentlich wirkungsvolles Mittel, die Strömung um den Tragflügel zu beeinflussen, man kann geradezu sagen, sie zu steuern. In diesem Zusammenhang sei auf das umfassende von Lachmann[112] herausgegebene Werk über "Boundary Layer and Flow Control" hingewiesen. Das Problem der Beeinflussung der Grenzschicht durch Absaugen und Ausblasen ist in mehreren Arbeiten von Schlichting[60] (S. 249ff.) und seinen Mitarbeitern behandelt worden.

---

[108] Baumann, A.: Tragflügel für Flugzeuge mit Luftaustrittsöffnungen in der Außenhaut: Deutsches Reichspatent 400806 (1921).

[109] Wieland, K.: Untersuchungen an einem neuartigen Düsenflügel. Z. Flugtechn. 18 (1927) 346.

[110] Seewald, Fr.: Die Erhöhung des Auftriebs durch Ausblasen von Druckluft an der Saugseite eines Tragflügels. Z. Flugtechn. 18 (1927) 350.

[111] Poisson-Quinton, Ph.: Einige physikalische Betrachtungen über das Ausblasen an Tragflügeln, Jahrb. d. Wiss. Ges. d. Luftfahrt, Braunschweig: Vieweg 1956, S. 29–51.

[112] Lachmann, G. V. (Herausg.): Boundary Layer and Flow Control, 2 Bde., London: Pergamon Press 1961.

c) *Mitbewegung der Wandung.* Auch diese Methode wurde bereits von PRANDTL angewendet[113], wie in Abb. II, 1.45 gezeigt. In dieser Abbildung werden zwei gegenläufig rotierende Zylinder von links nach rechts angeströmt; dabei ist die Umfangsgeschwindigkeit der Zylinder größer oder gleich der Höchstgeschwindigkeit, die sich in den der Berührungsgeraden der Zylinder gegenüberliegenden Stellen bildet (etwa

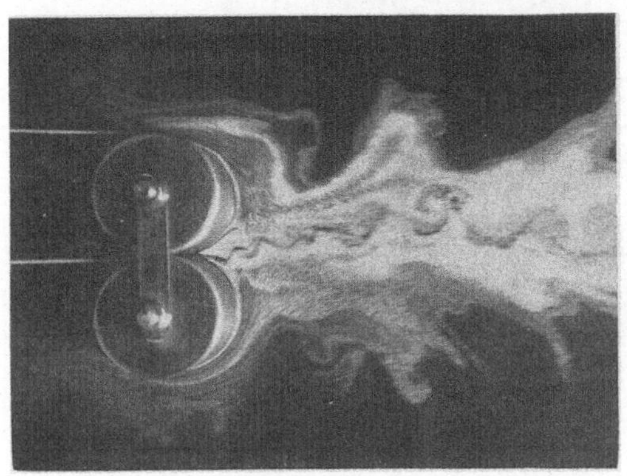

Abb. II, 1.45. Strömung um zwei gegenläufig rotierende Zylinder nach L. PRANDTL

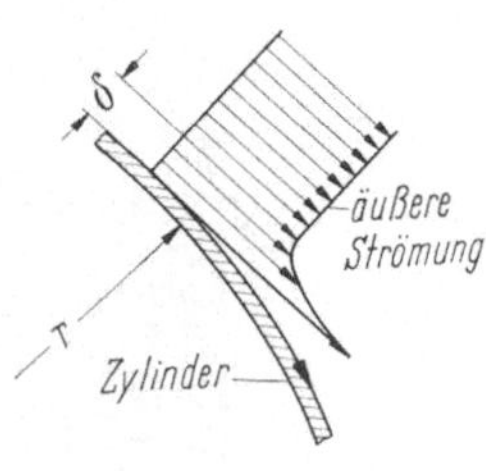

Abb. II, 1.46. Vorauseilende Grenzschicht bei einem im Uhrzeigersinn rotierenden Zylinder

dreifache Anströmungsgeschwindigkeit). Auf diese Weise kann sich nirgends eine gegenüber der äußeren Strömung verzögerte Grenzschicht ausbilden (und damit eine Rückströmung einleiten), da die vom Zylinder mitgenommene Grenzschicht δ der äußeren Strömung vorauseilt (Abb. II, 1.46). Die Strömung von Abb. II, 1.45 ist nicht ganz symmetrisch, da durch die beiden Zylinder Grenzschichtmaterial von der vorderen (linken) Seite zur hinteren Seite geschafft und dort wie ein Strahl (mit der ihm eigenen Instabilität) nach rechts befördert wird (Abb. II, 1.47).

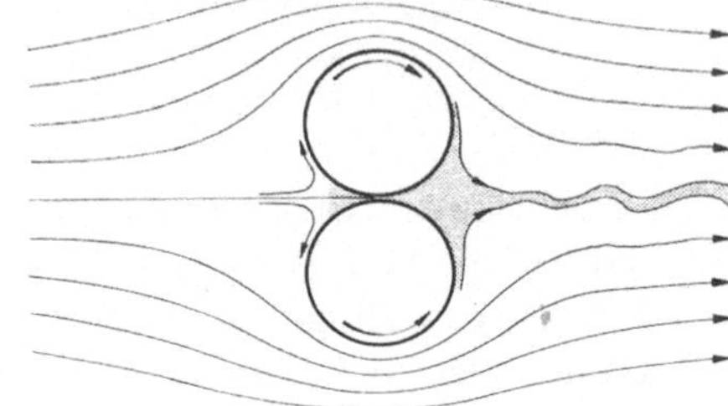

Abb. II, 1.47. Strömung um zwei rotierende Zylinder

[113] PRANDTL, L.: The Generation of Vortices in Fluids of Small Viscosity. Wilbur Wright Memorial Lecture 1927. Roy. Aer. Soc. 31 (1927) 720—743, oder Z. Flugtechn. 18 (1927) 489—496, oder Ges. Abh.[65] Teil 2, S. 752—777.

Auch bei einem einzelnen rotierenden Zylinder hat PRANDTL (1906) die Strömung photographisch festgehalten (Abb. II, 1.48). Später (1926) sind die Versuche vom Verfasser wieder aufgenommen. Rotiert der von links angeströmte Zylinder im Uhrzeigersinn, so stimmt auf der oberen Hälfte des Zylinders dessen Umfangsgeschwindigkeit mit der Um-

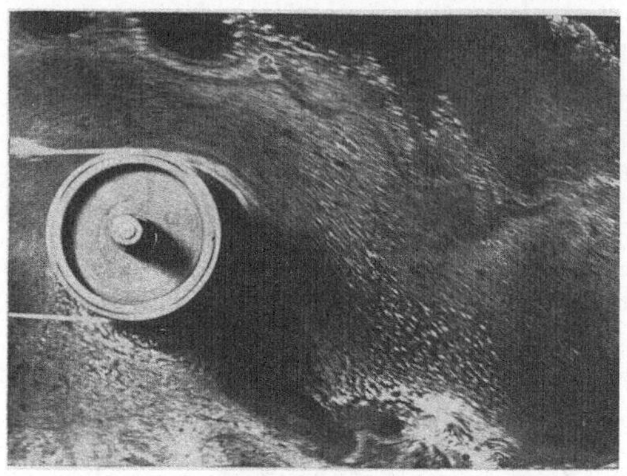

Abb. II, 1.48. Strömung von links nach rechts um einen im Uhrzeigersinn rotierenden Zylinder nach L. PRANDTL

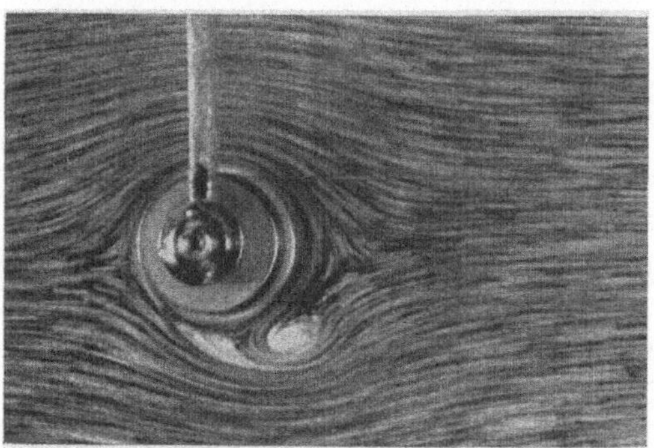

Abb. II, 1.49. Strömungsbeginn von links nach rechts bei einem im Uhrzeigersinn rotierenden Zylinder

strömungsgeschwindigkeit der Richtung nach überein; hier ist die Bedingung, daß auf der rückwärtigen Seite des Zylinders das Grenzschichtmaterial infolge der Zähigkeit zur Ruhe kommt und dann durch die Druckverteilung der äußeren Strömung rückwärts beschleunigt wird, nicht gegeben, eben weil die Grenzschicht am rotierenden Zylinder mit diesem fortbewegt wird (Abb. II, 1.49). Auf der unteren Seite des Zylinders, wo dessen Umfangsgeschwindigkeit der Umströmungsgeschwindigkeit entgegengerichtet ist, sind die Verhältnisse gerade umgekehrt; hier kommt das mit der Zylinderwand nach links bewegte Grenzschichtmaterial durch die nach rechts gerichtete Strömung schnell zum Stillstand, wird auf Grund des Druckanstieges zum hinteren Staupunkt nach links beschleunigt und leitet damit die Bildung eines kräftigen einseitigen Wirbels ein (Abb. II, 1.49). Die Lage des vorderen (linken)

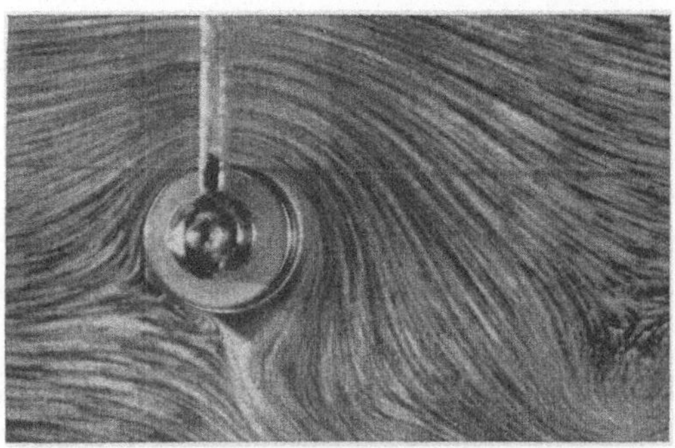

Abb. II, 1.50. Die Strömung in einem etwas späteren Zeitpunkt als in Abb. II, 1.49, der Anfahrwirbel bewegt sich vom Körper fort

Abb. II, 1.51. Stationärer Zustand: Umfangsgeschwindigkeit gleich der 4fachen Anströmungsgeschwindigkeit

Staupunktes ist, wie man auf dem Bilde erkennt, kaum geändert und die äußere Strömung — abgesehen vom Wirbel — fast noch symmetrisch und daher noch ohne Zirkulation.

In dem Maße, wie der Anfahrwirbel wächst und sich schließlich mit der Strömung vom Zylinder fortbewegt, rückt der vordere Staupunkt nach unten (Abb. II, 1.50 u. 51), bis schließlich — nachdem der Anfahrwirbel genügend weit fortgeschwommen ist — beide Staupunkte in einem Punkt zusammenfallen und die Strömung um den Zylinder eine starke Zirkulation besitzt, wobei der abgegangene Anfahrwirbel die gleich große aber entgegengesetzte Zirkulation aufweist (vgl. das über den Magnuseffekt Gesagte im Bd. I, S. 205–212).

Im obigen Fall, wo die beiden Staupunkte in einem Punkte zusammenrücken, ist die zirkulatorische Geschwindigkeit am Zylinder dem Betrage nach gleich der Strömungsgeschwindigkeit an den beiden Zenitpunkten des Zylinderkreises, weil dann in dem unteren Zenitpunkt, wo die

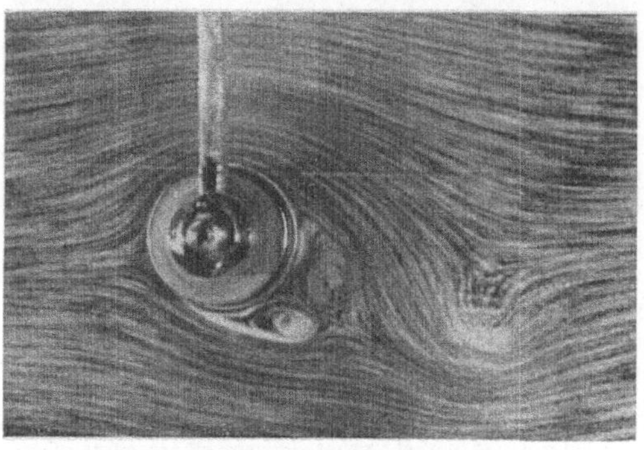

Abb. II, 1.52. Strömung um einen rotierenden Zylinder, dessen Umfangsgeschwindigkeit gleich der Anströmungsgeschwindigkeit ist

Richtungen der beiden Geschwindigkeiten entgegengesetzt sind, die resultierende Geschwindigkeit gleich Null wird, also ein Staupunkt entsteht; im oberen Zenitpunkt ist dann die Umströmungsgeschwindigkeit verdoppelt und beträgt — da sie ohne Zirkulation gleich der doppelten Anströmungsgeschwindigkeit, d. h. gleich $2\,V$ ist — mit Überlagerung der Zirkulation $4\,V$. Läßt man also den Zylinder mit einer Umfangsgeschwindigkeit $4\,V$ rotieren, so ist diese immer größer als die jeweilige Strömungsgeschwindigkeit am Zylinder, so daß es zu keiner Ablösung kommen kann.

Daß der Zylinder rotiert, genügt allein noch nicht, um die Wirbelbildung an der oberen Rückseite des Zylinders zu verhindern; die Umfangsgeschwindigkeit u der Zylinderwandung muß — verglichen mit der Anströmungsgeschwindigkeit V — auch genügend groß sein. Ist, wie in Abb. II, 1.52, das Verhältnis $u/V = 1$, so findet auch hier Ablösung und Wirbelbildung bei Beginn der Strömung zuerst an der *unteren* Rückseite statt; bevor aber der Anfahrwirbel sich entfernt hat, bilden sich unten *und oben* an der Rückseite neue Wirbel. Abb. II, 1.53 zeigt in schematischer Weise die Vorgänge in der Grenzschicht δ (die der Deutlichkeit halber stark überhöht dargestellt ist). Die Flüssigkeitsteile, welche die Zylinderwandung berühren, werden zwar von dieser zwangsläufig mitgenommen, die daran angrenzenden Flüssigkeitsteilchen haben aber nicht die erforderliche Geschwindigkeit (wie sie die Strömung außerhalb der Grenzschicht hat), um den Druckanstieg nach $p_3(>p_1)$ zu überwinden; sie werden schon vorher zum Stillstand und dann zur Rückströmung gebracht infolge des der Grenzschicht aufgeprägten Druckanstieges. Damit sind dann die Voraussetzungen zur Wirbelbildung mit nachfolgender Ablösung der Strömung von der Zylinderwand gegeben.

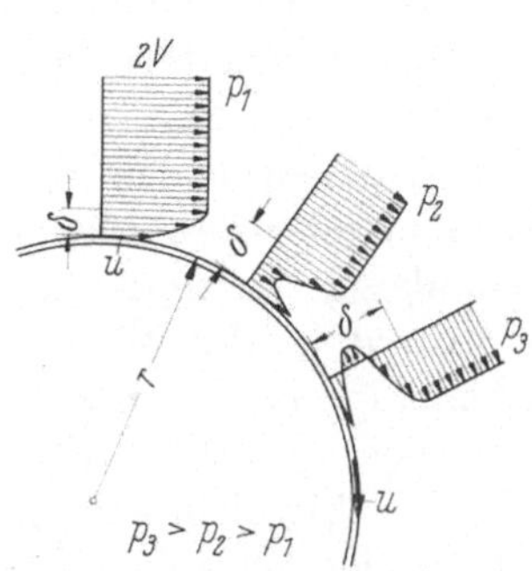

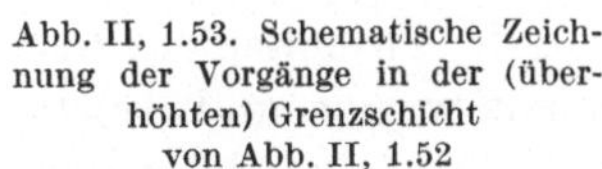
Abb. II, 1.53. Schematische Zeichnung der Vorgänge in der (überhöhten) Grenzschicht von Abb. II, 1.52

Abb. II, 1.54. Strömung um einen rotierenden Zylinder, dessen Umfangsgeschwindigkeit gleich der 2fachen Anströmungsgeschwindigkeit ist

Ähnlich ist es auch noch, wenn $u/V = 2$ oder $= 3$ ist. Abb. II, 1.54 zeigt die Strömung bei $u/V = 2$, nachdem der Anfahrwirbel fortgeschwommen ist; man beobachtet ein schräg nach unten gerichtetes Wirbelgebiet und erkennt, daß die Strömung mit einer Zirkulation (entgegengesetzt derjenigen des abgegangenen Anfahrwirbels) behaftet ist. Das gering ausgebildete „Totwassergebiet" — verglichen mit demjenigen einer Zylinderumströmung ohne Zirkulation — läßt auf einen geringen Widerstand schließen, was auch nach Messungen von A. Busemann[114] zutrifft.

2 Differentialgleichung der laminaren Grenzschicht

2.1 Anschauliche Ableitung der Grenzschichtgleichung (zweidimensionale Strömung). Auf S. 97 hatten wir gesehen, daß bei Strömungen längs einer Wand von Flüssigkeiten und Gasen sehr geringer Zähigkeit (z. B. Wasser, Luft) sich eine dünne Grenzschicht ausbildet, innerhalb welcher sich der Geschwindigkeitsanstieg von der Geschwindigkeit Null an der Wand bis zur äußeren Geschwindigkeit vollzieht. Diese äußere Geschwindigkeit entspricht nach S. 94 derjenigen einer Potentialströmung

[114] Busemann, A.: Messungen an rotierenden Zylindern. Ergebn. d. aerodyn. Versuchsanstalt Göttingen, IV. Lieferung (1932), S. 95, Abb. 174.

um die Kontur der Grenzschicht, wobei diese um so dünner ist, je geringer man die Zähigkeit der Flüssigkeit annimmt.

Wir wollen jetzt — um mit den Worten PRANDTLS[115] zu sprechen — versuchen, anschaulich zu „verstehen", was in der Grenzschicht vor sich geht; wir wollen uns bemühen, die Kräfte und Beschleunigungen in ihr „mit dem inneren Auge zu sehen" und sie gleichsam „mit dem Muskelsinn nachzuempfinden". Dabei wollen wir uns immer bewußt bleiben, daß wir gedanklich jederzeit den Übergang zu $\lim \mu \to 0$ vornehmen können, so daß unsere Näherungsbetrachtungen den Charakter einer exakten Lösung haben werden in dem Falle, daß $\lim \mu \to 0$ ist.

Der Einfachheit halber nehmen wir einen zweidimensionalen Bewegungsvorgang und knüpfen an die „ebene" Strömung der Abb. II, 1.3 um eine Strebe an. Das Bedeutungsvollste bei dieser Strömung ist offenbar die Größe des Geschwindigkeitsanstieges, d. h. des Wertes $\partial u/\partial y$ an der Wand, sowie die überaus große Änderung dieses an sich großen Wertes längs y bis zum Werte $\partial u/\partial y = 0$ bei $y = \delta$, immer unter Berücksichtigung des Umstandes, daß wir δ beliebig klein annehmen können, wenn nur der Wert von μ genügend gering gewählt wird. Wir betrachten ein Flüssigkeitselement innerhalb der Grenzschicht und fragen uns, welche Kräfte auf ein solches Element wirken und welche substantielle Beschleunigung es dabei erfährt. Zunächst bemerken wir, daß die y-Komponente der Geschwindigkeit, d. h. v, gegenüber der x-Komponente, d. i. u, vernachlässigbar klein ist; v ist zwar nicht gleich Null, insofern als die Grenzschichtdicke in x-Richtung langsam zunimmt (weswegen die Stromlinien nicht genau parallel der Wandung sind, vgl. Abb. II, 1.5), v ist aber — bei der angenommenen geringen Grenzschichtdicke — von kleinerer Größenordnung als u. Der ganze Strömungsvorgang innerhalb der Grenzschicht spielt sich eben in einer „filmartigen" Schicht längs der Berandung des umströmten Körpers ab. Versuchen wir nach PRANDTL die substantielle Beschleunigung des obigen Flüssigkeitselementes bzw. die auf dies Element wirkenden Kräfte mit dem Muskelsinn nachzuempfinden, so kommen wir zu der Überzeugung, daß Kräfte und Beschleunigungen im wesentlichen nur in Richtung der Stromlinien längs der Wandung auftreten können, bzw. daß andere Kräfte und Beschleunigungen mit $\lim \mu \to 0$ ebenfalls nach Null konvergieren.

Bei der von uns betrachteten zweidimensionalen Strömung können wir noch (im Hinblick auf $\lim \mu \to 0$, bzw. $\lim \delta \to 0$) die Krümmung der Grenzschicht vernachlässigen und in dem betrachteten Bereich die x-Richtung mit der Richtung der Wand zusammenfallen lassen.

---

[115] PRANDTL, L.: Mein Weg zu hydrodynamischen Theorien. Phys. Blätter 4 (1948) 89—92, oder Ges. Abh.[65] Teil 3, S. 1604—1608.

Die auf das Flüssigkeitselement wirkende Kraft pro Volumeneinheit (also die x-Komponente) ist nach Gl. (I, 2.6, S. 23) bei zweidimensionaler Strömung

$$\frac{X}{dV} = \frac{\partial \sigma_x}{\partial x} + \frac{\partial \tau_{xy}}{\partial y}, \tag{II, 2.1}$$

wobei nach Gl. (I, 2.20, S. 31) bei einer inkompressiblen Flüssigkeit

$$\frac{\partial \sigma_x}{\partial x} = -\frac{\partial p}{\partial x} + 2\mu \frac{\partial^2 u}{\partial x^2} \tag{II, 2.2}$$

und nach Gl. (I, 2.16, S. 29)

$$\frac{\partial \tau_{xy}}{\partial y} = \mu \left(\frac{\partial^2 u}{\partial y^2} + \frac{\partial^2 v}{\partial x \partial y}\right)$$

ist, oder wegen der Kontinuitätsgleichung $\partial u/\partial x + \partial v/\partial y = 0$,

$$\frac{\partial \tau_{xy}}{\partial y} = \mu \left(\frac{\partial^2 u}{\partial y^2} - \frac{\partial^2 u}{\partial x^2}\right)$$

also, wenn zusammen mit Gl. (II, 2.2) in Gl. (II, 2.1) eingesetzt,

$$\frac{X}{dV} = -\frac{\partial p}{\partial x} + \mu \left(\frac{\partial^2 u}{\partial x^2} + \frac{\partial^2 u}{\partial y^2}\right).$$

Wie bereits oben bemerkt wurde, ist der Ausdruck $\partial^2 u/\partial y^2$ d. h. die Änderung des an sich großen Wertes $\partial u/\partial y$ an der Wand bis zum Wert $\partial u/\partial y = 0$ bei $y = \delta$ *im Hinblick auf die Kleinheit von* δ sehr groß; ihm gegenüber kann der Ausdruck $\partial^2 u/\partial x^2$ vernachlässigt werden. Setzen wir den so verbleibenden Ausdruck der Kraft pro Volumeneinheit gleich dem entsprechenden Ausdruck der substantiellen Beschleunigung des Flüssigkeitselements innerhalb der Grenzschicht, so erhält man, wenn noch durch ϱ dividiert wird,

$$\frac{\partial u}{\partial t} + u \frac{\partial u}{\partial x} + v \frac{\partial u}{\partial y} = -\frac{1}{\varrho} \frac{\partial p}{\partial x} + \nu \frac{\partial^2 u}{\partial y^2}. \tag{II, 2.3}$$

Wir haben zwar oben bemerkt, daß v klein gegenüber u ist und deshalb zu vernachlässigen bzw. gleich Null zu setzen sei; hier aber steht v als Faktor neben dem großen Wert von $\partial u/\partial y$ und ist deshalb zu berücksichtigen.

Über den Druck in der Grenzschicht ist folgendes zu sagen: Wegen der Kleinheit von δ sind die Stromlinien in der Grenzschicht in erster Näherung parallel zueinander und längs einer Strecke der x-Richtung, die von der Größenordnung der Grenzschichtdicke ist, auch geradlinig. Daraus folgt, daß — in irgendeinem Punkte x — der Druck im Bereich

$y = 0$ bis $y = \delta$ konstant, also gleich dem Druck $p(x, \delta)$ sein muß; vgl. Bd. I, S. 118. Dort wurde gezeigt, daß für jede Flüssigkeit, also auch für zähe Flüssigkeiten, wenn w den Betrag der Geschwindigkeit bezeichnet,

$$\frac{w^2}{r} = \frac{1}{\varrho} \frac{\partial p}{\partial r}$$

gilt, wo r der Krümmungsradius der Stromlinie ist, so daß bei endlichem w die Änderung von p in der r-Richtung mit $r \to \infty$ nach Null konvergiert. Der Druck der äußeren Strömung $(y = \delta)$ wird der Grenzschicht gleichsam aufgeprägt.

Außerhalb der Grenzschicht haben wir Potentialströmung $U = U(x, y, t)$, so daß für $y = \delta$ die Eulersche Gleichung (in eindimensionaler Form) gilt, d. h.

$$\frac{\partial U}{\partial t} + U \frac{\partial U}{\partial x} = - \frac{1}{\varrho} \frac{\partial p}{\partial x}.$$

Setzt man diesen Ausdruck in Gl. (II, 2.3) ein, so ist schließlich für den Vorgang in der Grenzschicht $(0 \leqq y \leqq \delta)$

$$\frac{\partial u}{\partial t} + u \frac{\partial u}{\partial x} + v \frac{\partial u}{\partial y} = \frac{\partial U}{\partial t} + U \frac{\partial U}{\partial x} + \nu \frac{\partial^2 u}{\partial y^2} \quad [116] \qquad \text{(II, 2.4)}$$

und bei stationären Strömungen

$$u \frac{\partial u}{\partial x} + v \frac{\partial u}{\partial y} = U \frac{\partial U}{\partial x} + \nu \frac{\partial^2 u}{\partial y^2}. \qquad \text{(II, 2.5)}$$

Die beiden letzten Gleichungen sind die Prandtlschen Grenzschichtgleichungen einer zweidimensionalen Strömung längs einer Wand. Die Randbedingungen sind:

$$\begin{aligned} &\text{bei } y = 0 \text{ ist } u = 0 \text{ und } v = 0 \\ &\text{bei } y = \delta \text{ ist } u = U(x); \end{aligned} \qquad \text{(II, 2.6)}$$

dazu kommt die Kontinuitätsgleichung

$$\frac{\partial u}{\partial x} + \frac{\partial v}{\partial y} = 0. \qquad \text{(II, 2.7)}$$

2.2 Differentialgleichung der Grenzschicht bei einer zweidimensionalen Strömung längs einer ebenen Wand. Als einfachstes Beispiel be-

---

[116] Die Ableitung bei Berücksichtigung der Krümmung der Wandung ist von W. Tollmien gegeben: „Grenzschichttheorie“ im Handb. d. Exp.-Phys. (Wien-Harms), Bd. 4, 1. Teil, S. 248.

trachten wir die stationäre Strömung längs einer vorn zugeschärften sehr dünnen ebenen Platte (Abb. II, 2.1 a). Es soll nun unsere Aufgabe sein, die Geschwindigkeitsverteilung $u = u(y)$ innerhalb der Grenzschicht, d. h. von $y = 0$ bis $y = \delta$ zu berechnen. Außerhalb der Grenzschicht haben wir die Geschwindigkeit $U = \text{const}$, mit welcher die Platte von links nach rechts angeströmt wird.

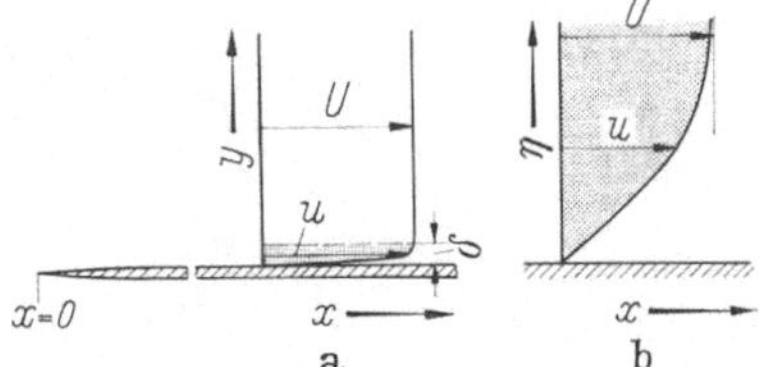

Abb. II, 2.1. Schematische Darstellung einer laminären Grenzschicht einer Strömung längs einer ebenen Platte

Wir wissen bereits, daß die Grenzschichtdicke δ in x-Richtung zunimmt und zwar, wie auf S. 100 dargelegt, proportional mit $\sqrt{\nu t}$ oder, da $t = x/U$ ist, proportional mit $\sqrt{\nu x/U}$. Insofern ist u also eine Funktion nicht nur von y, sondern auch von x. Würde man in dem Ausdruck $\sqrt{\nu x/U}$ die kinematische Zähigkeit ν z. B. verdoppeln (durch Benutzung einer zäheren Flüssigkeit), so würde man — bei gleichem U — dieselbe Grenzschichtdicke δ bei einem halb so großen x, d. h. in halber Entfernung von der Plattenkante erhalten. Es liegt nun nahe, zunächst einmal anzunehmen, daß in diesem Falle, d. h. bei gleicher Grenzschichtdicke, auch das gleiche „Grenzschichtprofil" sich ausbildet; dies ist dann nicht mehr eine Funktion von x, sondern von der Grenzschichtdicke δ, bzw. von der ihr proportionalen Größe $\sqrt{\nu x/U}$.

Um diese Bedeutung von δ zu berücksichtigen, führen wir als neue (dimensionslose) Variable

$$\eta = y\sqrt{\frac{U}{\nu x}} = \frac{y}{\sqrt{\frac{\nu x}{U}}} \sim \frac{y}{\delta} \tag{II, 2.8}$$

ein (η hat dann dieselbe Größenordnung wie die Maßzahl von x; die Koordinaten werden gleichsam mit verschiedenem Maßstab gemessen). Die obige Funktion $u = u(x, y)$ wird damit eine Funktion der einzigen Variablen η; wir bezeichnen sie mit

$$u = U f'(\eta), \tag{II, 2.9}$$

wobei $f'(o) = 0$ und $f'(\infty) = 1$ sein soll (Abb. II, 2.1 b).

Die Kontinuitätsgleichung wird dadurch berücksichtigt, daß wir u und v als Ableitungen einer Stromfunktion Ψ auffassen. Unter Berücksichtigung der Gln. (II, 2.8 und 9) ist somit

$$u = \frac{\partial \Psi}{\partial y} = \frac{\partial \Psi}{\partial \eta}\frac{\partial \eta}{\partial y} = \frac{\partial \Psi}{\partial \eta}\sqrt{\frac{U}{\nu x}} = U\frac{df(\eta)}{d\eta},$$

also

$$\Psi = \sqrt{U\nu x}\, f(\eta),$$

mithin

$$v = -\frac{\partial \Psi}{\partial x} = \frac{y}{2x}Uf' - \frac{1}{2}\sqrt{\frac{U\nu}{x}}\, f. \qquad \text{(II, 2.10)}$$

Ferner ist

$$\frac{\partial u}{\partial x} = \frac{\partial u}{\partial \eta}\frac{\partial \eta}{\partial x} = -\frac{y}{2x}U\sqrt{\frac{U}{\nu x}}\, f'', \qquad \text{(II, 2.11)}$$

$$\frac{\partial u}{\partial y} = \frac{\partial u}{\partial \eta}\frac{\partial \eta}{\partial y} = Uf''\sqrt{\frac{U}{\nu x}}, \qquad \text{(II, 2.12)}$$

$$\frac{\partial^2 u}{\partial y^2} = \frac{\partial^2 u}{\partial \eta^2}\left(\frac{\partial \eta}{\partial y}\right)^2 = Uf'''\frac{U}{\nu x}. \qquad \text{(II, 2.13)}$$

Setzt man die Ausdrücke der Gln. (II, 2.9—13) in die Grenzschichtgleichung (II, 2.5) und berücksichtigt, daß im vorliegenden Falle der Strömung längs einer ebenen Wand $\partial U/\partial x = 0$ ist, so ergibt sich

$$-\frac{U^2}{2x}y\sqrt{\frac{U}{\nu x}}f'f'' + \frac{U^2}{2x}y\sqrt{\frac{U}{\nu x}}f'f'' - \frac{U^2}{2x}ff'' = \frac{U^2}{x}f'''$$

oder

$$f(\eta)f''(\eta) + 2f'''(\eta) = 0; \qquad \text{(II, 2.14)}$$

d. h. statt der partiellen Differentialgleichung der Grenzschicht Gl. (II, 2.5) haben wir eine gewöhnliche Differentialgleichung und zwar ebenfalls nichtlinear und von dritter Ordnung. Die drei zur vollständigen Bestimmung notwendigen Randbedingungen lauten: An der Wand, d. h. bei $\eta = 0$ muß sowohl die Stromfunktion, also nach obigem $f(o) = 0$, als auch die Geschwindigkeit u, d. h. die erste Ableitung $f'(o) = 0$ sein; drittens muß u asymptotisch in U übergehen, d. h. es muß $f'(\infty) = 1$ werden.

2.3 „Ähnliche" Lösungen der Grenzschichtgleichung. Bevor wir uns mit der Lösung der Gl. (II, 2.14) näher beschäftigen, wollen wir noch auf die physikalische Bedeutung von Gl. (II, 2.8 und 9) eingehen. Die Tatsache, daß durch Einführen der Variablen η die partielle Differentialgleichung der beiden Variablen x und y (Gl. II, 2.5) auf eine gewöhnliche Differentialgleichung der einzigen Variablen η transformiert wurde, besagt — zusammen mit Gl. (II, 2.9) —, daß die Verteilung der Geschwindigkeit in der Grenzschicht, d. h. $u/U = f'(\eta)$ nicht mehr von x abhängig ist, sondern lediglich von η. Wenn wir also bei den drei Grenzschichtprofilen $u = u(x, y)$ der Abb. II, 2.2, wie sie sich in verschiedenen Abständen x von der Plattenkante ausbilden, u/U als Funktion von $\eta = y/\sqrt{\nu x/U}$ oder, was anschaulicher ist, als Funktion von y/δ auftragen (es ist ja $\delta \sim \sqrt{\nu x/U}$), so erhalten wir Abb. II, 2.3 d. h. ein universales Grenzschichtprofil der Strömung längs einer ebenen Wand. Aus

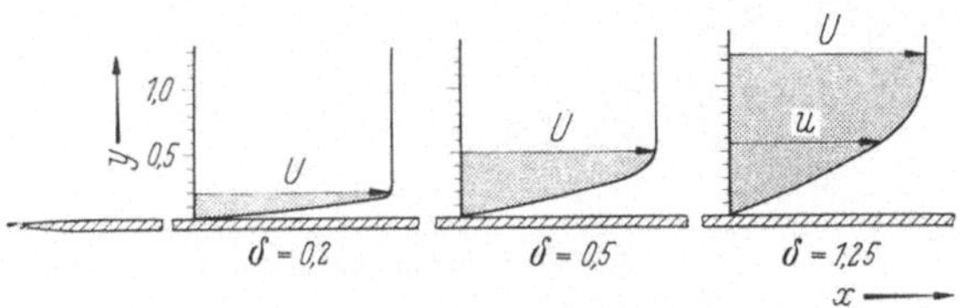

Abb. II, 2.2. Laminare Grenzschichten in verschiedenen Entfernungen von der Plattenschneide

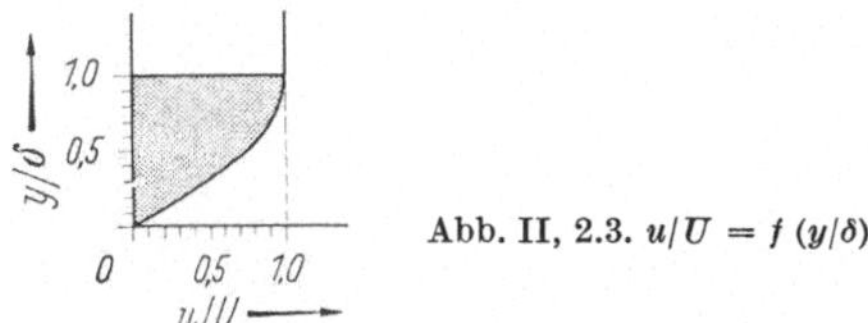

Abb. II, 2.3. $u/U = f(y/\delta)$

diesem Profil kann man umgekehrt durch Multiplikation der Ordinate mit δ die zu den jeweiligen Werten von δ gehörigen Profile $u = u(x,y)$ erhalten. Eine solche Transformation nennt man eine affine Transformation und die Gl. (II, 2.8) eine Ähnlichkeitstransformation. Daß eine derartige Transformation der Grenzschichtgleichung (II, 2.5) möglich ist, hängt eng damit zusammen, daß man bei der Strömung längs der nach einer Seite unendlich ausgedehnten ebenen Platte keine für den Strömungsvorgang charakteristische Länge angeben kann.

Ein weiteres Beispiel einer „ähnlichen“ Lösung der Grenzschichtgleichung hat man in der zweidimensionalen Strömung in einem konvergenten Kanal (Abb. II, 2.4), der nach links unbegrenzt sei. Auch hier kann man keine für die Strömung charakteristische Länge angeben, und auch hier läßt sich ein universales Grenzschichtprofil (Abb. II, 2.5) berechnen. Zu jedem Abstand $(x \equiv r)$ vom Schnittpunkt der beiden Wände (gleichsam von der „Senke“) läßt sich aus Abb. II, 2.5 das Grenzschichtprofil berechnen, falls ν und zu einem beliebigen x der Wert von U gegeben sind. Die Theorie ergibt nämlich, daß

$$\delta = 3\sqrt{\frac{\nu x}{U}} \quad \text{bzw.} \quad \frac{\delta}{x} = \frac{3}{\sqrt{\frac{U x}{\nu}}} = \frac{3}{\sqrt{\mathrm{Re}_x}} = \vartheta_0 \qquad \text{(II, 2.15)}$$

ist (Schlichting[60], S. 138); ferner folgt wegen der radialen Strömung aus der Kontinuitätsgleichung $U r \equiv U x = \text{const}$. Die mit x dimensionslos gemachte Grenzschichtdicke ϑ_0 ist also um so kleiner, je größer $U x/\nu = \mathrm{Re}_x$ ist. Damit in Abb. II, 2.4 die Grenzschicht genügend deutlich erscheint, ist der an sich kleine Wert von $\mathrm{Re}_x = 570$ gewählt worden;

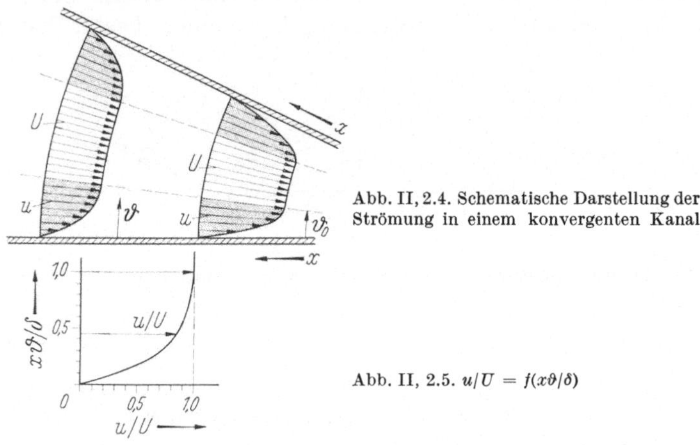

Abb. II, 2.4. Schematische Darstellung der Strömung in einem konvergenten Kanal

Abb. II, 2.5. $u/U = f(x\vartheta/\delta)$

damit wird $\vartheta_0 = \delta/x = 0{,}1255$. Nehmen wir an, daß das strömende Medium Luft ($\nu = 0{,}15$ cm²/s) sei, so ist in einer Entfernung von beispielsweise $x = 12.75$ cm (von der Senke) die Maximalgeschwindigkeit $U = 0{,}15 \cdot 570/12{,}75 = 6{,}7$ cm/s; die Grenzschichtdicke ist $x\vartheta_0 = 12{,}75 \cdot 0{,}1255 = 1{,}6$ cm. Mit diesen beiden Maßstabsgrößen U und δ läßt sich dann aus Abb. II, 2.5 $u = f(x, \vartheta)$ berechnen (linkes Profil in Abb. II, 2.4). Zu dem rechten Profil $x = 8{,}6$ cm der Abbildung sind die beiden Maßstabszahlen $U = 6{,}7 \cdot 12{,}75/8{,}6 = 10$ cm/s und $\delta = 8{,}6 \times 0{,}1255 = 1{,}08$ cm. Physikalisch unbefriedigend ist die Tatsache, daß die Einlaufströmung in den konischen Kanal nicht in die Betrachtung einbezogen ist, und man nicht erkennt, wie die Grenzschicht entstand. Man könnte sich vorstellen, daß bei einem konischen Kanal endlicher Länge ein Kanal mit parallelen Wänden ($2a$ = Abstand der Wände) vorgeschaltet ist, wobei je nach der Grenzschichtdicke am Anfang des konischen Kanals die erforderliche Länge x des vorgeschalteten parallelen Kanals unter Berücksichtigung des Wertes $x/a \cdot \nu/U a$ bestimmt ist (Schlichting[60], S. 160).

Auf weitere Beispiele von „ähnlichen" Lösungen, z. B. die Strömung gegen einen Keil oder die ebene Staupunktströmung, wollen wir hier nicht eingehen, ebenso nicht auf die Frage, unter welchen Voraussetzungen ähnliche Lösungen existieren. Einzelheiten darüber findet man bei Schlichting[60], S. 123ff.

2.4 Blasiussche Lösung der Plattengrenzschichtgleichung. Wir kommen zurück auf Gl. (II, 2.14). In seiner Göttinger Dissertation (1907) hat H. BLASIUS[117] unter anderem die Lösung dieser Differentialgleichung gegeben; es war die erste Dissertation, die in Göttingen im Anschluß an die Prandtlsche Arbeit „Über Flüssigkeitsbewegung bei sehr kleiner Reibung" (1904) entstanden war. Wie PRANDTL erzählte, hatte BLASIUS längere Zeit bei einem anderen Göttinger Professor sich an einer Doktorarbeit versucht, ohne recht zum Ziele zu kommen, hatte dann aufgegeben und war kurz entschlossen zu PRANDTL gegangen. Die von ihm erhaltene Aufgabe über Grenzschichten hat BLASIUS dann in etwas mehr als einem Sommersemester gelöst und zusammengeschrieben, eine erstaunliche Leistung. Nicht immer allerdings wird BLASIUS in seiner Dissertation der von ihm in späteren Jahren aufgestellten Forderung gerecht, nämlich, „daß es nicht genügt zu verstehen, wie eine Zeile aus der anderen durch mathematische Umformung entsteht; es muß auch ersichtlich sein, wie man auf die Idee kommt, diese Umformung oder jenen Ansatz zu machen"[118]. Wir wollen versuchen, in diesem Sinne etwas nachzuholen.

Nach dieser kurzen Abschweifung gehen wir jetzt auf die Blasiussche Differentialgleichung

$$f(\eta)\, f''(\eta) + 2f'''(\eta) = 0 \qquad \text{(II, 2.16)}$$

näher ein. Da sich eine Lösung dieser Gleichung in geschlossener Form nicht angeben läßt, kommt nur eine numerische bzw. graphische Methode in Frage oder ein Verfahren durch Reihenentwicklung. BLASIUS hat sich für eine Reihenentwicklung nach Potenzen von η entschieden und zwar für

$$f(\eta) = A_0 + A_1\eta + \frac{A}{2!}\eta^2 + \frac{A_2}{3!}\eta^3 + \frac{A_3}{4!}\eta^4 + \frac{B}{5!}\eta^5 + \\ + \frac{B_1}{6!}\eta^6 + \frac{B_2}{7!}\eta^7 + \frac{C}{8!}\eta^8 + \cdots$$

und daraus

$$f''(\eta) = A + A_2\eta + \frac{A_3}{2!}\eta^2 + \frac{B}{3!}\eta^3 + \frac{B_1}{4!}\eta^4 + \frac{B_2}{5!}\eta^5 + \\ + \frac{C}{6!}\eta^6 + \frac{C_1}{7!}\eta^7 + \frac{C_2}{8!}\eta^8 + \cdots$$

---

[117] BLASIUS, H.: Grenzschichten in Flüssigkeiten mit kleiner Reibung. Diss. Göttingen 1907, sowie Z. Math. Phys. 55 (1908) 1.

[118] BLASIUS, H.: Mechanik, 3. Teil: Kinematik, Dynamik, Hydraulik; Vorwort S. VI, Hamburg: Boysen & Maasch 1935.

sowie

$$2f'''(\eta) = 2A_2 + 2A_3\eta + \frac{2B}{2!}\eta^2 + \frac{2B_1}{3!}\eta^3 + \frac{2B_2}{4!}\eta^4 + \\ + \frac{2C}{5!}\eta^5 + \frac{2C_1}{6!}\eta^6 + \frac{2C_2}{7!}\eta^7 + \frac{2D}{8!}\eta^8 + \dots$$

Wir werden gleich sehen, daß die mit einem Index versehenen Konstanten fortfallen, so daß nur A, B, C, D, ... verbleiben.

Setzt man die drei Reihen in Gl. (II, 2.16) ein und ordnet nach Potenzen von η, so erhält man

$$A_0A + 2A_2 + (A_0A_2 + A_1A + 2A_3)\eta + \\ + \left(\frac{A_0A_3}{2!} + A_1A_2 + \frac{A^2}{2!} + B\right)\eta^2 + \\ + \left(\frac{A_0B}{3!} + \frac{A_1A_3}{2!} + \frac{AA_2}{2!} + \frac{A_2A}{3!} + \frac{2B_1}{3!}\right)\eta^3 + \\ + \left(\frac{A_0B_1}{4!} + \frac{A_1B}{3!} + \frac{AA_3}{2\cdot 2!} + \frac{A_2^2}{3!} + \frac{A_3A}{4!} + \frac{2B_2}{4!}\right)\eta^4 + \\ + \left(\frac{A_0B_2}{5!} + \frac{A_1B_1}{4!} + \frac{AB}{2!\,3!} + \frac{A_2A_3}{3!\,2!} + \frac{A_3A_2}{4!} + \right. \\ \left. + \frac{BA}{5!} + \frac{2C}{5!}\right)\eta^5 \dots = 0.$$

Unter Berücksichtigung der Randbedingung $f(o) = 0$ und $f'(o) = 0$ muß $A_0 = 0$ und $A_1 = 0$ sein. Da nun die letzte Gleichung für alle Werte von η gleich Null ist, folgt, daß auch $A_2 = 0$ ist, sowie daß die einzelnen Klammerausdrücke gleich Null sein müssen: aus dem ersten Klammerausdruck folgt (wegen $A_0 = A_1 = 0$), daß auch $A_3 = 0$ ist und damit aus der zweiten Klammer

$$\frac{A^2}{2} + B = 0 \quad \text{oder} \quad B = -\frac{1}{2}A^2. \tag{II, 2.17}$$

Aus der dritten Klammer folgt, da bereits $A_0 = A_1 = A_2 = A_3 = 0$ ist, daß auch $B_1 = 0$ ist; aus der vierten Klammer folgt dann, daß auch $B_2 = 0$ ist; die fünfte Klammer gibt

$$\frac{AB}{2!\,3!} + \frac{BA}{5!} + \frac{2C}{5!} = 0,$$

also mit Gl. (II, 2.17)

$$-\frac{A^3}{2\cdot 2!\,3!} - \frac{A^3}{2\cdot 5!} + \frac{2C}{5!} = 0$$

oder

$$C = \frac{11}{4} A^3. \tag{II, 2.18}$$

Die sechste bzw. siebente Klammer ergibt, daß $C_1 = 0$ bzw. $C_2 = 0$ ist, während die achte Klammer die Beziehung

$$\frac{AC}{2!\,6!} + \frac{B^2}{5!\,3!} + \frac{CA}{8!} = 0$$

oder

$$D = -\frac{375}{8} A^4$$

liefert. In der gleichen Weise erhält man nach Blasius

$$E = \frac{27897}{16} A^5, \qquad F = -\frac{3817137}{32} A^6$$

$$G = \frac{865874115}{64} A^7, \qquad H = -\frac{298013289795}{128} A^8.$$

Setzt man in die Ableitung der verbleibenden Reihe $f(\eta)$, d. h. in

$$f'(\eta) = A\eta + \frac{B}{4!}\eta^4 + \frac{C}{7!}\eta^7 + \frac{D}{10!}\eta^{10} + \frac{E}{13!}\eta^{13} + \\ + \frac{F}{16!}\eta^{16} + \frac{G}{19!}\eta^{19} + \frac{H}{22!}\eta^{22} + \dots$$

die obigen Werte der Konstanten ein, so ist, wenn man sich hinsichtlich der Genauigkeit auf 5 Ziffern beschränkt,

$$f'(\eta) = A\eta - 2{,}08333 \cdot 10^{-2} A^2\eta^4 + 5{,}45635 \cdot 10^{-4} A^3\eta^7 - \\ - 1{,}29175 \cdot 10^{-5} A^4 \eta^{10} + 2{,}8000 \cdot 10^{-7} A^5\eta^{13} - \\ - 5{,}7018 \cdot 10^{-9} A^6\eta^{16} + 1{,}1126 \cdot 10^{-10} A^7\eta^{19} - \\ - 2{,}0716 \cdot 10^{-12} A^8\eta^{22} + - \dots \tag{II, 2.19}$$

Die Konstante A ist dadurch bestimmt, daß u/U mit $\eta \to \infty$ nach 1 konvergieren soll. Wir wollen, in Abweichung von der Blasiusschen Methode, in ganz einfacher Weise den Wert der Konstanten A berechnen.

Nehmen wir beispielsweise an, A sei gleich 0,4, so erhalten wir aus der letzten Reihe für verschiedene Werte von $\eta = 0, 1, 2, 3, 3{,}5$ entsprechende Werte von $f'(\eta) = u/U$, die in Abb. II, 2.6 aufgetragen und durch einen Kurvenzug verbunden sind (unterste Kurve). Man erkennt, daß diese Kurve die Gerade $f'(\eta) = 1$ schneidet, sie also nicht zur Asymptote hat, wie es sein müßte, wenn der willkürlich angenommene Wert 0,4 der richtige Wert der Konstanten A wäre. Der Wert 0,4 ist offenbar zu groß. Wir wiederholen deshalb die Rechnung mit kleineren Werten von A, nämlich 0,38, 0,36 usw. und erhalten die in der Abbildung dargestellten Kurven. Bezeichnen wir die Ordinaten der Schnittpunkte dieser Kurven mit der Geraden $f'(\eta) = 1$ mit η_1, so ist offenbar η_1 eine Funktion von A, d. h. $\eta_1 = g(A)$. Die Größe η_1 ist zu den Werten von $A = 0{,}360$; 0,355; 0,350; 0,345 und 0,340 genau berechnet und die ent-

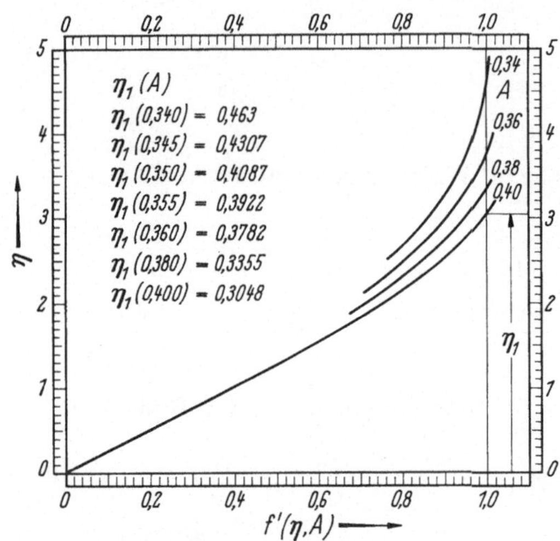

Abb. II, 2.6. Hilfsfigur zur Berechnung der Blasiusschen Konstanten A

sprechende Kurve $\eta_1 = g(A)$ in Abb. II, 2.7 dargestellt[119]. Über $A = 0{,}34$ hinaus, d. h. in Richtung zu kleineren A-Werten ist die Kurve extrapoliert und gestrichelt gezeichnet; sie nimmt mit abnehmendem Wert von A ständig zu und scheint sich einem asymptotischen Wert zu nähern. Zu welchem Wert von A diese Asymptote gehört, ist aus $\eta_1 = g(A)$ allerdings nicht zu entnehmen.

Es ist uns dabei bewußt, daß für „große" Werte von η, z. B. bereits für $\eta = 7$, der Wert u/U nicht durch die Reihe Gl. (II, 2.19) dargestellt

[119] Für Werte von η größer als etwa 3,5 reichen die acht Glieder der Reihe $f'(\eta)$ Gl. (II, 1.19) nicht aus, um eine Genauigkeit in der vierten Dezimale zu gewährleisten; es sind deshalb vier weitere Glieder der Reihe durch Extrapolation gewonnen worden:

$$f'(\eta) = \ldots + 3{,}670 \cdot 10^{-14} A^9 \eta^{25} - 6{,}210 \cdot 10^{-16} A^{10} \eta^{28} + 1{,}010 \cdot 10^{-17} A^{11} \eta^{31} - \\ - 1{,}583 \cdot 10^{-19} A^{12} \eta^{34} + - \ldots$$

Die immer vorhandene Unsicherheit bei einer Extrapolation läßt sich dadurch wesentlich verringern, daß man die Quotienten der einander folgenden positiven sowie die der negativen Glieder der Reihe aufträgt und außerdem die Quotienten der aufeinander folgenden Glieder und dann die Forderung stellt, daß die extrapolierten Werte der Konstanten in allen drei Fällen auf „glatten" Kurven liegen müssen.

wird, da diese dann nicht mehr konvergiert. Sieht man von den langsam wachsenden „Zahlen“ der einzelnen Glieder der Reihe ab, so ist der absolute Wert des Quotienten zweier aufeinander folgender Glieder $|a_{n+1}|/|a_n|$ der Reihe gleich $A\eta^3 \cdot 10^{-2}$. Damit dieser Quotient <1 ist

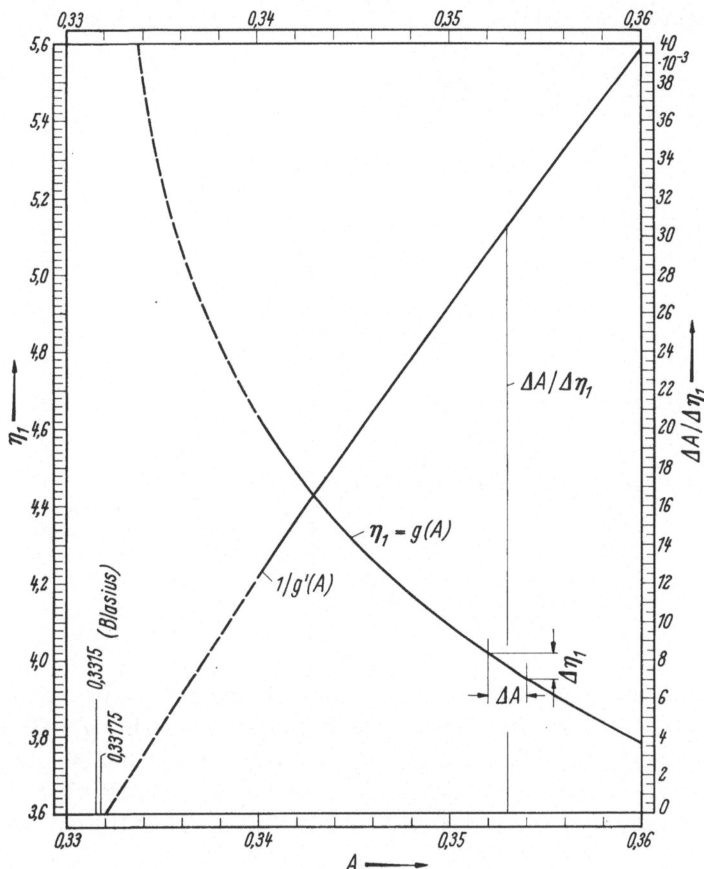

Abb. II, 2.7. Graphische Berechnung der Blasiusschen Konstanten A durch Extrapolation der inversen Funktion von $\eta_1 = g(A)$

(was bei einer Konvergenz der Reihe notwendig wäre), folgt — wenn man $A \sim 0{,}3$ annimmt —, daß $\eta^3 < 333$ d. h. $\eta < 7$ sein muß (wobei 7 nicht etwa die obere Grenze ist).

Um die Extrapolation über den letzten berechneten Wert $A = 0{,}340$ sicherer zu gestalten, bilden wir die Differenzenquotienten $\Delta A / \Delta\eta_1$ bei konstant gehaltenem $\Delta A =$ z. B. 0,002 und tragen die Werte über dem jeweiligen $\Delta A/2$ auf. Zu diesem Zweck wird die Kurve $\eta_1 = g(A)$ in genügend großem Maßstab sehr genau auf Millimeterpapier aufgetragen und die Werte $\Delta\eta_1$ abgegriffen. Dadurch, daß wir $\Delta A/\Delta\eta_1$ und nicht $\Delta\eta_1/\Delta A \sim g'(A)$ bilden, geht das unendlich Ferne in Null über. Die Kurve $1/g'(A)$ ist in Abb. II, 2.7 aufgetragen. Die schwach gekrümmte und sehr gleichmäßig verlaufende Kurve läßt sich unschwer bis zur A-Achse extrapolieren, die sie im Punkte $A = 0{,}332$ trifft. BLASIUS hat auf einem anderen Wege, auf den wir später noch kurz eingehen werden,

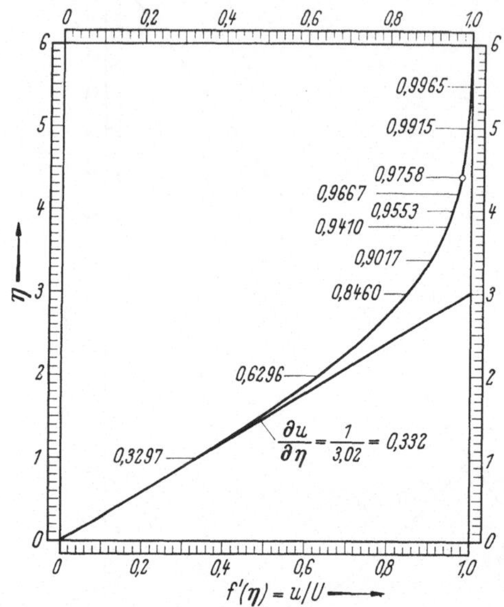

Abb. II, 2.8. Geschwindigkeitsverteilung in der laminaren Plattengrenzschicht nach H. BLASIUS

für A das Intervall $0{,}3315 < A < 0{,}33175$ angegeben (in Abb. II, 2.7 vermerkt). L. HOWARTH[120] löste die Blasiussche Gleichung 1938 nochmals; die sehr genaue Rechnung liefert den Wert $A = 0{,}33206$. Angaben über weitere Lösungsmethoden findet man bei SCHLICHTING[60], S. 114.

Setzt man den Wert von $A = 0{,}332$ in Gl. (II, 2.19) ein, so wird

$$\begin{aligned} f'(\eta) = \frac{u}{U} &= 0{,}332\,\eta - 2{,}296\cdot 10^{-3}\,\eta^4 + 1{,}9967\cdot 10^{-5}\,\eta^7 - \\ &- 1{,}5694\cdot 10^{-7}\,\eta^{10} + 1{,}1294\cdot 10^{-9}\eta^{13} - \\ &- 7{,}6348\cdot 10^{-12}\eta^{16} + 4{,}9468\cdot 10^{-14}\eta^{19} - \\ &- 3{,}0579\cdot 10^{-16}\eta^{22} + 1{,}799\cdot 10^{-18}\eta^{25} - \\ &- 1{,}0104\cdot 10^{-20}\,\eta^{28} + 5{,}456\cdot 10^{-23}\,\eta^{31} - \\ &- 2{,}839\cdot 10^{-25}\,\eta^{34} + - \ldots, \end{aligned}$$

120 HOWARTH, L.: On the Solution of the Laminar Boundary Layer Equation. Proc. Roy. Soc. Lond. A 164 (1938) 547.

woraus das Geschwindigkeitsprofil in der Grenzschicht erhalten werden kann.

Die Rechnung wurde bis $\eta = 4{,}4$ durchgeführt und ist in Abb. II, 2.8 dargestellt; die Zahlenwerte von u/U sind zu den jeweiligenWerten von η der Kurve beigeschrieben; bis zur dritten Dezimale einschließlich dürften die Werte genau sein.

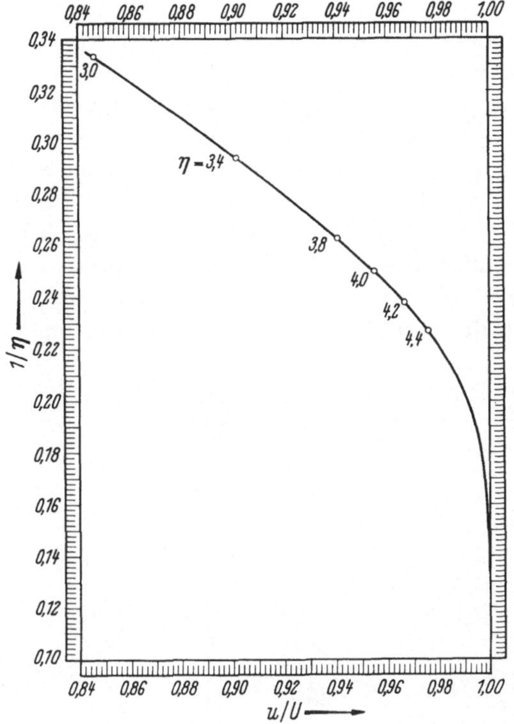

Abb. II, 2.9. Extrapolation von u/U als Funktion von $1/\eta$ bis $1/\eta \to 0$

Über $\eta = 4{,}4$ hinaus wird die Konvergenz der Reihe schwächer, so daß die vorhandenen Werte der Konstanten nicht mehr genügen; über einen gewissen Wert von η, der wie gesagt sicher <7 ist, hört die Konvergenz überhaupt auf. Um die Kurve u/U besser extrapolieren zu können, tragen wir in Abb. II, 2.9 die Größe u/U für Werte von $\eta \geqq 3$ als Funktion von $1/\eta$ auf, womit das unendlich Ferne nach Null überführt wird. Diese Kurve läßt sich leicht von $1/4{,}4 = 0{,}2275$ bis $1/\eta = 0$ extrapolieren; man erkennt, daß bei etwa $1/\eta = 0{,}14$, d. h. bei $\eta = 7{,}15$ sich der asymptotische Vorgang praktisch vollzogen hat. Wir entnehmen dieser Kurve noch die Werte von u/U für $1/\eta = 0{,}2$ und $0{,}182$ d. h. zu

$\eta = 5{,}0$ und 5,5 und haben damit die Aufgabe, die Geschwindigkeitsverteilung in der Grenzschicht entsprechend Gl. (II, 2.16) zu finden, mit genügender Genauigkeit gelöst.

Der wichtigste Teil der Rechnung liegt in der Bestimmung von $A = 0{,}332$, da diese Konstante der Größe

$$f''(\eta)_{\eta=0} = \left(\frac{\partial u/U}{\partial \eta}\right)_{\eta=0}$$

gleich ist und somit, wie auf S. 102ff. gezeigt wurde, den Reibungswiderstand bestimmt.

Wir kommen nochmals zurück auf die Blasiussche Lösung der Differentialgleichung $ff'' + 2f''' = 0$ und insbesondere auf die Blasiussche Berechnung der in der Potenzreihe $f(\eta)$ auftretenden Konstante A. Wir hatten erwähnt, daß die Potenzreihe bis etwa $\eta = 3$ oder 3,5 noch gut konvergiert, daß darüber hinaus die Konvergenz jedoch schwächer wird und schließlich ganz aufhört. Der asymptotische Teil der Geschwindigkeitsverteilung wird deshalb nicht mehr durch die Potenzreihe $f'(\eta)$ dargestellt, da sie in diesem Bereich nicht konvergent ist.

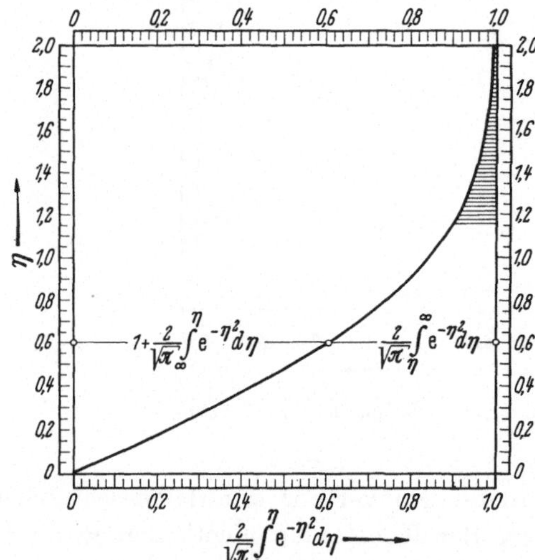

Abb. II, 2.10. Hilfszeichnung zur Bestimmung des asymptotischen Teiles der Geschwindigkeitsverteilung der laminaren Plattengrenzschicht

Vergleicht man Abb. II, 2.6 mit II, 2.8, so ist ersichtlich, daß — abgesehen von der zunächst noch unbekannten Konstante A und der dadurch bedingten Ungewißheit der in Abb. II, 2.6 dargestellten Kurven — ein asymptotisch verlaufendes Stück fehlt, etwa in der Art des Fehlerintegrals, wie in Abb. II, 2.10 dargestellt. Für den asymptotischen Teil der Geschwindigkeitsverteilung würde man nach der letzten Abbildung eine Funktion von der Form

$$1 + \frac{2}{\sqrt{\pi}} \int_{\infty}^{\eta} e^{-\eta^2} d\eta$$

ansetzen, vorausgesetzt, daß eine solche Funktion der obigen Differentialgleichung genügt. Dabei können wir wegen der guten Konvergenz der Potenzreihe bis etwa $\eta = 3$ oder 4 — entsprechend $u/U = 0{,}85$ bzw. 0,95 — annehmen, daß der Integralausdruck (der gestrichelte Teil in Abb. II, 2.10) klein gegenüber 1 ist. Integriert man den vorigen Ausdruck, so erhält man

$$f(\eta) = f_1(\eta) + f_2(\eta),$$

wo

$$f_1 = \eta - \beta$$

(β eine Integrationskonstante) und f_2 eine nochmalige Integration des Fehlerintegrals (womit eine zweite Integrationskonstante γ auftritt) bezeichnet. Nach dem oben Gesagten ist

$$f_2 \ll f_1,$$

so daß wir in der Differentialgleichung $f = f_1 + f_2$ durch f_1 in erster Näherung ersetzen können. Mithin haben wir

$$f_1 f'' + 2f''' = (\eta - \beta) f'' + 2f''' = 0. \qquad \text{(II, 2.20)}$$

Wie man durch Verifikation sofort erkennt, genügt dieser Differentialgleichung die dem obigen Fehlerintegral analoge Funktion:

$$f'(\eta) = 1 + f_2'(\eta) = 1 + \gamma \int_{\infty}^{\eta} e^{-\frac{(\eta-\beta)^2}{4}} d\eta\,;$$

man braucht nur hieraus

$$f''(\eta) = \gamma e^{-\frac{(\eta-\beta)^2}{4}} \quad \text{und} \quad f'''(\eta) = -\frac{\gamma}{2}(\eta - \beta)\, e^{-\frac{(\eta-\beta)^2}{4}}$$

zu bilden und in Gl. (II, 2.20) einzusetzen.

Es besteht jetzt die Aufgabe, die beiden Lösungen, d. h. die Potenzreihe z. B. Gl. (II, 2.19) und die soeben abgeleitete asymptotische Lösung in einem Punkte η^*, in welchem beide Lösungen noch gültig sind, aneinander zu schließen und zwar derart, daß für dieses η^*, sagen wir $\eta^* = 3$, sowohl die Funktion $f(\eta^*)$ als auch deren erste und zweite Ableitung, d. h. $f'(\eta^*)$ und $f''(\eta^*)$ übereinstimmen. Wir haben also mit

$\eta^* = 3$ und nach Gl. (II, 2.19)

$$f(3) = 3 - \beta + \gamma \int_\infty^3 d\eta \int_\infty^3 e^{-\frac{(\eta-\beta)^2}{4}} d\eta$$

$$= \frac{3^2}{2} A - \frac{2{,}083 \cdot 10^{-2}}{5} 3^5 A^2 + - \ldots,$$

$$f'(\eta)_{\eta=3} = 1 + \gamma \int_\infty^3 e^{-\frac{(\eta-\beta)^2}{4}} d\eta = 3A - 2{,}083 \cdot 10^{-2} \cdot 3^4 A^2 + - \ldots,$$

$$f''(\eta)_{\eta=3} = \gamma e^{-\frac{(3-\beta)^2}{4}} = A - 4 \cdot 2{,}083 \cdot 10^{-2} \cdot 3^3 A^2 + - \ldots.$$

Aus diesen drei Gleichungen sind die Unbekannten A, β und γ zu bestimmen. Die mühevolle numerische Rechnung liefert nach Blasius die Werte $A = 0{,}3318$, $\beta = 1{,}73$, $\gamma = 0{,}231$ [121]. Ohne auf die numerische bzw. graphische Lösung dieses komplizierten Gleichungssystems einzugehen, erkennt man, wie viel einfacher der Weg ist, der uns mittels Abb. II, 2.7 den Wert von A liefert, und daß sich eine Bestimmung von β und γ durch Anwendung der Abb. II, 2.9 erübrigt.

2.5 Die Quergeschwindigkeit in der Grenzschicht bei der ebenen Platte. Wir wollen jetzt noch die Quergeschwindigkeit v in der Grenzschicht berechnen und bei der Gelegenheit prüfen, ob tatsächlich $v \ll u$ ist, wie es bei der Ableitung der Grenzschichtgleichung angenommen wird.

Setzt man in Gl. (II, 2.10, S. 150) entsprechend Gl. (II, 2.8)

$$\frac{y}{x} = \eta \sqrt{\frac{\nu}{Ux}},$$

so erhält man

$$\frac{v}{U} = \frac{1}{2} \sqrt{\frac{\nu}{Ux}} (\eta f' - f).$$

Bezeichnet man — wie auf S. 101 als Grenzschichtdicke denjenigen Wandabstand, bei welchem sich die Geschwindigkeit nur noch um 1% von der Außengeschwindigkeit U unterscheidet, so haben wir nach Abb. II, 2.8

$$\eta = \frac{\delta}{x} \sqrt{\frac{Ux}{\nu}} = 5,$$

mithin, wenn in die letzte Gleichung eingesetzt,

$$\frac{v}{U} = \frac{1}{10} \frac{\delta}{x} (\eta f' - f).$$

---

[121] Da Blasius die Differentialgleichung $ff'' + f''' = 0$ (also ohne den Faktor 2 vor f''') löst, und da er im Fehlerintegral statt $[(\eta - \beta)/2]^2$ die Größe $[\eta - \beta/\sqrt[3]{\alpha}]^2$ setzt, erhält er $\alpha = 1{,}327 = A \cdot 4$, $\beta = 0{,}951 = 1{,}73 \sqrt[3]{\alpha}/2$ und $\gamma = 0{,}923 = 0{,}231 \cdot 4$.

Wir entnehmen die Werte von f' der Abb. II, 2.8 und tragen sie, mit η multipliziert, in Abb. II, 2.11 als Abszisse über η als Ordinate auf; ebenfalls $f(\eta)$ das durch graphische oder numerische Integration der

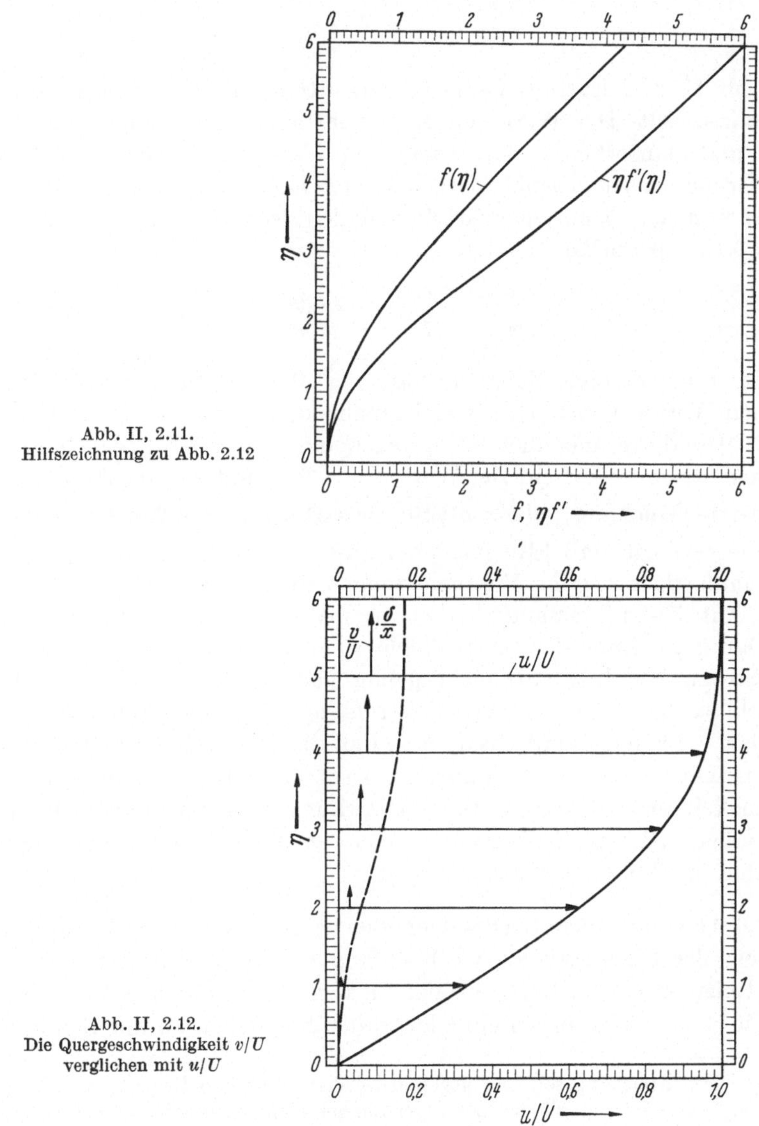

Abb. II, 2.11. Hilfszeichnung zu Abb. 2.12

Abb. II, 2.12. Die Quergeschwindigkeit v/U verglichen mit u/U

Kurve $f'(\eta)$ von Abb. II, 2.8 erhalten werden kann. Die Differenz beider Kurven, durch 10 dividiert, ist als gestrichelte Kurve über η als Ordinate in Abb. II, 2.12 eingezeichnet. Die mit den Abszissen dieser Kurve jeweils gleich langen, senkrechten Pfeile geben, wenn deren Maßzahl noch mit δ/x multipliziert wird, die Größe v/U in Abhängigkeit von η. Der asymptotische Wert von $\eta f' - f$ ist 1,73, mithin

$$\left(\frac{v}{U}\right)_{\eta\to\infty} = 0{,}173\,\frac{\delta}{x}.$$

In Abb. II, 2.12 ist zum Vergleich mit v/U nochmals u/U aus Abb. II, 2.8 dargestellt. Der Wert von δ/x ist im allgemeinen eine sehr kleine Zahl und man erkennt, daß tatsächlich $v \ll u$ in der Grenzschicht ist. Die Größe δ/x ist beispielsweise bei einer Entfernung von der Plattenkante von $x = 1$ m, einer Geschwindigkeit von $U = 15$ m/s, bei Luft ($\nu = 0{,}15 \cdot 10^{-4}\,\mathrm{m^2/s}$)

$$\frac{\delta}{x} = 5\sqrt{\frac{\nu}{Ux}} = 0{,}005\,.$$

In unmittelbarer Nachbarschaft der Plattenkante, d. h. bei *sehr* kleinen Werten von x, ist δ/x nicht mehr klein gegenüber 1 (auch wenn die Plattendicke unendlich dünn angenommen wird). So ist in unserem Beispiel bei $x = 0{,}01$ cm der Wert $\delta/x = 0{,}5$; mit $x \to 0$ geht $\delta/x \to \infty$. Die letzte Gleichung: $\delta/x = 5/\sqrt{\mathrm{Re}_x}$ besagt somit, daß die Grenzschichttheorie verlangt, daß $\sqrt{\mathrm{Re}}$ nicht nur größer als 1 sondern daß $\sqrt{\mathrm{Re}} \gg 1$ sein muß, da sonst die Voraussetzungen dieser Theorie nicht gegeben sind. Auf diesen Umstand werden wir später nochmals zurückkommen.

Daß v am Ende der Grenzschicht ($\eta \sim 5$) von Null verschieden ist, die Stromlinien hier also nicht genau parallel der Wandung sind — obwohl es sich um eine Parallelströmung längs einer ebenen Wand handelt —, hängt damit zusammen, daß die Grenzschichtdicke in Strömungsrichtung langsam zunimmt. Dadurch, daß also immer weitere Flüssigkeitsteilchen durch Reibungswirkung abgebremst werden, wird die äußere (Potential-) Strömung von der Wand langsam abgedrängt, wie dies in Abb. II, 1.5 ersichtlich ist.

2.6 Ableitung der Grenzschichtgleichung aus der Bedingung des Haftens der Flüssigkeit an der Wandung für den Fall lim Re → ∞[122]**.** Die Eulerschen Gleichungen einer idealen, d. h. zähigkeitsfreien Flüssigkeit liefern bekanntlich ein Gleiten der Flüssigkeit an der Berandung

[122] Diese Ableitung soll hier gegeben werden, ohne den Begriff der „Größenordnung" zu benutzen, wie es sonst allgemein geschieht. Wer jedoch nicht über eine ausgeprägte Fähigkeit verfügt, sich Strömungsvorgänge anschaulich klar zu machen oder wer nicht durch besondere Schulung gelernt hat, sich stets bewußt zu sein, was alles der Begriff „Größenordnung" beinhaltet, für den wird ein mathematischer Beweis mit Hilfe von „Größenordnungen" immer etwas vage und unbefriedigend bleiben.

eines angeströmten festen Körpers. Bei wirklichen Flüssigkeiten jedoch, auch wenn deren (immer vorhandene) Zähigkeit beliebig klein, oder allgemeiner, wenn die Reynoldssche Zahl beliebig groß ist, tritt erfahrungsgemäß kein Gleiten ein, vielmehr haftet die Flüssigkeit an der Wandung. Diesem Umstand wird in den Navier-Stokesschen Gleichungen (I, 2.25) durch die Ausdrücke

$$\frac{1}{\mathrm{Re}}\left(\frac{\partial^2 u}{\partial x^2}+\frac{\partial^2 u}{\partial y^2}\right) \quad \text{und} \quad \frac{1}{\mathrm{Re}}\left(\frac{\partial^2 v}{\partial x^2}+\frac{\partial^2 v}{\partial y^2}\right) \qquad \text{(II, 2.21)}$$

Rechnung getragen (bei zweidimensionaler Strömung). Mit Hilfe dieser Ausdrücke, durch welche die Ordnung der Differentialgleichung erhöht wird, ist es prinzipiell möglich, neben der Randbedingung $v = 0$ zugleich auch die Randbedingung $u = 0$ zu erfüllen.

Die Navier-Stokesschen Gleichungen gelten bei beliebig großer oder kleiner Zähigkeit bzw. bei allen Reynoldsschen Zahlen. Wir fragen uns nun, in welcher Weise sich diese Gleichungen vereinfachen für den Fall, daß lim Re nach Unendlich konvergiert. Wir werden sehen, daß wir die Prandtlsche Grenzschichtgleichung erhalten. Dabei wollen wir ebenfalls die durch die Erfahrung gegebene Tatsache, daß solche Grenzschichten bei großen Reynoldsschen Zahlen sehr dünn sind, nicht als eine Annahme bzw. Voraussetzung unserer Betrachtung zugrunde legen (wie dies in 2.1 geschah), sondern diese Tatsache vielmehr als eine notwendige Folge aus der Bedingung des Haftens der Flüssigkeit an der Wand ableiten.

Betrachten wir zunächst den ersteren der beiden obigen Ausdrücke, so folgt, wenn dieser Ausdruck bei $\lim \mathrm{Re} \to \infty$ nicht durchweg verschwinden soll (womit wir die Eulersche Gleichung erhalten würden), daß der Klammerausdruck nach Unendlich konvergieren muß. Von den beiden Summanden in der Klammer kann aber der Ausdruck $\partial^2 u/\partial x^2$ nicht über alle Grenzen wachsen, da er sonst — über eine beliebige endliche Strecke $x_2 - x_1$ zweifach integriert — eine über alle Grenzen wachsende u-Komponente der Geschwindigkeit ergeben würde; unendlich groß werdende Geschwindigkeiten sollen jedoch bei der Strömung ausgeschlossen sein. Es verbleibt somit die Notwendigkeit, daß

$$\lim_{\mathrm{Re}\to\infty} \frac{\partial^2 u}{\partial y^2} \to \infty \qquad \text{(II, 2.22)}$$

ist, und daß deshalb $\partial^2 u/\partial x^2$ gegenüber $\partial^2 u/\partial y^2$ vernachlässigt werden kann.

Schreibt man

$$u = \int_0^y dy \int_0^y \frac{\partial^2 u}{\partial y^2}\, dy,$$

so folgt, daß bei vorausgesetztem endlich bleibendem $u(y)$ wegen Gl. (II, 2.22)

$$\lim_{Re\to\infty} y \equiv \lim_{Re\to\infty} \delta = 0 \tag{II, 2.23}$$

sein muß. Aus der Bedingung des Haftens der Flüssigkeit an der Wandung folgt somit, daß bei lim Re $\to \infty$ die Dicke δ der Schicht, in welcher die Geschwindigkeit u bis auf Null an der Wand durch Zähigkeitswirkung abgebremst wird, nach Null konvergiert. Wie dieser Geschwindigkeitsübergang im einzelnen aussieht, wissen wir zunächst nicht; nur so viel läßt sich sagen:

1. $(\partial u/\partial y)_{y=0}$ muß bei beliebig großem, aber endlichem Re, d. h. bei von Null verschiedenem μ beschränkt bleiben, es kann nicht über alle Grenzen wachsen, da sonst die Schubspannung an der Wand $\tau_0 = \mu$ $(\partial u/\partial y)_0$ unendlich groß würde, was wir ausschließen.

2. $(\partial u/\partial y)_{y=\delta}$ muß gleich Null sein, da wir ebenfalls ausschließen, daß der Übergang der Geschwindigkeit in der Grenzschicht zur Außengeschwindigkeit in Form eines Geschwindigkeitsknickes, d. h. einer Unstetigkeit, erfolgt.

Die erstere der beiden Navier-Stokesschen Gleichungen vereinfacht sich somit zu:

$$\frac{\partial u}{\partial t} + u\frac{\partial u}{\partial x} + v\frac{\partial u}{\partial y} + \frac{\partial p}{\partial x} = \frac{1}{\mathrm{Re}}\frac{\partial^2 u}{\partial y^2}, \tag{II, 2.24}$$

wobei die Gültigkeit dieser Gleichung auf eine der Wand parallele Schicht von der Dicke δ beschränkt ist, denn nur innerhalb dieser Schicht und nicht mehr bei $y > \delta$ ist $\partial^2 u/\partial x^2$ allgemein gegenüber $\partial^2 u/\partial y^2$ zu vernachlässigen.

Auch das Produkt $v\,\partial u/\partial y$ bleibt beim Grenzübergang Re $\to \infty$ endlich: Nach dem Mittelwertsatz ist für jedes y $(<\delta)$

$$v(y) - v(o) = y\left(\frac{\partial v}{\partial y}\right)_{y=y_1},$$

wo $o < y_1 < y$ ist. Wegen $v(o) = 0$ und $\partial v/\partial y = -\partial u/\partial x$ folgt also

$$|v(y)| = y\left(\frac{\partial u}{\partial x}\right)_{y=y_1} < \delta\left(\frac{\partial u}{\partial x}\right)_{y=y_1}. \tag{II, 2.25}$$

Anderseits ist für ein beliebiges $y(<\delta)$ unter Berücksichtigung von $u(o) = 0$

$$\frac{\partial u}{\partial y} = \frac{k u(\delta)}{\delta}, \tag{II, 2.26}$$

wo k eine endliche Zahl oder Null bedeutet. Damit bleibt beim Grenzübergang Re $\to \infty$ das Produkt

$$v \frac{\partial u}{\partial y} < \delta \left(\frac{\partial u}{\partial x}\right)_{y=y_1} \frac{k u(\delta)}{\delta} = u(\delta) \left(\frac{\partial u}{\partial x}\right)_{y_1} \cdot k$$

endlich oder ist Null. In Abb. II, 2.13 und 14 ist dies an zwei willkürlichen Geschwindigkeitsverteilungen veranschaulicht. Die Zahl k kann bei endlichem Re, d. h. bei von Null verschiedenem μ nicht unendlich

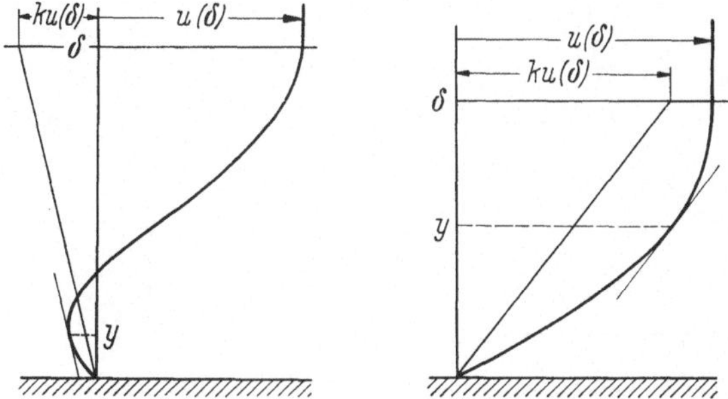

Abb. II, 2.13 u. 14. Zwei (willkürliche) Geschwindigkeitsverteilungen der Plattengrenzschicht

werden, da dies eine unendlich große Schubspannung im Innern der Flüssigkeit oder an der Wand bedeuten würde, was aus physikalischen Gründen nicht möglich ist.

So lange wir von sehr starken zeitlichen Beschleunigungen (wie sie z. B. bei Druckwellen auftreten) absehen, bleibt die linke Seite von Gl. (II, 2.24) für alle Werte von $y (< \delta)$ beim Grenzübergang Re $\to \infty$ endlich und im allgemeinen von Null verschieden[123]; sie wird identisch gleich Null außerhalb der Grenzschicht, d. h. für $y > \delta$, wo wir nach S. 94ff. Potentialströmung annehmen können. Diese endliche und von Null verschiedene Zahl bezeichnen wir mit Z. Wir wollen jetzt aus

$$Z = \frac{1}{\mathrm{Re}} \frac{\partial^2 u}{\partial y^2} \tag{II, 2.27}$$

eine Beziehung zwischen Re und δ ableiten. Da Z und $\partial^2 u/\partial y^2$ Funktionen von y ($< \partial$) sind (nebenbei auch von x), genügt es nicht, diese Beziehung nur für ein bestimmtes $y_1 (< \delta)$ aufzustellen, sondern es muß zugelassen werden, daß y_1 jeden Wert zwischen 0 und δ annehmen kann (siehe Fußnote 123).

[123] Eine einschränkende Ausnahme bildet derjenige Wert $y = y^*$, wo das Geschwindigkeitsprofil möglichenfalls einen Wendepunkt hat, und wo somit $\partial^2 u/\partial y^2 = 0$ ist.

In Abb. II, 2.15 ist außer der Geschwindigkeit u auch die Funktion $\partial u/\partial y \equiv u'_y$ als Abszisse über y als Ordinate aufgetragen (Strömung längs einer ebenen Platte; $\partial p/\partial x = 0$). In jedem beliebigen Punkt $0 < y_1 < \delta$ ist

$$\left(\frac{\partial^2 u}{\partial y^2}\right)_{y=y_1} = \frac{[u'_y(\delta) - u'_y(o)]\, n}{\delta},$$

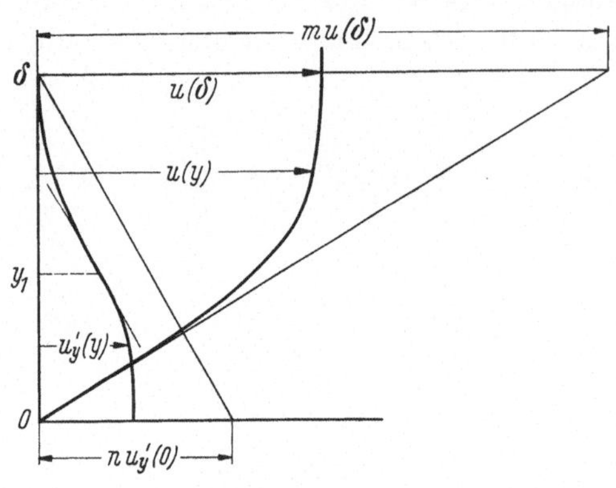

Abb. II, 2.15

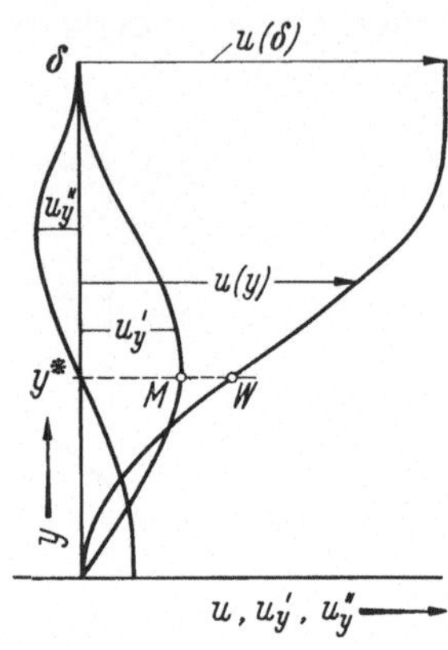

Abb. II, 2.16

wo n eine endliche, von Null verschiedene Zahl ist. Da nach dem weiter oben unter 2) Gesagten $u'_y(\delta) = 0$ ist, folgt

$$\left|\frac{\partial^2 u}{\partial y^2}\right|_{y=y_1} = u'_y(o)\,\frac{n}{\delta}.$$

Es ist aber wegen $u(o) = 0$

$$u'_y(o) = u(\delta)\,\frac{m}{\delta},$$

wo m ebenfalls eine endliche von Null verschiedene Zahl ist[124], da $u'_y(o)$ bei endlich großem Re, d. h. bei von Null verschiedenem μ nicht unendlich groß sein kann, da dies, wie bereits erwähnt, $\tau_0 = \infty$ bedeuten würde. Somit haben wir

$$\left|\frac{\partial^2 u}{\partial y^2}\right|_{y=y_1} = u(\delta)\,\frac{mn}{\delta}$$

und in Gl. (II, 2.27) eingesetzt

$$|Z| = \frac{u(\delta)}{\text{Re}}\,\frac{mn}{\delta^2} \qquad \text{(II, 2.28)}$$

[124] Eine einschränkende Ausnahme ist das „Ablösungsprofil" (Abb. II, 2.16), bei dem $u'_y(0) = 0$ ist.

oder

$$\delta^2 = \frac{u(\delta) m n}{|Z|} \cdot \frac{1}{\mathrm{Re}}, \tag{II, 2.29}$$

d. h. δ^2 ist proportional dem reziproken Wert der Reynoldsschen Zahl. Diese Beziehung wurde abgeleitet unter Benutzung der (experimentell gegebenen) Tatsache, daß die Flüssigkeit an der Wandung, entlang welcher die Strömung erfolgt, haftet.

Wir kommen jetzt zur zweiten Navier-Stokesschen Gleichung

$$\frac{\partial v}{\partial t} + u \frac{\partial v}{\partial x} + v \frac{\partial v}{\partial y} + \frac{\partial p}{\partial y} = \frac{1}{\mathrm{Re}} \left(\frac{\partial^2 v}{\partial x^2} + \frac{\partial^2 v}{\partial y^2} \right). \tag{II, 2.30}$$

Da nach Gl. (II, 2.25) für jedes beliebige $y (< \delta)$

$$|v(y)| < \delta \left(\frac{\partial u}{\partial x} \right)_{y_1} \qquad o < y_1 < y$$

ist, also nach Gl. (II, 2.28) mit $\mathrm{Re} \to \infty$ nach Null konvergiert, trifft dies auch zu für $\partial v / \partial t$, $u \, \partial v / \partial x$, $v \, \partial v / \partial y (= - v \, \partial u / \partial x)$ sowie $\partial^2 v / \partial x^2$. Für $\partial^2 v / \partial y^2$ können wir wegen der Kontinuitätsgleichung schreiben

$$\frac{\partial^2 v}{\partial y^2} = - \frac{\partial}{\partial y} \left(\frac{\partial u}{\partial x} \right) = - \frac{\partial}{\partial x} \left(\frac{\partial u}{\partial y} \right),$$

also nach Gl. (II, 2.26)

$$\frac{1}{\mathrm{Re}} \frac{\partial^2 v}{\partial y^2} = - \frac{1}{\mathrm{Re}} \frac{\partial [k u(\delta)]}{\partial x} \frac{1}{\delta}$$

und unter Berücksichtigung von Gl. (II, 2.29)

$$\frac{1}{\mathrm{Re}} \frac{\partial^2 v}{\partial y^2} = \frac{1}{\sqrt{\mathrm{Re}}} \frac{\partial [k u(\delta)]}{\partial x} \sqrt{\frac{|Z|}{u(\delta) m n}}.$$

Dieser Ausdruck konvergiert aber mit $\lim \mathrm{Re} \to \infty$ nach Null. Damit verschwinden im Grenzfall $\mathrm{Re} \to \infty$ sämtliche Geschwindigkeitsglieder in Gl. (II, 2.30), so daß

$$\frac{\partial p}{\partial y} = 0 \tag{II, 2.31}$$

ist und Gl. (II, 2.24) als Grenzschichtsgleichung übrig bleibt (vgl. S. 147, wo in der Grenzschichtgleichung die dimensionsbehafteten Größen stehen, und wo die Verbindung mit der Außenströmung vollzogen wurde).

2.7 Der Ablösungspunkt. In Abb. II, 2.13 wurde bei der Ableitung der Grenzschichtgleichung auch ein Geschwindigkeitsprofil mit Rückströmung als Beispiel verwendet (vgl. auch Abb. II, 1.11 S. 107). Wenn aber die Trennungslinie, auf der $u = 0$ ist, infolge ihrer Instabilität zerfällt und sich in Einzelwirbel auflöst (Abb. II, 1.12) wird dadurch der laminare Charakter der Strömung in Wandnähe derart gestört, daß die Folgerungen der Grenzschichtslehre: δ sehr klein (Gl. II, 2.23), $\partial^2 u/\partial x^2 \ll \partial^2 u/\partial y^2$, $\partial p/\partial y = 0$ nicht mehr gegeben sind. So lange dies jedoch nicht geschehen ist, wird man die Grenzschichtgleichung auch noch auf Grenzschichten mit Rückströmung prinzipiell anwenden können.

Wie wir auf S. 107 gesehen haben, ist eine Grenzschicht mit Rückströmung nur möglich, wenn es sich um eine Strömung bei Druckanstieg handelt, bei der also $\partial p/\partial x > 0$ ist. Die Außenströmung wird dabei in Strömungsrichtung verzögert. Weiter stromaufwärts von dem Gebiet, in dem eine Rückströmung in der Grenzschicht auftritt, gibt es einen Punkt der Berandung, wo die Geschwindigkeitsverteilung mit einer senkrechten Tangente auf die Wandung stößt (vgl. Abb. II, 1.11) wo also $(\partial u/\partial y)_{y=0} = 0$ ist. Dieser Punkt wird als Ablösungspunkt definiert. In Abb. II, 2.16 ist nochmals ein derartiges „Ablösungsprofil" dargestellt und außerdem u'_y und u''_y als Abszisse über y als Ordinate aufgetragen. Bei $y = y^*$, wo u einen Wendepunkt (W) hat, besitzt u'_y ein Maximum (M) und u''_y den Wert Null. Im Punkte $y = 0$ hat u''_y einen endlichen Wert, und zwar ist

$$\frac{1}{\mathrm{Re}} \frac{\partial^2 u}{\partial y^2} = \frac{\partial p}{\partial x}, \qquad \text{(II, 2.32)}$$

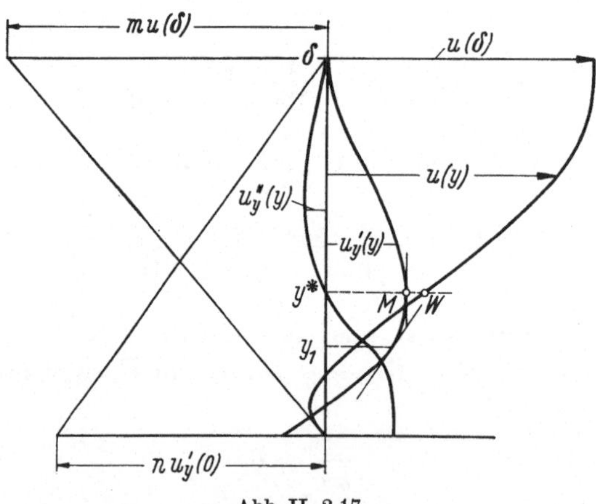

Abb. II, 2.17

was sich sofort ergibt, wenn man in die Grenzschichtgleichung (II, 2.24) $u(o) = 0$, $v(o) = 0$ einsetzt. Differenziert man die Grenzschichtgleichung nach y und bildet den Wert für $y = 0$, so erhält man wegen Gl. (II, 2.31)

$$\left(\frac{\partial^3 u}{\partial y^3}\right)_{y=0} = 0,$$

d. h. die Kurve u_y'' hat im Punkte $y = 0$ immer eine senkrechte Tangente.

In Abb. II, 2.17 ist gezeigt, daß auch beim Profil mit Rückströmung der auf S. 164ff. gegebene Beweis möglich ist, insofern als zu einem beliebigen Punkt $y = y_1$ die Zahlenwerte m und n endlich bleiben, so daß Gl. (II, 2.28 bzw. 29) einen Sinn hat. Lediglich im Punkte $y = y^*$, wo das Profil einen Wendepunkt und demzufolge $u_y''(y^*) = 0$ ist, wird n gleich Null, so daß sich der oben gegebene Beweis für diesen Wert von y nicht durchführen läßt (vgl. Fußnote 124).

2.8 Unabhängigkeit der Lage des Ablösungspunktes bei laminarer Strömung von der Reynoldsschen Zahl. Da wir später in unserer Betrachtung den Übergang $\mathrm{Re} \to \infty$ vornehmen wollen, sind wir nach 2.6 berechtigt, die Navier-Stokesschen Gleichungen durch die Prandtlsche Grenzschichtgleichung (II, 2.24) zu ersetzen. In dieser Gleichung treten nur dimensionslose Größen auf, da die Koordinaten x und y sich auf eine für die Strömung charakteristische Länge (z. B. beim umströmten Zylinder dessen Durchmesser) als Einheit beziehen; für die Geschwindigkeiten sei z. B. die Anströmungsgeschwindigkeit U_∞ der ungestörten Strömung und für den Druck p der doppelte Staudruck als Einheit gewählt. Auch die in Gl. (II, 2.23) auftretende Grenzschichtdicke δ ist dimensionslos insofern, als sie auf die oben erwähnte charakteristische Länge als Einheit bezogen ist.

Mit zunehmender Reynoldsscher Zahl wird nach Gl. (II, 2.29) die Grenzschichtdicke kleiner und kleiner, bis sie beim vollzogenen Grenzübergang $\lim \mathrm{Re} = \infty$ gleich Null geworden ist. Da in diesem Falle keine Aussagen mehr zu erhalten sind, was dabei an Einzelheiten in der Grenzschicht vorgeht, wollen wir das Nullwerden der Grenzschichtdicke bei $\lim \mathrm{Re} = \infty$ dadurch vermeiden, daß wir statt y die neue Variable $\eta = y/\delta$ oder, da δ in der Differentialgleichung nicht explizit auftritt, nach Gl. (II, 2.29)

$$\eta = y \sqrt{\mathrm{Re}} \tag{II, 2.33}$$

und dementsprechend

$$v^* = v \sqrt{\mathrm{Re}} \tag{II, 2.34}$$

einführen. Damit geht Gl. (II, 2.24) über in

$$\frac{\partial u}{\partial t} + u \frac{\partial u}{\partial x} + v^* \frac{\partial u}{\partial \eta} + \frac{\partial p}{\partial x} = \frac{\partial^2 u}{\partial \eta^2}, \tag{II, 2.35}$$

worin Re also nicht mehr vorkommt. Die Kontinuitätsgleichung lautet mit den neuen Variablen

$$\frac{\partial u}{\partial x} + \frac{\partial v^*}{\partial \eta} = 0$$

und die Randbedingungen

$$u = 0 \text{ und } v^* = 0 \text{ bei } \eta = 0$$

sowie

$$u = U \text{ bei } \eta \to \infty ,$$

wo U die durch U_∞ dimensionslos gemachte Geschwindigkeit außerhalb der Grenzschicht bezeichnet.

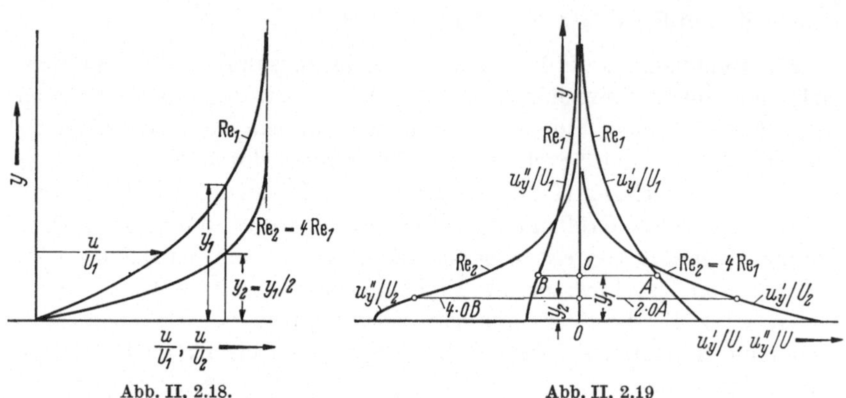

Abb. II, 2.18.
Zwei affine Grenzschichtprofile

Abb. II, 2.19

Hat man zu einer gegebenen Körperkontur — unter Berücksichtigung der Randbedingungen — Gl. (II, 2.35) einmal gelöst, so gilt diese Lösung bei allen (großen!) Reynoldsschen Zahlen, vorausgesetzt, daß die Strömung in der Grenzschicht laminar ist. Mit andern Worten: Die erhaltenen Funktionen $u(x, \eta)$, $v^*(x, \eta)$ sind die gleichen, einerlei wie groß die Reynoldssche Zahl ist. Das bedeutet aber, daß — wenn an einer Stelle x_1 $(\partial u/\partial \eta_{\eta=0} = 0$ ist, d. h. wenn an einer Stelle x_1 sich ein Ablösungspunkt befindet — diese Stelle x_1 unabhängig von der Reynoldsschen Zahl ist und deshalb auch bei lim Re $= \infty$ an dieser Stelle Ablösung stattfindet.

Eine Änderung der Reynoldsschen Zahl macht sich also nach Gl. (II, 2.33 und 34) nur in einer affinen Verzerrung des Grenzschichtprofils geltend. Haben wir z. B. in Abb. II, 2.18 das Geschwindigkeitsprofil an einer bestimmten Stelle x_1 der Körperberandung bei einem Re_1 berechnet, so erhält man das Profil an der gleichen Stelle x_1, bei einem anderen Re, z. B. bei $\text{Re} = 4\,\text{Re}_1$, indem man die entsprechenden (der Deutlichkeit halber überhöhten) y-Werte durch $\sqrt{4} = 2$ dividiert. In Abb. II, 2.18) handelt es sich um ein Profil bei Druckabfall $\left(\partial p/\partial x < 0\right.$ bzw. $\left.(\partial^2 u/\partial y^2)_0 < 0\right)$, wo keine Rückströmung bzw. keine Ablösung stattfinden kann; es läßt sich aber dieselbe affine Verzerrung auch auf ein Ablösungsprofil $[(\partial u/\partial y)_0 = 0]$ im Falle eines Druckanstieges anwenden. In Abb. II, 2.19 sind zu den zwei Werten Re_1 und $\text{Re}_2 = 4\,\text{Re}_1$

aus Abb. II, 2.18 die erste und die zweite Ableitung von u/U nach y aufgetragen; die zweite Ableitung ist negativ, da es sich in Abb. II, 2.18 um eine Strömung bei Druckabfall handelt. Die erste Ableitung hat bei der vierfachen Reynoldsschen Zahl für den Wert $y_2 = y_1/2$ den $\sqrt{4} = 2$fachen Wert, die zweite Ableitung den vierfachen Wert, wie bei der kleineren Reynoldsschen Zahl

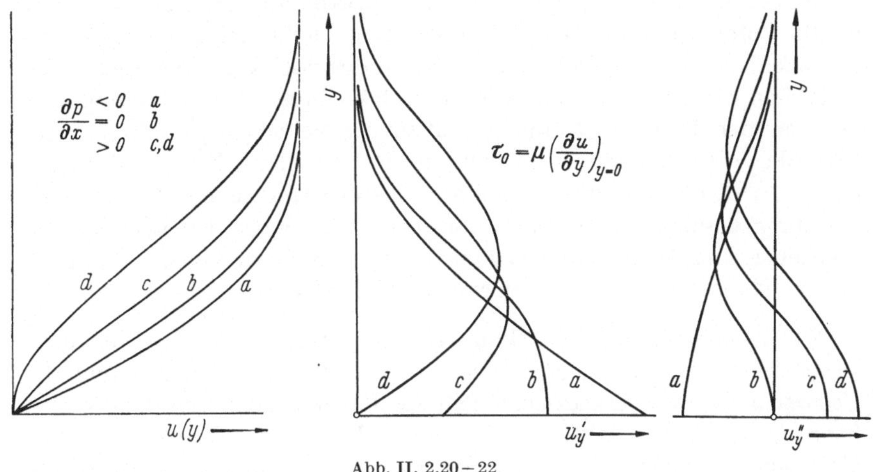

Abb. II, 2.20 – 22

In Abb. II, 2.20 sind zusammenfassend nochmals 4 Grenzschichtprofile gezeichnet: Die Kurve *a* stellt sich ein bei einer Strömung mit Druckabfall, d. h. bei einer (außerhalb der Grenzschicht) beschleunigten Strömung, die Kurve *b* bei einer Strömung mit konstantem Druck (ebene Platte); *c* und *d* sind zwei Kurven bei Druckanstieg, wobei das letztere Profil das Ablösungsprofil $[(\partial u/\partial y)_0 = 0]$ darstellt. Abb. II, 2.21 zeigt die aus voriger Abbildung erhaltenen ersten Ableitungen von u nach y, aufgetragen als Abszisse zu y als Ordinate. Die jeweiligen Werte von $u'_y(o)$ sind den Schubspannungen an der Wand proportional. Man erkennt z. B., daß im Punkte x der Wandung, wo Ablösung eintritt, die Schubspannung gleich Null ist. In Abb. II, 2.22 sind die zweiten Ableitungen von u nach y, d. h. u''_y, zu allen 4 Fällen aufgetragen. Bei *a* ist $(\partial^2 u/\partial y^2)_0$ negativ in Übereinstimmung damit, daß $\partial p/\partial x = \mu (\partial^2 u/\partial y^2)_0$ bei einem Profil mit Druckabfall negativ ist; bei *b* ist der Wert gleich Null. Es ist nun von Bedeutung, daß — obwohl bei *c* die zweite Ableitung positiv, d. h. ein Druckanstieg vorhanden ist — sich kein Ablösungsprofil eingestellt hat (Abb. II, 2.20c), sondern daß dem Ablösungsprofil *d* nach Abb. II, 2.22 ein größerer Druckanstieg entspricht. Daraus folgt, daß noch nicht jeder (sehr geringe) Druckanstieg ein Ablösungsprofil zur Folge hat, sondern daß hierzu eine gewisse Größe des Druckanstieges erforderlich ist; ein Druckanstieg ist also zwar eine notwendige aber nicht hinreichende Bedingung zum Eintreten der Ablösung (näheres darüber bei SCHLICHTING[60], S. 241 ff.).

Findet keine Ablösung statt, so geht die Strömung bei $\mathrm{Re} \to \infty$ in die Potentialströmung über, insofern als dann die Grenzschicht verschwindet, und ein Gleiten an der Wandung stattfindet. Im Falle einer Strömung mit Ablösung geht jedoch die Strömung bei $\mathrm{Re} \to \infty$ *nicht* in die Potentialströmung über, sondern es bleibt das Ablösungsprofil mit nachfolgender Rückströmung, Zerfall der vom Körper ausgehenden instabilen Fläche $u = 0$ und der dadurch bedingten Wirbelbildung, also ein von der Potentialströmung vollständig verschiedenes Strömungsbild. Man erkennt, daß es im Falle $\lim \mathrm{Re} \to \infty$ bzw. $\lim \mu \to 0$ im allgemeinen nicht erlaubt ist, diesen Grenzübergang in der Differentialgleichung auszuführen, sondern daß dies durchweg in den Lösungen zu geschehen hat. In diesem Zusammenhang weisen wir nochmals auf die von E. BORELL gemachte Bemerkung auf S. 61 hin.

2.9 Ebene Strömung um zylindrische Körper. Auch hier hat BLASIUS[117] wertvolle Vorarbeit geleistet; die Durchführung der Berechnung der Grenzschicht um den speziellen Fall des Kreiszylinders wurde anschließend dann von K. HIEMENZ[125] gegeben. In seiner Arbeit leitet er die Grenzschichtgleichung auch für den Fall der krummlinigen Berandung ab und bemerkt dazu, daß in diesem Falle die Vernachlässigung von der Größenordnung δ sind, während sie bei der geraden Wand die Größenordnung δ^2 erreichen.

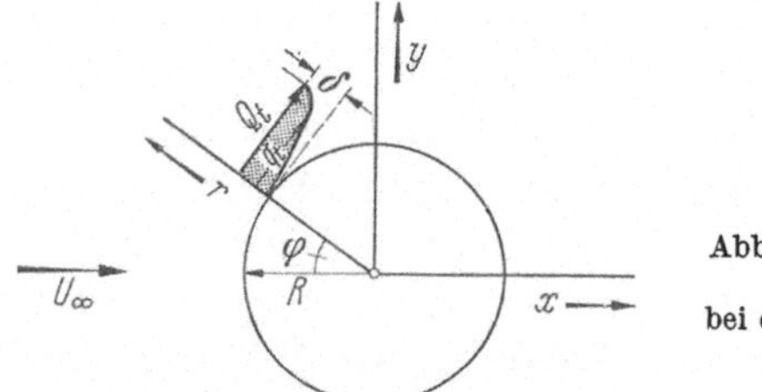

Abb. II, 2.23. Laminare Grenzschicht (überhöht dargestellt) bei einer Strömung um einen Zylinder

Mit den Bezeichnungen der Abb. II, 2.23 lautet die Grenzschichtgleichung einer stationären Strömung

$$q_t \frac{\partial q_t}{r \partial \varphi} + q_r \frac{\partial q_t}{\partial r} = -\frac{1}{\varrho} \frac{\partial p}{r \partial \varphi} + \nu \frac{\partial^2 q_t}{\partial r^2},$$

[125] HIEMENZ, K.: Die Grenzschicht an einem in den gleichförmigen Flüssigkeitsstrom eingetauchten geraden Zylinder. Diss. Göttingen 1910. Dingl. Polytechn. J. 326 (1911) 32.

wo q_t die zur Wandung tangentiale Geschwindigkeitskomponente und q_r die dazu senkrechte Radialkomponente innerhalb der Grenzschicht ist; bei $r - R = \delta$ sei $q_t = Q_t$. Für das Weitere nehmen wir nun an, daß alle Längen in Einheiten des Radius R und alle Geschwindigkeiten in Einheiten der Anströmungsgeschwindigkeit U_∞ gemessen werden; ebenso werde der Druck in Einheiten des doppelten Staudruckes (ϱU_∞^2) gerechnet. Dann geht die obige Gleichung über in die dimensionslose Gleichung

$$q_t \frac{\partial q_t}{r \partial \varphi} + q_r \frac{\partial q_t}{\partial r} = -\frac{\partial p}{r \partial \varphi} + \frac{1}{\mathrm{Re}} \frac{\partial^2 q_t}{\partial r^2}, \qquad \text{(II, 2.36)}$$

wo $\mathrm{Re} = U_\infty R/\nu$ ist.

Wir eliminieren jetzt — wie in Gl. (II, 2.35) — die Reynoldssche Zahl dadurch, daß wir

$$\eta = (r - 1)\sqrt{\mathrm{Re}} \quad \text{und} \quad q_r^* = \sqrt{\mathrm{Re}}\, q_r \quad \text{also} \quad \frac{\partial \eta}{\partial r} = \sqrt{\mathrm{Re}} \qquad \text{(II, 2.37)}$$

setzen, wobei η, r und q_r^* dimensionslose Größen sind (in Einheiten von R bzw. U_∞ gemessen). Mithin

$$q_t \frac{\partial q_t}{r \partial \varphi} + q_r^* \frac{\partial q_t}{\partial \eta} = -\frac{\partial p}{r \partial \varphi} + \frac{\partial^2 q_t}{\partial \eta^2}. \qquad \text{(II, 2.38)}$$

Die Geschwindigkeitskomponente q_t (sowie ebenfalls $q_r \ll q_t$) ist eine Funktion sowohl der Größe φ als auch von η. Die Abhängigkeit der Größe q_t von η wird das Ziel unserer Untersuchung sein, während die Abhängigkeit der Größe Q_t von φ als Potentialströmung um den gegebenen Körper, in unserem Beispiel um den Kreiszylinder vom Radius $R = 1$, gegeben sein soll.

Wir setzen Q_t (gemessen in Einheiten von U_∞) als Potenzreihe von φ an:

$$Q_t = c_1 \varphi + c_3 \varphi^3 + c_5 \varphi^5 + \dots, \qquad \text{(II, 2.39)}$$

wo φ im Bogenmaß zu nehmen ist. Um die Koeffizienten $c_1, c_3, \dots$ zu bestimmen, gehen wir von der experimentell erhaltenen Druckverteilung um den Zylinder aus, womit nach BERNOULLI auch die Geschwindigkeitsverteilung Q_t/U_∞ längs φ gegeben ist, Abb. II, 2.24.

Dieser Kurvenzug Q_t läßt sich nun sehr gut — wenigstens bis nahezu $\varphi = \pi/2$ — durch die Koeffizienten

$$c_1 = 1{,}816, \quad c_3 = -0{,}2714, \quad c_5 = -0{,}04734 \qquad \text{(II, 2.40)}$$

d. h. durch

$$Q_t = 1{,}816\,\varphi - 0{,}2714\,\varphi^3 - 0{,}04734\,\varphi^5 \qquad \text{(II, 2.40a)}$$

darstellen, wie aus Abb. II, 2.24 ersichtlich ist, wo die Kurve $Q_t = f(\varphi)$, nach dieser Formel berechnet, sehr gut durch die experimentell gegebenen Punkte hindurchgeht. Aus Gl. (II, 2.39) erhält man noch

$$\frac{\partial p}{\partial \varphi} = Q_t \frac{\partial Q_t}{\partial \varphi} = c_1^2 \varphi + 4 c_1 c_3 \varphi^3 + (6 c_1 c_5 + 3 c_1^2) \varphi^5 . \quad \text{(II, 2.41)}$$

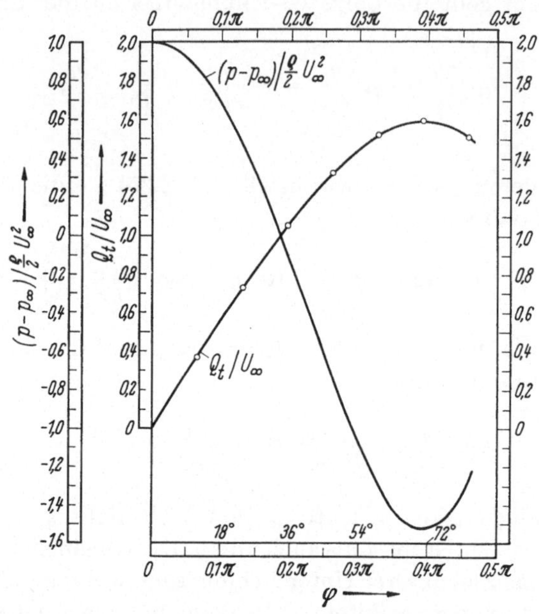

Abb. II, 2.24. Geschwindigkeit und Druck in Abhängigkeit vom Winkel φ

Um die zu Gl. (II, 2.38) gehörende Kontinuitätsgleichung

$$\frac{\partial q_t}{\partial \varphi} + \frac{\partial q_r^*}{\partial \eta} = 0 \quad \text{(II, 2.42)}$$

zu erfüllen, nehmen wir eine Stromfunktion $\Psi(r, \varphi)$ an und zwar

$$\Psi = \frac{1}{\sqrt{\mathrm{Re}}} [c_1 \varphi f_1(\eta) + 4 c_3 \varphi^3 f_3(\eta) + 6 c_5 \varphi^5 f_5(\eta)] .$$

Es ist dann wegen $\partial\eta/\partial r = \sqrt{\mathrm{Re}}$ und mit $\partial f/\partial\eta \equiv f'$

$$q_t = \frac{\partial \Psi}{\partial r} = \frac{\partial \Psi}{\partial \eta} \frac{\partial \eta}{\partial r} = c_1 \varphi f_1' + 4 c_3 \varphi^3 f_3' + 6 c_5 \varphi^5 f_5' \quad \text{(II, 2.43)}$$

und

$$q_r^* = -\frac{\partial \Psi}{\partial \varphi} \sqrt{\mathrm{Re}} = -c_1 f_1 + 12 c_3 \varphi^2 f_3 + 30 c_5 \varphi^4 f_5 . \quad \text{(II, 2.44)}$$

Setzt man diese Ausdrücke in die Kontinuitätsgleichung (II, 2.42) ein, so erkennt man sofort, daß diese erfüllt ist.

Beschränken wir uns zunächst einmal auf die beiden ersten Glieder der Reihen Gln. (II, 2.41; 43 und 44) und setzen diese Größen in Gl. (II, 2.38) ein, so erhält man durch Koeffizientenvergleich

$$(f_1')^2 - f_1 f_1'' = 1 + \frac{1}{c_1} f_1'''$$

$$4 f_1' f_3' - 3 f_3 f_1'' - f_1 f_3'' = 1 + \frac{1}{c_1} f_3'''.$$

Um den Faktor $1/c_1$ fortzuschaffen, setzen wir

$$\eta^* = \sqrt{c_1}\,\eta = (r-1)\sqrt{c_1}\sqrt{\mathrm{Re}} \quad \text{und} \quad q_r^* = \sqrt{c_1}\sqrt{\mathrm{Re}}\, q_r,$$

wobei r dimensionslos ist, da in Einheiten von R gemessen; damit wird die Stromfunktion

$$\Psi = \frac{1}{\sqrt{c_1}\sqrt{\mathrm{Re}}}\left[c_1 \varphi f_1(\eta^*) + 4 c_3 \varphi^3 f_3(\eta^*) + 6 c_5 \varphi^5 f_5(\eta^*)\right].$$

Die Ausdrücke von q_t, q_r^* und $\partial p/\partial \varphi$ bleiben dieselben wie in Gl. (II, 2.43; 44 und 41), wohingegen in Gl. (II, 2.36)

$$\frac{1}{\mathrm{Re}} \frac{\partial^2 q_t}{\partial r^2} = c_1 \frac{\partial^2 q_t}{\partial \eta^{*2}}$$

wird. Mit diesem Wert erhält man dann

$$(f_1')^2 - f_1 f_1'' = 1 + f_1'''$$

$$4 f_1' f_3' - 3 f_3 f_1'' - f_1 f_3'' = 1 + f_3''',$$

wo die gestrichelten Größen Ableitungen nach η^* bedeuten. Diese Differentialgleichungen sind von Hiemenz[125] unter Benutzung eines numerischen Verfahrens nach Kutta gelöst und tabelliert worden[126], worauf wir hier jedoch nicht eingehen wollen.

Die zu den höheren Potenzen φ^5, φ^7 . . . usw. gehörenden Funktionen f_5, f_7 . . . lassen sich, wie bereits Blasius und Hiemenz erwähnen, nicht mehr in derselben Weise berechnen, d. h. für zunächst noch unbestimmt gelassene Werte von c_1 und c_3; vielmehr muß man dafür bestimmte Werte von c_1, c_3, c_5, c_7 . . . d. h. eine bestimmte umströmte Kontur, z. B. wie bei Hiemenz einen Kreis, annehmen.

---

[126] Die Bezeichnung bei Hiemenz ist $X_1(H) \equiv f_1(\eta^*)$, $\dfrac{\partial X_1}{\partial H} = f_1'$ usw.

Demgegenüber bedeutete es einen wesentlichen Fortschritt, als es L. HOWARTH[127], N. FRÖSSLING[128] und A. ULLRICH[129] gelang, die Funktionen $f_5, f_7, \ldots$ zu berechnen auch für den Fall, daß irgendwelche Annahmen hinsichtlich $c_1, c_3, c_5 \ldots$ nicht gemacht werden. Allerdings muß man f_5 in zwei, f_7 in drei usw. Funktionen aufspalten. So ist z. B.

$$f_5 = g_5 + \frac{c_3^2}{c_1 c_5} h_5, \qquad \text{(II, 2.45)}$$

wobei g_5 und h_5 durch die Differentialgleichungen

$$6f_1' g_5' - 5f_1'' g_5 - f_1 g_5'' = 1 + g_5'''$$

bzw.

$$6f_1' h_5' - 5f_1'' h_5 - f_1 h_5'' = 0{,}5 + h_5''' - 8(f_3'^2 - f_3 f_3'')$$

bestimmt sind. Über weitere $f_7, f_9 \ldots$ siehe SCHLICHTING[60], S. 140.

In der folgenden Tabelle sind die von uns benötigten Werte von $f_1'(\eta^*), f_3'(\eta^*), g_5'(\eta^*), h_5'(\eta^*)$ sowie die entsprechenden Werte der zweiten Ableitungen für $\eta^* = 0$ (nach HOWARTH[127]) gegeben:

η^*	f_1'	f_3'	g_5'	h_5'
0	0	0	0	0
0,4	0,4145	0,2129	0,1778	+0,0117
0,8	0,6859	0,2997	0,2366	−0,0177
1,2	0,8467	0,3133	0,2341	−0,0442
1,6	0,9323	0,2975	0,2123	−0,0504
2,0	0,9732	0,2775	0,1916	−0,0406
2,4	0,9905	0,2632	0,1781	−0,0257
3,0	0,9984	0,2532	0,1694	−0,0089
∞	1,0000	0,2500	0,1667	0
η^*	f_1''	f_3''	g_5''	h_5''
0	1,2326	0,7244	0,6347	0,1192

Da wir der Einfachheit halber als Kreiskontur den Einheitskreis ($R = 1$) angenommen haben, ist nach Gl. (II, 2.43) unter Berücksichtigung von Gl. (II, 2.40)

$$q_t = 1{,}816\varphi f_1' - 4 \cdot 0{,}2714\varphi^3 f_3' - 6 \cdot 0{,}04734\varphi^5 f_5'$$

[127] HOWARTH, L.: On the Calculation of Steady Flow in the Boundary Layer near the Surface of a Cylinder in a Stream. ACR Report 1632 (1935).

[128] FRÖSSLING, N.: Verdunstung, Wärmeübertragung und Geschwindigkeitsverteilung bei zweidimensionaler und rotationssymmetrischer laminarer Grenzschichtströmung. Lunds. Univ. Arsskr. N. F. Avd. 2, Bd. 35 (1940) Nr. 4.

[129] ULRICH, A.: Die ebene laminare Reibungsschicht an einem Zylinder. Arch. Math. 2 (1949) 33.

und, da

$$f_5' = g_5' + \frac{c_3^2}{c_1 c_5} h_5' = g_5' - 0{,}8568\, h_5'$$

ist,

$$q_t = 1{,}816\varphi f_1' - 1{,}0856\varphi^3 f_3' - 0{,}28404\varphi^5 (g_5' - 0{,}8568\, h_5'). \qquad \text{(II, 2.46)}$$

Es sei z. B. $\varphi = 0{,}1\,\pi (\equiv 18^\circ)$ und $\eta^* = 0{,}4$, dann ist mit den entsprechenden Werten aus der obigen Tabelle

$$q_t(0{,}1\pi; 0{,}4) = 0{,}2365 - 0{,}007164 - 0{,}00014586 = 0{,}2292. \qquad \text{(II, 2.47)}$$

Um z. B. den analogen Wert zu $\varphi = 0{,}3\pi (\equiv 54^\circ)$ zu erhalten, ist in der letzten Gleichung lediglich die erste Zahl mit 3, die zweite mit 3^3 und die dritte mit 3^5 zu multiplizieren:

$$q_t(0{,}3\pi; 0{,}4) = 0{,}7095 - 0{,}1935 - 0{,}03545 = 0{,}4805.$$

Die Geschwindigkeit $q_t(0{,}4)$ wächst also mit zunehmendem φ entsprechend der Zunahme der äußeren Potentialströmung $Q_t(\varphi)$. Aber schon bei $\varphi = 0{,}4\pi (\equiv 72^\circ)$ wird $q_t(\eta^* = 0{,}4)$ kleiner, obwohl nach Abb. II, 2.24 $Q_t(0{,}4\pi) > Q_t(0{,}3\pi)$ ist; denn multipliziert man in Gl. (II, 2.47) die erste Zahl mit 4, die zweite mit 4^3 und die dritte mit 4^5, so erhält man

$$q_t(0{,}4\pi; 0{,}4) = 0{,}9459 - 0{,}4586 - 0{,}1494 = 0{,}3379.$$

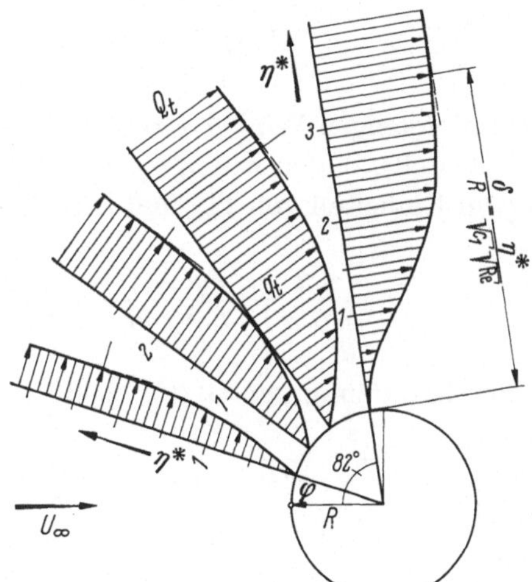

Abb. II, 2.25. Grenzschichtprofile (stark überhöht) bei der Umströmung eines Zylinders

In dieser Weise sind die Geschwindigkeitsverteilungen in Abb. II, 2.25 zu den Werten $\varphi = 0{,}1\pi; 0{,}2\pi; 0{,}3\pi; 0{,}455\pi$ berechnet. Wie wir gleich sehen werden, bildet sich bei $\varphi = 0{,}455\pi (\equiv 82^\circ)$ das Ablösungsprofil.

Einen besseren Vergleich der Geschwindigkeitsprofile untereinander erhält man, wenn die einzelnen q_t-Werte (gemessen in Einheiten von U_∞) durch die dimensionslosen Q_t-Werte der Abb. II, 2.24 dividiert werden, wie das in Abb. II, 2.26 durchgeführt ist.

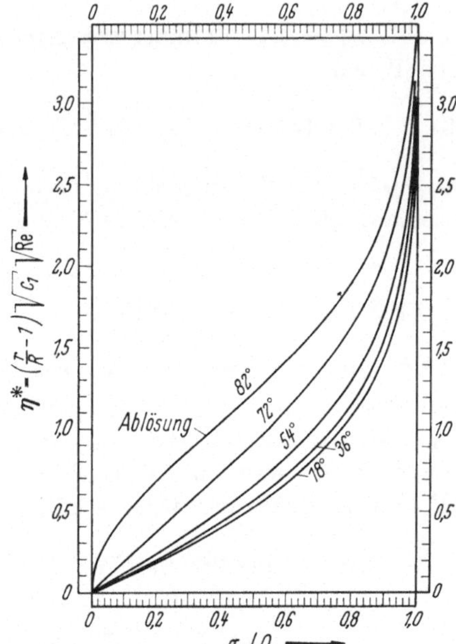

Abb. II, 2.26. Grenzschichtprofile bei verschiedenen Werten von φ

Um denjenigen Winkel φ zu berechnen, bei dem sich das Ablösungsprofil einstellt, bilden wir $\tau_0 = \mu(\partial q_t/\partial r)_{\eta^*=0}$. Unter Berücksichtigung, daß q_t in Einheiten von U_∞ und r in Einheiten von R gemessen wurden, ist also

$$\frac{\tau_0 R}{\mu U_\infty} = \frac{\partial q_t}{\partial \eta^*}\,\frac{\partial \eta^*}{\partial r} = \left(\frac{\partial q_t}{\partial \eta^*}\right)_{\eta^*=0} \sqrt{c_1}\,\sqrt{\mathrm{Re}},$$

und mit Benutzung von Gl. (II, 2.43)

$$\frac{\tau_0 R}{\mu U_\infty \sqrt{\mathrm{Re}}} = \frac{\tau_0}{\frac{\varrho}{2} U_\infty^2}\sqrt{\mathrm{Re}} = 2\sqrt{c_1}\,[c_1 \varphi f_1''(o) + 4 c_3 \varphi^3 f_3''(o) + 6 c_5 \varphi^5 f_5''(o)],$$

schließlich mit Gl. (II, 2.40 und 45) und den Werten der obigen Tabelle

$$\frac{\tau_0}{\frac{\varrho}{2} U_\infty^2}\sqrt{\mathrm{Re}} = 6{,}034\,\varphi - 2{,}120\,\varphi^3 - 0{,}4079\,\varphi^5. \qquad \text{(II, 2.48)}$$

Abb. II, 2.27 zeigt den nach dieser Gleichung berechneten Verlauf von τ_0 als Funktion von φ, d. h. längs des Zylinderkreises und insbesondere, daß τ_0 und damit $\partial \mathfrak{q}_t/\partial r$ Null wird bei $\varphi = 0{,}455\pi (\equiv 82°)$; hier also ist das Ablösungsprofil. Diesen Wert von φ erhält man auch sofort, wenn

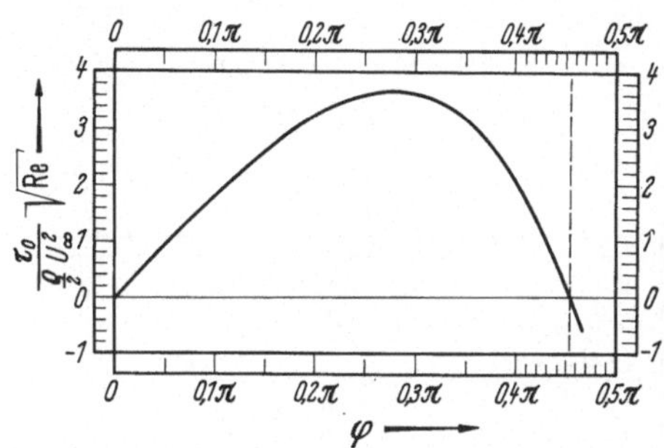

Abb. II, 2.27. Der Verlauf von τ_0 in Abhängigkeit von φ

man Gl. (II, 2.48) gleich Null setzt und die quadratische Gleichung in φ^2, nämlich

$$6{,}034 - 2{,}120\varphi^2 - 0{,}4079\varphi^4 = 0 \qquad \text{(II, 2.49)}$$

löst: $\varphi^2 = 2{,}043$ und damit $\varphi = 1{,}430 = 0{,}455\pi \triangleq 82°$ erhält.

Diese Lage des Ablösungspunktes stimmt mit der Beobachtung gut überein, wie auf Abb. II, 2.28 ersichtlich. Auch HIEMENZ weist auf

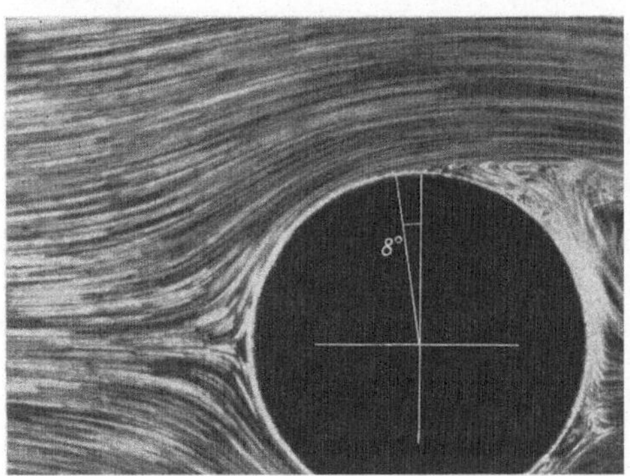

Abb. II, 2.28. Ablösung einer Strömung um einen Zylinder

diese gute Übereinstimmung von Theorie und Praxis hin; als „Ablösungswinkel", d. h. als Winkel zwischen der Strömung und der Körpertangente im Ablösungspunkt berechnet er $\sim 5°$. Während die Lage des Ablösungspunktes von der Reynoldsschen Zahl unabhängig ist und also auch bei $\mathrm{Re} \to \infty$ dieselbe bleibt, nimmt der Ablösungswinkel mit $1/\sqrt{\mathrm{Re}}$ ab, entsprechend der Definition von η^*.

In Abb. II, 2.29 sind die Stromlinien in der Grenzschicht bis dicht vor der Ablösungsstelle A dargestellt, wobei der Kreis von 50° bis 90° auf eine Gerade abgewickelt ist. Es sind drei Grenzschichtprofile nach Gl. (II, 2.46) berechnet und zwar zu den Winkeln $\varphi = 50°$ (d. h. $\widehat{\varphi} = 0{,}2775\pi = 0{,}8719$, entsprechend $x = R\widehat{\varphi} = 0{,}4875$ cm $\cdot$ 0,8719 $= 4{,}25$ cm), 70,5° (d. h. $\widehat{\varphi} = 0{,}3917\pi = 1{,}231$; $x = 6$ cm und 79,3° (d. h. $\widehat{\varphi} = 0{,}4408\pi = 1{,}358$; $x = 6{,}75$ cm).

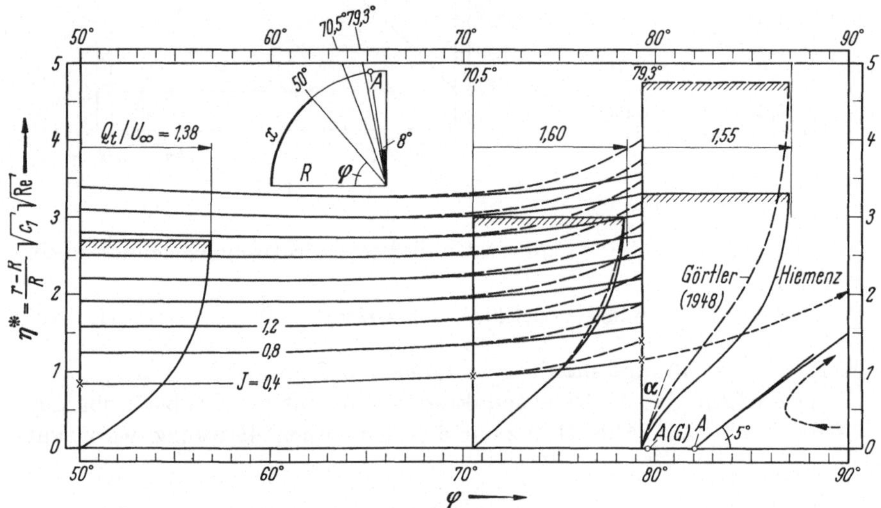

Abb. II, 2.29. Stromlinien in der Grenzschicht eines umströmten Zylinders bis dicht vor der Ablösungsstelle

Da das zwischen zwei Stromlinien fließende sekundliche Flüssigkeitsvolumen konstant ist, erhält man Punkte der Stromlinien, wenn man die (graphisch zu erhaltenden) Integrale

$$I(\eta^*) = \frac{1}{U_\infty} \int_0^{\eta^*} q_t \, d\eta^*$$

als Funktion über η^* als Abszisse aufträgt und Horizontalschnitte durch diese Kurve legt, z. B. $I = 0{,}4$; 0,6; 0,8 usw. In der untersten Stromlinie sind diese Punkte durch Kreuze gekennzeichnet. Der Ablösungspunkt A ist – entsprechend Gl. (II, 2.49) – bei 82° eingetragen. Die punktierten Teile der Kurven sind nicht gerechnet.

Um in einem speziellen Fall die Grenzschichtdicke δ (dort, wo $q_t/Q_t = 0{,}99$ ist) zu berechnen, nehmen wir Werte an, die Hiemenz[125] in seinen Experimenten benutzt hat: $R = 4{,}875$ cm, $U_\infty = 19{,}2$ cm/s,

$\nu = 0{,}01\ \mathrm{cm^2/s}$; ferner nach Gl. (II, 2.40) $c_1 = 1{,}816$. Im Punkte $\varphi = 70{,}5^\circ$ ist mit $\eta^* = \delta = 3.0$

$$3 = \eta^* = \frac{r - R}{R}\sqrt{c_1}\sqrt{\frac{R\,U_\infty}{\nu}} = \frac{\delta}{4{,}875}\sqrt{1{,}816 \cdot 9360}$$

und daraus

$$\delta = 1{,}12\ \mathrm{mm}.$$

Eine andere, von der Blasius-Hiemenzschen Lösung grundsätzlich verschiedene Methode der Berechnung von laminaren Grenzschichten wurde von PRANDTL[130] 1938 angegeben. Es handelt sich hierbei um die Fragestellung: Wie kann man, wenn ein Ausgangsprofil der Grenzschicht gegeben und der Druckverlauf der äußeren Strömung bekannt ist, weitere Grenzschichtprofile, insbesondere solche in Strömungsrichtung bis zur Ablösungsstelle berechnen?

Im Anschluß an diese Arbeit hat H. GÖRTLER[131] unter anderem den Grenzschichtverlauf beim Kreiszylinder untersucht, wobei die von HIEMENZ gemessene Druckverteilung der Rechnung zugrunde gelegt war. Ausgehend von dem nach Gl. (II, 2.46) zu erhaltenden Profil bei $\varphi = 50^\circ$ ($\widehat{\varphi} = 0{,}2775\pi = 0{,}8719$; bzw $x = R\widehat{\varphi} = 0{,}4875 \cdot 0{,}8719 = 4{,}25\ \mathrm{cm}$), berechnet er eine Anzahl von Profilen bis zur Ablösungsstelle $\varphi = 79{,}6^\circ$, entsprechend einem $x = 6{,}77\ \mathrm{cm}$.

In Abb. II, 2.29 sind als gestrichelte Kurven die Profile nach GÖRTLER bei $\varphi = 70{,}5^\circ$ ($x = 6{,}0\ \mathrm{cm}$) und $\varphi = 79{,}3^\circ$ ($x = 6{,}75\ \mathrm{cm}$) eingetragen. Wie man erkennt, ist der Unterschied mit dem Hiemenzschen Profil bei $70{,}5^\circ$ unerheblich, wird aber stärker ausgeprägt bei $79{,}3^\circ$ ($x = 6{,}75\ \mathrm{cm}$) unmittelbar vor der Ablösungsstelle $79{,}6^\circ$ ($x = 6{,}77\ \mathrm{cm}$). Es ist bemerkenswert, daß nach der Görtlerschen Rechnung die Grenzschichtdicke dicht vor dem Ablösungspunkt $A\,(G)$ sehr stark zunimmt: Im Bereich von $x = 6\ \mathrm{cm}$ bis $x = 6{,}75\ \mathrm{cm}$, d. h. in einer Entfernung von 7,5 mm, nimmt die Grenzschichtdicke von $\eta^* = 3{,}0$ auf $\eta^* = 4{,}75$, also um 60% zu. Es sei ebenfalls erwähnt, daß nach GÖRTLER das Profil mit dem Tangentenwinkel α im Punkte $x = 6{,}75$ ($\varphi = 79{,}3^\circ$) auf einer Strecke von 6,77 bis 6,75 cm, d. h. 0,2 mm, in das Ablösungsprofil mit dem Tangentenwinkel $\alpha = 0$ übergeht.

---

[130] PRANDTL, L.: Zur Berechnung der Grenzschichten. Z. angew. Math. Mech. 18 (1938) 77—82; vgl. auch J. ROY. Aer. Soc. 45 (1941) 35, od. Techn. Mem. 959 (1940), sowie Ges. Abh. 2. Teil, S. 663—672.

[131] GÖRTLER, H.: Weiterentwicklung eines Grenzschichtprofils bei gegebenem Druckverlauf. Z. angew. Math. Mech. 19 (1939) 129—140, s. auch J. ROY: Aer. Soc. 45 (1941) 35, und: Ein Differenzverfahren zur Berechnung laminarer Grenzschichten. Ing.-Arch. 16 (1948) 173—187, und: Zur Approximation stationärer laminarer Grenzschichtströmungen mit Hilfe der abgebrochenen Blasiusschen Reihe. Arch. Math. 1 (1949) 235—240.

Wenn auch die bisher behandelte Grenzschichtentwicklung und insbesondere die Lage des Ablösungspunktes beim Kreiszylinder ein theoretisches Interesse besitzt, ist deren praktische Bedeutung doch recht gering. Es würde mehr interessieren, diese Vorgänge bei zylindrischen Körpern mit „schlanken" Querschnitt, z. B. symmetrischen (oder erst recht von unsymmetrischen) Querschnitten zu kennen, wie z. B. bei tragflächenartigen Körpern. Wollte man die Blasius-Hiemenzsche Methode auch auf solche Körperformen anwenden, so würde man erkennen, daß sehr viel mehr Koeffizienten $c_1, c_3, c_5 \ldots$ erforderlich sind, um den Geschwindigkeitsverlauf der Potentialströmung außerhalb der Grenzschicht durch eine Potenzreihe darzustellen, als beim Kreis (hier genügten nach HIEMENZ drei Glieder); damit würde jedoch die Rechenarbeit derartig wachsen, daß sie praktisch nicht mehr durchführbar ist Um diese Schwierigkeiten zu überwinden, hat H. GÖRTLER[132] eine neue Reihenentwicklung für laminare Grenzschichten vorgeschlagen. Eine andere, allerdings nur eine Näherungsmethode zur Behandlung solcher schlanken Profile, geht auf das Impulsverfahren zurück, auf das wir noch kurz eingehen werden.

Auf rotationssymmetrische und dreidimensionale Grenzschichten, sowie auf instationäre Grenzschichten, können wir — wenn diese Probleme mit der erforderlichen Ausführlichkeit behandelt würden — aus Platzmangel nicht eingehen, sondern weisen auf die entsprechenden Kapitel bei SCHLICHTING[60] hin. Die Arbeiten über Grenzschichten bei Rotationskörpern gehen von einer Göttinger Dissertation E. BOLTZE's[133] aus, der im Anschluß an BLASIUS[117] das Entstehen der Grenzschicht bei der plötzlichen Anfahrt einer Kugel untersuchte. Nach der Theorie ergibt sich, daß die Ablösung am hinteren Staupunkt ihren Anfang nimmt, was nebenbei auch für den Kreiszylinder gilt, nicht aber für jeden anderen Körper, auch dann nicht, wenn deren Körperende eine konvexe Form hat. Von W. TOLLMIEN[134] stammt die Berechnung der Grenzschicht bei einem angeströmten rotierenden Zylinder.

Es wird bei BOLTZE angenommen, daß die Kugel sich plötzlich, gleichsam ruckartig, auf ihre weiterhin dann gleichbleibende Geschwindigkeit beschleunigt, und es wird untersucht, wie sich die Grenzschicht — nach der ruckweisen Beschleunigung — in der stationären Strömung aus-

[132] GÖRTLER, H.: Eine neue Reihenentwicklung für laminare Grenzschichten. Z. angew. Math. Mech. 32 (1952) H. 8/9, und: A New Series for the Calculation of Steady Laminar Boundary Layer Flows. J. Math. Mech. 6 (1957) Nr. 1.

[133] BOLTZE, E.: Grenzschichten an Rotationskörpern in Flüssigkeiten mit kleiner Reibung, Diss. Göttingen 1908.

[134] TOLLMIEN, W.: Zeitliche Entwicklung der laminaren Grenzschichten am rotierenden Zylinder. Diss. Göttingen 1924 (1928), vgl. auch Handb. d. Exper.-Phys., Bd. 4, 1. Teil, S. 277.

bildet. Dabei wird vorausgesetzt, daß die Beschleunigungszeit klein ist verglichen mit derjenigen Zeit, nach deren Verlauf die erste Ablösung beginnt. Ob eine solche Voraussetzung zulässig ist, d. h. ob sie den physikalischen Gegebenheiten entspricht, steht noch dahin.

Im allgemeinen wird bekanntlich beim Erklären der Ablösung so vorgegangen, daß man im ersten Augenblick der Bewegung eine Potentialströmung annimmt mit der für die *stationäre* Strömung gültigen Druckverteilung. Auf Grund der Zähigkeit verlieren dann einzelne wandnahe Flüssigkeitsteilchen an Geschwindigkeit, kommen auf dem Wege zum hinteren Staupunkt schließlich zur Ruhe und werden infolge des der Grenzschicht aufgeprägten Druckfeldes der *stationären* Strömung entgegen der Außenströmung beschleunigt (Rückströmung), womit die Bedingung zur Ablösung gegeben ist. Es fragt sich nun: Darf man für den ersten Zustand der Potentialströmung die Druckverteilung einer *stationären* Strömung annehmen? Muß man nicht wegen des Beschleunigungsvorganges bei Strömungsbeginn die Druckverteilung der *instationären* Strömung voraussetzen, und was hat dies zur Folge? Wir wollen uns deshalb das Strömungsbild und den Druckverlauf einer beschleunigten Kugel, bzw. eines Kreiszylinders klar machen.

2.10 Potentialströmung einer beschleunigten Kugel bzw. eines Kreiszylinders. Wir gehen aus von der Potentialfunktion einer von rechts nach links durch ruhende Flüssigkeit bewegten Kugel vom Radius R und der ungleichförmigen Geschwindigkeit $-U(t)$

$$\Phi = \frac{U}{2}\frac{R^3}{r^2}\cos\varphi \qquad \text{(II, 2.50)}$$

vgl. Bd. I, S. 171, Gl. (IV, 5.24), wenn dort das superponierte Potential $U(x)$ subtrahiert und $x/r = \cos\varphi$ gesetzt wird.

Die Bernoullische Gleichung für den instationären Strömungsvorgang (vgl. Bd. I, S. 113) einer mit *ungleichförmiger* Geschwindigkeit angeströmten *ruhenden* Kugel lautet:

$$\frac{\partial\Phi}{\partial t} + \frac{q^2}{2} + \frac{p}{\varrho} = \text{const}. \qquad \text{(II, 2.51)}$$

In unserem Beispiel einer sich mit ungleichförmiger Geschwindigkeit von rechts nach links *bewegenden* Kugel, wo also in Gl. (II, 2.50) die Größe r von einem bewegten System aus gerechnet wird, muß in Gl. (II, 2.51) auch die zeitliche Änderung des Potentials in einem sich mit $-U\,(\neq \text{const})$ in der *negativen* x-Richtung bewegten System genommen werden, d. h. wenn diese zeitliche Änderung mit $\partial\Phi/\partial t^*$ bezeichnet wird:

$$\frac{\partial\Phi}{\partial t^*} = \frac{\partial\Phi}{\partial t} + U\,\frac{\partial\Phi}{\partial x},$$

also mit $x = r\cos\varphi$

$$\frac{\partial\Phi}{\partial t^*} = \frac{\partial\Phi}{\partial t} + U\left(\frac{\partial\Phi}{\partial r}\cos\varphi - \frac{\partial\Phi}{r\,\partial\varphi}\sin\varphi\right),$$

oder mit Gl. (II, 2.50)

$$\frac{\partial\Phi}{\partial t^*} = \frac{1}{2}\frac{R^3}{r^2}\cos\varphi\,\frac{\partial U}{\partial t} - U^2\left(\frac{R^3}{r^3}\cos^2\varphi - \frac{1}{2}\frac{R^3}{r^3}\sin^2\varphi\right). \qquad \text{(II, 2.52)}$$

Ferner ist

$$q^2 = q_r^2 + q_\varphi^2 = \left(\frac{\partial\Phi}{\partial r}\right)^2 + \left(\frac{\partial\Phi}{r\,\partial\varphi}\right)^2 = U^2\frac{R^6}{r^6}\left(\cos^2\varphi + \frac{1}{4}\sin^2\varphi\right). \qquad \text{(II, 2.53)}$$

Wir erhalten somit aus Gl. (II, 2.51), wenn dort entsprechend Gl. (II, 2.52) $\partial\Phi/\partial t^*$ statt $\partial\Phi/\partial t$ gesetzt wird:

$$\frac{p}{\varrho} = \text{const} - \frac{1}{2}\frac{R^3}{r^2}\cos\varphi\,\frac{\partial U}{\partial t} + U^2\left(\frac{R^3}{r^3}\cos^2\varphi - \frac{1}{2}\frac{R^3}{r^3}\sin^2\varphi\right) - \\ - \frac{U^2}{2}\frac{R^6}{r^6}\left(\cos^2\varphi + \frac{1}{4}\sin^2\varphi\right).$$

Lassen wir r nach Unendlich konvergieren, entsprechend $p \to p_\infty$, so wird

$$\text{const} = \frac{p_\infty}{\varrho};$$

also ist die Druckverteilung auf der Kugeloberfläche $(r = R)$, wenn noch durch $U_c^2/2$ dividiert wird, wobei U_c die konstante Geschwindigkeit am Ende der Beschleunigung bezeichnet,

$$\frac{p - p_\infty}{\frac{\varrho}{2}U_c^2} = -\frac{R}{U_c^2}\frac{\partial U}{\partial t}\cos\varphi + \frac{U^2}{U_c^2}\left(2\cos^2\varphi - \sin^2\varphi - \cos^2\varphi - \frac{1}{4}\sin^2\varphi\right)$$

oder

$$\frac{p - p_\infty}{\frac{\varrho}{2}U_c^2} = -\frac{R}{U_c^2}\frac{\partial U}{\partial t}\cos\varphi + \frac{U^2}{U_c^2}\frac{1}{8}(9\cos 2\varphi - 1). \qquad \text{(II, 2.54)}$$

In Abb. II, 2.30 ist die Druckverteilung an der Kugeloberfläche aufgetragen und zwar für $\partial U/\partial t = 0$, d. h. gleichförmige Bewegung — entsprechend dem zweiten Ausdruck in der letzten Gleichung mit $U/U_c = 1$ — sowie für $R/U_c^2 \cdot \partial U/\partial t = 1, 2$ und 3 und zwar ebenfalls mit $U/U_c = 1$. Man sieht, daß bei der beschleunigten Bewegung der Druckanstieg zum hinteren Staupunkt mit zunehmender Beschleunigung kleiner wird und im Falle 3 kaum noch vorhanden ist.

Das Stromlinienbild sowie die Beträge der Geschwindigkeiten sind nach Gl. (II, 2.53) dieselben, ob es sich um eine gleichförmige ($U = \text{const.}$) oder um eine beschleunigte Bewegung handelt. Im oberen

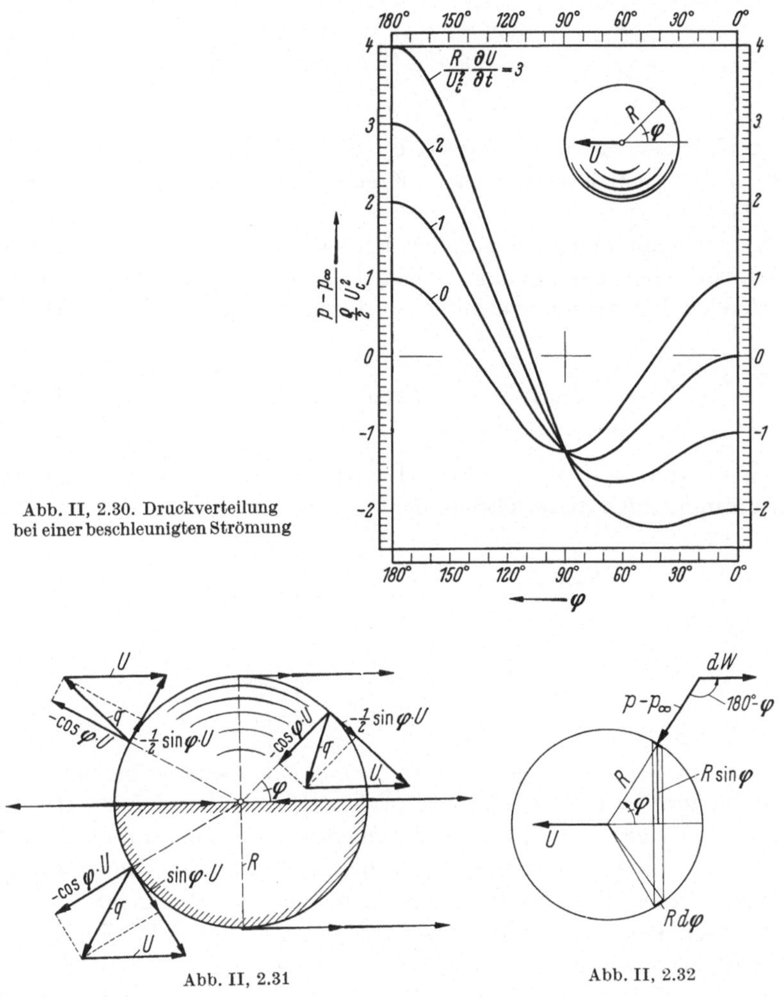

Abb. II, 2.30. Druckverteilung bei einer beschleunigten Strömung

Abb. II, 2.31

Abb. II, 2.32

Teil der Abb. II, 2.31 sind die Komponenten $q_r = -\cos\varphi \cdot U$ und $q_\varphi = -\frac{1}{2}\sin\varphi \cdot U$ für einige Winkel φ dargestellt; ihre geometrische Summe gibt die Geschwindigkeit $\mathfrak{q} = \mathfrak{q}_r + \mathfrak{q}_\varphi$. Addiert man zu dieser Geschwindigkeit vektoriell die Geschwindigkeit U, so erhält man die Geschwindigkeiten an einer *ruhenden* angeströmten Kugel, wobei U nicht konstant zu sein braucht.

Im unteren Teil der Abbildung ist das Entsprechende für den Kreiszylinder durchgeführt, wo $\mathfrak{q} = (-\cos\varphi \cdot U) \nrightarrow (-\sin\varphi \cdot U)$ ist, entsprechend dem Geschwindigkeitspotential $\Phi = U R^2 \cos\varphi / r$. Die der Gl. (II, 2.54) entsprechende Gleichung für den Kreiszylinder lautet

$$\frac{p - p_\infty}{\frac{\varrho}{2} U_c^2} = -\frac{2R}{U_c^2}\frac{\partial U}{\partial t}\cos\varphi + \frac{U^2}{U_c^2}(2\cos 2\varphi - 1). \qquad \text{(II, 2.55)}$$

Hiernach lassen sich ohne weiteres die der Abb. II, 2.30 entsprechenden Kurven für den beschleunigten Kreiszylinder berechnen, vgl. auch Abb. II, 2.38.

Man erkennt nebenbei aus den letzten Gleichungen auch, daß der Widerstand einer beschleunigten Kugel (bzw. eines Zylinders) von Null verschieden ist. Setzen wir mit den Bezeichnungen der Abb. II, 2.32 in

$$W = \int_0^\pi 2\pi R \sin\varphi \cdot R d\varphi (p - p_\infty) \cos(180^\circ - \varphi) \qquad \text{(II, 2.56)}$$

den Wert von $p - p_\infty$ aus Gl. (II, 2.54) ein, so erhält man mit dem *ersten* Summanden dieser Gleichung

$$W = \pi \varrho R^3 \frac{\partial U}{\partial t} \int_0^\pi \cos^2\varphi \sin\varphi d\varphi$$

oder

$$W = \frac{2}{3}\pi R^3 \varrho \frac{\partial U}{\partial t} = \frac{M}{2}\frac{\partial U}{\partial t},$$

wobei M die von der Kugel verdrängte Flüssigkeitsmasse ist. Setzt man in das Integral der Gl. (II, 2.56) den zweiten Summanden der Gl. (II, 2.54), so wird dieses gleich Null, was sich auch aus der Symmetrie hinsichtlich der Achse $\varphi = 90^\circ$ der Kurve 0 in Abb. II, 2.30 ergibt. Um eine Kugel in einer idealen Flüssigkeit zu beschleunigen, ist also nicht nur eine Kraft gleich dem Produkt aus Masse der Kugel und ihrer Beschleunigung erforderlich, sondern es bedarf noch einer zusätzlichen Kraft, welche die Trägheit der von der Kugel in Bewegung gesetzten Flüssigkeitsmasse überwindet. Diese ist nach der letzten Gleichung gleich der halben, von der Kugel verdrängten, Flüssigkeitsmasse.

Setzt man den Ausdruck für $p - p_\infty$ aus Gl. (II, 2.55) in den Ausdruck für den Widerstand eines Kreiszylinders von der Höhe H

$$W = H \int_0^{2\pi} R d\varphi \cdot (p - p_\infty) \cos(180^\circ - \varphi),$$

so erhält man

$$W = \pi R^2 H \varrho \frac{\partial U}{\partial t} = M \frac{\partial U}{\partial t},$$

d. h. der Widerstand ist gleich der Kraft, die erforderlich ist, der vom Zylinder verdrängten Flüssigkeitsmasse die Beschleunigung $\partial U/\partial t$ zu erteilen.

2.11 Der Ablösungsvorgang bei einem Kreiszylinder. Wir knüpfen an den letzten Absatz der Nummer 2.9 an und betrachten in diesem Zusammenhang Abb. II, 2.33–36. Es handelt sich hier um Reihenbilder mit einem abgeänderten Kinoapparat[135], bei dem die Belichtung $^7/_8$ der Zeit für ein Bild beträgt, und die Weiterbewegung des Filmstreifens in $^1/_8$ dieser Zeit erfolgt. Die Anzahl der Bilder pro Sekunde ist vier, so daß die Zeit der Belichtung $^7/_8 \cdot {}^1/_4 = 0{,}22$ s und die Zeit des Filmtransportes $^1/_8 \cdot {}^1/_4 = 0{,}03$ s beträgt (vgl. oberen Teil in Abb. II, 2.37).

Die Bewegung des Zylinders bestand in einer fast ruckweisen Beschleunigung bis auf eine Geschwindigkeit von $U_c = 4{,}5$ cm/s, die dann konstant beibehalten wurde. Die Beschleunigungszeit betrug etwa $^1/_3$ s, so daß die durchschnittliche Beschleunigung $4{,}5 : {}^1/_3 = 13{,}5$ cm/s^2 ausmachte. In Abb. II, 2.37 ist sowohl $\partial U/\partial t$ als Funktion der Zeit als auch $U = f(t)$ aufgetragen. Die tatsächliche Geschwindigkeitszunahme mit der Zeit als auch der Beschleunigungsvorgang sind besser durch die gestrichelten Kurven dargestellt. Danach ist mit Beginn der Belichtungszeit des 3. Bildes die Beschleunigung beendet und von da ab die Geschwindigkeit konstant $= U_c$. Der Kreisdurchmesser beträgt 6 cm, so daß

$$\frac{2R}{U_c^2} \frac{\partial U}{\partial t} = \frac{6}{4{,}5^2} 13{,}5 = 4 \qquad \text{(II, 2.57)}$$

und die Reynoldssche Zahl $\mathrm{Re} = U_c D/\nu = 2700$ ist.

Wir fragen uns jetzt: Wie sieht der Druckverlauf an der Zylinderoberfläche während der Beschleunigung aus, beispielsweise zur Zeit $t = 0$, ferner $t = {}^1/_6$ s, wo $U/U_c = 0{,}5$ ist, zur Zeit $t = {}^1/_4$ s entsprechend $U/U_c = 0{,}75$ und zur Zeit unmittelbar vor Beendigung der Beschleunigung mit $U/U_c \to 1$ (Abb. II, 2.37). In Abb. II, 2.38 ist nach Gl. (II, 2.55) mit Berücksichtigung von Gl. (II, 2.57)

$$\frac{p - p_\infty}{\frac{\varrho}{2} U_c^2} = -4 \cos\varphi + \frac{U^2}{U_c^2} (2 \cos 2\varphi - 1)$$

[135] Prandtl L., u. O. Tietjens: Kinematographische Strömungsbilder. Naturwissenschaften 13 (1925) 1050–1053.

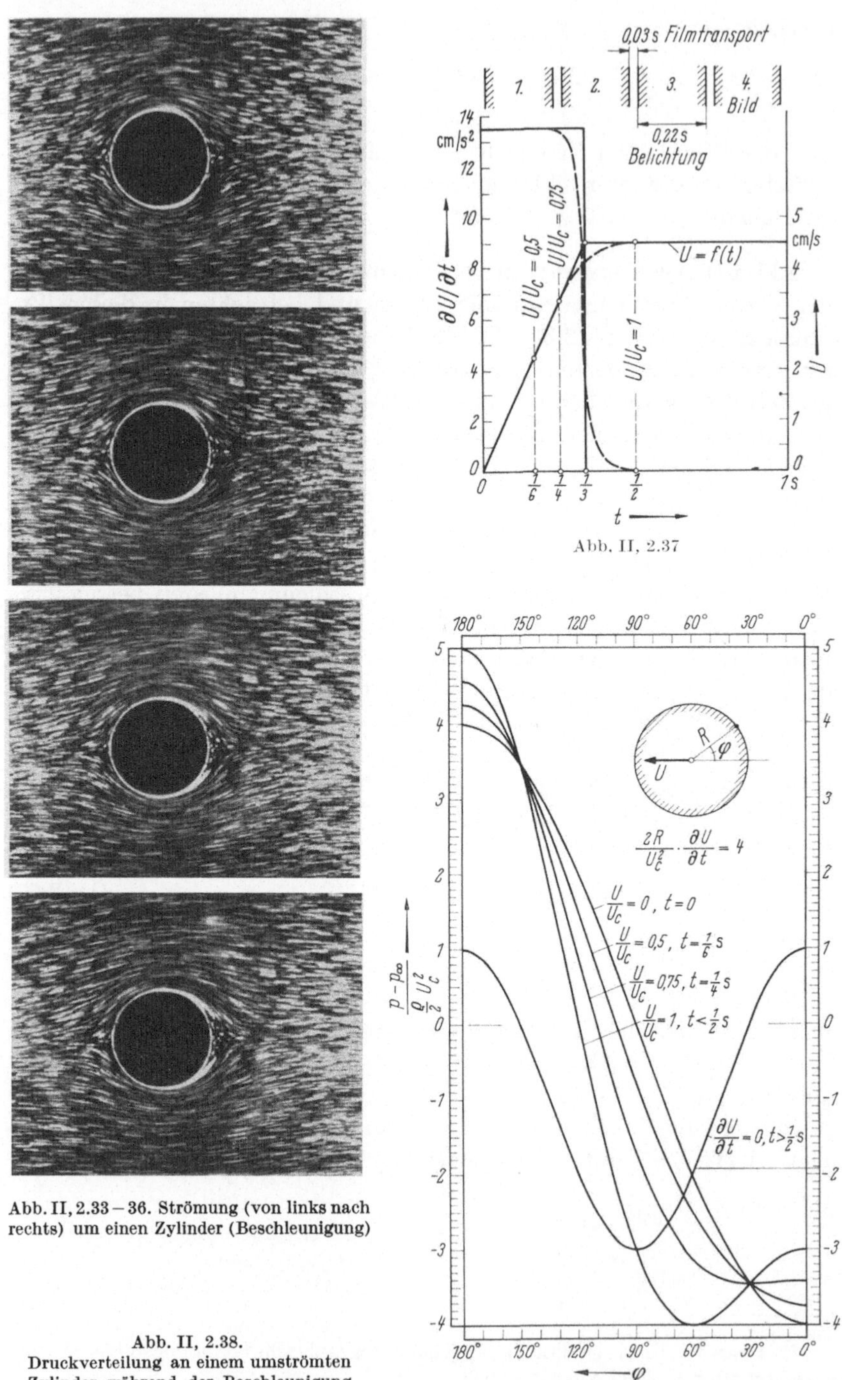

Abb. II, 2.37

Abb. II, 2.33 – 36. Strömung (von links nach rechts) um einen Zylinder (Beschleunigung)

Abb. II, 2.38. Druckverteilung an einem umströmten Zylinder während der Beschleunigung

als Funktion von φ aufgetragen und zwar für $U/U_c = 0$ (d. h. $t = 0$), $U/U_c = 0{,}5$, ($t = {}^1/_6$ s); $U/U_c = 0{,}75$, ($t = {}^1/_4$ s) und $U/U_c = 1$, ($t \leqq {}^1/_2$ s); dazu noch die Druckverteilung der stationären Strömung ($\partial U / \partial t = 0, t > {}^1/_2$ s).

Wie man aus der Abbildung erkennt, entspricht *im Zustande der Beschleunigung* der Abnahme der wandnahen Geschwindigkeit zum hinteren Staupunkt des angeströmten Zylinders auch eine beträchtliche Druckabnahme; erst unmittelbar vor Beendigung der Beschleunigung bildet sich in der Nähe des hinteren Staupunktes ein geringer Druckanstieg aus. Mit Beginn der stationären Strömung setzt dann der starke Druckanstieg zum hinteren Staupunkt ein, der für die Rückströmung der zur Ruhe gekommenen Flüssigkeitsteilchen in der Grenzschicht verantwortlich ist.

Dieses zur Ruhe kommen einzelner Flüssigkeitsteilchen infolge der Zähigkeit findet aber bereits während der Beschleunigung der äußeren Strömung statt; die hierbei sich am Körper ansammelnden Flüssigkeitsteilchen drängen die Potentialströmung etwas vom Körper ab, ohne daß die Bedingung einer Rückströmung vorhanden ist (Abb. II, 2.34). Erst mit Beginn der stationären Strömung (Abb. II, 2.35, 36) und zwar durch den damit bedingten starken Druckanstieg zum hinteren Staupunkt setzt dann die rückläufige Bewegung der Grenzschichtteilchen ein. Über Ansätze zur theoretischen Behandlung von instationären Grenzschichten siehe SCHLICHTING[60], S. 197ff.

2.12 Der Impulssatz. Wie wir gesehen haben, bereitet die exakte Lösung der Differentialgleichung der Grenzschicht selbst bei geometrisch so einfachen Körpern wie Kreiszylinder und Kugel beträchtliche Schwierigkeiten. Wollte man die dabei benutzten Methoden auf praktisch wichtige, vorgegebene Körperformen, z. B. Tragflächenprofile, anwenden, so wäre die numerische Rechenarbeit nicht mehr tragbar. Anderseits ist man in manchen Fällen garnicht daran interessiert, alle Einzelheiten, die eine vollständige Lösung der Grenzschichtgleichung liefern würde, zu erfahren; häufig genügt es, z. B. die Dicke der Grenzschicht, den Ablösungspunkt oder die durch die Grenzschicht übertragene Schubspannung zu kennen. In solchen Fällen kann der Impulssatz recht brauchbare Näherungslösungen liefern.

Der Wert des Impulssatzes besteht vor allem darin, daß man physikalische Aussagen erhalten kann allein aus der Kenntnis des Zustandes auf der Begrenzungsfläche eines bestimmten Gebietes, ohne im einzelnen von den Vorgängen im Innern des Gebietes Kenntnis zu haben, ohne den „Mechanismus" des Bewegungsvorganges zu verstehen. Bei der Ableitung des Impulssatzes geht man zweckmäßigerweise vom Schwerpunktsatz der allgemeinen Mechanik aus: Die zeitliche Änderung der

Impulse oder Bewegungsgrößen ($\sum_i \mathfrak{q}_i m_i$) eines abgegrenzten Massensystems diskreter Massenpunkte (m_i) ist gleich der Summe der von außen auf das System wirkenden Kräfte ($\sum \mathfrak{K}$); die inneren Kräfte heben sich nach dem Prinzip von actio und reactio gegenseitig auf.

Beim Übergang zur Flüssigkeit – aufgefaßt als ein Kontinuum – lautet der Schwerpunktsatz mit $I = \int \mathfrak{q}\, dm$

$$\frac{dI}{dt} = \frac{d}{dt} \int \mathfrak{q}\, dm = \sum \mathfrak{K}, \tag{II, 2.58}$$

d. h. die Änderung des Gesamtimpulses in der Zeiteinheit eines von einer „*flüssigen* Fläche" eingeschlossenen Gebietes ist gleich der Resultierenden der äußeren Kräfte. Es ist dabei zu beachten, daß die betrachtete Flüssigkeitsmenge dauernd aus denselben Flüssigkeitsteilchen zu bestehen hat; die Flüssigkeit ist deshalb durch eine flüssige Fläche (die also dauernd aus denselben Flüssigkeitsteilchen besteht) von der übrigen Flüssigkeit abzugrenzen. Die „flüssige" Fläche wollen wir jetzt durch eine „raumfeste" geschlossene Fläche ersetzen, die wir „Kontrollfläche" nennen.

Zunächst weisen wir noch auf das Folgende hin: Betrachten wir in Abb. II, 2.39 eine durch die flüssige Fläche $\mathfrak{F}$ abgegrenzte Flüssigkeitsmenge, so erfolgt im allgemeinsten Falle die zeitliche Änderung der Bewegungsgröße I dieser abgegrenzten Flüssigkeit in der Weise, daß einerseits die Geschwindigkeiten $\mathfrak{q}_i$ in beliebigen Punkten im Innern des (grauen) Gebietes sich ändern können (wenn nämlich das Geschwindigkeitsfeld $\mathfrak{q}$ nicht nur eine Funktion des Ortes, sondern auch der Zeit ist: instationäre Bewegung), und daß anderseits die begrenzende flüssige Fläche $\mathfrak{F}$ sich verschiebt; in der Abbildung ist die in dem Zeitelement dt verschobene Fläche gestrichelt gezeichnet. Wollen wir aber eine physikalische Aussage allein aus der Zustandsänderung an der Begrenzung der Flüssigkeit erhalten, so müssen wir offenbar voraussetzen, daß an festgehaltenen Raumpunkten im Innern der Flüssigkeit jedes Flüssigkeitsteilchen im Verlauf eines Zeitelementes durch ein anderes Flüssigkeitsteilchen von *gleicher Geschwindigkeit* ersetzt wird, d. h. wir müssen voraussetzen daß die Strömung stationär ist[136]. In *diesem* Falle bleibt für die zeitliche Änderung des Impulses der durch $\mathfrak{F}$ abgegrenzten Flüssigkeitsmenge nur die Änderung der Bewegungsgröße, welche durch die Verschiebung der flüssigen Fläche bedingt ist. In der Abbildung ist während des Zeitelementes dt der Impuls der durch $\mathfrak{F}$ abgegrenzten

[136] Man kann die Anwendung des Impulssatzes auch erweitern auf „in Mittelwerten stationäre" Bewegungen, wo eine stationäre „Grundströmung" (eben durch den Mittelwert gebildet) und eine darüber gelagerte Schwankung regelmäßiger oder auch unregelmäßiger Art vorhanden ist.

Flüssigkeit insofern vergrößert, als die gleiche sekundliche Flüssigkeitsmenge, die mit $\mathfrak{q}_1$ auf der linken Seite gleichsam verschwindet, auf der rechten Seite, mit der größeren Geschwindigkeit $\mathfrak{q}_2$ multipliziert, wieder erscheint.

Fixiert man die flüssige Fläche zu einem beliebigen Zeitpunkt t_1 als eine *raumfeste Fläche* (in Abb. II, 2.40) stellt AA einen Teil derselben dar), so möge dieser Teil der flüssigen Fläche zur Zeit $t_1 + dt$ die Lage

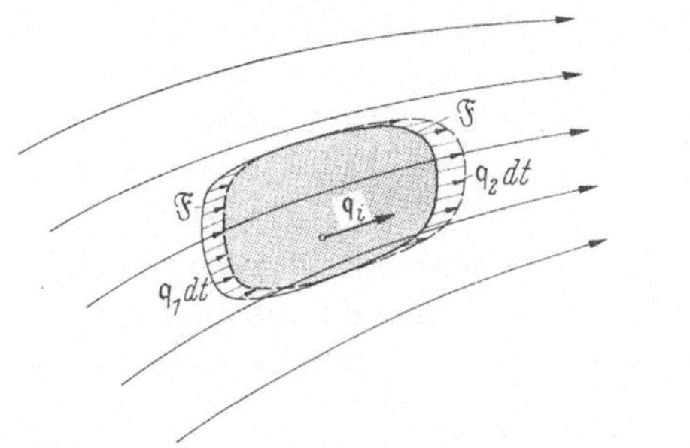

Abb. II, 2.39. Der Impulsfluß durch eine (raumfeste) Kontrollfläche

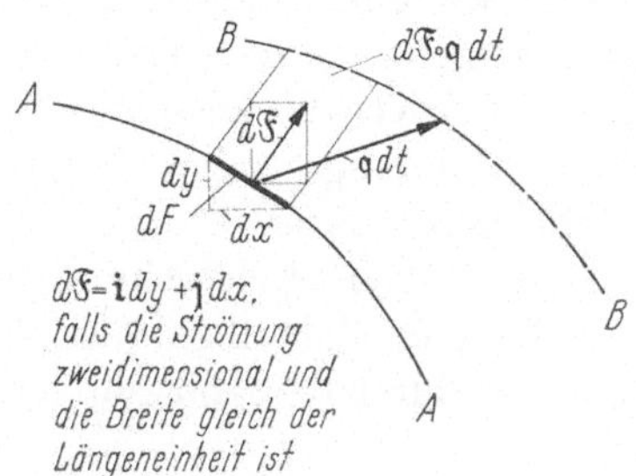

Abb. II, 2.40

BB eingenommen haben. Ist $dF = d\,|\mathfrak{F}|$ ein Element der raumfesten Fläche (die äußere Normale sei positiv gerechnet), so ist das im Zeitelement dt durch die raumfeste Fläche dF geschobene Volumen $d\mathfrak{F} \circ \mathfrak{q}\, dt$ und die in der Zeiteinheit durch das Flächenelement dF getretene Bewegungsgröße also gleich $\varrho d\mathfrak{F} \circ \mathfrak{q}\mathfrak{q}$. Die Verschiebung der flüssigen Fläche entspricht somit einem Impulstransport oder Impulsfluß durch die raumfeste Fläche. Über diese geschlossene Fläche, die sogenannte Kontrollfläche, integriert, ergibt sich somit

$$\frac{dI}{dt} = \oint\!\!\oint \varrho d\mathfrak{F} \circ \mathfrak{q}\mathfrak{q}\,. \tag{II, 2.59}$$

In Worten: Bei einem stationären Strömungsvorgang ist die sekundliche Änderung des Gesamtimpulses einer Flüssigkeitsmenge gleich dem Impulsfluß durch die Kontrollfläche.

Ist speziell dF senkrecht zur x-Richtung, so ist die sekundlich durchgeschobene Masse ϱdFu und

$$\frac{dI_x}{dt} = \iint \varrho dFu^2,$$

falls dF senkrecht zur y-Richtung, so ist der sekundliche Massenfluß ϱdFv und

$$\frac{dI_y}{dt} = \iint \varrho dFuv.$$

Die Summe der äußeren Kräfte, die nach Gl. (II, 2.58 bzw. 59) dem sekundlichen Impulsfluß gleich ist, setzt sich aus Druckkräften und Schubkräften zusammen. Wir nehmen dabei an, daß die Strömungsvorgänge keine freien Oberflächen (z. B. Wasserwellen) aufweisen, und daß die Dichte lediglich eine Funktion des Druckes ist, nicht aber — wie bei meteorologischen Problemen — vom *vollständigen* Druck abhängt; die Gravitationskräfte fallen dann durch die hydrostatischen bzw. aerostatischen Auftriebskräfte aus der Betrachtung heraus (vgl. Bd. I, S. 106). Bevor wir den Impulssatz auf die Grenzschicht anwenden, wollen wir noch zeigen, wie man ihn leicht — wenn auch nicht so anschaulich — aus den Navier-Stokesschen Gleichungen ableiten kann; allerdings setzt diese Ableitung — im Gegensatz zur vorigen — eine inkompressible Flüssigkeit voraus.

Die Navier-Stokessche Gleichung bei stationären, inkompressiblen Strömungen Gl. (I, 2.24), mit dem Volumenelement dV multipliziert und über das durch die Kontrollfläche abgegrenzte Volumen integriert, lautet

$$\iiint (\mathfrak{q} \circ \nabla \mathfrak{q})\, dV = -\frac{1}{\varrho} \iiint \nabla p\, dV + \nu \iiint \Delta \mathfrak{q}\, dV.$$

Da $\nabla \circ (\mathfrak{q}\mathfrak{q}) = (\nabla \circ \mathfrak{q})\, \mathfrak{q} + \mathfrak{q} \circ \nabla \mathfrak{q}$ ist und wegen der vorausgesetzten Inkompressibilität $\nabla \circ \mathfrak{q} = \operatorname{div} \mathfrak{q} = 0$, bleibt

$$\iiint \nabla \circ (\mathfrak{q}\mathfrak{q})\, dV = -\frac{1}{\varrho} \iiint \nabla p\, dV + \nu \iiint \nabla \circ \nabla \mathfrak{q}\, dV.$$

Wendet man auf diese drei Ausdrücke den Gaußschen Satz an (vgl. Bd. I, S. 147), so erhält man

$$\oiint^{\mathfrak{F}} d\mathfrak{F} \circ \mathfrak{q}\mathfrak{q} = -\frac{1}{\varrho} \oiint^{\mathfrak{F}} d\mathfrak{F}\, p + \nu \oiint^{\mathfrak{F}} d\mathfrak{F} \circ \nabla \mathfrak{q}, \qquad \text{(II, 2.60)}$$

wo $\mathfrak{F}$ die Oberfläche, d. h. die Kontrollfläche des betrachteten Flüssigkeitsvolumens ist (die Normale von $\mathfrak{F}$ nach außen positiv gerechnet).

Bei einer zweidimensionalen Strömung ist nach Abb. II, 2.40 $d\mathfrak{F} = \mathfrak{i}\, dy + \mathfrak{j}\, dx$, so daß mit $\mathfrak{q} = \mathfrak{i} u + \mathfrak{j} v$ die letzte Gleichung übergeht in

$$\oint^{\mathfrak{C}} (u\, dy + v\, dx)(\mathfrak{i} u + \mathfrak{j} v) = -\frac{1}{\varrho} \oint^{\mathfrak{C}} (\mathfrak{i}\, dy + \mathfrak{j}\, dx)\, p +$$

$$+ \nu \oint^{\mathfrak{C}} \left[\left(\mathfrak{i} \frac{\partial u}{\partial x} + \mathfrak{j} \frac{\partial v}{\partial x}\right) dy + \left(\mathfrak{i} \frac{\partial u}{\partial y} + \mathfrak{j} \frac{\partial v}{\partial y}\right) dx\right], \qquad \text{(II, 2.61)}$$

wo $\mathfrak{C}$ die Kontrollkontur bezeichnet. Die Gleichungen (II, 2.60 und 61) sind die Impulsgleichungen einer inkompressiblen Flüssigkeit, wobei im Falle einer idealen, d. h. vollkommen zähigkeitsfreien Flüssigkeit das mit ν behaftete Integral fortfällt.

2.13 Anwendung des Impulssatzes auf Grenzschichten, ebene Platte. Wenden wir die letzte Gleichung auf die Grenzschicht einer inkompressiblen zweidimensionalen Strömung längs einer ebenen (unendlich

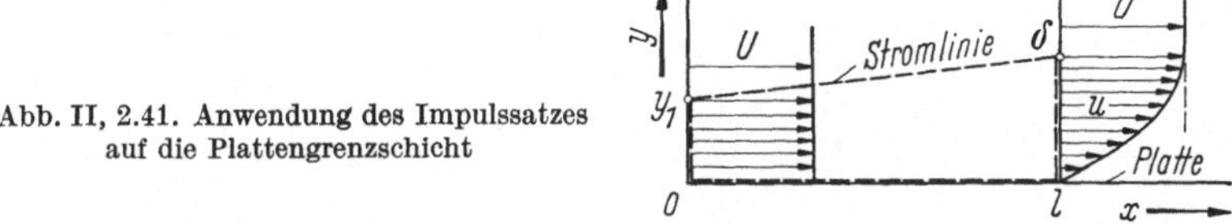

Abb. II, 2.41. Anwendung des Impulssatzes auf die Plattengrenzschicht

dünnen) Platte an (Abb. II, 2.41), so bleibt mit den üblichen Vernachlässigungen innerhalb der Grenzschicht und bei Annahme der gestrichelten Kurve als Kontrollfläche

$$U^2 \int_0^{y_1} dy - \int_0^{\delta} u^2\, dy = \nu \int_0^{l} \left(\frac{\partial u}{\partial y}\right)_{y=0} dx\,.$$

Weder durch die Wandung (d. i. die Strecke von $x = 0$ bis l) noch durch die Strecke von δ bis y_1 (als Stromlinie) findet ein Massentransport statt und damit auch kein Impulsfluß; dabei braucht die Lage des Punktes y_1, durch den die Stromlinie nach dem Punkt $x = l$, $y = \delta$ geht, nicht bekannt sein, ebensowenig die Gestalt der Stromlinie. Ein Impulsfluß besteht lediglich auf der Strecke von 0 bis y_1 und von 0 bis δ. Da der Druck auf der Kontrollfläche überall derselbe ist, fällt das Druckintegral in Gl. (II, 2.61) fort. Schließlich ist auf der Strecke von δ bis y_1 $\partial u/\partial y = 0$, so daß hier keine Schubspannungen auftreten.

Aus Kontinuitätsgründen ist

$$U \int_0^{y_1} dy = \int_0^{\delta} u\, dy\,,$$

so daß wir statt der obigen Gleichung haben

$$\int_0^{\delta} u\,(U - u)\, dy = \nu \int_0^{l} \left(\frac{\partial u}{\partial y}\right)_{y=0} dx\,. \qquad \text{(II, 2.62)}$$

Setzen wir jetzt $u/U = f(\eta)$, wo $\eta = y/\delta(x)$ ist, so wird

$$U \int_0^1 f(\eta)\,[1 - f(\eta)]\, d\eta \int_0^\delta d\delta = \nu \int_0^l \left(\frac{\partial f(\eta)}{\partial \eta}\right)_{\eta=0} \frac{dx}{\delta}$$

oder, wegen des Affinitätsgesetzes der Geschwindigkeitsprofile, wonach $f'(o)$ von x unabhängig ist

$$U \int_0^1 f(1-f)\, d\eta \int_0^\delta \frac{d(\delta^2)}{2} = \nu f'(o) \int_0^l dx$$

oder

$$\frac{\delta^2}{2} U \int_0^1 (f - f^2)\, d\eta = \nu f'(o) l. \qquad \text{(II, 2.63)}$$

Um jetzt eine Aussage über die Abhängigkeit der Grenzschichtdicke δ von der Plattenlänge l zu erhalten, haben wir eine Annahme hinsichtlich der Geschwindigkeitsverteilung $f(\eta)$ zu machen, denn die Kenntnis des Zustandes an der Kontrollfläche ist ja Voraussetzung der Anwendung des Impulssatzes.

Nehmen wir — wie auf S. 99ff. — als erstes Beispiel an, daß die Grenzschichtverteilung parabolisch sei, d. h.

I. $$f(\eta) = 1 - (1-\eta)^2 = 2\eta - \eta^2, \qquad \text{(II, 2.64)}$$

so erhalten wir aus Gl. (II, 2.63)

$$\frac{U}{2} \cdot \frac{2}{15} \delta^2 = \nu\, 2l$$

oder

$$\delta = \sqrt{30} \sqrt{\frac{\nu l}{U}} = 5{,}48 \sqrt{\frac{\nu l}{U}} = 5{,}48\, l\, \mathrm{Re}_l^{-\frac{1}{2}}, \qquad \text{(II, 2.65)}$$

ein Resultat, das wir auf S. 100 in ganz ähnlicher Weise bereits abgeleitet hatten.

Ein weiteres Beispiel einer Geschwindigkeitsverteilung ist:

II. $$f(\eta) = \frac{3}{2}\eta - \frac{1}{2}\eta^3; \qquad \text{(II, 2.66)}$$

auch hier ist $f(0) = 0$ und $f(1) = 1$, sowie $f'(1) = 0$. Setzt man Gl. (II, 2.66) in Gl. (II, 2.63) ein, so ergibt sich

$$\frac{U}{2} \cdot \frac{39}{280} \delta^2 = \nu \frac{3}{2} l$$

oder

$$\delta = 4{,}64 \sqrt{\frac{\nu l}{U}} = 4{,}64\, l\, \mathrm{Re}_l^{-\frac{1}{2}} . \qquad \text{(II, 2.67)}$$

Zu dem Polynom vierten Grades

$$\text{III.} \qquad f(\eta) = 2\eta - 2\eta^3 + \eta^4, \qquad \text{(II, 2.68)}$$

bei dem außer $f(0) = 0$ und $f(1) = 1$, sowie $f'(1) = 0$ auch noch $f''(0) = f''(1) = 0$ ist, erhält man aus Gl. (II, 2.63)

$$\frac{U}{2} \cdot \frac{37}{315}\, \delta^2 = \nu\, 2l$$

also

$$\delta = 5{,}83 \sqrt{\frac{\nu l}{U}} = 5{,}83\, l\, \mathrm{Re}_l^{-\frac{1}{2}} . \qquad \text{(II, 2.69)}$$

Statt der Grenzschichtdicke δ kann man auch die Verdrängungsdicke δ^* berechnen, die nach S. 101 durch

$$\delta^* = \int_0^\delta \left(1 - \frac{u}{U}\right) dy$$

oder

$$\delta^* = \delta \int_0^1 [1 - f(\eta)]\, d\eta \qquad \text{(II, 2.70)}$$

definiert ist. Damit erhält man zu den untersuchten 3 Beispielen der Geschwindigkeitsverteilung

$$\begin{aligned}
&\text{I.} && \delta^* = 5{,}48 \cdot \frac{1}{3} \sqrt{\frac{\nu l}{U}} = 1{,}83 \sqrt{\frac{\nu l}{U}} = 1{,}83\, l\, \mathrm{Re}_l^{-\frac{1}{2}} , \\
&\text{II.} && \delta^* = 4{,}64 \cdot \frac{3}{8} \quad ,, \quad = 1{,}74 \quad ,, \quad = 1{,}74\, l \quad ,, \quad , \qquad \text{(II, 2.71)} \\
&\text{III.} && \delta^* = 5{,}83 \cdot \frac{3}{10} \quad ,, \quad = 1{,}75 \quad ,, \quad = 1{,}75\, l \quad ,, \quad .
\end{aligned}$$

Demgegenüber gibt die Blasiussche Lösung einen asymptotischen Übergang von Grenzschicht zur Außenströmung (U) und bei $u/U = 0{,}99$ ein $\delta = 5 \sqrt{\nu l / U}$, vgl. (Abb. II, 1.6), sowie eine Verdrängungsdicke

$$\text{Blasius:} \quad \delta^* = 1{,}73 \sqrt{\frac{\nu l}{U}} = 1{,}73\, l\, \mathrm{Re}_l^{-\frac{1}{2}} . \qquad \text{(II, 2.72)}$$

Aus Gl. (II, 2.63) läßt sich auch leicht der Widerstand der angeströmten Platte von der Länge l berechnen, wenn man bedenkt, daß für eine Seite der Platte

$$W = b \int_0^l \tau_0(x)\, dx \tag{II, 2.73}$$

ist, wo b die Plattenbreite senkrecht zur Bildebene von Abb. II, 2.41 bezeichnet, und daß

$$\tau_0 = \mu \left(\frac{\partial u}{\partial y}\right)_{y=0} = \mu U \left(\frac{\partial \frac{u}{U}}{\partial \eta}\right)_{\eta=0} \cdot \frac{\partial \eta}{\partial y}$$

ist, also mit $u/U = f(\eta)$ und $\partial\eta/\partial y = \dfrac{1}{\delta(x)}$

$$\tau_0 = \frac{\mu U}{\delta(x)} f'(0).$$

Je nach der Annahme der Funktion $f(\eta)$ und des daraus folgenden $\delta(x)$ erhalten wir zu den obigen 3 Beispielen

$$\begin{aligned}
&\text{I.} && \tau_0(x) = \frac{\mu U}{5{,}48}\sqrt{\frac{U}{\nu x}} \cdot 2 = 0{,}730\ \mathrm{Re}_x^{-\frac{1}{2}} \cdot \frac{\varrho}{2} U^2,\\
&\text{II.} && \tau_0(x) = \frac{\mu U}{4{,}64}\sqrt{\frac{U}{\nu x}} \cdot \frac{3}{2} = 0{,}647\ \text{,,}\quad \text{,,}\ ,\\
&\text{III.} && \tau_0(x) = \frac{\mu U}{5{,}83}\sqrt{\frac{U}{\nu x}} \cdot 2 = 0{,}685\ \text{,,}\quad \text{,,}\ ,\\
&\text{Blasius:} && \tau_0(x) = 0{,}664\ \text{,,}\quad \text{,,}\ .
\end{aligned} \tag{II, 2.74}$$

Da der Widerstand eines Flächenelementes $b\,dx$

$$dW = \tau_0\, b dx = c_f'\, b dx \cdot \frac{\varrho}{2} U^2, \tag{II, 2.75}$$

ist, stimmt der örtliche Reibungskoeffizient c_f' mit dem obigen Wert von τ_0, dividiert durch $\delta U^2/2$, überein. Der Widerstand der Plattenfläche bl ist nach Gl. (II, 2.73) unter Berücksichtigung von Gl. (II, 2.74 bzw. 75)

$$W = b \int_0^l \tau_0(x)\, dx = \frac{\varrho}{2} U^2 b \int_0^l c_f'\, dx, \tag{II, 2.76}$$

also im Falle

I. $$W = b \cdot 0{,}730 \sqrt{\frac{\nu}{U}}\, \frac{\varrho}{2}\, U^2 \int\limits_0^l \frac{dx}{\sqrt{x}}$$

oder

$$W = 1{,}460 \sqrt{\frac{\nu l}{U}}\, b\, \frac{\varrho}{2}\, U^2 = 1{,}460 \sqrt{\frac{\nu}{U l}}\, b l\, \frac{\varrho}{2}\, U^2,$$

mithin

$$\begin{aligned} &\text{I.} && c_f = 1{,}460\, \mathrm{Re}_l^{-\frac{1}{2}}, \\ &\text{II.} && c_f = 1{,}294 \quad ,, \quad , \\ &\text{III.} && c_f = 1{,}370 \quad ,, \quad , \\ &\text{Blasius:} && c_f = 1{,}328 \quad ,, \quad . \end{aligned} \qquad \text{(II, 2.77)}$$

Wie man erkennt, liefert der Impulssatz bei der längsangeströmten Platte recht gute Näherungswerte sowohl bzgl. der Grenzschichtdicke als auch des Widerstandes. In Abb. II, 2.42 sind die Geschwindigkeitsverteilungen in der Grenzschicht dargestellt nach den 3 Annahmen betreffs $u/U = f(\eta)$; die Blasiussche Verteilung ist durch Kreuze gekennzeichnet.

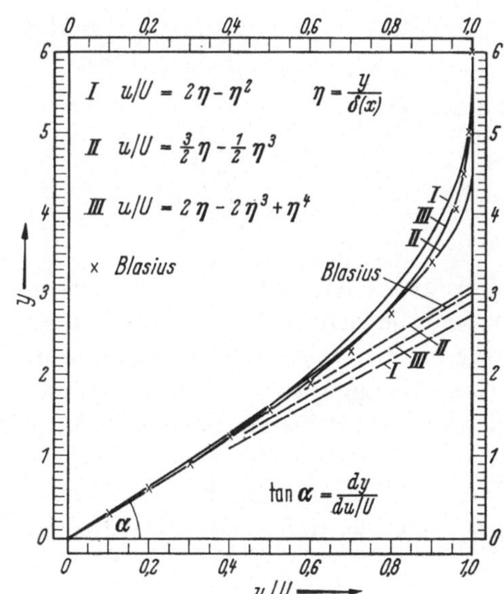

Abb. II, 2.42. Verschiedene Grenzschichtprofile der Plattengrenzschicht verglichen mit demjenigen nach BLASIUS

2.14 Der Impulssatz bei Grenzschichten mit vorgegebener Druckverteilung. Wir betrachten in Abb. II, 2.43 ein Stück einer Grenzschicht (zweidimensionale, stationäre Strömung), bei welcher der Druck

$p = p(x)$ längs der Wandung vorgegeben sei. Im vorliegenden Beispiel nimmt die Geschwindigkeit $U(x)$ außerhalb der Grenzschicht $(y \geqq \delta(x))$ zu, so daß wir eine Strömung mit Druckabfall haben. Beim vorher behandelten Fall der ebenen Platte war $p = \text{const}$, d. h. $dp/dx = 0$.

Nach der Kontinuitätsgleichung ist die in der Zeiteinheit durch CD strömende Flüssigkeitsmenge gleich der Differenz der durch BC bzw. AD fließenden Mengen (die Tiefe senkrecht zur Bildebene sei gleich 1).

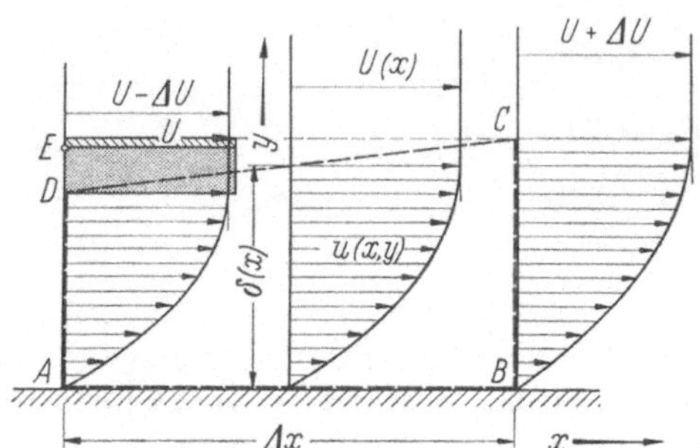

Abb. II, 2.43. Anwendung des Impulssatzes bei Grenzschichten mit vorgegebenem $p = p(x)$

Durch BC strömt in der Zeiteinheit die Flüssigkeitsmenge

$$\int_0^{\delta+\delta'\frac{\Delta x}{2}} \left(\varrho u + \frac{\partial \varrho u}{\partial x}\frac{\Delta x}{2}\right) dy,$$

und durch DA

$$\int_0^{\delta-\delta'\frac{\Delta x}{2}} \left(\varrho u - \frac{\partial \varrho u}{\partial x}\frac{\Delta x}{2}\right) dy,$$

wo $\delta' = d\delta/dx$ ist, und $\varrho u = f(x)$ sowie $\delta = \delta(x)$ in Taylorsche Reihen entwickelt, jedoch nach dem ersten Glied abgebrochen sind. Dies ist zulässig, da wir später die Integranten durch Δx dividieren und dann den Grenzübergang zu $\Delta x \to 0$ vornehmen werden, wodurch die Glieder der Taylorschen Reihe mit höheren Ableitungen als der ersten verschwinden.

Durch CD strömt somit in der Zeiteinheit die Differenz der beiden obigen Integrale, d. h. wenn die Integranten noch durch Δx dividiert werden:

$$\int_0^{\delta-\delta'\frac{\Delta x}{2}} \frac{\varrho u}{\Delta x}\, dy + \int_{\delta-\delta'\frac{\Delta x}{2}}^{\delta+\delta'\frac{\Delta x}{2}} \frac{\varrho u}{\Delta x}\, dy - \int_0^{\delta-\delta'\frac{\Delta x}{2}} \frac{\varrho u}{\Delta x}\, dy + \frac{1}{2}\int_0^{\delta+\delta'\frac{\Delta x}{2}} \frac{\partial \varrho u}{\partial x}\, dy + \frac{1}{2}\int_0^{\delta-\delta'\frac{\Delta x}{2}} \frac{\partial \varrho u}{\partial x}\, dy. \tag{II, 2.78}$$

Das erste und dritte Integral heben sich gegenseitig auf; für das zweite Integral hat man, da innerhalb der fraglichen Grenzen des Integrals bei kleinem, aber endlichem Δx die Geschwindigkeit u mit sehr großer Näherung gleich U ist,

$$\frac{\varrho U}{\Delta x}\int\limits_{\delta-\delta'\frac{\Delta x}{2}}^{\delta+\delta'\frac{\Delta x}{2}} dy = \frac{\varrho U}{\Delta x}\,\delta'\Delta x = \varrho U\,\frac{d\delta}{dx}.$$

Läßt man jetzt Δx nach Null konvergieren, so bleibt von Gl. (II, 2.78)

$$\varrho U\,\frac{d\delta}{dx} + \int\limits_0^{\delta}\frac{\partial\varrho u}{\partial x}\,dy.$$ [137]

Dies ist also die pro Längeneinheit der Seitenfläche $y = \delta(x)$ sekundlich einströmende Flüssigkeitsmenge.

Im Beispiel der in Abb. II, 2.43 dargestellten Strömung ist (nach graphischer Integration)

$$\int\limits_0^{\delta(x)=1}\frac{\partial u}{\partial x}\,dy\,\Delta x = -\,0{,}019\;U\Delta x \qquad \text{gegenüber} \qquad U\,\frac{d\delta}{dx}\,\Delta x = 0{,}125\;U\Delta x.$$

Da $\partial u/\partial x$ im vorliegenden Beispiel durchweg negativ ist, wird das Integral (gestrichelt gezeichnet) < 0 und ist deshalb von $U\Delta x d\delta/dx$ abzuziehen. In der Abbildung ist $\Delta x = 2\delta$, mithin entspricht die Fläche $(0{,}250 - 0{,}038)\,\delta U = 0{,}212\,\delta U = DE\cdot U$ (punktiert dargestellt) der durch CD strömenden Flüssigkeitsmenge pro Zeiteinheit. Wollte man also durch den Punkt C eine Stromlinie (durch die ja keine Flüssigkeit hindurchfließt) zeichnen, so müßte sie durch den Punkt E gehen.

Der entsprechende Impulsfluß durch CD, dividiert durch Δx und anschließendem $\lim \Delta x \to 0$ wird somit

$$\varrho U^2\,\frac{d\delta}{dx} + U\int\limits_0^{\delta}\frac{\partial\varrho u}{\partial x}\,dy. \qquad \text{(II, 2.79)}$$

[137] Der Ausdruck kann auch geschrieben werden:

$$\varrho U\,\frac{d\delta}{dx} + \int\limits_0^{\delta(x)}\frac{\partial\varrho u}{\partial x}\,dy = \frac{\partial}{\partial x}\int\limits_0^{\delta(x)}\varrho u\,dy,$$

vgl. Hütte, 26. Aufl., Bd. I, S. 100.

Der Impulsfluß durch BC und DA ist analog dem Vorherigen

$$\int\limits_0^{\delta+\delta'\frac{\Delta x}{2}} \left(\varrho u + \frac{\partial \varrho u}{\partial x}\frac{\Delta x}{2}\right)\left(u + \frac{\partial u}{\partial x}\frac{\Delta x}{2}\right) dy - \int\limits_0^{\delta-\delta'\frac{\Delta x}{2}} \left(\varrho u - \frac{\partial \varrho u}{\partial x}\frac{\Delta x}{2}\right)\left(u - \frac{\partial u}{\partial x}\frac{\Delta x}{2}\right) dy$$

und wenn man ausmultipliziert und durch Δx dividiert

$$\frac{\varrho U^2}{\Delta x}\frac{d\delta}{dx}\Delta x + \frac{1}{2}\int\limits_0^{\delta+\delta'\frac{\Delta x}{2}} \frac{\partial \varrho u^2}{\partial x} dy + \frac{1}{2}\int\limits_0^{\delta-\delta'\frac{\Delta x}{2}} \frac{\partial \varrho u^2}{\partial x} dy + 2 \text{ Glieder mit } \Delta x \text{ als Faktor.}$$

Läßt man jetzt Δx nach Null konvergieren, so erhält man

$$\varrho U^2 \frac{d\delta}{dx} + \int\limits_0^{\delta} \frac{\partial \varrho u^2}{\partial x} dy. \tag{II, 2.80}$$

Die Differenz der Ausdrücke (II, 2.80) und (II. 2.79), d. h.

$$\int\limits_0^{\delta} \frac{\partial \varrho u^2}{\partial x} dy - U \int\limits_0^{\delta} \frac{\partial \varrho u}{\partial x} dy, \tag{II, 2.81}$$

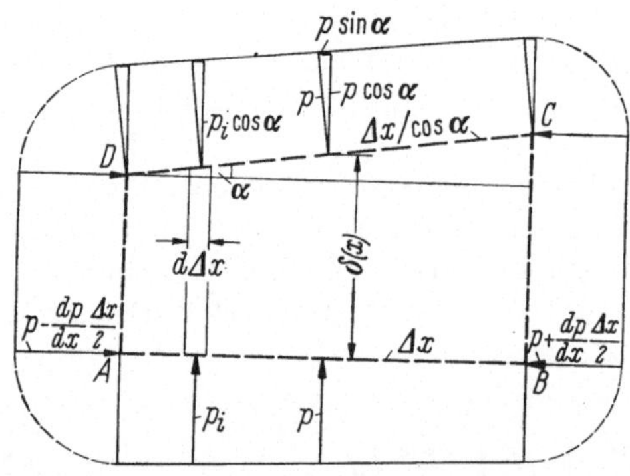

Abb. II, 2.44. Die auf die Kontrollfläche der Abb. II, 2.43 wirkenden Druckkräfte

stellt somit die Ableitung des Gesamtimpulses durch die Kontrollfläche $BCDA$ nach der Veränderlichen x dar und ist also der Ableitung der resultierenden Druckkraft auf $ABCDA$ nach x plus der Ableitung der Schubkraft nach x bei $\lim AB = \lim \Delta x \to 0$ gleichzusetzen (Impulssatz).

Die Druckkraft auf die Kontrollfläche $ABCDA$ zerlegen wir in Horizontal- und Vertikalkomponente (Abb. II, 2.44). Bezüglich der letzteren ist bei jedem Element $d\Delta x$ der Strecke Δx

$$p_i d\Delta x = -p_i \cos\alpha \frac{d\Delta x}{\cos\alpha};$$

die Summe der Vertikalkomponenten ist somit gleich Null. Die Resultierende der Horizontalkomponenten ist, wenn wir wieder die Taylorschen Reihen nach der ersten Ableitung abbrechen,

$$\left(p - \frac{dp}{dx}\frac{\Delta x}{2}\right)\left(\delta - \frac{d\delta}{dx}\frac{\Delta x}{2}\right) - \left(p + \frac{dp}{dx}\frac{\Delta x}{2}\right)\left(\delta + \frac{d\delta}{dx}\frac{\Delta x}{2}\right) + p\sin\alpha\frac{\Delta x}{\cos\alpha}.$$

Multipliziert man die Klammern aus, dividiert durch Δx und berücksichtigt, daß $\tan\alpha = d\delta/dx$ ist, so bleibt, wenn noch $\Delta x \to 0$ genommen wird (wodurch die Glieder der Taylorschen Reihen mit höheren Ableitungen als der ersten von p und δ nach der Variablen x verschwinden),

$$-\frac{dp}{dx}\delta \tag{II, 2.82}$$

als Ableitung der Druckkraft nach x.

Als Schubkraft in der Flüssigkeit bleibt, da längs BC die Ableitung $\partial u/\partial y = 0$ ist,

$$-\tau_0 \Delta x = -\mu\left(\frac{\partial u}{\partial y}\right)_{y=0}\Delta x$$

und durch Δx dividiert

$$-\mu\left(\frac{\partial u}{\partial y}\right)_{y=0}. \tag{II, 2.83}$$

Somit erhält man aus den drei letztbezifferten Ausdrücken

$$\int\limits_0^\delta \frac{\partial \varrho u^2}{\partial x}dy - U\int\limits_0^\delta \frac{\partial \varrho u}{\partial x}dy = -\frac{dp}{dx}\delta - \mu\left(\frac{\partial u}{\partial y}\right)_{y=0}. \tag{II, 2.84}$$

In dieser Form wird der Impulssatz gelegentlich auch als von Kármánsche Integralbedingung[138] bezeichnet.

Da der Druck $p(x)$ dem Druck außerhalb der Grenzschicht entspricht, können wir ihn bei inkompressiblen Flüssigkeiten mit Hilfe der Bernoullischen Gleichung $p + \varrho U^2/2 = \text{const}$ durch die Geschwindigkeit $U(x)$ ersetzen, also

$$-\frac{1}{\varrho}\frac{dp}{dx}\delta = U\frac{dU}{dx}\int\limits_0^\delta dy.$$

---

[138] v. Kármán, Th.: Über laminare und turbulente Reibung. Z. angew. Math. Mech. I (1921) 233—252, oder NACA Techn. Mem. 1092.

Damit wird Gl. (II, 2.84), falls $\delta = \text{const}$,

$$\int_0^\delta \frac{\partial u^2}{\partial x}\, dy - U \int_0^\delta \frac{\partial u}{\partial x}\, dy - U \frac{dU}{dx} \int_0^\delta dy = -\nu \left(\frac{\partial u}{\partial y}\right)_{y=0},$$

was sich auch umformen läßt in:

$$\int_0^\delta \frac{\partial}{\partial x}\, [u(U-u)]\, dy + \frac{dU}{dx} \int_0^\delta (U-u)\, dy = \nu \left(\frac{\partial u}{\partial y}\right)_{y=0}. \qquad \text{(II, 2.85)}$$

Ist $dU/dx = 0$, wie bei der ebenen Platte, so bleibt nur das erste Integral, in Übereinstimmung mit Gl. (II, 2.62).

Es ist nun nötig, für u eine plausible Funktion von y aufzustellen. Wir machen u durch Division mit $U(x)$ und y durch Division mit $\delta(x)$ dimensionslos und setzen:

$$\frac{u}{U} = f(\eta) = a\eta + b\eta^2 + c\eta^3 + d\eta^4. \qquad \text{(II, 2.86)}$$

Die Konstanten werden aus den Randbedingungen bei $y = 0$ bzw. $y/\delta = \eta = 1$ bestimmt:

1. Vor allem ist das Haften an der Wand, d. h. $f(0) = 0$ erfüllt; ferner ist bei $y = 0$ nach der Grenzschichtgleichung (wegen $u_{y=0} = 0$ und $v_{y=0} = 0$) bzw. bei $y \geqq \delta$ nach der Bernoullischen Gleichung (da dp/dx von $y \leqq \delta$ unabhängig ist)

$$\left(\frac{\partial^2 u}{\partial y^2}\right)_0 = \frac{1}{\nu\varrho}\frac{dp}{dx} = -\frac{U}{\nu}\frac{dU}{dx}$$

und, da

$$f'(\eta)_0 = \frac{\delta^2}{U}\left(\frac{\partial^2 u}{\partial y^2}\right)_0 = -\frac{\delta^2}{\nu}\frac{dU}{dx} = 2b$$

ist, haben wir

$$b = -\frac{1}{2}\frac{\delta^2}{\nu}\frac{dU}{dx} = -\frac{1}{2}\Lambda. \qquad \text{(II, 2.87)}$$

Da sich die übrigen Koeffizienten durch b ausdrücken lassen, ist es zweckmäßig, Λ entsprechend der letzten Gleichung als Abkürzung einzuführen. Die weiteren Randbedingungen sind

2. $\qquad f(1) = 1 = a + b + c + d$

3. $\qquad f'(1) = 0 = a + 2b + 3c + 4d;$

ferner nehmen wir an, daß

4. $$f''(1) = 0 = 2b + 6c + 12d$$

ist. Mit Gl. (II, 2.87) erhält man aus den drei letzten Gleichungen:

$$a = 2 + \frac{\Lambda}{6}, \quad b = -\frac{\Lambda}{2}, \quad c = -2 + \frac{\Lambda}{2}, \quad d = 1 - \frac{\Lambda}{6}$$

und in Gl. (II, 2.86) eingesetzt

$$\begin{aligned} f(\eta) &= 2\eta - 2\eta^2 + \eta^4 + \Lambda \cdot \frac{1}{6}(\eta - 3\eta^2 + 3\eta^3 - \eta^4) \\ &= F(\eta) \qquad\qquad + \Lambda\, G(\eta). \end{aligned} \tag{II, 2.88}$$

Falls — wie bei der ebenen Platte — $dU/dx = 0$ ist, wird $\Lambda = 0$, und wir behalten nur $f(\eta) = F(\eta)$ in Übereinstimmung mit Gl. (II, 2.68). Während bei der Platte infolge der Affinitätseigenschaft der Profile $u/U = f(\eta)$ von x unabhängig ist, gilt dies jetzt nicht mehr. Es ändert sich nämlich die dimensionslose Profilform $f(\eta) = F(\eta) + \Lambda G(\eta)$ mit x und zwar je nach der Größe von $\Lambda(x)$. Diese dimensionslose Größe kann gleichsam als Formparameter angesehen werden und, wenn man sie in der Form

$$\Lambda = \frac{\delta^2}{\nu}\,\frac{dU}{dx} = \frac{-\dfrac{dp}{dx}\,\delta}{\dfrac{\mu U}{\delta}}$$

schreibt, auch als Verhältnis der Druckkräfte zu den Reibungskräften aufgefaßt werden. Soviel läßt sich ohne weiteres schon sagen, daß im Augenblick der Ablösung, wo $(\partial u/\partial y)_0 = 0$, also auch $a = 0$ ist, $\Lambda = -12$ wird.

K. Pohlhausen[139] hat gezeigt, daß Gl. (II, 2.88) zusammen mit Gl. (II, 2.84) eine nichtlineare gewöhnliche Differentialgleichung erster Ordnung liefert, deren Lösung — bei vorgegebener Funktion $U = U(x)$ — die Änderung der Grenzschichtdicke δ als Funktion der Bogenlänge x enthält. Die von ihm durchgeführte graphische Lösung der Differentialgleichung ergibt unter anderem, daß dem Staupunkt eines umströmten Kreiszylinders der Wert $\Lambda = 7{,}052$ entspricht, und daß sich das Ablösungsprofil ($\Lambda = -12$) bei einer Bogenlänge von $x = 6{,}94$ cm

---

[139] Pohlhausen, K.: Zur näherungsweisen Integration der Differentialgleichung der laminaren Grenzschicht. Z. angew. Math. Mech. 1 (1921) 252—268, vgl. auch H. Holsten u. T. Bohlen: Ein einfaches Verfahren zur Berechnung laminarer Reibungsschichten, die dem Näherungsansatz von K. Pohlhausen genügen. Lilienthal-Bericht 10 (1940) 5—16. Über weitere Literaturangaben siehe Fußnote 60: Schlichting, S. 243.

einstellt, was bei einem Kreisradius von 4,875 cm einem Wert von

$$\widehat{\varphi} = \frac{6,94}{4,875} = 0,4532\,\pi \quad \text{oder} \quad \varphi = 0,4532 \cdot 180^\circ = 81,6^\circ$$

gleichkommt. Dieser Wert ist in sehr guter Übereinstimmung mit dem von HIEMENZ[125] berechneten Wert von $\varphi = 82^\circ$. Die Dicke der Grenzschicht unmittelbar vor der Ablösungsstelle ist allerdings — in Übereinstimmung mit den entsprechenden Rechnungen von GÖRTLER[132] — wesentlich größer und zwar 1,96 mm gegenüber der von HIEMENZ berechneten Dicke von 1,12 mm (vgl. S. 183).

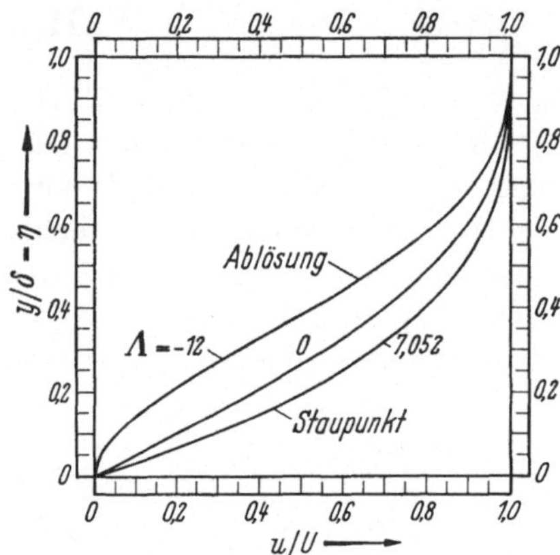

Abb. II, 2.45. Grenzschichtprofile zu verschiedenen Werten von Λ

In Abb. II, 2.45 sind noch einige Grenzschichtprofile nach Gl. (II, 2.88) dargestellt und zwar mit $\Lambda = 7,052$ (Staupunkt an einem Kreiszylinder), $\Lambda = 0$ (identisch mit dem Profil der ebenen Platte) und $\Lambda = -12$ (Ablösung). Weitere Berechnungen von Grenzschichten bei zweidimensionalen, stromlinienförmigen Körpern (Streben, symmetrischen Tragflügeln) finden sich bei SCHLICHTING[60], S. 228.

Zum Schluß dieses Abschnittes über Grenzschichten wollen wir noch auf einen Umstand hinweisen, der seinerzeit PRANDTL eine gewisse Enttäuschung bereitet hat. Die hochgespannten Erwartungen, die sich an seine 1904 erschienene bahnbrechende Arbeit[65] berechtigterweise geknüpft hatten, fanden 1907 durch BLASIUS[117] zunächst eine glänzende Erfüllung. Aber bereits BLASIUS und später BOLTZE[133] und HIEMENZ[125] stellten fest, daß der ursprüngliche Gedanke der Prandtlschen Grenzschichttheorie zu Ergebnissen führte, die mit der Erfahrung nicht immer übereinstimmten.

Die ursprüngliche Idee der Theorie war, daß die von PRANDTL abgeleitete Grenzschichtgleichung (einschließlich der üblichen Kontinuitätsgleichung) zusammen mit der theoretisch lösbaren Potentialströmung des umströmten Körpers genügt, um die Geschwindigkeitsverteilung in der Grenzschicht bestimmen und dadurch z. B. den Ablösungspunkt berechnen zu können. Es war eine rein mathematische Aufgabe, experimentelle Daten wurden nicht benötigt; diese hätten höchstens dazu dienen können, nachträglich die Güte der Theorie zu erweisen.

Auf Grund der geringen Dicke der Grenzschicht, die ja bei genügend großem Re beliebig dünn gehalten werden kann, hatte PRANDTL in seiner oben erwähnten Arbeit angenommen, daß der in der Grenzschichtgleichung auftretende Druckgradient sowie die am Äußeren der Grenzschicht vorhandene Geschwindigkeit der Potentialströmung des umströmten Körpers entnommen werden könne. Führt man das aber aus und setzt z. B. beim umströmten Zylinder ($R = 1$) und der Anströmungsgeschwindigkeit U_∞ vgl. Abb. II, 2.23

$$\frac{Q_t}{U_\infty} = 2 \sin \varphi, \quad \text{(Potentialströmung)} \qquad \text{(II, 2.89)}$$

so ergibt sich als Ablösungspunkt — wie man bei SCHLICHTING[60], S. 145 nachlesen kann — $\varphi_A = 108{,}8°$, d. h. verglichen mit dem Experiment, ein viel zu großer Wert. Die Druckverteilung ist beim Zylinder auch vor der Ablösungsstelle, obwohl die Grenzschicht hier noch sehr dünn ist, offenbar doch von ihr abhängig sowie auch von dem, was an der Ablösungsstelle und weiter stromabwärts geschieht.

Damit war die schöne Geschlossenheit der Grenzschichttheorie, wie sie 1904 dargeboten worden war, nämlich die Grenzschicht und ihr Verhalten in jedem Falle auf rein mathematischem Wege ableiten zu können, nicht unwesentlich beeinträchtigt. PRANDTL kam bald darüber hinweg und schlug seinem damaligen Doktoranden K. HIEMENZ[125] vor, die Druckverteilung um den Zylinder experimentell zu bestimmen und die damit gefundene Geschwindigkeitsverteilung, nämlich Gl. (II, 2.40a) statt der obigen Gl. (II, 2.89), in die Grenzschichtgleichung einzuführen, mit dem Erfolg, daß nun die Stelle der Ablösung nach Theorie und Experiment sehr gut überein stimmte. Die *praktische* Bedeutung der Grenzschichttheorie hatte aber dadurch keine Einbuße erlitten. Denn ob man die Potentialströmung um einen vorgegebenen Körper mit Hilfe der Methode der Quellen und Senken, der konformen Abbildung bzw. mit anderen Methoden berechnet oder ob die Druckverteilung am Modell im Windkanal gemessen wird und man daraus nach der Bernoullischen Gleichung die Geschwindigkeit erhält, bedeutet ungefähr denselben Aufwand an Arbeit und kann, was die Genauigkeit anbetrifft, gleichwertig sein.

Man könnte nun daran denken, eine so große Reynoldssche Zahl anzunehmen, daß die Dicke der Grenzschicht derartig gering ist, daß ihre

Auswirkung auf die äußere Strömung vernachlässigbar klein wird, und man also doch die Potentialströmung verwenden könnte, falls keine Ablösung eintritt. Wollte man dies — der Prüfung halber — im Experiment verwirklichen, so würde sich jedoch der Umstand geltend machen, daß es der Grenzschicht bei so großen Reynoldsschen Zahlen nicht mehr möglich ist, in laminarer Weise zu strömen, sie wird turbulent. Und damit kommen wir zum nächsten Abschnitt: Zur Fragestellung nach der Turbulenz.

III. Turbulenz

Vorbemerkung. Fast alle Strömungsvorgänge sind turbulenter Natur, d. h. die einzelnen Flüssigkeitsteilchen bewegen sich nicht auf glatten Stromlinien (laminare Strömung), sondern auf scheinbar regellosen Bahnen. Allerdings lassen sich „durchschnittliche" Stromlinien feststellen, z. B. bei Strömungen in Rohren oder um Tragflügel, aber diesen zeitlichen Mittelwerten der Geschwindigkeiten sind die der Turbulenz eigentümlichen Schwankungsbewegungen überlagert. Als einer der ersten hat G. Hagen[71] diese Schwankungsbewegungen festgestellt; er hatte nämlich dem Wasser Holzfeilspänchen beigemischt und die Strömung in Glasröhren beobachtet.

Laminare Strömungen hat man vor allem in Kapillaren, wie z. B. Blutgefäßen und dergl., oder auch in Grenzschichten, gelegentlich auch in Rohren bei kleinen Durchmessern und geringen Geschwindigkeiten, ferner, wie wir gesehen haben, bei fallenden Nebeltröpfchen oder bei viskosen Flüssigkeiten. Der größte Teil der „technischen" Strömungen ist jedoch turbulent. Wenn trotzdem in der Literatur die laminare Strömung einen so breiten Raum einnimmt, so vor allem deshalb, weil ihre theoretische Behandlung sehr viel einfacher als die der turbulenten ist.

Bei der Turbulenz lassen sich zwei verschiedenartige, große Probleme unterscheiden. 1. Die innere Gesetzmäßigkeit der turbulenten Strömung, d. h. die Frage: Was ist eigentlich die Turbulenz? 2. Die Entstehung der Turbulenz, oder die Frage: Warum geht unter gewissen Bedingungen die laminare Strömung in die turbulente über? Wir werden uns zunächst mit der ersteren Frage befassen:

1 Die ausgebildete Turbulenz

1.1 Die turbulenten Schwankungsbewegungen. Schon die Tatsache, daß es bei turbulenten Strömungen überhaupt Mittelwerte der Geschwindigkeit gibt, ist bemerkenswert. Nicht jede ungeordnete Flüssigkeitsbewegung ist deshalb eine turbulente Strömung. Es ist offensichtlich, daß eine Gesetzmäßigkeit zwischen den Schwankungsbewegungen und den Mittelwerten der Geschwindigkeit besteht, nur ist diese Gesetzmäßigkeit noch nicht bekannt.

Bezeichnet man die zeitlichen Mittelwerte der Geschwindigkeitskomponenten mit $\bar{u}, \bar{v}, \bar{w}$, wobei z. B. $\bar{u}$ durch das in einem beliebigen festen Raumpunkt gebildete Integral

$$\bar{u} = \frac{1}{\Delta t} \int\limits_{t}^{t+\Delta t} u\, dt = f(x, y, z) \neq f(t)$$

definiert ist, und mit u', v', w' die Geschwindigkeitsschwankungen, so ist definitionsgemäß der über Δt genommene Mittelwert der Schwankungen gleich Null, d. h. es ist

$$\overline{u'} = 0, \ \overline{v'} = 0, \ \overline{w'} = 0 \ \text{ und analog } \ \overline{p'} = 0. \qquad \text{(III, 1.1)}$$

In einem beliebigen Augenblick ist also

$$u = \bar{u} + u', \ v = \bar{v} + v', \ w = \bar{w} + w'; \ p = \bar{p} + p'. \qquad \text{(III, 1.2)}$$

Man müßte in der Lage sein, u', v', w', p' als Funktion von $\bar{u}, \bar{v}, \bar{w}, \bar{p}$ auszudrücken und erhielte dann eine Differentialgleichung in den Mittelwerten der Geschwindigkeiten und des Druckes, die zwar noch komplizierter als die Navier-Stokessche Gleichung sein würde, jedoch in den einfachsten Fällen, wie z. B. bei der zweidimensionalen Kanalströmung vielleicht lösbar wäre. Bedenkt man dann aber die Kompliziertheit der turbulenten Strömung (Abb. II, 1.25) und vor allem die Tatsache, daß diese sich in kleinsten Zeitintervallen, d. h. mit hoher Frequenz dauernd ändert, so erscheint nur eine Methode auf statistischer Grundlage Aussicht auf Erfolg zu haben. Ansätze zu einer solchen Theorie, auf die wir hier jedoch nicht näher eingehen, sind gemacht worden[140].

Obwohl die Schwankungsbewegungen im allgemeinen nur wenige Prozente der mittleren Strömungsgeschwindigkeit betragen, sind sie — wie wir noch sehen werden — die Ursache der auffällig großen „scheinbaren" Reibungskräfte der turbulenten Strömungen bzw. der zusätzlichen „scheinbaren" turbulenten Spannungen.

---

[140] Vgl. K. Wieghardt: Zusammenfassender Bericht über Arbeiten zur statistischen Turbulenztheorie. Luftfahrtforschung 18 (1941) 1—7, sowie K. G. Batchelor: The Theory of Homogeneous Turbulence, Cambridge University 1953.

1.2 Die „Scheinspannungen" infolge der turbulenten Mischbewegungen. Im folgenden werden wir gewisse Umformungen der Navier-Stokesschen Gleichungen vornehmen, uns dabei aber auf die erste der drei Gleichungen beschränken; bei den beiden anderen Gleichungen ist dann sinngemäß zu verfahren.

Addiert man zum substantiellen Differentialquotienten der Geschwindigkeit einer stationären Strömung, also zu

$$u\,\frac{\partial u}{\partial x} + v\,\frac{\partial u}{\partial y} + w\,\frac{\partial u}{\partial z} \tag{III, 1.3}$$

die mit u multiplizierte Kontinuitätsgleichung der inkompressiblen Flüssigkeit

$$u\left(\frac{\partial u}{\partial x} + \frac{\partial v}{\partial y} + \frac{\partial w}{\partial z}\right) = 0,$$

so erhält man

$$2u\,\frac{\partial u}{\partial x} + u\,\frac{\partial v}{\partial y} + v\,\frac{\partial u}{\partial y} + u\,\frac{\partial w}{\partial z} + w\,\frac{\partial u}{\partial z} = \frac{\partial u^2}{\partial x} + \frac{\partial (uv)}{\partial y} + \frac{\partial (uw)}{\partial z}.$$

Dieser Ausdruck, mit ϱ multipliziert, ist also nach Gl. (I, 2.15)

$$\varrho\left(\frac{\partial u^2}{\partial x} + \frac{\partial (uv)}{\partial y} + \frac{\partial (uw)}{\partial z}\right) = \frac{\partial \sigma_x}{\partial x} + \frac{\partial \tau_{xy}}{\partial y} + \frac{\partial \tau_{xz}}{\partial z} \tag{III, 1.4}$$

und nach Gl, (I, 2.15 und 23)

$$= -\frac{\partial p}{\partial x} + \mu\left(\frac{\partial^2 u}{\partial x^2} + \frac{\partial^2 u}{\partial y^2} + \frac{\partial^2 u}{\partial z^2}\right). \tag{III, 1.5}$$

Wir wollen jetzt die letzte Gleichung derart umformen, daß statt der u, v, w-Komponenten der laminaren Strömung die zeitlichen Mittelwerte $\bar{u}, \bar{v}, \bar{w}$ der turbulenten Strömung auftreten, und daß von den Schwankungsbewegungen u', v', w' nur die zeitlichen Mittelwerte ihrer Quadrate und Produkte übrig bleiben; die zeitlichen Mittelwerte der Schwankungsbewegungen selbst sind definitionsgemäß gleich Null.

Bilden wir z. B. den zeitlichen Mittelwert von u^2, d. h. $\overline{u^2}$, so ist wegen $\overline{u'} = 0$

$$\begin{aligned}\overline{u^2} = \overline{(\bar{u} + u')^2} &= \overline{\bar{u}\bar{u}} + \overline{2\bar{u}u'} + \overline{u'^2} \\ &= \bar{u}^2 + 2\bar{u}\overline{u'} + \overline{u'^2} = \bar{u}^2 + \overline{u'^2};\end{aligned}$$

ebenso ist

$$\overline{uv} = \overline{(\bar{u} + u')(\bar{v} + v')} = \overline{\bar{u}\bar{v}} + \overline{u'\bar{v}} + \overline{\bar{u}v'} + \overline{u'v'} = \bar{u}\bar{v} + \overline{u'v'}.$$

Setzt man in Gl. (III, 1.5) statt u^2, uv usw. die Werte von $\overline{u^2}$, $\overline{uv}$ usw. und subtrahiert $\bar{u}(\partial\bar{u}/\partial x + \partial\bar{v}/\partial y + \partial\bar{w}/\partial z) = 0$[141], so bleibt

$$\varrho\left(\bar{u}\frac{\partial\bar{u}}{\partial x} + \bar{v}\frac{\partial\bar{u}}{\partial y} + \bar{w}\frac{\partial\bar{u}}{\partial z}\right) = -\left(\frac{\partial\bar{p}}{\partial x} - \mu\Delta\bar{u}\right) - \varrho\left(\frac{\partial\overline{u'^2}}{\partial x} + \frac{\partial\overline{u'v'}}{\partial y} + \frac{\partial\overline{u'w'}}{\partial z}\right). \tag{III, 1.6}$$

Man erhält also in den Navier-Stokesschen Gleichungen der zeitlichen Geschwindigkeitsmittelwerte der turbulenten Strömung zusätzliche Ausdrücke in den Ableitungen der Mittelwerte von Produkten aus Schwankungsgeschwindigkeiten; diese können — ähnlich wie die rechte Seite von Gl., (III, 1.4 und 5) — als Ableitungen von zusätzlichen „Scheinspannungen“ aufgefaßt werden. Es entsprechen somit

$$-\varrho\frac{\partial\overline{u'^2}}{\partial x} = \frac{\partial\sigma_x'}{\partial x},\quad -\varrho\frac{\partial\overline{v'^2}}{\partial y} = \frac{\partial\sigma_y'}{\partial y},\quad -\varrho\frac{\partial\overline{w'^2}}{\partial z} = \frac{\partial\sigma_z'}{\partial z}$$

und

$$-\varrho\frac{\partial\overline{u'v'}}{\partial y} = \frac{\partial\tau_{xy}'}{\partial y},\quad -\varrho\frac{\partial\overline{u'w'}}{\partial z} = \frac{\partial\tau_{xz}'}{\partial z},$$

also

$$-\varrho\overline{u'^2} = \sigma_x' \text{ usw.},\quad -\varrho\overline{u'v'} = \tau_{xy}' \text{ usw.} \tag{III, 1.7}$$

Gl. (III, 1.6) läßt sich also bei Berücksichtigung von Gl. (III, 1.4 und 5) auch schreiben:

$$\varrho\left(\bar{u}\frac{\partial\bar{u}}{\partial x} + \bar{v}\frac{\partial\bar{u}}{\partial y} + \bar{w}\frac{\partial\bar{u}}{\partial z}\right) = \frac{\partial}{\partial x}(\sigma_x + \sigma_x') + \frac{\partial}{\partial y}(\tau_{xy} + \tau_{xy}') + \frac{\partial}{\partial z}(\tau_{xz} + \tau_{xz}').$$

Durchweg sind die „scheinbaren“ Spannungen der turbulenten Strömung sehr viel größer als die Spannungen, welche durch die Zähigkeit μ verursacht werden, so daß diese in den meisten Fällen vernachlässigt werden können. Aber selbst dann, wenn man dies in Gl. (III, 1.6) berücksichtigt und diese damit vereinfacht, ist kaum etwas gewonnen; denn um diese Gleichung (zusammen mit den beiden anderen Navier-Stokesschen Gleichungen und der Kontinuitätsgleichung) zu lösen, müßte man die Abhängigkeit der Schwankungsbewegungen von den Mittelwerten der Geschwindigkeit und deren Ableitungen kennen. Es kam uns bei der obigen Betrachtung vor allem darauf an, den Zusammenhang der Schwankungsbewegungen mit den „scheinbaren“ Spannungen, d. i. Gl. (III, 1.7), abzuleiten.

---

[141] Daß die Kontinuitätsgleichung auch in den Mittelwerten der Geschwindigkeiten gilt, ergibt sich, wenn man $\partial\,(\overline{\bar{u} + u'})/\partial x + \partial(\overline{\bar{v} + v'})/\partial y + \partial(\overline{\bar{w} + w'})/\partial z$ bildet und berücksichtigt, daß $\partial\overline{u'}/\partial x = 0$ usw. ist.

1.3 Die „kinematische Scheinzähigkeit“ einer turbulenten Strömung. Von den Schwankungsgeschwindigkeiten u', v', w' hatte man zunächst keine klaren Vorstellungen; und da es sehr schwierig ist, diese Schwankungen zu messen, schien es aussichtlos, sie als Funktionen der mittleren Geschwindigkeiten $\bar{u}$, $\bar{v}$, $\bar{w}$ oder deren Gradienten auszudrücken; hierauf werden wir später noch zurückkommen. Man versuchte deshalb einen anderen Weg: man ging von der Erscheinungsform, dem Phänomen der Turbulenz als solcher aus, z. B. von der leicht meßbaren Verteilung der zeitlichen mittleren Geschwindigkeiten $\bar{u} = f(y)$ in einem Rohr und dem dazu gehörenden Druckabfall usw. und versuchte phänomenologisch, d. h. aus der Gesamterscheinung auf die ihr zugrundeliegende Gesetzmäßigkeit zu schließen, gleichsam von der Wirkung auf die Ursache.

Bereits BOUSSINESQ[142] hatte (1877) die Analogie

$$\frac{\tau_{\text{lam}}}{\varrho} = \nu \frac{du}{dy} \quad \text{und} \quad \frac{\tau_{\text{turb}}}{\varrho} = \varepsilon \frac{d\bar{u}}{dy} \qquad \text{(III, 1.8)}$$

aufgestellt, wobei ε die kinematische Scheinzähigkeit der turbulenten Strömung bedeutet. Dies war aber lediglich eine formale Festsetzung, solange man sich von ε (das die Problematik der Turbulenz in sich birgt) keine Vorstellung machen konnte. Während nämlich die kinematische Zähigkeit ν auf Grund der molekularen Wärmebewegung eine Materialkonstante und als solche unabhängig von der jeweiligen Strömungsform ist, trifft dies für die kinematische „Scheinzähigkeit“ ε (infolge der turbulenten Schwankungsbewegungen) keineswegs zu. Gerade darin liegt die Schwierigkeit, daß ε von der jeweiligen Strömungsform abhängig und innerhalb der Strömung von Punkt zu Punkt verschieden ist.

Auf der Suche, statt ε eine für die Turbulenz charakteristische aber leichter zu deutende Größe zu finden, sagte sich L. PRANDTL[143–145], daß ε (ebenso wie ν) die Dimension einer Länge mal Geschwindigkeit hat, und daß man als Länge l (in Analogie zur mittleren freien Weglänge bei der kinetischen Gastheorie) den Mischungsweg der einzelnen Flüssigkeitsballen und als Geschwindigkeit die Quergeschwindigkeit v' der Flüssigkeitsballen senkrecht zur mittleren Geschwindigkeit $\bar{u}$ ansetzen kann.

---

[142] BOUSSINESQ, I.: Théorie de l'écoulement turbillant. Mém. Pre. par div. Sav. XXIII, Paris 1877.

[143] PRANDTL, L.: Bericht über Untersuchungen zur ausgebildeten Turbulenz. Z. angew. Math. Mech. 5 (1925) 136—139.

[144] PRANDTL, L.: Bericht über neuere Turbulenzforschung. Hydraulische Probleme, Berlin: VDI-Verlag 1926, S. 1—13.

[145] PRANDTL, L.: Über die ausgebildete Turbulenz. Verhdlg. des II. Int. Kongr. für angew. Mechanik, Zürich 1926, S. 62—75, oder: Ges. Abh.[65]., Bd. II, S. 714, 719, 736.

1.4 Die Wirkung der Quergeschwindigkeit. Wir betrachten (der Einfachheit halber) eine zweidimensionale Kanalströmung. Die Geschwindigkeit ist am größten in der Kanalmitte ($y = 0$) und nimmt in Richtung zu den Kanalwänden zunächst wenig, in der Nähe der Wandung aber sehr schnell ab, bis auf Null an der Kanalwand selbst. In Abb. III, 1.1 seien die zeitlichen Mittelwerte der Geschwindigkeiten in drei um den Abstand Δy entfernten Schichten dargestellt, d. h. $\bar{u}(y_1)$ und $\bar{u}(y_1 \pm \Delta y)$.

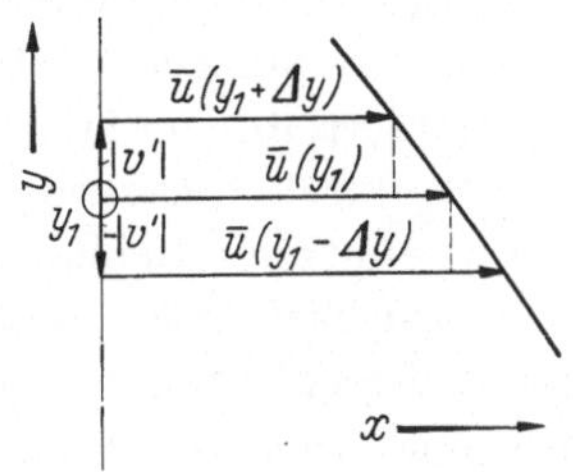

Abb. III, 1.1. Die zeitlichen Mittelwerte der Geschwindigkeiten in drei benachbarten Schichten

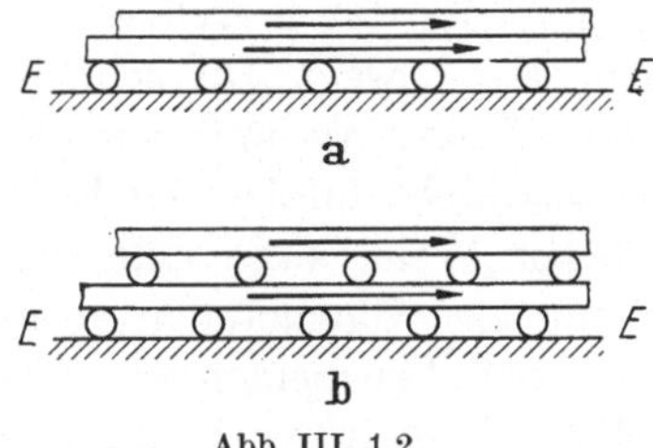

Abb. III, 1.2

Man beobachtet nun (vgl. z. B. Abb. II, 1.25, S. 113), daß – neben der Hauptbewegung parallel zu den Kanalwänden (x-Richtung) – ganze „Flüssigkeitsballen" Nebengeschwindigkeiten senkrecht zur x-Richtung aufweisen. Diese Nebenbewegungen sind es gerade, die für die turbulente Strömung so charakteristisch sind; bei der laminaren Bewegung kommen sie nicht vor.

Wir untersuchen jetzt die Wirkung dieser Querbewegungen: a) wenn ein Flüssigkeitsballen aus der Schicht (y_1) in die langsamere (obere) Schicht ($y_1 + \Delta y$) eindringt und b), wenn eine Flüssigkeitsmasse die entgegengesetzte Quergeschwindigkeit $-v'$ hat und dabei aus der Schicht (y_1) in die schnellere (untere) Schicht ($y_1 - \Delta y$) gelangt. Wie bereits früher bemerkt, ist der über ein Zeitelement Δt genommene Mittelwert dieser Quergeschwindigkeit gleich Null, d. h. $\overline{v'} = 0$.

a) $v' > 0$. Ein Flüssigkeitsballen aus der Schicht (y_1) mit der durchschnittlichen Geschwindigkeit $\bar{u}(y_1)$ trifft infolge der Quergeschwindigkeit v' mit Flüssigkeitsteilchen zusammen, die eine kleinere durchschnittliche Geschwindigkeit $\bar{u}(y_1 + \Delta y)$ haben, vermischt sich teilweise mit diesen und beschleunigt sie dabei. Die Schicht (y_1) bzw. die aus ihr mit v' nach oben austretenden Flüssigkeitsballen treiben also die langsamere (obere) Schicht ($y_1 + \Delta y$) an.

b) $v' < 0$. Tritt ein Flüssigkeitsballen infolge seiner negativen (nach unten gerichteten) Quergeschwindigkeit aus der Schicht (y_1) in die Schicht ($y_1 - \Delta y$), so bringt er eine kleinere Geschwindigkeit mit sich, als er in der Schicht $(y_1 - \Delta y)$ vorfindet, nämlich $\bar{u}(y_1)$; durch Vermischen der von y_1 nach $y_1 - \Delta y$ gebrachten Füssigkeitsballen mit der Masse in der Schicht $(y_1 - \Delta y)$ wird dadurch die mittlere Geschwindigkeit dieser Schicht verzögert. Die langsamere (obere) Schicht (y_1) bremst infolge der Querbewegung die schnellere (untere) Schicht $(y_1 - \Delta y)$ und wird anderseits von dieser nach a) beschleunigt.

In Analogie zum soeben beschriebenen Vorgang betrachten wir in Abb. III, 1.2a zwei (unendlich ausgedehnte) ebene Platten, von denen die obere eine kleinere Geschwindigkeit als die untere Platte haben möge, die ihrerseits durch Zylinder oder Kugeln sich „reibungslos" über die Ebene EE bewegt. Die schnellere (untere Platte treibt die langsamere (obere) Platte an und wird anderseits selbst durch diese verzögert. Dies geschieht infolge der Reibung der beiden Platten aufeinander. In ähnlicher Weise kann man die Wirkung der Querbewegung innerhalb der um Δy voneinander entfernten Flüssigkeitsschichten so deuten, als ob zwischen beiden Schichten gleichsam eine „Scheinreibung" oder „Scheinzähigkeit" vorhanden wäre[146]. Diese Vorstellung ist in Anlehnung an diejenige gewonnen worden, die wir uns von der echten Zähigkeit bei Flüssigkeiten und Gasen machen, wo wir die innere Reibung in Zusammenhang bringen mit der molekularen Wärmebewegung. Nach der kinetischen Gastheorie ist die Schubspannung

$$\tau = \varrho \frac{c}{3} \bar{l} \frac{du}{dy} = \mu \frac{du}{dy}, \qquad \text{(III, 1.9)}$$

[146] Würde man zwischen den Platten kleine Zylinderchen (senkrecht zur Bewegungsrichtung) oder Kugeln anbringen (Abb. III, 1.2b) so würde infolge des Fehlens der Reibungskräfte keine gegenseitige Beeinflussung der beiden Platten durch Reibung vorhanden sein. Den analogen Fall, daß keine Schubspannungen zwischen den einzelnen Schichten einer Laminarströmung auftreten, hat man bei der Potentialströmung einer vollkommen zähigkeitsfreien Flüssigkeit $(\mu = 0)$.

Bei der Potentialströmung einer wirklichen Flüssigkeit $(\mu \neq 0)$ wie z. B. in Abb. II, 1.2 oder außerhalb von Grenzschichten treten Schubspannungen auf, da $\tau = \mu\, \partial q_t / \partial r \neq 0$ ist; diese Schubspannungen halten sich jedoch in diesem Fall bei jedem Flüssigkeitslement das Gleichgewicht, im Gegensatz zu Strömungen mit Rotation, wo dies nicht der Fall ist. So treten z. B. bei der ausgebildeten Laminarströmung im Rohr (vgl. Abb. I, 1.3) bei jedem Element $2\pi y dy$ Schubkräfte auf, die nicht im Gleichgewicht sind, sondern die erst durch die Druckkraft $dp y^2 \pi$ ins Gleichgewicht gesetzt werden. Anders ist es bei einem beliebigen Flüssigkeitselement auf einer äußeren Stromlinie in Abb. II, 1.2. Auch hier haben wir im allgemeinen einen Druckunterschied in Strömungsrichtung, der aber (obwohl $\mu \neq 0$) *ausschließlich* den Beschleunigungs- bzw. Verzögerungskräften das Gleichgewicht hält (Potentialströmung). Es ist nicht etwa so, daß bei Flüssigkeiten geringer Reibung ein kleiner Teil des Druckgradienten den vorhandenen (geringen) Schubspannungen das Gleichgewicht hält (dann wäre es keine Potentialströmung), vielmehr stehen, wie gesagt, bei jedem Element einer wirklichen $(\mu \neq 0)$ Flüssigkeit im Falle einer Potentialströmung die vorhandenen Schubspannungen unter sich im Gleichgewicht.

wobei ϱ die Dichte, c die mittlere Geschwindigkeit der Wärmebewegung und $\bar{l}$ die mittlere freie Weglänge bezeichnet. Der Faktor 1/3 kommt hinein, da die Wärmeenergie zu einem Drittel von der Bewegung in y-Richtung stammt — entsprechend unserem v' —, während je ein Drittel in der x- und z-Richtung vor sich geht; diese kommen hier jedoch nicht in Betracht, da sie keine Einwirkung auf die sich mit verschiedener Geschwindigkeit bewegenden benachbarten Schichten haben. In Analogie mit der letzten Gleichung haben wir somit

$$\tau_{\text{turb}} = \varrho \overline{|v'|}\, \bar{l}\, \frac{d\bar{u}}{dy}. \qquad \text{(III, 1.10)}$$

1.5 Der Prandtlsche Mischungsweg. Ohne daß wir eine Erklärung für das Zustandekommen der Quer- und Längsschwankungen v' und u' besitzen und auch über die Größe dieser Geschwindigkeiten zunächst nichts aussagen können, ist ein innerer Zusammenhang zwischen v' und u' doch offensichtlich: bewegen sich z. B. zwei Flüssigkeitsballen 1 und 2 mit verschiedenen Längsschwankungen $u'(1)$ und $u'(2)$ dicht hintereinander in einer Flüssigkeitsschicht y_1 und prallen wegen der Verschiedenheit von $u'(1)$ und $u'(2)$ aufeinander, so weichen beide Flüssigkeitsballen mit einer gewissen Quergeschwindigkeit v' seitlich aus. Dabei wird v' umso größer sein, je größer u' ist, so daß man

$$|v'| \text{ von der Größenordnung } |u'| \qquad \text{(III, 1.11)}$$

annehmen kann. Sind die Längsschwankungen der beiden Teilchen in der Schicht y_1 in einem Zeitpunkt derart, daß sich ihr gegenseitiger Abstand vergrößert, so wird der entstehende Zwischenraum durch Flüssigkeit von beiden Seiten mit einer Quergeschwindigkeit v' aufgefüllt.

Über den Zusammenhang von u' und v' kann man noch weitere Aussagen machen: Zunächst erinnern wir daran, daß die Geschwindigkeitsverteilung im Kanal, von der Abb. III, 1.1 ein Teilstück darstellt, nicht etwa durch die Wirkung der echten Zähigkeit μ verursacht ist (diese wird hier vollkommen vernachlässigt), sondern durch die turbulente „Scheinzähigkeit", d. h. durch die für die Turbulenz charakteristischen Geschwindigkeitsschwankungen u' und v'. Die echte Zähigkeit μ ist lediglich in einer *sehr* dünnen Schicht an der Wandung in Betracht zu ziehen, dort, wo die Schwankung v' und damit auch u' Null werden muß, und wo die turbulente Schubspannung von einer laminaren Schubspannung übernommen und auf die Kanalwand übertragen wird. Hierauf kommen wir später noch zurück (S. 231).

Betrachten wir bei unserer Kanalströmung ein Volumenelement von den Abmessungen $2y\,dx \cdot h$ (h die Wasserhöhe im Kanal), so besteht das Gleichgewicht

$$dp\, 2y \cdot h = 2\tau\, dx \cdot h$$

also

$$\frac{dp}{dx} = \frac{\tau}{y} = \frac{\tau_0}{b} \quad \text{oder} \quad \tau = \frac{y}{b}\,\tau_0, \qquad \text{(III, 1.12)}$$

wo b die halbe Kanalbreite und τ_0 die Schubspannung an der Wand bezeichnet. Bei einem Rohr vom Radius R hätten wir

$$\frac{dp}{dx} = \frac{2\tau}{r} = \frac{2\tau_0}{R} \quad \text{oder} \quad \tau = \frac{r}{R}\,\tau_0. \qquad \text{(III, 1.13)}$$

In jeder Schicht (mit Ausnahme von $y = 0$), also auch in y_1 haben wir somit eine gewisse positive Schubspannung (da $dp/dx > 0$), wobei nun nach Gl. (III, 1.7)

$$\tau = -\varrho\overline{u'v'} \qquad \text{(III, 1.14)}$$

ist. Dies bedeutet aber, daß ein Flüssigkeitsballen mit positivem v' durchweg, d. h. zeitlich gemittelt, ein negatives u' besitzt und umgekehrt, daß ein Flüssigkeitsballen mit negativem v' im Mittel ein positives u' hat. Wenn dem so ist, so kann man aus Abb. III, 1.1 einsehen, wie die Geschwindigkeitsverteilung der turbulenten Strömung zustande kommt: Zeitlich gemittelt bewegen sich durchweg diejenigen Flüssigkeitsballen, die ein negatives u' besitzen, mit der Geschwindigkeit $+v'$ bis in die Schicht $y_1 + \Delta y$, während durchweg die Flüssigkeitsballen mit positivem u' sich mit der Geschwindigkeit $-v'$ bis in die Schicht $y_1 - \Delta y$ bewegen. Ebenso kommen diejenigen Flüssigkeitsballen der Schicht $y_1 + \Delta y$, die ein positives u' besitzen, im zeitlichen Durchschnitt mit einem negativen v' bis in die Schicht (y_1) usw. Aus Abb. III, 1.1 erkennt man auch, daß angenähert

$$u' = \Delta y\,\frac{d\bar{u}}{dy} = l\,\frac{d\bar{u}}{dy} \qquad \text{(III, 1.15)}$$

ist. Hiernach ist l also diejenige Wegstrecke in y-Richtung, die ein Flüssigkeitsballen $\bar{u}(y_1)$ — falls die x-Komponente seiner Neben- oder Schwankungsgeschwindigkeit $-u'$ beträgt — mit der Geschwindigkeit $+v'$ durchläuft, bis er zu einer Schicht $y_1 + l$ kommt, dorthin, wo die mittlere Geschwindigkeit $\bar{u}(y_1 + l) = \bar{u}(y_1) - u'$ herrscht. Diese Größe l ist von L. Prandtl[143–145] eingeführt und von ihm als „Mischungsweg" bezeichnet worden.

Da über die Größe von l zunächst nichts bekannt ist, kann man, ausgehend von Gl. (III, 1.10) unter Berücksichtigung von Gl. (III, 1.11) den Ansatz machen

$$\tau_{\text{turb}} = \varrho l^2 \left(\frac{d\bar{u}}{dy}\right)^2 = \varrho l^2 \left|\frac{d\bar{u}}{dy}\right| \frac{d\bar{u}}{dy}. \qquad \text{(III, 1.16)}$$

Hiermit haben wir die von PRANDTL aufgestellte Formel des Mischungsweges. Die rechte Seite bringt zum Ausdruck, daß das Vorzeichen von τ sich mit dem von $d\bar{u}/dy$ ändert. Außerdem ist in dem ohnehin noch unbekannten l der (allerdings nicht konstante) Proportionalitätsfaktor der Beziehung Gl. (III, 1.11) enthalten, sowie der Faktor, der durch Bildung des Produktmittels $\overline{u'v'}$ noch hinzutritt; denn es ist bekanntlich $\overline{|u'v'|} \neq \overline{|u'|} \cdot \overline{|v'|}$. Da aber u' und v' klein sind, verglichen mit $\bar{u}$ (etwa 5%), ist der durch die Mittelwertbildung auftretende Faktor nur wenig von Eins verschieden[147].

Vergleicht man den letzten Ausdruck mit der rechten Gleichung von Gl. (III, 1.8), so erhält man als kinematische Scheinzähigkeit

$$\varepsilon = l^2 \left|\frac{d\bar{u}}{dy}\right|. \qquad \text{(III, 1.17)}$$

Von W. SCHMIDT[148] ist in Analogie zum Zähigkeitsbeiwert μ der Begriff der turbulenten Austauschgröße A eingeführt

$$\tau_{\text{turb}} = A \frac{d\bar{u}}{dy}, \qquad \text{(III, 1.18)}$$

wobei nach dem Obigen also

$$A = \varrho \varepsilon = \varrho l^2 \left|\frac{d\bar{u}}{dy}\right| \qquad \text{(III, 1.19)}$$

ist. Es scheint zunächst, als ob lediglich die unbekannte turbulente Austauschgröße A bzw. die kinematische Scheinzähigkeit ε durch die ebenfalls unbekannte Mischungsweglänge l ersetzt sei, also eine Unbekannte durch eine andere. Der Gewinn liegt vor allem aber darin, daß man sich von dem Begriff Mischungsweg eine physikalisch einfache Vorstellung machen kann, was von dem Begriff der Austauschgröße oder der turbulenten Scheinzähigkeit nicht in demselben Maße zutrifft. Ferner wird sich zeigen, daß die Verteilung der Mischungsweglänge über

---

[147] Bildet man $\overline{|u'||v'|}$, z. B. $(0{,}03 \cdot 0{,}02 + 0{,}04 \cdot 0{,}03 + 0{,}05 \cdot 0{,}04 + 0{,}06 \times$ $\times\, 0{,}05 + 0{,}07 \cdot 0{,}06):5$, so erhält man 0,0022; demgegenüber ergibt

$$\overline{|u'|} \cdot \overline{|v'|} = [(0{,}03 + 0{,}04 + 0{,}05 + 0{,}06 + 0{,}07):5] \times$$
$$\times\, [(0{,}02 + 0{,}03 + 0{,}04 + 0{,}05 + 0{,}06):5]$$

den Wert 0,0020. Mithin ist der Mittelwertfaktor hier

$$0{,}0022 : 0{,}0020 = 1{,}1.$$

[148] SCHMIDT, W.: Der Massenaustausch in freier Luft und verwandte Erscheinungen. Probleme der kosmischen Physik, Hamburg 1925, H. VII.

die Kanalbreite bzw. den Rohrdurchmesser verhältnismäßig einfach ist, und vor allem, daß diese Verteilung bei großen Reynoldschen Zahlen von diesen nicht mehr abhängt. Allerdings ist diese Verteilung nur mit Hilfe von experimentell gegebenen Daten zu erhalten; eine Theorie, nach der man $l = f(y)$ in Übereinstimmung mit dem Experiment berechnen könnte, ist noch nicht vorhanden.

1.6 Die Verteilung der Mischungsweglänge über den Rohrdurchmesser. Um uns eine Vorstellung über die Größenordnung des Mischungsweges und deren Abhängigkeit von der speziellen Strömungsform zu verschaffen, wollen wir unter Benutzung der Messungen von J. NIKURADSE[80] die Vorgänge der turbulenten Rohrströmung betrachten. Es wäre vielleicht einfacher, zunächst die zweidimensionale Bewegung in einem Kanal zu untersuchen, allein hierüber liegen nicht so umfangreiche Messungen vor.

Der Fall, daß eine (unendliche) Platte sich relativ zur anderen parallelen Platte bewegt (geradlinige Couetteströmung), ist unter anderen von H. REICHARDT[149] behandelt worden.

Bezeichnen wir den Abstand von der Rohrwand mit y (den radialen Abstand von der Rohrachse hatten wir in Gl. (III, 1.13) mit r benannt), so folgt unter Benutzung dieser Gleichung aus Gl. (III, 1.16)

$$l = \frac{\sqrt{\frac{|\tau|}{\varrho}}}{\frac{du}{dy}} = \frac{\sqrt{1 - \frac{y}{R}}\sqrt{\frac{|\tau_0|}{\varrho}}}{\frac{du}{dy}}, \qquad \text{(III, 1.20)}$$

wobei u den zeitlichen Mittelwert bedeutet; den Balken, der die Mittelwertsbildung bisher angedeutet hat, lassen wir von jetzt ab der Einfachheit wegen fort, wenn ein Mißverständnis ausgeschlossen ist. Die Größe $\sqrt{\tau/\varrho}$ hat die Dimension einer Geschwindigkeit und wird nach PRANDTL die Schubspannungsgeschwindigkeit genannt und mit v_* bezeichnet, also

$$\sqrt{\frac{|\tau|}{\varrho}} = v_* \quad \text{bzw.} \quad \sqrt{\frac{|\tau_0|}{\varrho}} = v_{*0}. \qquad \text{(III, 1.21)}$$

Mißt man die Längen l und y in Einheiten des Radius R, sowie die Geschwindigkeiten in Einheiten der maximalen Geschwindigkeit U in

149 REICHARD, H.: Über die Geschwindigkeitsverteilung einer geradlinigen turbulenten Couetteströmung. Z. angew. Math. Mech. Sonderheft 1956, und Gesetzmäßigkeiten der geradlinigen turbulenten Couetteströmung. Mitt. aus dem Max-Planck-Inst. für Strömungsforschung und der Aerodynamischen Versuchsanstalt, Nr. 22, Göttingen, 1959.

Rohrmitte, so wird aus Gl. (III, 1.20 mit 21)

$$\frac{l}{R} = \frac{\frac{v_*}{U}}{\frac{d(u/U)}{d(y/R)}} = \frac{\sqrt{1 - \frac{y}{R}}\,\frac{v_{*0}}{U}}{\frac{d(u/U)}{d(y/R)}}. \tag{III, 1.22}$$

Die Schubspannungsgeschwindigkeit v_{*0} hängt definitionsgemäß eng mit dem Druckabfall und deshalb auch mit der Widerstandszahl λ zusammen: Aus dem Gleichgewicht an einem Volumenelement $(\pi R^2 dx)$

$$\frac{dp}{dx} = \frac{2\tau_0}{R} = \frac{2\varrho}{R}\, v_{*0}^2 \tag{III, 1.23}$$

zusammen mit

$$\frac{dp}{dx} = \frac{\lambda}{2R}\,\frac{\varrho}{2}\,\bar{u}^2, \tag{III, 1.24}$$

wo $\bar{u}$ = sekundliches Volumen pro Querschnitt (πR^2) ist, folgt

$$\frac{v_{*0}}{\bar{u}} = \sqrt{\frac{\lambda}{8}} \quad \text{bzw.} \quad \frac{v_*}{U} = \sqrt{1 - \frac{y}{R}}\,\frac{\bar{u}}{U}\sqrt{\frac{\lambda}{8}}. \tag{III, 1.25}$$

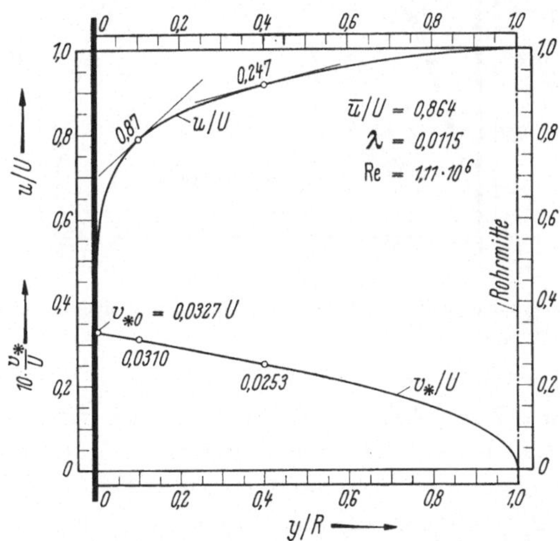

Abb. III, 1.3. Geschwindigkeitsverteilung einer turbulenten Strömung im Rohr sowie die Verteilung der Schulspannungsgeschwindigkeit

In Abb. III, 1.3 ist nach Messungen von J. Nikuradse (S. 119) die Geschwindigkeitsverteilung $u/U = f(y/R)$ (bei $\mathrm{Re} = 1{,}11 \cdot 10^6$) aufgetragen. Der Wert $\bar{u}/U$ läßt sich experimentell oder durch numerische Integration aus der Verteilungskurve bestimmen; im vorliegenden Fall ist $\bar{u}/U = 0{,}864$. Als Widerstandszahl ist nach Gl. (III, 1.24) der Wert

$\lambda = 0{,}0115$ gemessen worden. Damit läßt sich nach Gl. (III, 1.25) $v_*/U = f(y/R)$ berechnen (Abb. III, 1.3).

Um die Verteilung des Mischungsweges über den Rohrquerschnitt zu bestimmen, hat man nach Gl. (III, 1.22) zu jeweiligen Werten von y/R die Größe v_*/U durch den Tangentenwert der Geschwindigkeitskurve zu dividieren; so erhält man aus Abb. III, 1.3 z. B. zu $y/R = 0{,}1$

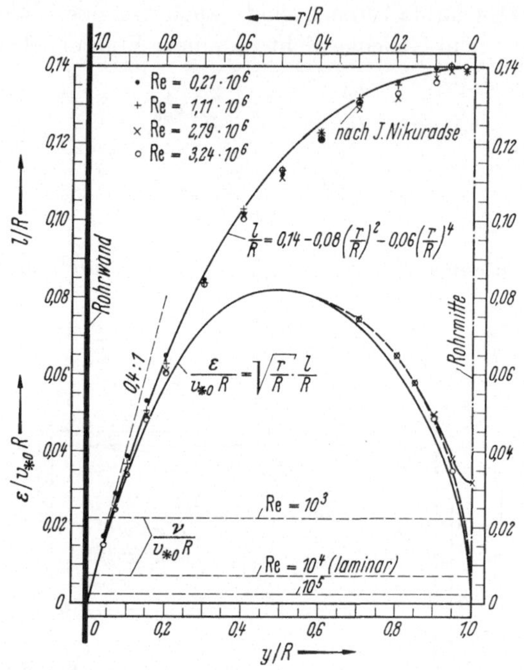

Abb. III, 1.4. Die Mischungsweglänge sowie die „Scheinzähigkeit“ über dem Radius aufgetragen

den Wert $l/R = 0{,}031 : 0{,}87 = 0{,}358$ oder zu $y/R = 0{,}4$ den Wert $l/R = 0{,}0253 : 0{,}247 = 0{,}103$. In dieser Weise ist l/R als Funktion von y/R berechnet und in Abb. III, 1.4 aufgetragen. Man erkennt, daß die Mischungsweglänge an der Rohrwand — wie es sein muß — gleich Null ist, zunächst nahezu linear anwächst und dann später langsamer zunimmt bis zu einem Maximalwert von $l/R = 0{,}14$ in Rohrmitte.

Bedeutungsvoll ist nun, daß diese Kurve $l/R = f(y/R)$ — wie Experimente ergeben haben — oberhalb von etwa $\mathrm{Re} = 10^5$ von der Reynoldsschen Zahl unabhängig ist. Diese Unabhängigkeit trifft weder für die Kurve $v_*/U = f(y/R)$ zu, da λ und damit v_*, wie wir noch sehen werden, auch bei sehr großen Reynoldsschen Zahlen von Re abhängig bleibt, noch trifft dies für die Kurve $u/U = f(y/R)$ zu, deren Form sich ebenfalls, auch bei beliebig großen Re-Werten, mit diesen ändert.

Aus der Kurve $l/R = f(y/R)$ läßt sich ohne weiteres die Verteilung der kinematischen Scheinzähigkeit ε berechnen: Nach Gl. (III, 1.17) ist mit Berücksichtigung von Gl. (III, 1.16 und 21)

$$\varepsilon = l \left|\frac{du}{dy}\right| l = \sqrt{\frac{|\tau|}{\varrho}}\, l = v_* l = \sqrt{1 - \frac{y}{R}}\, v_{*0} l$$

oder, wenn ε vermittels $v_{*0} R$ dimensionslos gemacht wird,

$$\frac{\varepsilon}{v_{*0} R} = \sqrt{1 - \frac{y}{R}}\, \frac{l}{R}. \qquad \text{(III, 1.26)}$$

Die Ordinaten von l/R brauchen also nur mit $\sqrt{1 - y/R}$ multipliziert werden, um $\varepsilon/v_{*0} R = f(y/R)$ zu erhalten (Abb. III, 1.4). Ebenso wie l/R muß nach Gl. (III, 1.26) auch $\varepsilon/v_{*0} R$ (nicht aber ε!) oberhalb von etwa $\mathrm{Re} = 10^5$ von der Reynoldsschen Zahl unabhängig sein.

Um einen Vergleich zu haben zwischen der turbulenten Scheinzähigkeit ε und der kinematischen Zähigkeit ν, machen wir auch diese mittels $v_{*0} R$ dimensionslos und erhalten aus Gl. (III, 1.25)

$$\frac{\nu}{v_{*0} R} = \frac{2\sqrt{8}}{\frac{\bar{u}\, 2R}{\nu} \sqrt{\lambda}},$$

und bei Berücksichtigung, daß nach Gl. (I, 2.84) für die laminare Strömung im Rohr $\lambda = 64/\mathrm{Re}$ ist,

$$\frac{\nu}{v_{*0} R} = \frac{2\sqrt{8}\sqrt{\mathrm{Re}}}{\mathrm{Re} \cdot 8} = \frac{1}{\sqrt{2\,\mathrm{Re}}};$$

in Abb. III, 1.4 ist diese Größe zu den Reynoldsschen Zahlen 10^3, 10^4 und 10^5 als gestrichelte Gerade eingetragen.

1.7 Folgerungen aus der experimentell erhaltenen Kurve des Mischungsweges bei großen Reynoldsschen Zahlen. Fragen wir uns, was nach den vorigen Überlegungen aus der Einführung des Prandtlschen Mischungsweges gewonnen ist, so können wir (bei Anwendung auf die Rohrströmung) zunächst zweierlei anführen:

1. Der Mischungsweg nimmt in einfacher Weise bis zur Rohrmitte zu, d. h. $l/R = f(y/R)$ ist eine relativ einfache Funktion, die man mit $1 - y/R = r/R$ durch die Formel

$$\frac{l}{R} = 0{,}14 - 0{,}08 \left(\frac{r}{R}\right)^2 - 0{,}06 \left(\frac{r}{R}\right)^4 = f\left(\frac{r}{R}\right) \qquad \text{(III, 1.27)}$$

angenähert darstellen kann (Abb. III, 1.4).

2. Der Mischungsweg l/R als Funktion vom Wandabstand y/R ist oberhalb von etwa $\mathrm{Re} = 10^5$ von der Reynoldsschen Zahl unabhängig.

3. Dazu kommt noch als dritter und zwar ganz wesentlicher Gewinn, daß die obige Funktion $l/R = f(y/R)$ bzw. $f(r/R)$ nicht nur bei glatten Rohren ($\mathrm{Re} \geqq 10^5$) sondern auch bei rauhen Rohren gültig ist. Aus dieser, experimentell bestätigten, Tatsache kann man schließen, daß der Mechanismus der Turbulenz, d. h. die Relativbewegung der Flüssigkeitsteile zueinander bei großen Reynoldsschen Zahlen von der Wandrauhigkeit nicht abhängt.

Schreibt man Gl. (III, 1.22) in der Form

$$\frac{1}{v_{*0}} \frac{du}{d\frac{y}{R}} = \frac{\sqrt{1 - \frac{y}{R}}}{\frac{l}{R}}, \qquad \text{(III, 1.28)}$$

so ist ersichtlich, daß die rechte Seite bei $y/R \to 0$ wegen $l/R \to 0$ nach Unendlich geht und eine graphische oder numerische Integration von $y/R = 0$ aus deshalb nicht möglich ist. Wir führen darum die Integration von der Rohrachse $r/R = 0$ aus und erhalten aus Gl. (III, 1.28) mit $1 - y/R = r/R$ und $u = U$ bei $r/R = 0$

$$\frac{1}{v_{*0}} \frac{d(U - u)}{d\frac{r}{R}} = \frac{\sqrt{\frac{r}{R}}}{\frac{l}{R}}$$

oder

$$\frac{U - u}{v_{*0}} = \int_0^{r/R} \frac{\sqrt{\frac{r}{R}}}{\frac{l}{R}} \, d\left(\frac{r}{R}\right) = f\left(\frac{r}{R}\right). \qquad \text{(III, 1.29)}$$

1.8 Universelle Geschwindigkeitsverteilung glatter und rauher Rohre bei großen Reynoldsschen Zahlen. In Abb. III, 1.5 ist $\sqrt{1 - y/R} : l/R$ entsprechend Gl. (III, 1.27 und 29) über y/R bzw. r/R als ausgezogene Kurve aufgetragen, ebenfalls die Kurven l/R sowie $\sqrt{1 - y/R} = \sqrt{r/R}$, die dazu dienen, die erstgenannte Kurve zu erhalten. Integriert man numerisch diese Kurve von $r/R = 0$ bis $r/R = 0{,}999$, d. h. von der Rohrachse aus, so erhält man nach Gl. (III, 1.29) die Größe

$$\frac{U - u}{v_{*0}} = f\left(\frac{r}{R}\right), \qquad \frac{r}{R} \leqq 0{,}999.$$

Diese Funktion ist in Abb. III, 1.6 nach unten aufgetragen; die Funktionswerte zu den einzelnen Werten $r/R = 0{,}1$ $0{,}2$ usw. sind in der linken Kolonne der Tabelle angegeben. Der größeren Deutlichkeit wegen ist

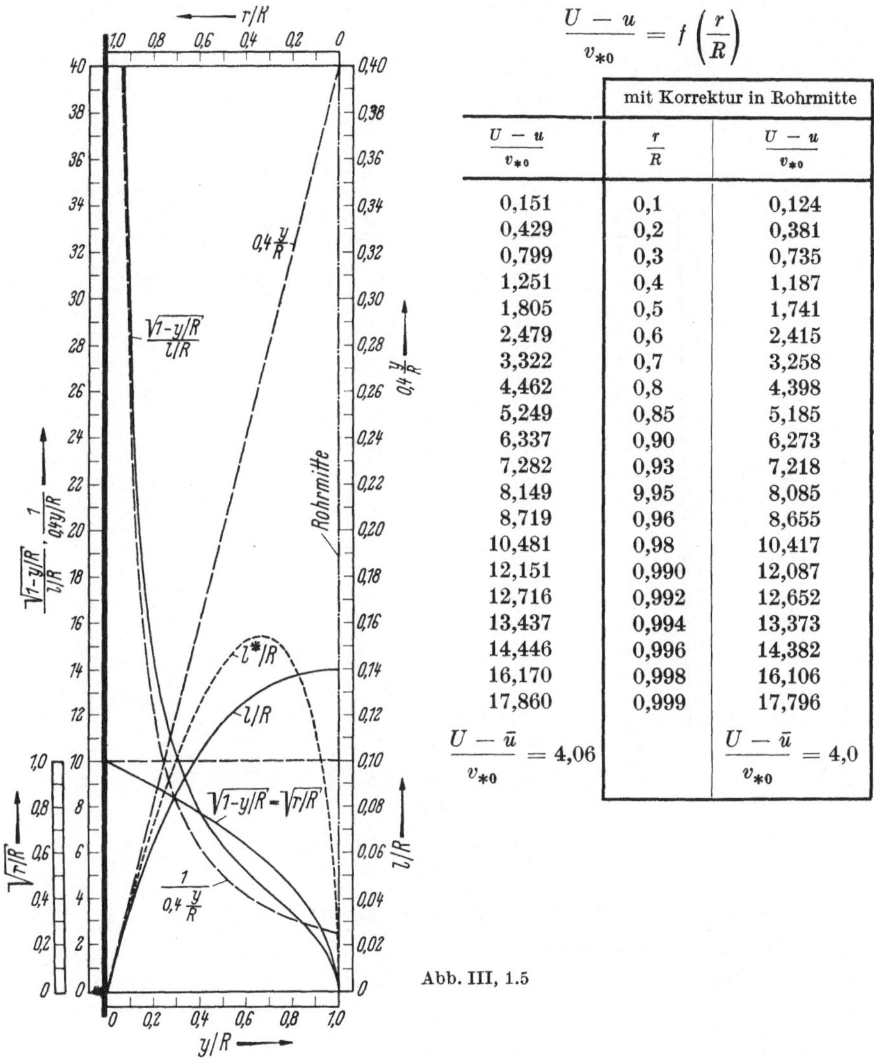

Abb. III, 1.5

$$\frac{U-u}{v_{*0}} = f\left(\frac{r}{R}\right)$$

	mit Korrektur in Rohrmitte	
$\frac{U-u}{v_{*0}}$	$\frac{r}{R}$	$\frac{U-u}{v_{*0}}$
0,151	0,1	0,124
0,429	0,2	0,381
0,799	0,3	0,735
1,251	0,4	1,187
1,805	0,5	1,741
2,479	0,6	2,415
3,322	0,7	3,258
4,462	0,8	4,398
5,249	0,85	5,185
6,337	0,90	6,273
7,282	0,93	7,218
8,149	9,95	8,085
8,719	0,96	8,655
10,481	0,98	10,417
12,151	0,990	12,087
12,716	0,992	12,652
13,437	0,994	13,373
14,446	0,996	14,382
16,170	0,998	16,106
17,860	0,999	17,796
$\frac{U-\bar{u}}{v_{*0}} = 4{,}06$		$\frac{U-\bar{u}}{v_{*0}} = 4{,}0$

für sehr kleine Werte von y/R, und zwar von 0,001 bis 0,05 die Kurve nochmals aufgetragen. In der rechten Kolonne der Tabelle handelt es sich um eine Korrektur, auf die wir später (S. 247ff.) zurückkommen werden.

Die Kurve $(U - u)/v_{*0} = f(y/R)$ der Abb. III, 1.6 gibt so lange keinen Aufschluß über die Geschwindigkeitsverteilung im Rohr, als man nichts über die Größe U/v_{*0} weiß; die Lage der Abszissenachse, von der u zu rechnen wäre, ist also noch unbestimmt, d. h. ob U/v_{*0} etwa 20 ist, wie in Abb. III, 1.6 oder welchen Wert diese Größe hat. Aus der Identität

$$\frac{u}{U} \equiv 1 - \frac{U-u}{v_{*0}} \frac{1}{\frac{U}{v_{*0}}} \equiv 1 - \frac{U-u}{v_{*0}} \frac{1}{\frac{\bar{u}}{v_{*0}} + \frac{U-\bar{u}}{v_{*0}}} \qquad \text{(III, 1.30)}$$

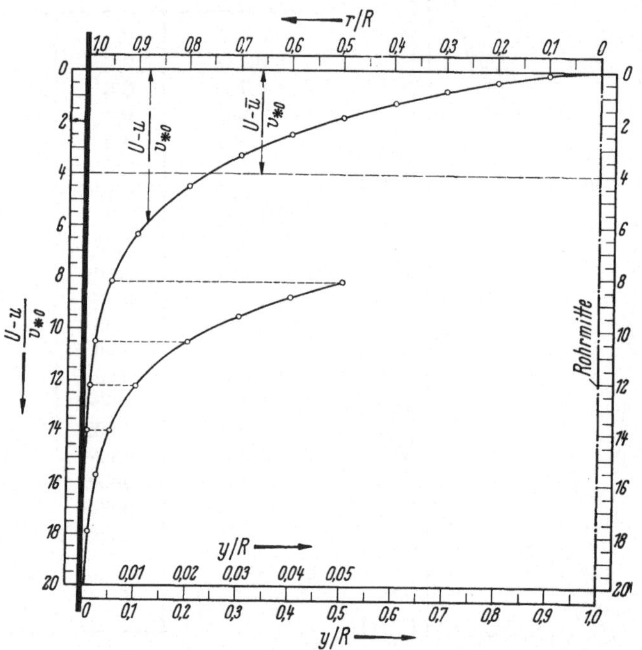

Abb. III, 1.6. Die universelle Geschwindigkeitsverteilung: $(U - u)/v_{*0} = f(y/R)$

ist ersichtlich, daß u/U als Funktion von y/R aus $(U - u)/v_{*0}$ d. h. aus Abb. III, 1.6 berechnet werden kann, falls $\bar{u}/v_{*0}$ und $(U - \bar{u})/v_{*0}$ bekannt sind. Nun ist aber nach Gl. (III, 1.25) mit $\bar{u}$ als räumlichen Mittelwert

$$\frac{\bar{u}}{v_{*0}} = \sqrt{\frac{8}{\lambda}}, \qquad \text{(III, 1.31)}$$

so daß nur noch

$$\frac{U-\bar{u}}{v_{*0}} = \int_0^r \frac{U-u}{v_{*0}} \cdot \frac{2\pi r\,dr}{R^2\pi} = 2\int_0^1 \frac{U-u}{v_{*0}} \frac{r}{R}\, d\left(\frac{r}{R}\right) = 4.06 \qquad \text{(III, 1.32)}$$

berechnet werden braucht (die Integration erfolgte numerisch unter Benutzung der Kurve der Abb. III, 1.6, bzw. der linken Kolonne der Tabelle. Damit geht Gl. (III, 1.30) über in

$$\frac{u}{U} = 1 - \frac{U-u}{v_{*0}} \frac{1}{\sqrt{\frac{8}{\lambda}} + 4{,}06} = f\left(\frac{y}{R}\right). \qquad \text{(III, 1.33)}$$

Um zu einer beliebigen Reynoldsschen Zahl ($>10^5$) das Geschwindigkeitsprofil zu berechnen, hat man zunächst aus Abb. III, 1.12 bzw. Gl. (III, 1.49) das zu dem betreffenden Wert von Re gehörende λ zu bestimmen und in Gl. (III, 1.33) einzusetzen; die Werte von $(U - u)/v_{*0} = f(y/R)$ sind der Abb. III, 1.6 bzw. der linken Kolonne der obigen Tabelle zu entnehmen.

1. Beispiel: Glattes Rohr, $\mathrm{Re} = 10^7$, $\lambda = 0{,}00807$, mithin $\sqrt{8/\lambda} + 4{,}06 = 35{,}7$ und somit z. B. zu $y/R = 0{,}05$ mit $[U - u(0{,}05)]/v_{*0} = 8{,}15$

$$\frac{u(0{,}05)}{U} = 1 - \frac{U - u(0{,}05)}{v_{*0}} \frac{1}{35{,}7} = 1 - \frac{8{,}15}{35{,}7} = 0{,}772;$$

oder zu $y/R = 0{,}1$

$$\frac{u(0{,}1)}{U} = 1 - \frac{6{,}34}{35{,}7} = 0{,}822 \text{ usw.}$$

2. Beispiel: Rauhes Rohr, Abb. III, 1.21, $(R/k_s = 30{,}6)$, $\mathrm{Re} \geqq 10^5$, $\lambda = 0{,}045$, mithin $\sqrt{8/\lambda} + 4{,}06 = 17{,}40$ und also z. B.

$$\frac{u(0{,}1)}{U} = 1 - \frac{6{,}34}{17{,}40} = 0{,}635 \text{ usw.}$$

In Abb. III, 1.7 sind die beiden in dieser Weise berechneten Geschwindigkeitsverteilungen dargestellt; zu der Kurve des rauhen Rohres sind noch die Meßergebnisse[150] eingetragen; Messungen mit glatten Rohren bei $\mathrm{Re} = 10^7$ sind noch nicht vorhanden.

Bei bekannten λ ist somit nach Gl. (III, 1.33) aus der Kurve der Abb. III, 1.6 bzw. der linken Kolonne der Tabelle S. 223 die Geschwindigkeitsverteilung glatter und rauher Rohre, zu berechnen[151]. Die Funktion, deren Verlauf Abb. III, 1.6 zeigt, ist deshalb die „universelle Geschwindig-

150 NIKURADSE, J.: Strömungsgesetze in rauhen Rohren. Forsch.-Arb. Ing.-Wesen H. 361 (1933) 19.

151 Auf S. 247 ff. wird gezeigt, daß infolge einer Korrektur in Rohrmitte die eingerahmten Werte der obigen Tabelle nach Gl. (III, 1.92) noch bessere Werte sind.

keitsverteilung“ glatter und rauher Rohre bei großen Reynoldsschen Zahlen genannt worden.

Mit Hilfe von Gl. (III, 1.31 und 32) läßt sich leicht ein Ausdruck für $U/\bar{u}$ als Funktion von λ ableiten. Setzt man in

$$\frac{U}{\bar{u}} = \frac{U}{v_{*0}} \cdot \frac{v_{*0}}{\bar{u}}$$

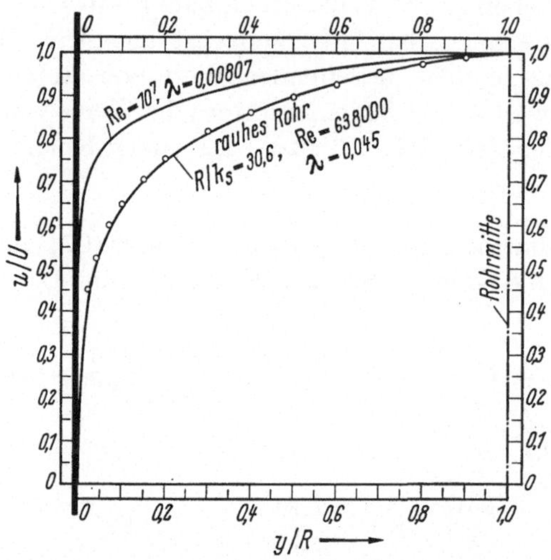

Abb. III, 1.7. Theoretisch berechnete Geschwindigkeitsverteilung u/U in einem glatten Rohr bei Re = 10^7, sowie in einem rauhen Rohr (R/k_S = 30,6) bei Re = 63800; die kleinen Kreise bezeichnen gemessene Werte

nach Gl. (III, 1.31) $\bar{u}/v_{*0} = \sqrt{8/\lambda}$ und nach Gl. (III, 1.32)

$$\frac{U}{v_{*0}} = \frac{\bar{u}}{v_{*0}} + 4{,}06 = \sqrt{\frac{8}{\lambda}} + 4{,}06,$$

so wird

$$\frac{U}{\bar{u}} = \frac{\sqrt{\frac{8}{\lambda}} + 4{,}06}{\sqrt{\frac{8}{\lambda}}} = 1 + 1{,}435\sqrt{\lambda}. \qquad \text{(III, 1.34)}$$

Wir werden später (S. **235f.**) bei der Ableitung von

$$\lambda = f(\mathrm{Re})$$

auf diese Beziehung zurückkommen und untersuchen, wie weit Gl. (III, 1.34) mit den Experimenten übereinstimmt.

Aus Gl. (III, 1.34) erhält man mit Berücksichtigung von Gl. (III, 1.33)

$$\frac{u}{\bar{u}} = \frac{U}{\bar{u}} \cdot \frac{u}{U} = 1 + \sqrt{\frac{\lambda}{8}} \left(4{,}06 - \frac{U - u}{v_{*0}}\right).$$

Die Geschwindigkeit u ist also gleich $\bar{u}$, falls der Klammerausdruck Null wird; dies geschieht nach Abb. III, 1.6 bzw. Tabelle S. 223 bei $r/R = 0{,}769 \sim 0{,}77$.

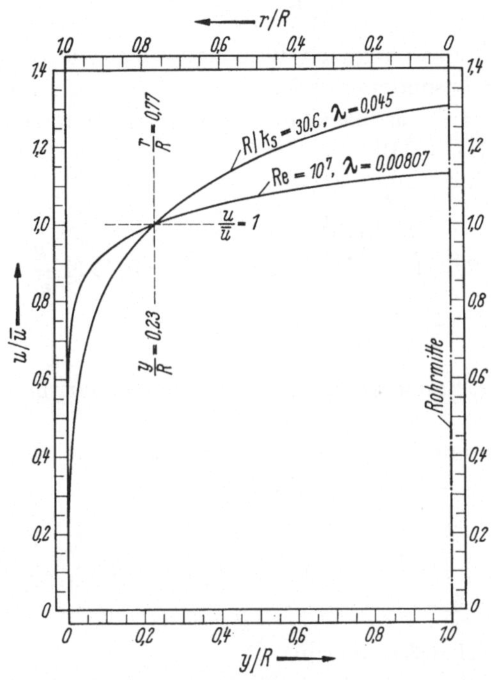

Abb. III, 1.8. Berechnete Geschwindigkeitsverteilung $u/\bar{u}$ in einem glatten Rohr bei Re = 10^7 und einem rauhen Rohr (R/k_S = 30,6) bei Re = 63800

Die letzte Gleichung kann man im Hinblick auf Gl. (III, 1.34) auch schreiben

$$\frac{u}{\bar{u}} = \frac{U}{\bar{u}} \cdot \frac{u}{U} = \left(1 + 1{,}435 \sqrt{\lambda}\right) \frac{u}{U}.$$

Wenden wir diese Gleichung auf die beiden Geschwindigkeitsverteilungen von Abb. III, 1.7 an, so ist mit $\lambda = 0{,}00807$ bzw. $\lambda = 0{,}045$

$$\frac{u}{\bar{u}} = 1{,}13 \frac{u}{U} \quad \text{bzw.} \quad \frac{u}{\bar{u}} = 1{,}304 \frac{u}{U}.$$

Abb. III, 1.8 zeigt diese beiden Verteilungen; man erkennt, daß in jedem Falle $u = \bar{u}$ bei $r/R = 0{,}77$ ist.

1.9 Bemerkungen zur formelmäßigen Erfassung der universellen Geschwindigkeitsverteilung. Man kann die in Abb. III, 1.5 dargestellte Kurve $\sqrt{1 - y/R} : l/R$, die aus den beiden Kurven derselben Abbildung, nämlich $\sqrt{1 - y/R}$ und l/R gebildet wurde, durch die gestrichelte Kurve

$$\frac{1}{0{,}4\,\frac{y}{R}} = f\left(\frac{y}{R}\right) \qquad \text{(III, 1.35)}$$

angenähert ersetzen, wenngleich diese Näherung, wie aus der Abbildung ersichtlich, nicht besonders gut ist. Ferner kann man diese Näherungskurve von $y/R = 1$ aus nach $y/R \to 0$ integrieren und erhält in Anlehnung an Gl. (III, 1.29)

$$\frac{U - u}{v_{*0}} = -\,2{,}5 \int\limits_{1}^{y/R} \frac{d\left(\frac{y}{R}\right)}{\frac{y}{R}} = 2{,}5 \ln \frac{R}{y} = 5{,}75 \lg \frac{R}{y}\,, \text{[152]} \qquad \text{(III, 1.36)}$$

wobei, wie bisher, ln der natürliche und lg der Logarithmus zur Basis 10 ist.

Setzen wir diesen Wert von $(U - u)/v_{*0}$ in Gl. (III, 1.30) und berücksichtigen wir, daß mit Gl. (III, 1.36)

$$\frac{U - \bar{u}}{v_{*0}} = -\,2{,}5 \cdot 2 \int\limits_{0}^{1} \ln\left(1 - \frac{r}{R}\right) \cdot \frac{r}{R} \cdot d\left(\frac{r}{R}\right) = 5 \cdot \frac{3}{4} = 3.75 \qquad \text{(III, 1.37)}$$

ist, so geht Gl. (III, 1.30) über in

$$\frac{u}{U} = 1 - \frac{5{,}75}{\sqrt{\frac{8}{\lambda}} + 3{,}75} \lg \frac{R}{y}\,. \qquad \text{(III, 1.38)}$$

Beispiel: glattes Rohr, $\mathrm{Re} = 1{,}11 \cdot 10^6$, $\lambda = 0{,}0114$; mithin ist nach Gl. (III, 1.38)

$$\frac{u}{U} = 1 - 0{,}190 \lg \frac{R}{y}\,, \qquad \text{(III, 1.39)}$$

z. B. $u(0{,}1)/U = 1 - 0{,}190 \lg 10 = 0{,}810$ usw.

In dieser Weise ist die Geschwindigkeitsverteilung berechnet und als Kurve II in Abb. III, 1.9 aufgetragen. In dieselbe Abbildung ist

[152] PRANDTL, L.: Neuere Ergebnisse der Turbulenzforschung. Z. VDI 77 1933) 105—114, oder Ges. Abh.[65], 2. Teil, S. 819.

auch die Geschwindigkeitsverteilung I entsprechend der Gl. (III, 1.33), d. h. mit dem obigen Wert von $\lambda = 0{,}0114$, entsprechend

$$\frac{u}{U} = 1 - 0{,}0328\,\frac{U-u}{v_{*0}} \qquad \text{(III, 1.40)}$$

eingezeichnet und schließlich noch die von NIKURADSE[80] (Abb. 18) gemessenen Werte eingetragen. Man erkennt, daß die Kurve I in hervorragender Weise mit den experimentellen Werten übereinstimmt, während

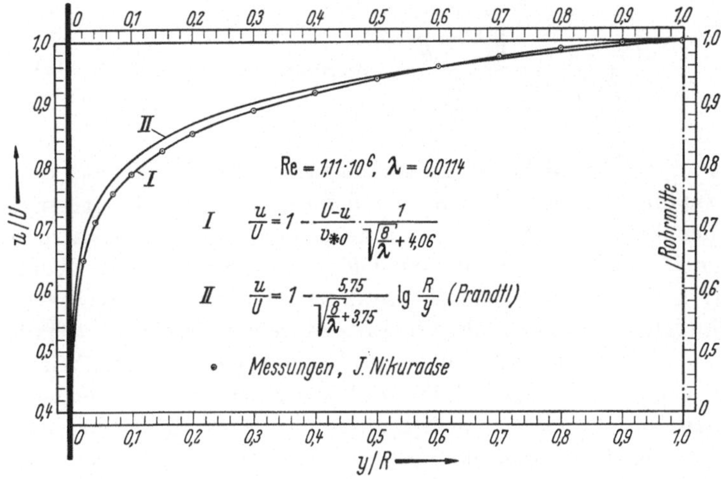

Abb. III, 1.9. Kurve II: Geschwindigkeitsverteilung auf Grund einer Näherungsrechnung nach L. PRANDTL; Kurve I: Geschwindigkeitsverteilung bei Benutzung der universellen Geschwindigkeitsverteilung (Abb. III, 1.6), beides für $\mathrm{Re} = 1{,}11 \cdot 10^6$

dies bei der Kurve II nicht in gleichem Maße zutrifft. (Ein Vergleich mit Abb. III, 1.7 zeigt, daß Kurve II sich eher mit der Verteilung bei $\mathrm{Re} = 10^7$, $\lambda = 0{,}00807$ deckt).

Diese Unstimmigkeit kommt daher, daß Gl. (III, 1.35), die der Gl. (III, 1.38 bzw. 39) zugrunde liegt, eben nur eine Näherungskurve, abgeleitet aus den gestrichelten Kurven der Abb. III, 1.5, ist. Im übrigen macht es bei der praktischen Anwendung der Gl. (III, 1.33) oder der Näherungsgleichung (III, 1.38) die gleiche Mühe, ob man nun in der erstgenannten Gleichung die Größe $(U-u)/v_{*0}$ aus Abb. III, 1.6 bzw. der Tabelle S. 223 entnimmt, oder in der zweitgenannten Gleichung den Logarithmus von R/y bildet.

Auf einen Umstand sei noch besonders hingewiesen: Die von PRANDTL[152] aufgestellte Gl. (III, 1.36) wird in der Literatur durchweg so aufgefaßt, als ob sie theoretisch abgeleitet sei und ihr eine dementsprechende Bedeutung zukomme; und zwar geschieht es in dem Sinne, daß man annimmt, die bei der ebenen Platte gültige Proportionalität der Mischungsweglänge mit dem Wandabstand (in Wandnähe) gelte auch für das Rohr und zwar nicht nur in Nähe der Rohrwandung. Vielmehr wendet man diese Proportionalität $l = 0{,}4\, y$ bis in die Nähe der Rohrachse an und unterstellt außerdem, daß $v_*^2 = \tau/\varrho = \tau_0/\varrho$, d. h. konstant über dem Rohrquerschnitt sei. Wie aus Abb. III, 1.5 ersichtlich, ist aber weder l/R proportional zu y/R, noch ist die Schubspannung bzw. die Schubspannungsgeschwindigkeit v_* konstant über dem Rohrquerschnitt. Man macht also, wenn man — wie dies durchweg getan wird —

$$-\frac{1}{v_{*0}}\,\frac{d(U-u)}{d\left(\frac{y}{R}\right)} = \frac{\sqrt{1-\frac{y}{R}}}{\frac{l}{R}} \quad \text{angenähert} \quad = \frac{1}{0{,}4\,\frac{y}{R}} \qquad \text{(III, 1.41)}$$

setzt, zwei beträchtliche und noch dazu prinzipielle Fehler, die sich jedoch zufällig nahezu aufheben, so daß der rechte Ausdruck (gestrichelte Kurve der Abb. III, 1.5) eine, wenn auch nicht sehr gute Näherung des mittleren Ausdrucks der letzten Gleichung (ausgezogene Kurve in Abb. III, 1.5) darstellt. Eine theoretische Ableitung der rechten Seite von Gl. (III, 1.41) sowie der hieraus durch Integration erhaltenen Gl. (III, 1.36 bzw. 38) ist damit jedoch keineswegs gewonnen. Wir haben hier ein typisches Beispiel dafür, daß man bei einer phänomenologischen Methode — wie der hier benutzten — vorsichtig und kritisch sein muß; es genügt nicht, daß das Resultat, nämlich Gl. (III, 1.36 bzw. 38), mit den Experimenten übereinstimmt; dies kann vielmehr auch dann eintreten, wenn — wie im vorliegenden Fall — die Prämisse, nämlich Zähler und Nenner der rechten Seite von Gl. (III, 1.41), jeder für sich falsch ist.

Man kann Gl. (III, 1.41) auch so deuten, daß unter Weglassung des Wortes „angenähert“ aus dieser Gleichung eine hypothetische Mischungsweglänge

$$\frac{l^*}{R} = \sqrt{1-\frac{y}{R}}\cdot 0{,}4\,\frac{y}{R}$$

definiert und mit dieser entsprechend Gl. (III, 1.28)

$$\frac{d\,\frac{u}{v_{*0}}}{d\,\frac{y}{R}} = \frac{\sqrt{1-\frac{y}{R}}}{\frac{l^*}{R}} = \frac{1}{0{,}4\,\frac{y}{R}}$$

gebildet wird; damit fällt dann die sonst notwendige (aber nicht zulässige!) Unterstellung, daß v_* über dem Rohrquerschnitt konstant sei, fort. Anderseits stimmt die so definierte Mischungsweglänge l^*/R, wie aus Abb. III, 1.5 ersichtlich, nur sehr wenig mit derjenigen (l/R) überein, die man unter Benutzung der Prandtlschen Mischungswegformel Gl. (III, 1.16 bzw. 22) aus einer Anzahl gemessener Geschwindigkeitsverteilungen berechnet hat (Abb. III, 1.4 bzw. 5).

1.10 Übergang der turbulenten in die laminare Strömung in unmittelbarer Nähe der Wand. Bisher sind wir davon ausgegangen, daß die turbulente Scheinzähigkeit ε groß ist gegenüber der kinematischen Zähigkeit ν, so daß diese, verglichen mit ε, vernachlässigt werden kann (Abb. III, 1.4). In unmittelbarer Wandnähe jedoch geht $\varepsilon \to 0$, da die turbulenten Schwankungsbewegungen hier Null werden, während ν den Wert behält, so daß hier ν sogar groß gegenüber ε wird. Es bildet sich daher bei der turbulenten Rohrströmung in unmittelbarer Nähe der Wand eine sehr dünne Schicht laminarer Strömung, innerhalb welcher die Schubspannung τ_0 auf die Rohrwand übertragen wird. In dieser Schicht gilt also

$$\frac{\tau_0}{\varrho} = \nu \frac{d u_{\text{lam}}}{d y} = v_{*0}^2$$

oder

$$\frac{d u_{\text{lam}}}{v_{*0}} = \frac{v_{*0}}{\nu} d y,$$

mithin

$$\frac{u_{\text{lam}}}{v_{*0}} = \frac{v_{*0}}{\nu} y, \qquad \text{(III, 1.42)}$$

wobei die Integrationskonstante Null wird, da $u = 0$ bei $y = 0$ ist.

Außerhalb dieser Schicht haben wir Gl. (III, 1.28) und zwar, wenn wir uns auf ein Gebiet $y/R \leqq 0{,}05$ beschränken, in welchem l/R proportional mit y/R wächst,

$$\frac{u_{\text{turb}}}{v_{*0}} = \frac{\sqrt{1 - \frac{y}{R}}}{0{,}40} \int \frac{d \frac{y}{R}}{\frac{y}{R}} + C = \frac{\overline{0{,}988}}{0{,}40} \ln \frac{y}{R} + C, \qquad \text{(III, 1.43)}$$

wobei $\overline{0{,}988}$ ein Mittelwert von $\sqrt{1 - y/R}$ in dem Bereich von 0 bis 0,05 und $l/R = 0{,}40\, y/R$ ist (Abb. III, 1.4). Führen wir in der letzten Gleichung, um Anschluß an Gl. (III, 1.42) zu haben, statt y/R die Variable

$$\frac{v_{*0} y}{\nu} = \eta \qquad \text{(III, 1.44)}$$

ein, so wird

$$\frac{u_{\text{turb}}}{v_{*0}} = 2{,}47 \ln \eta + C. \qquad \text{(III, 1.45)}$$

Man könnte nun daran denken, C in der Weise zu bestimmen, daß man in einem zunächst noch unbekannten Punkte η_1 die turbulente Geschwindigkeitsverteilung stetig, d. h. mit gleicher Richtung an die laminare fügt und demnach

$$\left(\frac{d u_{\text{lam}}}{d\eta}\right)_{\eta_1} = \left(\frac{d u_{\text{turb}}}{d\eta}\right)_{\eta_1}$$

setzt, daraus η_1 berechnet und mit diesem Wert die Gleichung

$$u_{\text{lam}}(\eta_1) = u_{\text{turb}}(\eta_1)$$

nach C auflöst: Also mit Gl. (III, 1.42, 43 und 44)

$$1 = \frac{2{,}47}{\eta_1} \qquad \text{oder} \qquad \eta_1 = 2{,}47$$

und mit Gl. (III, 1.42 u. 45)

$$\eta_1 = 2{,}47 \ln \eta_1 + C$$

also

$$C = 2{,}47 - 2{,}47 \ln 2{,}47 = 0{,}24$$

und demnach

$$\frac{u_{\text{turb}}}{v_{*0}} = 2{,}47 \ln \eta + 0{,}24 .$$

Die Variable η kann man unter Berücksichtigung von Gl. (III, 1.31) auch umformen in

$$\eta = \frac{v_{*0}\, y}{\nu} = \frac{y}{R}\,\frac{\bar{u}\, 2R}{\nu}\,\frac{v_{*0}}{2\bar{u}} = \frac{y}{R}\,\frac{\text{Re}\sqrt{\lambda}}{2\sqrt{8}}\,, \tag{III, 1.46}$$

so daß man *in bezug auf den Bereich* $0 < y/R \leqq 0{,}05$, wenn noch statt des natürlichen der Logarithmus zur Basis 10 genommen wird, schreiben kann

$$\frac{u}{v_{*0}} = 5{,}68 \lg\left(\frac{y}{R}\,\frac{\text{Re}\sqrt{\lambda}}{2\sqrt{8}}\right) + 0{,}24 .$$

Um diese Gleichung mit dem Experiment zu überprüfen, sind in Abb. III, 1.10 nach Messungen von J. NIKURADSE[80] (Zahlentafel 3) zu 13 Reynoldsschen Zahlen die gemessenen Werte von u/v_{*0} über $\lg(y v_{*0}/\nu)$ aufgetragen und zwar nur solche u/v_{*0}, die zu Werten von $y/R \leqq 0{,}1$ gehören; denn nur in diesem Bereich kann l/R näherungsweise proportional mit y/R angenommen werden, womit dann Gl. (III, 1.43) Gültigkeit besitzt. Zu jeder der 13 Reynoldsschen Zahlen sind vier Werte von u/v_{*0} aufgetragen, entsprechend y/R etwa gleich 0,02, 0,04, 0,07 und 0,10. Man erkennt, daß zwar die Neigung der durch die Meßpunkte gelegten Geraden mit dem obigen Wert von 5,68 übereinstimmt, nicht aber die Konstante, die wesentlich größer, nämlich 5,3 sein muß. Der Grund dafür ist die Tatsache, daß der Übergang von der turbulenten Strömung in die laminare „Unterschicht" keineswegs so einfach ist,

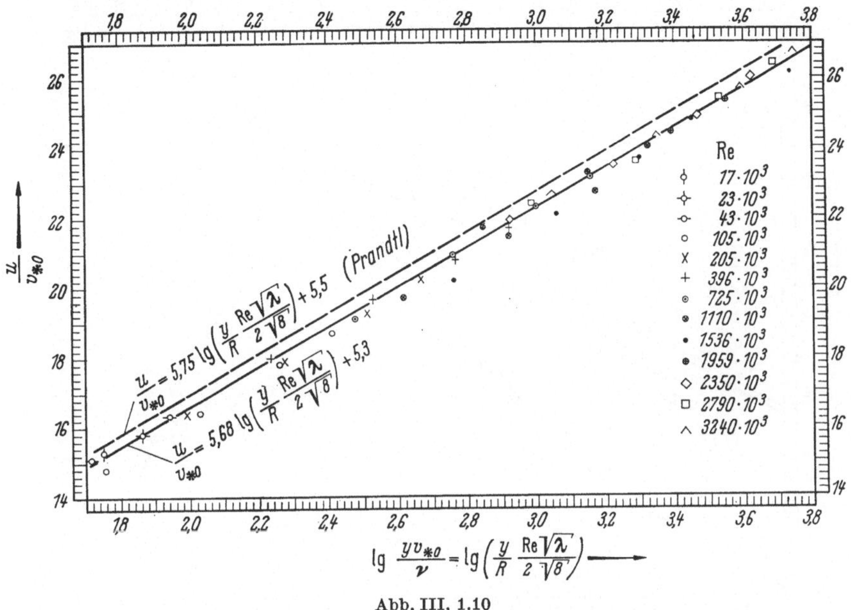

Abb. III, 1.10

wie oben vorausgesetzt wurde. Es bildet sich nämlich, wie H. Reichardt[153] im einzelnen untersucht hat, eine besondere Übergangszone; es zeigt sich, daß in dieser der Anschluß der turbulenten Strömung an die laminare wesentlich komplizierter ist als in den obigen Gleichungen zur Bestimmung von C angenommen wurde.

Trägt man in Abb. III, 1.11 auch für die laminare Unterschicht (laminar sublayer) die gemessenen Werte von u/v_{*0} über $\lg(y v_{*0}/\nu)$ auf, so erkennt man deutlich die Übergangszone. Bis etwa $y v_{*0}/\nu = 4$ kommt nur die kinematische Zähigkeit ν bzw. die Schubspannung $\tau_0 = \mu (du/dy)_0$ zur Wirkung, hier gilt Gl. (III, 1.42) nämlich $u_l/v_{*0} = y v_{*0}/\nu$; von da ab, bis ungefähr $y v_{*0}/\nu = 50$, macht sich in immer stärkerem Maße neben dem konstanten Wert von μ die scheinbare

---

[153] Reichardt, H.: Vollständige Darstellung der turbulenten Geschwindigkeitsverteilung in glatten Leitungen. Z. angew. Math. Mech. 31 (1951) 208—219.

Reibung $\varrho\varepsilon$ der turbulenten Bewegung bzw. die scheinbare Schubspannung $\tau' = -\overline{\varrho u' v'}$ bemerkbar; über $y v_{*0}/\nu = 50$ hinaus wird die Strömung nahezu ausschließlich von der scheinbaren Schubspannung τ' beherrscht, die Schubspannung $\tau = \mu du/dy$ ist demgegenüber vernachlässigbar klein.

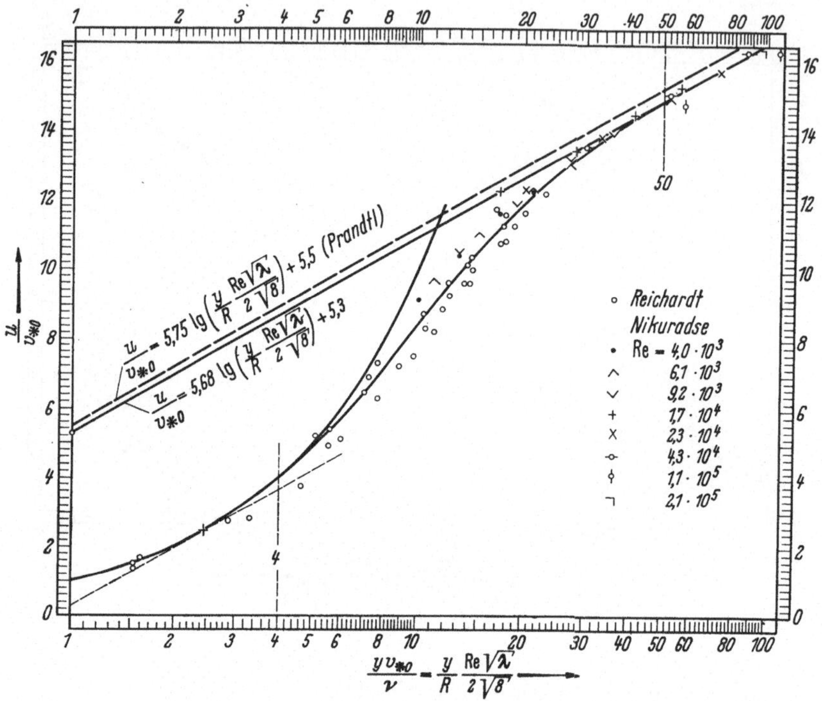

Abb. III, 1.11. Übergang der turbulenten Grenzschicht in eine laminare in unmittelbarer Wandnähe, nach H. REICHARDT[153]

Bei einer Reynoldsschen Zahl von beispielsweise $\mathrm{Re} = 10^5$ und dementsprechend $\lambda = 0{,}018$ (Abb. III, 1.12) ergibt sich bei einer Rohrströmung die Dicke der rein laminaren Unterschicht aus

$$4 = \frac{y}{R}\,\frac{\mathrm{Re}\sqrt{\lambda}}{2\sqrt{8}} \quad \text{zu} \quad \frac{y}{R} = 1{,}7 \cdot 10^{-3};$$

die Übergangszone erstreckt sich etwa bis zum 12,5fachen Wert, d. h. bis $y/R = 2{,}13 \cdot 10^{-2}$. Da nach S. 221 $\nu/v_{*0}R = 1/\sqrt{2\,\mathrm{Re}}$ und nach Abb. III, 1.4 in unmittelbarer Wandnähe $\varepsilon/v_{*0}R = 0{,}40\, y/R$ ist, hat das Verhältnis ν/ε am Ende der reinen Laminarströmung $(y/R = 0{,}0017)$

bei $\mathrm{Re} = 10^5$ den Wert $1/\left(\sqrt{2 \cdot 10^5} \cdot 0{,}40 \cdot 0{,}0017\right) = 3{,}7$, und am Ende der Übergangszone ($y/R = 0{,}0213$) den Wert 0,296. Im ersteren Bereich ist $\nu(>3{,}7\,\varepsilon)$ ausschlaggebend; außerhalb der Übergangszone ist $\nu(<0{,}296\,\varepsilon)$ vernachlässigbar klein gegenüber ε. In der Übergangszone selbst sind ν und ε von nahezu gleicher Größenordnung.

In der Abbildung ist noch als kurz gestrichelte Gerade die Tangente im Punkte $\eta_1 = y_1 v_{*0}/\nu = 2{,}47$ eingetragen, die auf S. 232 zu dem falschen Wert $C = 0{,}24$ führte.

1.11 Das Widerstandsgesetz glatter Rohre bei großen Reynoldsschen Zahlen. Für die weitere Betrachtung legen wir nach Abb. III, 1.10 die Beziehung

$$\frac{u}{v_{*0}} = 5{,}68 \lg\left(\frac{y}{R}\,\frac{\mathrm{Re}\sqrt{\lambda}}{2\sqrt{8}}\right) + 5{,}3 \qquad \left(\frac{y}{R} \leqq 0{,}05\right) \qquad \text{(III, 1.47)}$$

zugrunde[154]. Wir gehen aus von der Identität

$$\frac{\bar{u}}{v_{*0}} \equiv \frac{u}{v_{*0}} + \frac{U-u}{v_{*0}} - \frac{U-\bar{u}}{v_{*0}}$$

und wenden diese für $y/R = 0{,}05$ an, wobei nach Gl. (III, 1.31) noch $\bar{u}/v_{*0} = \sqrt{8/\lambda}$ gesetzt wird, also

$$\frac{\sqrt{8}}{\sqrt{\lambda}} = 5{,}68 \lg\left(0{,}05\,\frac{\mathrm{Re}\sqrt{\lambda}}{2\sqrt{8}}\right) + 5{,}3 + \frac{U-u(0{,}05)}{v_{*0}} - \frac{U-\bar{u}}{v_{*0}}.$$

Mit $[U - u(0{,}05)]/v_{*0} = 8{,}15$ vgl. Abb. III, 1.6 bzw. rechte Kolonne der Tabelle S. 223 sowie nach Gl. (III, 1.32) $(U - \bar{u})/v_{*0} = 4{,}06$ erhält man dann

$$\frac{\sqrt{8}}{\sqrt{\lambda}} = 5{,}68\left[\lg\left(\mathrm{Re}\sqrt{\lambda}\right) - \lg\left(2\sqrt{8}\right) - \lg 20\right] + 5{,}3 + 8{,}15 - 4{,}06$$

oder

$$\frac{\sqrt{8}}{\sqrt{\lambda}} = 5{,}68 \lg\left(\mathrm{Re}\sqrt{\lambda}\right) - 2{,}27 \qquad \text{(III, 1.48)}$$

und schließlich

$$\frac{1}{\sqrt{\lambda}} = 2{,}0 \lg\left(\mathrm{Re}\sqrt{\lambda}\right) - 0{,}8. \qquad \text{(III, 1.49)}$$

---

[154] In Abb. III, 1.10 ist ebenfalls die von L. PRANDTL[152] (Abb. 7) benutzte Gerade eingetragen, die von der unsrigen abweicht, da die Prandtlsche Gerade nicht nur Messungen in Wandnähe sondern sämtliche Meßpunkte bis in die Nähe der Rohrachse berücksichtigt.

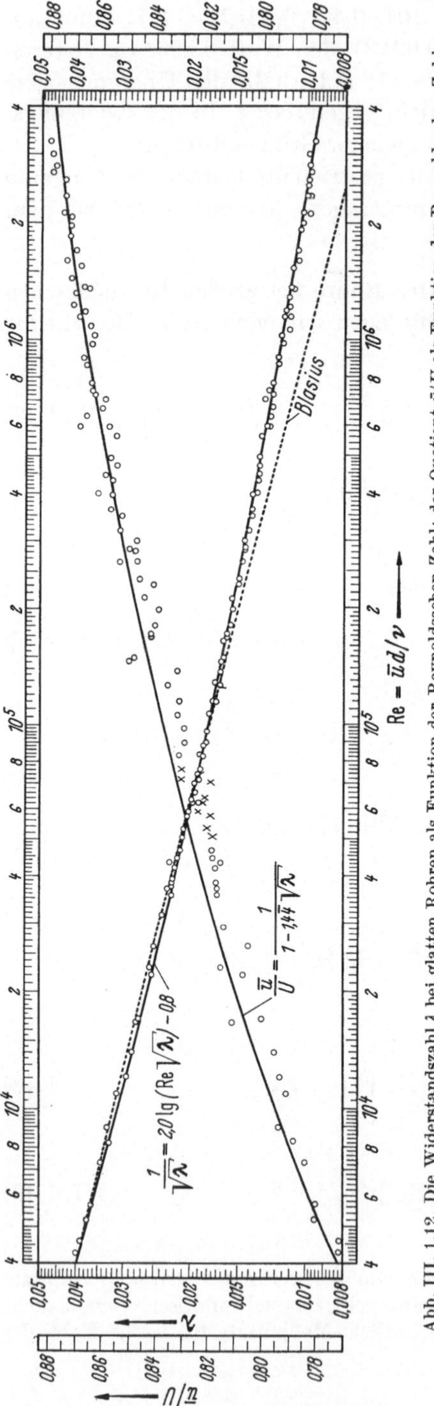

Abb. III, 1.12. Die Widerstandszahl λ bei glatten Rohren als Funktion der Reynoldsschen Zahl; der Quotient $\bar{u}/U$ als Funktion der Reynoldsschen Zahl

Hiermit ist λ als Funktion von Re dargestellt. Man kann die letzte Gleichung auch schreiben:

$$\lg \mathrm{Re} = 0{,}4 + \frac{0{,}5}{\sqrt{\lambda}} + \lg \frac{1}{\sqrt{\lambda}} \tag{III, 1.50}$$

und hieraus zu gegebenen Werten von λ die Größe lg Re und damit Re berechnen. In Abb. III, 1.12 ist λ als Funktion von Re nach Gl. (III, 1.49 oder 50) aufgetragen (ausgezogene Kurve) und die Versuchsergebnisse nach Messungen von J. NIKURADSE[80] (Zahlentafel 9) hinzugefügt.

Es mag nochmals betont werden, daß Gl. (III, 1.49) neben der von Re($>10^5$) unabhängigen, experimentell gegebenen Beziehung $l/R = f(y/R)$ vgl. Abb. III, 1.4, bzw. Gl. III, 1.27 lediglich voraussetzt, daß danach in Wandnähe (bis $y/R = 0{,}05$) die Proportionalität von $l/R = 0{,}40\, y/R$ vorhanden ist, und daß sich die in Gl. (III, 1.43) auftretende Konstante nach Abb. III, 1.10 d. h. nach Meßergebnissen zu 5,3 bestimmt.

Zurückkommend auf Gl. (III, 1.34) S. 226 ist die Beziehung

$$\frac{\bar{u}}{U} = \frac{1}{1 + 1{,}44\sqrt{\lambda}} \tag{III, 1.51}$$

in Abb. III, 1.12 in der Weise berechnet, daß zu einer Anzahl von λ-Werten mittels

Gl. (III, 1.50) die Re-Werte bestimmt, und über diesen die nach Gl. (III, 1.51) berechneten $\bar{u}/U$-Werte aufgetragen wurden. Die von J. NIKURADSE[80] (Zahlentafel 9) stammenden Meßwerte liegen — unter Berücksichtigung des großen Maßstabes — mit einigen Streuungen der Kurve recht gut an.

Auf turbulente Strömungen in Rohren von nicht kreisförmigem Querschnitt (Rechteck, Dreieck usw.) wollen wir hier nicht eingehen, sondern verweisen auf die Messungen von L. SCHILLER[155] und besonders auf die von J. NIKURADSE[156]. Auch hinsichtlich der Strömung in gekrümmten Rohren beschränken wir uns auf die Angabe der Arbeiten von N. NIPPERT[157] und H. RICHTER[158]; vgl. auch die weiteren Literaturangaben bei SCHLICHTING[60] (S. 494ff.).

1.12 Die v. Kármánsche Ähnlichkeitshypothese. Fragt man sich, welche der Gleichungen bei der Ableitung der obigen Resultate die bedeutungsvollste ist, also vor allem bei der Aufstellung der Geschwindigkeitsverteilung Gl. (III, 1.33) und des Widerstandsgesetzes Gl. (III, 1.49), so müssen wir sagen, daß es Gl. (III, 1.22 bzw. 27) ist, d. h. die Verteilung der Mischungsweglänge längs des Rohrhalbmessers. Aus dieser Verteilung ergab sich durch (numerische) Integration ein Ausdruck $(U - u)/v_{*0}$, Gl. (III, 1.29) und daraus über Gl. (III, 1.30 und 31) die Geschwindigkeitsverteilung Gl. (III, 1.33).

Wir hatten auf S. 218 erwähnt, daß die Verteilung der Mischungsweglänge theoretisch bis jetzt nicht abzuleiten sei, sondern nur mit Hilfe von experimentell gegebenen Daten. Aus einem gemessenen Geschwindigkeitsprofil (Abb. III, 1.3) hatten wir den Wert $\bar{u}/U\,(= 0{,}864)$ bestimmt, und damit nach Gl. (III, 1.25) zu dem ebenfalls gemessenen λ $(= 0{,}0115)$ den Wert $v_{*0}/U\,(= 0{,}0327)$ berechnet. Die Verteilung der Mischungsweglänge ergab sich dann dadurch, daß nach Gl. (III, 1.22) zu Werten von y die Quotienten $v_{*0}\sqrt{1 - y/R} : du/dy = l$ gebildet wurden (Abb. III, 1.4).

Es ist nun TH. v. KÁRMÁN[159] gelungen, einen Ausdruck für die Verteilung der Mischungsweglänge theoretisch abzuleiten, der es ermöglicht,

---

155 SCHILLER, L.: Über den Strömungswiderstand in Rohren verschiedenen Querschnitts- und Rauhigkeitsgrades Z. angew. Math. Mech. 3 (1923) 2—13.

156 NIKURADSE, J.: Turbulente Strömung in nichtkreisförmigen Rohren. Ing.-Arch. 1 (1930) 306.

157 NIPPERT, H.: Über den Strömungswiderstand in gekrümmten Kanälen. Forsch.-Arb. Ing.-Wes. Nr. 320 (1929).

158 RICHTER, H.: Der Druckabfall in gekrümmten glatten Rohrleitungen. Forsch. Arb. Ing.-Wes. Nr. 338 (1930).

159 v. KÁRMÁN, TH.: Mechanische Ähnlichkeit und Turbulenz. Nachr. Ges. Wiss. Göttingen, Math. Phys. Klasse (1930), S. 58, oder Verhandlg. d. III. Intern. Kongr. für Techn. Mechanik, Stockholm, Teil I (1930), S. 85, oder NACA TM 611 (1931).

das Geschwindigkeitsprofil zu berechnen. Allerdings ist dieser Ausdruck noch mit einer dimensionslosen Konstanten behaftet, die nur experimentell bestimmt werden kann. Immerhin ist diese Konstante eine universelle Zahl, die für alle turbulenten Strömungen der hier betrachteten Art (Rohre, Kanäle usw.) gleich ist.

v. Kármán stellt einen neuen Gesichtspunkt auf. Er nimmt an, daß die Schwankungs- oder Nebenbewegungen bei einer turbulenten Strömung zwar im allgemeinen von Ort zu Ort verschieden sein werden, daß sie jedoch immer in ähnlicher Weise erfolgen, d. h. daß sie sich nur durch einen Längen- und Zeitmaßstab (bzw. Geschwindigkeitsmaßstab) voneinander unterscheiden. Das bedeutet, daß die Korrelation zwischen u' und v' im ganzen Gebiet der turbulenten Strömung die gleiche ist.

Die Ähnlichkeitshypothese wird durchgeführt an einer zweidimensionalen Kanalströmung $u = u(y)$, $v = 0$ (wobei u und v die zeitlichen Mittelwerte bezeichnen) und einer ebenfalls zweidimensionalen Schwankungsbewegung mit der Stromfunktion $\Psi(x, y)$. Bezüglich der Hauptströmung wird angenommen, daß diese vom (willkürlich) gewählten Punkt x_0, y_0 durch eine *mit dem quadratischen Glied abgebrochene* Taylorsche Reihe angenähert werden kann, d. h.

$$u(y) = u_0(y_0) + \left(\frac{du}{dy}\right)_0 (y - y_0) + \left(\frac{d^2u}{dy^2}\right)_0 \frac{(y - y_0)^2}{2} .$$

Bei Benutzung der Eulerschen Gleichung (in der Form der Wirbeltransportgleichung), d. h. also bei Vernachlässigung der Zähigkeit μ, erhält man mit

$$\Psi = A f\left(\frac{x - x_0}{l}, \frac{y - y_0}{l}\right)$$

eine Gleichung in f. Nach der Ähnlichkeitshypothese soll diese Gleichung nicht mehr von dem willkürlich gewählten Betrachtungspunkt x_0, y_0 abhängen. Das führt — wie v. Kármán näher ausführt — auf die Forderung, daß

$$l = k \left| \frac{\frac{du}{dy}}{\frac{d^2u}{dy^2}} \right| \quad \text{und} \quad A \sim l^2 \left(\frac{du}{dy}\right)_0 \qquad \text{(III, 1.52)}$$

[160]

sein muß. Das hier auftretende k ist die oben erwähnte Universalkonstante der turbulenten Strömung; l kann als Längenmaßstab, A/l als Geschwindigkeitsmaßstab gedeutet werden. Auch v. Kármán erhält die

[160] Vgl. auch die anschauliche Ableitung von A. Betz: Die v. Kármánsche Ähnlichkeitsüberlegung für turbulente Vorgänge in physikalischer Auffassung. Z. angew. Math. Mech. 11 (1931) 397.

Formel der Prandtlschen Mischungsweglänge

$$l = \frac{\sqrt{\frac{\tau}{\varrho}}}{\left|\frac{du}{dy}\right|} = \frac{v_*}{\left|\frac{du}{dy}\right|} = \frac{v_{*0}\sqrt{\frac{y}{B}}}{\left|\frac{du}{dy}\right|}, \tag{III, 1.53}$$

wobei B die halbe Breite des Kanals und y den Abstand von der Kanal*mitte* bezeichnet.

Aus den beiden letzten Gleichungen folgt

$$\left|\frac{u''}{(u')^2}\right| = \frac{k}{v_{*0}\sqrt{\frac{y}{B}}}, \tag{III, 1.54}$$

und einmal integriert

$$u' = \frac{du}{dy} = -\frac{v_{*0}}{2k}\frac{1}{B - \sqrt{yB}}. \tag{III, 1.55}$$

Man erkennt dies, wenn man die letzte Gleichung nach y differenziert und durch $(u')^2$ dividiert; man erhält dann Gl. (III, 1.54). Dabei ist die Integrationskonstante so gewählt, daß du/dy bei $y \to B$ absolut genommen sehr groß wird, d. h. mathematisch nach $-\infty$ geht.

Die letzte Gleichung nochmals integriert, liefert mit $u(0) = U$ (in der Kanalmitte)

$$\frac{U - u(y/B)}{v_{*0}} = \frac{1}{2k}\int\limits_0^{y/B} \frac{1}{1 - \sqrt{\frac{y}{B}}}\, d\left(\frac{y}{B}\right) \tag{III, 1.56}$$

oder

$$\frac{U - u}{v_{*0}} = -\frac{1}{k}\left[\ln\left(1 - \sqrt{\frac{y}{B}}\right) + \sqrt{\frac{y}{B}}\right]. \tag{III, 1.57}$$

Diese Gleichung wird gelegentlich auch als Mittengesetz der Geschwindigkeitsverteilung nach v. Kármán bezeichnet.

Obwohl für die zweidimensionale Kanalströmung abgeleitet, lassen sich die obigen Gleichungen — wie Experimente gezeigt haben — auch auf die Rohrströmung anwenden. Bezeichnet man wie bisher den radialen Abstand von der Rohrachse mit r und den Radius mit R, so ist also

$$\frac{U - u}{v_{*0}} = -\frac{1}{k}\left[\ln\left(1 - \sqrt{\frac{r}{R}}\right) + \sqrt{\frac{r}{R}}\right]. \tag{III, 1.58}$$

Um die Universalkonstante k zu bestimmen, berechnen wir die letzte Gleichung für eine Anzahl von k-Werten, z. B. $k = 0{,}30$; $0{,}32$; $0{,}34$; $0{,}36$ und vergleichen die so erhaltenen Kurven $(U - u)/v_{*0} = f(r/R)$ mit derjenigen, die wir durch numerische Integration der Gl. (III, 1.29) gewonnen haben und die in Abb. III, 1.6 dargestellt ist. Die mit $k = 0{,}32$ berechnete Kurve scheint die günstigste zu sein; sie ist in Abb. III, 1.13 aufgetragen, zusammen mit der experimentell erhaltenen Kurve (Abb. III, 1.6), kleine Kreise. Zum Vergleich ist noch die entsprechende Prandtlsche Kurve Gl. (III, 1.36) eingezeichnet.

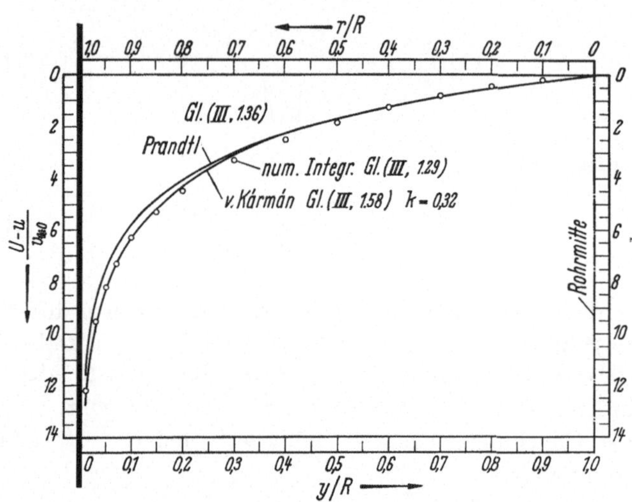

Abb. III, 1.13. Die universelle Geschwindigkeit beim Rohr nach v. KÁRMÁN mit $k = 0{,}32$; die kleinen Kreise sind durch numerische Integration der Gl. (III, 1.29) erhalten

Berücksichtigt man, daß nach Gl. (III, 1.32) in Verbindung mit Gl. (III, 1.58)

$$\frac{U - \bar{u}}{v_{*0}} = -\frac{2}{0{,}32}\int_0^1 \left[\ln\left(1 - \sqrt{\frac{r}{R}}\right) + \sqrt{\frac{r}{R}}\right]\frac{r}{R}\, d\left(\frac{r}{R}\right)$$

$$= \frac{2}{0{,}32}\,\frac{77}{120} = 4{,}0$$

ist, so erhält man nach Gl. (III, 1.30 und 31) schließlich als Geschwindigkeitsverteilung

$$\frac{u}{U} = 1 + \frac{\frac{1}{0{,}32}\left[\ln\left(1 - \sqrt{\frac{r}{R}}\right) + \sqrt{\frac{r}{R}}\right]}{\sqrt{\frac{8}{\lambda}} + 4{,}0}. \qquad \text{(III, 1.59)}$$

Berechnet man nach dieser Gleichung das Geschwindigkeitsprofil, z. B. zu Re $= 1{,}11 \cdot 10^6$ entsprechend $\lambda = 0{,}0114$, d. h. nach

$$\frac{u}{U} = 1 + 0{,}1025 \left[\ln\left(1 - \sqrt{\frac{r}{R}}\right) + \sqrt{\frac{r}{R}}\right], \qquad \text{(III, 1.60)}$$

so erhält man die in Abb. III, 1.14 eingezeichnete Kurve. Wie man erkennt, stimmt das Profil sehr gut mit den Messungen nach J. NIKURADSE[80] (Abb. 18) überein, was man von der ebenfalls eingetragenen Kurve nach Gl. (III, 1.38 bzw. 39) nicht in dem gleichen Maße sagen kann.

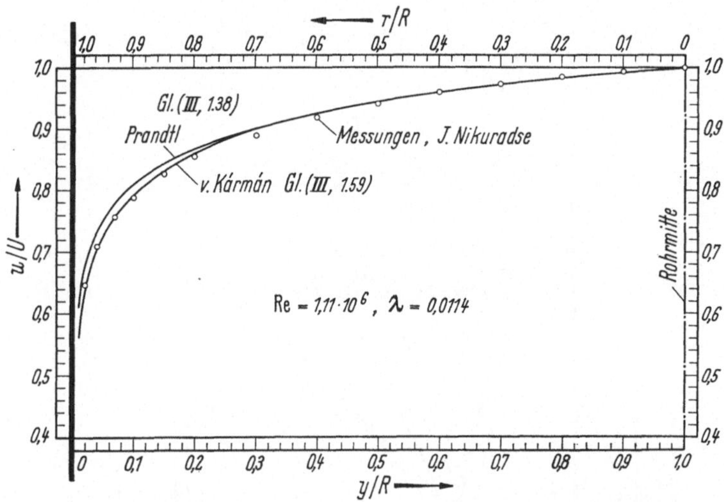

Abb. III, 1.14. Geschwindigkeitsverteilung im Rohr, berechnet nach der v. Kármánschen Ähnlichkeitshypothese; kleine Kreise gemessene Werte; zum Vergleich die Prandtlsche Näherungslösung

1.13 Die Verteilung der Mischungsweglänge nach der v. Kármánschen Ähnlichkeitshypothese. Dividiert man den reziproken Wert von Gl. (III, 1.54) durch den absoluten Betrag der Gl. (III, 1.55) und erweitert noch mit k, so erhält man nach Gl. (III, 1.52), wenn $y \equiv r$ und $B \equiv R$ gesetzt wird,

$$\frac{l}{R} = 2k\left(\sqrt{\frac{r}{R}} - \frac{r}{R}\right). \qquad \text{(III, 1.61)}$$

In Abb. III, 1.15 ist $l/R = f(r/R)$ entsprechend der letzten Gleichung mit $k = 0{,}32$ aufgetragen und zum Vergleich dazu die aus experimentellen Daten von J. NIKURADSE[80] (Abb. 29) berechnete strich-punktierte Kurve eingezeichnet. Wie man erkennt, stimmen beide Kurven, abgesehen von dem Gebiet $y/R < 0{,}3$, keineswegs überein.

Bevor wir auf diese Unstimmigkeit näher eingehen, wollen wir daran erinnern, daß nach Gl. (III, 1.22) mit $R - y = r$ die Prandtlsche Mischungsweglänge

$$\frac{l}{R} = \frac{\sqrt{\frac{r}{R}}}{\frac{d\left(\frac{U-u}{v_{*0}}\right)}{d\left(\frac{r}{R}\right)}} \tag{III, 1.62}$$

bzw.

$$\frac{d\left(\frac{U-u}{v_{*0}}\right)}{d\left(\frac{r}{R}\right)} \equiv \left(\frac{U-u}{v_{*0}}\right)' = \frac{\sqrt{\frac{r}{R}}}{\frac{l}{R}} \tag{III, 1.63}$$

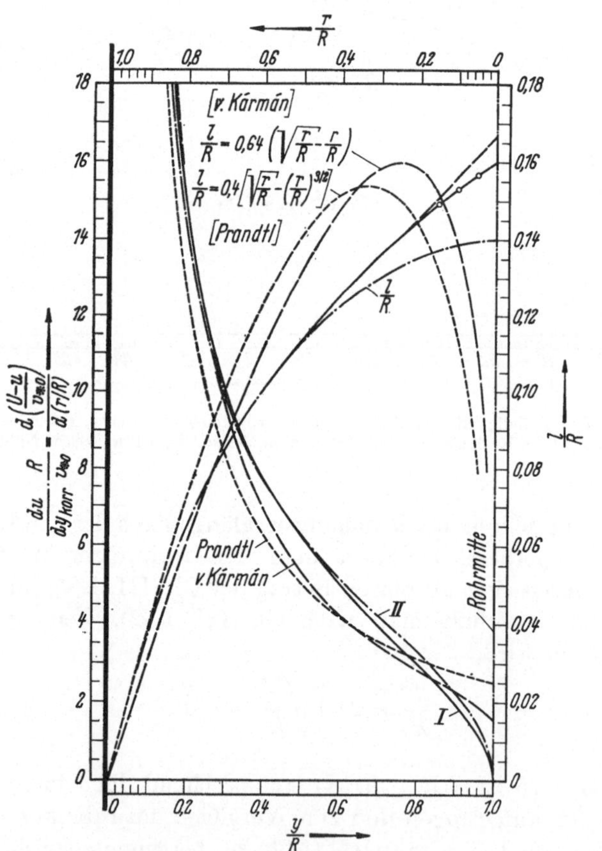

Abb. III, 1.15. Theoretisch erhaltene Mischungsweglängen (nach PRANDTL und v. KÁRMÁN) verglichen mit der Verteilung der Mischungsweglänge, die man aus gemessenen Geschwindigkeitsverteilungen erhält

ist, und damit

$$\frac{U - u\,(r/R)}{v_{*0}} = \int\limits_0^{r/R} \left(\frac{U - u}{v_{*0}}\right)' d\left(\frac{r}{R}\right), \qquad \text{(III, 1.64)}$$

wobei

$$\left(\frac{U - u}{v_{*0}}\right)' = \frac{du}{dy}\,\frac{R}{v_{*0}} \qquad \text{(III, 1.65)}$$

ist. Nach dem Prandtlschen Ansatz, Gl. (III, 1.36), ist

$$\frac{U - u}{v_{*0}} = -\frac{1}{0,4} \ln\left(1 - \frac{r}{R}\right),$$

und bei Berücksichtigung von Gl. (III, 1.62)

$$\frac{l}{R} = 0,4\left[\sqrt{\frac{r}{R}} - \left(\frac{r}{R}\right)^{\frac{3}{2}}\right]\,[161]. \qquad \text{(III, 1.66)}$$

Diese Verteilung des Mischungsweges ist ebenfalls in Abb. III, 1.15 eingezeichnet (punktiert); sie stimmt noch weniger als die v. Kármánsche Kurve mit der aus Experimenten berechneten Kurve überein.

Die nach $l/R = 0{,}14$ (bei $r/R = 0$) gehende Kurve ist nach einer mit Gl. (III, 1.62) identischen Formel berechnet, so daß sich die Frage erhebt: Wie genau läßt sich der in dieser Gleichung auftretende Differentialquotient bestimmen, wo doch die Kurve $(U - u)/v_{*0} = f(r/R)$ nur durch punktweise gemessene Geschwindigkeitswerte (mit ihren notwendigerweise behafteten Fehlern) festgelegt ist. Auf diese Schwierigkeit hat bereits v. Kármán[159] hingewiesen.

Man kann nun die aus der gemessenen Geschwindigkeitsverteilung $(U - u)/v_{*0} = f(r/R)$ graphisch ermittelten Werte von $[(U - u)/v_{*0}]' = f_1(r/R)$ dadurch verbessern, daß man sie auf Millimeterpapier aufträgt, durch die Punkte eine ausgleichende glatte Kurve legt und nun die Ordinaten dieser Kurve als die verbesserten Werte der Differentialquotienten $[(U - u)/v_{*0}]'$ ansieht (J. Nikuradse[80], Tafel 4). In Abb. III, 1.15 sind die in dieser Weise korrigierten Werte von du/dy aufgetragen, wobei diese Werte durch Multiplikation mit R/v_{*0} dimensionslos gemacht wurden; die Kurve ist mit II bezeichnet und bezieht sich auf die 6 größten von J. Nikuradse benutzten Reynoldsschen Zahlen 1,11 bis $3{,}24 \cdot 10^6$. Aus dieser Kurve erhält man dann entsprechend Gl. (III, 1.62) die l/R-Werte, wenn man zu jeweiligen Werten von r/R die Größen $\sqrt{r/R}$: Ordinate von Kurve II berechnet (strichpunktierte Kurve).

[161] Auf S. 230 hatten wir diese Mischungsweglänge mit l^*/R bezeichnet.

1.14 Die korrigierte Mischungsweglänge. Bei der oben erwähnten „ausgleichenden Kurve“ $(du/dy)_{\text{Korr}} \cdot R/v_{*0} = f_1(r/R)$ muß jedoch verlangt werden, daß, wenn über r/R integriert wird, man nach Gl. (III, 1.64) wieder $(U - u)/v_{*0}$ erhält[162]. In Abb. III, 1.16 ist die Kurve II nochmals

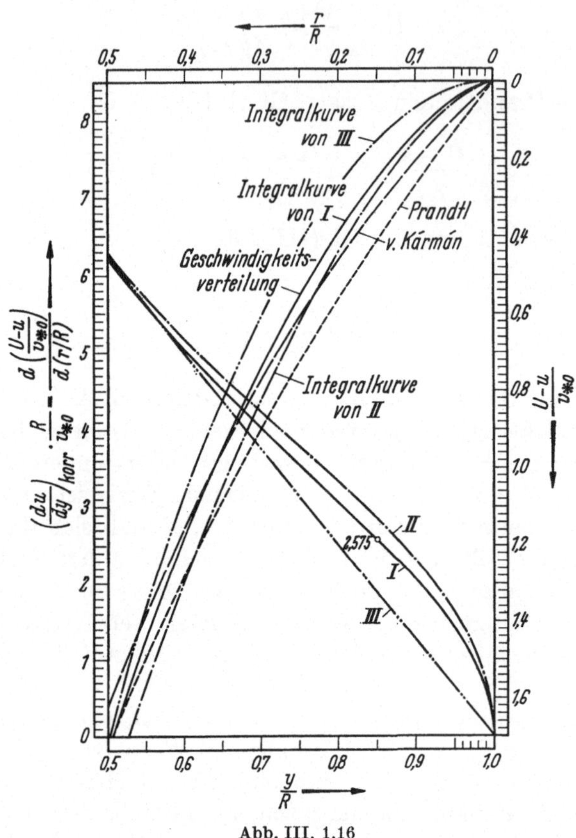

Abb. III, 1.16

in vergrößertem Maßstab aufgetragen (strichpunktiert) und außerdem die gemessene Geschwindigkeitskurve $(U - u)/v_{*0}$ (ausgezogene Linie) bis zu $r/R = 0{,}5$; es handelt sich hierbei um eine aus 6 Meßreihen[80] (Tafel 2 u. 4) ($\text{Re} = 1{,}11$ bis $3{,}24 \cdot 10^6$) gemittelte Kurve. Führt man die

[162] Es ist bekanntlich schwierig, die Tangentenwerte einer graphisch gegebenen Kurve mit genügender Genauigkeit zu bestimmen. Es ist deshalb immer zweckmäßig, als Kontrolle den Linienzug der graphisch bestimmten Differentialquotienten numerisch zu integrieren. Dann und nur dann, wenn die so erhaltene Integrallinie mit der gegebenen Kurve übereinstimmt, sind die graphisch bestimmten Differentialquotienten richtig.

numerische Integration der Kurve II durch, was bekanntlich mit großer Genauigkeit möglich ist, so erhält man den in der Abbildung als Integralkurve von II bezeichneten Linienzug. Wie man erkennt, stimmt dieser keineswegs mit der gemessenen Geschwindigkeitsverteilung überein. Kurve II kann deshalb nicht die richtige Verteilung von du/dy darstellen, so daß auch die hieraus abgeleitete nach 0,14 gehende Kurve auf Abb. III, 1,15 nicht die Verteilung der Mischungsweglänge sein kann.

In Abb. III, 1.16 ist eine verbesserte Kurve $(du/dy) \cdot R/v_{*0} = f(r/R)$ eingezeichnet und mit I benannt. Diese Kurve gibt, wenn von 0 bis r/R integriert, sehr genau die Geschwindigkeitsverteilung. Dividiert man $\sqrt{r/R}$ durch die jeweiligen Ordinaten der Kurve I, d. h. durch die zugehörigen $(du/dy) \cdot R/v_{*0}$-Werte, so erhält man nach Gl. (III, 1.62 und 65) die Verteilung der Mischungsweglänge. In Abb. III, 1.15 ist sowohl die Kurve I als auch die ihr entsprechende verbesserte Kurve der Mischungsweglänge l/R eingetragen; es handelt sich um die von $y/R = 0{,}4$ ausgehende bis 0,8 ausgezogene und von dort gestrichelt nach 0,167 gehende Kurve. Man erkennt, daß bei $r/R < 0{,}4$ die Verteilung l/R nicht unwesentlich von der bisher als richtig angenommenen (strichpunktierten) Kurve abweicht.

In Abb. III, 1.15 sind außerdem noch die Verteilungen von $(du/dy) \times \times R/v_{*0}$ nach Prandtl und v. Kármán, nämlich

$$\frac{du}{dy} \cdot \frac{R}{v_{*0}} = \frac{1}{0{,}4\left(1 - \frac{r}{R}\right)} \quad \text{bzw.} \quad \frac{du}{dy} \cdot \frac{R}{v_{*0}} = \frac{1}{0{,}64\left(1 - \sqrt{\frac{r}{R}}\right)},$$

eingezeichnet, die — wenn man $\sqrt{r/R}$ durch die Ordinaten dieser Kurven dividiert — die eingezeichneten l/R-Kurven ergeben.

Eine Entscheidung darüber, ob die Geschwindigkeitsverteilung in der Rohrachse ($r/R = 0$) eine horizontale Tangente hat ($du/dr = 0$) oder einen Knick (wie nach Prandtl und v. Kármán), läßt sich aus den bisherigen Experimenten nicht treffen; dazu reicht die Meßgenauigkeit bei weitem nicht aus. So ließe sich z. B. die Kurve I von Abb. III, 1.16 ohne Schwierigkeit von $r/R = 0{,}05$ statt nach Null, z. B. nach 0,5, extrapolieren; der Einfluß einer solchen Extrapolation auf die Integralkurve, d. h. auf die Geschwindigkeitsverteilung, würde weit innerhalb der Fehlergrenzen der Experimente liegen. Man würde bei $r/R = 0{,}04$ den Wert $(U - u)/v_{*0} = 0{,}0352$ statt 0,0320 erhalten. Um solche Feinheiten feststellen zu können, müßten die Geschwindigkeiten U und u auf 0,1‰ genau meßbar sein. Sollte $(du/dy) \cdot R/v_{*0}$ in der Rohrachse einen endlichen Wert haben, so würde das allerdings bedeuten, daß die Mischungsweglänge in Rohrmitte Null wäre; dies ist aber vom physikalischen Standpunkt nicht befriedigend.

Aber auch die Annahme einer parabolischen Geschwindigkeitsverteilung in der Nähe der Rohrachse entsprechend einer linearen Abnahme von $|du/dy|$ nach Null (Kurve III in Abb. III, 1.16) ist nicht möglich, weil daraus folgen würde, daß die Mischungsweglänge in diesem Falle:

$$\frac{l}{R} = \frac{\sqrt{\frac{r}{R}}}{C\frac{r}{R}}$$

bei $r/R \to 0$ nach Unendlich strebt.

Eine endliche Mischungsweglänge, wie sie nach der Beobachtung (Abb. II, 1.25) offenbar vorhanden ist, setzt nach Gl. (III, 1.62) voraus, daß du/dy bei $r/R \to 0$ wie $\sqrt{r/R}$ nach Null gehen muß. Daraus folgt dann nach Gl. (III, 1.64), daß die Geschwindigkeitsverteilung in der Nähe der Achse sich wie $(r/R)^{3/2}$ ändert (ausgezogene Geschwindigkeitsverteilung bzw. Kurve I in Abb. III, 1.16).

Der Unterschied des Verlaufes von l/R, bzw. von $(du/dy) \cdot R/v_{*0}$ nach der v. Kármánschen Rechnung und nach Experimenten (Abb. III, 1.15) kann damit in Verbindung gebracht werden, daß es sich bei der v. Kármánschen Theorie insofern um eine Näherungsrechnung handelt — wie auf S. 238 erwähnt — als die Geschwindigkeitsverteilung näherungsweise durch eine mit *dem quadratischen Glied abgebrochene* Taylorsche Reihe ersetzt wird. Daß trotz dieser Unstimmigkeit die Berechnung von Geschwindigkeitsprofilen nach v. Kármán, vgl. Abb. III, 1.14, gut mit den experimentellen Ergebnissen übereinstimmt, hängt damit zusammen, daß es sich bei dieser Berechnung um eine Integralkurve handelt, und daß nach Abb. III, 1.15 den zu kleinen Werten von $(du/dy) \cdot R/v_{*0}$ im Gebiet $0{,}18 < r/R < 0{,}77$ zu große Werte im übrigen Gebiet von r/R gegenüberstehen.

Auch die durch Gl. (III, 1.8) definierte kinematische Scheinzähigkeit ε, deren Verlauf längs y/R in Abb. III, 1.4 dargestellt ist, wird durch die korrigierte Verteilung von $l/R = f(r/R)$ nach Abb. III, 1.15 etwas geändert und zwar in der Weise, wie es die gestrichelte mit Kreuzen im Kreis versehene Kurve in Abb. III, 1.4 angibt[163].

---

[163] Die Größe $\varepsilon/v_{*0} R$ ist identisch mit der bei H. Reichardt[153] auftretenden Austauschgröße $A/\mu\,\eta_r$, wobei η_r (nach unserer Schreibweise) gleich Rv_{*0}/ν ist; dies ergibt sich bei Berücksichtigung von Gl. III, 1.19 aus

$$\frac{\varepsilon}{v_{*0} R} = \frac{A}{\varrho v_{*0} R} = \frac{A}{\mu \frac{R v_{*0}}{\nu}} = \frac{A}{\mu \eta_r} \qquad \left(= \sqrt{\frac{r}{R}}\,\frac{l}{R}\right).$$

1.15 Erweiterung des Ansatzes der turbulenten Schubspannung in Rohrmitte. Wir wiesen bereits darauf hin, daß die Genauigkeit der Geschwindigkeitsmessung in der Rohrmitte nicht ausreicht, um zu entscheiden, ob die Geschwindigkeitsverteilung dort einen Knick hat oder ob dort $du/dy = 0$ ist. Nimmt man aber an, daß — wie der Augenschein zeigt (Abb. II, 1.25) — die Mischungsweglänge in der Rohrmitte endlich ist, so folgt nach Gl. (III, 1.16), daß $(du/dy)_{y=R} = 0$ sein muß, da $\tau = \tau_0 r/R$ bei $r/R = 0$ gleich Null ist. Daraus würde aber nach Gl. (III, 1.17) folgen, daß die scheinbare Zähigkeit ε in der Rohrmitte gleich Null wäre. Dies ist aber nicht in Übereinstimmung mit experimentellen Ergebnissen von H. REICHARDT[165], wonach die quadratischen Mittelwerte der Längs- und Querschwankungen in der Kanalmitte endlich sind (Abb. III, 1.19).

Die vorstehenden Schwierigkeiten sind darin begründet, daß nach S. 245f. das Geschwindigkeitsprofil zwar keine Spitze hat, immerhin aber bei $r/R = 0$ den Krümmungsradius Null besitzt. Das bedeutet aber, daß die Änderung von du/dy, d. h. d^2u/dy^2 in der Rohrmitte unendlich groß wird. Man erkennt dies sofort, wenn man in der Nähe der Rohrachse nach S. 246

$$\frac{U-u}{v_{*0}} = \text{const}\left(\frac{r}{R}\right)^{\frac{3}{2}}$$

setzt, oder der Abkürzung halber mit $(U-u)/v_{*0} \equiv y$ und $r/R \equiv x$

$$\frac{dy}{dx} = \text{const}\,\frac{3}{2}\,x^{\frac{1}{2}} \qquad \text{sowie} \qquad \frac{d^2y}{dx^2} = \text{const}\,\frac{3}{4}\,x^{-\frac{1}{2}}$$

bzw. als Krümmungsradius

$$\frac{\varrho_{Kr}}{R} = \frac{\left[1+\left(\frac{dy}{dx}\right)^2\right]^{\frac{3}{2}}}{\frac{d^2y}{dx^3}} = \text{const}\,\frac{4}{3}\sqrt{x}\left[1+\text{const}^2\,\frac{9}{4}\,x\right]^{\frac{3}{2}}; \qquad \text{(III, 1.67)}$$

mithin ist $\varrho_{Kr} = 0$ bei $x = 0$.

Für die Erzeugung der Quergeschwindigkeiten in einem Punkte des Geschwindigkeitsprofils wirkt aber nach L. PRANDTL[166] die Nachbarschaft

---

[165] REICHARDT, H.: Messungen turbulenter Schwankungen. Naturwiss. 26 (1938) 404—408, sowie: Über das Messen turbulenter Längs- und Querschwankungen. Z. angew. Math. Mech. 18 (1938) 358—361, vgl. auch 13 (1933) 177.

[166] PRANDTL, L.: Bemerkungen zur Theorie der freien Turbulenz. Z. angew. Math. Mech. 22 (1942) 241—243, vgl. auch L. PRANDTL: Bericht über Untersuchungen zur ausgebildeten Turbulenz. Z. angew. Math. Mech. 5 (1925) 136—139, oder Ges. Abh.[65] Teil II, S. 869 bzw. 714.

in einer gewissen Breite l_1 zusammen; diese wird selbst dort nicht Null, wo $d\bar{u}/dy = 0$ ist. Das Maximum des Geschwindigkeitsprofils wird infolge der Querschwankungen zufällig etwas nach der einen oder andern Seite der Symmetrieachse verlagert. PRANDTL macht nun den Ansatz, daß er ε nicht wie bisher mit dem zeitlichen Mittelwert $d\bar{u}/dy$ in Beziehung setzt, sondern — eben wegen der nach Zufall eintretenden Verlagerung des Maximums der Geschwindigkeit — mit einem *örtlichen* Mittelwert $\sqrt{\overline{(d\bar{u}/dy)^2}}$, der über eine zunächst unbekannte Strecke l_1 gemittelt ist. Setzt man in erster Näherung

$$\frac{du}{dy} = \frac{d\bar{u}}{dy} + l_1 \frac{d^2\bar{u}}{dy^2},$$

wobei l_1 eine positive oder negative Größe bedeutet, so ist

$$\sqrt{\overline{\left(\frac{du}{dy}\right)^2}} = \sqrt{\left(\frac{d\bar{u}}{dy}\right)^2 + l_1^2 \left(\frac{d^2\bar{u}}{dy}\right)^2}.$$

Damit ergibt sich dann analog zu Gl. (III, 1.17) auf S. 217

$$\varepsilon = l^2 \sqrt{\left(\frac{d\bar{u}}{dy}\right)^2 + l_1^2 \left(\frac{d^2\bar{u}}{dy^2}\right)^2} \qquad \text{(III, 1.68)}$$

und analog zu Gl. (III, 1.16)

$$\tau = \varrho\,\varepsilon \frac{d\bar{u}}{dy} = \varrho\, l^2 \frac{d\bar{u}}{dy} \sqrt{\left(\frac{d\bar{u}}{dy}\right)^2 + l_1^2 \left(\frac{d^2\bar{u}}{dy^2}\right)^2}. \qquad \text{(III, 1.69)}$$

Gleichung (III, 1.69) läßt sich — wenn zur Abkürzung wieder $(U - \bar{u})/v_{*0} \equiv y$ und $r/R \equiv x$ gesetzt wird — auch schreiben:

$$\frac{\tau}{v_{*0}^2\,\varrho} = \left(\frac{l}{R}\right)^2 \frac{dy}{dx} \sqrt{\left(\frac{dy}{dx}\right)^2 + \left(\frac{l_1}{R}\,\frac{d^2y}{dx^2}\right)^2} \qquad \text{(III, 1.70)}$$

und Gl. (III. 1.68)

$$\frac{\varepsilon}{v_{*0}\,R} = \left(\frac{l}{R}\right)^2 \sqrt{\left(\frac{dy}{dx}\right)^2 + \left(\frac{l_1}{R}\,\frac{d^2y}{dx^2}\right)^2}. \qquad \text{(III, 1.71)}$$

Diese Größe ist direkt von H. REICHARDT[153] bei einer Kanalströmung gemessen worden, vgl. Fußnote 163; sie ist in der Symmetrieachse nicht gleich Null sondern endlich. Daraus folgt nach der letzten Gleichung, daß in der Achse, wo $dy/dx = 0$ ist — bei endlichem l/R sowie l_1/R — auch die Größe d^2y/dx^2 endlich sein muß; dies ergibt aber nach Gl. (III, 1,67) einen endlichen Krümmungsradius.

Nehmen wir einmal an, die Größe $\varepsilon/v_{*0} R$ sei in der Rohrachse, d. h. bei $x = 0$ gleich 0,032 (diese Annahme müßte durch ein Experiment geprüft bzw. korrigiert werden). Nach Gl. (III, 1.71) ist bei $x = 0$ wegen $dy/dx = 0$

$$\frac{\varepsilon}{v_{*0} R} = \left(\frac{l}{R}\right)^2 \cdot \frac{l_1}{R} \frac{d^2 y}{d x^2}. \qquad \text{(III, 1.72)}$$

Anderseits ist nach Gl. (III, 1.70 und 71) $\varepsilon/v_{*0} R \cdot dy/dx = \tau/v_{*0}^2 \varrho$ und da $\tau/\tau_0 = \tau/v_{*0}^2 \varrho = x$ ist, folgt für die Rohrachse, wo $dy/dx = y'$ als Funktion von x aus Symmetriegründen einen Wendepunkt hat,

$$\frac{\varepsilon}{v_{*0} R} = \lim_{x=0} \frac{x}{\frac{dy}{dx}} = \frac{1}{\frac{d^2 y}{d x^2}}. \qquad \text{(III, 1.73)}$$

Zusammen mit Gl. (III, 1.72) ist somit bei $x = 0$

$$\frac{l_1}{R} = \frac{1}{\left(\frac{d^2 y}{d x^2}\right)^2} \cdot \frac{1}{\left(\frac{l}{R}\right)^2} = \left(\frac{\varepsilon}{v_{*0} R}\right)^2 \cdot \frac{1}{\left(\frac{l}{R}\right)^2}. \qquad \text{(III, 1.74)}$$

Der Verlauf der Kurve $l/R = f(r/R)$ in Abb. III, 1.15 ist im oberen Teil (die gestrichelte, nach 0,167 gehende Linie) nicht richtig, da sie aus der Kurve I berechnet wurde, die aber bei $r/R = x = 0$ nicht richtig sein kann, da sie eine senkrechte Tangente hat, d. h. $d^2 y/dx^2 \to \infty$, was nach Gl. (III, 1.73) zu $\varepsilon/v_{*0} R \to 0$ führt. Wir extrapolieren deshalb die Kurve $l/R = f(r/R)$ von $r/R = x = 0{,}2$ ab durch einen glatten, nach 0,16 gehenden Linienzug. Diesen Linienzug legen wir der weiteren Rechnung zugrunde. Mit dem angenommenen Wert von $\varepsilon/v_{*0} R = 0{,}032$ und dem Wert $l/R = 0{,}16$ bei $x = 0$ (Abb. III, 1.15) erhalten wir nach Gl. (III, 1.74) somit

$$\frac{l_1}{R} = \frac{0{,}032^2}{0{,}16^2} = 0{,}04.$$

Wir können annehmen, daß bei etwa $r/R = x = 0{,}15$ der Einfluß der Schwankungen des Geschwindigkeitsmaximums um die Rohrachse abgeklungen ist. Dies bedeutet, daß die bisherige Kurve $d([U - u]/v_{*0})/d(r/R) = dy/dx$ in Abb. III, 1.16 (Kurve I) für $x \geqq 0{,}15$ Gültigkeit besitzt. Im Punkte $x = 0{,}15$ ist nach der Kurve $dy/dx = 2{,}575$ und $d^2 y/dx^2 = 10$ (in Abb. III, 1.17 aufgetragen). Es ist also in Gl. (III, 1.70)

$$\left(\frac{l_1}{R} \frac{d^2 y}{d x^2}\right)^2 = (0{,}04 \cdot 10)^2 = 0{,}16$$

relativ klein gegenüber

$$\left(\frac{dy}{dx}\right)^2 = 2{,}575^2 = 6{,}631.$$

Mit dem Wert $l/R = 0{,}1495$ aus Abb. III, 1.15 erhält man nach Gl. (III, 1.70)

$$0{,}1495^2 \cdot 2{,}575 \sqrt{6{,}631 + 0{,}16} = 0{,}15 = x,$$

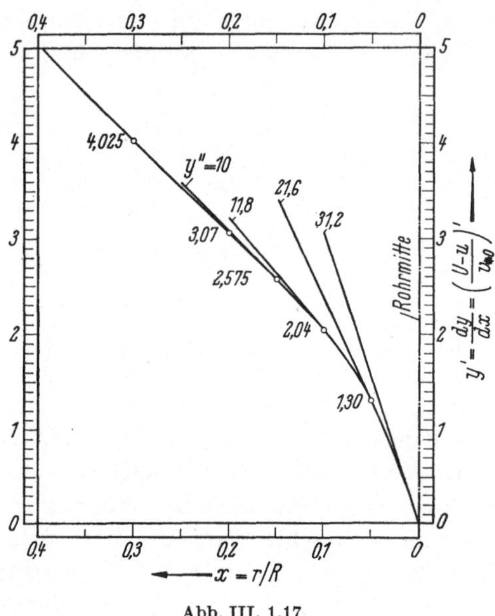

Abb. III, 1.17

wie es sein muß. Als Wert von $\varepsilon/v_{*0}R$ erhält man entweder aus Gl. (III, 171) oder einfacher

$$\frac{\varepsilon}{v_{*0}R} = \frac{x}{\frac{dy}{dx}} = \frac{0{,}15}{2{,}575} = 0{,}0582,$$

der mit dem Wert nach der früheren Formel (Abb. III, 1.4) $\varepsilon/v_{*0}R = \sqrt{x}\, l/R = \sqrt{0{,}15} \cdot 0{,}1495 = 0{,}0579$ praktisch zusammenfällt.

Zu $r/R = x = 0{,}1$ gehört nach Abb. III, 1.15 der Wert $l/R = 0{,}153$. Als Wert von dy/dx wählen wir entsprechend Abb. III, 1.17 $dy/dx = 2{,}04$; in der Wahl dieses Wertes ist man insofern sehr eingeschränkt, als eine „falsche“ Wahl von dy/dx unwahrscheinliche Werte von d^2y/dx^2 liefert. Aus Gl. (III, 1.70) d. h. aus

$$\frac{\tau}{v_{*0}^2 \varrho} = x = 0{,}1 = 0{,}153^2 \cdot 2{,}04 \sqrt{2{,}04^2 + \left(0{,}04 \frac{d^2y}{dx^2}\right)^2}$$

erhält man

$$\frac{d^2 y}{d x^2} = 11{,}83 \quad \text{(in Abb. III, 1.17 eingezeichnet).}$$

Ein „falscher" Wert von dy/dx z. B. 2,05 (statt 2,04) würde den zu kleinen Wert $d^2y/dx^2 = 9{,}3$ liefern. Der Wert von $\varepsilon/v_{*0}R = x/y' = 0{,}1/2{,}04 = 0{,}049$ ist bereits etwas größer als der entsprechende Wert nach der früheren Formel: $\sqrt{x}\, l/R = \sqrt{0{,}1} \cdot 0{,}153 = 0{,}048$.

Zum Wert $x = 0{,}05$ entnehmen wir der Abb. III, 1.15 die Größe $l/R = 0{,}157$; ferner setzen wir — im Hinblick darauf, daß die Tangente im Punkte $x = 0$ gegeben ist $(d^2y/dx^2 = 31{,}2 = 1/0{,}032)$, vgl. Gl. (III, 1.73) — $dy/dx = 1{,}3$ und erhalten damit aus

$$x = 0{,}05 = 0{,}157^2 \cdot 1{,}3 \sqrt{1{,}3^2 + \left(0{,}04 \frac{d^2 y}{d x^2}\right)^2}$$

den Wert

$$\frac{d^2 y}{d x^2} = 21{,}6; \quad \text{(in Abb. III, 1.17 eingezeichnet)}$$

ferner

$$\frac{\varepsilon}{v_{*0} R} = \frac{x}{\dfrac{dy}{dx}} = \frac{0{,}05}{1{,}3} = 0{,}0385$$

(in Abb. III, 1.4 eingetragen).
Damit ist $dy/dx = f(x)$ in Abb. III, 1.17 festgelegt.

Integriert man diese Funktion numerisch, so erhält man

$$y = \frac{U - u}{v_{*0}} = f\left(\frac{r}{R}\right). \qquad \text{(III, 1.75)}$$

In Abb. III, 1.18 ist diese Kurve dargestellt; sie zeigt also den Geschwindigkeitsverlauf in der Nähe der Rohrachse. Der durch numerische Integration erhaltene Wert beträgt 0,124 bei $x = 0{,}1$; 0,240 bei $x = 0{,}15$; 0,381 bei $x = 0{,}2$ und 0,735 bei $x = 0{,}3$. Damit ist der Anschluß an die auf S. 224 erhaltene Funktion (Abb. III, 1.6) hergestellt. Von $r/R = 0{,}3$ ab sind die korrigierten Werte von $(U - u)/v_{*0}$ (rechte Kolonne der Tabelle auf S. 223 um 0,064 kleiner als in der linken Kolonne der Tabelle, damit geht $(U - \overline{u})/v_{*0}$ von 4,06 in 4,00 über. Als Krümmungsradius in der Achse $(dy/dx = 0)$ hat man nach Gl. (III, 1.67)

$$\frac{\varrho_{Kr}}{R} = \frac{1}{\dfrac{d^2 y}{d x^2}} = \frac{1}{31.2} = 0{,}032 \qquad \left(= \frac{\varepsilon}{v_{*0} R} \text{ bei } x = 0\right);$$

der Krümmungskreis ist in der Abbildung eingezeichnet.

Um aus Gl. (III, 1.75) die Geschwindigkeitsverteilung $u/U = f(r/R)$ zu erhalten, hat man — wie auf S. 236 gezeigt — zunächst die Widerstandszahl λ zu bestimmen und zwar entweder nach Gl. (III, 1.24) aus dem Druckabfall und der Durchflußmenge, oder — bei bekannter Reynoldsscher Zahl — aus Gl. (III, 1.49) bzw. Abb. III, 1.12. Mit diesem Wert

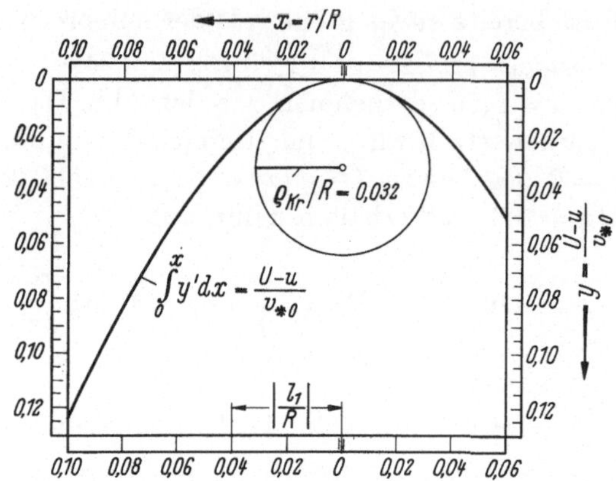

Abb. III, 1.18. Die universelle Geschwindigkeit in Rohrmitte; der dort vorhandene Krümmungskreis

von λ erhält man dann bei Benutzung der korrigierten Werte (rechte Kolonne der Tabelle S. 223) nach Gl. (III, 1.33)

$$\frac{u}{U} = 1 - \frac{U-u}{v_{*0}} \cdot \frac{1}{\sqrt{\frac{8}{\lambda}} + 4{,}0} = f\left(\frac{r}{R}\right).$$

Die auf S. 247 erwähnten Unstimmigkeiten sind jetzt behoben: Bei Benutzung von Gl. (III, 1.70) für die Schubspannung und von Gl. (III, 1.71) für die scheinbare kinematische Zähigkeit ist in der Rohrachse die Schubspannung gleich Null, die scheinbare Zähigkeit (sowie die Mischungsweglänge) jedoch endlich. Dabei lassen sich die Formeln für den ganzen Bereich von $x = r/R$ anwenden; die Kleinheit der Größe l_1/R sorgt dafür, daß deren Einfluß nur bei kleinen Werten von x zur Geltung kommt, dort wo d^2y/dx^2 groß im Verhältnis zu dy/dx ist.

1.16 Die Größe der Schwankungsbewegungen. Ausgehend vor allem von den experimentell gegebenen zeitlichen Mittelwerten der Geschwindigkeitsverteilung, $\overline{u}/U = f(y/R)$, sowie dem gemessenen Druckabfall, konnte der Begriff des Prandtlschen Mischungsweges wohl gewisse Einsichten der turbulenten Strömung vermitteln — wir denken z. B. an die Aufstellung des Gesetzes der Widerstandszahl λ in Abhängigkeit von der Reynoldsschen Zahl —, ein tieferer Einblick in die Vorgänge der turbulenten Strömung war damit jedoch nicht gewonnen. Über die Größe der Schwankungsbewegungen, ihre Amplituden und Frequenzen, über u' und v', die in der Verbindung von $-\varrho\overline{u'v'}$ die der Turbulenz charakteristische scheinbare Schubspannung τ bewirken, erfahren wir bei der bisherigen phänomenologischen Betrachtungsweise nichts.

Noch ein anderer Umstand ist erwähnenswert: Die bisher aufgestellten halbempirischen Theorien, z. B. die v. Kármánsche Ähnlichkeitshypothese (S. 241) liefert als Resultat die Möglichkeit, die Geschwindigkeitsverteilung zu berechnen, wobei allerdings eine, jedoch für alle Rohr- oder Kanalströmungen allgemein gültige Konstante k aus dem Experiment bestimmt werden muß. Immerhin ist die Übereinstimmung der für eine beliebige (große) Reynoldssche Zahl berechnete Geschwindigkeitsverteilung mit der gemessenen außerordentlich gut, wie z. B. aus Abb. III, 1.14 ersichtlich ist. Und doch ist diese Theorie unbefriedigend, wenn man die sich aus ihr ergebende Verteilung der Mischungsweglänge mit der aus Experimenten berechneten Verteilung vergleicht, Abb. III, 1.15.

Diese hervorragende Übereinstimmung der „Theorie" mit den experimentellen Ergebnissen, in diesem Falle mit der Geschwindigkeitsverteilung, steht im Zusammenhang mit zwei Umständen: Erstens handelt es sich bei der Geschwindigkeitsverteilung um eine Integralbeziehung, durch die gewisse Fehler im Ansatz gleichsam verwischt werden bzw. innerhalb der Ungenauigkeit der experimentellen Ergebnisse fallen. Integriert man z. B. entweder den Prandtlschen oder den v. Kármánschen Ansatz (vgl. S. 245)

$$\frac{du}{dy}\,\frac{R}{v_{*0}} = \frac{1}{k_1\left(1-\frac{r}{R}\right)} \quad \text{bzw.} \quad \frac{du}{dy}\,\frac{R}{v_{*0}} = \frac{1}{2k_2\left(1-\sqrt{\frac{r}{R}}\right)}$$

von $(R-y)/R = r/R = 0$ bis $r/R = 0{,}1$, d. h. im Gebiet um die Rohrachse, so erhält man wohl zwei verschiedene Geschwindigkeitsverteilungen (Abb. III, 1.16 mit $k_1 = 0{,}4$ und $k_2 = 0{,}32$); es kann aber aus den experimentellen Ergebnissen (eben wegen deren Ungenauigkeiten) kaum entschieden werden, welcher Ansatz der richtigere ist.

Zweitens ist zu berücksichtigen, daß beide Ansätze noch die Wahl je einer Konstanten k_1 bzw. k_2 offen lassen. Diese Konstante wird dann so bestimmt, daß eine möglichst gute Übereinstimmung mit dem Experiment erzielt wird. Je nach der Wahl von k_1 bzw. k_2 hat man es nun in der Hand, die Übereinstimmung der oben erwähnten Integration mit der experimentell erhaltenen Geschwindigkeitsverteilung entweder mehr in der Rohrmitte (größeres k) oder mehr in den anderen Teilen des Rohres, speziell in der Wandnähe, zu erzielen. Es fragt sich jedoch, inwiefern eine solche Übereinstimmung zur Prüfung der Richtigkeit der Theorie und der bei ihr gemachten Annahmen dienen kann. Es ist das Verdienst von H. REICHARDT[167], diesen Sachverhalt klar erkannt und als erster deutlich ausgesprochen zu haben.

Besonders lehrreich ist es, in diesem Zusammenhang nochmals auf die Prandtlsche Erweiterung des Ansatzes der turbulenten Schubspannung unter Berücksichtigung der Vorgänge in der Rohrmitte einzugehen Gl. (III, 1.69). Statt der einen Unbekannten l/R hat man noch eine zweite l_1/R. PRANDTL[166] bemerkt dazu selber: „Man kann allerdings dagegen auch einwenden, daß jetzt zwei empirische Größen zur Verfügung stehen, mit denen man sich natürlich einem gegebenen Versuchsmaterial besser anpassen kann als mit einer einzigen" (nämlich l/R).

Es ist zwar vom physikalisch-anschaulichen Standpunkt befriedigend einzusehen, wie durch Einführung der Größe l_1 die sonst auftretenden Unstimmigkeiten in der Rohrachse behoben werden können; allein um die Größe l_1/R aus der experimentell gegebenen Funktion $u/U = f(y/R)$ berechnen zu können, müßte man nach Gl. (III, 1.74) nicht nur du/dy sondern auch d^2u/dy^2 aus dem gemessenen Geschwindigkeitsprofil genügend genau entnehmen können. Dazu reicht jedoch die Meßgenauigkeit bei weitem nicht aus. Man käme, wie wir gezeigt haben, schon eher zum Ziele, wenn man nach Gl. (III, 1.74) die kinematische Scheinzähigkeit $\varepsilon/v_{*0}R$ direkt messen würde.

Bei einer Kanalströmung ist dies von H. REICHARDT[153] (Bild 5) ausgeführt (vgl. Fußnote 163). Anstatt also von der Wirkung der kinematischen Scheinzähigkeit auf die Profilform rückwärts aus dieser ε bestimmen zu wollen, ist es zweckmäßiger, ε direkt zu messen und dann daraus die Profilform zu berechnen. Der Grund dafür, daß man diesen Weg nicht von vornherein beschritten hat, liegt darin, daß es meßtechnisch wesentlich schwieriger ist, die kinematische Scheinzähigkeit zu bestimmen als die zeitlichen Durchschnittswerte der Geschwindigkeit $\overline{u}/U = f(y/R)$. Die Turbulenz ist offenbar ein viel zu komplizierter Mechanismus, als daß man allein aus der Geschwindigkeitsverteilung und dem Druckabfall mit Hilfe von hypothetischen Annahmen, wie z. B. der Mischungsweglänge, in das Wesen der Turbulenz eindringen kann.

Es sind deshalb von vielen Forschern wie H. REICHARDT[165], L. H. DRYDEN[168] und seinem Mitarbeiter G. B. SCHUBAUER, P. S. KLEBANOFF[169],

---

[167] REICHARDT, H.: Gesetzmäßigkeiten der freien Turbulenz. VDI-Forsch.-Heft 414, 2. Aufl. (1951) 23f.

[168] DRYDEN, H. L.: Turbulence Investigations at the National Bureau of Standards. Proc. Fifth Intern. Congr. of Applied Mech., Cambridge/Mass. 1938 (1939) S. 362.

[169] KLEBANOFF, P. S.: Characteristics of Turbulence in a Boundary Layer with Zero Pressure Gradient. NACA Rep. 1247 (1955).

J. LAUFER[170] und anderen, vgl. SCHLICHTING[60] (S. 444), Meßmethoden (Hitzdrahtmessungen) entwickelt worden, mit deren Hilfe es möglich ist, die Schwankungsgeschwindigkeiten zu bestimmen. Ohne auf die meßtechnischen Einzelheiten solcher Methoden einzugehen, geben wir in Abb. III, 1.19 das Resultat einer Untersuchung von H. REICHARDT:

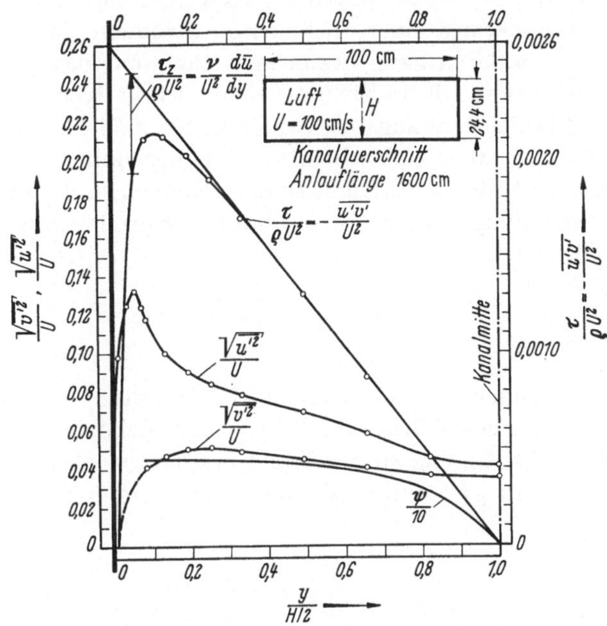

Abb. III, 1.19. Verteilung der Längs- und Querschwankungen sowie der daraus abgeleiteten Schubspannung in einem Kanal nach H. REICHARDT[167]

In einem Kanal von 16 m Länge, 1 m Breite und 0,24 m Höhe strömte Luft mit einer konstant gehaltenen Maximalgeschwindigkeit $U = 100$ cm/s. Die Messung der zeitlichen Mittelwerte der Quadrate der Längs- und Querschwankungen, d. h. $\sqrt{\overline{u'^2}}$ und $\sqrt{\overline{v'^2}}$ erfolgte im mittleren Vertikalschnitt H der Austrittsöffnung, d. h. also nach einer Anlauflänge von 16 m. Man kann deshalb annehmen, daß die Strömung im Auslaufgebiet bereits zweidimensional geworden ist, $\bar{u}$ also nicht mehr von der Koordinate x der Strömungsrichtung abhängig ist.

Man erkennt, daß $\sqrt{\overline{u'^2}}/U$ in der Nähe der Wand außerordentlich steil anwächst bis zu einem Höchstwert von 0,132 bei $2y/H = 0{,}05$;

---

[170] LAUFER, J.: Investigation of Turbulent Flow in a Two-Dimensional Channel NACA Rep. 1053 (1951), und: The Structure of Turbulence in Fully Developed Pipe Flow. NACA Rep. 1174 (1954).

von da ab nimmt die mittlere Längsschwankung ab bis zu etwa 0,04 in der Kanalmitte. Demgegenüber ist der Mittelwert $\sqrt{\overline{v'^2}}/U$ sehr viel gleichmäßiger über $2y/H$ verteilt. An der Kanalwand ($y = 0$) sind beide Werte gleich Null. Nun sind aber bei den hier behandelten Strömungen die beiden Komponenten der Schwankungsbewegung nicht unabhängig voneinander. Wir hatten schon auf S. 216 festgestellt, daß man die Geschwindigkeitsänderung einer turbulenten Strömung in einem Kanal oder Rohr nur erklären kann, wenn man annimmt, daß „fast" immer ein Flüssigkeitsballen mit positivem u' sich mit negativem v' bewegt und umgekehrt. Die Schwankungsgeschwindigkeiten sind „korreliert". Dies ist immer der Fall, wenn eine scheinbare Schubspannung vorhanden ist; es trifft also nicht für die Kanalmitte bzw. Rohrachse zu, wo die turbulente Schubspannung Null ist. Man kann den Korrelationskoeffizienten durch die Gleichung

$$\psi = \frac{\overline{u'v'}}{\sqrt{\overline{u'^2}}\,\sqrt{\overline{v'^2}}} \qquad \text{(III, 1.76)}$$

definieren; auf andere Definitionen hat W. TOLLMIEN[171] hingewiesen.

Aus dem gemessenen Druckabfall $\partial p/\partial x$ läßt sich nach Gl. (III,1.12), S. 216, die Schubspannung an der Wand bestimmen, also — wenn noch durch Division mit ϱU^2 divisionslos gemacht — im vorliegenden Falle

$$\frac{\frac{\partial p}{\partial x}}{\varrho U^2} = \frac{\tau_0}{\varrho U^2 H/2} = 0{,}00258\,.$$

Die in Abb. III, 1.19 eingezeichnete Gerade von 0,00258 an der Wand bis 0 in Kanalmitte bezeichnet also die Abnahme der gesamten Schubspannung über die halbe Kanalhöhe. Diese Schubspannung setzt sich aus der scheinbaren Schubspannung τ_t infolge der turbulenten Mischbewegung und aus der — vor allem an der Wand wirksamen — Schubspannung τ_z wegen der Zähigkeit der Flüssigkeit zusammen, also

$$\tau = \tau_t + \tau_z = -\varrho\overline{u'v'} + \mu\frac{d\bar{u}}{dy} \qquad \text{(III, 1.77)}$$

oder nach Gl. (III, 1.8), S. 212,

$$\frac{\tau}{\varrho} = \varepsilon\frac{d\bar{u}}{dy} + \nu\frac{d\bar{u}}{dy}\,.$$

---

[171] TOLLMIEN, W.: Turbulente Strömungen. Handbuch der Experimentalphysik (WIEN-HARMS), Bd. 4, Teil 1, Leipzig: 1931, S. 291, und: Über die Korrelation der Geschwindigkeitskomponenten in periodisch schwankenden Wirbelverteilungen. Z. angew. Math. Mech. 21 (1941) 96.

Da nun nach Abb. III, 1.4 — abgesehen von der Zone in Wandnähe — ν gegenüber ε vernachlässigbar klein ist, kann man in Abb. III, 1.19 annehmen, daß die von der Kanalmitte ausgehende Gerade $\tau = \tau_0 \cdot 2y/H$ im wesentlichen das $\tau_t = -\varrho \overline{u'v'}$ darstellt, demgegenüber τ_z vernachlässigt werden kann; dies letztere kommt erst in der Nähe der Wand zur Wirkung, wo die Schwankungsgeschwindigkeiten (und damit τ_t) nach Null gehen.

Aus den experimentel bestimmten Werten $\sqrt{\overline{u'^2}}$ und $\sqrt{\overline{v'^2}}$ sowie dem gemessenen Druckabfall $\partial p/\partial x = 2\tau_0/H = 2\tau(1-2y/H)/H$ läßt sich der Korrelationskoeffizient ψ nach Gl. (III, 1.76) ohne weiteres berechnen (in der Abbildung ist $\psi/10$ aufgetragen). Das geht aber nur so weit, als man annehmen kann, daß die Zähigkeit ν gegenüber ε vernachlässigbar klein ist. In dem Gebiet, wo das nicht mehr zutrifft, führt eine andere von H. Reichardt[165] entwickelte Methode zum Ziel. Nach dieser Methode werden mittels einer Dreidrahtsonde die Schwankungsbewegungen auf einer Braunschen Röhre sichtbar gemacht. Photographiert man diese — mit dem Auge nicht mehr zu verfolgenden — schnellen Bewegungen des Abbildes des Schwankungsvektors über eine genügend große Zeit (etwa 15 Sekunden), um dadurch eine gute Mittelwertsbildung zu erzielen, so erhält man als Ergebnis einen nicht scharf abgegrenzten Leuchtfleck von elliptischer Form. H. Reichardt hat nun gezeigt, daß wenn a und b die Hauptachsen der Ellipse sind, der Korrelationskoeffizient

$$|\psi| = \frac{(a/b)^2 - 1}{(a/b)^2 + 1}$$

ist.

Führt man die Messung z. B. im Abstand $2y/H = 0{,}3$ aus, so hat die Ellipse des Leuchtflecks ein Achsenverhältnis von etwa 1,6; dies entspricht nach der letzten Gleichung einem ψ von 0,44. Bestimmt man jetzt mit diesem Wert von ψ und den gemessenen Werten von $\sqrt{\overline{u'^2}}/U = 0{,}05$ sowie $\sqrt{\overline{v'^2}}/U = 0{,}08$ das $\tau/\varrho U^2$, so erhält man nach Gl. (III, 1.76) den Wert $\tau/\varrho U^2 = 0{,}44 \cdot 0{,}05 \cdot 0{,}08 = 0{,}00176$. Anderseits hat man in

$$\frac{\tau}{\varrho U^2} = \frac{\tau_0}{\varrho U^2}\left(1 - \frac{y}{H/2}\right) = 0{,}00258 \cdot (1 - 0{,}3) = 0{,}00180$$

einen kaum größeren Wert; hiermit wird also bestätigt, daß bei diesem Wandabstand die Wirkung der Zähigkeit der Flüssigkeit noch klein ist, verglichen mit der scheinbaren Zähigkeit infolge der turbulenten Schwankungsgeschwindigkeiten. Das bleibt auch so bei Messungen in Punkten näher zur Kanalmitte. Der Leuchtfleck nähert sich dabei mehr und mehr einem kreisförmigem Fleck, den er dann in der Kanalmitte annimmt.

Hier ist die Schubspannung gleich Null und eine Korrelation nicht mehr vorhanden ($\psi = 0$).

Bei einer Messung im Abstand $2y/H = 0{,}1$ ist das Achsenverhältnis der Leuchtfleckenellipse nur wenig über 1,6, entsprechend einem ψ von 0,45. Noch näher zur Wand hin ließen sich Messungen nicht mehr ausführen, da der starke Geschwindigkeitsabfall in der Nähe der Wand eine verschiedene Abkühlung der beiden hinteren Hitzdrähte der Dreidrahtsonde verursachte, obwohl deren Abstand nur 0,12 bis 0,14 mm betrug (Einstellung unter dem Mikroskop).

Wie aus Abb. III, 1.19 ersichtlich, ist der durch Zähigkeit bedingte Anteil τ_z der gesamten Schubspannung τ bei $2y/H = 0{,}2$ noch relativ klein, wächst in Richtung zur Wand hin zunächst langsam, von $2y/H = 0{,}05$ aber sehr schnell.

Es mag erwähnt werden, daß — im Gegensatz zur Laminarströmung — der Druck $\overline{p}$ bei der geradlinigen zweidimensionalen Kanalströmung über dem Querschnitt nicht konstant ist; die Abweichungen sind allerdings nur gering. Bereits 1931 wies W. Tollmien[171] (S. 297) darauf hin. Bezeichnet $\overline{p}_W$ den zeitlichen Mittelwert des Druckes an einem Punkt x der Kanalwand, so ist

$$\overline{p}\left(\frac{y}{H/2}\right) + \varrho\overline{v'^2} = \text{const} = \overline{p}_W,$$

also

$$\frac{\overline{p}_W - \overline{p}}{\frac{\varrho}{2}U^2} = 2\frac{\overline{v'^2}}{U^2} = f\left(\frac{y}{H/2}\right).$$

Der Druck $\overline{p}$ nimmt danach von der Wand zur Kanalmitte etwas ab, und zwar beträgt das Maximum der Abnahme bei $2y/H = 0{,}25$ etwa $2 \cdot 0{,}05^2$, d. h. 1/2% des auf U bezogenen Staudruckes (Abb. III, 1.19). Zur Kanalmitte hin nimmt der Druck dann wieder etwas zu; die Druckdifferenz ist bei $y = H/2$ gleich $2 \cdot 0{,}035^2$, d. h. die Abnahme beträgt nur noch 1/4%.

1.17 Das Widerstandsgesetz von Rohren mit rauher Wandung. Bei rauhen Rohren ist der Widerstand, d. h. λ, größer als bei glatten, aber nur dann, wenn die Rauhigkeitserhebungen aus der laminaren Unterschicht herausragen. Bei der Laminarströmung (Parabelströmung) mit der bis zur Rohrmitte angewachsenen „Grenzschicht" ist denn auch λ nicht von der Rohrrauhigkeit abhängig.

Nach Abb. III, 1.11 und den Ausführungen auf S. 234 ist die Dicke der laminaren Unterschicht δ_l etwa

$$\frac{\delta_l}{R} = \frac{4 \cdot 2\sqrt{8}}{\text{Re}\sqrt{\lambda}} = \frac{22{,}6}{\text{Re}\sqrt{\lambda}};$$

je nach dem Wert von Re und λ ist δ_l/R verschieden. Auf S. 234 hatten wir festgestellt, daß beispielsweise bei Re $= 10^5$ und $\lambda = 0{,}018$ (glattes Rohr) $\delta_l/R = 1{,}7 \cdot 10^{-3}$ ist.

Wenn λ von der Wandrauhigkeit k_S/R[172] unabhängig ist, muß also

$$\frac{k_S}{R} < \frac{\delta_l}{R} \quad \text{sein, z. B.} \quad \frac{k_S}{R} = 0{,}824 \frac{\delta_l}{R}{}^{173} \tag{III, 1.78}$$

sein. In Verbindung mit der vorletzten Gleichung erhält man somit

$$\frac{k_S}{R} = \frac{0{,}824 \cdot 22{,}6}{\mathrm{Re}\sqrt{\lambda}} \quad \text{bzw.} \quad \mathrm{Re}\sqrt{\lambda} = 18{,}62 \frac{R}{k_S}. \tag{III, 1.79}$$

Die Beziehung zwischen Re und λ entnehmen wir der Gl. (III, 1.49) d. h.

$$\frac{1}{\sqrt{\lambda}} = 2 \lg\left(\mathrm{Re}\sqrt{\lambda}\right) - 0{,}8, \tag{III, 1.80}$$

also mit der vorigen Gleichung

$$\frac{1}{\sqrt{\lambda}} = 2 \lg \frac{R}{k_S} + 2 \lg 18{,}62 - 0{,}8$$

oder

$$\frac{1}{\sqrt{\lambda}} = 2 \lg \frac{R}{k_S} + 1{,}74. \tag{III, 1.81}$$

Bereits Th. v. Kármán[159] hat aus seiner Ähnlichkeitshypothese die Gleichung

$$\frac{1}{\sqrt{\lambda}} = \frac{1}{k\sqrt{2}} \lg \frac{R}{k_S} + \text{const}$$

abgeleitet, mit $k = 0{,}354$ also

$$\frac{1}{\sqrt{\lambda}} = 2 \lg \frac{R}{k_S} + \text{const}.$$

Die ersten Abweichungen von der Kurve $\lambda = f(\mathrm{Re})$ der Gl. (III, 1.80) (glatte Rohre) werden also eintreten, wenn nach Gl. (III, 1.79)

$$\frac{k_S}{R} = \frac{18{,}62}{\mathrm{Re}\sqrt{\lambda}} \quad \text{bzw.} \quad \frac{R}{k_S} = \frac{\mathrm{Re}\sqrt{\lambda}}{18{,}62}$$

---

[172] Mit k_S wird die durchschnittliche Rauhigkeitserhebung von gesiebtem Sand bezeichnet, mit dem die innere Rohrwandung unter Benutzung eines Speziallackes künstlich rauh gemacht wurde (Fußnote 150).

[173] Dieser spezielle Wert von 0,824 wurde gewählt, weil man damit — wie wir auf S. 264 sehen werden — eine gute Übereinstimmung mit den Experimenten erhält.

wird. Entnimmt man der Abb. III, 1.12 zu einer Anzahl von Re-Werten die zugehörenden λ, dividiert das Produkt Re $\sqrt{\lambda}$ durch 18,62 und trägt R/k_S als Funktion von Re auf und zwar, da beide Koordinaten sich über große Bereiche erstrecken, bei logarithmischer Einteilung, so erhält man die linke Kurve der Abb. III, 1.20.

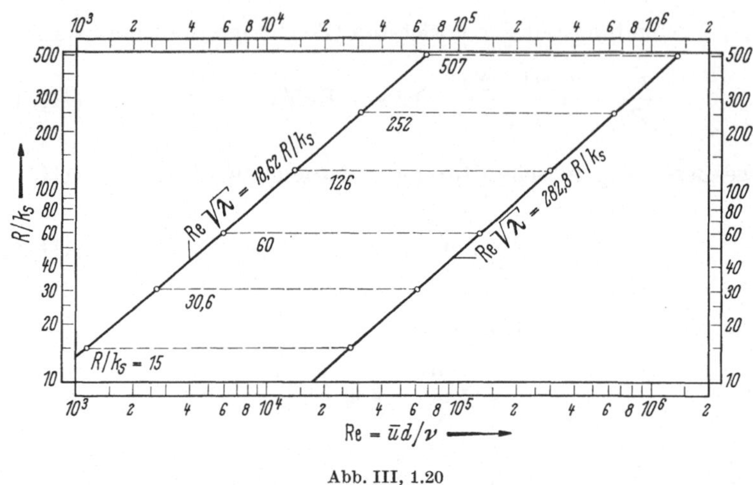

Abb. III, 1.20

Markiert man auf dieser Kurve diejenigen Werte von R/k_S, für die experimentelle Werte vorliegen[150]: $R/k_S = 15$; 30,6; 60; 126; 252; 507, so erhält man die Reynoldsschen Zahlen, bei denen sich die jeweilige Rauhigkeit bemerkbar zu machen beginnt. In Abb. III, 1.21 ist $\lambda = f(\mathrm{Re})$ aufgetragen und die aus der vorigen Kurve erhaltenen Re-Werte (zu den 4 größten R/k_S-Werten) an der Kurve $\lambda = f(\mathrm{Re})$ durch Kreuze gekennzeichnet.

Würde an die laminare Unterschicht ($\nu \gg \varepsilon$) *unmittelbar* die turbulente Strömung $\nu \ll \varepsilon$ anchließen, so würden von den jeweiligen Kreuzen in Abb. III, 1.21 bei zunehmendem Re die Rauhigkeitserhebungen in die turbulente Strömung hineinragen und damit ein quadratisches Widerstandsgesetz zu erwarten sein; die Größe λ wäre nicht mehr von der Reynoldsschen Zahl abhängig, wie durch die von den Kreuzen ausgehenden Geraden angedeutet. Dies trifft aber nicht zu. Wie auf S. 235 und Abb. III, 1.11 gezeigt, erstreckt sich zwischen der laminaren Unterschicht und der turbulenten Strömung eine „Zwischenschicht“, in der ν und ε von gleicher Größenordnung sind. Erst außerhalb der Zwischenschicht wird $\lambda = \mathrm{const}$ sein, d. h. erst wenn die Rauhigkeitserhebungen aus der Zwischenschicht ragen, wird man ein quadratisches Widerstandsgesetz erwarten können. Dies trifft also zu, wenn nach Abb. III, 1.11 etwa

$$\frac{k_S}{R}\,\frac{\mathrm{Re}\sqrt{\lambda}}{2\sqrt{8}} = 50 \quad \text{bzw.} \quad \frac{R}{k_S} = \frac{\mathrm{Re}\sqrt{\lambda}}{50\cdot 2\sqrt{8}} = \frac{\mathrm{Re}\sqrt{\lambda}}{282{,}8} \qquad \text{(III, 1.82)}$$

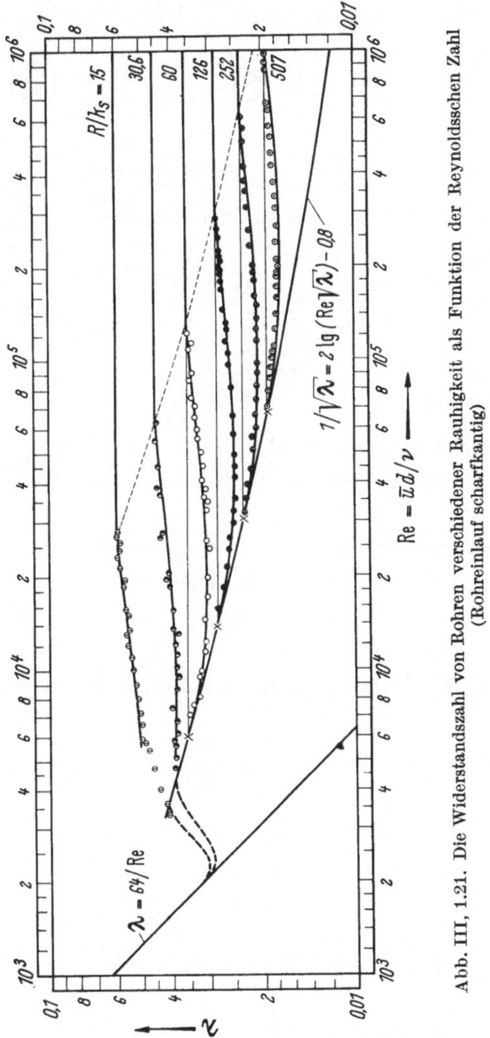

Abb. III, 1.21. Die Widerstandszahl von Rohren verschiedener Rauhigkeit als Funktion der Reynoldsschen Zahl (Rohreinlauf scharfkantig)

ist. In Abb. III, 1.20 ist als rechte Kurve $R/k_S = f(\mathrm{Re})$ entsprechend der letzten Gleichung aufgetragen. Die Schnittpunkte der (gestrichelten) Geraden $R/k_S = \text{const}$ mit der letztgenannten Kurve ergeben somit die Re-Werte, von wo ab $\lambda = \text{const}$ zu erwarten ist. Zu den vier größten

R/k_S-Werten sind in Abb. III, 1.21 von diesen Re-Werten ab die Geraden $\lambda = \text{const}$ als stärkere Linien eingezeichnet.

Bezeichnet man in Abb. III, 1.22 als unteren Zustand (Index u) den Wert von Re bzw. λ, wo λ von der Kurve $\lambda = f(\text{Re})$ (glattes Rohr) abzuweichen beginnt und als oberen Zustand (Index o), von wo ab $\lambda = \text{const}$ ist, so erhält man aus Gl. (III, 1.79 und 81)

$$\text{Re}_u = 18{,}62 \frac{R}{k_S}\left(2 \lg \frac{R}{k_S} + 1{,}74\right) = f\left(\frac{R}{k_S}\right) \qquad \text{(III, 1.83)}$$

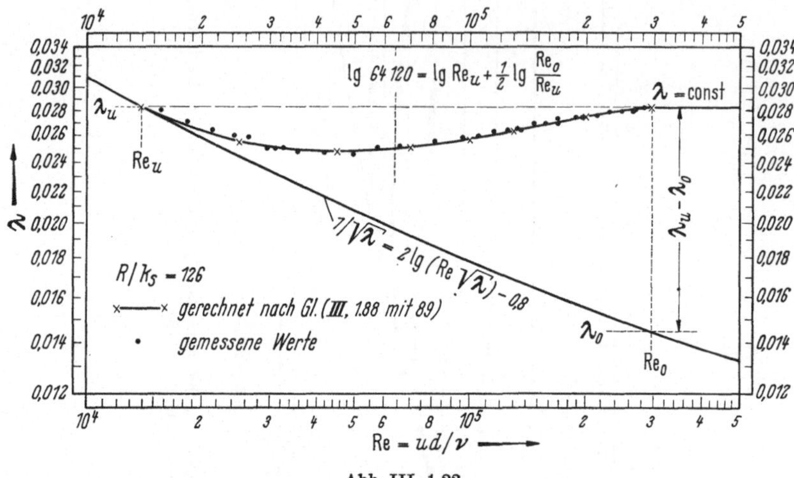

Abb. III, 1.22

und dazu aus Gl. (III, 1.80) oder Abb. III, 1.12 das entsprechende λ_u, so daß auch

$$\lambda_u = f\left(\frac{R}{k_S}\right) \qquad \text{(III, 1.84)}$$

ist. Analog erhält man aus Gl. (III, 1.80), d. h. aus

$$\frac{1}{\sqrt{\lambda_o}} = 2 \lg\left(\text{Re}_o \sqrt{\lambda_o}\right) - 0{,}8,$$

wenn man $\text{Re}_o \sqrt{\lambda_o}$ der Gl. (III, 1.82) entnimmt,

$$\lambda_o = \frac{1}{\left[2 \lg \frac{R}{k_S} + 4{,}103\right]^2} = f\left(\frac{R}{k_S}\right), \qquad \text{(III, 1.85)}$$

und dazu aus Gl. (III, 1.50) oder Abb. III, 1.12 das entsprechende

$$\text{Re}_o = f\left(\frac{R}{k_S}\right). \qquad \text{(III, 1.86)}$$

Beispielsweise erhält man in Abb. III, 1.22 mit $R/k_S = 126$ die Werte

$$\mathrm{Re}_u = 13940,\ \lambda_u = 0{,}02835;\ \mathrm{Re}_o = 296000,\ \lambda_o = 0{,}01450. \quad \text{(III, 1.87)}$$

In dem Gebiet zwischen Re_u und Re_0 nehmen wir an, daß

$$\lambda = \lambda_u - a^{\frac{3}{4}} \cdot b^{\frac{5}{4}} (\lambda_u - \lambda_o) \quad \text{(III, 1.88)}$$

sei, wobei a eine in diesem Gebiet von 0 bis 1 linear ansteigende Funktion und b eine von 0 bis 1 linear abnehmende Funktion bezeichnet. Das enspricht der Auffassung, daß mit Zunahme von $\lg \mathrm{Re}$ über $\lg \mathrm{Re}_u$ hinaus bis $\lg \mathrm{Re}_0$ das Verhältnis der Wirkung von ν gegenüber derjenigen von ε abnimmt. Zwei solche Funktionen haben wir in

$$a \equiv \frac{\lg \dfrac{\mathrm{Re}}{\mathrm{Re}_u}}{\lg \dfrac{\mathrm{Re}_o}{\mathrm{Re}_u}} \quad \text{und} \quad b \equiv \frac{\lg \dfrac{\mathrm{Re}_o}{\mathrm{Re}}}{\lg \dfrac{\mathrm{Re}_o}{\mathrm{Re}_u}}, \quad \mathrm{Re}_u \leqq \mathrm{Re} \leqq \mathrm{Re}_0. \quad \text{(III, 1.89)}$$

Die Exponenten 3/4 und 5/4 in obiger Formel bewirken, daß die Kurve $\lambda = f(\mathrm{Re})$ — entsprechend den experimentellen Ergebnissen — unsymmetrisch verläuft zur Achse $\lg \mathrm{Re}_u + \frac{1}{2} \lg (\mathrm{Re}_o/\mathrm{Re}_u)$, Abb. III, 1.22.

Berücksichtigen wir, daß nach Abb. III, 1.20 im Mittel

$$\lg \frac{\mathrm{Re}_o}{\mathrm{Re}_u} = \lg \mathrm{Re}_o - \lg \mathrm{Re}_u = 1{,}34$$

ist, so erhalten wir mit $1/1{,}34^{3/4} \cdot 1/1{,}34^{5/4} = 1/1{,}34^2 = 0{,}557$ aus Gl. (III, 1.88) zusammen mit Gl. (III, 1.89)

$$\lambda = \lambda_u - 0{,}557\,(\lambda_u - \lambda_o) \left[\lg \frac{\mathrm{Re}}{\mathrm{Re}_u}\right]^{\frac{3}{4}} \cdot \left[\lg \frac{\mathrm{Re}_0}{\mathrm{Re}}\right]^{\frac{5}{4}}, \quad \mathrm{Re}_u \leqq \mathrm{Re} \leqq \mathrm{Re}_o. \quad \text{(III, 1.90)}$$

Die hier auftretenden Größen Re_u, Re_o, λ_u, λ_o sind nach den Gl. (III, 1.83 bis 86) bekannte Funktionen von R/k_S. Damit läßt sich in dem Bereich von Re_u bis Re_o die Größe λ als Funktion von Re berechnen.

Es sei beispielsweise $R/k_S = 126$; dann ist mit Gl. (III, 1.87)

$$\lambda = 0{,}02835 - 0{,}557 \cdot 0{,}01385 \left[\lg \frac{\mathrm{Re}}{13940}\right]^{\frac{3}{4}} \cdot \left[\lg \frac{296000}{\mathrm{Re}}\right]^{\frac{5}{4}}. \quad \text{(III. 1.91)}$$

Nach dieser Formel ist $\lambda = f(\mathrm{Re})$ für $13940 \leqq \mathrm{Re} \leqq 296000$ berechnet und in Abb. III, 1.22 dargestellt (der die Kreuze verbindende Linienzug). Die zu der Kurve eingezeichneten experimentellen Werte nach J. Nikuradse[150] zeigen eine sehr gute Übereinstimmung mit der Formel. Die Kenntnis der Rauhigkeit, d. h. des Zahlenwertes R/k_S ist somit hinreichend, um die Widerstandszahl im gesamten Gebiet der Reynoldsschen Zahlen zu bestimmen. Die Berechnung von $\lambda = f(\text{Re}, R/k_S)$

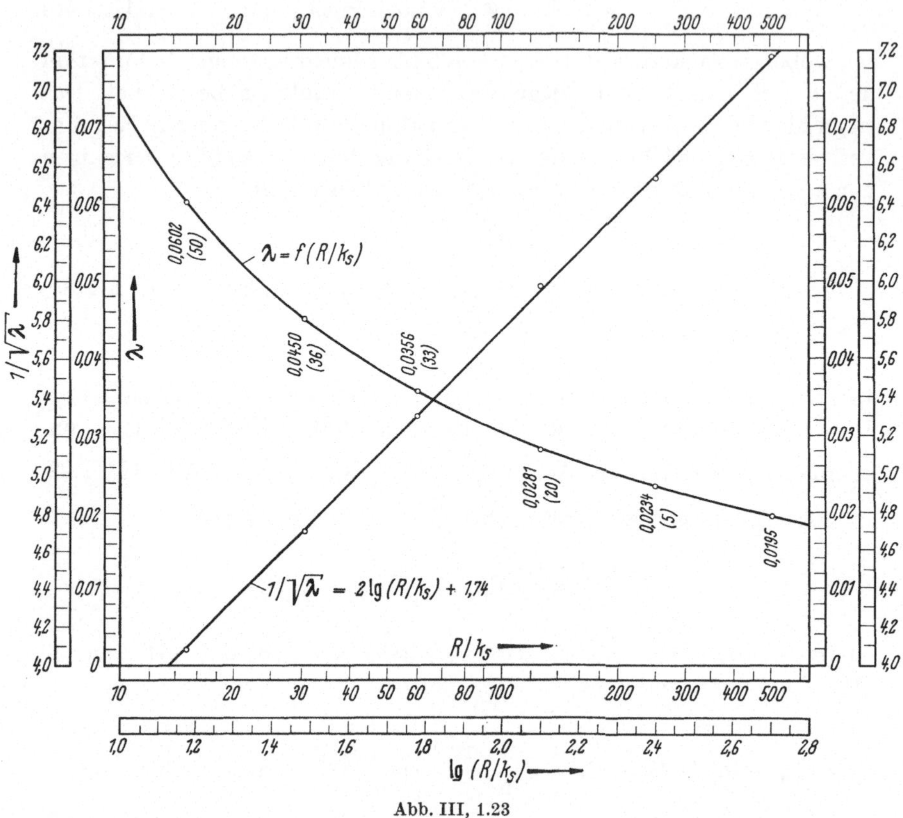

Abb. III, 1.23

ist auch für die anderen oben erwähnten Werte von R/k_S durchgeführt und in Abb. III, 1.21 eingetragen. Es ist dabei bemerkenswert, daß auch im Falle $R/k_S = 15$ und 30,6 wobei der Re_u-Wert nicht mehr in den turbulenten Bereich fällt, die Widerstandszahlen in gleicher Weise berechnet werden können, und zwar bis zum Übergangsgebiet zur laminaren Strömung.

Trägt man die Widerstandszahlen — und zwar die Mittelwerte aus einer größeren Anzahl von Messungen —, soweit λ konstant ist, d. h. nicht mehr von den Re-Werten abhängt, über R/k_S (in logarithmischer Einteilung) auf, so erhält man die gebogene Kurve der Abb. III, 1.23.

Die in der Abbildung unter den Werten in Klammer angegebene Zahl bedeutet die Anzahl der Meßwerte[150], zwischen denen gemittelt worden ist. Bildet man aus diesen λ-Werten $1/\sqrt{\lambda}$ und trägt diese Größe über $\lg(R/k_S)$ auf, so läßt sich unschwer eine Gerade durch die Punkte ziehen; z. B. gehört zu dem Punkte $R/k_S = 60$ der Wert $1\sqrt{\lambda} = 5{,}30$. Da nun $2 \lg 60 = 3{,}56$ und $5{,}30 - 3{,}56 = 1{,}74$ ist, hat man in Abb. III, 1.23 eine experimentelle Bestätigung der Gl. (III, 1.81) und damit auch der Richtigkeit der Gl. (III, 1.78).

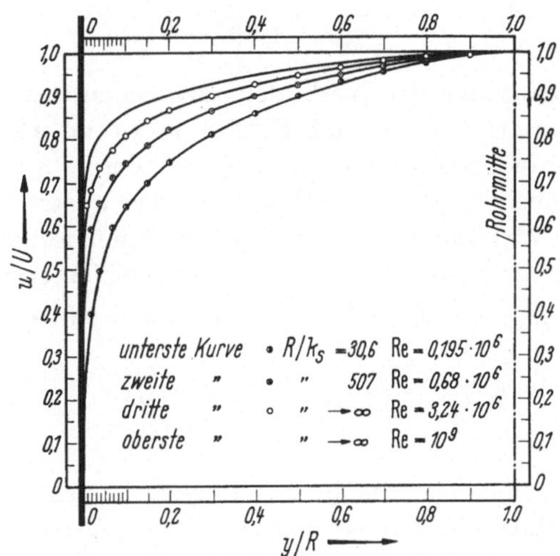

Abb. III, 1.24. Nach Gl. (III, 1.92) *berechnete* Kurven der Geschwindigkeitsverteilungen; Kreise sind Meßpunkte nach J. NIKURADSE[150, 80]

1.18 Geschwindigkeitsverteilung. Trägt man nach Messungen von J. NIKURADSE[150] die Geschwindigkeit u/U beispielsweise bei einer Rauhigkeit von $R/k_S = 30{,}6$ (Re $= 0{,}195 \cdot 10^6$, $\lambda = 0{,}045 =$ const, vgl. Abb. III, 1.23) sowie bei $R/k_S = 507$ (Re $= 0{,}68 \cdot 10^6$) über y/R auf, so erhält man die beiden unteren Verteilungen der Meßpunkte in Abb. III, 1.24. Man erkennt, daß bei dem rauheren Rohr ($R/k_S = 30{,}6$) der Geschwindigkeitsanstieg an der Wand weniger steil ist als beim Rohr mit kleinerer Rauhigkeit. Je geringer die Rauhigkeit ist (bei sonst gleichen Verhältnissen), um so steiler ist der Geschwindigkeitsanstieg an der Wand und um so völliger das Geschwindigkeitsprofil. Zum Vergleich ist außerdem noch das Profil eines glatten Rohres ($R/k_S \sim \infty$) bei Re $= 3{,}24 \cdot 10^6$ nach Messungen von J. NIKURADSE[80] aufgetragen.

Die Kurven selbst sind nicht etwa die Verbindungslinien der experimentell erhaltenen Meßwerte, vielmehr sind sie berechnet. Diese Rechnung ist sehr einfach, wenn man von der universellen Geschwindigkeitsverteilung (Abb. III, 1.6) bzw. der rechten Kolonne der Zahlentafel S. 223 Gebrauch macht. Auf S. 252 hatten wir gefunden, daß

$$\frac{u}{U} = 1 - \frac{U - u}{v_{*0}} \frac{1}{\sqrt{\frac{8}{\lambda}} + 4{,}0} = f\left(\frac{y}{R}\right) \qquad \text{(III, 1.92)}$$

ist.

Bei $R/k_S = 30{,}6$ ist — wie bereits erwähnt — $\lambda = 0{,}045$; damit wird die letzte Gleichung

$$\frac{u}{U} = 1 - \frac{U - u}{v_{*0}} \cdot \frac{1}{17{,}33} = f\left(\frac{y}{R}\right);$$

sie ist also bei Benutzung der Werte der universalen Geschwindigkeitsverteilung (umrahmte Tabelle auf S. 223) leicht zu berechnen. Die Übereinstimmung mit den Meßwerten ist vorzüglich.

Für $R/k_S = 507$ ist bei $\mathrm{Re} = 0{,}68 \cdot 10^6$ das quadratische Widerstandsgesetz noch nicht ganz erreicht. Wir berechnen deshalb die Widerstandszahl mit den von J. Nikuradse gegebenen Werten von $\bar{u}$ und v_{*0} aus $\sqrt{8/\lambda} = \bar{u}/v_{*0} = 720/35{,}5 = 20{,}3$ oder $\lambda = 0{,}0194$. Damit geht Gl. (III, 1.92) über in

$$\frac{u}{U} = 1 - \frac{U - u}{v_{*0}} \frac{1}{24{,}3} = f\left(\frac{y}{R}\right).$$

Die mit dieser Formel berechnete Geschwindigkeitsverteilung in Abb. III, 1.24 stimmt ebenfalls sehr gut mit den Meßwerten überein.

Zum Vergleich mit den beiden rauhen Rohren sei noch die Geschwindigkeitsverteilung eines glatten Rohres ($R/k_S \to \infty$) mitgeteilt. Es handelt sich um die Verteilung bei der größten bisher gemessenen Re-Zahl $= 3{,}24 \cdot 10^6$, $\lambda = 0{,}0096$. Mit diesem Wert von λ erhält man die Zahl $\sqrt{8/\lambda} + 4{,}0 = 32{,}9$, durch die man also die jeweiligen Werte der universalen Geschwindigkeit dividieren muß. Auch hier ist die Übereinstimmung der Meßwerte mit der nach Gl. (III, 1.92) berechneten Kurve vorzüglich.

Es ist gelegentlich die Frage gestellt worden, ob sich bei einer genügend großen Reynoldsschen Zahl eine über dem Rohrquerschnitt konstante Geschwindigkeit einstellt. Es ist deshalb in Abb. III, 1.24 noch die Verteilung bei $\mathrm{Re} = 10^9$ eingezeichnet. Als Wert für λ bekommt man nach Gl. (III, 1.49, S. 235) $\lambda = 0{,}00455$; damit wird $\sqrt{8/\lambda} + 4{,}0 = 46{,}0$. Diese Verteilung dürfte das Äußerste sein, was man bei Rohrströmungen praktisch erwarten kann. Nimmt man an, daß durch das Rohr Wasser ($\nu \sim 10^{-2}\ \mathrm{cm^2/s}$) fließt, so gibt die Reynoldssche Zahl 10^9 den Wert $\bar{u}d = 10^7\ \mathrm{cm^2/s}$ oder $= 10^3\ \mathrm{m^2/s}$, also beispielsweise bei 5 m Rohrdurchmesser eine mittlere Geschwindigkeit von 200 m/s.

Wie man aus Gl. (III, 1.92) ersieht, wird die Geschwindigkeit über dem Rohrdurchmesser erst im Grenzfalle $\lambda = 0$ konstant. Für *sehr* große Werte von Re kann man nach Gl. (III, 1.50) setzen

$$\lg \mathrm{Re} \sim \frac{0{,}5}{\sqrt{\lambda}} \quad \text{oder} \quad \mathrm{Re} \sim 10^{\frac{0{,}5}{\sqrt{\lambda}}},$$

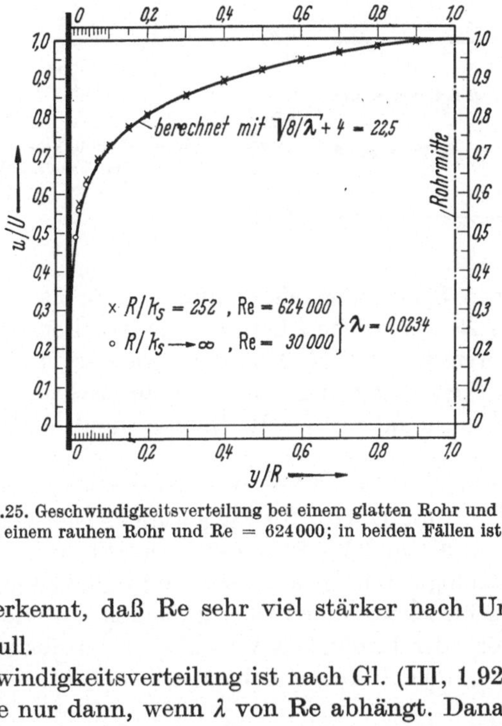

Abb. III, 1.25. Geschwindigkeitsverteilung bei einem glatten Rohr und Re = 30000 sowie bei einem rauhen Rohr und Re = 624000; in beiden Fällen ist λ = 0,0234

woraus man erkennt, daß Re sehr viel stärker nach Unendlich strebt als $\sqrt{\lambda}$ nach Null.

Die Geschwindigkeitsverteilung ist nach Gl. (III, 1.92) nur abhängig von λ; von Re nur dann, wenn λ von Re abhängt. Danach müßte man bei einem glatten und einem rauhen Rohr dieselbe Geschwindigkeitsverteilung haben, falls λ in beiden Fällen gleich ist; die Re-Werte können dabei sehr verschieden sein. Dieser Fall ist in Abb. III, 1.25 dargestellt. Wie man erkennt, fallen tatsächlich die Kurven in eine einzige zusammen, obwohl beim rauhen Rohr Re = 624000 ist, während Re beim glatten Rohr weniger als ein Zwanzigstel davon, nämlich 30000, ist. Aus Abb. III, 1.21 entnimmt man, daß in beiden Fällen $\lambda = 0{,}0234$ ist; die Kurve ist unter Benutzung von $\sqrt{8/\lambda} + 4{,}0 = 22{,}5$ nach Gl. (III, 1.92) berechnet; sie stimmt sehr gut mit den gemessenen Werten überein.

1.19 Wandrauhigkeit und Wandwelligkeit. Die in Abb. III, 1.23 gezeigte Kurve $\lambda = f(R/k_S)$ bezieht sich auf eine „Sandrauhigkeit", wie sie den Versuchen von J. Nikuradse [225] zugrunde lag. Bei sehr vielen Rohren, z. B. innen verrosteten Eisenrohren oder Eisenbetonrohren u. a. haben wir es aber mit einer weniger „dichten“ Rauhigkeit zu tun. Die vielerlei Arten der Oberflächenbeschaffenheit des Rohrinneren zu klassifizieren und sie in ihrer Wirkung auf die Sandrauhigkeit zurückzuführen ist schwierig. Im allgemeinen setzt man eine gegebene Rauhig-

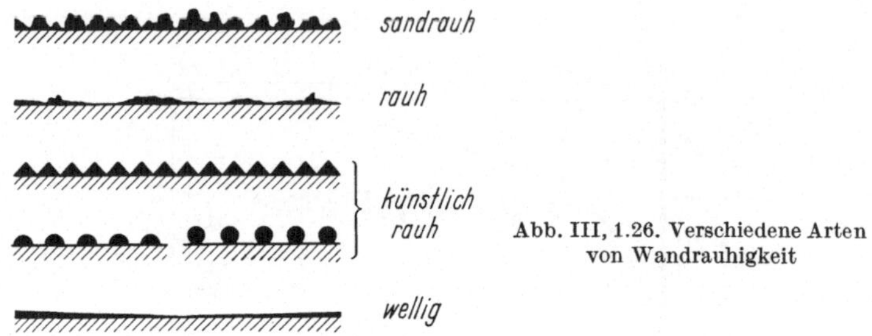

Abb. III, 1.26. Verschiedene Arten von Wandrauhigkeit

keit einer solchen Sandrauhigkeit äquivalent, die nach Gl. (III, 1.81) oder Abb. III, 1.23 das gleiche λ hat, vgl. die Arbeiten von H. SCHLICHTING[174], V. L. STREETER[175], H. MÖBIUS[176]. Gewisse Rauhigkeiten, wie z. B. ein riffelartiger Belag quer zur Strömungsrichtung scheinen ganz aus dem Rahmen zu fallen, wie R. SEIFERT und W. KRÜGER[177] festgestellt haben.

Auf den Unterschied des Widerstandsgesetzes von rauher und gewellter Oberfläche hat L. HOPF[178] hingewiesen, vgl. auch die Messungen von K. FROMM[179] und W. FRITSCH[180]. In Abb. III, 1.26 sind einige Beispiele von Rauhigkeiten sowie einer Wandwelligkeit gezeigt.

Bei den verschiedenen rauhen Oberflächen ist die Widerstandszahl λ je nach der Größe der Rauhigkeit verschieden, im übrigen aber — bei genügend großen Reynoldsschen Zahlen — konstant, d. h. nicht mehr

---

[174] SCHLICHTING, H.: Experimentelle Untersuchungen zum Rauhigkeitsproblem. Ing.-Arch. 7 (1936) 1—34.

[175] STREETER, V. L.: Frictional Resistance in Artificially Roughened Pipes. Proc. Americ. Soc. Civ. Engr. 61 (1935) 163.

[176] MÖBIUS, H.: Experimentelle Untersuchungen des Widerstandes und der Geschwindigkeitsverteilung in Rohren mit regelmäßig angeordneten Rauhigkeiten bei turbulenter Strömung. Phys. Z. 41 (1940) 202—225.

[177] SEIFERT, R., u. W. KRÜGER: Überraschend hohe Reibungsziffer einer Fernwasserleitung. Z. VDI 92 (1950) 189.

[178] HOPF, L.: Die Messung der hydraulischen Rauhigkeit. Z. angew. Math. Mech. 3 (1923) 329—339.

[179] FROMM, K.: Strömungswiderstand in rauhen Rohren. Z. angew. Math. Mech. 3 (1923) 339—358.

[180] FRITSCH, W.: Der Einfluß der Wandrauhigkeit auf die turbulente Geschwindigkeitsverteilung in Rinnen. Z. angew. Math. Mech. 8 (1928) 199.

von der Reynoldsschen Zahl abhängig. Im Gegensatz dazu ist λ bei welliger Oberfläche zwar auch größer als beim technisch glatten Rohr, bleibt aber immer von der Reynoldsschen Zahl abhängig, und zwar in der Weise, daß $\lambda = f(\mathrm{Re})$ nahezu eine Parallele zu der entsprechenden Kurve für glatte Rohre ist (Abb. III, 1.27).

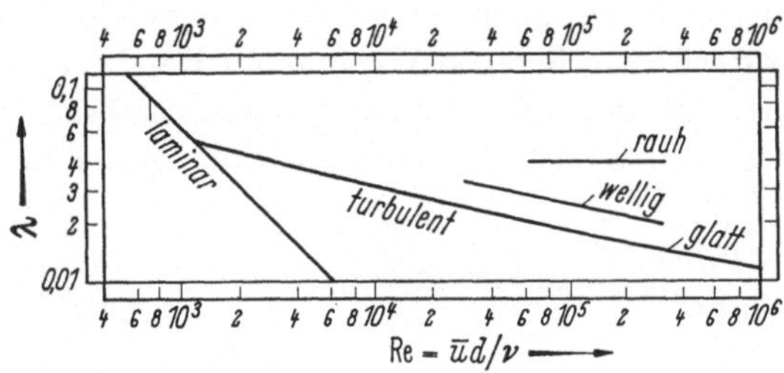

Abb. III, 1.27. Die Widerstandszahl von Rohren mit glatter, welliger und rauher Wandung

1.20 Der Reibungswiderstand der glatten, ebenen Platte. Mit Hilfe des Impulssatzes hatten wir auf S. 120f. — unter Annahme des 1/7-Potenzgesetzes der Geschwindigkeitsverteilung bei glatten Rohren — gefunden, daß bei turbulenter Strömung in der Grenzschicht die Dicke der Grenzschicht

$$\delta = 0{,}38\, l^{\frac{4}{5}} \left(\frac{\nu}{U}\right)^{\frac{1}{5}}$$

ist und der Widerstand einer Platte von der Breite b und der Länge l also der Fläche $b \cdot l$

$$W = 0{,}037 \left(\frac{\nu}{U l}\right)^{\frac{1}{5}} b l \varrho U^2 = 0{,}074\, \mathrm{Re}_l^{-\frac{1}{5}}\, b l \frac{\varrho U^2}{2}$$

also

$$c_f = 0{,}074\, \mathrm{Re}_l^{-\frac{1}{5}}. \qquad \text{(III, 1.93)}$$

Das 1/7-Potenzgesetz der Geschwindigkeit gilt aber nur bis etwa $\mathrm{Re} = \bar{u} d/\nu = 10^5$; bei größeren Reynoldsschen Zahlen kommt — entsprechend den Experimenten — eine kleinere Potenz in Frage: bei $\mathrm{Re} = 10^6$ etwa 1/9. Deshalb ist zu erwarten, daß auch Gl. (III, 1.93) nur bis zu bestimmten Reynoldsschen Zahlen Gültigkeit hat. Wie Experimente zeigen, tritt eine Abweichung vom obigen Gesetz bei $\mathrm{Re}_l \geqq 10^7$ auf.

Nun haben wir auf S. 235ff. gezeigt, daß bei Benutzung einer universellen Geschwindigkeitsverteilung der Widerstandsbeiwert λ auf beliebig große Werte von Re ausgedehnt werden konnte; es war deshalb zu erwarten, daß man — unter Zugrundelegung dieser universellen Geschwindigkeitsverteilung — auch die Abhängigkeit der Größe c_f von Re_l für beliebig große Reynoldssche Zahlen finden könne.

Die von L. Prandtl[181] durchgeführten Überlegungen und Rechnungen gehen von der in Abb. III, 1.6 gezeigten universellen Geschwindigkeitsverteilung aus und, indem vom Impulssatz Gebrauch gemacht wird, läßt sich — wenn auch nicht ein analytischer Ausdruck $c_f = f(\mathrm{Re}_l)$ — so doch zu beliebigen Werten von Re_l das c_f in Form einer Tabelle berechnen. Zu der auf diese Art punktweise bestimmten Kurve hat H. Schlichting[60] (S. 594) die Interpolationsformel für den Widerstandsbeiwert

$$c_f = \frac{0{,}455}{(\lg \mathrm{Re}_l)^{2{,}58}} \quad \text{bzw.} \quad c_f' = \frac{1}{(2 \lg \mathrm{Re}_x - 0{,}65)^{2{,}3}} \qquad \text{(III, 1.94)}$$

für den örtlichen Widerstandsbeiwert aufgestellt. Um diese Kurve $c_f = f(\mathrm{Re}_l)$ mit den von G. Kempf[182] bei sehr großen Re_l-Zahlen gemessenen Werten von c_F in Übereinstimmung zu bringen, wurde von Prandtl noch berücksichtigt, daß die Geschwindigkeitsprofile beim Rohr (besonders in der Nähe der Wand) etwas anders verlaufen müssen als bei der ebenen Platte; beim Rohr hat man nämlich einen, wenn auch geringen, Druckabfall, bei der Platte aber Gleichdruck.

Unter Benutzung der Ergebnisse der v. Kármánschen[183] Ähnlichkeitshypothese zur Turbulenz hat K. E. Schoenherr[184] die Formel

$$\frac{1}{\sqrt{c_f}} = 4{,}13 \lg (\mathrm{Re}_l \cdot c_f) \quad \text{oder} \quad c_f = 0{,}0585\,[\lg (\mathrm{Re}_l \cdot c_f)]^{-2} \qquad \text{(III, 1.95)}$$

aufgestellt, die in ihrem Aufbau eine Ähnlichkeit mit derjenigen des Rohres aufweist. Die etwas vereinfachte theoretisch abgeleitete Gleichung lautet

$$\frac{1}{\sqrt{c_f}} = C_1 \lg (\mathrm{Re}_l \cdot c_f) + C_2,$$

wobei die Koeffizienten durch Vergleich mit den experimentellen Daten zu $C_1 = 4{,}13$ und $C_2 = 0$ bestimmt wurden.

---

[181] Prandtl, L.: Zur turbulenten Strömung in Rohren und längs Platten. Ergebnisse der Aerodyn. Versuchsanstalt Göttingen, IV. Lieferung (1932) 18—29, oder Ges. Abh.[65] Bd. II, S. 632—648.

[182] Kempf, G.: Neue Ergebnisse der Widerstandsforschung. Werft Reed. Hafen 10 (1929) 234 u. 247.

[183] v. Kármán, Th.: Mechanische Ähnlichkeit und Turbulenz. Verhandlg. d. III. Intern. Kongr. f. Techn. Mechanik, Stockholm 1930, S. 85, sowie Hydromechan. Probleme des Schiffsantriebes, Hamburg 1932.

[184] Schoenherr, K. E.: Resistance of Flat Surfaces Moving through a Fluid. Trans. Soc. Nav. Architects Marine Engrs. 40 (1932) 279.

In diesem Zusammenhang möge auch noch die von F. SCHULTZ-GRUNOW[185] aufgestellte Formel

$$c_f = \frac{0{,}427}{(\lg \mathrm{Re}_l - 0{,}407)^{2{,}64}} \qquad \text{(III, 1.96)}$$

mitgeteilt werden. Diese Formel wurde unter Benutzung des Prandtlschen Formelsystems, aber unter Zugrundelegung einer etwas abweichenden universellen Geschwindigkeitsverteilung abgeleitet.

Die von J. NIKURADSE[186] angegebene Formel $c_f = 0{,}0267\,\mathrm{Re}_l^{-0{,}139}$ fällt insofern aus dem Rahmen der drei letzten numerischen Gleichungen heraus, als sie bei logarithmischer Auftragung eine Gerade mit der Neigung 0,139:1 ergibt und deshalb für beliebig große Re-Zahlen nicht zu verwenden ist. Die drei zuletzt genannten Formeln haben alle die Eigenschaft mit zunehmendem Re_l flacher zu werden.

In Abb. III, 1.28 sind die Kurven entsprechend den Gleichungen (III, 1.93 bis 96) aufgetragen und dazu die Ergebnisse der Messungen von F. GEBERS[187], G. S. BAKER[188] (im William Froude National Tank), G. KEMPF[182] und K. E. SCHOENHERR[184] eingezeichnet. Die c_f-Werte der Versuche von C. WIESELSBERGER mit stoffbespannten zellonierten Platten in Luft sind etwas zu groß und deshalb fortgelassen; nach L. PRANDTL dürfte eine geringe Rauhigkeit (bzw. Welligkeit) die Ursache dafür gewesen sein.

Man erkennt, in welchem Maße die Meßergebnisse mit den einzelnen halb-theoretischen Kurven übereinstimmen. Von etwa $\mathrm{Re}_l = 10^7$ ab ist die gestrichelte Kurve *2*, die auf das 1/7-Potenzgesetz zurückgeht, nicht mehr brauchbar.

Die Kurve *6* stellt den Fall dar, daß nicht längs der ganzen Länge der Platte eine turbulente Grenzschicht besteht, sondern daß an einem Teil der Platte, und zwar dem vorderen Teil, die Grenzschicht laminar strömt. Verwendet man z. B. eine vorn zu einer Schneide ausgebildete Platte mit allmählichem Übergang zur vollen Plattendicke, so ist durchweg die von der Schneide ausgehende Grenzschicht zunächst laminar und bleibt es auch für eine Länge, die von verschiedenen Faktoren abhängt, wie: Glätte der Platte, Gleichmäßigkeit der äußeren Strömung

[185] SCHULTZ-GRUNOW, F.: Neues Widerstandsgesetz für glatte Platten. Luftf.-Forschg. 17 (1940) 239, sowie NACA Techn. Mem. Nr. 986 (1941).

[186] NIKURADSE, J.: Turbulente Reibungsschichten an der Platte. Herausgeg. Zentr. Wiss. Ber.-Wesen, München: Oldenbourg 1942.

[187] GEBERS, F.: Ein Beitrag zur experimentellen Ermittlung des Wasserwiderstandes gegen bewegte Körper. Schiffbau 9 (1908), und: Das Ähnlichkeitsgesetz bei im Wasser geradlinig fortbewegten Platten. Schiffbau 22 (1919) Nr. 29—33, 35, 37 bis 39.

[188] BAKER, G. S.: Experiment and Practice in Merchant Ship Design, Ancient and Modern. Trans. Instn. naval Archit., N. Y. 1933.

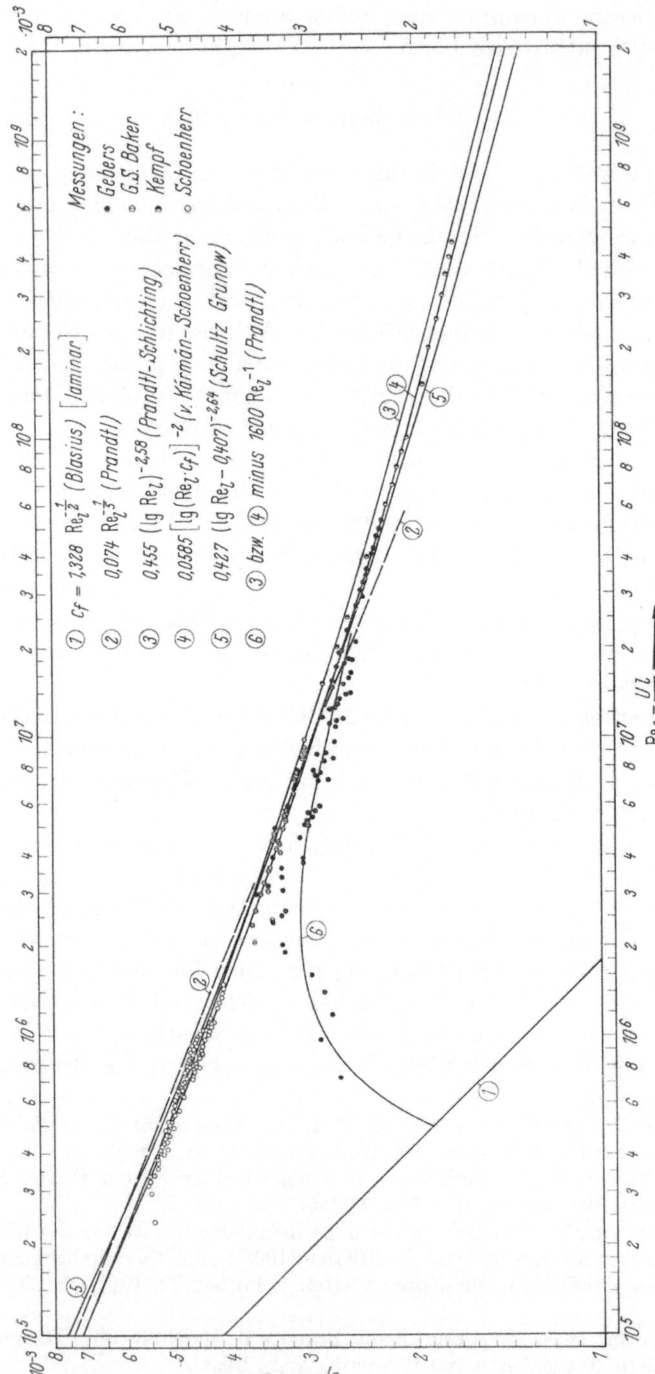

Abb. III, 1.28. Die Widerstandszahl einer angeströmten Platte als Funktion der Reynoldsschen Zahl

und Verhältnis U/ν. Ist l_{kr} die Länge (von der Vorderkante gemessen), bis zu welcher die Grenzschicht laminar und weiterhin (nach einem kurzen Übergangsgebiet) turbulent wird, so nennt man $\mathrm{Re}_{l\,kr} = U\,l_{kr}/\nu$ die kritische Reynoldssche Zahl. Ist die Platte nicht länger als l_{kr} so haben wir eine laminare Grenzschicht, und der Widerstandsbeiwert $c_{f\,\mathrm{lam}}$ berechnet sich nach Gl. *1* in Abb. III, 1.28; ist $l > l_{kr}$, so kann man nach L. PRANDTL[79] den Widerstandsbeiwert der gesamten Platte in der Weise berechnen, daß man zunächst nach *3* bzw. *4* zu Re_l das $c_{f\,\mathrm{turb}}$ berechnet und davon

$$(c_{f\,\mathrm{turb}} - c_{f\,\mathrm{lam}})_{kr}\,\frac{l_{kr}}{l} = (c_{f\,\mathrm{turb}} - c_{f\,\mathrm{lam}})_{kr}\,\frac{\mathrm{Re}_{l\,kr}}{\mathrm{Re}_l}$$

subtrahiert, wobei $(c_{f\,\mathrm{turb}} - c_{f\,\mathrm{lam}})_{kr}$ die Differenz der zu der kritischen Reynoldsschen Zahl berechneten Werte von $c_{f\,\mathrm{turb}}$ und $c_{f\,\mathrm{lam}}$ bedeutet. Ist z. B. $\mathrm{Re}_{l\,kr} = 5 \cdot 10^5$, so ist nach *3* bzw. *4* der Abb. III, 1.28 zu diesem Wert der Reynoldsschen Zahl

$$c_{f\,\mathrm{turb}} = 0{,}0051 \quad \text{und} \quad c_{f\,\mathrm{lam}} = 0{,}0019 \quad \text{also} \quad (c_{f\,\mathrm{turb}} - c_{f\,\mathrm{lam}})_{kr} = 0{,}0032,$$

mithin

$$(c_{f\,\mathrm{turb}} - c_{f\,\mathrm{lam}})_{kr} \cdot \frac{\mathrm{Re}_{l\,kr}}{\mathrm{Re}_l} = \frac{0{,}0032 \cdot 5 \cdot 10^5}{\mathrm{Re}_l} = \frac{1600}{\mathrm{Re}_l}.$$

Somit ist — falls $\mathrm{Re}_{l\,kr} = 5 \cdot 10^5$ ist — der Widerstandsbeiwert einer Platte

$$c_f = c_{f\,\mathrm{turb}} - \frac{1600}{\mathrm{Re}_l}\text{[189]}, \qquad \text{(III, 1.97)}$$

wobei $c_{f\,\mathrm{turb}}$ nach Gl. *3* bzw. *4* der Abb. III, 1.28 berechnet wird. Ist $\mathrm{Re}_{l\,kr} = 2{,}5 \cdot 10^5$, so ist zu diesem Wert $c_{f\,\mathrm{turb}} = 0{,}00687$ und $c_{f\,\mathrm{lam}} = 0{,}00267$ mithin $(c_{f\,\mathrm{turb}} - c_{f\,\mathrm{lam}})_{kr}\,\mathrm{Re}_{l\,kr}/\mathrm{Re}_l = 1050/\mathrm{Re}_l$.

1.21 Der örtliche Widerstandsbeiwert der rauhen Platte. Ebenso wie beim Rohr ist der Widerstand der rauhen Platte größer als derjenige der glatten Platte; dies ist auch hier nur dann der Fall, wenn die Rauhigkeitserhebungen aus der laminaren Unterschicht δ_l herausragen. Beim Rohr hatten wir (S. 234) die Dicke der laminaren Unterschicht auf den Radius bezogen; bei der Platte beziehen wir statt dessen δ_l auf die Dicke der (turbulenten) Grenzschicht δ. Wir nehmen dabei an, daß die Geschwindigkeit der Grenzschicht an der Platte der (halben) Geschwindigkeitsverteilung im Rohr entspricht.

Bei der Platte sind diese Verhältnisse aber insofern anders, als die Grenzschicht δ und damit auch die laminare Unterschicht δ_l mit wach-

---

[189] Daß bei L. PRANDTL[79] (S. 4) die Zahl 1700 statt 1600 angegeben wird, hängt damit zusammen, daß die Gerade *2* der Abb. III, 1.28 zur Berechnung von $(c_{f\,\mathrm{turb}})_{kr}$ benutzt wurde, anstelle der (damals noch unbekannten) Gl. (3) oder (4).

sender Entfernung vom Plattenanfang ($x = 0$) zunimmt. Bei einer gegebenen Plattenrauhigkeit ragen also deren Erhebungen in der Nähe der Vorderkante der Platte, dort wo δ_l außerordentlich klein ist, aus der laminaren Unterschicht heraus, wohingegen dieselben Rauhigkeitserhebungen bei genügend großem x noch innerhalb der laminaren Unterschicht liegen. Dies bedeutet eine zusätzliche Schwierigkeit bei der Bestimmung des Widerstandes einer Platte (beide Seiten) von der Länge l (und der Breite b) bzw. des Widerstandsbeiwertes c_f nach der Gleichung

$$W = c_f \, l b \frac{\varrho \, U^2}{2}, \tag{III, 1.98}$$

wobei U die Anströmungsgeschwindigkeit, d. h. die Geschwindigkeit außerhalb der Grenzschicht δ, ist.

Um diese Schwierigkeit zu umgehen, betrachten wir zunächst den Widerstand eines beiderseitigen Plattenelementes von der Länge dx an einer beliebigen Stelle (x) der Platte, also den örtlichen Widerstandsbeiwert c_f' nach der Gleichung

$$d W = c_f' \, dx \, b \frac{\varrho \, U^2}{2} \tag{III, 1.99}$$

oder, da

$$d W = \tau_0(x) \cdot dx b$$

ist,

$$c_f' = \frac{\tau_0}{\varrho} \frac{2}{U^2} = v_{*0}^2 \frac{2}{U^2}. \tag{III, 1.100}$$

Wir übernehmen jetzt aus Abb. III, 1.11 die Beziehung

$$\frac{\delta_l \cdot v_{*0}}{\nu} = 4 .$$

Soll nun $k_S < \delta_l$ sein, z. B. nach Gl. (III, 1.78) $k_S = 0{,}824 \, \delta_l$, so erhält man

$$\frac{k_S \, v_{*0}}{\nu} = 3{,}29$$

und, wenn man v_{*0} mit Hilfe von Gl. (III, 1.100) eliminiert,

$$\frac{x}{k_S} = \frac{1}{3{,}29 \sqrt{2}} \, \mathrm{Re}_x \sqrt{c_f'} = 0{,}215 \, \mathrm{Re}_x \sqrt{c_f'} . \tag{III, 1.101}$$

Anderseits ist nach Gl. (III, 1.95)

$$c_f' = (2 \lg \mathrm{Re}_x - 0{,}65)^{-2{,}3} \tag{III, 1.102}$$

und damit also $x/k_S = f(\mathrm{Re}_x)$ gegeben.

In Abb. III, 1.29 ist nach Gl. (III, 1.102) c_f' als Funktion von Re_x aufgetragen. In dieselbe Abbildung ist nach Gl. (III, 1.101) x/k_S als Funktion von Re_x eingezeichnet (nahezu eine Gerade); die Ordinateneinteilung hierfür befindet sich auf der rechten Seite der Abbildung. Haben wir an einer beliebigen Stelle x der Platte eine Wandrauhigkeit

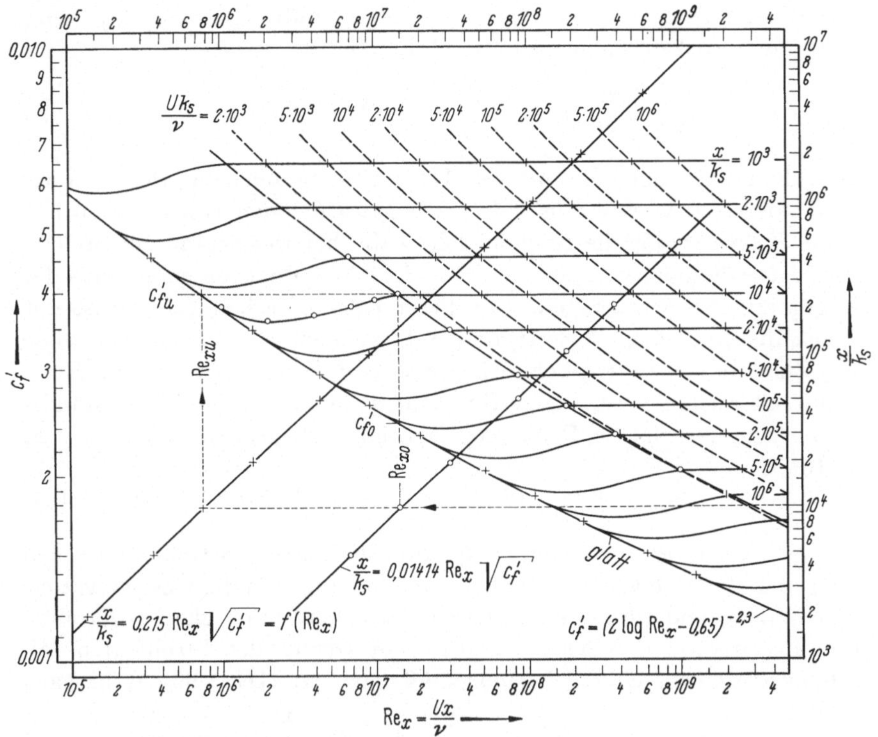

Abb. III, 1.29. Der örtliche Widerstandsbeiwert eines Plattenelementes als Funktion der Reynoldsschen Zahl bei verschiedenen Rauhigkeitszahlen

von beispielsweise $x/k_S = 10^4$, so gibt die (punktierte) Horizontale nach links einen Schnittpunkt mit der linken „Geraden" $x/k_S = f(\mathrm{Re}_x)$ und damit denjenigen Wert von Re_x, bei dem die Wirkung der vorhandenen Rauhigkeit gerade noch nicht in Erscheinung tritt; sie ist noch in der laminaren Unterschicht eingebettet. Wir nennen diesen Wert den unteren Wert von Re_x und bezeichnen ihn mit Re_{xu}. Die (punktierte) Senkrechte von diesem Schnittpunkt bis zur Kurve $c_f' = f(\mathrm{Re}_x)$ ergibt den örtlichen Widerstandsbeiwert c_f', den wir den unteren nennen und mit c'_{fu} bezeichnen. In unserem Beispiel ist

$$\mathrm{Re}_{xu} = 7{,}37 \cdot 10^5 \quad \text{und} \quad c'_{fu} = 0{,}00396. \qquad \text{(III, 1.103)}$$

Nimmt die Geschwindigkeit U zu (oder die kinematische Zähigkeit ab), d. h. wird Re_x größer, so vollzieht sich die Auswirkung der Rauhigkeit im sog. Übergangsgebiet; dieses reicht nach Abb. III, 1.11 bis etwa $\eta = y v_{*0}/\nu = 50$. Wir fragen uns: Um wieviel muß die Geschwindigkeit bzw. die Reynoldssche Zahl Re_x wachsen, damit an der betrachteten Stelle x der Platte die dort vorhandenen Rauhigkeitserhebungen k_S aus der Übergangszone herausragen? Offenbar muß $k_S \geqq 50\,\nu/v_{*0}$ sein, d. h. mit Berücksichtigung von Gl. (III, 1.100)

$$\frac{x}{k_S} = \frac{v_{*0}x}{50\nu} = \frac{\mathrm{Re}_x \sqrt{c_f'}}{50\sqrt{2}} = 0{,}01414\,\mathrm{Re}_x \sqrt{c_f'};$$

diese Kurve ist ebenfalls in Abb. III, 1.29 eingezeichnet; der Schnittpunkt der punktierten von $x/k_S = 10^4$ ausgehenden Horizontalen mit dieser Kurve ergibt die Reynoldssche Zahl, bei welcher an der Stelle x der Platte die dort vorhandenen Rauhigkeitserhebungen gerade aus der Übergangszone herausragen. Von dieser Reynoldsschen Zahl ab ist mit einem quadratischen Widerstandsgesetz zu rechnen. Wir nennen diese Re_x-Zahl die obere Reynoldssche Zahl und bezeichnen sie mit Re_{xo}; damit ist auch der zu dieser Re_x-Zahl gehörende obere Widerstandsbeiwert c_{fo}' der glatten Platte gegeben, im vorliegenden Beispiel: $x/k_S = 10^4$ ist

$$\mathrm{Re}_{xo} = 1{,}42 \cdot 10^7 \quad \text{und} \quad c_{fo}' = 0{,}00246. \qquad \text{(III, 1.104)}$$

Der Verlauf des örtlichen Widerstandsbeiwertes im Gebiet zwischen Re_{xu} und Re_{xo}, wo also die Rauhigkeitserhebungen in die Übergangszone hineinragen, und wo die kinematische Zähigkeit ν von gleicher Größenordnung ist wie die Scheinzähigkeit auf Grund der turbulenten Mischungsvorgänge, läßt sich sinngemäß nach Gl. (III, 1.90), d. h. nach

$$c_f' = c_{fu}' - 0{,}605\,(c_{fu}' - c_{fo}') \left[\lg \frac{\mathrm{Re}_x}{\mathrm{Re}_{xu}}\right]^{\frac{3}{4}} \cdot \left[\lg \frac{\mathrm{Re}_{xo}}{\mathrm{Re}_x}\right]^{\frac{5}{4}}$$

berechnen; in dieser Gleichung ist berücksichtigt, daß

$$\lg \frac{\mathrm{Re}_{x0}}{\mathrm{Re}_{xu}} = \lg 19{,}3 = 1{,}2856$$

und also

$$\frac{1}{1{,}2865^{\frac{3}{4}}} \cdot \frac{1}{1{,}2865^{\frac{5}{4}}} = \frac{1}{1{,}2865^2} = 0{,}605$$

ist. In unserem Beispiel: $x/k_S = 10^4$ ist mit den Werten der Gln. (III, 1.103 u. 104)

$$c_f' = 0{,}00398 - 0{,}000932 \left[\frac{\mathrm{Re}_x}{7{,}35 \cdot 10^5}\right]^{\frac{3}{4}} \cdot \left[\frac{1{,}42 \cdot 10^7}{\mathrm{Re}_x}\right]^{\frac{5}{4}}.$$

Nach dieser Formel sind die durch kleine Kreise bezeichneten Werte von c'_f zu 5 Werten von $\mathrm{Re}_x (\mathrm{Re}_{xu} \leqq \mathrm{Re}_x \leqq \mathrm{Re}_{x0})$ berechnet.

Da nach Abb. III, 1.29 zu jedem beliebigen Wert von $x/k_S (10^3 \leqq \leqq x/k_S \leqq 10^7)$ die Werte der Gln. (III, 1.103 u. 104) bestimmt werden können, läßt sich leicht der in Abb. III, 1.29 gezeigte Verlauf von $c'_f = f(\mathrm{Re}_x, x/k_S)$ berechnen.

1.22 Der Gesamt-Widerstandsbeiwert der rauhen Platte. Der Beiwert c_f kann nach Gl. (III, 1.98 u. 99) aus dem örtlichen Beiwert c'_f durch Integration gewonnen werden:

$$c_f = \frac{1}{l} \int_0^l c'_f(x)\, dx = \frac{1}{\mathrm{Re}_l} \int_0^{\mathrm{Re}_l} c'_f(\mathrm{Re}_x)\, d(\mathrm{Re}_x). \qquad \text{(III, 1.105)}$$

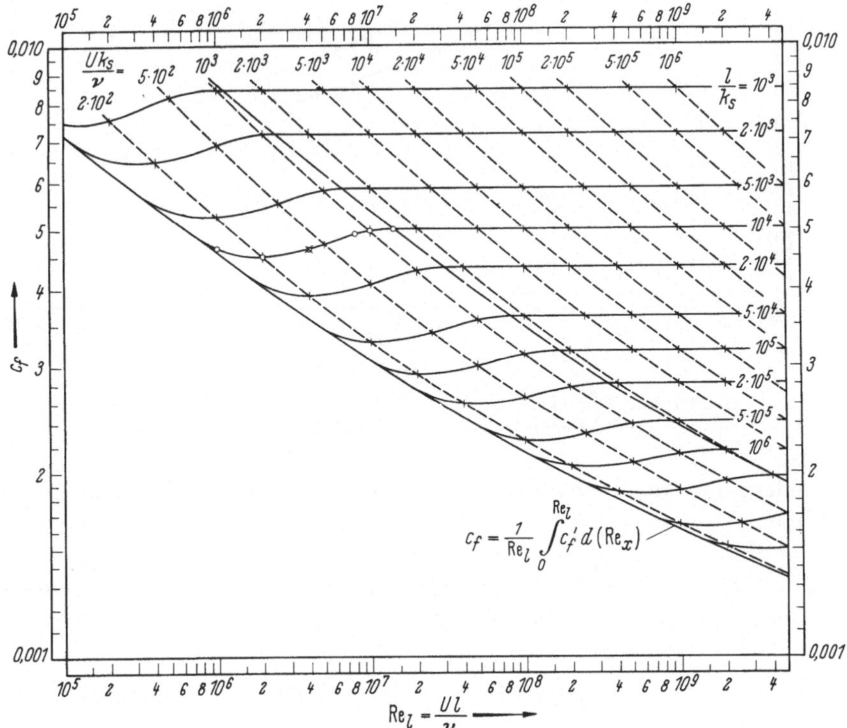

Abb. III, 1.30. Der Gesamt-Widerstandsbeiwert der rauhen Platte in Abhängigkeit von der Reynoldsschen Zahl bei verschiedenen Rauhigkeitswerten

Betrachten wir zunächst den Grenzfall der glatten Platte $(l/k_S \to \infty)$, so braucht man nur $c'_f = f(\mathrm{Re}_x)$ nach Gl. (III, 1.94) oder Abb. III, 1.29 — beide Koordinaten in gleichmäßiger Einteilung (also nicht logarithmisch) — auftragen und bis zu jeweiligen Werten von Re_l numerisch integrieren, um $c_f = f(\mathrm{Re}_l)$ zu erhalten. Die Integralkurve ist in Abb. III, 1.30 eingezeichnet.

Verhältnismäßig leicht lassen sich auch aus Abb. III, 1.29 die Werte von $c_f = f(l/k_S)$ im quadratischen Widerstandsgebiet berechnen, wo also der Widerstandsbeiwert c_f nicht mehr von der Reynoldsschen Zahl,

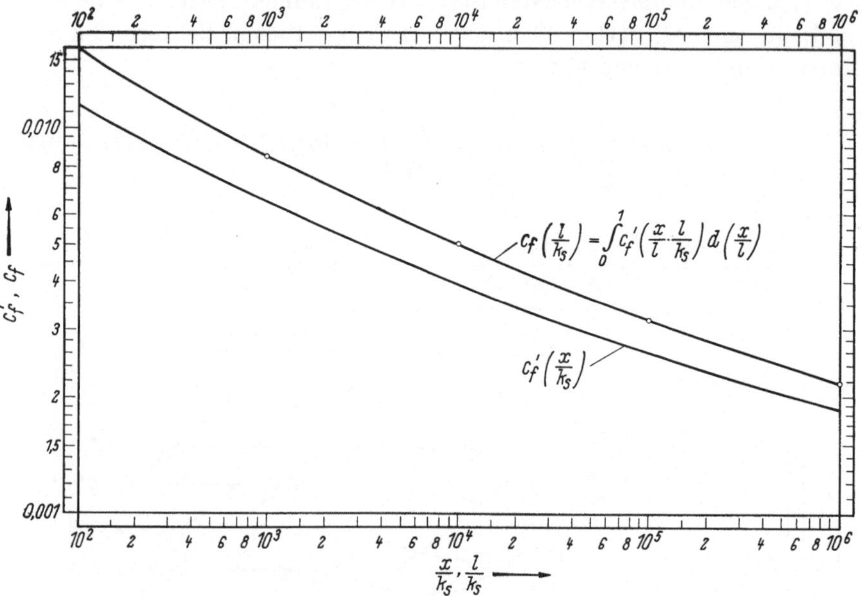

Abb. III, 1.31. Berechnung des Gesamt-Widerstandsbeiwertes durch Integration des örtlichen Widerstandsbeiwertes; c_f' und $c_f \neq f(\mathrm{Re}_l)$

sondern nur noch von der Rauhigkeit l/k_S abhängt. Zu dem Zweck tragen wir zunächst aus Abb. III, 1.29 $c_f' = f(x/k_S)$ auf, und zwar beide Koordinaten in logarithmischer Einteilung (die untere Kurve der Abb. III, 1.31[190]. Da bei gegebenem l/k_S die örtliche relative Rauhigkeit proportional zu x/l ist, haben wir nach Gl. (III, 1.105)

$$c_f(l/k_S) = \int_0^1 c_f'\left(\frac{x}{l}\cdot\frac{l}{k_S}\right) d\left(\frac{x}{l}\right). \qquad \text{(III, 1.106)}$$

[190] Die angegebenen Werte von $c_f' = f(x)/k_S)$ sind alle 3% größer als die von H. SCHLICHTING[174] (Abb. 21) mitgeteilten Werte, die nach einer ganz anderen Methode berechnet wurden. Man hätte Übereinstimmung erzielen können, wenn man den Faktor 0,824 auf S. 274 bzw. S. 259 in 0,863 geändert hätte; im Hinblick auf Fußnote 173 wurde jedoch davon abgesehen. Vgl. auch L. PRANDTL u. H. SCHLICHTING: Das Widerstandsgesetz rauher Platten. Werft Reed. Hafen 15 (1934) 1—4.

Wir tragen also zu gegebenen Werten von l/k_S z. B. $l/k_S = 10^3, 10^4$ usw.

$$c_f'\left(\frac{x}{l}\cdot\frac{l}{k_S}\right) = f\left(\frac{x}{l}\right)$$

auf, und zwar in gleichförmiger Einteilung der Koordinaten (d. h. nicht logarithmisch) und integrieren numerisch die zum jeweiligen Wert von l/k_S gehörende Kurve von 0 bis 1; so ergibt sich z. B. zur Kurve $l/k_S = 10^5$ der Wert $c_f(10^5) = 0{,}00319$. In dieser Weise sind die als Kreise gekennzeichneten Werte der oberen Kurve $c_f = f(l/k_S)$ von Abb. III, 1.31 berechnet. Dieser Kurve entnehmen wir jetzt die zu den gewünschten Werten von $l/k_S = 10^3, 2\cdot 10^3, 5\cdot 10^3, 10^4$ usw. gehörenden Werte von c_f und tragen sie in Abb. III, 1.30 ein.

Etwas umständlicher ist — unter Benutzung von Abb. III, 1.29 — die Berechnung von

$$c_f = f(\mathrm{Re}_l)_{l/k_S=\mathrm{const}}$$

im Übergangsgebiet. Bedenkt man, daß in den einzelnen Punkten dieser Kurve l/k_S den gleichen Wert, z. B. $l/k_S = 10^4$, hat, so entsprechen den einzelnen Reynoldsschen Zahlen verschiedene Werte von U/ν d. h. im wesentlichen verschiedene Geschwindigkeiten. Will man z. B. den Wert von c_f zu $\mathrm{Re}_l = 4\cdot 10^6$ und $l/k_S = 10^4$ berechnen, so hat man

$$c_f = \frac{1}{\mathrm{Re}_l}\int_0^{\mathrm{Re}_l} c_f'\left(\frac{\mathrm{Re}_x}{\mathrm{Re}_l}, \frac{x}{k_S}\right) d(\mathrm{Re}_x) = \frac{1}{4\cdot 10^6}\int_0^{4\cdot 10^6} c_f'\left(\frac{\mathrm{Re}_x}{4\cdot 10^6}, \frac{x}{k_S}\right) d(\mathrm{Re}_x)$$

zu bestimmen. Dazu ist es wieder nötig c_f' über Re_x bei gleichförmiger Einteilung der Koordinaten aufzutragen und von 0 bis $\mathrm{Re}_l = 4\cdot 10^6$ numerisch zu integrieren. Bei $\mathrm{Re}_l = 4\cdot 10^6$ und $x/k_S = l/k_S = 10^4$ ist nach Abb. III, 1.29 $c_f' = 0{,}00365$; dieser Wert ist in Abb. III, 1.32 über $\mathrm{Re}_x = 4\cdot 10^6$ eingetragen und als Kreuz markiert. Bei $\mathrm{Re}_x = 2\cdot 10^6$ ist $x/k_S = 5\cdot 10^3$ und nach Abb. III, 1.29 $c_f' = 0{,}00420$ (ebenfalls in Abb. III, 1.32 als Kreuz gekennzeichnet). Bei $\mathrm{Re}_x = 8\cdot 10^5$ ist $x/k_S = 2\cdot 10^3$, womit sich aus Abb. III, 1.29 $c_f' = 0{,}00507$ ergibt; schließlich ist bei $\mathrm{Re}_x = 4\cdot 10^5$ und $x/k_S = 10^3$ der Wert $c_f' = 0{,}00615$. Die numerische Integration dieser (durch Kreuze gekennzeichneten) Kurve von $\mathrm{Re}_x = 0$ bis $\mathrm{Re}_l = 4\cdot 10^6$ ergibt den Wert $c_f = 0{,}00463$, in Abb. III, 1.32 durch Kreuz im Kreis gekennzeichnet. Es wäre nicht nötig, die zu diesem Punkt gehende (gestrichelte) Integralkurve im einzelnen zu berechnen, es sei denn, daß man aus deren glatten Verlauf eine Gewähr haben möchte, keine groben Rechenfehler gemacht zu haben. Der so berechnete Punkt $c_f = 0{,}00463$ ist in Abb. III, 1.30 eingezeichnet (Kreuz im Kreis). In Abb. III, 1.32 sind außerdem noch zu

$\mathrm{Re}_l = 10^6, 2 \cdot 10^6, 8 \cdot 10^6$ und 10^7 die in der soeben beschriebenen Weise berechneten Kurven $c'_f = f(\mathrm{Re}_x)$, sowie die dazu gehörenden (gestrichelten) Integralkurven eingezeichnet mit dem c_f (Kreise) als deren Endpunkt. Diese Werte von c_f sind dann in Abb. III, 1.30 als Kreise übertragen. In dieser Art lassen sich die Übergangskurven $c_f = f\left(\mathrm{Re}_l, \frac{l}{k_S}\right)$ berechnen.

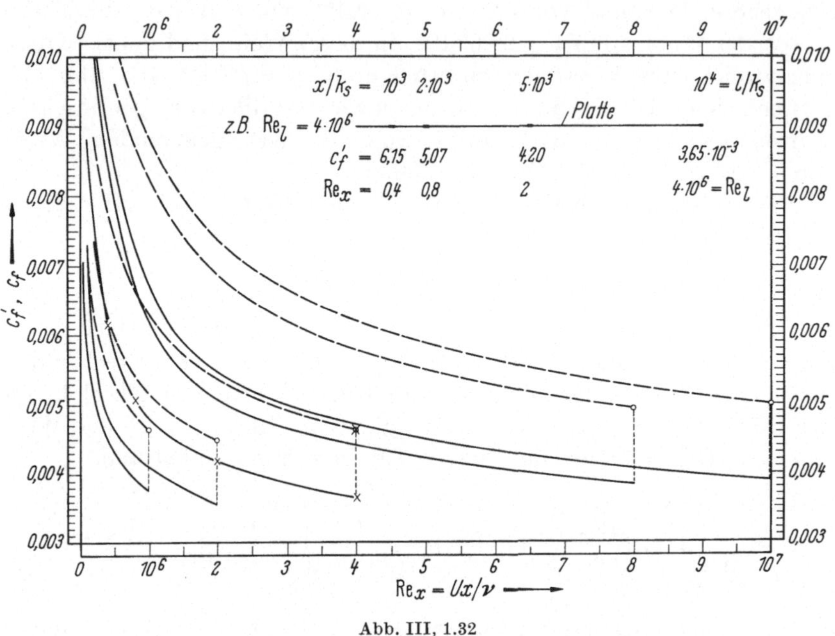

Abb. III, 1.32

In Abb. III, 1.29 hatten wir untersucht, in welcher Weise sich der örtliche Widerstandsbeiwert c'_f ändert, wenn bei vorgegebener Plattenrauhigkeit und einer bestimmten Entfernung vom Plattenanfang ($x/k_S = \mathrm{const}$) die Reynoldssche Zahl geändert wird; dies bedeutet also im wesentlichen eine Änderung der Anströmungsgeschwindigkeit U.

Man kann sich aber auch fragen, wie ändert sich der örtliche Widerstandsbeiwert, wenn bei gegebener Plattenrauhigkeit und konstanter Geschwindigkeit ($U k_S/\nu = \mathrm{const}$) die Größe x geändert wird. Es sei z. B. $U k_S/\nu = 10^4$ angenommen. Man erhält offenbar die (punktierten) Kurven $U k_S/\nu = \mathrm{const}$, wenn man die Kurven $x/k_S = \mathrm{const}$ mit denjenigen Geraden $U x/\nu$, die den konstanten Wert $U k_S/\nu = \mathrm{const}$ liefern, zum Schnitt bringt. In unserem Beispiel $U k_S/\nu = 10^4$ wird die Kurve $x/k_S = 10^3$ mit $U x/\nu = 10^7$ zum Schnitt gebracht, da dann $U x/\nu : x/k_S = U k_S/\nu = 10^4$ ist; oder, falls $U k_S/\nu = 2 \cdot 10^4$, werden die Kurven $x/k_S = 10^3, 2 \cdot 10^3, 5 \cdot 10^3$ usw. mit den Geraden $U x/\nu$

$= 2 \cdot 10^7, 4 \cdot 10^7, 10^8$ usw. zum Schnitt gebracht. Auf diese Weise erhält man die gestrichelten Kurven der Abb. III, 1.29.

Eine entsprechende Überlegung liefern die gestrichelten Kurven auf Abb. III, 1.30. Diese Kurven zeigen somit, in welcher Weise c_f sich ändert, wenn bei gegebener Rauhigkeit und Geschwindigkeit ($U k_S/\nu$ = const) die Plattenlänge und damit die Reynoldssche Zahl Re_l geändert wird.

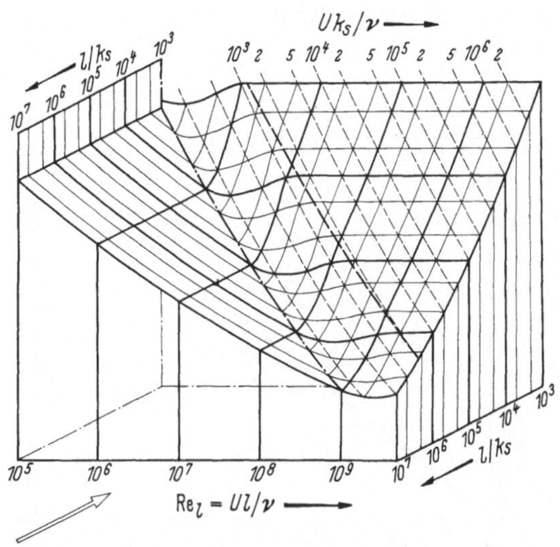

Abb. III, 1.33. Parallelperspektive der Abb. III, 1.30; der Pfeil links unten deutet an, daß in dieser Richtung die Oberfläche wie in Abb. III, 1.30 erscheint

In Abb. III, 1.33 ist nochmals die Abb. III, 1.30 in Parallelperspektive dargestellt. Die Funktion

$$f\left(c_f, \mathrm{Re}_l, \frac{l}{k_S}\right) = 0$$

entspricht einer Oberfläche; ein analytischer Ausdruck dieser Funktion ist jedoch nicht vorhanden. Daß aber vom mathematisch-geometrischen Standpunkt die Fläche richtig wiedergegeben ist, zeigt sich darin, daß die Schnitte dieser Oberfläche mit den Ebenen Re_l = const und l/k_S = const „glatte“ Kurven liefern, und daß die Linien $U k_S/\nu$ = const zwanglos durch die in Frage kommenden Schnittpunkte dieser Kurven hindurchgehen. Der Pfeil links unten in der Abbildung deutet an, daß in dieser Richtung (aus unendlicher Entfernung) die Oberfläche wie in Abb. III, 1.30 erscheint.

Bezüglich andersartiger Rauhigkeiten als die von uns betrachtete Sandrauhigkeit gelten sinngemäß die am Anfang von 1.19 gemachten Bemerkungen.

1.23 Die zulässige Rauhigkeit bei „technisch glatten" Oberflächen. Es ist von praktischem Interesse zu wissen, welche Wandrauhigkeit man noch zulassen darf, ohne daß diese sich in einer Vergrößerung des Widerstandsbeiwertes c_f auswirkt; eine solche Oberflächenbeschaffenheit wird als zulässige Rauhigkeit (k_{zul}) bezeichnet. Maßgebend hierfür sind also die Punkte, in denen die Kurven $l/k_S = \text{const}$ der Abb. III, 1.30 von der Kurve der glatten Oberfläche abzuweichen beginnen. Danach nehmen mit wachsenden Reynoldsschen Zahlen die Werte l/k_{zul} ebenfalls zu, die Werte k_{zul}/l also ab.

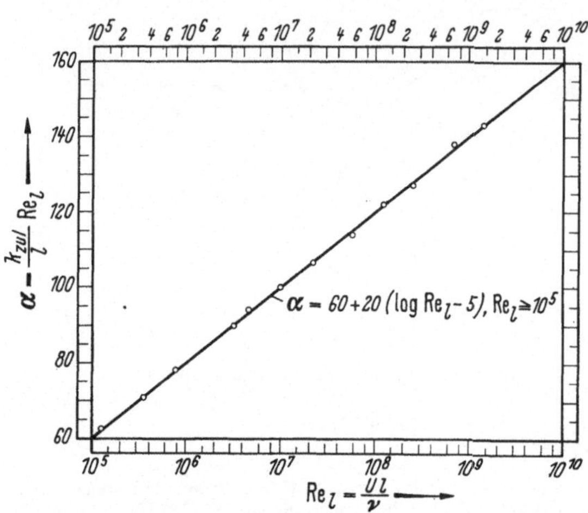

Abb. III, 1.34. Die zulässige Wandrauhigkeit als Funktion der Reynoldsschen Zahl

Wir bestimmen aus Abb. III, 1.30 zu den einzelnen Werten von $l/k_S = \text{const}$ die Werte von Re_l, bei denen die Abweichung gerade bemerkbar wird, und tragen

$$\frac{k_{zul}}{l} \cdot \text{Re}_l = \alpha = f(\text{Re}_l) \qquad \text{(III, 1.107)}$$

in logarithmischer Einteilung über Re_l auf (Abb. III, 1.34). Die Größe α liegt auf einer Geraden, die durch die Gleichung

$$\alpha = 60 + 20(\lg \text{Re}_l - 5), \ \text{Re}_l \geqq 10^5 \qquad \text{(III, 1.108)}$$

gegeben ist. Damit haben wir aus den letzten beiden Gleichungen als Beziehung der zulässigen Rauhigkeit zur Reynoldsschen Zahl

$$\frac{k_{zul}}{l} = \frac{60 + 20\,(lg\,\text{Re}_l - 5)}{\text{Re}_l}, \qquad \text{Re}_l \geqq 10^5; \qquad \text{(III, 1.109)}$$

H. SCHLICHTING[60] (Gl. 21, 40) gibt als Durchschnittswert die Zahl $\alpha = 100$ an.

Beispiele

Schiffe. Länge 50 m, Geschwindigkeit 5 m/s (= 10 kn), $\nu = 0,01$ cm²/s $= 10^{-6}$ m²/s, $\mathrm{Re}_l = 2,5 \cdot 10^8$; damit ist $\alpha = 128$ und $k_{\mathrm{zul}} = 50 \cdot 128/2,5 \times \times 10^8$ m $= 2,56 \cdot 10^{-5}$ m $= 0,026$ mm. Da eine derartig geringe Rauhigkeit bei einer Schiffswand praktisch nicht zu erreichen ist, hat die „zulässige Rauhigkeit" bei Schiffen keine Bedeutung, selbst nicht bei neu in Dienst gestellten Schiffen, vgl. auch die näheren Angaben bei G. KEMPF[191].

Flugzeugtragflächen. Bei einer Flächentiefe von $l = 4$ m und einer Geschwindigkeit von $U = 166$ m/s (= 600 km/h) sowie $\nu = 15 \times \times 10^{-6}$ m²/s ist $\mathrm{Re}_l = 4,4 \cdot 10^8$, also $\alpha = 133$ und damit $k_{\mathrm{zul}} = 4 \times \times 133/4,4 \cdot 10^8$ $m = 0,012$ mm. Dieser Wert kann bei sehr sorgfältiger Behandlung und Glättung der Tragflächenoberfläche vielleicht noch erreicht werden.

Weitere Beispiele von Gebläseschaufeln, Dampfturbinen-Schaufeln u. a. sind bei H. SCHLICHTING[60] (S. 611 ff.) durchgerechnet.

Bei einer laminar fließenden Grenzschicht sind Rauhigkeitserhebungen an sich nicht reibungsvergrößernd. Die Fälle, in denen die Grenzschicht in ihrem ganzen Verlauf längs der Platte in laminarer Weise fließt, treten aber nur selten auf und zwar nur bei Reynoldsschen Zahlen, die kleiner als $Ul/\nu \sim 5 \cdot 10^5$ sind. Nehmen wir beispielsweise an, die von Luft ($\nu = 1,5 \cdot 10^{-5}$ m²/s) angeströmte Platte habe eine Länge von 10 m, so ergibt sich als Geschwindigkeit 0,75 m/s; bei Wasser ($\nu = 10^{-6}$ m²/s) statt Luft eine Geschwindigkeit von nur 0,05 m/s. Ist die Geschwindigkeit größer, so findet im allgemeinen in der Grenzschicht ein Übergang von laminarer in turbulente Strömung statt, und zwar an einer Stelle x (gemessen vom Anfang der Platte), welche durch die Größe $Ux/\nu = 5 \cdot 10^5$ bestimmt ist. Dieser Umschlag von laminarer zur turbulenten Strömung hängt unter anderem auch von der Rauhigkeit der Oberfläche ab, insofern als eine genügend große Rauhigkeit den Übergang an eine Stelle weiter stromaufwärts verschiebt. Da nun die turbulente Grenzschicht einen größeren Reibungswiderstand als die laminare hat, bewirkt deshalb eine genügende Rauhigkeit indirekt auch eine Widerstandserhöhung.

Häufig ist nicht so sehr eine gleichmäßige Rauhigkeit der Oberfläche für den Umschlag von laminar zu turbulent maßgebend, als vielmehr einzelne kleine Erhebungen. J. TANI[192] und seine Mitarbeiter haben

---

[191] KEMPF, G.: Über den Einfluß der Rauhigkeit auf den Widerstand von Schiffen. Jahrb. Schiffb. Ges., Bd. 38, Berlin: Strauß, Vetter & Co. 1937, S. 159 u. 233.

[192] TANI, J., R. HAMA u. S. MITUISI: On the Permissible Roughness in the Laminar Boundary Layer. Aeron. Res. Inst. Tokio, Rep. 199 (1940).

aus Experimenten gefunden, daß die „kritische“ Rauhigkeitshöhe (k_{krit}) sich aus der Beziehung

$$\frac{k_{\text{krit}}\, v_{*0}}{\nu} = 15 \qquad \text{(III, 1.110)}$$

berechnen läßt.

Da $v_{*0} = \sqrt{\tau_0/\varrho}$ ist, anderseits nach Gl. (III, 1.100) $\tau_0/\varrho = c_f' U^2/2$, ferner nach Gl. (II, 1.8) bei der Platte mit laminaren Grenzschichten $c_f' = 0{,}664\,(\text{Re}_x)^{1/2}$, so ist

$$v_{*0} = \frac{0{,}576}{(\text{Re}_x)^{\frac{1}{4}}}\,U$$

und in Gl. (III, 1. 110) eingesetzt,

$$\frac{k_{\text{krit}}}{x} = \frac{26{,}0}{(\text{Re}_x)^{\frac{3}{4}}}\,. \qquad \text{(III, 1.111)}$$

In Abb. III, 1.35 ist k_{krit}/x nach dieser Gleichung als Funktion von Re_x aufgetragen.

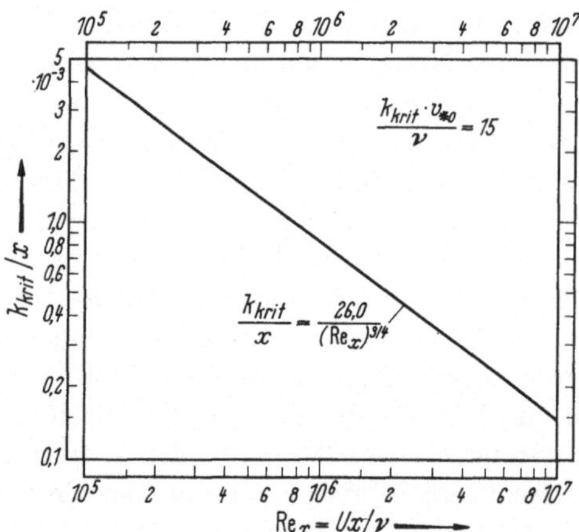

Abb. III, 1.35.
Die kritische Rauhigkeit bei der Platte in Abhängigkeit von der Reynoldsschen Zahl

Beispiel: Flugzeugtragfläche von $l = 2$ m Tiefe, Geschwindigkeit $U = 105$ m/s ($= 380$ km/h), $\nu = 14 \cdot 10^{-6}$ m²/s; also $\text{Re}_l = 1{,}5 \cdot 10^7$. Unter Berücksichtigung des Druckabfalles an der Oberseite der Tragfläche, und zwar an deren vorderem Teil, ist anzunehmen, daß bis etwa $x = 0{,}1\, l = 0{,}2$ m noch laminare Grenzschicht vorhanden ist; es ist somit $\text{Re}_x = 1{,}5 \cdot 10^6$ und nach Abb. III, 1.35 $k_{\text{krit}}/x = 0{,}6 \cdot 10^{-3}$, mithin $k_{\text{krit}} = 0{,}2 \cdot 0{,}6 \cdot 10^{-3}$ m $= 0{,}12$ mm. Man ersieht daraus, daß schon eine recht kleine Einzelerhebung genügt, um die Turbulenz in der Grenzschicht auszulösen.

Bisher sind lediglich die Vorgänge in der turbulenten Grenzschicht behandelt, wenn weder ein Druckabfall (wie z. B. bei konvergenten Rohren) noch ein Druckanstieg (z. B. Diffusoren) vorhanden ist. Trifft diese Voraussetzung nicht zu, so werden die Verhältnisse noch komplizierter, so daß man in erster Linie auf experimentelle Daten angewiesen ist. Von den neueren Arbeiten hierzu sei auf die Arbeiten von G. B. SCHUBAUER und P. S. KLEBANOFF[193], sowie auf die Arbeiten von J. LAUFER[194] und F. H. CLAUSER[195] hingewiesen, vgl. auch die bei H. SCHLICHTING[60] (S. 645ff.) angegebene Literatur.

Auch auf die halbempirischen Näherungsverfahren der turbulenten Grenzschichten bei vorhandenem Druckgradienten gehen wir hier nicht näher ein und verweisen auf die diesbezüglichen Originalarbeiten, u. a. auf die schon ältere Arbeit von E. GRUSCHWITZ[196] sowie auf die Arbeiten von K. WIEGHARDT[197], H. LUDWIEG und W. TILLMANN[198], J. ROTTA[199] sowie vor allem E. TRUCKENBRODT[200]; vgl. auch die von H. SCHLICHTING[60] (S. 618ff.) gegebene Übersicht.

1.24 Die Turbulenz der Strahlausbreitung (freie Turbulenz). Strömt eine Flüssigkeit durch eine Öffnung, z. B. eine kreisförmige Düse, in einen von ruhender Flüssigkeit erfüllten Raum, so bildet sich am Strahlrand eine Unstetigkeitsfläche aus, die aber wegen ihres labilen Charakters sehr schnell in Wirbel zerfällt (vgl. Bd. 1, S. 497ff.). Wie Messungen ergeben haben, gehen diese unregelmäßigen Wirbel in eine turbulente Mischbewegung über.

---

[193] SCHUBAUER, G. B., u. P. S. KLEBANOFF: Investigation of Separation of the Turbulent Boundary Layer. NACA Rep. 1030 (1951).

[194] LAUFER, J.: Investigation of Turbulent Flow in a Two-Dimensional Channel. NACA Rep. 1053 (1951).

[195] CLAUSER, F. H. Turbulent Boundary Layers in Adverse Pressure Gradients J. Aer. Sci. 21 (1954) 91—108.

[196] GRUSCHWITZ, E.: Die turbulente Reibungsschicht in ebener Strömung bei Druckabfall und Druckanstieg. Ing.-Arch. 2 (1931) 321—346.

[197] WIEGHARDT, K., u. W. TILLMANN: Zur turbulenten Reibungsschicht bei Druckanstieg. Deutsche Luftfahrtforschung. Nr. 6617 (1941), hrsg. von der Zentrale für wiss. Berichtswesen der Luftfahrtforschung, Berlin.

[198] LUDWIEG, H., u. W. TILLMANN: Untersuchungen über die Wandschubspannung in turbulenten Reibungsschichten. Ing.-Arch. 17 (1949) 288—299.

[199] ROTTA, J. Beitrag zur Berechnung der turbulenten Grenzschichten. Ing.-Arch. 19 (1951) 31—41, u. Mittlg. a. d. Max Planck-Institut f. Strömungsforschung, Göttingen, Nr. 1 (1950), NACA TM 1344.

[200] TRUCKENBRODT, E.: Ein Quadraturverfahren zur Berechnung der laminaren und turbulenten Reibungsschicht bei ebener und rotationssymmetrischer Strömung. Ing.-Arch. 20 (1952) 211—228.

Mit einem von C. WIESELSBERGER[201] konstruierten Meßgerät ist zum ersten Mal die sich entwickelnde Turbulenz eines Luftstrahls sowie dessen Ausbreitung in Strömungsrichtung (x) gemessen worden[201] (S. 69ff.). Der Durchmesser D der Düse betrug rd. 14 cm, die Geschwindigkeiten U etwa 40 m/s, 26 m/s und 16,3 m/s. Abb. III, 1.36 zeigt die auf berußtem Papier aufgeschriebenen Staudrucke bei den drei Geschwindigkeiten in einer Entfernung von 1 cm, also $x/D = 0{,}07$. Man erkennt,

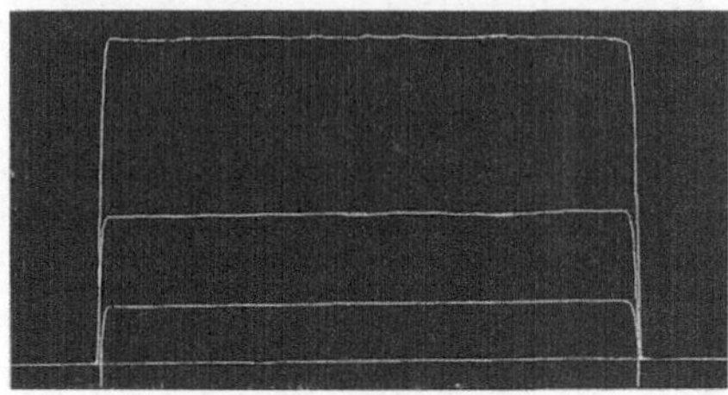

Abb. III, 1.36. Staudruckkurven eines austretenden Strahles von verschiedenen Geschwindigkeiten an der Austrittsöffnung, $x/D = 0$

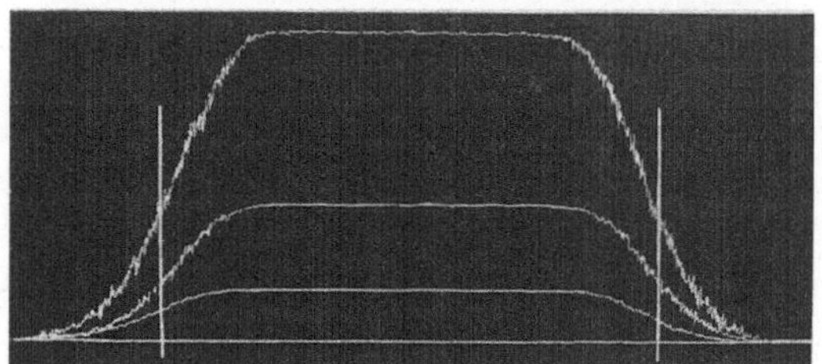

Abb. III, 1.37 wie Abb. III, 1.36 jedoch $x/D = 1{,}8$

daß der Strahl an den Rändern noch nicht zerfallen ist; eine geringe Turbulenz des Strahles an sich ist vorhanden.

In Abb. III, 1.37 ist die Messung wiederholt, jedoch in einer Entfernung von 25 cm, d. h. $x/D = 1{,}8$. Hier sieht man deutlich den Beginn des Zerflatterns der Strahlgrenze und zugleich eine Vergrößerung des Strahldurchmessers. In der nächsten Abb. III, 1.38 bei $x = 50$ cm ($x/D = 3{,}6$) sind diese Vorgänge noch ausgeprägter; immerhin besteht auch hier noch ein mittlerer Teil, der nahezu die ursprüngliche Strahlgeschwindigkeit hat und lediglich die dem ausströmenden Strahl anhaftende Turbulenz anzeigt.

Ganz anders sieht der Staudruck bzw. die Geschwindigkeit im Strahlquerschnitt in der Entfernung $x = 100$ cm ($x/D = 7{,}2$) von der Düse

---

[201] Beschrieben in: Ergebnisse der Aerodynamischen Versuchsanstalt zu Göttingen, II. Lieferung (1923) S. 4—6.

aus (Abb. III, 1.39). Hier zeigt das gesamte Geschwindigkeitsprofil starke Turbulenzschwankungen, der Durchmesser ist auf mehr als das Doppelte gewachsen, wobei die Geschwindigkeit in der Mitte beträchtlich geringer geworden ist; auf diesen Umstand werden wir noch zurückkommen.

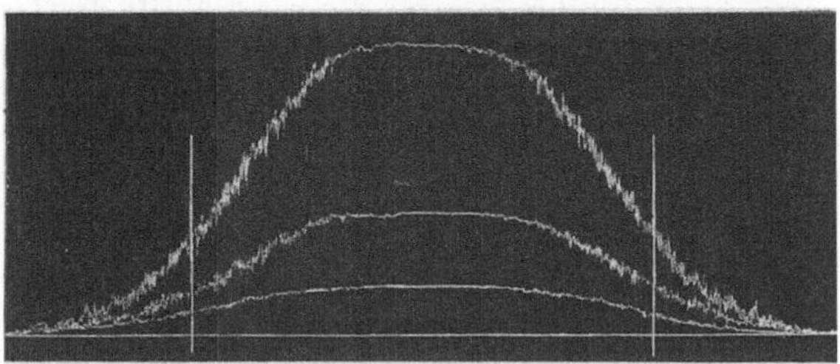

Abb. III, 1.38 wie Abb. III, 1.36 aber $x/D = 3{,}6$

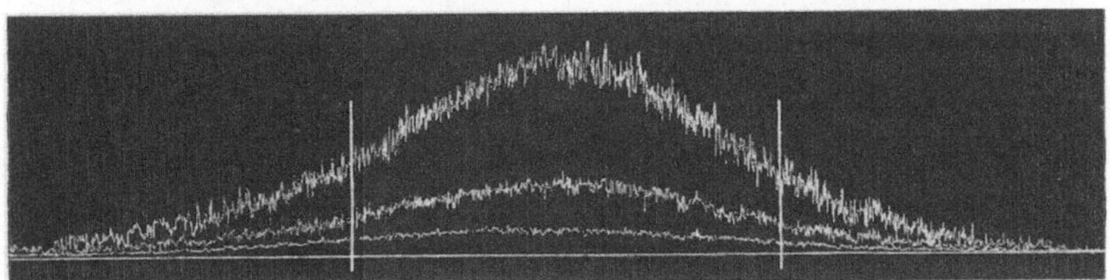

Abb. III, 1.39 wie Abb. III, 1.36 jedoch $x/D = 7{,}2$

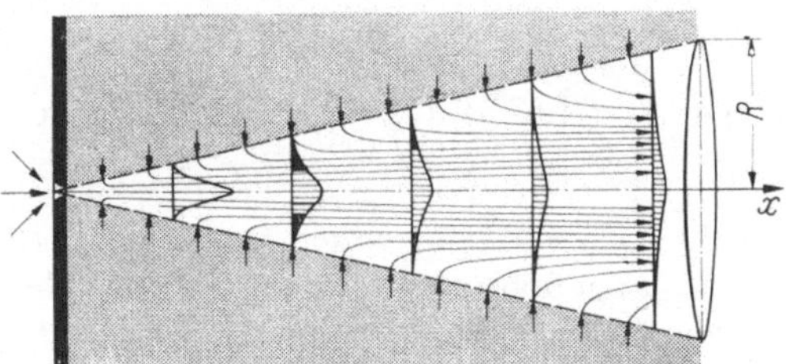

Abb. III, 1.40. Strahlausbreitung von einem Punkt aus, Verflachung der Geschwindigkeitsprofile mit zunehmendem Abstand von der punktförmigen Öffnung

Für die theoretische Behandlung dieses Problems bedeutet das Übergangsgebiet vom Strahlbeginn bis zu der Stelle, wo auch im mittleren Teil die starken Turbulenzschwankungen auftreten, eine zusätzliche Schwierigkeit. Man hat das Problem deshalb vereinfacht, indem man eine sehr kleine Öffnung (im Grenzfall eine punktförmige Öffnung) annimmt, wie in Abb. III, 1.40 dargestellt.

Ausgangspunkt unserer Betrachtung soll eine sorgfältig gemessene Verteilung der zeitlichen Mittelwerte der Geschwindigkeit $\bar{u}$ (der Einfachheit halber mit u bezeichnet) an einer beliebigen Stelle x sein (x/D etwa >5), Abb. III, 1.41. Um uns einen Überblick zu verschaffen, in welcher Weise sich u in der x-Richtung ändert, wenden wir den Impulssatz an: Die zeitliche Änderung des Impulses ist gleich der an der Flüssigkeitsmasse angreifenden Kraft; diese ist Null, da der Druck im

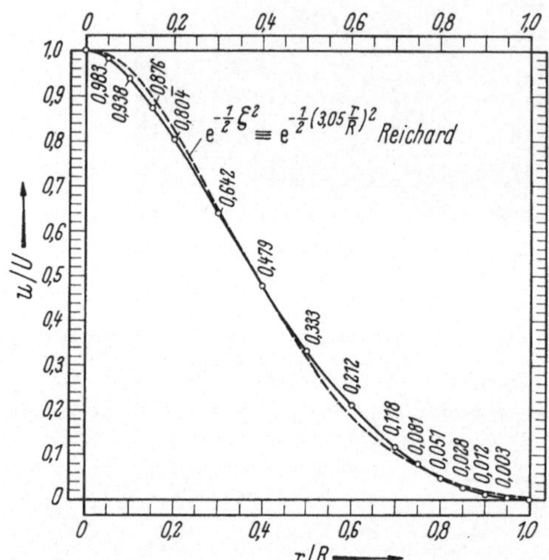

Abb. III, 1.41. Gemessene Geschwindigkeitsverteilung (kleine Kreise) über die halbe Strahlbreite; Näherungskurve nach H. REICHARDT[167]

Strahl praktisch konstant ist (gleich dem Druck der umgebenden ruhenden Flüssigkeit). Mithin ist

$$I = \varrho 2\pi \int_0^R u^2 r\,dr = U^2 R^2 \varrho 2\pi \int_0^1 \left(\frac{u}{U}\right)^2 \frac{r}{R}\, d\,\frac{r}{R} = \text{const} \neq f(x).$$

Da man beim Strahl ($D \to 0$) von einer ausgezeichneten Länge nicht sprechen kann, muß angenommen werden, daß die Geschwindigkeitsverteilungen affin zueinander sind; irgend ein Profil ist also aus einem anderen Profil abzuleiten, indem man es mit einem konstanten, d. h. von r/R unabhängigen Faktor multipliziert. Das mit 2π multiplizierte Integral ist also eine von x unabhängige „Zahl". Mithin ist

$$U = \frac{1}{R} \frac{1}{\sqrt{\text{Zahl}}} \sqrt{\frac{I}{\varrho}}$$

und demnach

$$\frac{dU}{dx} = \frac{dU}{dR}\frac{dR}{dx} = -\frac{1}{R^2}\frac{1}{\sqrt{\text{Zahl}}}\sqrt{\frac{I}{\varrho}}\frac{dR}{dx} = -\frac{U}{R}\frac{dR}{dx}\,. \qquad \text{(III, 1.112)}$$

Wie Experimente ergeben, erfolgt die Ausbreitung des Strahles geradlinig, und zwar ist

$$\frac{dR}{dx} = \frac{R}{x} = 0{,}236. \tag{III, 1.113}$$

Die Maximalgeschwindigkeit nimmt nach Gl. (III, 1.112) im gleichen Maße ab, wie die Strahlbreite zunimmt. Unter Berücksichtigung von Gl. (III, 1.112 u. 113) sind nach Abb. III, 1.41 die Geschwindigkeitsverteilungen in Abb. III, 1.40 gezeichnet.

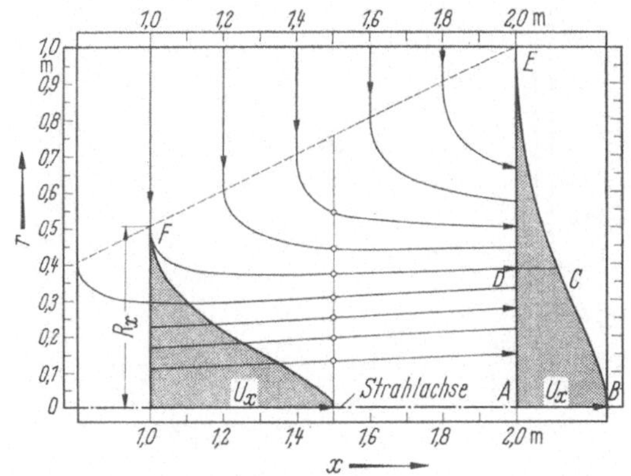

Abb. III, 1.42. Zwei (affine) Geschwindigkeitsverteilungen längs des halben Strahldurchmessers

In Abb. III, 1.42 sind in Entfernungen von 1 m bzw. 2 m von der Düse ($D \to 0$) die halben Geschwindigkeitsprofile ($U_{x=1m} = 0{,}5$ m/s bzw. $U_{x=2m} = 0{,}25$ m/s), sowie die eine Strahlgrenze eingezeichnet; dabei ist der größeren Deutlichkeit wegen $R/x = 0{,}5$ (statt 0,236) gezeichnet, d. h. die Ordinaten sind um das 2,12fache vergrößert.

Die Stromlinien erhält man aus der Bedingung der Kontinuität. In Abb. III, 1.43 sind zu den Werten von $x = 1$; 1,5 und 2 m die Integrale

$$2\pi \int_0^r u_x r\,dr = f(r), \quad 0 \leqq r \leqq R_x = 0{,}5\text{ m}; \quad 0{,}75\text{ m}; \quad 1\text{ m}$$

aufgetragen, wobei nur eine Kurve (z. B. zu $x = 1$ m) numerisch berechnet werden braucht; die Kurve zu $x = 1{,}5$ m entsteht dann dadurch, daß über den jeweiligen 1,5fachen Abszissen die 1,5fachen Ordinaten aufgetragen werden. Will man — wie in Abb. III, 1.42 — bei $x = 1$ m 5 Stromlinien oder besser Stromröhren zeichnen, durch die jeweils das gleiche sekundliche Volumen fließt, so hat man in Abb. III, 1.43 den Größtwert der Ordinate zu $x = 1$ m (in der Abbildung $= 0{,}077$) in 5 gleiche Größen zu teilen und in dieser Einteilung die in diesem Falle 10 Horizontale zu zeichnen; die Schnittpunkte dieser Horizontalen mit den Integralkurven ergeben dann die r-Werte in Abb. III, 1.42. In Abb. III, 1.43 bzw. 42 ist dieses für die Integralkurve zu $x = 1{,}5$ m durchgeführt (kleine Kreise). Die in dieser Weise erhaltenen Stromlinien sind in Abb. III, 1.40 übertragen.

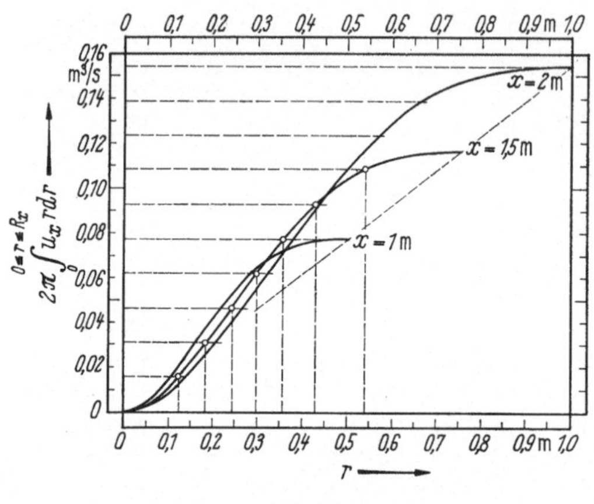

Abb. III, 1.43

In Abb. III, 1.42 trennt die Stromlinie (Stromröhre) FD das Gebiet $ABCD$ von dem Gebiet DCE; das erstere ist gleich dem sekundlichen Volumen, das durch den Strahlquerschnitt bei $x = 1$ m fließt, das zweite enthält ausschließlich Flüssigkeit, die aus dem umgebenden ruhenden Bereich mitgerissen und beschleunigt wurde. Die Stromlinie trifft den Querschnitt bei $x = 2{,}0$ m in D im Abstande $r = 0{,}38$ m. Das sekundliche Volumen ist also nach Abb. III, 1.43 gleich 0,077 m³/s, wohingegen das sekundliche Volumen bei $x = 2$ m und $r = R = 1$ m gleich 0,154 m³/s, also doppelt so groß ist. Das sekundliche Volumen verdoppelt sich, wenn x bzw. R sich verdoppelt. In Anbetracht der Affinität der Geschwindigkeitsprofile ergibt sich dies — wegen $U_{x_2} = U_{x_1} \cdot x_1/x_2$ und $r_{x_2} = r_{x_1} \cdot x_2/x_1$ — auch aus

$$U_{x_2} r_{x_2}^2 = U_{x_1} \frac{x_1}{x_2} \cdot r_{x_1}^2 \left(\frac{x_2}{x_1}\right)^2 = \frac{x_2}{x_1} U_{x_1} r_{x_1}^2 .$$

In Abb. III, 1.40 sind diejenigen Gebiete der Geschwindigkeitsverteilung — rotationssymmetrisch betrachtet, die sekundlichen Volumina — die zwischen zwei aufeinander folgenden Querschnitten aus der ruhenden Flüssigkeit in den Strahl hineingezogen werden, schwarz gezeichnet.

Die Berechnung der senkrecht zur Achse gerichteten Zuströmungsgeschwindigkeit v *an der Strahlgrenze* erfolgt aus

$$2\pi R dx \cdot v = 2\pi \int_R^{R+dR} u r dr$$

oder

$$\frac{v}{U} = \frac{R}{dx} \int_1^{1+\frac{dR}{R}} \frac{u}{U} \frac{r}{R} d\frac{r}{R}.$$

Berücksichtigt man, daß das Integral von 0 bis 1 linear mit dR/R wächst (Abb. III, 1.43), so ist

$$\int_0^{1+\frac{dR}{R}} \frac{u}{U} \frac{r}{R} d\frac{r}{R} - \int_0^1 \frac{u}{U} \frac{r}{R} d\frac{r}{R} = \frac{dR}{R} \int_0^1 \frac{u}{U} \frac{r}{R} d\frac{r}{R} = \int_1^{1+\frac{dR}{R}} \frac{u}{U} \frac{r}{R} d\frac{r}{R}$$

und somit

$$\frac{v}{U} = \frac{dR}{dx} \int_0^1 \frac{u}{U} \frac{r}{R} d\frac{r}{R}.$$

Die Größe dR/dx ist nach Gl. (III, 1.113) gleich 0,236 und das Integral bei Benutzung von Abb. III, 1.41, wenn numerisch integriert, gleich 0,1074; es ist somit an der Strahlgrenze

$$\frac{v}{U} = 0{,}236 \cdot 0{,}1074 = 0{,}0254. \qquad \text{(III, 1.114)}$$

Wir wollen jetzt die Größe des Prandtlschen Mischungsweges und insbesondere dessen Abhängigkeit von r/R ableiten. Da die Strömung stationär und der Druck im Gesamtgebiet praktisch konstant ist, ferner die wahre Zähigkeit μ gegenüber der scheinbaren Zähigkeit vernachlässigbar klein ist, können wir nach S. 211 schreiben

$$\varrho \left(u \frac{\partial u}{\partial x} + v \frac{\partial u}{\partial r}\right) = \frac{\partial \tau_{\text{turb}}}{\partial r},$$

wobei τ_{turb} die scheinbare Schubspannung bezeichnet.

Nach Einführung des Prandtlschen Mischungsweges, Gl. (III, 1.16), ist also, wenn dimensionslose Größen benutzt werden,

$$\frac{u}{U}\,\frac{\partial \frac{u}{U}}{\partial \frac{x}{R}} + \frac{v}{U}\,\frac{\partial \frac{u}{U}}{\partial \frac{r}{R}} = \frac{\partial}{\partial \frac{r}{R}}\left\{\left(\frac{l}{R}\right)^2 \left|\frac{\partial \frac{u}{U}}{\partial \frac{r}{R}}\right| \frac{\partial \frac{u}{U}}{\partial \frac{r}{R}}\right\}$$

oder mit

$$\frac{\partial \frac{u}{U}}{\partial \frac{r}{R}} \equiv \frac{u'}{U} \quad \text{und} \quad \left(\frac{l}{R}\right)^2 \equiv \lambda$$

$$\frac{u}{U}\,\frac{\partial \frac{u}{U}}{\partial \frac{x}{R}} + \frac{v}{U}\,\frac{u'}{U} = \lambda\,\frac{\partial}{\partial \frac{r}{R}}\left(\left|\frac{u'}{U}\right|\frac{u'}{U}\right) + \left(\left|\frac{u'}{U}\right|\frac{u'}{U}\right)\frac{\partial \lambda}{\partial \frac{r}{R}}\,, \qquad \text{(III, 1.115)}$$

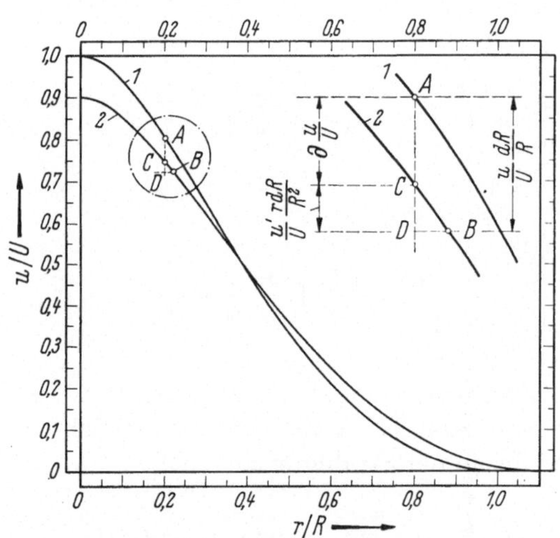

Abb. III, 1.44. Zwei in Strömungsrichtung aufeinanderfolgende Geschwindigkeitsverteilungen über dem halben Strahldurchmesser

wobei

$$\frac{\partial \frac{u}{U}}{\partial \frac{x}{R}} \equiv \frac{dR}{dx}\,\frac{\partial \frac{u}{U}}{\partial \frac{\partial R}{R}} \qquad \text{(III, 1.116)}$$

ist.

In Abb. III, 1.44 sind zwei in Strömungsrichtung aufeinander folgende Geschwindigkeitsverteilungen 1 und 2 gezeichnet. Kurve 2 entsteht aus Kurve 1, indem man zu den mit $1 + dR/R$ multiplizierten

Abszissen die mit $1 - dR/R$ multiplizierten Ordinaten aufträgt (in der Abbildung ist der Deutlichkeit halber ein verhältnismäßig großer Wert, nämlich $dR/R = 0{,}1$ gewählt). Bei festgehaltenem r/R ist die auftretende Änderung von u/U d. h.

$$-\left(\partial \frac{u}{U}\right)_{r/R=\mathrm{const}} = AC = AD - CD;$$

mithin, da

$$AD = \frac{u}{U}\frac{\partial R}{R} \quad \text{und} \quad CD = -\frac{u'}{U}\frac{r}{R}\frac{\partial R}{R}$$

ist, haben wir

$$-\frac{\partial \frac{u}{U}}{\frac{\partial R}{R}} = \left(\frac{u}{U} + \frac{u'}{U}\frac{r}{R}\right),$$

und mit Gl. (III, 1.116)

$$\frac{\partial \frac{u}{U}}{\partial \frac{x}{R}} = -\frac{dR}{dx}\left(\frac{u}{U} + \frac{u'}{U}\frac{r}{R}\right) = f\left(\frac{r}{R}\right); \qquad \text{(III, 1.117)}$$

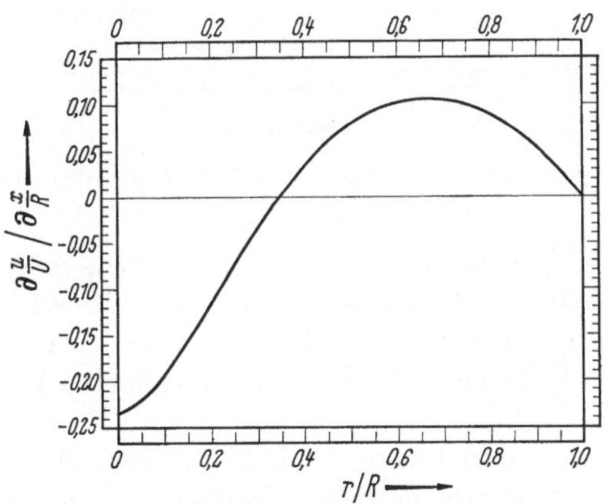

Abb. III, 1.45. Axiale Verzögerung im inneren Drittel des Strahles, axiale Beschleunigung im übrigen Teil des Strahles

in Abb. III, 1.45 ist diese Funktion aufgetragen. Man erkennt, wie im inneren Drittel des Strahles eine axiale Verzögerung, im äußeren Teil eine Beschleunigung in axialer Richtung vorhanden ist. Um die rechte Seite von Gl. (III, 1.115) berechnen zu können, ist noch $v/U = f(r/R)$ zu bestimmen.

Aus der Kontinuitätsgleichung

$$\frac{\partial \frac{u}{U}}{\partial \frac{x}{R}} + \frac{\partial \frac{v}{U}}{\partial \frac{r}{R}} + \frac{\frac{v}{U}}{\frac{r}{R}} = 0 \qquad \text{(III, 1.118)}$$

lassen sich unter Benutzung von Abb. III, 1.45 zu jeweiligen Werten von r/R bei *angenommenen* Werten von v/U die dazu gehörigen Größen von v'/U bestimmen, wie in Abb. III, 1.46 gezeigt. Dadurch, daß der Wert

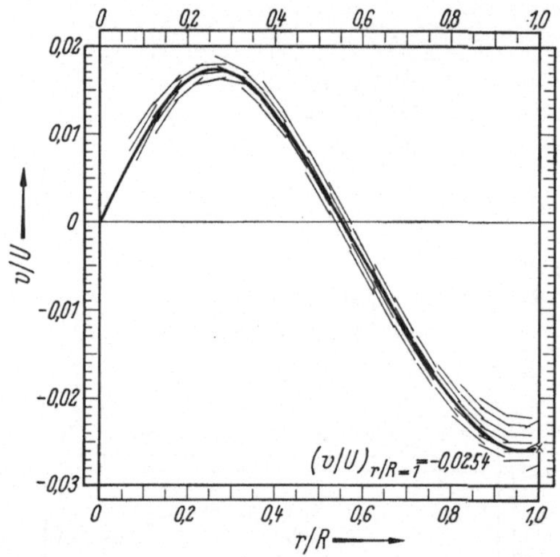

Abb. III, 1.46. Schar der Tangenten v'/U und v/U als Funktion von r/R

von v/U an der Strahlgrenze, d. h. bei $r/R = 1$, bereits berechnet wurde, nämlich nach Gl. (III, 1.114) zu 0,0254, ist es verhältnismäßig leicht, in Abb. III, 1.46 die Kurve $v/U = f(r/R)$ so zu ziehen, daß sie in den jeweiligen Punkten r/R die aus Gl. (III, 1.118) berechneten Tangenten v'/U besitzt[202].

Damit sind wir nun in der Lage, die Differentialgleichung (III, 1.115) graphisch zu lösen, da wir die einzelnen Größen als Funktionen von r/R kennen, bzw. berechnen können. Der Vollständigkeit halber zeichnen wir

[202] v/U läßt sich auch nach der von H. Reichardt[167] (Gl. 25) angegebenen Näherungsformel (die weitgehend mit Abb. III, 1.46 übereinstimmt)

$$\frac{v}{U} = \frac{dR}{dx}\left(\frac{r}{R}\,\frac{u}{U} - \frac{R}{r}\int_0^{r/R} \frac{r}{R}\,\frac{u}{U}\,d\,\frac{r}{R}\right)$$

berechnen.

in Abb. III, 1.47 noch u'/U sowie $|u'U| \cdot u'U$, wobei wir nochmals bemerken, daß als Kontrolle festgestellt wurde, daß u'/U über r/R integriert (was sehr genau durchgeführt werden kann), die Ausgangsfunktion $u/U = f(r/R)$, d. h. Abb. III, 1.41 ergibt.

Wir fassen die beiden Summanden der linken Seite von Gl. (III, 1.115) — die aus den Abbildungen leicht berechnet werden können —

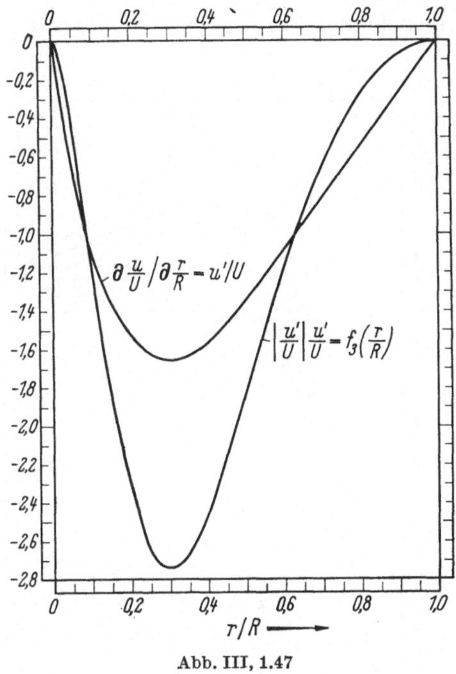

Abb. III, 1.47

als $f_1(r/R)$ zusammen und zeichnen die mit 100 multiplizierten Werte in Abb. III, 1.48 ein. In dieselbe Abbildung tragen wir die mit $f_2(r/R)$ bezeichnete Ableitung der in Abb. III, 1.47 dargestellten Funktion $f_3(r/R)$ ein und haben dann nach Gl. (III, 1.115)

$$f_1 = f_2 \lambda + f_3 \frac{\partial \lambda}{\partial \frac{r}{R}} . \qquad \text{(III, 1.119)}$$

Da nach Abb. III, 1.47 die Funktion f_3 endlich bleibt, kann die Ableitung von $\lambda \equiv (l/R)^2$ nach r/R nicht verschwinden, es sei denn, daß f_1/f_2 konstant wäre; das ist aber nach Abb. III, 1.48 nicht der Fall. Es folgt somit, daß die Mischungsweglänge über dem Strahlquerschnitt nicht konstant sein kann.

Dividiert man die letzte Gleichung durch f_3, so erhält man für $0 < r/R < 1$

$$\frac{f_1}{f_3} - \frac{f_2}{f_3}\lambda = \frac{\partial \lambda}{\partial \frac{r}{R}}\,; \tag{III, 1.120}$$

man kann also zu jeweiligen Werten von r/R bei vorgegebenen Werten von λ die dazugehörigen Werte der Ableitung λ' berechnen und in den Punkten $(r/R, \lambda)$ einzeichnen (in ähnlicher Weise wie in Abb. III, 1.46).

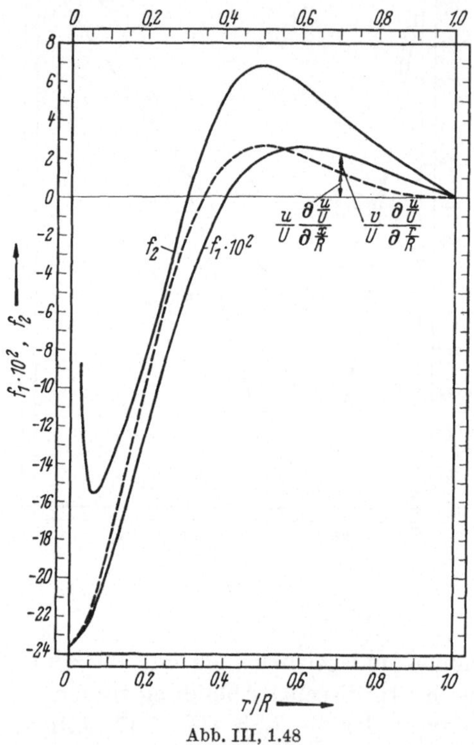

Abb. III, 1.48

Um durch diese Schar von Tangentenstücken (die theoretisch die gesamte r/R, λ-Ebene bedecken) die „richtige" Kurve $\lambda = f(r/R)$ zu ziehen, fehlt uns eine Randbedingung (wie sie in Abb. III, 1.46 vorhanden war). Dazu kommt noch, daß bei kleinen Werten von r/R (etwa $<0{,}2$) der vereinfachte Mischungsweganatz Gl. (III, 1.16) nicht mehr anwendbar ist, insofern als — ähnlich wie bei der Strömung im Rohr (III, 1.15, S. 247) — das Geschwindigkeitsmaximum infolge der turbulenten Querschwankungen zufällig etwas nach der einen oder anderen Seite der Symmetrieachse verlagert wird. Ferner ist zu bedenken, daß bei großen Werten von r/R (etwa ab $r/R = 0{,}75$) die experimentell gegebene Kurve $u/U = f(r/R)$, Abb. III, 1.41, nicht sehr sicher ist, so daß die Feststellung der Tangentenrichtungen und damit die Werte f_1/f_3 und f_2/f_3 in Gl. (III, 1.120) ungenau werden. Immerhin ergibt die graphische Lösung von Gl. (III, 1.120) eine Abhängigkeit der Größe $\sqrt{\lambda} = l/R$ von r/R, wie sie etwa in Abb. III, 1.49 gezeigt ist.

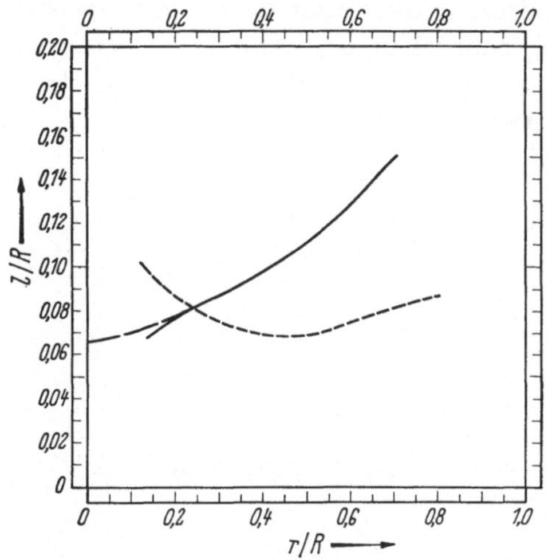

Abb. III, 1.49. Mischungsweglänge l/R als Funktion von r/R

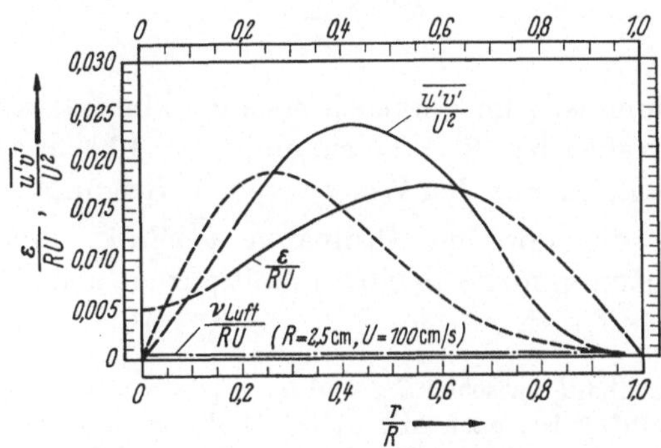

Abb. III, 1.50. Die Verteilung der kinematischen Scheinzähigkeit und der scheinbaren Schubspannung

Es wäre noch kurz auf die Verteilung der kinematischen Scheinzähigkeit ε einzugehen, die nach Gl. (III, 1.8, 10 u. 16) gleich

$$\frac{\varepsilon}{RU} = \left(\frac{l}{R}\right)^2 \frac{\partial \frac{u}{U}}{\partial \frac{y}{R}} = -\left(\frac{l}{R}\right)^2 \frac{\partial \frac{u}{U}}{\partial \frac{r}{R}} = \frac{\sqrt{\overline{v'^2}}}{U} \frac{l}{R} \qquad \text{(III, 1.121)}$$

ist. Unter Benutzung von Abb. III, 1.47 und 49 ist ε/RU als Funktion von r/R in Abb. III, 1.50 eingetragen und die Kurve bis $r/R = 0$ bzw. $= 1$ (gestrichelt) extrapoliert. Eine singuläre Stelle besteht — wie beim Rohr — bei $r/R = 0$. Hier würde wegen $\partial u/\partial r = 0$ auch $\varepsilon = 0$ sein und damit bei endlichem l auch die Schwankungsgeschwindigkeit in Strahlmitte gleich Null werden, was jedoch der Erfahrung widerspricht. Man wird auch hier — wie beim Rohr — die auf S. 247ff. behandelte Prandtlsche Erweiterung des Ansatzes der turbulenten Schubspannung benutzen müssen, wodurch eine in Abb. III, 1.50 schematisch gezeichnete Änderung von $\varepsilon/RU = f(r/R)$ in der Nähe der Strahlachse eintritt. Die Schubspannung ist

$$\tau = \varepsilon\varrho\,\frac{\partial u}{\partial y} = -\,\varepsilon\varrho\,\frac{\partial\,\dfrac{u}{U}}{\partial\,\dfrac{r}{R}}\,\frac{U}{R}$$

oder

$$\frac{\tau}{\varrho U^2} = -\,\frac{\varepsilon}{RU}\,\frac{\partial\,\dfrac{u}{U}}{\partial\,\dfrac{r}{R}}$$

und mit $\tau/\varrho = -\,\overline{u'v'}$

$$\frac{\overline{u'v'}}{U^2} = -\,\frac{\varepsilon}{RU}\,\frac{\partial\,\dfrac{u}{U}}{\partial\,\dfrac{r}{R}} = f(r/R)\,.$$

In der Abbildung ist zum Vergleich noch die kinematische Zähigkeit ν/RU eines Luftstrahles bei $R = 2{,}5$ cm und $U = 100$ cm/s eingetragen.

Um einen Vergleich mit den Werten von H. Reichardt[167] (Bild 14) zu haben, sind die dortigen Ordinaten $\overline{u'v'}/\alpha\bar{u}_m^2$ mit $\alpha = db/dx = 0{,}0736$[203] (bei Reichardt $\alpha \approx 0{,}072$) multipliziert und als punktierter

[203] Der Zusammenhang zwischen R/x und b/x ergibt sich wie folgt: Bei $(u/U)^2 = 0{,}5$ bzw. $u/U = 0{,}707$ ist, nach Abb. III, 1.41 die gesamte Strahlbreite (mit $2r_{0,5}$ bezeichnet) gleich $2r_{0,5}/R = 0{,}520$, also $R = 2r_{0,5}/0{,}520$. Da wir annehmen, daß $R/x = 0{,}236$ ist, haben wir also

$$\frac{R}{x} = \frac{2r_{0,5}}{0{,}520\,x} = 0{,}236 \quad \text{oder} \quad \frac{2r_{0,5}}{x} = 0{,}236 \cdot 0{,}520 = 0{,}1227\,;$$

der Wert $2r_{0,5}$ ist nach Reichardt um den Faktor $2/1{,}2 = 1{,}67$ größer als das von ihm verwendete b. Mithin ist

$$\frac{b}{x} = \frac{0{,}1227}{1{,}67} = 0{,}0736.$$

Linienzug in Abb. III, 1.50 eingezeichnet. Dabei ist bei dem Reichardtschen Ansatz $u/U = e^{-\frac{1}{2}\zeta^2}$ der Exponent $\zeta = 3{,}05\, r/R$ gesetzt, was eine recht gute Übereinstimmung mit den experimentellen Werten ergibt (Abb. III, 1.41). In Abb. III, 1.49 ist als punktierte Kurve die aus den Reichardtschen Werten von $\overline{u'v'}/U^2$ berechnete Mischungsweglänge l/R über r/R aufgetragen, entsprechend

$$\left(\frac{l}{R}\right)^2 = \frac{\dfrac{\overline{u'v'}}{U^2}}{\left(\dfrac{\partial \dfrac{u}{U}}{\partial \dfrac{r}{R}}\right)^2},$$

wobei

$$\frac{\partial \dfrac{u}{U}}{\partial \dfrac{r}{R}} = -(3{,}05)^2 \frac{r}{R}\, e^{-\frac{1}{2}\left(3{,}05\frac{h}{R}\right)^2} = -9{,}3 \frac{r}{R} \frac{u}{U}$$

ist.

Wie man aus Abb. III, 1.49 und 50 erkennt, sind die Verteilungen von $l/R = f(r/R)$ sowie von $\overline{u'v'}/U^2 = f(r/R)$ recht verschieden, obwohl sich die den Rechnungen zugrunde liegenden Geschwindigkeitsverteilungen $u/U = f(r/R)$ nur wenig voneinander unterscheiden (Abb. III, 1.41). Hier gilt das in III, 1.16, S. 252ff., Gesagte: Bei der Geschwindigkeitsverteilung handelt es sich um eine Integralbeziehung; gewisse Unterschiede in den „primären" Größen, wie beispielsweise $\overline{u'v'}/U^2$ oder l/R treten im „Resultat" der Geschwindigkeitsverteilung nur gleichsam verwischt in Erscheinung. Es wäre deshalb zweckmäßiger z. B. die Verteilung $\overline{u'v'}/U^2 = f(r/R)$ direkt zu messen (wenn dies so einfach wäre!) und daraus dann die Verteilung von $u/U = f(r/R)$ zu berechnen.

Die turbulente[204] Strahlausbreitung ist erstmalig von W. Tollmien[205] behandelt worden und zwar unter der Annahme, daß $l/R = \text{const}$ ist. Daß die mit dieser Annahme berechnete Geschwindigkeitsverteilung gut mit der experimentell erhaltenen übereinstimmt, bedeutet nach dem obigen noch keine Rechtfertigung für diese Annahme. Verwandt mit der

---

[204] Die „laminare Strahlausbreitung" ist von H. Schlichting behandelt worden: Z. angew. Math. Mech. 13 (1933) 260—263.

[205] Tollmien, W.: Berechnung turbulenter Ausbreitungsvorgänge. Z. angew. Math. Mech. 6 (1926) 468—478.

Strahlausbreitung ist das „Windschattenproblem“. Im Falle der ebenen Strömung sind diese Vorgänge von H. SCHLICHTING[206] behandelt.

Es mag noch erwähnt werden, daß L. PRANDTL[166] neben dem Ausdruck (III, 1.17) sowie Gl. (III, 1.68) noch einen dritten Näherungsansatz für ε vorgeschlagen hat. Angewandt auf den runden Freistrahl wird

$$\varepsilon = \varkappa \cdot R U$$

angenommen, wobei $\varkappa$ aus Experimenten zu entnehmen ist. Da $U \sim x^{-1}$ und $R \sim x$ ist, folgt, daß $\varepsilon = \varepsilon_0$ im ganzen Strahlgebiet konstant ist. Dieser Ansatz ist zwar ziemlich roh, sein Wert liegt nach PRANDTL jedoch in seiner Einfachheit und Handlichkeit. Nach H. SCHLICHTING[60] S. 691) ist beim runden Strahl

$$\varepsilon_0 = 0{,}0161 \sqrt{K}, \qquad K = 2\pi \int_0^R u^2 \, r \, dr$$

und mit $\sqrt{K} = 1{,}59 \, b_{1/2} U$

$$\varepsilon_0 = 0{,}0256 \, b_{1/2} U .$$

Nach Abb. III, 1.41 ist die Breite $b_{1/2}$, bei der also $u = U/2$ ist, gleich 0,385 R; mithin wird

$$\frac{\varepsilon_0}{R U} = 0{,}0256 \cdot 0{,}385 \approx 0{,}01 .$$

Die mit diesem Wert berechnete Geschwindigkeitsverteilung stimmt bis etwa $r/R = 0{,}55$ recht gut mit der gemessenen Verteilung überein, obwohl der konstante Wert von $\varepsilon_0/R U$ sich von der in Abb. III, 1.50 gezeigten Funktion $\varepsilon/R U = f(r/R)$ sehr unterscheidet. Auch hier sieht man wieder, daß eine verhältnismäßig gute Übereinstimmung im Ergebnis der Geschwindigkeitsverteilung kaum etwas aussagt über die Gültigkeit der der Rechnung zugrunde liegenden Annahme bezüglich ε. Umgekehrt ergibt sich hieraus, daß es nicht sehr zweckmäßig erscheint, nach REICHARDT[167] (S. 2) mittels eines *Näherungsansatzes* bzgl. der Geschwindigkeitsverteilung die turbulente Scheinreibung berechnen zu wollen.

Nach dem obigen Näherungsansatz hat H. GÖRTLER[207] die ebene Vermischungszone zweier Strahlen und das ebene Problem der Strahlausbreitung theoretisch behandelt.

---

[206] SCHLICHTING, H.: Über das ebene Windschattenproblem. Diss. Göttingen 1930. Ing.-Arch. 1 (1930) 533—571.

[207] GÖRTLER, H.: Berechnung von Aufgaben der freien Turbulenz auf Grund eines neuen Näherungsansatzes. Z. angew. Math. Mech. 22 (1942) 244—254.

2 Der Übergang zur turbulenten Strömung

2.1 Beobachtungen des Überganges der laminaren in die turbulente Rohrströmung. Nach O. Reynolds[72] kann man die Strömung in einem Glasrohr dadurch sichtbar machen, daß man eine Farblösung[208] aus einer feinen Düse austreten läßt und zwar an einer Stelle kurz vor Eintritt des Wassers in das Rohr (Abb. III, 2.1). Strömt das Wasser in laminarer

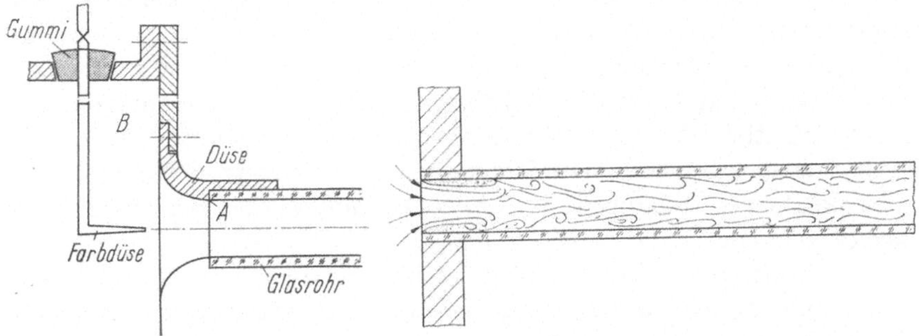

Abb. III, 2.1. Farbdüse vor dem abgerundeten Rohreinlauf

Abb. III, 2.2. Strömung in einem Rohr mit scharfkantigem Einlauf

Weise, d. h. in zueinander parallelen Schichten, so ist der Farbfaden als ein scharf begrenzter Strich sichtbar (Abb. II, 1.22, S. 112). Ist die Strömung turbulent, so bewirken die Schwankungsbewegungen eine Durchmischung des Farbfadens mit der umgebenden Flüssigkeit (Abb. II, 1.23 u. 24). Im allgemeinen sind in diesem Falle keine Einzelheiten mehr erkennbar, vielmehr erscheint die Flüssigkeit im Rohr gleichmäßig gefärbt wie auf der linken Seite von Abb. II, 1.23 (nur wegen der sehr kurzen Belichtungszeit (1/1400 s) sind bei Beginn der Durchmischung auf den Abbildungen noch Einzelheiten zu erkennen). Man kann mit der Farbfadenmethode also nicht feststellen, ob eine einmal turbulent gewordene und dabei gleichmäßig gefärbte Flüssigkeit späterhin vielleicht wieder laminar strömt. Um das festzustellen ist die von G. Hagen[71] benutzte Methode, dem Wasser geraspeltes Eichenholz beizumischen, zweckmäßiger.

Es sind nun beim Eintreten der Turbulenz zwei grundsätzlich verschiedene Strömungsvorgänge zu unterscheiden:

1. Der Übergang einer laminaren, d. h. Schicht-Strömung in die turbulente Strömung,

---

[208] Als Farbstoff eignen sich gut das stark färbende Kaliumpermanganat oder, wenn photographische Aufnahmen in Frage kommen, das sehr intensiv färbende Dunkelkammerfilterrot der vorm. IG Farben AG.

2. der Übergang einer stark durchwirbelten, aber deshalb noch nicht „turbulenten", Strömung in die eigentliche turbulente Strömung, mit den für sie charakteristischen Schwankungsbewegungen.

Läßt man z. B. Wasser aus einem Vorratsbehälter in ein Rohr fließen, das scharfkantig an den Behälter anschließt, so löst sich die Flüssigkeit am scharfkantigen Einlauf ab, wobei sich eine Einschnürung ausbildet; der somit entstandene Strahl erweitert sich nur allmählich unter Energieverlust und unregelmäßiger Wirbelbildung (Abb. III, 2.2). Bei genügender Rohrlänge kann sich hieraus allerdings eine laminare Strömung entwickeln und zwar immer dann, und nur dann, wenn die Reynoldssche Zahl einen kritischen Wert unterschreitet. Ist die Reynoldssche Zahl größer als dieser kritische Wert, so geht die unregelmäßig durchwirbelte Strömung — ohne also vorher laminar geworden zu sein — in die turbulente Strömung mit den ihr eigenen Gesetzmäßigkeiten (Geschwindigkeitsverteilung u. dgl.) über. Hierauf werden wir später noch zurückkommen.

Wir wollen den ersteren Fall betrachten. Um eine gute Einströmung und damit Laminarität zu gewährleisten, wählen wir einen abgerundeten Einlauf, wie in Abb. III, 2.1 dargestellt. Besondere Sorgfalt ist darauf zu legen, daß in A nicht der geringste Grat oder etwa Ungleichheit im Durchmesser von Düse und Rohr vorhanden ist. Wenn dem Düsenstück eine Beruhigungsstrecke B vorgeschaltet ist, was zum Einsetzen von Gleichrichtern zweckmäßig sein kann, sollte diese mit dem Vorratsbehälter ebenfalls mittels einer abgerundeten Düse verbunden sein. Der Vorratstank sei mit einem, auf verschiedene Höhe einstellbaren, Überlauf versehen, so daß die Wasserhöhe im Behälter während der Versuche konstant gehalten werden kann. Am Ende des Rohres ist ein Hahn angebracht, der eine gute Feinregelung der Durchflußmenge ermöglicht.

Bei allmählichem Öffnen des Hahnes wird man zunächst den bereits erwähnten Farbfaden erblicken, der sich durch das ganze Rohr erstreckt. Durch richtige Einstellung der Zufuhr von Farbflüssigkeit ist leicht zu erreichen, daß der Farbfaden nicht zu dick aber doch gut sichtbar ist. Der Innendurchmesser des Glasrohres sei 0,7 cm, die Länge 600 cm.

Bei weiterem *langsamen* Öffnen des Hahnes tritt — offenbar momentan — auf der Strecke von etwa 20 bis 120 cm (gerechnet vom Einlauf) Durchmischung des Farbfadens, d. h. Turbulenz, ein. Diese turbulent gewordene Strecke schiebt sich als Ganzes durch das Rohr, wobei deutlich zu erkennen ist, daß dabei die Länge des „Turbulenzstückes" zunimmt. Die vordere Turbulenzfront bewegt sich mit der Durchschnittgeschwindigkeit $\bar{u}$, die hintere Turbulenzfront jedoch wesentlich langsamer; hier bauen sich scheinbar immer neue Turbulenzgebiete an.

Öffnet man den Hahn weiterhin ein klein wenig, so erscheinen die „Turbulenzstöße", die bis dahin nur gelegentlich und unregelmäßig auftraten, häufiger und schließlich sehr regelmäßig, etwa 10mal in 60 s $\pm 2\%$. Dabei kann man beobachten, daß in dem Augenblick, in welchem die hintere Turbulenzfront das Rohr verläßt, an der Stelle $x = 20$ cm bis $x = 120$ cm eine neue Turbulenzstrecke scheinbar augenblicklich entsteht. Dieser Vorgang ist in Abb. III, 2.3 schematisch dargestellt, und zwar ist das jeweilige zu Zeitintervallen von 1/2 s gehörende

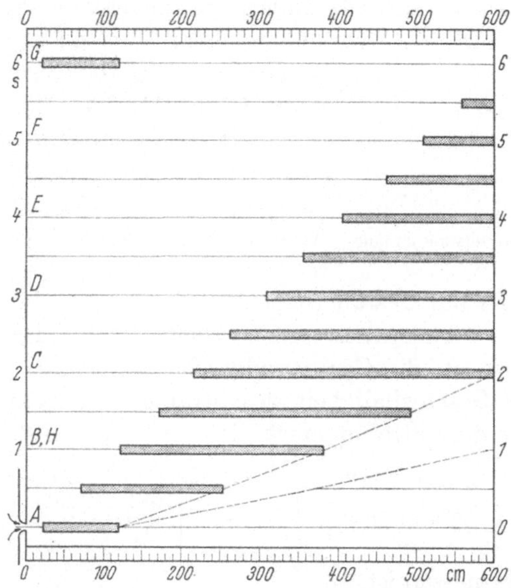

Abb. III, 2.3. Ausbildung der Turbulenzstrecken im Rohr; die zeitlich in 0,5 s aufeinanderfolgenden Bilder des Rohres sind der besseren Übersicht wegen nach oben gestaffelt

Bild übereinander angeordnet (Die abgerundete Düse sowie der Durchmesser der Turbulenzstrecke ist der besseren Deutlichkeit wegen in etwa 10facher Größe gezeichnet).

Da die Widerstandszahl λ der turbulenten Strömung bei der in Frage kommenden Re-Zahl von $\bar{u}d/\nu = 13000$ beträchtlich größer ist (etwa das 5fache) als diejenige der laminaren Strömung, muß die Geschwindigkeit im Rohr (Abb. III, 2.3) zur Zeit $t - 2$ s geringer sein als zur Zeit $t = 0$ s; denn zur Zeit $t = 2$ s beträgt der turbulente Anteil etwa 0,64 der Rohrlänge, hingegen zur Zeit $t = 0$ s nur 0,167. Wir werden auf S. 322ff. ein Analogon im Auftreten von Turbulenzflecken bei der Plattenströmung beschreiben.

Die Geschwindigkeit $\bar{u}$ (die aus Kontinuitätsgründen zu einem bestimmten Zeitpunkt in jedem Rohrquerschnitt die gleiche ist) könnte man als Funktion der Zeit in der Weise bestimmen, daß man eine Anzahl aneinandergrenzender Meßgefäße unter der Ausflußöffnung mit konstanter Geschwindigkeit vorbeibewegen und die jeweiligen, in beispielsweise einer halben Sekunde aufgefangenen Mengen messen würde. Statt dessen ist die Durchflußgeschwindigkeit $\bar{u} = f(t)$ dadurch bestimmt worden, daß der ausfließende Strahl vermessen wurde. Zu dem Zweck wurde der Hahn durch Düsen von verschiedenen Durchmessern ersetzt.

2.2 Berechnung der Rohrgeschwindigkeit $\bar{u} = f(t)$ aus der sich mit t ändernden Gestalt des Ausflußstrahles. Um einen klaren, gut abgegrenzten Strahl zu erhalten, ist es zweckmäßig, das Wasser durch eine kurze, sehr sauber abgedrehte Düse ausfließen zu lassen (Abb. III, 2.4). Eine Änderung der Geschwindigkeit im Rohr läßt sich durch eine entsprechende Änderung der Wasserhöhe im Vorratsbehälter, d. h. durch eine Änderung der Höhe des Überlaufes, erreichen.

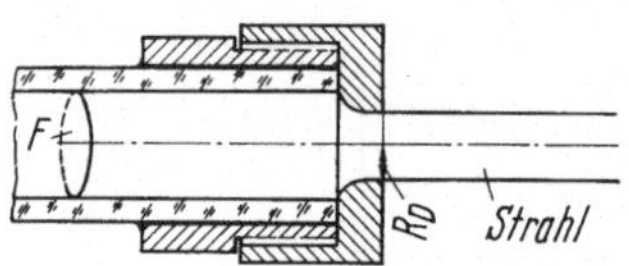

Abb. III, 2.4. Ausflußdüse am Rohrende

Man kann aus der Gestalt (nahezu Parabel) eines horizontal austretenden Strahles, solange dieser noch geschlossen und nicht in Einzeltropfen aufgelöst ist, die Geschwindigkeit am Ausfluß berechnen. Bezeichnet $\bar{u}_S$ die Geschwindigkeit des Strahles am Anfang (räumlicher Mittelwert über dem Strahlquerschnitt), so ist mit den Bezeichnungen der Abb. III, 2.5

$$\bar{u}_S\,(\mathrm{cm/s}) = x\sqrt{\frac{g}{2y}} = 150\sqrt{\frac{981}{2y}} = \frac{3\,320}{\sqrt{y}}\,, \qquad \text{(III, 2.1)}$$

wobei y in cm gemessen ist.

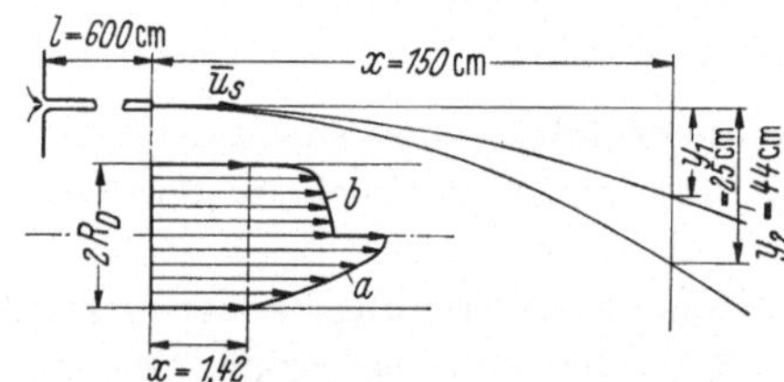

Abb. III, 2.5. Ausflußparabeln bei zwei verschiedenen Geschwindigkeiten $\bar{u}_S$; darunter Geschwindigkeitsverteilungen am Ende der Ausflußdüse, *a* laminar und *b* turbulent

Der am Ende der Düse (Abb. III, 2.4) austretende Wasserstrahl von der Länge dx hat die kinetische Energie

$$\varrho\, dx\, 2\pi \int_0^{R_D} \frac{u_D^2}{2}\, r\, dr\,,$$

wobei $u_D = f(r)$ die Geschwindigkeitsverteilung in der Düse ist. Bezieht man diese Energie auf die kinetische Energie der gleichen sekundlich ausfließenden Wassermenge, wenn man deren Geschwindigkeit $\bar{u}_D$ über den Querschnitt der Düse konstant annimmt, d. h. dividiert man den obigen Ausdruck durch

$$\varrho\, dx \frac{\bar{u}_D^2}{2} R_D^2 \pi,$$

so erhält am

$$2 \int_0^1 \left(\frac{u_D}{\bar{u}_D}\right)^2 \frac{r}{R_D}\, d\, \frac{r}{R_D}. \qquad \text{(III, 2.2)}$$

Die Auswirkungen der Kapillarität im Hinblick auf die Gültigkeit von Gl. (III, 2.1) kann immer dann vernachlässigt werden, wenn — mit $\alpha = 0{,}074$ p/cm als Kapillaritätskonstante — der Ausdruck

$$\frac{2\alpha \cdot 981}{\gamma\, \bar{u}_S^2\, 2 R_S} = \frac{145\,(\mathrm{cm}^3/\mathrm{s}^2)}{\bar{u}_S^2\,(\mathrm{cm}^3/\mathrm{s}^2) \cdot 2 R_S\,(\mathrm{cm})}$$

klein gegenüber dem Wert von (III, 2.2) ist. Bei einem Düsendurchmesser von beispielsweise $2 R_D = 0{,}45$ cm ist das Verhältnis der Querschnitte $F_R/R_D^2 \pi = 0{,}7^2/0{,}45^2 = 2{,}42$. Die Ausflußzahl ist bei der angegebenen Ausführung der Düse nahezu 1. Hat man z. B. als durchschnittliche Geschwindigkeit im Rohr in unserem Falle $\bar{u}_R = \bar{Q}/F = 254$ cm/s so ist $\bar{u}_S = 254$ cm/s $\cdot$ 2,42 = 614 cm/s. Somit ist der Wert der letzten Gleichung $145/614^2 \cdot 0{,}45 \sim 10^{-3}$; demgegenüber beträgt der Wert von (III, 2.2) etwa 1.

Infolge des im Düsenstück herrschenden Druckgefälles wird jedem Flüssigkeitsteilchen beim Durchfließen der Düse zu seiner Geschwindigkeitszahl u_R/U_R zusätzlich der Betrag 1,42 erteilt; dies folgt aus der gleichen sekundlichen Durchflußmenge im Rohr (R) und Düse (D), d. h. bei laminarer Strömung (Parabelströmung) aus

$$2 \int_0^{R_R} \frac{u_R}{U_R}\, r\, dr = R_R^2 = x R_D^2 + \underbrace{2 \int_0^{R_D} \frac{u_R}{U_R}\, r\, dr}_{R_D^2}$$

also mit $R_R^2/R_D^2 = 2{,}42$

$$2{,}42 = x + 1, \quad \text{also} \quad x = 1{,}42.$$

Die Geschwindigkeitsverteilung am Ende der Düse ist also

$$\frac{u_D}{\bar{u}_D} = \frac{1{,}42 + \dfrac{u_R}{U_R}}{2{,}42} = f\left(\frac{r}{R_D}\right). \qquad \text{(III, 2.3)}$$

Je nachdem die Strömung im Rohr laminar oder turbulent ist, wird also auch $u_D/\bar{u}_D = f(r/R_D)$ verschieden sein. Bei laminarer Strömung — wir können wegen der großen Rohrlänge annehmen, daß die Parabelströmung erreicht wird — erhalten wir am Düsenende die (halbe) Geschwindigkeitsverteilung a in Abb. III, 2.5, bei turbulenter Strömung die Verteilung b. Bildet man entsprechend (III, 2.2) zu der laminaren und zu der turbulenten Geschwindigkeitsverteilung die Integrale

$$2\int_0^1 \left(\frac{u_D}{\bar{u}_D}\right)^2_{\text{lam}} \cdot \frac{r}{R_D}\, d\,\frac{r}{R_D} = 1{,}056, \qquad \text{bzw.} \qquad 2\int_0^1 \left(\frac{u_D}{\bar{u}_D}\right)^2_{\text{turb}} \cdot \frac{r}{R_D}\, d\,\frac{r}{R_D} = 1{,}011 \qquad \text{(III, 2.4)}$$

und führt die Integration numerisch aus, so erhält man die angegebenen Werte.

Hieraus ergibt sich, daß die kinetische Energie des Strahles (einige Durchmesser stromabwärts), wo sich die über dem Strahlquerschnitt gleiche Geschwindigkeit $\bar{u}_S$ eingestellt hat, praktisch dieselbe ist wie am Düsenende; das bedeutet, daß $\bar{u}_D = \bar{u}_S$ gesetzt werden kann, d. h. daß

$$\bar{u}_R = \frac{\bar{u}_S}{2{,}42} \qquad \text{(III, 2.5)}$$

ist.

Der Strahl von Abb. III, 2.5 wurde kinematographisch aufgenommen und die Größe y aus den auf eine Wand projizierten Einzelbildern abgegriffen und zwar von Bildern, zwischen denen ein Zeitintervall von einer halben Sekunde lag (obere Punktreihe von Abb. III, 2.6). Man erkennt, daß y verhältnismäßig schnell zu und langsam abnimmt, der Strahl also schnell von der höchsten Lage ($y_1 = 25$ cm) in die tiefste ($y_2 = 44$ cm) fällt und langsam von dieser in die oberste Lage steigt.

Berechnet man aus dieser Punktreihe nach Gl. (III, 2.1) die Strahlgeschwindigkeit $\bar{u}_S$ und nach Gl. (III, 2.5) die Geschwindigkeit im Rohr $\bar{u}_R = f(t)$, so erhält man die untere Punktreihe in Abb. III, 2.6. Die eingezeichnete Kurve ist nicht so gelegt, daß sie den einzelnen Meßwerten möglichst gut anliegt, vielmehr ist eine *regelmäßige* Schwingung gezeichnet, die alle Meßpunkte möglichst gut ausgleicht und somit die (geringen) Abweichungen der tatsächlichen Geschwindigkeiten von der regelmäßigen Schwankung anzeigt.

Bezeichnet man in Abb. III, 2.6 den Zeitpunkt, in dem $\bar{u}$ den ersten Höchstwert hat, mit $t = 0$ s und integriert über t bis zum Tiefstwert bei $t = 2$ s, so erhält man eine Strecke von ungefähr 480 cm; dies ist in Übereinstimmung mit der (gemessenen) Strecke, welche die Vorderfront der Turbulenz in der gemessenen Zeit von 2 s zurücklegt (Abb. III, 2.3). Den zweiten Höchstwert von $\bar{u}$ haben wir bei $t = 6$ s; auch dies ist in Übereinstimmung mit dem gemessenen Durchschnittswert von 10 Perioden, nämlich 59 s $\pm$ 2%.

Zu bemerken ist noch, daß sich vor der Vorderfront der Turbulenzstrecke ein immer größer werdendes Gebiet entwickelt, wo weder die durchmischte Flüssigkeit noch der Farbfaden sichtbar ist, sondern wo das Rohr glasklar erscheint. Die Vorderfront bewegt sich nämlich nur mit der mittleren Geschwindigkeit $\bar{u}$, der davor befindliche Farbfaden —

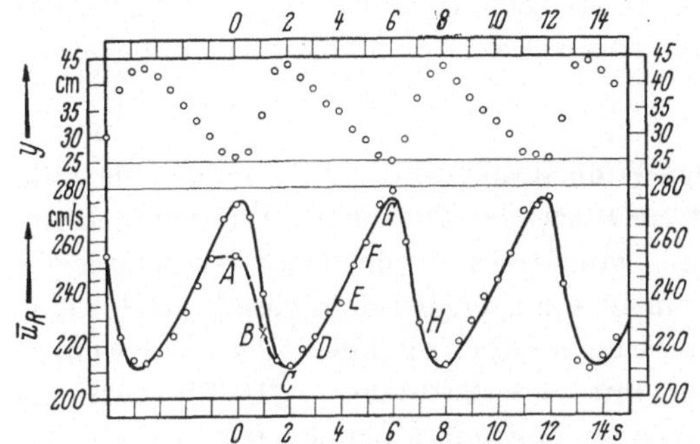

Abb. III, 2.6 oben: Die in Abb. III, 2.5 mit y bezeichnete Strecke als Funktion der Zeit; unten: die daraus berechnete Geschwindigkeit im Rohr

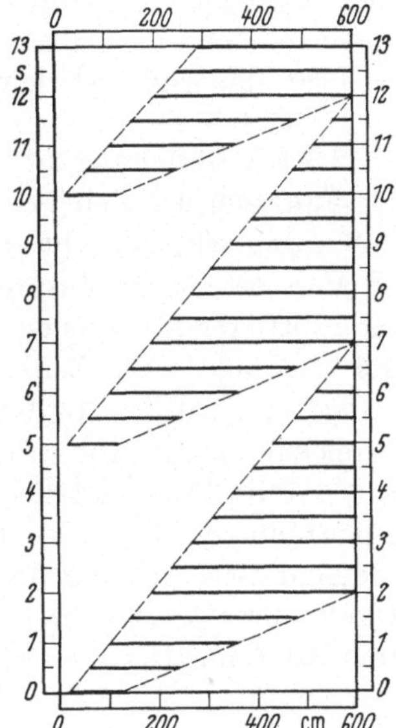

Abb. III, 2.7. Lage und Größe der Turbulenzstöße bei intermittierender Turbulenz; die um 0,5 s aufeinanderfolgenden Bilder sind wie in Abb. III, 2.3 übereinander angeordnet

als Mitte der Parabelströmung — aber mit etwa doppelter Geschwindigkeit $2\bar{u}$ (Abb. III, 2.3, Zeitpunkt 0,5 und 1 s).

Erhöht man den Wasserspiegel im Behälter sehr vorsichtig[209], so ändert sich die Strecke, in der plötzlich Turbulenz auftritt, kaum, wohl aber nimmt die Frequenz insofern zu, als eine neue Turbulenzstrecke bereits einsetzt, ehe der letzte Teil der vorherigen Turbulenz das Rohr verlassen hat. Dabei scheint es, als ob jetzt die hintere Turbulenzfront sich noch etwas langsamer als vorher bewegt. Abb. III, 2.7 zeigt schematisch die in einer halben Sekunde aufeinanderfolgenden Turbulenz-

[209] Es ist nicht zweckmäßig, den Wasserspiegel im Behälter dadurch zu erhöhen, daß man einfach aus einem Schlauch Wasser in den Behälter strömen läßt, denn obwohl die Wasserhöhe bei den beschriebenen Versuchen mehrere Meter beträgt, kann dies sehr leicht die Störungsfreiheit des Wassers beim Einfließen in das Rohr beeinträchtigen. Um dies zu vermeiden, umgibt man das Schlauchende mit einem großen Gummischwamm, durch den das Wasser ganz allmählich hindurchsickert.

strecken (als Strich gekennzeichnet), analog wie in Abb. III, 2.3. Man erkennt, daß jetzt am Rohrende dauernd Turbulenz herrscht. Es besteht eine gewisse Analogie zu Abb. III, 3.5, wo auch an einer bestimmten Stelle (2,6 m von der Plattenschneide) durch das „Zusammenwachsen" der Turbulenzflecken volle Turbulenz eingetreten ist. Bei weiterer Wasserspiegelerhöhung, d. h. Vergrößerung der Reynoldsschen Zahl, wird die Frequenz der „Turbulenzstöße" immer größer, so daß man schon bei $x = 400$ cm dauernd Turbulenz beobachtet. Schließlich kann man nicht mehr von einer intermittierenden Entstehung der Turbulenz sprechen, und das Rohr ist von etwa $x = 20$ cm ab, oder etwas weniger, dauernd turbulent.

2.3 Die Beziehung zwischen Widerstandszahl und Reynoldsscher Zahl als Funktion der Zeit bei intermittierender Turbulenz. Wir nehmen an, daß durch sehr vorsichtiges und langsames Erhöhen des Wasserspiegels im Vorratstank ein Zustand eingetreten sei, bei dem gerade noch keine intermittierende Turbulenz eintritt; die Geschwindigkeit sei $\bar{u} = 254$ cm/s; die Reynoldssche Zahl sei mit $\nu = 0{,}013$ cm²/s (10 °C) also Re $= 254 \cdot 0{,}7/0{,}013 = 13700$. Diesen Zeitpunkt nennen wir $t = 0$ und bezeichnen ihn in Abb. III, 2.6 mit A. In diesem Augenblick beobachten wir, daß im Rohr plötzlich auf der Strecke $x = 20$ cm bis 120 cm Turbulenz eintritt. Diese ist offenbar durch eine gelegentlich vorkommende etwas größere Störung des in das Rohr fließenden Wassers verursacht. Durch diese Turbulenzstrecke wird der Druckabfall vom Einlauf bis zum Rohrende (l), d. h. $p_0 - p(l)$ bzw. die Widerstandszahl

$$\lambda = \frac{p_0 - p(l)}{\frac{\varrho}{2}\,\bar{u}^2} \cdot \frac{2R}{l} \qquad \text{(III, 2.6)}$$

mit $R = 0{,}35$ cm als Rohrradius erhöht.

Bevor die Turbulenz einsetzte, berechnet sich λ in folgender Weise: Nach S. 12 bzw. Abb. I, 1.7 ist die Länge der Anlaufstrecke bis zur Parabelausbildung (Re auf den Rohrradius bezogen)

$$x' = 0{,}115\, r\, \mathrm{Re} = 0{,}115 \cdot 0{,}35 \cdot 6850 = 275 \text{ cm};$$

der Druckabfall (in Einheiten von $\varrho \bar{u}^2/2$) ist dabei nach Abb. I, 1.7 gleich 3,0. Der Druckabfall längs der Strecke $l - x' = 600 - 275 = 325$ cm (Parabelprofil) ist (Re auf den Durchmesser bezogen)

$$\frac{p(x') - p(l)}{\frac{\varrho}{2}\,\bar{u}^2} = \frac{64}{\mathrm{Re}} \cdot \frac{l - x'}{2R} = \frac{64}{13700} \cdot \frac{325}{0{,}7} = 2{,}165.$$

Der gesamte Druckabfall ist somit $3 + 2{,}165 = 5{,}165$ und die Widerstandszahl also

$$\lambda = 5{,}165 \frac{0{,}7}{600} = 0{,}00602 .$$

Dieser Wert ist in Abb. III, 2.8 bei dem „unteren“ A eingetragen.

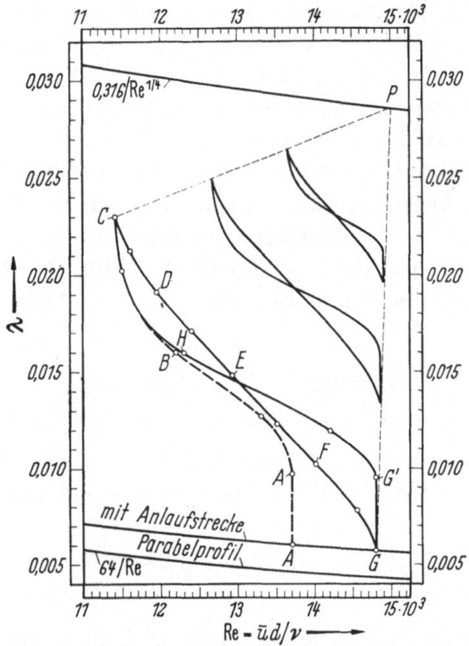

Abb. III, 2.8. Widerstandszahl-Kurven bei intermittierender Turbulenz im Rohr

Nachdem auf der Strecke $x = 20$ bis 120 cm Turbulenz eingetreten ist, besteht der „laminare Druckabfall“, immer in Einheiten des Staudruckes gemessen, aus:

1. bis $x = 20$ cm entsprechend x/r Re $= 0{,}0083$ gleich *0,67*;

2. von $x = 120$ cm bis zum Parabelprofil bei $x' = 275$ cm nach Abb. I, 1.7 gleich *1,22*;

3. vom Parabelprofil bis Rohrende: $0{,}00497 \cdot (600-275)/0{,}7 = 2{,}3$, zusammen also 4,19. Der turbulente Druckabfall, ebenfalls in Einheiten des Staudruckes, ist gleich

$$\lambda_t \cdot \frac{100}{0{,}7} = \frac{0{,}316}{\mathrm{Re}^{\frac{1}{4}}} \cdot \frac{100}{0{,}7} = \frac{0{,}0292 \cdot 100}{0{,}7} = 4{,}17 .$$

Mithin beträgt der gesamte Druckabfall 4,19 + 4,17 = 8,36 und die Widerstandszahl

$$\lambda = 8{,}36 \frac{0{,}7}{600} = 0{,}00975 .$$

In Abb. III, 2.8 ist dieser Wert über Re = 13700 als „oberer“ A-Wert eingetragen.

Nach 1 s (in Abb. III, 2.6 bei B) ist die Geschwindigkeit $\bar{u} = 225$ cm/s und demnach Re = 12200. Aus Abb. III, 2.7 ist ersichtlich, daß die Turbulenzstrecke von $x = 120$ bis 380 cm reicht. Der Druckabfall bis $x = 120$ cm entsprechend $120/0{,}35 \cdot 6100 = 0{,}056$ ist nach Abb. I, 1.7 gleich *1,91*, und der Druckabfall von $x = 380$ cm (Parabelprofil) bis 600 cm nach Abb. III, 2.8 gleich $0{,}0052\ (600-380)/0{,}7 = $ *1,63*. Die beiden laminaren Anteile zusammen sind also 1,910 + 1,63 = *3.54*. Der Druckabfall längs der turbulenten Strecke ist $0{,}03 \cdot (380-120)/0{,}7 =$ *11,14*; $\lambda_t = 0{,}03$ bei Re = 12200 ist der Abb. III, 2.8 entnommen. Der gesamte Druckabfall ist somit 3,54 + 11,14 = 14,68 und die Widerstandszahl

$$\lambda = 14{,}68 \frac{0{,}7}{600} = 0{,}0171 .$$

Wegen der Verzögerung der Wassermasse im Rohr: $\varrho R^2 \pi l$ im Augenblick 1 s (Punkt B) wird der Wert von λ kleiner und zwar, da

$$[p_0 - p(l)]\, R^2 \pi = \varrho R^2 \pi l \frac{\partial \bar{u}}{\partial t}$$

ist, und wenn beide Seiten noch durch $\bar{u}^2/2$ dividiert und mit $2R/l$ multipliziert werden (entsprechend Gl. (III, 2.6)), um den Wert

$$\lambda_{\text{Beschl.}} = \frac{4R}{\bar{u}^2} \cdot \frac{\partial \bar{u}}{\partial t} = \frac{1{,}4 \text{ cm}}{\bar{u}^2} \frac{\partial \bar{u}}{\partial t} .$$

Im Punkt B ist $\bar{u} = 225$ cm/s und $\partial \bar{u}/\partial t = -40$ cm/s², mithin

$$\lambda_{\text{Beschl.}} = -\frac{1{,}4}{225^2} \cdot 40 = -0{,}0011 .$$

Die gesamte Widerstandszahl ist also $\lambda = 0{,}0171 - 0{,}0011 = 0{,}016$ (Abb. III, 2.8).

In dieser Weise sind die λ-Werte zu den Punkten A bis H (Abb. III, 2.6) sowie zu den zeitlich dazwischen liegenden Punkten berechnet worden. Dabei sind der Abb. III, 2.3 die Strecken der laminaren bzw. turbulenten Strömung entnommen, der Abb. III, 2.6 die $\bar{u}$- und $\partial \bar{u}/\partial t$-

Werte und der Abb. I, 1.7 (zu den berechneten $x/0{,}35$ Re-Werten) der Druckabfall längs den laminar strömenden Strecken. Die λ_{lam}- und λ_{turb}-Werte sind aus Abb. III, 2.8 abgegriffen.

Daß nicht schon in einem Punkte zwischen E und F (Abb. III, 2.6 bzw. 8) Turbulenz einsetzt, sondern erst in G bei $\text{Re} = 14800$, hängt damit zusammen, daß die Strömung von C ab eine Beschleunigung aufweist; dies wirkt sich aber stabilisierend, d. h. für die Erhaltung einer laminaren Strömung günstig aus.

Den periodischen Schwankungen der Geschwindigkeit im Rohr ($\bar{u}_R$) von Abb. III, 2.6 entspricht die Schleife der λ-Werte von G über G', H nach C und zurück über D, E, F nach G (Abb. III, 2.8). Es bildet sich offenbar ein Gleichgewicht aus zwischen der konstant gehaltenen Wasserhöhe sowie Ausflußöffnung und dem Widerstand der instationären, beschleunigten und verzögerten Strömung mit seinen verschieden großen Turbulenzanteilen.

Vergrößert man — bei derselben Ausflußdüse — sehr langsam die Wasserhöhe im Vorratstank um ein Geringes, so tritt, wie in Abb. III, 2.7 schematisch gezeigt, ein neuer Turbulenzstoß auf (bei 5 s), bevor der letzte das Rohr verlassen hat. Diesem Zustand entspricht eine der beiden oberen λ-Schleifen von Abb. III, 2.8. Bei einer weiteren geringen Zunahme der Wasserhöhe ist schließlich im ganzen Rohr Turbulenz, die λ-Schleifen sind bei $\text{Re} = 15000$ in den Punkt P ($\lambda = 0{,}0285$) übergegangen.

Die Größe $\text{Re} = 15000$ wie überhaupt die in Abb. III, 2.8 angegebenen Re-Werte hängen von dem Maße der Störungsfreiheit des zufließenden Wassers ab; die Re-Werte werden kleiner, wenn die Störungsfreiheit geringer ist als im vorliegenden Beispiel, können aber auch größer sein, wenn genügend Sorgfalt auf die Vermeidung selbst kleiner Störungen verwendet wird (Konstanz der Wassertemperatur im Behälter!).

2.4 Bemerkungen zum Übergang von laminarer Strömung in die turbulente und umgekehrt. Wie die vorher beschriebenen Beobachtungen zeigen, geschieht beim Rohr der Übergang von laminarer Strömung in die turbulente immer bei einem Einlaufprofil, etwa bei

$$\frac{x}{R\,\text{Re}} \sim 0{,}04\,, \qquad \text{Abb. I, 1.4, S. 7},$$

wo also die Wirkung der Zähigkeit ν sich auf die wandnahen Schichten beschränkt und das Geschwindigkeitsprofil noch ein geradliniges Mittelstück ($\partial u/\partial r = 0$) besitzt. Man kann deshalb nicht davon sprechen, daß beim Eintritt der Turbulenz das ausgebildete Parabelprofil in das für die Turbulenz charakteristische Geschwindigkeitsprofil übergehe. Dieser Vorgang ist auch noch niemals beobachtet worden[210].

Die Reynoldssche Zahl, bei der die laminare Strömung im Einlaufgebiet und weiterhin stromabwärts dauernd turbulent wird, wo also die intermittierende laminar-turbulente Strömung aufgehört hat, bezeichnet man als obere kritische Reynoldssche Zahl. Im vorigen Beispiel ist nach Abb. III, 2.8 die obere kritische Re-Zahl gleich 15000. Diese Zahl ist, wie bereits erwähnt, um so größer, je kleiner die Einlaufstörungen sind.

Handelt es sich um einen scharfkantigen Rohreinlauf oder bewirkt man durch ein vor oder im Einlauf angebrachtes Sieb oder ähnl., daß die Flüssigkeit stark durchwirbelt in das Rohr einfließt, so kann — wie Beobachtungen gezeigt haben — diese unregelmäßig durchwirbelte Strömung im weiteren Verlauf entweder turbulent oder laminar werden. Im ersteren Falle bildet sich schließlich das für die Turbulenz charakteristische Geschwindigkeitsprofil aus, im zweiten Fall die Parabelströmung (vorausgesetzt, daß das Rohr lang genug ist). Welche der beiden Strömungen eintritt, hängt von der Reynoldsschen Zahl ab.

Wie Versuche von L. Schiller[211] und anderen gezeigt haben, geht eine im Einlauf *sehr stark durchwirbelte* Strömung in die turbulente über, falls die Reynoldssche Zahl größer als etwa $\mathrm{Re} = \bar{u}d/\nu = 2300$ ist; sie wird die untere kritische Reynoldssche Zahl genannt. Unterhalb dieser Re-Zahl klingen auch die stärksten künstlich hervorgerufenen Störungsbewegungen ab, die Strömung wird laminar. Bei einem Rohr mit scharfkantigem Einlauf ist die kritische Reynoldssche Zahl, entsprechend der etwas geringeren Durchwirbelung im Einlauf, etwa 3000.

Wir werden später sehen, daß man annimmt, die Laminarströmung sei bei großen Re-Zahlen gegenüber kleinen Störungen instabil, so daß die Störungen zeitlich anwachsen und in die für die Turbulenz charakteristischen Schwankungsbewegungen übergehen. Diese Vorstellung läßt sich wohl auf die obere kritische Reynoldssche Zahl anwenden, nicht aber auf die untere. Denn hier handelt es sich garnicht um den Übergang einer laminaren Strömung in die turbulente, sondern um den Übergang

---

[210] Man könnte daran denken, an dem abgerundeten Einlauf (R_1) ein *sehr* schwach konvergentes, genügend langes Rohr anzuschließen, um trotz hoher Reynoldsscher Zahlen — eben wegen der Konvergenz — das Eintreten von Turbulenz zu vermeiden und doch allmählich ein dem Parabelprofil sehr ähnliches Profil zu erhalten. Würde man dann sehr allmählich in ein Rohr von konstantem Radius ($R_2 < R_1$) übergehen, so wäre die Reynoldssche Zahl in diesem Rohr um R_1/R_2 größer als im Einlauf. Es wäre nun von Interesse festzustellen (z. B. durch Messen des Druckabfalles im Rohr (R_2)), ob bei der erhöhten Re-Zahl ein Übergang der Parabelströmung in die turbulente Strömung eintritt.

[211] Schiller, L.: Experimentelle Untersuchungen zum Turbulenzproblem Z. angew. Math. Mech. 1 (1921) 436—444.

einer mehr oder weniger stark durchwirbelten Strömung (also keiner „Schichtströmung") in die turbulente Strömung. Man sollte deshalb nicht sagen (wie es gelegentlich geschieht), daß unterhalb der unteren kritischen Re-Zahl ($Re < 2300$) die *Laminar*strömung gegen noch so große Störungen stabil sei, sondern daß unterhalb dieser kritischen Zahl selbst die am stärksten künstlich durchwirbelte Strömung in die laminare Strömung übergeht; die Strömung *bleibt* nicht laminar, sondern sie *wird* schließlich laminar.

Man kann noch nicht einmal sagen, daß unterhalb von $\bar{u}d/\nu = 2300$ die turbulente Strömung in die laminare übergeht, da unterhalb dieser Zahl eine turbulente Strömung garnicht ohne weiteres zu erhalten ist (alle künstlich erzeugten Störungen klingen ab). Man könnte daran denken, den in Fußnote 210 skizzierten Versuch in umgekehrter Richtung auszuführen: An ein mit *scharfkantigem* Einlauf versehenes Rohr (R_1), bei dem also bei $Re_1 \approx 3000$ am Rohrende voll ausgebildete Turbulenz vorhanden ist, wird mit allmählichem Übergang ein *sehr* schwach divergentes Rohr angesetzt, dessen Endradius $\approx 2R_1$ sein möge. An dieses Rohr schließe sich dann — auch wieder mit allmählichem Übergang — ein Rohr von konstantem Radius ($R_2 = 2R_1$) an. Die Reynoldssche Zahl in diesem Rohr ist dann $Re_2 \approx 1500$. Es wäre nun von Interesse festzustellen (z. B. durch Druckabfallmessung längs einer Strecke am Ende von (R_2)), ob bzw. bei welcher kritischen Reynoldsschen Zahl die Strömung im Rohr (R_2) von der *turbulenten* (nicht nur durchwirbelten) Strömung in die laminare Strömung übergeht (Die Reynoldssche Zahl, bei der die Laminar-Kurve 64/Re von der Blasiusschen Turbulenz-Kurve $0{,}316/Re^{1/4}$ geschnitten wird, ist $\bar{u}d/\nu = 1190$).

2.5 Übergang einer mehr oder weniger stark durchwirbelten Strömung am Einlauf eines Rohres in die turbulente bzw. laminare Strömung. Verwendet man einen scharfkantigen Einlauf (Abb. III, 2.2), so hat man im Rohranfang eine sehr stark durchwirbelte Strömung; diese geht bei einer Re-Zahl von etwa $Re = 2500$ in die laminare, bei ungefähr $Re = 3500$ in die turbulente Strömung über[212]. Es sind bei diesen Reynoldsschen Zahlen allerdings recht beträchtliche Rohrlängen notwendig (einige Hundert Durchmesser), damit bei $Re = 2500$ die Störungen vollständig abgeklungen sind und die laminare Strömung sich eingestellt hat, bzw. bis sich bei $Re = 3500$ die Turbulenz mit der ihr eigenen Geschwindigkeitsverteilung ausgebildet hat. Stellt man den Strömungszustand dadurch fest, daß man am Rohrende längs einer

---

[212] Man kann durch Vorschalten von Sieben vor dem scharfkantigen Einlauf oder durch Blenden von kleinerem Durchmesser als der des Rohres größere Einlaufstörungen hervorbringen und damit die beiden Re-Zahlen noch etwas erniedrigen.

gewissen Strecke den laminaren bzw. turbulenten Druckabfall mißt, so beobachtet man, daß in beiden Fällen der Meniskus im Manometer vollständig ruhig ist und keinerlei Schwankungen aufweist.

Dies ändert sich, wenn man die Geschwindigkeit im Rohr und damit die Reynoldssche Zahl in kleinen Schritten langsam über den Wert der laminaren Strömung erhöht. Zunächst treten geringe Schwankungen (etwa alle 2—3 s) in Richtung einer Druckerhöhung auf, bei weiterer Vergrößerung der Reynoldsschen Zahl jedoch immer häufiger (allerdings nicht so regelmäßig wie bei der früher beschriebenen intermittierenden Strömung), bis es schließlich kaum noch möglich ist, einen Mittelwert des Manometerstandes abzulesen. Die Ursache dafür liegt darin, daß einzelne, besonders große Störungen (Durchwirbelungen) im Einlauf bei den jeweiligen Re-Zahlen nicht abklingen, dann wahrscheinlich in die turbulente Strömung übergehen und diese als solche durch die Meßstrecke hindurch fließt. Bei weiterer langsamer Erhöhung der Reynoldsschen Zahl werden die Schwankungen der Menisken wieder weniger häufig und zwar in Richtung der Druckverminderung, wobei der Abstand der Menisken aber wesentlich größer ist und fast den Abstand wie bei der turbulenten Strömung erreicht. In diesem Fall sind offenbar einzelne Störungen im Einlauf weniger groß, so daß sie bei der fraglichen Reynoldsschen Zahl abklingen und für ein mehr oder weniger kurzes Stück sich im Rohr laminare Strömung einstellt. Wenn dieses Stück laminarer Strömung durch die Meßstrecke fließt, bewirkt sie eine momentane Druckerniedrigung; diese kann sich jedoch wegen der kurzen Zeit und der Trägheit des Manometers nicht voll, d. h. bis zum Manometerstand der laminaren Strömung auswirken. Bei geringer Vergrößerung der Reynoldsschen Zahl stellt sich dann der schwankungsfreie Manometerstand ein, der dem turbulenten Strömungszustand entspricht. Diese Vorgänge hat J. Rotta[213] ausführlich untersucht. Es sei dazu erwähnt, daß es sich in jener Arbeit ausschließlich um den Übergang einer im Einlauf stark durchwirbelten Strömung in die laminare bzw. turbulente handelt und nicht um den Übergang von laminarer Strömung in die turbulente.

---

[213] Rotta, J.: Experimenteller Beitrag zur Entstehung turbulenter Strömung im Rohr. Ing.-Arch. 24 (1956) 258—281. Bei allmählichem Übergang zum Rohr und sorgfältiger Vermeidung von Einlaufstörungen blieb die Strömung bis $Re = \bar{u}d/\nu = 18000$ laminar. Leider wurden die Vorgänge bei größeren Re-Zahlen nicht untersucht. Es ist deshalb wohl besser, von einem Wechsel von stark durchwirbelter Strömung in die turbulente bzw. laminare zu sprechen, statt — wie in jener Arbeit — von laminarer in die turbulente Strömung.

An dieser Stelle sei auf die Arbeit von E. Rune Lindgren: The Transition Process and other Phenomena in Viscous Flow. Arkiv f. Fysik 12 (1957) Nr. 1, hingewiesen, die über zahlreiche eigene Experimente berichtet und in kritischer Weise auf andere diesbezügliche Arbeiten ausführlich eingeht.

Es wird ein sogenannter Intermittenzfaktor γ definiert und zwar als derjenige Bruchteil einer (willkürlich) gewählten Zeit (z. B. 1 min), in welcher die stark durchwirbelte Strömung im Rohreinlauf im weiteren Verlauf turbulent geworden ist, wo also $\bar{u} = \bar{u}_{\text{turb.}} = f(r/R)$ ist; $1 - \gamma$ ist also derjenige Bruchteil der gewählten Zeit, in welcher die durchwirbelte Strömung im Rohreinlauf im weiteren Verlauf laminar ge-

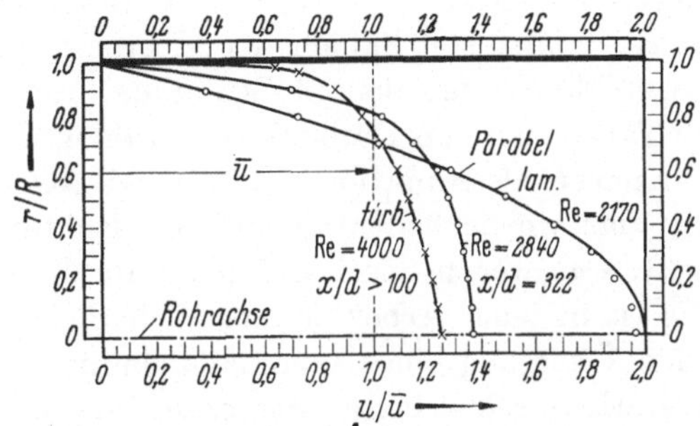

Abb. III, 2.9. Geschwindigkeitsverteilung im Rohr bei intermittierender Turbulenz (kleine Kreise bei Re = 2840 nach ROTTA[213]) verglichen mit der turbulenten Geschwindigkeitsverteilung (kleine Kreuze, nach J. NIKURADSE[80])

worden ist $(u = u_{\text{lam.}} = f(r/R)$. Es bedeutet also $\gamma = 1$ dauernd turbulent und $\gamma = 0$ dauernd laminar an der Meßstelle; $\gamma = 0{,}4$ heißt soviel, daß in der gewählten Zeit (z. B. 1 min) an der Meßstelle (z. B. $x/d = 300$) in unregelmäßigem Wechsel zeitweise Laminarströmung und zeitweise turbulente Strömung herrscht, und daß die Summe der turbulenten Zeiten gleich 0,4, die der laminaren Zeiten gleich 0,6 der gewählten Zeiteinheit beträgt. Der Wechsel von laminar und turbulent an der Meßstelle ist unregelmäßig und beträgt Bruchteile von Sekunden bis zu einigen Sekunden.

Nach Abb. 21 der Rottaschen Arbeit ist bei $\text{Re} = 2840$ und $x/d = 322$ der Intermittenzfaktor praktisch gleich 1; d. h. für diese Werte von Re und x/d herrscht dauernd voll ausgebildete Turbulenz. In Abb. III, 2.9 ist die zu diesen Werten von Re und x/d gehörende Geschwindigkeitsverteilung $u/\bar{u} = f(r/R)$ aus Abb. 14[213] eingezeichnet und zum Vergleich die Verteilung der turbulenten Strömung $(\text{Re} = 4000$, $x/d > 100)$ nach J. NIKURADSE[80]. Diese erhält man, indem man aus der dortigen Tafel 2 die Funktion $u/U = f(r/R)$ bildet, numerisch daraus

$$\frac{\bar{u}}{U} = 2\int_0^1 \frac{u}{U}\,\frac{r}{R}\,d\left(\frac{r}{R}\right)$$

berechnet und u/U durch den Wert dieses Integrals dividiert.

Obwohl man wegen $\gamma = 1$ eine Übereinstimmung beider Profile erwarten sollte, besteht – besonders in der Nähe der Rohrwand – ein beträchtlicher Unterschied gegenüber dem Turbulenzprofil. Dies liegt wohl daran, daß die Bestimmung der Intermittenfaktoren γ aus sogenannten „geglätteten" Kurven, die ihrerseits eine nicht unbeträchtliche Unsicherheit und Willkür in sich schließen, zu ungenau ist. Man kann aus dem Grunde auch nicht – wie es in der Rottaschen Arbeit geschieht – aus den Kurven $\gamma = f(x/d)$ für konstante Re-Werte folgern, daß sich bei kleinen Reynoldsschen Zahlen der Übergang bis $\gamma = 1$, d. h. bis zur voll ausgebildeten turbulenten Strömung, auf Rohrlängen erstreckt, die nach Tausenden von Durchmessern zählen. Auch ist es nicht angängig, die γ-Kurven als Funktion von x/d bei $x/d = 0$ nach Null zu extrapolieren; das würde bedeuten, daß im Rohranfang Laminarströmung herrscht, was wegen der Lochblende am Rohreinlauf jedoch nicht zutrifft. Es ist in jener Arbeit immer zu berücksichtigen, daß es sich nicht um den Übergang einer Laminarströmung sondern um den Übergang einer stark durchwirbelten Strömung in eine laminare bzw. turbulente Strömung handelt. Insofern ist auch eine Bezugnahme auf die früher (S. 307ff.) beschriebene Strömung mit regelmäßigen Turbulenzpulsationen nicht gegeben.

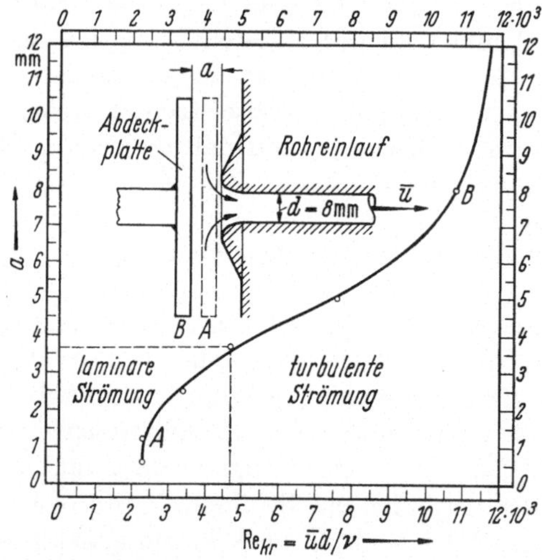

Abb. III, 2.10. Anordnung zur Änderung der Rohreinlaufstörungen; Abnahme der kritischen Reynoldsschen Zahl bei Vergrößerung der Einlaufstörungen

2.6 Abhängigkeit der kritischen Reynoldsschen Zahl von der Rohreinlauf-Störung. Wie bereits erwähnt, ist die kritische Reynoldssche Zahl, bei der die laminare Strömung in die turbulente übergeht, um so größer je geringer die Rohreinlaufstörungen sind. Diese sind vor allem von der sorgfältig ausgeführten, abgerundeten Einlaufdüse abhängig, dann aber auch von dem Beruhigungszustand des Wassers im Vorratstank sowie von dessen Größe.

Bei der von L. SCHILLER[211] beschriebenen Versuchseinrichtung ist die kritische Reynoldssche Zahl etwa 12000. Befestigt man jedoch die zum Verschließen der Rohrmündung vorgesehene Abdeckplatte in der Nähe des Rohreinlaufes, so bewirken die von der kreisförmigen Platte ausgehenden kleinen Wirbel eine geringe Vergrößerung der Störung im laminaren Einlauf; dies hat eine kleinere kritische Reynoldssche Zahl zur Folge, und zwar ist die krit. Re-Zahl gleich 10800, wenn die Platte einen Abstand des Rohrdurchmessers vom abgerundeten Einlauf hat (Abb. III, 2.10). Verringert man den Abstand a auf 5 mm ($a/d = 0{,}625$), so sinkt die krit. Re-Zahl auf 7500. Bewegt man die Platte bis auf einen Spalt von $a = 1{,}2$ mm ($a/d = 0{,}067$), gestrichelte Position A in Abb. III, 2.10, an die Rohrmündung, so strömt das Wasser durch einen kreisförmigen Spalt in den Rohreinlauf, wobei sich eine stark durchwirbelte Einlaufströmung ausbildet, also keine Laminarströmung besteht. Bei einer Reynoldsschen Zahl <2300 geht diese Strömung im weiteren Verlauf ($x/d \sim 130$) in die laminare Strömung über; hier handelt es sich also um die untere kritische Reynoldssche Zahl. Eine weitere Verkleinerung des Spaltes auf die Hälfte ändert diese Zahl nicht mehr.

3 Die Entstehung der Turbulenz

3.1. Die Entstehung der Turbulenz als Stabilitätsproblem. Wie wir gesehen haben, kann die Turbulenz (*mit den ihr eigenen Schwankungsbewegungen*) sowohl aus einer stark durchwirbelten, unregelmäßigen Strömung entstehen, als auch aus einer laminaren Strömung, beides allerdings bei sehr verschiedenen Reynoldsschen Zahlen. Zieht man aber im ersteren Fall den vollkommen unbekannten durchwirbelten Strömungszustand als Ausgangsströmung in Betracht, so erscheint es hoffnungslos, den Übergang zur ebenfalls unbekannten turbulenten Strömung theoretisch zu erfassen und beispielsweise die (untere) kritische Reynoldssche Zahl berechnen zu wollen. In dieser Hinsicht erscheint es aussichtsreicher von der an sich einfachen Schichtströmung (Laminarströmung) auszugehen. Alle bisherigen Versuche der theoretischen Behandlung der Entstehung der Turbulenz sind auch diesen Weg gegangen.

Der nahezu plötzliche Übergang der laminaren Strömung in die turbulente, wie er auf S. 302 beschrieben wurde, und den auch REYNOLDS[72] beobachtet hatte, wurde von diesem Forscher so gedeutet, daß die Laminarströmung als Lösung der Navier-Stokesschen Gleichung zwar immer möglich erscheint, oberhalb einer gewissen Geschwindigkeit (bzw. Reynoldsschen Zahl) aber gegenüber geringfügigen Störungen instabil wird und der turbulenten Strömung Platz macht. Es ist erstaunlich, daß nach REYNOLDS bereits G. G. STOKES diese Auffassung vertreten hat[214].

Dabei können nach Abb. III, 2.10 bei einer bestimmten Re-Zahl (Re $\sim$ 10000) noch gewisse kleine Störungen der Laminarströmung überlagert sein, ohne daß Turbulenz eintritt; diese Störungen klingen im weiteren Verlauf der Strömung dann ab, und es verbleibt die Laminarströmung. Allerdings, je größer die jeweilige Reynoldssche Zahl ist, desto kleiner dürfen die Störungen nur sein, um gerade noch abzuklingen. Man

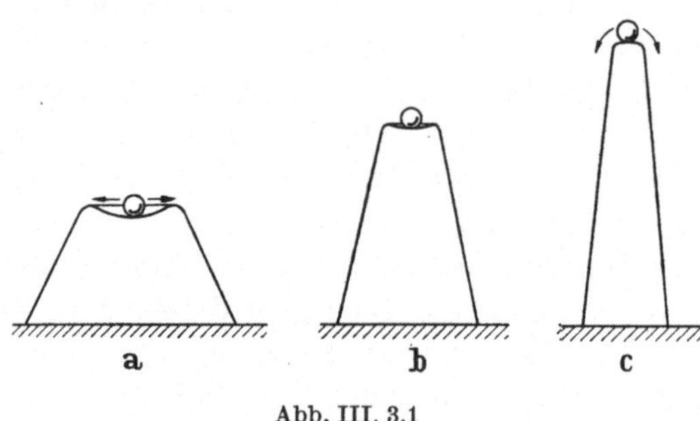

Abb. III, 3.1

könnte an folgenden etwas abseitigen aber einprägsamen Vergleich denken (Abb. III, 3.1): Eine (reibungslose) Kugel befinde sich in der Delle oben auf einem Kegel. Ein bestimmtes Maß von Bewegung d. h. Störung kann man der Kugel zubilligen, ohne daß sie die Delle verläßt (entspricht der Laminarströmung); wird die Störung zu groß, so rollt die Kugel vom Kegel herunter (entspricht dem Übergang zur turbulenten Strömung). Die Höhe des Kegels sei ein Maß für die Reynoldssche Zahl. Die Delle wird kleiner und flacher, je höher der Kegel ist. Es fragt sich jetzt, ob die Delle (wie bei *c*) bereits bei einer endlichen Höhe des Kegels verschwindet oder nicht. Im ersteren Falle würde bei einer bestimmten endlichen wenn auch großen) Reynoldsschen Zahl immer Turbulenz eintreten, im zweiten Fall würde die obere kritische Re-Zahl nach Unendlich konvergieren, wenn die Störung nach Null geht. Wir werden auf S. 327 sehen, daß der erstere Fall zutrifft.

3.2 Die Art der Störung, Umschlag von laminar in turbulent bei der Plattengrenzschicht. Bisher haben wir lediglich von sehr geringen Störungen einer Laminarströmung gesprochen, die — bei genügend großer

---

[214] REYNOLDS, O.[72]: (S. 938): The general cause of the change from steady to eddying motion was, in 1843, pointed out by Professor STOKES as being that, under certain circumstances, the steady motion becomes unstable so that an infinitely small disturbance may lead to a sinous motion.

Reynoldsscher Zahl — zeitlich sehr schnell anwachsen und den Übergang zur turbulenten Strömung verursachen. Ob dabei mehr die Amplitude oder mehr die Frequenz der kleinen Störung der Laminarströmung für die Entstehung der Turbulenz ausschlaggebend ist, darüber weiß man bei der Rohrströmung nur sehr wenig[215].

Eigene Beobachtungen (Göttingen, KWI 1928) sprechen dafür, daß hochfrequente Störungen (Schallschwingungen) sehr leicht die Turbulenz auslösen können, falls die Reynoldssche Zahl sehr groß ist (Re $\approx$ 15000).

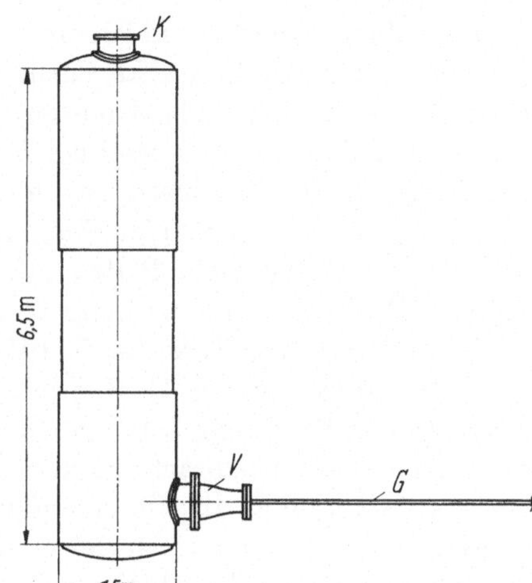

Abb. III, 3.2. Wassertank mit Verjüngungsstück V und Glasrohr

Durch das in Abb. III, 3.2 schematisch gezeichnete Glasrohr G mit Einlaufsabrundung nach Abb. III, 2.1 fließt Wasser aus dem 6,5 m hohen Tank; die zur Erhaltung einer konstanten Wasserhöhe vorgesehene Zufluß- und Überlaufeinrichtung ist in der Abbildung der Einfachheit halber fortgelassen. Die Wassermenge im Tank befindet sich im Zustand einer großen Beruhigung (der Tank wurde einige Wochen vor den Versuchen aufgefüllt). Bei einer Reynoldsschen Zahl von Re $= \bar{u}d/\nu = 36000$ ist die Strömung laminar, wie aus dem strichförmigen Farbfaden in Rohrmitte erkenntlich ist (Abb. II, 1.22). Die Länge des Glasrohres beträgt mehrere hundert Rohrdurchmesser.

Bewegt man nun die in einem (weichen) Gummipfropfen gehaltene Farbdüse (Abb. III, 2.1) um einige Millimeter hin und her, so er-

[215] Die Messungen von J. Rotta[213] beziehen sich nicht auf diesen Fall, da in jener Arbeit die Entstehung einer im Einlauf stark durchwirbelten Strömung in die turbulente untersucht wird und nicht der Übergang der Laminarströmung in Turbulenz.

scheint im Rohr statt des geraden ein geschlängelter Farbfaden; sobald die Düse wieder in Ruhe ist, erscheint er wieder als gerader Faden. Der geschlängelte Farbfaden bewegt sich jedoch als Ganzes, d. h. ohne seine Gestalt dabei zu ändern, durch das Rohr; die Strömung im Rohr ist trotz der Störung durch die Bewegung der Farbdüse laminar geblieben.

Schlägt man jedoch mit einem Stück Holz auch nur mäßig gegen das Verjüngungsstück V (Abb. III, 3.2), so tritt momentan längs einer bestimmten Rohrstrecke (angefangen bei etwa $x = 30d$ oder etwas weniger) Turbulenz ein; das plötzlich turbulent gewordene Stück bewegt sich dann durch das Rohr. Die Strömung bleibt im übrigen weiterhin laminar, bis durch einen neuen leichten Schlag gegen V in gleicher Weise längs einer gewissen Rohrstrecke Turbulenz ausgelöst wird. Die gleichen Erscheinungen lassen sich beobachten, wenn man — statt gegen V — oben an den 6,5 m hohen Kessel bei K einen geringen Schlag ausführt.

Der Übergang von laminarer Strömung in die turbulente, der wegen seiner „Plötzlichkeit“ auch Umschlag genannt wird, tritt ebenfalls bei der Grenzschicht längs einer Platte auf, wie besonders H. L. Dryden[216] gezeigt hat. Hier wissen wir nun sehr viel mehr über die Art der Störung, die zur Turbulenz führt. Es ist das Verdienst von Hugh L. Dryden[217–220] und seinen Mitarbeitern G. B. Schubauer[221], H. K. Skramstad[221], P. S. Klebanoff[222] durch sehr geschickte Experimente Klarheit in diesen Fragenkomplex gebracht zu haben. Dies wurde besonders deshalb von großer Bedeutung, als die schon vorher erhaltenen theoretischen Ergebnisse — auf die wir noch zurückkommen werden — durch diese Experimente weitgehend bestätigt wurden.

Mißt man mit einer kleinen Pitotröhre den Staudruck und damit die Geschwindigkeit in verschiedenen Entfernungen von der Platte ($y \sim \delta$-Richtung) und führt dieses in verschiedenen x-Abständen von der Plattenschneide aus, so erhält man zunächst Laminarprofile.

---

[216] Dryden, H. L.: Air Flow in the Boundary Layer near a Plate. NACA Report 562 (1936).

[217] Dryden, H. L.: Boundary Layer Flow near Flat Plates. Proc. Fourth Internat. Congress for Applied Mechanics, 175, Cambridge 1934.

[218] Dryden, H. L.: Turbulence and the Boundary Layer. J. Aer. Sci. 6 (1939) 85 u. 101.

[219] Dryden, H. L.: Some Recent Contributions of the Study of Transition and Turbulent Boundary Layers. Sixth Internat. Congress for Applied Mechanics, Paris 1946. NACA, TN 1168 (1947).

[220] Dryden, H. L.: Recent Investigations of the Problem of Transition ZFW 4 (1956) 89—95.

[221] Schubauer, G. B., u. H. K. Skramstad: Laminar Boundary Layer-Oscillations and Stability of Laminar Flow. Nat. Bureau of Standards, Research Paper 1772. J. Aer. Sci. 14 (1947) 69; NACA Rep. 909.

[222] Schubauer, G. B., u. P. S. Klebanoff: Contributions of the Mechanics of Boundary Layer Transition. NACA, TN 3489 (1955); NACA Rep. 1289 (1956).

In Abb. III, 3.3 ist das Wachsen der Grenzschichtdicke, d. h. $\delta_l = 6x\mathrm{Re}_x^{-1/2} = f(x)$ dargestellt ($U = 24$ m/s, $\nu = 14{,}75 \cdot 10^{-6}$ m²/s). Man erkennt, daß bis zu einem Abstand von der Schneide: $x = 1{,}60$ m entsprechend einem $\mathrm{Re}_x = 2{,}8 \cdot 10^6$, die Strömung in der Grenzschicht laminar ist. Die Dicke der Grenzschicht ist an dieser Stelle etwa 6 mm. Von da ab, d. h. bei $x > 1{,}6$ m bzw. bei $\mathrm{Re}_x > 2{,}8 \cdot 10^6$, wird der Manometerspiegel sehr unruhig; hier ist das Gebiet, wo die laminare

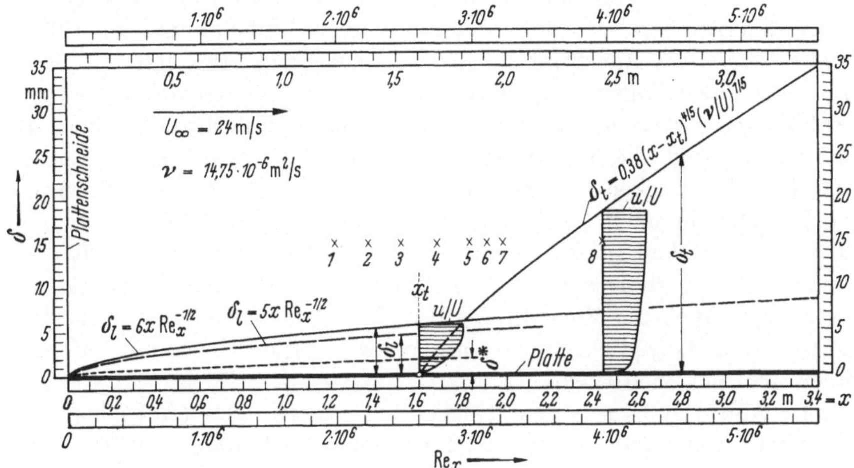

Abb. III, 3.3. Laminare Plattengrenzschicht, die bei x_t in die turbulente Grenzschicht übergeht

Strömung in die turbulente übergeht. Bei $x = 2{,}44$ m, d. h. $\mathrm{Re}_x = 3{,}97 \times \times 10^6$ wird der Manometerspiegel wieder ruhig; die Grenzschichtdicke ist dabei sehr gewachsen, entsprechend

$$\delta_t = 0{,}38\,(x - x_t)^{\frac{4}{5}} \cdot \left(\frac{\nu}{U}\right)^{\frac{1}{5}}.$$

Bei weiterer Vergrößerung von x bleibt der Manometerspiegel ruhig; wir haben eine turbulente Grenzschicht, deren Dicke sich nach der letzten Gleichung berechnet.

Es ist nun nicht so, daß bei der zweidimensionalen Strömung längs der Platte etwa zweidimensionale Störungen in dem Bereich von $x = 1{,}6$ m bis $x = 2{,}44$ m in ihrer Amplitude mehr und mehr anwachsen bis sich bei $x = 2{,}44$ m volle Turbulenz ausgebildet hat; dies würde man vielleicht vermuten, wenn man lediglich von der Annahme ausginge, daß die Strömung bei $x = 1{,}6$ m, d. h. bei $\mathrm{Re}_x = 2{,}8 \cdot 10^6$, kleinen Störungen gegenüber instabil wird.

3.3 Das Auftreten von „Turbulenzflecken". Die tatsächliche Entwicklung zur Turbulenz geht, wie zuerst H. W. EMMONS[223] gezeigt hat, in ganz anderer Weise vor sich. EMMONS beobachtete eine dünne Schicht Wasser, das längs einer geneigten Platte hinabfloß und stellte fest, daß an einzelnen Punkten oder „Flecken" plötzlich Turbulenz eintrat und daß diese Turbulenzflecken sich beim weiteren Entlangfließen an der Platte vergrößerten.

G. B. SCHUBAUER und P. S. KLEBANOFF[222] untersuchten sehr gründlich mittels Hitzdrahtsonden die Einzelheiten dieser Turbulenzflecken. Danach vergrößern sich diese innerhalb eines Winkelraumes von 22,6°, wobei sich die Vorderfront des Turbulenzfleckens etwa mit der Strömungsgeschwindigkeit U_∞ ($\equiv$ außerhalb der Grenzschicht) bewegt, wohingegen die „hintere Front" nur die halbe Geschwindigkeit, d. h. $0{,}5\ U_\infty$ hat (vgl. die in Abb. III, 2.7 dargestellten Vorgänge im Rohr); der Turbulenzflecken breitet sich sowohl in Strömungsrichtung (x) als auch senkrecht dazu (z) aus. Es scheint, daß — ähnlich wie bei den Turbulenzstrecken im Rohr (hier jedoch in viel stärkerem Maße) — immer neue Turbulenzgebiete am hinteren Teil des Turbulenzfleckens entstehen. Auch die Entwicklung des Turbulenzfleckens senkrecht zur Platte, d. h. in y-Richtung, ist untersucht worden[222], worauf wir hier aber nicht eingehen wollen.

In Abb. III, 3.4a ist ein solcher Turbulenzflecken (Aufsicht), der in kurzer Zeit zuvor im Punkt A entstanden ist, dargestellt[224]. Setzt man die Strömung von Abb. III, 3.3 voraus, d. h. $U_\infty = 24$ m/s, so beträgt die Zeit von der Entstehung des „Turbulenzpunktes" in A ($x = 1.6$ m) bis zu der in Abb. III, 3.4a gezeigten Form: $t = (2{,}4\text{ m} - 1{,}6\text{ m}) : 24\text{ m/s} = 0{,}033$ s. Nehmen wir jetzt einmal an, daß in dem Augenblick ($t = 0$), in welchem der Turbulenzflecken die in Abb. III, 3.4a gezeigte Form und Lage hat, ein neuer Turbulenzpunkt in A entsteht, so hat dieser nach einem Zeitintervall von 0,011 s die Gestalt und Lage wie in Abb. III, 3.4b; die Vorderfront hat den Weg $24\text{ m/s} \times 0{,}011\text{ s} = 0{,}264$ m, die hintere Front den Weg $12\text{ m/s} \cdot 0{,}011\text{ s} = 0{,}132$ m zurückgelegt. Der zur Zeit $t = 0$ in Abb. III, 3.4a ge-

[223] EMMONS, H. W.: The Laminar-Turbulent Transition in a Boundary Layer — Part I. J. Aer. Sci. 18 (1951) 490—98.

EMMONS, H. W., u. A. E. BRYSON: The Laminar-Turbulent Transition in a Boundary Layer, Part II. Proc. First US National Congress Appl. Mech. 1952, 859—868, vgl. auch M. MITCHNER: Propagation of Turbulence from an Instantaneous Point Disturbance. Readers Forum, J. Aer. Sci. 21 (1954) 350—51.

[224] Die innere Umrandung umschließt das stromabwärts sich bewegende Gebiet, in dem dauernd Turbulenz herrscht, wohingegen im Randgebiet bis zur äußeren Umrandung in sehr schneller Folge ein dauernder Wechsel zwischen turbulenter und laminarer Strömung stattfindet.

zeigte Turbulenzflecken hat nach 0,011 s die in Abb. III, 3.4b dargestellte Form und Lage erreicht. Nach weiteren 0,011 s haben wir Abb. III, 3.4c und schließlich nach nochmaligen 0,011 s das Bild *d*; hier hat die Vorderfront des zweiten Turbulenzfleckens die hintere

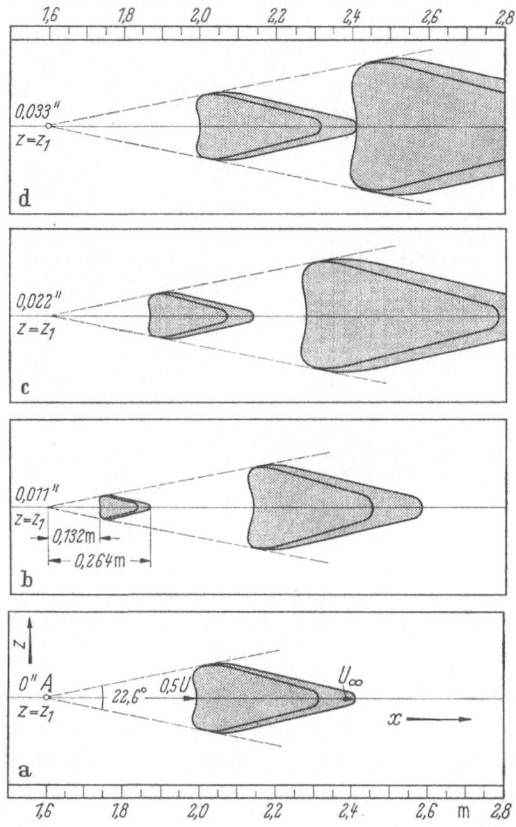

Abb. III, 3.4. Auftreten und Wachsen von Turbulenzflecken; die übereinander angeordneten Zeichnungen stellen um 0,011 s aufeinanderfolgende Zustände dar (schematisch)

Front des ersteren erreicht. Würde man annehmen, daß in diesem Augenblick im Punkte A ($x = 1{,}6$ m, $z = z_1$) ein neuer Turbulenzpunkt entsteht und so fort, d. h. aller 0,033 s ein Turbulenzpunkt im gleichen Punkt A der Platte, so wäre damit erklärt, daß etwa bei $x = 2{,}4$ m — entsprechend Abb. III, 3.3 — dauernd Turbulenz herrscht.

Im Übergangsgebiet von $x = 1{,}6$ m bis $x = 2{,}4$ m herrscht bei $z = z_1$, auf die sich ja die 4 Bilder beziehen, zeitweise laminare Strömung und zeitweise turbulente Strömung. Bei $x < 1{,}6$ m ist die Strömung dauernd laminar, bei $x > 2{,}4$ m dauernd turbulent. In der Mitte des Übergangsgebietes bei $x = 1{,}6 + 0{,}8/2 = 2{,}0$ m haben wir für 0,0165 s laminare und für ebenfalls 0,0165 s turbulente Strömung; der auf S. 315 eingeführte Intermittenzfaktor γ ist also gleich 0,5. Im übrigen ist nach geometrischen Überlegungen bei Abb. III, 3.4 $\gamma = (x - 1{,}6)/0{,}8$ wenn $1{,}6 \leqq x \leqq 2{,}4$ m ist, γ wächst also proportional dem Abstand von

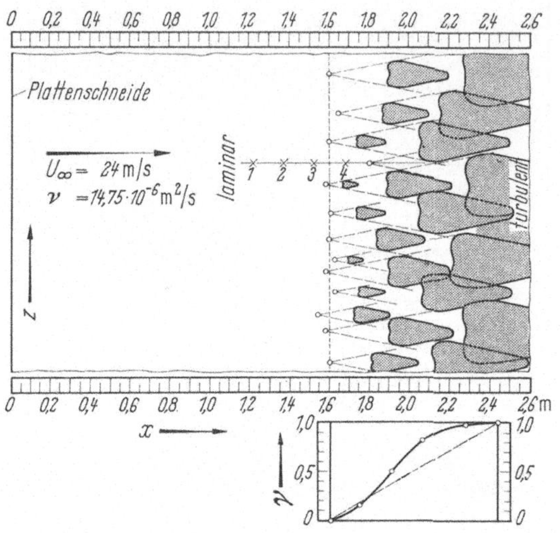

Abb. III, 3.5. Plattenaufsicht mit unregelmäßig sich bildenden Turbulenzflecken; unten rechts das Wachsen des Intermittenzfaktors γ im Übergangsgebiet

der Entstehungsstelle A des Turbulenzfleckens. Das entspricht nun allerdings nicht den experimentell gegebenen Tatsachen, wonach γ zuerst langsam, im Gebiet $x = 1{,}8$ m bis $x = 2{,}1$ m schnell und dann bis $x = 2{,}4$ m wieder langsam zunimmt, entsprechend der unteren kleinen Zeichnung von Abb. III, 3.5.

Daß die aus Abb. III, 3.4 gefolgerte lineare Zunahme von γ nicht der Wirklichkeit entspricht, ist nicht weiter verwunderlich, weil die der Abb. III, 3.4 zugrunde liegende Annahme, daß jeweils nach 1/30 s am gleichen Punkte A der Platte ein Turbulenzflecken entstehe, ein viel zu vereinfachtes Bild der tatsächlichen Vorgänge ist. In Wirklichkeit entstehen bei *etwa* $x = 1{,}6$ m an den verschiedenen Werten von z ganz willkürlich und zufällig verteilt „Turbulenzpunkte", die sich bei ihrer Bewegung in x-Richtung zu immer größer werdenden Turbulenzflecken entwickeln und bei etwa $x = 2{,}4$ m die Grenzschicht dauernd turbulent werden läßt. Eine Aufsicht eines Teiles der Platte zu einem bestimmten Zeitpunkt ist in Abb. III, 3.5 gezeigt; die hier angenommene Verteilung der Turbulenzflecken ergibt etwa die von SCHUBAUER und KLEBANOFF[225] gemessene Abhängigkeit $\gamma(x)$, die in Abb. III, 3.5 unten aufgetragen ist. Man vergleiche auch die Arbeit von S. DHAWAN und R. NARASIMHA[226], in der diese Vorgänge untersucht werden.

Mißt man mit einem kleinen Pitotrohr die Geschwindigkeitsverteilungen im Übergangsgebiet, d. h. von $x = 1{,}6$ m bis etwa $x = 2{,}4$ m,

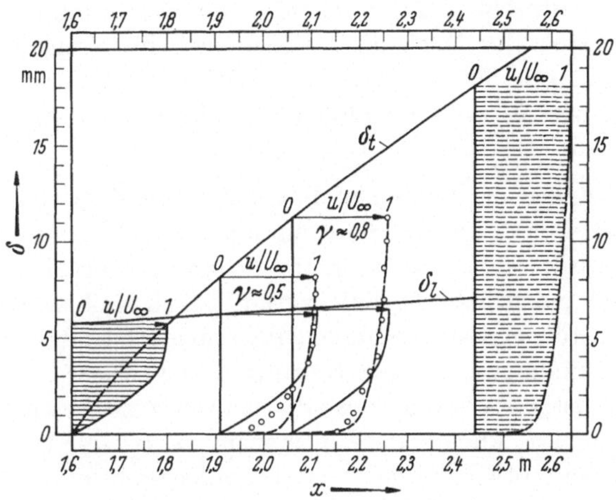

Abb. III, 3.6. Geschwindigkeitsprofile der Grenzschicht im Übergangsgebiet

so erhält man — wie SCHUBAUER und KLEBANOFF[222] (Abb. 3) gezeigt haben — Kurven, die scheinbar Übergangsprofile darstellen. Diese Profile entsprechen aber in keinem Zeitpunkt oder in keinem Zeitintervall (das z. B. genügen würde, aus den Schwankungen einer turbulenten Strömung die Mittelwerte zu bilden) der Wirklichkeit. Tatsächlich haben wir, wie aus Abb. III, 3.5 ersichtlich, im Übergangsgebiet einen dauernden Wechsel von laminarer Strömung (BLASIUS-Profil) und vollausgebildeter Turbulenz. In Abb. III, 3.6 ist das Übergangsgebiet nochmals dargestellt mit der laminaren Geschwindigkeitsverteilung bei $x = 1{,}6$ m ($\mathrm{Re}_x = 2{,}8 \cdot 10^6$) und der Verteilung der turbulenten Strömung bei $x = 2{,}44$ m ($\mathrm{Re}_x = 4{,}28 \cdot 10^6$). Bei den Werten $x = 1.91$ m und $x = 2{,}06$ m sind die mittels Pitotrohr gemessenen Geschwindigkeitsverteilungen als kleine Kreise eingetragen; die Meßmethode mittels Pitotrohr ist infolge von Trägheitswirkungen der Manometerflüssigkeit und wegen innerer Reibung nicht in der Lage, den schnellen Wechsel

[225] Siehe die in Fußnote 222, Abb. 7 angegebene Tabelle $\gamma = f(x)$.

[226] DHAWAN, S., u. R. NARASIMHA: Some Properties of Boundary Layer Flow during the Transition from Laminar to Turbulent Motion. J. Fluid Mech. 3 (1958) 418—436.

(Größenordnung 1/50 s)[227] von laminarer zur turbulenten Strömung anzuzeigen. Bei $x = 1{,}9$ m schwankt die Geschwindigkeitsverteilung in schneller Folge zwischen der (ausgezogenen) laminaren und der (gestrichelten) turbulenten Verteilung; dabei ist wegen $\gamma = 0{,}5$ die Summe der Zeiten, in der laminare Strömung herrscht, gleich der Summe der Zeiten mit turbulenter Strömung. Bei $x = 2{,}06$ sind die entsprechenden Zahlen 20 und 80%.

Ein Blick auf Abb. III, 3.5 genügt, um zu erkennen, daß man theoretisch mittels der Methode der kleinen Schwingungen den Übergang der laminaren Strömung in die turbulente nicht wird erklären können. Dazu wird es wohl notwendig sein, sich der statistischen Methoden zu bedienen.

3.4 Abhängigkeit der kritischen Reynoldsschen Zahl vom Turbulenzgrad. Die Methode der kleinen Schwingungen, auf die später noch näher eingegangen wird, setzt eine laminare Strömung voraus, bei der also der sogenannte „natürliche Turbulenzgrad“ gleich Null ist. Dann werden beliebig kleine Störungen angenommen und rein mathematisch untersucht, unter welchen Bedingungen diese Störungen anwachsen bzw. abklingen. Experimentell ist diese Frage deshalb schwierig zu beantworten, weil es nicht leicht ist, künstliche Luftströme (z. B. im Windkanal) zu erzeugen, die den notwendig geringen Turbulenzgrad haben. Die Arbeit von G. B. Schubauer und H. K. Skramstad[221] gibt in dieser Hinsicht den ersten Aufschluß. Durch Verwendung einer größeren Anzahl von mehr oder weniger feinen Sieben in der Beruhigungsstrecke des Windkanals und eines großen Kontraktionsverhältnisses der Querschnitte vom Beruhigungsraum F_1 zur Versuchsstrecke F_2, nämlich $F_1/F_2 = 7{,}1$, ist es gelungen, den außerordentlich geringen Turbulenzgrad (isotrope Turbulenz: $u' \sim v' \sim w'$)

$$Tu = \frac{\sqrt{\overline{u'^2}}}{U_\infty} = 0{,}00018 = 0{,}018 \cdot 10^{-2}$$

zu erreichen.

Trägt man nun nach Schubauer und Skramstad[221] die Reynoldssche Zahl $\mathrm{Re}_x = U_\infty x/\nu$, bei welcher der Übergang zur Turbulenz beginnt und die Re_x-Zahl, bei der sie voll ausgebildet ist, über den Turbulenzgrad auf, so erhält man Abb. III, 3.7. Die früheren Messungen einer vorn schneidenförmigen Platte im Windkanal waren bei einem Turbulenzgrad von etwa 1% der Geschwindigkeit außerhalb der Grenzschicht, d. h. bei $Tu = 1 \cdot 10^{-2}$ durchgeführt und hatten eine kritische Re_x-Zahl von $0{,}35$ bis $0{,}5 \cdot 10^6$ ergeben. Bei geringer werdendem Turbulenzgrad

---

[227] Die Frequenz der turbulenten Schwankungen ist von der Größenordnung 10^3/s.

nimmt die kritische Reynoldssche Zahl zu; z. B. ist bei $Tu = 0{,}35 \cdot 10^{-2}$ nach Abb. III, 3.7 $\mathrm{Re}_x = 1{,}4 \cdot 10^6$ bzw. $2{,}6 \cdot 10^6$. Diese Zunahme der kritischen Re_x-Zahl mit abnehmendem Tu findet bis etwa $Tu = 0{,}1 \times \times 10^{-2}$ statt. Bei weiterer Abnahme des Turbulenzgrades bleiben jedoch die kritischen Re_x-Zahlen konstant und zwar $2{,}8 \cdot 10^6$ bzw. $4 \cdot 10^6$.

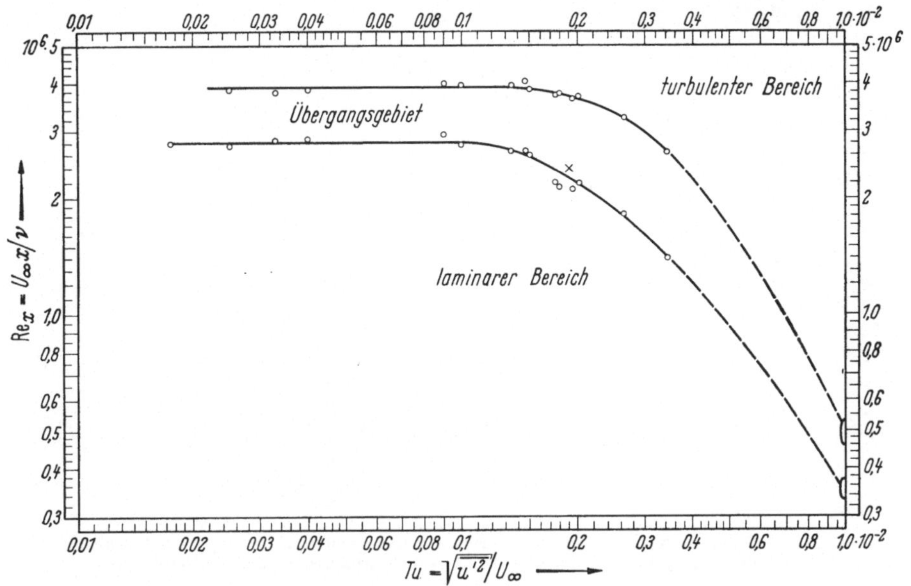

Abb. III, 3.7. Die kritische Reynoldssche Zahl als Funktion des Turbulenzgrades

Wenn auch der Turbulenzgrad bei den Experimenten nicht bis auf Null verringert werden konnte, so ist es doch sehr wahrscheinlich, daß die kritische Reynoldssche Zahl nicht weiter zunimmt, wenn der Turbulenzgrad beliebig verkleinert wird. Damit wäre dann entschieden, daß beliebig kleine Störungen bei einer endlichen (wenn auch sehr großen) Reynoldsschen Zahl zur Turbulenz führen, daß dazu also nicht — wie früher gelegentlich angenommen wurde — endliche Störungen erforderlich sind; allerdings werden wir zu dieser Feststellung noch eine zusätzliche Bemerkung zu machen haben.

3.5 Die Tollmien-Schlichtingschen Wellen. Von besonderer Bedeutung ist die von SCHUBAUER und SKRAMSTAT[221] experimentell gefundene Tatsache, daß — vorausgesetzt der Turbulenzgrad ist genügend klein — in einiger Entfernung vor der Stelle, an der ein Turbulenzfleck entsteht, sinusförmige Wellen auftreten. Diese haben zunächst sehr kleine Amplituden, die jedoch mit Annäherung an den Ort der Entstehung des Turbulenzfleckens beträchtlich wachsen und plötzlich stellenweise in unregelmäßige hochfrequente Schwankungen übergehen (Turbulenz). Abb. III, 3.8 zeigt einige photographische Aufnahmen des Kathodenstrahl-Oszillographen. Die Lage (x) des Hitzdrahtaggregates erstreckte sich von $x = 1{,}22$ m ($\mathrm{Re}_x = 1{,}99 \cdot 10^6$) bis $x = 2{,}44$ ($\mathrm{Re}_x = 3{,}97 \cdot 10^6$); sie ist in Abb. III, 3.3 und III, 3.5 durch Kreuze (1,2 usw.) markiert.

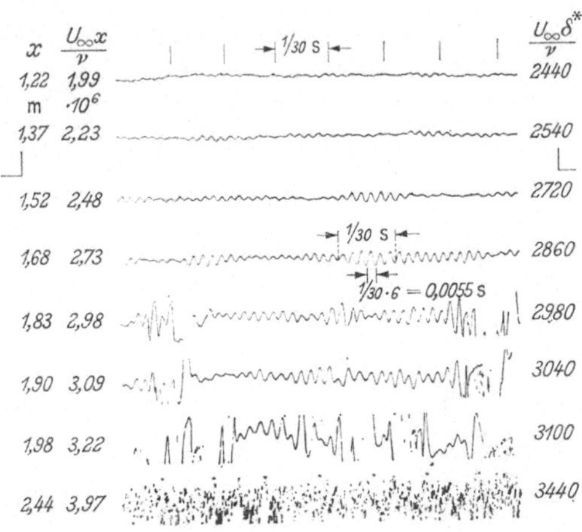

Abb. III, 3.8. Übergang von sinusförmigen Schwingungen in hochfrequente Turbulenzschwankungen; die Welle geht in „Brecher“ über nach SCHUBAUER u. SKRAMSTAD[221, 238]

Diese in x-Richtung wachsenden sinusförmigen Wellen sind zweidimensionaler Art, wenngleich die Amplituden (bei festem x) in z-Richtung (vor allem kurz vor dem Entstehungspunkt eines Turbulenzfleckens nicht vollkommen gleich sein werden. An denjenigen (willkürlich verteilten) Stellen, an denen die Amplituden dieser Wellen einen genügend großen Wert erreichen, zerfällt die Welle an einzelnen Stellen plötzlich in hochfrequente Schwankungen, wie sie bei der Turbulenz charakteristisch sind; dieser Vorgang der „Entstehung eines Turbulenzfleckens“ ist dem Wesen nach dreidimensional; H. L. DRYDEN[220] (S. 92) vergleicht ihn mit dem Überschlagen (Brecher) von Ozeanwellen bei flachem Wasser am Strand.

Die Voraussetzung für das Auftreten sinusförmiger Wellen ist ein sehr geringer Turbulenzgrad der Strömung; dieser muß nach DRYDEN[220] geringer als $Tu = 0{,}2 \cdot 10^{-2}$ sein. Das erklärt, warum bei früheren Experimenten, die durchweg bei etwa $Tu = 1 \cdot 10^{-2}$ durchgeführt worden waren, Wellen nicht beobachtet werden konnten.

Zu Beginn der zwanziger Jahre wandte sich L. PRANDTL[228] dem Problem der Entstehung der Turbulenz zu. Ausgehend von der Stokes-Reynoldsschen Vorstellung, daß beliebig kleine Störungen (Wellen) unter bestimmten Bedingungen anwachsen (Instabilität der Strömung) und schließlich in die Turbulenz übergehen, untersuchte O. TIETJENS[229] mit Hilfe der Methode der kleinen Schwingungen bestimmte Geschwindigkeitsprofile. Wie sich herausstellte, waren die Vereinfachungen hinsichtlich dieser Profile (geknickte Profile) jedoch zu weit getrieben. Erst als man Profile mit stetiger Krümmung (z. B. ein dem BLASIUS-Profil angenähertes Profil annahm, gelang es W. TOLLMIEN[230], eine Reynoldssche Zahl zu berechnen, unterhalb welcher die als sinusförmig angenommenen Störungswellen von sehr kleinen Amplituden bei allen Wellenlängen gedämpft wurden, d. h. Laminarität herrschte. Oberhalb dieser Re-Zahl gab es Wellenlängen der Störung, die angefacht wurden. H. SCHLICHTING[231] hat die Arbeit nach der Richtung weitergeführt, daß auch die Größe der Anfachung der zweidimensionalen Wellen berechnet wurde.

Daß diese Wellen später, d. h. 1947[221] experimentell festgestellt wurden, zeigte die Berechtigung, die Methode der kleinen Schwingungen bei der Untersuchung der Stabilität der laminaren Strömung anzuwenden. Man hat diese Wellen seitdem die Tollmien-Schlichtingschen Wellen genannt. Eine Erklärung der *Entstehung der Turbulenz* war damit jedoch noch nicht gegeben.

Die Turbulenz entsteht bei der zweidimensionalen Strömung längs einer Platte, wie wir gesehen haben, in unregelmäßig verteilten Turbulenzflecken, die stromabwärts fließen, sich dabei vergrößern und sich bis zum Ende des Übergangsgebietes miteinander vermischen (Abb. III, 3.5). Dies ist ein dreidimensionaler Vorgang, auf den die zweidimensionale Theorie der kleinen Schwingungen nicht angewandt werden kann[232]. Überdies sind die Störungen, die zur Entstehung von Turbulenzflecken führen *endlich*, entweder sind es die angefachten Wellen der Laminar-

---

228 PRANDTL, L.: Bemerkungen über die Entstehung der Turbulenz. Z. angew. Math. Mech. 1 (1921) 431—436, Phys. Z. 23 (1922) 19—25, Ges. Abh.[65], 2. Teil, S. 687—696.

229 TIETJENS, O.: Beiträge zur Entstehung der Turbulenz. Diss. Göttingen 1923 und Z. angew. Math. Mech. 5 (1925) 200—217.

230 TOLLMIEN, W.: Über die Entstehung der Turbulenz. Nachr. Ges. Wiss. Göttingen, Math. Phys. Klasse, 1. Mitteilung (1929) 21—44.

231 SCHLICHTING, H.: Zur Entstehung der Turbulenz bei der Plattenströmung. Nachr. Ges. Wiss., Göttingen, Math. Phys. Klasse 1933, 182—208.

232 Vgl. den Versuch, dreidimensionale Störungen in Betracht zu ziehen: GÖRTLER, H., u. H. WITTING: Theorie der sekundären Instabilität der laminaren Grenzschichten. IUTAM Symposium „Grenzschichtforschung“ (Herausg. H. GÖRTLER), Berlin/Göttingen/Heidelberg: Springer 1958, S. 110—126.

strömung (Abb. III, 3.8 *5*) oder die in der Strömung bereits vorhandene Unruhe bei einem Turbulenzgrad von $Tu > 0{,}2 \cdot 10^{-2}$.

Da die bisher angewandte Methode der kleinen Schwingungen in Anbetracht der linearisierten Differentialgleichung umsomehr berechtigt ist, je kleiner die Störungen sind, läßt sie sich auf den vorliegenden Fall von notwendigerweise endlichen Störungen nicht anwenden. Mit dem von H. L. DRYDEN benutzten Bild der Wasserwellen läßt sich sagen, daß man mit der Theorie bis jetzt zwar gefunden hat, unter welchen Bedingungen (bei welchen Reynoldsschen Zahlen) beliebig kleine Wellen verschiedener Frequenz angefacht werden, die Frage, warum und wie es zur Bildung von „Brechern" kommt, d. h. warum und in welcher Weise die angefachten zweidimensionalen Wellen plötzlich an einzelnen Stellen in hochfrequente Schwankungen, d. h. in Turbulenz, übergehen, ist jedoch noch nicht beantwortet.

3.6 Die Methode der kleinen Schwingungen. Wenngleich diese Methode auch nicht das Entstehen der Turbulenz erklären kann, so zeigt sie doch — und zwar in guter Übereinstimmung mit Experimenten —, daß bei einer reinen Laminarströmung ($Tu \to 0$) endliche Störungen auftreten können, sobald — je nach der Frequenz — die Reynoldsschen Zahlen bestimmte Werte überschreiten.

Betrachten wir z. B. die Strömung längs einer ebenen Platte, bei der sich durch länger dauernde Einwirkung einer geringen Zähigkeit (z. B. bei Wasser oder Luft) eine Grenzschicht ausgebildet hat (BLASIUS-Profil), und überlagern dann dieser Grenzschicht cosinusförmige[233] Störungen, d. h. Wellen von beliebig kleiner Amplitude, so fragt es sich, unter welchen Bedingungen die Amplitude dieser Welle angefacht wird.

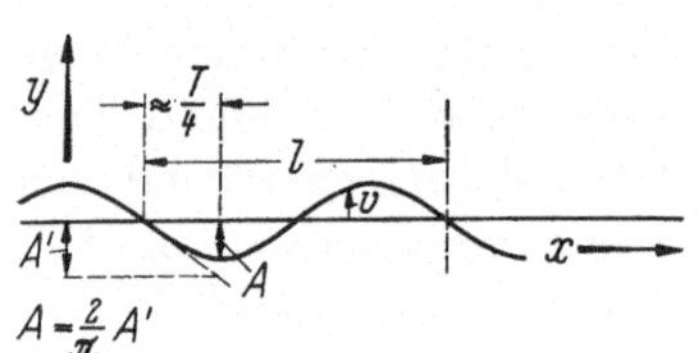

Abb. III, 3.9. Cosinusförmige Störungswelle

Man nimmt also an, daß die v-Komponente der (zweidimensionalen) Störungen der Amplitude einer cos-Welle proportional sei (Abb. III, 3.9). Ist $c = l/T$ die Phasengeschwindigkeit der Welle in der x-Richtung, so haben wir

$$v = \cos \frac{2\pi}{l} (x - ct) \cdot f(y), \qquad \text{vgl. Bd. I, S. 340;}$$

die Abhängigkeit der Störung in der y-Richtung, d. h. $f(y)$ ist noch unbekannt. Mit

$$\frac{2\pi}{l} = \alpha \qquad \text{und} \qquad \frac{2\pi}{l} \cdot c = \frac{2\pi}{l} \frac{l}{T} = \frac{2\pi}{T} = \beta_r$$

233 Dies ist keine wesentliche Einschränkung, da man nach FOURIER jede beliebige Störung aus trigonometrischen Funktionen aufbauen kann.

als Kreisfrequenz ist dann

$$v = \cos(\alpha x - \beta_r t)\, f(y).$$

Die zeitliche Änderung der Störung sei durch den Faktor $e^{\beta_i t}$, $\beta_i < 0$ Dämpfung, $\beta_i > 0$ Anfachung, gegeben, also

$$v = \cos(\alpha x - \beta_r t) e^{\beta_i t} f(y). \tag{III, 3.1}$$

Da es sich lediglich um die Berechnung von α, β_r und β_i handelt, können wir rein formal die imaginäre Größe

$$i \sin(\alpha x - \beta_r t)\, e^{\beta_i t} f(y)$$

hinzufügen und in

$$v = [\cos(\alpha x - \beta_r t) + i \sin(\alpha x - \beta_r t)] e^{\beta_i t} f(y) = e^{i(\alpha x - \beta_r t)} \cdot e^{\beta_i t} f(y)$$

und mit $\beta = \beta_r + i\beta_i$ in

$$v = e^{i(\alpha x - \beta t)} f(y) \tag{III, 3.2}$$

zusammenfassen. Bei einer zeitlich gleichbleibenden Störung wäre also $\beta_i = 0$ und damit $\beta = \beta_r$ reell.

Die auf die Störungsgeschwindigkeiten u und v angewandte Kontinuitätsgleichung liefert

$$\frac{\partial u}{\partial x} = -\frac{\partial v}{\partial y} = -e^{i(\alpha x - \beta t)} f'(y)$$

mithin

$$u = -\frac{1}{i\alpha} e^{i(\alpha x - \beta t)} f'(y) = \frac{i}{\alpha} \frac{\partial v}{\partial y}. \tag{III, 3.3}$$

Nimmt man zunächst einmal an, daß bei den Störungsgeschwindigkeiten die Zähigkeit in erster Näherung vernachlässigt werden kann (die Zeit ihrer Auswirkung wird im allgemeinen kurz sein), so erhält man, wenn die Geschwindigkeitskomponenten $U + u$ und v in die beiden Eulerschen Gleichungen eingesetzt werden und man die erste Gleichung nach y sowie die zweite nach x differenziert (unter Berücksichtigung, daß $U = U(y)$ nicht von x abhängt), dann die erste Gleichung von der zweiten subtrahiert (wodurch der Druck fortfällt) und dabei die quadratischen Ausdrücke in u und v, sowie in ihren Ableitungen vernachlässigt:

$$\frac{\partial \zeta}{\partial t} + U \frac{\partial \zeta}{\partial x} - v \frac{\partial^2 U}{\partial y^2} = 0, \tag{III, 3.4}$$

wo

$$\zeta = \frac{\partial v}{\partial x} - \frac{\partial u}{\partial y}$$

ist. Eliminiert man jetzt noch u unter Berücksichtigung von Gl. (III, 3.2 und 3), so erhält man

$$\zeta = \frac{\partial v}{\partial x} - \frac{\partial u}{\partial y} = i\alpha v - \frac{i}{\alpha}\frac{\partial^2 v}{\partial y^2} = \frac{i}{\alpha}\left(\alpha^2 v - \frac{\partial^2 v}{\partial y^2}\right),$$

und wenn nach t bzw. x differenziert und in Gl. (III, 3.4) eingesetzt:

$$\left(U - \frac{\beta}{\alpha}\right)\left(\frac{\partial^2 v}{\partial y^2} - \alpha^2 v\right) = v\,\frac{\partial^2 U}{\partial y^2}. \qquad \text{(III, 3.5)}$$

3.7 Geknickte Geschwindigkeitsprofile (Lord Rayleigh). Um diese recht schwierige Differentialgleichung zu vereinfachen, nahm Lord Rayleigh[234] statt einer stetig gekrümmten Geschwindigkeitsverteilung eine aus geraden Stücken bestehende, also geknickte Verteilung an. Auf den Fall der Grenzschicht bei einer zweidimensional angeströmten Platte übertragen, haben wir Abb. III, 3.10. Innerhalb der Streifen I, II, und III ist $\partial^2 U/\partial y^2 = 0$, so daß — da $U - \beta/\alpha \sim U - \beta_r/\alpha = U - c$ nicht identisch gleich Null ist — innerhalb der Streifen Gl. (III, 3.5) in

$$\frac{\partial^2 v}{\partial y^2} - \alpha^2 v = 0 \qquad \text{(III, 3.6)}$$

übergeht.

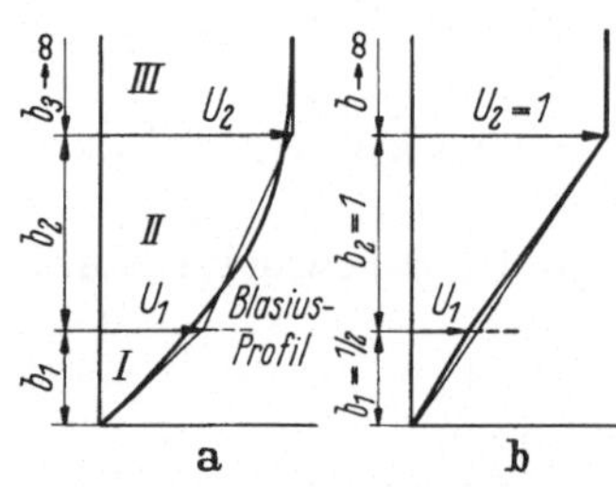

Abb. III, 3.10. Näherung der Plattengrenzschicht durch geknickte Profile

Obwohl die Rechnungen mit „geknickten" Profilen durch die Tollmienschen[235] diesbezüglichen Arbeiten als überholt angesehen werden können, wollen wir doch kurz darauf eingehen, da es in elementarer Weise leicht zu zeigen ist, daß die Methode der kleinen Schwingungen bei einem beliebig schwach nach *innen* geknickten Profil (Abb. III, 3.10b) eine Anfachung, d. h. Instabilität der Störung ergibt.

Als Lösung der letzten Gleichung haben wir im ersten Streifen $(0 \leqq y \leqq b_1)$

$$v_I = A_1 \sinh \alpha y + A_1' \cosh \alpha y = A_1 \sinh \alpha y, \qquad \text{(III, 3.7)}$$

da — wegen $v_I = 0$ bei $y = 0$ — die Größe $A_1' = 0$ sein muß. Weil aus Stetigkeitsgründen $v_I(b_1) = v_{II}(b_1)$ und $v_{II}(b_1 + b_2) = v_{III}(b_1 + b_2)$

---

[234] Lord Rayleigh: On the Stability or Instability of Certain Fluid Motions II. Proc. London Math. Soc. 19 (1887) 67, oder Papers, Bd. III, S. 17.

[235] Tollmien, W.: Ein allgemeines Kriterium der Instabilität laminarer Geschwindigkeitsverteilungen. Nachr. Ges. Wiss. Göttingen., Math. Phys. Klasse, Fachgruppe I, 1 (1935) 79—114, engl. Übersetzung NACA TM 792 (1936).

zu sein hat, folgt

$$v_{II} = A_1 \sinh \alpha y + A_2 \sinh \alpha (y - b_1) \qquad \text{(III, 3.8)}$$

und

$$v_{III} = v_{II} + A_3 \sinh \alpha \, [y - (b_1 + b_2)]. \qquad \text{(III, 3.9)}$$

Am Ende der Grenzschicht sollen die Störungen abgeklungen, d. h. $v(b_1 + b_2 + b_3) = 0$ sein; wir haben mit Benutzung der letzten drei Gleichungen also

$$v_{III} = A_1 \sinh \alpha (b_1 + b_2 + b_3) + A_2 \sinh \alpha (b_2 + b_3) + A_3 \sinh \alpha b_3 = 0. \qquad \text{(III, 3.10)}$$

Es ist nun

$$\sinh \alpha (b_1 + b_2 + b_3) = \frac{1}{2} \left(e^{\alpha(b_1+b_2+b_3)} - e^{-\alpha(b_1+b_2+b_3)}\right)$$

für große Werte von b_3 angenähert, also

$$\sinh \alpha (b_1 + b_2 + b_3) = e^{\alpha(b_1+b_2)} \cdot \frac{1}{2} e^{\alpha b_3};$$

entsprechende Ausdrücke erhält man für $\sinh \alpha (b_2 + b_3)$ und $\sinh \alpha b_3$. Diese Werte in Gl. (III, 3.10) eingesetzt und durch $e^{\alpha b_3}/2$ dividiert, ergibt

$$A_1 e^{\alpha(b_1+b_2)} + A_2 e^{\alpha b_2} + A_3 = 0. \qquad \text{(III, 3.11)}$$

Setzt man in Gl. (III, 3.5) statt der Differentialquotienten die Differenzenquotienten, so hat man an der Grenze zwischen II und I

$$\frac{\Delta^2 v}{\Delta y^2} = \frac{\dfrac{\partial v_{\mathrm{II}}\left(b_1 + \dfrac{\partial y}{2}\right)}{\partial y} - \dfrac{\partial v_{\mathrm{I}}\left(b_1 - \dfrac{\Delta y}{2}\right)}{\partial y}}{\Delta y}$$

und

$$v \frac{\Delta^2 U}{\Delta y^2} = \frac{v_{\mathrm{II}}\left(b_1 + \dfrac{\Delta y}{2}\right)\left(\dfrac{\partial U}{\partial y}\right)_{\mathrm{II}} - v_{\mathrm{I}}\left(b_1 - \dfrac{\Delta y}{2}\right)\left(\dfrac{\partial U}{\partial y}\right)_{\mathrm{I}}}{\Delta y};$$

multipliziert man dann Gl. (III, 3.5) mit Δy und geht zum Limes $\Delta y = 0$ über (wodurch das Glied $\alpha^2 v$ fortfällt), so bleibt

$$\left(U_1 - \frac{\beta}{\alpha}\right)\left\{\frac{\partial v_{II}(b_1)}{\partial y} - \frac{\partial v_I(b_1)}{\partial y}\right\} - v_I(b_1)\left\{\left(\frac{\partial U}{\partial y}\right)_{II} - \left(\frac{\partial U}{\partial y}\right)_I\right\} = 0.$$

Bildet man die Ableitungen von v_{II} und v_I nach y für $y = b_1$ unter Berücksichtigung von Gl. (III, 3.7 und 8) und setzt zur Abkürzung

$$\left(\frac{\partial U}{\partial y}\right)_{II} - \left(\frac{\partial U}{\partial y}\right)_I = \Big[\;\Big]_I \quad \text{bzw.} \quad \left(\frac{\partial U}{\partial y}\right)_{III} - \left(\frac{\partial U}{\partial y}\right)_{II} = \Big[\;\Big]_{II},$$

so erhält man, wenn noch nach A_1, A_2, A_3 geordnet wird,

$$-A_1 \sinh \alpha\, b_1 [\;]_I + A_2(\alpha U_1 - \beta) + A_3 \cdot 0 = 0 \qquad \text{(III, 3.12)}$$

und entsprechend an der Grenze zwischen III und II

$$-A_1 \sinh \alpha (b_1 + b_2) \cdot [\;]_{II} - A_2 \sinh \alpha\, b_2 \cdot [\;]_{II} + A_3(\alpha U_2 - \beta) = 0 \qquad \text{(III, 3.13)}$$

Man hat also zusammen mit Gl. (III, 3.11) drei homogene Gleichungen für A_1, A_2 und A_3 mit der Determinante

$$\begin{vmatrix} e^{\alpha(b_1+b_2)} & e^{\alpha b_2} & 1 \\ -\sinh \alpha b_1 [\;]_I & \alpha U_1 - \beta & 0 \\ -\sinh \alpha (b_1 + b_2) \cdot [\;]_{II} & -\sinh \alpha b_2 \cdot [\;]_{II} & \alpha U_2 - \beta \end{vmatrix} = 0.$$

Diese Determinante aufgelöst[236] ergibt, wenn durch $e^{\alpha(b_1+b_2)}$ dividiert wird, eine quadratische Gleichung in β

$$\beta^2 + B\beta + C = 0,$$

also

$$\beta = -\frac{B}{2} \pm \frac{1}{2}\sqrt{B^2 - 4C}. \qquad \text{(III, 3.14)}$$

Um die Formeln für die numerische Rechnung etwas zu vereinfachen, setzen wir $U_2 = 1$, nehmen beispielsweise an, daß $b_1 = 0{,}5$, $b_2 = 1$ ist (Abb. III, 3.10) und erhalten aus der Determinante

$$B = -\left\{\alpha(U_1 + 1) + \sinh \frac{\alpha}{2} \cdot [\;]_I\, e^{-\frac{\alpha}{2}} + \sinh \frac{3\alpha}{2} \cdot [\;]_{II}\, e^{-\frac{3\alpha}{2}}\right\}$$

$$C = \alpha^2 U_1 + \alpha \sinh \frac{\alpha}{2} \cdot [\;]_I\, e^{-\frac{\alpha}{2}} + \alpha U_1 \sinh \frac{3\alpha}{2} \cdot [\;]_{II}\, e^{-\frac{3\alpha}{2}} +$$
$$+ \sinh \frac{\alpha}{2} \sinh \alpha \cdot [\;]_I [\;]_{II}\, e^{-\frac{3\alpha}{2}},$$

[236] Bekanntlich ist

$$\begin{vmatrix} a_1\, b_1\, c_1 \\ a_2\, b_2\, c_2 \\ a_3\, b_3\, c_3 \end{vmatrix} = 0 = a_1 b_2 c_3 - a_1 b_3 c_2 - a_2 b_1 c_3 + a_2 b_3 c_1 + a_3 b_1 c_2 - a_3 b_2 c_1$$

und daraus, wenn $\pm \sinh\frac{\alpha}{2} \sinh\frac{3\alpha}{2} \cdot [\ ]_I [\ ]_{II} e^{-2\alpha}$ addiert und berücksichtigt wird, daß

$$\sinh\frac{3\alpha}{2} \cdot e^{-2\alpha} - \sinh\alpha \cdot e^{-\frac{3\alpha}{2}} = \sinh\frac{\alpha}{2} \cdot e^{-3\alpha}$$

ist[237],

$$B^2 - 4C = \left\{\alpha(U_1 - 1) + \sinh\frac{\alpha}{2} \cdot [\ ]_{II} e^{-\frac{\alpha}{2}} - \sinh\frac{3\alpha}{2} \cdot [\ ]_{II} e^{-\frac{3\alpha}{2}}\right\}^2$$
$$+ 4 \sinh\frac{\alpha}{2} \cdot [\ ]_I [\ ]_{II} e^{-3\alpha}. \qquad \text{(III, 3.15)}$$

Man erkennt, daß $B^2 - 4C$ positiv und damit β reell ist, falls $[\ ]_I$ und $[\ ]_{II}$ das gleiche Vorzeichen haben; bei ungleichem Vorzeichen läßt sich über das Vorzeichen von $B_2 - 4C$ zunächst nichts sagen. In unserem Beispiel ist

$$[\ ]_I = \left(\frac{\partial U}{\partial y}\right)_{II} - \left(\frac{\partial U}{\partial y}\right)_I = \frac{1 - U_1}{1} - \frac{U_1}{\frac{1}{2}} = 1 - 3U_1 \qquad \text{(III, 3.16)}$$

und

$$[\ ]_{II} = \left(\frac{\partial U}{\partial y}\right)_{III} - \left(\frac{\partial U}{\partial y}\right)_{II} = 0 - \frac{1 - U_1}{1} = U_1 - 1. \qquad \text{(III, 3.17)}$$

So lange $U_1 > 1/3$ (aber <1), haben $[\ ]_I$ und $[\ ]_{II}$ gleiches (negatives) Vorzeichen wie in Abb. III, 3.10a; ein solches Profil ist also gegenüber kleinen Störungen (Schwingungen) stabil. Das gleiche Vorzeichen von $[\ ]_I$ und $[\ ]_{II}$ ist somit ein notwendiges Kriterium; wir wollen jetzt zeigen, daß es auch hinreichend ist. Zu dem Zweck formen wir Gl. (III, 3.15) etwas um und haben mit Gl. (III, 3.16 und 17)

$$B^2 - 4C = \left\{\alpha(U_1 - 1) + (1 - e^{-\alpha})\frac{1}{2}(1 - 3U_1) \dot{-}\right.$$
$$\left. - (1 - e^{-3\alpha})\frac{1}{2}(U_1 - 1)\right\}^2 + (e^{-2\alpha} - 2e^{-3\alpha} + e^{-4\alpha})(1 - 3U_1)(U_1 - 1).$$

Wir berechnen jetzt $B^2 - 4C$ für den Fall, daß $U_1 = 0{,}340$ ($>1/3$) ist, d. h. für ein *etwas nach außen* geknicktes Profil; es ist also $[\ ]_I \cdot [\ ]_{II} = (1 - 3U_1)(U_1 - 1) = (-0{,}02)(-0{,}66) = 0{,}0132$, d. h. es ist zu erwarten, daß $B^2 - 4C$ für alle Werte von α positiv ist. In Abb. III, 3.11 ist der Verlauf von $B^2 - 4C$ über α entsprechend der obigen Gleichung eingezeichnet.

---

[237] Man beachte den Unterschied gegenüber B nämlich $U_1 - 1$ statt $U_1 + 1$ und das negative Vorzeichen beim 3. Glied in der geschweiften Klammer.

Für den Fall $U_1 = 1/3$ vereinfacht sich die Gleichung beträchtlich, da $[\ ]_I = 1 - 3U_1 = 0$ wird:

$$B^2 - 4C = \frac{1}{9}(1 - e^{-3\alpha} - 2\alpha)^2.$$

In Abb. III, 3.11 ist diese Größe als Funktion von α dargestellt; sie ist für alle Werte von α positiv bis auf $\alpha = 0{,}291$, wo $B^2 - 4C$ gleich

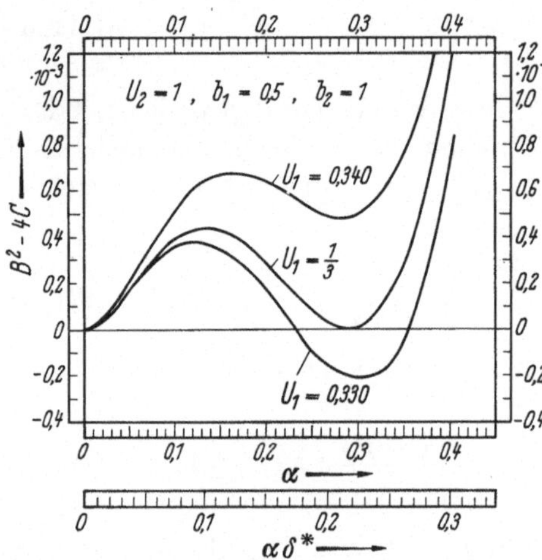

Abb. III, 3.11. $B^2 - 4C$ als Funktion von α bzw. $\alpha\delta^*$; für ein etwas nach außen geknicktes Profil ($U_1 = 0{,}340$) positive Werte (stabil), für ein etwas nach innen geknicktes Profil ($U_1 = 0{,}330$) auch negative Werte (instabil)

Null wird. Es erscheint somit wahrscheinlich, daß bei $U_1 < 1/3$ negative Werte von $B^2 - 4C$ auftreten werden. Die Rechnung sei durchgeführt mit dem Wert $U_1 = 0{,}330$ ($< 1/3$); es ist dann

$$B^2 - 4C = \{-0{,}67\alpha + 0{,}005(1 - e^{-\alpha}) + 0{,}335(1 - e^{-3\alpha})\}^2 - \\ - 0{,}0067(e^{-2\alpha} - 2e^{-3\alpha} + e^{-4\alpha}).$$

Man erkennt in Abb. III, 3.11, daß selbst eine so geringe Einbuchtung des Profils, wie sie einem Wert von $U_1 = 0{,}330$ ($< 1/3$) entspricht und wie sie zeichnerisch in der Abbildung garnicht dargestellt werden kann, in einem Bereich von $\alpha = 0{,}235$ bis $\alpha = 0{,}355$ Instabilität der Störungswelle zur Folge hat. Damit ist erwiesen, daß das obige Kriterium nicht nur notwendig sondern auch hinreichend ist. Berücksichtigt man, daß die Verdrängungsdicke δ^* der Grenzschicht nach Abb. III, 3.10 den Wert $(b_1 + b_2)/2 = 0{,}75$ besitzt, so sind die Abszissenwerte von Abb. III, 3.11 durch 0,75 zu dividieren, um die Einteilung für $\alpha\delta^*$ zu erhalten.

3.8 Methode der kleinen Schwingungen mit Berücksichtigung einer geringen Zähigkeit. Zunächst ist zu sagen, daß die Vernachlässigung der Zähigkeit bei der Methode der kleinen Schwingungen die Randbedingungen insofern verletzt, als bei $y = 0$ wohl v nicht aber u gleich Null ist, wie es infolge der Zähigkeit sein muß. Nach einem Vorschlag von L. PRANDTL hat O. TIETJENS[229] deshalb außer den bisherigen Geschwindigkeitskomponenten $U + u$ und v noch zusätzliche Geschwindigkeitskomponenten u^* und v^* angenommen; durch diese wird das Verschwinden von u an der Wand bewirkt. Die Komponenten $U + u + u^*$ und $v + v^*$ in die Navier-Stokessche Gleichung eingeführt, liefert eine Differentialgleichung eben jener Grenzschicht, in welcher der Übergang von $u + u^* = 0$ bzw. $v + v^* = 0$ vor sich geht. Es handelt sich also hierbei um eine sehr dünne Grenzschicht innerhalb der Plattengrenzschicht (wie sie durch das geknickte Geschwindigkeitsprofil dargestellt wird). Es ergibt sich eine recht komplizierte Differentialgleichung, die auf Besselsche bzw. Hankelsche Funktionen führt.

Man hatte erwartet, daß die Zähigkeit eine Dämpfung der Störschwingungen bewirken würde, so daß Profile, die reibungslos eine geringe Instabilität besitzen, mit Reibung sich als stabil erweisen würden. Man hatte außerdem gehofft, daß sich dabei eine Beziehung zwischen ν bzw. Re und α sowie β ergeben würde. Demgegenüber erhielt man das physikalisch unbefriedigende Resultat einer Anfachung statt Dämpfung; hierdurch wurde es offensichtlich, daß man die Vereinfachung hinsichtlich des Ausgangsprofils: geknicktes Profil zu weit getrieben hatte. Es war ferner angenommen[229] (S. 203), daß die Phasengeschwindigkeit $\beta_{r/\alpha} = c$ so groß sein würde, daß die Schicht, deren Geschwindigkeit U mit c übereinstimmt, schon weit außerhalb der dünnen Grenzschicht (in der $u + u^*$ nach Null geht) liegen würde.

Nimmt man aber ein stetig gekrümmtes Profil (z. B. BLASIUS-Profil) zum Ausgang der Rechnung, so treten, wie bereits LORD RAYLEIGH festgestellt hat, Besonderheiten an der Stelle des Profils auf, wo die Phasengeschwindigkeit c mit der Geschwindigkeit U innerhalb der Plattengrenzschicht übereinstimmt. Dort verweilt nämlich, wie PRANDTL[228] bemerkt, ein und dasselbe Flüssigkeitsteilchen dauernd in demselben Druckgefälle, wodurch die Störung bei Vernachlässigung der Zähigkeit nicht klein bleiben kann. Zieht man aber eine, wenn auch nur geringe Zähigkeit in Betracht, so bildet sich an der Stelle, wo $U = c$ ist, eine zweite Reibungsschicht (innerhalb der Plattengrenzschicht) aus. Der Fortschritt der Tollmienschen Arbeit[230] besteht im wesentlichen darin, auch diese Reibungsschicht berücksichtigt zu haben. Die Tollmiensche Rechnung können wir hier nicht bringen, da — wenn sie im einzelnen verständlich sein sollte — beträchtlich mehr Platz benötigt würde, als hier zur Verfügung steht.

Das Ergebnis haben wir in den graphisch gegebenen Funktionen der Größen α, β und c von der Reynoldsschen Zahl $U_\infty \delta^*/\nu$; es bezeichnet δ^* die Verdrängungsdicke, die nach S. 101 gleich $1{,}73\sqrt{\nu x/U_\infty}$ ist, so daß man

$$\mathrm{Re}^* = \frac{U_\infty \delta^*}{\nu} = 1{,}73\sqrt{\frac{U_\infty x}{\nu}} = 1{,}73\sqrt{\mathrm{Re}_x}, \quad \text{bzw.} \quad \mathrm{Re}_x = \frac{1}{3}\,\mathrm{Re}^{*2}$$

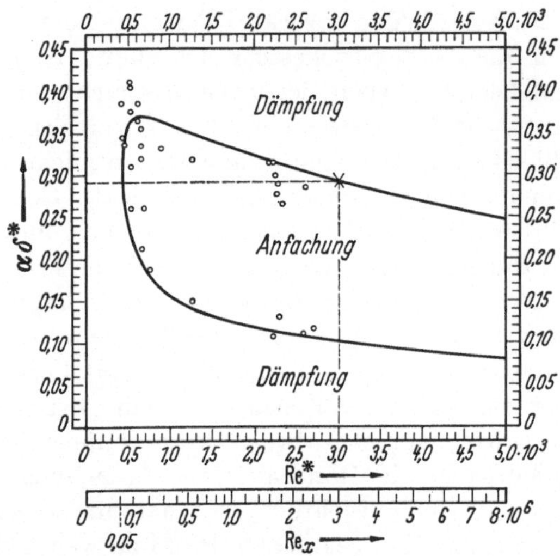

Abb. III, 3.12. Die Indifferenzkurve $\psi\delta^* = f(\mathrm{Re}^*)$ bzw. $= f(\mathrm{Re}_x)$ nach TOLLMIEN[230]; die kleinen Kreise entsprechen Experimenten nach SCHUBAUER u. SKRAMSTAD[238]; die Ordinate ist von der Abszisse abhängig!

hat. In den Abb. III, 3.12—14 sind nach TOLLMIEN die Größen $\alpha\delta^*$, $\beta\delta^*/U_\infty$ und c/U_∞ als Funktionen von $U_\infty\delta^*/\nu = \mathrm{Re}^*$ aufgetragen; sie für größere Werte als für $\mathrm{Re}^* = 5 \cdot 10^3$ bzw. $\mathrm{Re}_x = 8 \cdot 10^6$ einzuzeichnen, besteht kein Bedürfnis, da nach der Erfahrung (Abb. III, 3.7) der Übergang zur Turbulenz bei Reynoldsschen Zahlen stattfindet, die auch bei sehr kleinem Turbulenzgrad nicht größer als etwa Re* gleich 4 oder $5 \cdot 10^3$ bzw Re_x gleich 5 oder $8 \cdot 10^6$ sind. Die Kurven beziehen sich auf den Indifferenzfall, bei dem die Wellen weder gedämpft noch angefacht werden, bei dem also $\beta_i = 0$ und daher $\beta = \beta_r$ ist.

Länger als ein Jahrzehnt hat man die von TOLLMIEN vorausgesagten angefachten sinusförmigen Störungswellen als Vorstufe des Überganges zur Turbulenz nicht wahr haben wollen. Die Experimente schienen dafür zu sprechen, daß endliche Störungen der Außenströmung direkt und nahezu plötzlich in Turbulenz übergehen. Die Reynoldsschen Zahlen, bei denen dies geschah, waren — entsprechend der größten damals erreichbaren Störungsfreiheit $Tu \sim 1 \cdot 10^{-2}$ — etwa $\mathrm{Re}_x = 3{,}5$ bis $5 \cdot 10^5$ bzw. $\mathrm{Re}^* = 1170$ bis 1670.

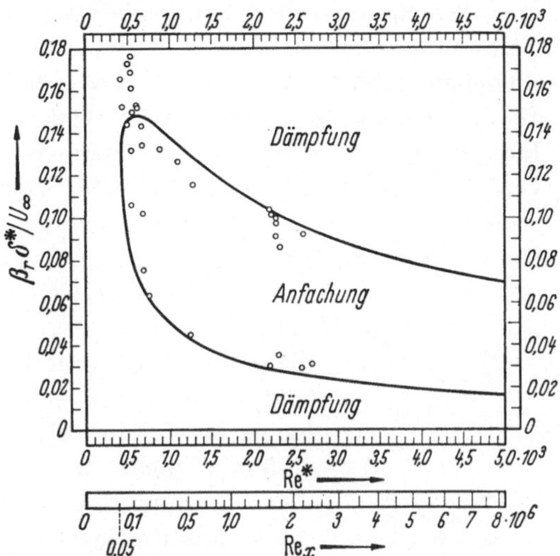

Abb. III, 3.13. Die Indifferenzkurve $\beta_r \delta^*/U = f(\mathrm{Re}^*)$ sonst wie in Abb. III, 3.12; die Ordinate ist von der Abszisse abhängig!

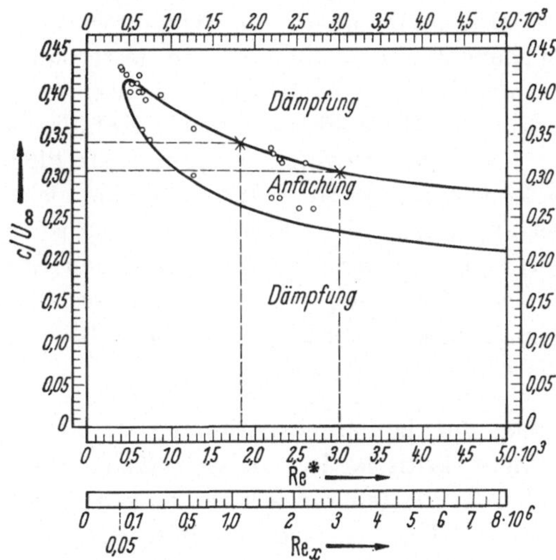

Abb. III, 3.14. Die aus den beiden vorigen Kurven abgeleitete Funktion $c/U_\infty = f(\mathrm{Re}^*)$

Erst als es H. L. DRYDEN und seinen Mitarbeitern[216–222] gelang, Luftströme von außerordentlich geringem Turbulenzgrad (bis zu $Tu = 0{,}018 \cdot 10^{-2}$) herzustellen, konnte man — als Vorstufe zur Turbulenz — angefachte sinusförmige Störungswellen nachweisen und damit die Berechtigung der Methode der kleinen Schwingungen bestätigen; dabei zeigte es sich, daß bei einem Turbulenzgrad $> 0{,}2 \cdot 10^{-2}$ keine zweidimensionalen angefachten Wellen beim Übergang von laminarer zur turbulenten Strömung auftreten. Das bedeutet aber, daß nur jene kritischen Reynoldsschen Zahlen, die man bei $Tu < 0{,}2 \cdot 10^{-2}$ erhält, zum Vergleich mit der Theorie der angefachten Wellen herangezogen werden können; hierauf werden wir noch zurückkommen.

Um die Kurven der Abbildungen (III, 3.12—14) experimentell zu prüfen, wurden von Schubauer und Skramstad[221] künstlich zweidimensionale sinusförmige Störungswellen erzeugt und untersucht, bei welchen Re*-Werten diese gedämpft, neutral oder angefacht werden. Zu diesem Zweck wurde (vgl. (Abb. III, 3.15) mittels eines sehr dünnen 30 cm langen Metallbandes (2,5 mm breit und 0,05 mm dick) in einer Entfernung von 0,15 mm von der Wand durch einen hindurchgeschickten Wechselstrom, in Verbindung mit einem magnetischen Feld, zweidimensionale sinusförmige Störungswellen von gewünschter Frequenz erzeugt. Mittels einer oder zweier Hitzdrahtsonden, die stromabwärts vom Ort der Wellenentstehung angebracht waren, konnte festgestellt werden, ob die Wellen gedämpft oder angefacht wurden; dies wurde untersucht in Abhängigkeit von der Reynoldsschen Zahl Re* ($Tu \sim 0{,}03 \cdot 10^{-2}$).

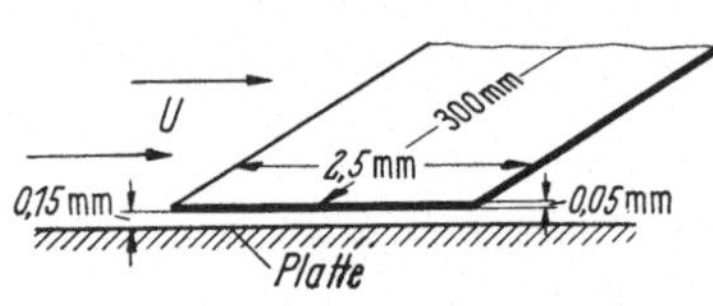

Abb. III, 3.15. Metallband zur Erzeugung zweidimensionaler sinusförmiger Störungswellen von gewünschter Frequenz nach Schubauer u. Skramstadt[221]

Die Resultate (neutrale Schwingungen) sind als kleine Kreise in Abb. III, 3.12 bis 14 wiedergegeben. Wenn auch eine nicht unbeträchtliche Streuung der experimentellen Werte vorhanden ist, so kann man doch von einer recht guten Übereinstimmung mit den Ergebnissen der Theorie der kleinen Schwingungen sprechen. Oberhalb Re* = 2800 konnten keine Werte gemessen werden, da bei dieser Reynoldsschen Zahl die ersten Turbulenzflecken auftraten[238].

3.9 Der Übergang der laminaren Strömung in die turbulente bei der Plattengrenzschicht, kritische Reynoldssche Zahl. Aus Abb. III, 3.7 ist ersichtlich, daß bei der Plattengrenzschicht die kritische Reynoldssche Zahl zunimmt, wenn der Turbulenzgrad abnimmt. Der Grund dafür, daß dies nicht auch bis zu $Tu \to 0$ geschieht, ist der, daß von etwa $Tu = 0{,}2 \cdot 10^{-2}$ ab — in Richtung zu kleineren Tu — nahezu zweidimensionale,

[238] Schubauer, G. B., u. H. K. Skramstad: Laminar-Boundary-Layer Oscillations and Transition. NACA Wartime Report, April 1943, Washington W-8, S. 51.

angefachte Wellen auftreten, deren Amplituden schließlich (an einzelnen Punkten) so groß werden, daß sie Turbulenzflecken auslösen; diese lassen dann im weiteren Verlauf (x-Richtung), wie in Abb. III, 3.5 gezeigt, die Grenzschicht turbulent werden.

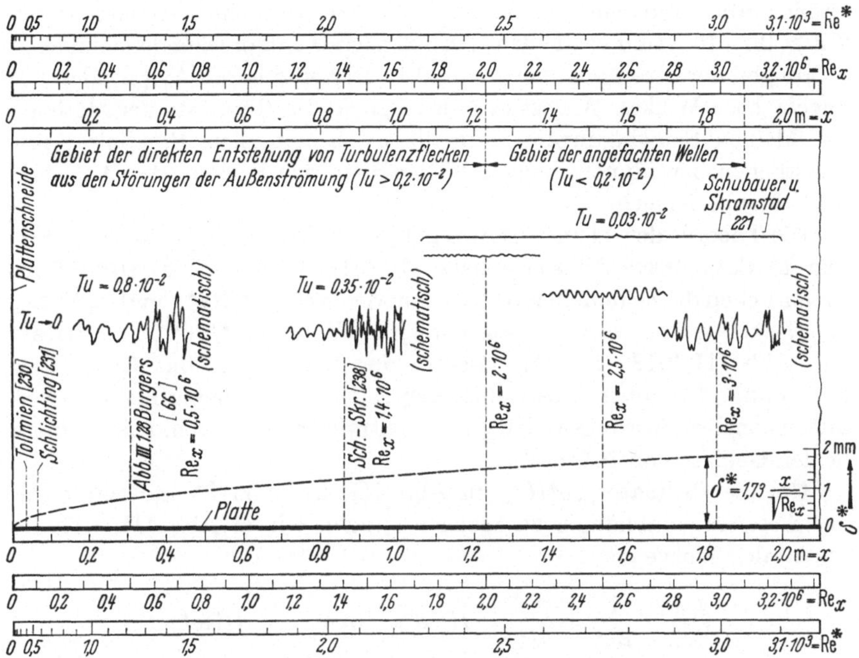

Abb. III, 3.16. Gebiet der direkten Entstehung der Turbulenz aus Störungen der Außenströmung ($Tu > 0{,}2 \cdot 10^{-2}$) und Gebiet der Entstehung der Turbulenz aus angefachten Wellen ($Tu < 0{,}2 \times 10^{-2}$); Abszissen x, Re_x und Re^*, $U_\infty = 24$ m/s, $\nu = 14{,}75 \cdot 10^{-6}$ m²/s, $\mathrm{Re}_x = \frac{1}{3}\,\mathrm{Re}^{*2}$

In Abb. III, 3.16 sind die Vorgänge in der Plattengrenzschicht (z. T. schematisch) dargestellt. Danach lassen sich zwei Gebiete unterscheiden, deren erstes bis etwa $\mathrm{Re}_x = 2 \cdot 10^6$ geht und ein zweites, das von $\mathrm{Re}_x = 2 \cdot 10^6$ bis etwa $3 \cdot 10^6$ reicht. Daran schließt sich ein drittes Gebiet (in der Abbildung nicht mehr gezeigt), in dem die Turbulenzflecken entstehen, sich vergrößern und schließlich vermischen (bis etwa $4 \cdot 10^6$), um dann weiterhin eine turbulente Grenzschicht zu bilden. In der Abbildung ist an zwei Stellen ($\mathrm{Re}_x = 0{,}5 \cdot 10^6$ und $1{,}4 \cdot 10^6$) schematisch der plötzliche Umschlag der endlichen Störungen ($Tu = 0{,}8 \cdot 10^{-2}$ bzw. $0{,}35 \cdot 10^{-2}$) in die turbulente Strömung dargestellt.

Sorgt man dafür, daß $Tu < 0{,}2 \cdot 10^{-2}$ ist, so erhält man als Vorstufe zur Turbulenz nahezu zweidimensionale angefachte Wellen. In der Abbildung sind die zu $\mathrm{Re}_x = 2 \cdot 10^6$ und $2{,}5 \cdot 10^6$ gehörigen Wellen (bei $Tu = 0{,}03 \cdot 10^{-2}$) nach SCHUBAUER und SKRAMSTAD[221] (Fig. 4) eingezeichnet; bei $\mathrm{Re}_x = 3 \cdot 10^6$ findet der Übergang der Welle zu einem Turbulenzflecken statt, dem dann kurzzeitig eine kleine laminare Strecke folgt.

Es scheint somit notwendig zu sein, daß die Störungen eine bestimmte Größe haben müssen, um Turbulenzflecken entstehen zu lassen; bei $Tu > 0{,}2 \cdot 10^{-2}$ sind es die dem Turbulenzgrad entsprechenden endlichen Störungen der Strömung, bei $Tu < 0{,}1 \cdot 10^{-2}$ sind es die Amplituden der angefachten Wellen. Wie ist es nun möglich, die Resultate der Methode der kleinen Schwingungen sowie die experimentellen Ergebnisse mit künstlichen, zweidimensionalen Wellen[221] in das Schema der Abb. III, 3.16 einzubeziehen?

Die Theorie der kleinen Schwingungen liefert nach W. TOLLMIEN[230] und H. SCHLICHTING[231] sowie nach C. C. LIN[239] und S. F. SHEN[240] im wesentlichen die beiden „neutralen" Kurven $\alpha\delta^* = f(\mathrm{Re}^*)$ und $\beta_r\delta^*/U_\infty = f(\mathrm{Re}^*)$, sowie, davon abgeleitet, $c/U_\infty = \beta_r\delta^*/\alpha\delta^* U_\infty = f(\mathrm{Re}^*)$ vgl. Abb. III, 3.12—14. Das Äußere der Kurven ist das Gebiet der Dämpfung, das Innere das Gebiet der Anfachung beliebig kleiner zweidimensionaler Störungswellen; die neutrale Kurve trennt also diese beiden Gebiete voneinander.

Um die Ordinate $\beta_r\delta^*/U_\infty$ in Abb. III, 3.13 von δ^* und damit von der Abszisse unabhängig zu machen, tragen wir in Abb. III, 3.17 die „neutrale" Kurve

$$\frac{\beta_r\delta^*}{U_\infty} \cdot \frac{1}{\mathrm{Re}^*} = \frac{\beta_r\nu}{U_\infty^2} = f(\mathrm{Re}_x) \quad \text{bzw.} \quad = f(\mathrm{Re}^*)$$

auf. Wir nehmen beispielsweise als Störungswelle einen Wert $\beta_r\nu/U_\infty^2 = 60$ an, d. h. mit $U_\infty = 24$ m/s und $\nu = 14{,}75 \cdot 10^{-6}$ m²/s[241], $\beta_r = 2340$/s, also $T = 2\pi/\beta_r = 0{,}00268$ s, mithin bei $\mathrm{Re}_x = 1{,}16 \cdot 10^6$ (Abb. III, 3.14) $l = (c/U_\infty)\, T\, U_\infty = 0{,}34 \cdot 0{,}00268 \cdot 24 = 0{,}022$ m $= 22$ mm. Die Störungswelle wird nach Abb. III, 3.17 zunächst, d. h. von der Plattenschneide ($x = 0$) bis $x = 0{,}17$ m gedämpft, darauf bis $x = 0{,}72$ m angefacht und von da ab wieder gedämpft; ein Übergang zur Turbulenz tritt dabei nicht auf[242]; die Amplitude der Störungsschwingung ist offenbar am Ende des Anfachungsgebietes, d. i. bei

---

[239] LIN, C. C.: On the Stability of Two-dimensional Parallel Flows. Quart. Appl. Math. Bd. 3, S. 117—142, (1945) S. 213—234, (1946) S. 277—301.

[240] SHEN, S. F.: Calculated Amplified Oscillations in Plane Poisseuille and Blasius Flows. J. Aer. Sci. 21 (1954) 62—64.

[241] Dies sind die von SCHUBAUER-SKRAMSTAD[221] benutzten Werte.

[242] Bereits 1921 hat L. PRANDTL[228] (S. 687) Wellen beobachtet: „mit langsam zunehmender Amplitude, die aber nicht immer zu einer eigentlichen Turbulenzerscheinung führten".

$\mathrm{Re}_x = 1{,}16 \cdot 10^6$ noch nicht groß genug, um das Entstehen von Turbulenzflecken zu verursachen. Es wird dabei angenommen, daß $Tu < 0{,}2 \cdot 10^{-2}$ ist, was den Voraussetzungen der Methode der kleinen Schwingungen entspricht.

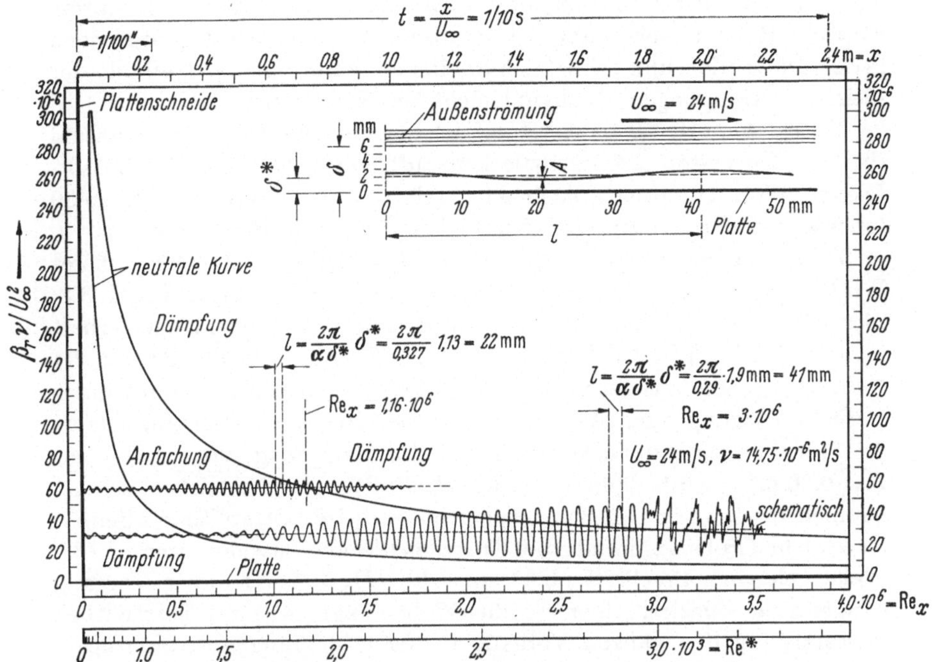

Abb. III, 3.17. Die „neutrale" Kurve $\beta_r \nu / U_\infty^2$ als Funktion von x, Re_x und Re* nach W. Tollmien[230]; oben die Grenzschicht bei $\mathrm{Re}_x = 3 \cdot 10^6$ und die kritische Störungswelle in natürlicher Größe

Für höhere Frequenzen der Störungswelle, d. h. für größere Werte von $\beta_r \nu / U_\infty^2$ wird das Gebiet der Anfachung bedeutend kleiner, so daß die für das Entstehen von Turbulenzflecken notwendige Größe der Amplituden noch weniger erreicht wird. Dabei wird immer vorausgesetzt, daß der Turbulenzgrad genügend klein ist ($Tu < 0{,}2 \cdot 10^{-2}$), denn dies ist wegen der linearisierten Störungsgleichung erforderlich; in Übereinstimmung damit zeigen Experimente (S. 328), daß zweidimensionale Störungswellen nur dann auftreten, falls $Tu < 0{,}2 \cdot 10^{-2}$ ist.

Die kleinste Reynoldssche Zahl der „neutralen" Kurve, d. i. $\mathrm{Re}^* = 420$ bzw. $\mathrm{Re}_x = 6 \cdot 10^4$ mit kritischen Reynoldsschen Zahlen in Verbindung zu bringen, wie sie z. B. Blasius[78] und Burgers[66] gemessen haben (5×10^5), ist nicht angängig, da deren Werte von Tu ($\sim 1 \cdot 10^{-2}$) viel zu groß sind, um die Methode der kleinen Schwingungen anwenden zu können. Bei diesen Re-Zahlen gehen die endlichen Störungen der

Außenströmung *direkt* in Turbulenz über, *ohne daß vorher sinusförmige Wellen entstanden sind.* Die neutrale Kurve gibt überhaupt keine Auskunft über das etwaige Eintreten von Turbulenz, d. h. über eine kritische Reynoldssche Zahl, sondern liefert lediglich eine Aussage, ob kleine, sinusförmige Schwingungen je nach ihrer Frequenz in Abhängigkeit von der Reynoldsschen Zahl gedämpft oder angefacht werden. Die untere kritische Reynoldssche Zahl, bei der also selbst die stärksten Störungen gedämpft werden und schließlich abklingen, kann mit der Methode der kleinen Schwingungen überhaupt nicht berechnet werden.

Nach Abb. III, 3.7 bzw. III, 3.8 ist die kritische Reynoldssche Zahl (bei der die ersten Turbulenzflecken auftreten) etwa $\mathrm{Re}_{xkr} = 3 \cdot 10^6$. Diesem Wert entspricht nach Abb. III, 3.17 der Wert $\beta_r \nu / U_\infty^2 = 30$ (oberer Ast der „neutralen" Kurve bei $\mathrm{Re}_x = 3 \cdot 10^6$); somit ist $\beta_r = 30 \cdot 24^2/14{,}75 \cdot 10^{-6} = 1170/\mathrm{s}$, also $T = 2\pi/\beta_r = 0{,}0054\ \mathrm{s}$. Dieser Wert stimmt auch mit dem entsprechenden Wert in Abb. III, 3.8, nämlich $T = 1/30 \cdot 6 = 0{,}0055\ \mathrm{s}$ überein. Die Wellenlänge erhält man nach Abb. III, 3.14 aus $l = (c/U_\infty) \cdot T \cdot U_\infty = 0{,}308 \cdot 0{,}0055 \cdot 24 = 0{,}041\ \mathrm{m}$, oder aus der in Abb. III, 3.17 angegebenen Beziehung unter Berücksichtigung von Abb. III, 3.12 und 16. Auch hier durchläuft die Störungswelle zunächst ein Gebiet der Dämpfung (von $x = 0$ bis $x = 0{,}36\ \mathrm{m}$), wird dann aber während einer beträchtlichen Länge, nämlich bis etwa $x = 1{,}8\ \mathrm{m}$ angefacht, wobei die Amplitude offenbar eine solche Größe annimmt, daß Turbulenzflecken ausgelöst werden (die Welle geht in „Brecher" über). In Abb. III, 3.17 ist dieser Vorgang schematisch skizziert; hier ist die Wellenlänge (41 mm) beträchtlich verkürzt, um den ganzen Vorgang in der Abbildung unterzubringen, wohingegen die Amplitude aus Deutlichkeitsgründen stark überhöht ist.

Um eine ungefähre Vorstellung von der Störungswelle (kurz vor dem Eintreten der Turbulenz) zu erhalten, fragen wir nach der Größenordnung der Amplitude.

Nach Abb. III, 3.7 löst ein Turbulenzgrad der Außenströmung von etwa $Tu \sim 10^{-2}$ die Turbulenz in der Grenzschicht bei einer Reynoldsschen Zahl von etwa $\mathrm{Re}_x = 4 \cdot 10^5$ aus. In dem Beispiel, daß eine Platte mit $U_\infty = 24\ \mathrm{m/s}$ angeströmt wird, ist mit $\nu = 14{,}75 \cdot 10^{-6}\ \mathrm{m^2/s}$ $x = 4 \cdot 10^5\, \nu/U_\infty = 0{,}25\ \mathrm{m}$, d. h. der Umschlag der laminaren in die turbulente Grenzschicht findet in 25 cm Entfernung von der Plattenschneide statt. Nehmen wir an, daß $u' \approx v'$ ist, so genügt wegen $Tu = \sqrt{\overline{u'^2}} / U_\infty \sim 10^{-2}$ ein u' bzw. v' von der Größenordnung

$$u' \approx v' = 0{,}01 \cdot 24\ \mathrm{m/s} = 0{,}24\ \mathrm{m/s},$$

um Turbulenz entstehen zu lassen. Möglichenfalls ist aber eine *regelmäßige* (sinusförmige) Störung bei gleicher Amplitude, wie sie einem *turbulenten*

$v' = 0{,}24$ m/s entspricht, weniger „gefährlich“ zur Auslösung von Turbulenz. Wir berücksichtigen diese Möglichkeit dadurch, daß wir (willkürlich!) annehmen, daß bei einer *sinusförmigen* Störung ein doppelt so großes v', d. h. $v' = 0{,}48$ m/s, die Turbulenz auslösen würde. Damit haben wir als Amplitude der sinusförmigen Störung, kurz vor dem Umschlag in Turbulenz, d. h. bei $\mathrm{Re}_x = 2{,}9 \cdot 10^6$ (Abb. III, 3.17)

$$A = v' \frac{T}{4} \frac{2}{\pi} = 0{,}48\ \mathrm{m/s}\ \frac{0{,}0054\ s}{4} \frac{2}{\pi} = 0{,}41\ \mathrm{mm};$$

hierbei berücksichtigt der Faktor $2/\pi$ die Tatsache, daß die Geschwindigkeit v' während der $^1/_4$-Periode der Schwingung nicht konstant ist, sondern nach ihrem Ende zu abnimmt (vgl. Abb. III, 3.9).

In Abb. III, 3.17 rechts oben ist die Störungswelle in natürlicher Größe gezeichnet; die Grenzschichtdicke beträgt nach Abb. III, 3.3 bei $\mathrm{Re}_x = 3 \cdot 10^6$ etwa $\delta = 6$ mm, die Wellenlänge ist $l = 41$ mm, die Amplitude etwa gleich 0,5 mm. Wie man erkennt, handelt es sich bis nahe der Stelle, wo Turbulenzflecken entstehen, um recht flache Wellen; sie ist bei $y/\delta = 1/3$ eingezeichnet.

Dem Wert $\mathrm{Re}^* = 420$, bei dem die neutralen Kurven der Abb. III, 3.12—14 gerade noch berührt werden, kommt — wie bereits erwähnt — eine besondere Bedeutung nicht zu. Denn dieser Wert darf nicht mit der sogenannten *unteren* kritischen Reynoldsschen Zahl in Verbindung gebracht werden. Bei der *unteren* kritischen Zahl klingen bei einer durchwirbelten Anströmung selbst die stärksten künstlich erzeugten Störungen ab. Die Methode der kleinen Schwingungen geht aber nicht von stark durchwirbelten Strömungen aus, sondern befaßt sich mit Laminar- oder Schichtenströmungen und mit Störungswellen von beliebig kleiner Amplitude; sie fragt: Unter welchen Umständen werden die Amplituden der Störungswellen angefacht?

In diesem Zusammenhang sei hier nochmals betont, daß nach Experimenten von SCHUBAUER und SKRAMSTAD[221, 238] *nur bei einem* $Tu < 0{,}2 \times 10^{-2}$ angefachte sinusförmige Wellen beobachtet werden, daß aber beispielsweise bei einem $Tu = 1 \cdot 10^{-2}$ der Umschlag unmittelbar durch die vorhandenen endlichen Störungen verursacht wird, *ohne daß eine Anfachung sinusförmiger Schwingungen vorausgeht.*

Abgesehen davon hat man bei dem Wert $\mathrm{Re}^* = 420$ nur ein außerordentlich kleines Gebiet, in welchem eine bestimmte Störungswelle (nach Abb. III, 3.12 $\alpha\delta^* = 0{,}3$, also $\alpha = 0{,}3\ U_\infty/\nu \mathrm{Re}^* = 0{,}3 \cdot 24/14{,}75 \cdot 10^{-6} \cdot 420 = 1{,}16 \cdot 10^{-3}\ \mathrm{m}^{-1}$ mithin $l = 2\pi/\alpha = 5{,}4$ mm) angefacht wird und zwar nach Abb. III, 3.17 von $\mathrm{Re}_x = 6 \cdot 10^4$ bis $11 \cdot 10^4$, d. h. in unserem Beispiel einer mit $U_\infty = 24$ m/s angeströmten Platte von $x_1 = 3{,}7$ cm bis $x_2 = 6{,}7$ cm. Auf einer Strecke von nur 3 cm und für etwa 10^{-3} s findet Anfachung statt, weiter stromabwärts aber, d. h. in Richtung zu größeren Werten von x besteht bereits wieder Dämpfung. Man darf nicht vergessen, daß die Ordinaten in Abb. III, 3.12 und 13 unzweckmäßigerweise nicht von der Abszisse Re* unabhängig sind, insofern als

$$\alpha\delta^* = \frac{\alpha\nu}{U_\infty} \cdot \mathrm{Re}^* \quad \text{bzw.} \quad \frac{\beta_r\delta^*}{U_\infty} = \frac{\beta_r\nu}{U_\infty} \cdot \mathrm{Re}^*$$

ist. Von einer kritischen Reynoldsschen Zahl kann also bei $\mathrm{Re}^* = 420$ bzw. $\mathrm{Re}_x = 5{,}9 \cdot 10^4$ nicht gesprochen werden; die kritische Reynoldssche Zahl liegt nach Abb. III, 3.7 bei $\mathrm{Re}_x = 3$ bis $4 \cdot 10^6$, also fast 2 Zehnerpotenzen höher, und zwar bei $Tu < 0{,}1 \cdot 10^{-2}$. Die Methode der kleinen Schwingungen bezieht sich — wegen der Linearisierung der Ausgangsgleichung — auf $Tu \to 0$.

Die große Bedeutung der Methode der kleinen Schwingungen liegt vielmehr darin, daß sie bewiesen hat, daß der Übergang von laminarer Strömung in Turbulenz tatsächlich ein Stabilitätsproblem ist, wie es bereits G. G. Stokes, vgl.[214] vermutet hat. Damit wird auch Abb. III, 3.7 erklärt und sichergestellt, daß selbst bei einer Extrapolation bis $\lim Tu = 0$ keine größeren kritischen Reynoldsschen Zahlen als die dort angegebenen auftreten können.

Es sei nochmals darauf hingewiesen, daß — falls $Tu < 0{,}2 \cdot 10^{-2}$ — nach Abb. III, 3.17 bei der Platte von der Schneide ab zunächst Stabilität herrscht (bei $\beta_r\nu/U_\infty^2 = 30$ bis zum Wert $\mathrm{Re}_x = 0{,}6 \cdot 10^6$ bzw. in unserem Beispiel bis etwa $x = 36$ cm). Erst von da ab tritt Labilität auf, und erst jetzt werden beliebig kleine Störungswellen in ihren Amplituden vergrößert. Bis zu welcher Größe die Amplituden der Störungswellen angefacht sein müssen, so daß diese — wie in Abb. III, 3.8 — bei $\mathrm{Re}_x = 3 \cdot 10^6$ plötzlich zerfallen und kurz darauf bei $\mathrm{Re}_x = 4 \cdot 10^6$ in die für die Turbulenz charakteristischen hochfrequenten Schwankungsbewegungen übergehen und, insbesondere, bei welchem Wert von Re_x dies geschieht, darüber sagt die Theorie bis jetzt nichts aus.

Ob überhaupt eine Theorie, die sich auf zweidimensionale Vorgänge beschränkt, bis zum Zusammenbruch dieser Wellen, d. h. bis zum Entstehen von Turbulenzflecken, vordringen kann, erscheint unwahrscheinlich, da nach Experimenten von P. S. Klebanoff, K. D. Tidstrom und L. M. Sargent[243, 244] diese Wellen vor dem Umschlag dreidimensional werden, wobei Wirbel mit Achsen in Strömungsrichtung auftreten (vgl. H. Görtler[232]).

---

[243] Klebanoff, P. S., u. K. D. Tidstrom: Evolution of Amplified Waves leading to Transition in a Boundary-Layer with zero Pressure Gradient. NASA TN D-195 (1959).

[244] Klebanoff, P. S., K. D. Tidstrom u. L. M. Sargent: The Three-Dimensional Nature of Boundary-Layer Instability. J. Fluid. Mech. 12 (1962) 1—34.

IV. Einführung in die Gasdynamik

(Strömungen unter Berücksichtigung der Dichteänderungen infolge großer Geschwindigkeiten)

1 Stromfadentheorie reibungsfreier, stationärer Strömungen

1.1 Die verallgemeinerte Bernoullische Gleichung. Auf S. 16ff. des I. Bandes haben wir dargelegt, daß die verhältnismäßig leichte Zusammendrückbarkeit (Kompressibilität) der Luft (im Gegensatz zu tropfbar flüssigen Körpern) sich in zweifacher Hinsicht auswirkt:

1. infolge großer Höhenunterschiede (Meteorologie)
2. infolge sehr großer Geschwindigkeiten (Gasdynamik).

Im Folgenden soll nur von dieser zweiten Auswirkung die Rede sein.

Wir haben im I. Band erkannt, daß — falls die Dichte ϱ als konstant angenommen wird — wir bei Anwendung der Bernoullischen Gleichung auf strömende Gase einen Fehler von etwa 1% in der Berechnung des Staudruckes machen, wenn die Geschwindigkeit 50 m/s beträgt. Dieser Fehler wächst sehr stark mit zunehmender Geschwindigkeit; er beträgt bereits mehr als 6% bei 100 m/s.

Bezeichnet w den Betrag der Geschwindigkeit, so ergibt die Integration der mit dem Wegelement ds multiplizierten Eulerschen[245] Gleichung längs einer Stromlinie von Punkt 1 bis Punkt 2, wenn wir noch annehmen, daß die Strömung stationär ist (entsprechend Bd. I, Gl. IV, 1.19),

$$\frac{w_2^2 - w_1^2}{2} = -\int_{p_1}^{p_2} \frac{dp}{\varrho}. \qquad \text{(IV, 1.1)}$$

Hierbei bedeutet p wie bisher den Flüssigkeitsdruck und nicht den vollständigen Druck p_v, da wir annehmen, daß sich die Strömungen nicht über so große *vertikale* Bereiche erstrecken, daß die durch die Schwerkraft bedingte aerostatische Druckverteilung und die *dadurch* bedingte Dichteänderung berücksichtigt werden müßte; dies ist allerdings bei meteorologischen Vorgängen im allgemeinen notwendig (vgl. Bd. I, S. 105ff.).

Um die Vorstellung zu beleben, nehmen wir an, daß Luft aus der ruhenden Atmosphäre (p_0) durch eine Düse D in einen langen Behälter B ströme, in welchem ein Unterdruck (p_B) vorhanden sei (Abb. IV, 1.1).

---

[245] Wir vernachlässigen die Zähigkeit der Luft.

Dieser Unterdruck werde dadurch konstant gehalten, daß mittels eines Gebläses G die gleiche Menge Luft abgesogen wird, welche durch die Düse in den Behälter einströmt. Wir fragen nach der Geschwindigkeit w_B, die beim Einströmen in den Behälter erreicht wird, d. h. nach

$$\frac{w_B^2}{2} = -\int_{p_0}^{p_B} \frac{dp}{\varrho}. \quad \text{(Allgemeine Bernoullische Gleichung)} \quad \text{(IV, 1.2)}$$

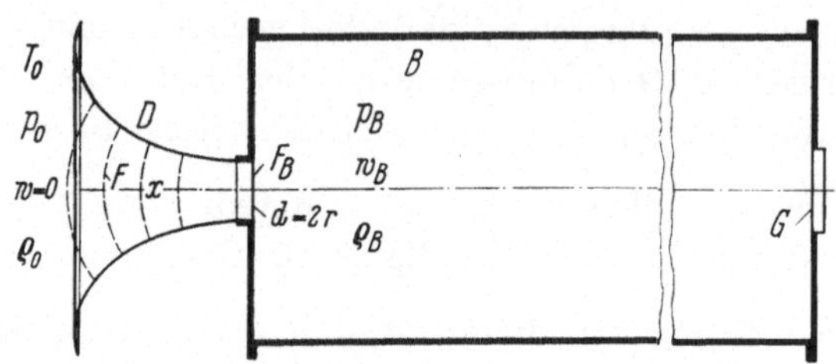

Abb. IV, 1.1. Strömung aus der Atmosphäre durch eine Düse in einen Behälter mit Unterdruck

Um das Integral auswerten zu können, müssen wir eine Annahme darüber machen, in welcher Weise sich die Dichte ϱ mit dem Druck p ändert. Da wir bei der Strömung durch die Düse annehmen können, daß keine Wärme zu- oder abgeführt wird, weil die Zeit dafür zu kurz ist, setzen wir die sogenannte Adiabatengleichung an, wonach mit $v^* = 1/g\varrho$ und $\varkappa = c_p/c_v$

$$p v^{*\varkappa} = \text{const} = p_0 v_0^{*\varkappa} \quad \text{bzw.} \quad \varrho = \varrho_0 \left(\frac{p}{p_0}\right)^{\frac{1}{\varkappa}} \quad \text{(IV, 1.3)}$$

ist (Poissonsche Gleichung). Dieser Wert von ϱ in Gl. (IV, 1.2) eingesetzt und dann integriert, ergibt

$$w_B^2 = \frac{2\varkappa}{\varkappa - 1} \frac{p_0}{\varrho_0} \left[1 - \left(\frac{p_B}{p_0}\right)^{\frac{\varkappa-1}{\varkappa}}\right]. \quad \text{(IV, 1.4)}$$ [246]

Da die Dichte ϱ_0 — im Gegensatz zur Temperatur T_0 — nicht sehr leicht zu messen ist, führen wir die Gasgleichung idealer Gase ein, wonach

$$p v^* = R T, \quad \text{bzw.} \quad \frac{p_0}{g \varrho_0} = R T_0 \quad \text{(IV, 1.5)}$$

[246] Diese Beziehung ist erstmalig abgeleitet worden von B. de Saint-Venant u. L. Wantzel: Mémoire et expériences sur l'écoulement de l'air. J. de l'école polyt. 27 (1839) 85—122.

ist (Boyle-Gay-Lussacsche Gleichung), und erhalten:

$$w_B^2 = 2g\frac{\varkappa}{\varkappa - 1} R T_0 \left[1 - \left(\frac{p_B}{p_0}\right)^{\frac{\varkappa - 1}{\varkappa}}\right]. \qquad \text{(IV, 1.6)}$$

Setzen wir für Luft $\varkappa = 1{,}405$, ferner $g = 9{,}81$ m/s² sowie $R = 29{,}3$ m/grd, so wird

$$w_B[\mathrm{m/s}] = 44{,}65 \sqrt{T_0} \sqrt{1 - \left(\frac{p_B}{p_0}\right)^{0{,}2883}} \qquad \text{(IV, 1.7)}$$

und beispielsweise mit $T_0 = (273 + 15)\,°\mathrm{K} = 288\,°\mathrm{K}$

$$w_B[\mathrm{m/s}] = 757{,}7 \sqrt{1 - \left(\frac{p_B}{p_0}\right)^{0{,}2883}}\,.$$

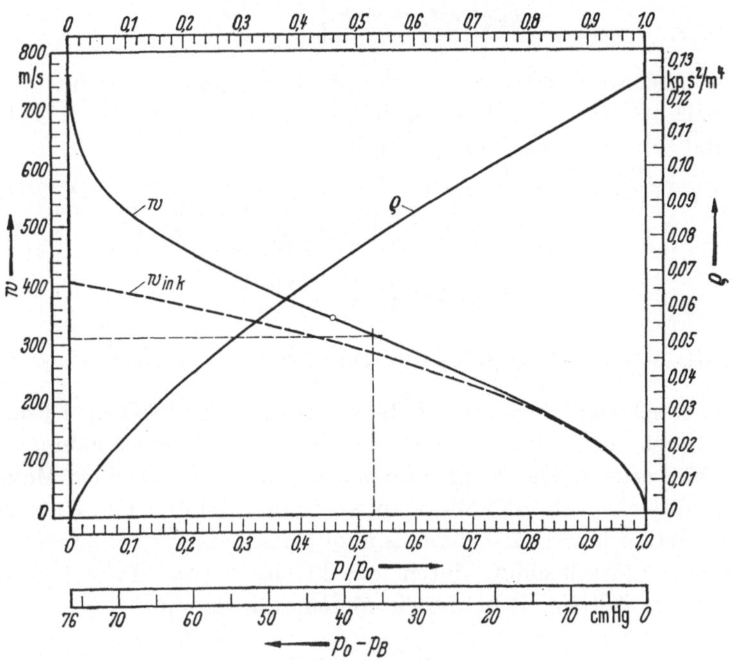

Abb. IV, 1.2. Geschwindigkeitszunahme und Dichteabnahme bei kleiner werdendem Druckverhältnis

Würde im Behälter ein Vakuum vorhanden sein, d. h. $p_B/p_0 = 0$, so wäre bei $T_0 = 288\,°\mathrm{K}$ die größte im Behälter erreichbare Geschwindigkeit $w = 757{,}7$ m/s; sie ist nach Gl. (IV, 1.7) proportional der Wurzel aus der absoluten Temperatur des Gases im Ruhezustand. Diese Geschwindigkeit haben wir jedoch nicht am Ende der Düse (F_B), sondern weiter stromabwärts im Behälter. Die Geschwindigkeit w nach der letzten Formel als Funktion von p/p_0 berechnet, zeigt die ausgezogene Kurve der Abb. IV, 1.2.

Zum Vergleich ist als gestrichelte Linie die Abhängigkeit der Geschwindigkeit vom Druckverhältnis gezeichnet, die wir erhalten würden, wenn man Luft als vollkommen inkompressibel annähme ($\varrho = \varrho_0 = \text{const}$) und zwar nach der Formel

$$w_{\text{ink}} = \sqrt{\frac{2}{\varrho_A}(p_0 - p_B)} = \sqrt{2gRT_0}\sqrt{1 - \frac{p_B}{p_0}},$$

also

$$w_{\text{ink}}[\text{m/s}] = 24\sqrt{T_0}\sqrt{1 - \frac{p_B}{p_0}}$$

und bei $T_A' = 288\,°\text{K}$

$$w_{\text{ink}}[\text{m/s}] = 408\sqrt{1 - \frac{p_B}{p_0}}.$$

Die Geschwindigkeit w wächst mit abnehmendem Druckverhältnis p/p_0 nach Gl. (IV, 1.7) bzw. Abb. IV, 1.2, wohingegen die Dichte ϱ abnimmt, und zwar nach Gl. (IV, 1.3 und 5):

$$\varrho = \varrho_0 \left(\frac{p}{p_0}\right)^{\frac{1}{\varkappa}} = \frac{p_0}{gRT_0}\left(\frac{p}{p_0}\right)^{\frac{1}{\varkappa}} = \frac{10332\ \text{kp/m}^2}{9{,}81 \cdot 29{,}3 \cdot 288}\left(\frac{p}{p_0}\right)^{\frac{1}{1{,}405}}$$
$$= 0{,}1249\left(\frac{p}{p_0}\right)^{0{,}7117}\frac{\text{kp s}^2}{m^4}.$$

Der Verlauf dieser Funktion ist in Abb. IV, 1.2 dargestellt.

1.2 Geschwindigkeitsverlauf längs einer vorgegebenen Düse. Wir fragen jetzt, in welcher Weise die Geschwindigkeitszunahme längs einer Düse erfolgt. Das hängt offenbar davon ab, in welchem Maße die Durchflußfläche zum Behälter hin abnimmt und welcher Unterdruck p_B im Behälter herrscht. Jedenfalls muß bei stationärer Strömung wegen der Kontinuitätsgleichung durch jede Fläche F (Abb. IV, 1.1) dieselbe Masse in der Zeiteinheit hindurchströmen, d. h. es muß

$$\varrho w F = \text{const} \tag{IV, 1.8}$$

sein. In Abb. IV, 1.3 ist zu einem Bereich von $p/p_0 = 0{,}5$ bis 1 das Produkt ϱw als Funktion von p/p_0 aufgetragen (nach *rechts* unten verlaufende Kurve) und zwar nach Gl. (IV, 1.3 und 6)

$$\varrho w = \frac{p_0}{\sqrt{T_0}}\sqrt{\frac{2}{gR}\frac{\varkappa}{\varkappa - 1}}\sqrt{\left(\frac{p}{p_0}\right)^{\frac{2}{\varkappa}} - \left(\frac{p}{p_0}\right)^{\frac{\varkappa+1}{\varkappa}}}, \tag{IV, 1.9}$$

also beispielsweise mit $p_0 = 10332\,\text{kp/m}^2$ und $T_0 = 288\,°\text{K}$

$$\varrho w\,[\text{kps/m}^3] = 94{,}60 \sqrt{\left(\frac{p}{p_0}\right)^{1,423} - \left(\frac{p}{p_0}\right)^{1,712}}\,. \qquad \text{(IV, 1.10)}$$

Im oberen Teil der Abb. IV, 1.3 ist — als ein Beispiel — der Quotient F/F_B in Abhängigkeit des Abstandes x/d vom Behälter eingezeichnet;

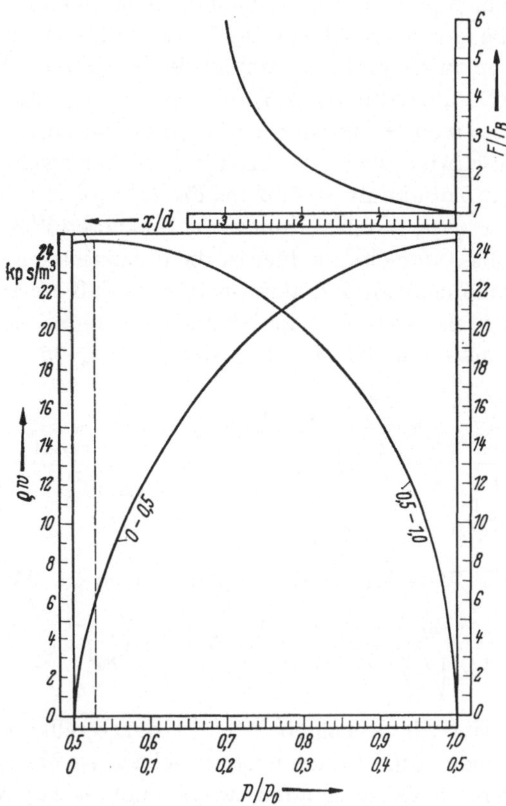

Abb. IV, 1.3. Das Produkt ϱw als Funktion von p/p_0; das Verhältnis F/F_B in Richtung x/d

diese Kurvenform entspricht allerdings nicht genau der in Abb. IV, 1.1 gezeichneten Düsenform. Will man die Geschwindigkeit beispielsweise in der Entfernung $x/d = 1{,}0$ berechnen, so ergibt die Abbildung dafür den Wert $F/F_B = 1{,}4$. Ist ferner der Druck im Behälter z. B. $p_B = 0{,}7\,p_0$ so ist nach Gl. (IV, 1.8 und 10) bzw. nach Abb. IV, 1.3 $\varrho_B w_B = 22{,}9$ bei $p_B/p_0 = 0{,}7$ und somit

$$\varrho w = \frac{\varrho_B\, W_B}{F/F_B} = \frac{22{,}9}{1{,}4} = 16{,}35\,\text{kps/m}^3.$$

Diesem Wert von ϱw entspricht nach Abb. IV, 1.3 der Wert $p/p_0 = 0{,}88$, so daß man nach Abb. IV, 1.2

$$w = 145\ \mathrm{m/s} \quad \text{und} \quad \varrho = 0{,}113\ \mathrm{kps^2/m^4}$$

erhält[247].

Das Produkt ϱw kann man auffassen als diejenige Masse, die in der Sekunde durch den Querschnitt der Flächeneinheit ($F = 1\ \mathrm{m}^2$) fließt. Mit abnehmendem p/p_0, d. h. mit zunehmender Druckdifferenz $p_0 - p$, nimmt die Größe ϱw nach Gl. (IV, 1.10) zu und zwar bis zum Wert $p/p_0 = 0{,}527$; von da ab nimmt ϱw mit größer werdender Druckdifferenz also $p/p_0 < 0{,}527$ ab (Abb. IV, 1.3, die nach *links* unten verlaufende Kurve). Dies hat seinen Grund darin, daß im ersteren Gebiet ($p/p_0 > > 0{,}527$) die Geschwindigkeit w prozentual stärker wächst als die entsprechende Dichte ϱ abnimmt, so daß das Produkt ϱw mit abnehmendem p/p_0 wächst. Über $p/p_0 = 0{,}527$ hinaus, zu kleineren Werten von p/p_0, sind die Verhältnisse umgekehrt; hier ist die prozentuale Abnahme von ϱ größer als die entsprechende Zunahme von w, so daß ϱw abnimmt.

Bildet man die relative Geschwindigkeitsänderung bei sich änderndem p/p_0, so erhält man aus Gl. (IV, 1.6) mit $\varkappa = 1{,}405$ (und $w \equiv w_B$ sowie $p \equiv p_B$)

$$\frac{1}{w}\,\frac{dw}{d\left(\frac{p}{p_0}\right)} = -\frac{1}{2}\,\frac{\frac{\varkappa - 1}{\varkappa}}{\left(\frac{p}{p_0}\right)^{\frac{1}{\varkappa}} - \frac{p}{p_0}} = -\frac{0{,}1441}{\left(\frac{p}{p_0}\right)^{0{,}7117} - \frac{p}{p_0}}\,.$$

Der entsprechende Wert für die Dichte lautet nach Gl. (IV, 1.3)

$$\frac{1}{\varrho}\,\frac{d\varrho}{d\left(\frac{p}{p_0}\right)} = \frac{1}{\varkappa}\left(\frac{p}{p_0}\right)^{-1} = 0{,}7117\left(\frac{p}{p_0}\right)^{-1}.$$

In Abb. IV, 1.4 sind diese beiden Kurven dargestellt; man erkennt, daß der Betrag beider Funktionen einander gleich ist bei $p/p_0 = 0{,}527$. Diesen Zahlenwert erhält man auch, wenn man — entsprechend den beiden letzten Gleichungen —

$$\frac{1}{2}\,\frac{\frac{\varkappa - 1}{\varkappa}}{\left(\frac{p}{p_0}\right)^{\frac{1}{\varkappa}} - \frac{p}{p_0}} = \frac{1}{\varkappa}\left(\frac{p}{p_0}\right)^{-1}$$

---

[247] Es sei hier bemerkt, daß die Zahlenwerte nicht mit der hier angegebenen Genauigkeit aus den Abbildungen bei Verwendung des Fadenkreuzes abgelesen werden können. Es wurden vielmehr Kurvenblätter verwendet, wo die Kurven in etwa doppelter Größe wie in den Abbildungen auf Millimeterpapier gezeichnet waren.

setzt und nach p/p_0 auflöst; man bekommt dann den sogenannten kritischen Wert von p/p_0, nämlich

$$\frac{p_{cr}}{p_0} = \left(\frac{2}{\varkappa + 1}\right)^{\frac{\varkappa}{\varkappa-1}} = \left(\frac{2}{2{,}405}\right)^{3{,}469} = 0{,}527. \qquad \text{(IV, 1.11)}$$

Im oberen Teil der Abb. IV, 1.4 sind als ausgezogene Kurven zwei Stromlinien einer ebenen Strömung gezeichnet unter der Voraussetzung,

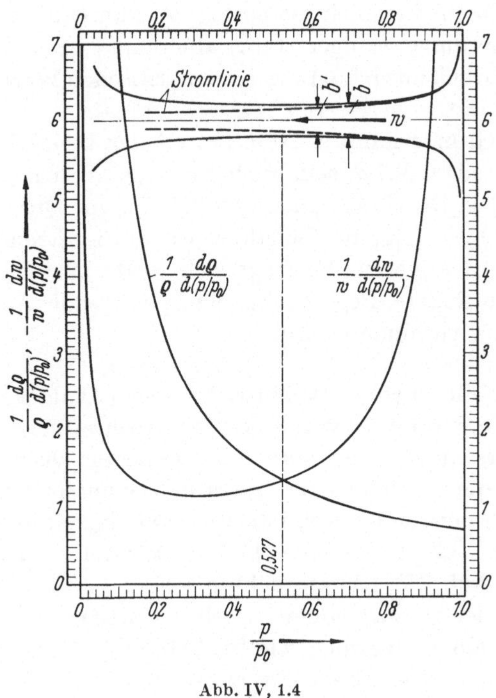

Abb. IV, 1.4

daß das Druckverhältnis p/p_0 gleichmäßig in Strömungsrichtung (von rechts nach links) abnimmt. Mit l = const als Länge [m] senkrecht zur Bildebene erhält man $b = f(p/p_0)$ — zusammen mit Abb. IV, 1.3 — aus der Beziehung

$$b[m] = \frac{\text{const}}{l} \frac{1}{\varrho w}.$$

Die Konstante erhält man, wenn man zu einem beliebigen Wert von p/p_0, z. B. $p/p_0 = 0{,}8$ mit dem dazugehörigen Wert von $\varrho w = 20$ kps/m^3 l und b willkürlich wählt, z. B. $l = 1$ m, $b = 0{,}01$ m; dies gibt dann die Konstante $\varrho w l b = 0{,}2$ kps/m.

Die gestrichelten Stromlinien gehören zu der Strömung einer volumenbeständigen Flüssigkeit, also unter Benutzung der gestrichelten Kurve von Abb. IV, 1.2 entsprechend der Formel

$$b'[\mathrm{m}] = \frac{\mathrm{const}}{l \cdot 0{,}125} \frac{1}{w_{\mathrm{ink}}} .$$

Man erkennt hier sehr deutlich den Einfluß der Zusammendrückbarkeit: Bei der volumenbeständigen Flüssigkeit nimmt die Größe b' mit zunehmender Geschwindigkeit dauernd ab, während bei Gasen b zunächst auch, allerdings weniger stark, abnimmt (weil das Gas sich mit abnehmendem Druck ausdehnt) von einem kritischen Wert $p/p_0 = 0{,}527$ aber sogar zunimmt.

Aus diesem Grunde kann in Abb. IV, 1.1 der Druck im Querschnitt F_B nicht kleiner als $0{,}527\,p_0$ sein auch wenn der Druck p_B im Behälter $< 0{,}527\,p_0$ ist. Die Druckabnahme von $0{,}527\,p_0$ im Querschnitt F_B bis auf $p_B < 0{,}527\,p_0$ erfolgt im Behälter, wobei die Stromlinien von F_B ab nach rechts divergieren. Es fragt sich jetzt: Was geschieht, wenn durch eine feste äußere Begrenzung eine genügende Ausdehnung des strömenden Gases verhindert wird.

1.3 Strömung durch eine Lavaldüse. In einer Lavaldüse (Abb. IV, 1.5 zweidimensionale Strömung von links nach rechts) verringern sich zunächst die Querschnitte, um dann vom kleinsten Querschnitt F^* ab, langsam zuzunehmen; denn eine Querschnittszunahme ist — wie wir gesehen haben — notwendig, wenn die Geschwindigkeit über die kritische Geschwindigkeit w_{cr} (entsprechend dem kritischen Druckverhältnis $p_{cr}/p_0 = 0{,}527$, Abb. IV, 1.2) anwachsen soll.

Es läßt sich leicht ausrechnen, welcher Unterdruck im Behälter B, an dem die Lavaldüse (ähnlich wie in Abb. IV, 1.1) angeschlossen ist, sein muß, um eine adiabatische Expansion mit der ihr entsprechenden Geschwindigkeitszunahme zu ermöglichen. Nehmen wir wieder eine Außentemperatur von $T_0 = 288\,°\mathrm{K}$ an, so ist, wenn $F_B = l b_B$ den Querschnitt beim Übergang zum Behälter bezeichnet, nach der Kontinuitätsgleichung

$$\varrho_B w_B = \frac{b^*}{b_B} \varrho^* w^* \text{ [248]}.$$

[248] Bei einer rotationssymmetrischen Lavaldüse müßte den folgenden Rechnungen die Kontinuitätsgleichung

$$\varrho_B w_B = \left(\frac{b^*}{b_B}\right)^2 \varrho^* w^*$$

zugrunde gelegt werden.

Nach Gl. (IV, 1.9) bzw. Abb. IV, 1.3 ist beim kritischen Druckverhältnis $p_{cr}/p_0 = 0{,}527$ das Produkt $\varrho^* w^* = 24{,}6$ kps/m³. Nehmen wir wie im Beispiel der Abb. IV, 1.5 an, daß $F_B/F^* = b_B/b^* = 2{,}0$ sei, so ist

$$\varrho_B w_B = 24.6/2 = 12{,}3 \text{ kps/m}^3;$$

diesem Wert entspricht nach Abb. IV, 1.3 (linke Kurve) ein $p_B = 0{,}095\, p_0$ sowie nach Abb. IV, 1.2 eine Geschwindigkeit von 530 m/s.

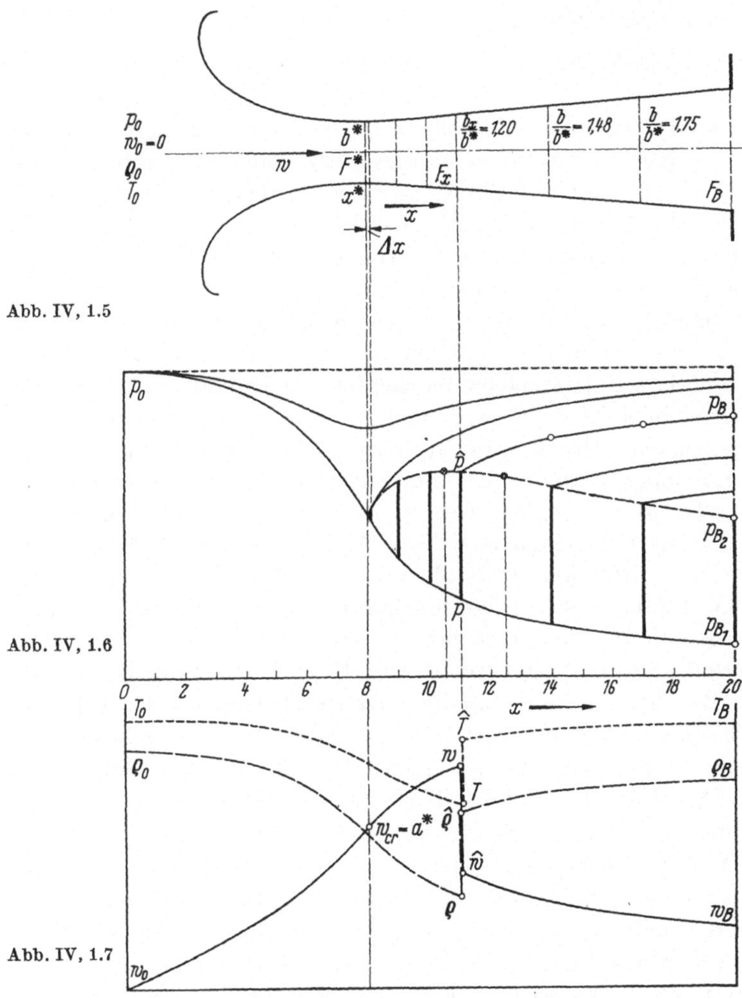

Abb. IV, 1.5. Strömung durch eine Lavaldüse

Abb. IV, 1.6. Druckverlauf innerhalb der Lavaldüse bei einem Verdichtungsstoß

Abb. IV, 1.7. Geschwindigkeit, Dichte und Temperatur längs einer Lavaldüse bei einem Verdichtungsstoß

Zu jedem anderen Punkte der Lavaldüse lassen sich Druckverhältnis und Geschwindigkeit ebenso leicht berechnen.

a) z. B. in einer Entfernung $x/b = 1$ *links* vom Querschnittsminimum; hier ist $b_x/b^* = 1{,}2$ und also $\varrho w = 24.6/1{,}2 = 20{,}5\ \text{kps/m}^3$, mithin nach Abb. IV, 1.3 $p/p_0 = 0{,}79$ und nach Abb. IV, 1.2 $w = 195\ \text{m/s}$,

b) in einer Entfernung *rechts* vom kleinsten Querschnitt, wo $b_x/b^* = 1{,}3$ sein möge, also $\varrho w = 24.6/1.3 = 19{,}0\ \text{kps/m}^3$ mithin $p/p_0 = 0{,}215$ und $w = 450\ \text{m/s}$.

In dieser Weise ist die unterste Kurve von Abb. IV, 1.6 punktweise berechnet.

Sollte der Unterdruck im Behälter geringer als $0{,}095 p_A$ z. B. gleich $0{,}08 p_0$ sein, so hat das auf den Strömungsvorgang in der Lavaldüse keinen Einfluß; auch in diesem Falle stellt sich am Düsenende der Druck $0{,}095\ p_0$ ein. Der Druckabfall auf den niedrigeren Druck $0{,}08\ p_0$ erfolgt dann im Behälter in einem sich erweiternden Strahl, verbunden mit einer entsprechenden Geschwindigkeitszunahme.

Eine wichtige Frage ist nun: Was geschieht in der Lavaldüse, wenn der Druck höher ist als $p_B = 0{,}095\ p_0$ (wie er für eine adiabatische Expansion nötig wäre)? Zunächst betrachten wir den Fall, daß der Druck im Behälter so hoch ist, z. B. $p_B = 0{,}96\ p_0$, daß im engsten Querschnitt nicht der kritische Druck erreicht wird. Bei $p_B/p_0 = 0{,}96$ ist nach Abb. IV, 1.3 $\varrho_B w_B = 10\ \text{kps/m}^3$. Im engsten Querschnitt ergibt sich also aus $\varrho^* w^* b^* = \varrho_B w_B b_B$, wegen $b_B/b^* = 2$ das Produkt $\varrho^* w^* = 20\ \text{kps/m}^3$ und demnach aus Abb. IV, 1.3 der Wert $p^*/p_0 = 0{,}8$; die Werte $w^* = 190\ \text{m/s}$ und $\varrho^* = 0{,}105\ \text{kps}^2/\text{m}^4$ findet man dann aus Abb. IV, 1.2. In derselben Weise erhält man zu verschiedenen Werten von x der Lavaldüse, entsprechend den Werten von b_x/b^*, die Größen p_x/p_0, w_x und ϱ_x (oberste Kurve in Abb. IV, 1.6). Verringert man den Druck im Behälter so weit, daß im engsten Querschnitt das kritische Druckverhältnis mit dem Wert $\varrho^* w^* = 24{,}6\ \text{kps/m}^3$ gerade erreicht wird, so erhält man aus $\varrho_B w_B = 24{,}6/2 = 12{,}3\ \text{kps/m}^3$ (rechte Kurve der Abb. IV, 1.3) den erforderlichen Behälterdruck $p_B = 0{,}94\ \text{p}_0$. Weitere Punkte der zweiten Kurve von oben der Abb. IV, 1.6 lassen sich nach dem Gesagten leicht berechnen.

Liegt der Druck im Behälter zwischen $p_B = 0{,}94\ p_0$ und dem früher berechneten Druck $p_B = 0{,}095\ p_0$ (adiabatische Expansion), so ist ein stetiger Verlauf des Druckes und damit der Geschwindigkeit, Dichte usw. nicht möglich. Es tritt vielmehr an einer bestimmten Stelle der Lavaldüse (stromabwärts vom engsten Querschnitt) ein plötzlicher Druckanstieg ein, verbunden mit einem ebenso plötzlichen Anstieg der Dichte und der Temperatur sowie einem Abfall der Geschwindigkeit. Es ist, als ob das mit überkritischer Geschwindigkeit strömende Gas gegen eine dünne poröse Wand ströme und sich dabei verdichte, um nachher mit einer wesentlich geringeren Geschwindigkeit weiter zu fließen (dabei ändert sich nicht der Querschnitt). Ein solcher Vorgang wird als Verdichtungsstoß bezeichnet[249].

Wir wollen annehmen, daß ein solcher Verdichtungsstoß in einer Entfernung rechts von F^* auftrete, dort wo das Verhältnis $b_x/b^* = 1{,}2$ besteht. Der Wert $\varrho_x w_x$ ist an dieser Stelle also gleich $\varrho^* w^*/1{,}2 = 24{,}6/1{,}2$ $= 24{,}6/1{,}2 = 20{,}3$ kps/m³, mithin nach Abb. IV, 1.3 die Größe p/p_0 $= 0{,}25$ und nach Abb. IV, 1.2 $w = 435$ m/s sowie $\varrho = 0{,}047$ kps²/m⁴. Bezeichnen wir die entsprechenden Größen *nach* dem Verdichtungsstoß mit einem „Dach", so haben wir nach dem Impulssatz

$$F_x \varrho w (w - \hat{w}) = F_x (\hat{p} - p),$$

wofür wir wegen der Kontinuitätsgleichung $\varrho w = \hat{\varrho} \hat{w}$ auch schreiben können

$$w \hat{w} (\hat{\varrho} - \varrho) = \hat{p} - p. \tag{IV, 1.12}$$

Es ist nach Gl. IV, 1.4, wenn statt w_B und p_B die Größen w und p gesetzt werden,

$$w^2 = \frac{2\varkappa}{\varkappa - 1}\left[\frac{p_0}{\varrho_0} - \frac{p_0}{\varrho_0}\left(\frac{p}{p_0}\right)^{\frac{\varkappa-1}{\varkappa}}\right] \tag{IV, 1.13}$$

und, da nach Gl. (IV, 1.3)

$$\varrho_0 = \varrho \left(\frac{p_0}{p}\right)^{\frac{1}{\varkappa}}$$

ist, haben wir

$$w^2 = \frac{2\varkappa}{\varkappa - 1}\left(\frac{p_0}{\varrho_0} - \frac{p}{\varrho}\right). \tag{IV, 1.14}$$

Es ist nach Gl. (IV, 1.14 u. 15) und bei Anwendung des Energiesatzes, S. 369

$$\frac{2\varkappa}{\varkappa - 1}\left(\frac{\hat{p}}{\hat{\varrho}} - \frac{p}{\varrho}\right) = 2g\, I(\hat{\imath} - i) = w^2 - \hat{w}^2$$

oder

$$w^2 - \hat{w}^2 = \frac{2\varkappa}{\varkappa - 1}\left(\frac{p_0}{\varrho_0} - \frac{p}{\varrho} - \frac{p_0}{\varrho_0} + \frac{\hat{p}}{\hat{\varrho}}\right),$$

---

[249] Hierauf hat bereits Stodola hingewiesen: Stodola, A.: Dampf- und Gasturbinen, 6. Aufl., Berlin: Springer 1924, Kapitel II und III.

also bei Berücksichtigung von Gl. (IV, 1.14)

$$\hat{w}^2 = \frac{2\varkappa}{\varkappa - 1}\left(\frac{p_0}{\varrho_0} - \frac{\hat{p}}{\hat{\varrho}}\right). \qquad \text{(IV, 1.15)}$$

Gl. (IV, 1.14 und 15) voneinander subtrahiert, ergibt wegen $w\varrho = \hat{w}\hat{\varrho}$

$$\hat{p} - p = \frac{p_0}{\varrho_0}(\hat{\varrho} - \varrho) + \frac{\varkappa - 1}{2\varkappa} w\hat{w}(\hat{\varrho} - \varrho)$$

oder

$$\frac{\hat{p} - p}{\hat{\varrho} - \varrho} = \frac{p_0}{\varrho_0} + \frac{\varkappa - 1}{2\varkappa} w\hat{w}$$

und mit Gl. (IV, 1.12)

$$w\hat{w}\left(1 - \frac{\varkappa - 1}{2\varkappa}\right) = \frac{p_0}{\varrho_0} \quad \text{also} \quad w\hat{w} = \frac{2\varkappa}{\varkappa + 1}\frac{p_0}{\varrho_0}. \qquad \text{(IV, 1.16)}$$

Setzt man in Gl. (IV, 1.13) für p/p_0 das kritische Druckverhältnis Gl. (IV, 1.11), nämlich

$$\frac{p_{cr}}{p_0} = \left(\frac{2}{\varkappa + 1}\right)^{\frac{\varkappa}{\varkappa - 1}}, \qquad \text{(IV, 1.17)}$$

so erhält man das Quadrat der sogenannten kritischen Geschwindigkeit w_{cr}, die — wie wir in der nächsten Nr. sehen werden — der Schallgeschwindigkeit a^* im engsten Querschnitt F^* entspricht,

$$w_{cr}^2 = a^{*2} = \frac{2\varkappa}{\varkappa + 1}\frac{p_0}{\varrho_0}. \qquad \text{(IV, 1.18)}$$

Bei Berücksichtigung von Gl. (IV, 1.16) ist somit

$$w\hat{w} = a^{*2}.\text{[250]} \qquad \text{(IV, 1.19)}$$

An der Stelle des Verdichtungsstoßes wird also — wie in Abb. IV, 1.7 gezeigt — die mit Überschallgeschwindigkeit w strömende Luft plötzlich auf die Unterschallgeschwindigkeit $\hat{w}$ gebremst, wobei das Produkt dieser beiden Geschwindigkeiten gleich dem Quadrat der Schallgeschwindigkeit im engsten Querschnitt F^* ist. Dabei steigt der Druck sprunghaft von p auf $\hat{p}$, wobei nach Gl. (IV, 1.12)

$$\hat{p} = p + a^{*2}\varrho\left(\frac{\hat{\varrho}}{\varrho} - 1\right)$$

---

[250] Diese Beziehung ist zuerst von L. PRANDTL abgeleitet worden: PRANDTL, L.: Beiträge zur Theorie der Dampfströmung durch Düsen. Z. VDI 48 (1904) 348, oder Ges. Abh.[65] Teil 2, S. 900, vgl. auch: PROELL, R.: Z. d. ges. Turbinenwesens 1 (1904) 161.

oder wegen $\hat{\varrho}/\varrho = w/\hat{w}$

$$\hat{p} = p + \varrho(w^2 - a^{*2}) = p + \varrho a^{*2}\left(\frac{w^2}{a^{*2}} - 1\right) \qquad \text{(IV, 1.20)}$$

ist (Abb. IV, 1.6).

Die Dichte nimmt ebenfalls plötzlich von ϱ auf $\hat{\varrho}$ zu, wobei $\hat{\varrho}$ aus den letzten beiden Gleichungen berechnet werden kann:

$$\hat{\varrho} = \varrho \frac{w^2}{a^{*2}}.$$

Mit dem Druck und der Dichte erhöht sich auch die Temperatur entsprechend Gl. (IV, 1.5), d. h. mit Benutzung von Abb. IV, 1.6 und 7

$$\hat{T} = \frac{\hat{p}}{g\hat{\varrho}R} \quad \text{oder} \quad \hat{T} = T\frac{\hat{p}}{p}\frac{\varrho}{\hat{\varrho}} = 2{,}64 \cdot 0{,}514\, T = 1{,}36\, T.$$

Dieser plötzliche Temperaturanstieg von T auf $\hat{T}$ ist in Abb. IV, 1.7 eingezeichnet.

Der weitere Verlauf des Druckes p vom Verdichtungsstoß bis zum Behälter B erfolgt im Unterschallgebiet adiabatisch. Das Produkt ϱw ist aus der Kontinuitätsgleichung bei gegebener Düsenbreite b bekannt; es beträgt z. B. am Ende der Düse $a^*\varrho^*/\frac{b_B}{b^*} = 24{,}6/2 = 12{,}3$ kps/m³.

Nach der Saint-Venantschen Gleichung ist

$$w^2 = \hat{w}^2 - \frac{2\varkappa}{\varkappa - 1}\frac{\hat{p}}{\hat{\varrho}}\left[\left(\frac{p}{\hat{p}}\right)^{\frac{\varkappa-1}{\varkappa}} - 1\right]$$

und mit $\varrho/\hat{\varrho} = (p/\hat{p})^{\frac{1}{\varkappa}}$

$$\varrho w = \left(\frac{p}{\hat{p}}\right)^{\frac{1}{\varkappa}} \sqrt{(\hat{\varrho}\hat{w})^2 - \frac{2\varkappa}{\varkappa - 1}\hat{\varrho}\hat{p}\left[\left(\frac{p}{\hat{p}}\right)^{\frac{\varkappa-1}{\varkappa}} - 1\right]}.$$

Da $\hat{\varrho}\hat{w} = \varrho^* a^*/\frac{b_x}{b^*} = 24{,}6/1{,}2 = 20{,}5$ kps/m³ ist, die Dichte $\hat{\varrho} = 0{,}0915$ kps²/m⁴ und nach Abb. IV, 1.6 der Druck $\hat{p} = p_0 \cdot \hat{p}/p_0 = 10332 \cdot 0{,}666 = 6882$ kp/m² haben wir

$$\varrho w = \left(\frac{p}{\hat{p}}\right)^{0{,}7117} \sqrt{420{,}1 - 4370\left[\left(\frac{p}{\hat{p}}\right)^{0{,}2883} - 1\right]} = f\left(\frac{p}{\hat{p}}\right).$$

Diese Funktion ist in Abb. IV, 1.8 gezeichnet; zu jedem ϱw kann der Wert $p/\hat{p}$ entnommen werden. Es ist z. B. am Düsenende, wo $\varrho_B w_B$

$= 12{,}3$ kps/m³ ist, der Wert

$$\frac{p_B}{\hat{p}} = 1{,}266 \quad \text{oder} \quad \frac{p_B}{p_0} = 1{,}266 \frac{\hat{p}}{p_0} = 1{,}266 \cdot 0{,}666 = 0{,}842.$$

Zu den Werten $x = 14$ und 17 (Abb. IV, 1.6) sind die Werte von ϱw wie vorher berechnet und in Abb. IV, 1.8 die dazugehörigen Werte von $p/\hat{p}$ bestimmt (in Abb. IV, 1.6 als kleine Kreise gekennzeichnet).

Statt Gl. (IV, 1.18) können wir auch schreiben

$$a^{*2} = \frac{2\varkappa}{\varkappa + 1} g R T_0. \quad \text{(IV, 1.21)}$$

Erweitert man auf der rechten Seite mit T^*, so erhält man mit Gl. (IV, 1.17) wegen

$$\frac{T_0}{T^*} = \frac{p_0}{p_{cr}} \cdot \frac{\varrho^*}{\varrho_0} = \left(\frac{p_0}{p_{cr}}\right)^{\frac{\varkappa - 1}{\varkappa}} = \frac{\varkappa + 1}{2} \quad \text{(IV, 1.22)}$$

$$a^{*2} = \varkappa g R T^*. \quad \text{(IV, 1.23)}$$

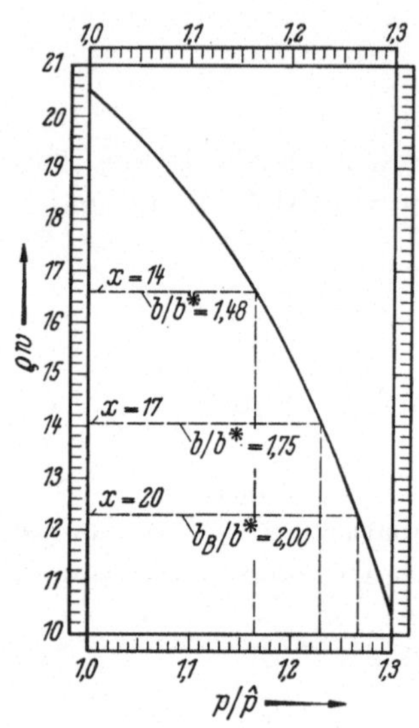

Abb. IV, 1.8. Das Produkt ϱw als Funktion von $p/\hat{p}$ hinter einem Verdichtungsstoß

2 Die Bedeutung der Schallgeschwindigkeit

2.1 Ableitung der Schallgeschwindigkeit. Vergrößern wir allmählich den Behälterdruck p_B in Abb. IV, 1.6, so rückt der Verdichtungsstoß von F_x in Richtung nach F^*; dabei werden die Druckdifferenzen $\hat{p} - p$ und die Dichtedifferenzen $\hat{\varrho} - \varrho$ dauernd kleiner. Im kleinsten Querschnitt F^* haben wir deshalb

$$\lim \frac{\hat{p} - p}{\hat{\varrho} - \varrho} = \frac{dp}{d\varrho} = w_{cr}^2 = a^{*2}, \quad (a^* \text{ die Schallgeschwindigkeit}) \quad \text{(IV, 2.1)}$$

denn die Größe beliebig kleiner Druckänderungen dividiert durch die damit bewirkten Dichteänderungen ist gleich dem Quadrat der Schallgeschwindigkeit.

Ändert sich — wie wir annehmen — die Dichte mit dem Druck nach dem Adiabaten-Gesetz, ist also

$$p = \text{const}\, \varrho^{\varkappa}$$

so haben wir

$$\frac{dp}{d\varrho} = \varkappa \cdot \text{const}\, \varrho^{\varkappa-1} = \varkappa \frac{p}{\varrho} = a^2 \tag{IV, 2.2}$$

und mit Gl. (IV, 1.5)

$$\sqrt{\frac{dp}{d\varrho}} = a = \sqrt{\varkappa g\, R T}\,; \tag{IV, 2.3}$$

die Schallgeschwindigkeit ist also der Wurzel aus der Temperatur T proportional.

Man kann sich die Vorgänge auch in folgender Weise klar machen (und dabei Gl. (IV, 2.1) ableiten): Wir beziehen die Strömung auf ein mit der Geschwindigkeit w_{cr} von links nach rechts bewegtes Koordinatensystem; dann ist also die Geschwindigkeit im engsten Querschnitt F^* gleich Null (instationäre Strömung). Es sei angenommen, daß die Druckzunahme im Punkte $x + \Delta x$ stattfinde (Abb. IV, 1.5 und 6). Die Geschwindigkeit nimmt dabei in der Zeit Δt von w auf $\hat{w}$ ab, wobei

$$\Delta t = \frac{\Delta x}{(w + \hat{w})/2} = \frac{\Delta x}{w_m}$$

ist; der Druck nimmt von p auf $\hat{p}$ und die Dichte von ϱ auf $\hat{\varrho}$ zu.

Die verzögerte Masse ist mit $(\varrho + \hat{\varrho})/2 = \varrho_m$ gleich $\varrho_m F^* \Delta x$; die Verzögerung ist $(w - \hat{w})/\Delta t = (w - \hat{w})\, w_m/\Delta x$, also Masse mal Verzögerung gleich resultierender Kraft, mithin wenn F^* auf beiden Seiten fortgelassen wird,

$$\varrho_m (w - \hat{w})\, w_m = \hat{p} - p. \tag{IV, 2.4}$$

Die in der Zeit Δt zufließende Masse ist $\varrho_m (w - \hat{w})\, F^*$, wodurch die zeitliche Massenzunahme $(\hat{\varrho} - \varrho)\, F^* \Delta x/\Delta t = (\hat{\varrho} - \varrho)\, F^* w_m$ bewirkt wird; es ist somit

$$\varrho_m (w - \hat{w}) = (\hat{\varrho} - \varrho)\, w_m. \tag{IV, 2.5}$$

Gleichung (IV, 2.4) durch Gl. (IV, 2.5) ergibt

$$\frac{\hat{p} - p}{\hat{\varrho} - \varrho} = w_m^2.$$

Lassen wir jetzt $x^* + \Delta x$ nach x^* konvergieren, so geht w_m in w_{cr} über, mithin im Grenzfall, d. h. bei beliebig kleinen Druck- und Dichteunterschieden

$$\lim \frac{\hat{p} - p}{\hat{\varrho} - \varrho} = \frac{dp}{d\varrho} = w_{cr}^2 = a^{*2}.$$

2.2 Fortpflanzung von Druckwellen. Die Druckwelle, die durch einen Verdichtungsstoß (wie z. B. in Abb. IV, 1.7) hervorgerufen wird, pflanzt sich nach allen Seiten mit Schallgeschwindigkeit fort. Dies kann aber nur stromabwärts geschehen, da die Strömung stromaufwärts des Verdichtungsstoßes eine größere Geschwindigkeit als die Schallgeschwindigkeit hat.

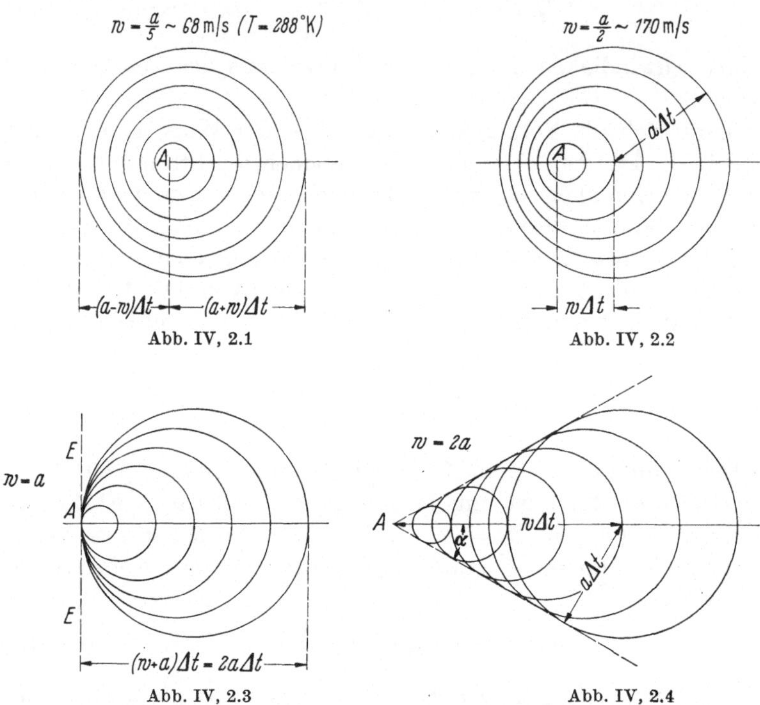

Abb. IV, 2.1—4. Ausbreitung von im Punkte A erzeugten Druckwellen bei verschiedenen Geschwindigkeiten w (von rechts nach links)

Strömt ein Gas mit einer Geschwindigkeit $w < a$, so pflanzt sich eine im Gas erzeugte Druckwelle stromaufwärts relativ zum Raume mit der Geschwindigkeit $a - w$ fort, stromabwärts mit der Geschwindigkeit $a + w$. Nehmen wir in Abb. IV, 2.1 an, daß in einer Strömung von links nach rechts ($w = a/5 \sim 68$ m/s, $T = 288$°K) eine dauernde Störung (z. B. ein kleiner Körper im Punkte A) vorhanden sei, so breiten sich Druckwellen allseitig aus, wenn auch in verschiedenen Richtungen in verschiedener Stärke. In Abb. IV, 2.2 sind die entsprechenden Druckwellen bei einer Geschwindigkeit $w = a/2 \sim 170$ m/s gezeichnet.

Ganz anders werden die Strömungen, wenn die Geschwindigkeit w des Gases die Schallgeschwindigkeit erreicht oder gar überschreitet.

In Abb. IV, 2.3 ist der Fall gezeichnet, daß die (nach rechts gerichtete) Geschwindigkeit des Gases gleich der Schallgeschwindigkeit ist. Die von der Störungsstelle A ausgehenden Druckwellen bedecken schließlich die ganze Halbkugel rechts der Ebene EE, greifen aber an keinem Punkte links über EE hinaus. Die Strömung im Raume links der Ebene EE weiß gleichsam nichts davon, daß im Punkte A eine Störung besteht, von der Druckwellen mit Schallgeschwindigkeit ausgehen.

In Abb. IV, 2.4 ist die Anströmungsgeschwindigkeit gleich der doppelten Schallgeschwindigkeit $w = 2a$. Man erkennt, daß sich die Auswirkung der Störungsstelle A auf einen kegelförmigen Raum beschränkt. Der halbe Kegelwinkel α bestimmt sich aus der Beziehung

$$\sin\alpha = \frac{a}{w}, \quad \frac{w}{a} = \mathrm{Ma}; \tag{IV, 2.6}$$

der Winkel α heißt der Machsche Winkel[251], den reziproken Wert, d. h. w/a hat man nach Vorschlag von J. Ackeret die Machsche Zahl (Ma) genannt.

Man erkennt aus den letzten vier Abbildungen, wie verschieden die Strömungen gegenüber den Unterschallströmungen sind, sobald die Gasgeschwindigkeit die Schallgeschwindigkeit erreicht oder sie überschreitet. Strömt z. B. Luft längs einer *schwach* gewellten Wand (ohne

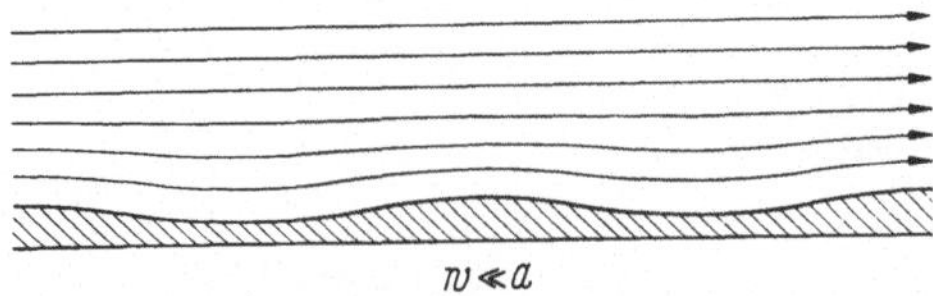

Abb. IV, 2.5. Abklingen der gewellten Stromlinien nach innen bei Unterschallströmungen

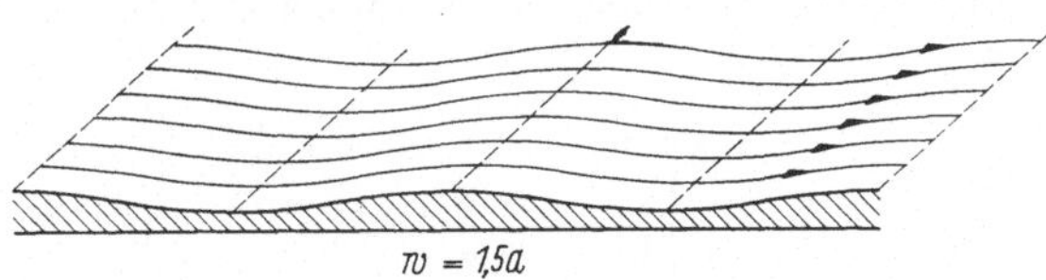

Abb. IV, 2.6. Eindringen der gewellten Stromlinien nach innen bei Überschallströmungen

daß dadurch Ablösung eintritt), so klingen die Wellen, wie in Abb. IV, 2.5 gezeigt, sehr schnell ab; bei Annäherung an die Schallgeschwindigkeit

[251] Mach, E., u. P. Salcher: Fixierung der durch Projektile in der Luft eingeleiteten Vorgänge. Ber. d. Wiener Akad., math. naturwiss. Kl. 95, II (1887) 764—780; vgl. auch J. Ackeret[273].

dringen die Wellen tiefer ins Innere der Strömung und pflanzen sich bei Schallgeschwindigkeit ungedämpft ins Innere fort. Bei Überschallströmungen (z. B. $\mathrm{Ma} = w/a = 1{,}5$) erfolgt die Ausbreitung der ungedämpften Wellen unter einem Winkel, wie in Abb. IV, 2.6 gezeigt. Die Verbindungsgeraden der Wellenberge bzw. -täler bilden mit der Horizontalen einen Winkel von etwa 42°, entsprechend $\sin 42 = 0{,}667 = a/w$ bzw. $\mathrm{Ma} = w/a = 1{,}5$. Die gebrachten Beispiele zeigen anschaulich die große Bedeutung der Schallgeschwindigkeit auf das Strömungsbild.

2.3 Staudruck und Dichte als Funktion der Machschen Zahl. Wir nehmen an, daß Luft (p, ϱ, T) mit der Geschwindigkeit w gegen einen Körper strömt und dort einen Staupunkt (p_0, ϱ_0, T_0) bildet. Wie hängt der Staudruck $p_0 - p$ von Ma ab? Lösen wir Gl. (IV, 1.1) längs einer zum Staupunkt führenden Stromlinie, d. h.

$$\frac{w^2}{2} = \int_p^{p_0} \frac{dp}{\varrho}$$

unter der Annahme von Gl, (IV, 1.3) (adiabatisches Verhalten), so wird

$$w^2 = \frac{2\varkappa}{\varkappa - 1} \frac{p}{\varrho} \left[\left(\frac{p_0}{p}\right)^{\frac{\varkappa-1}{\varkappa}} - 1\right]$$

und nach p_0 aufgelöst

$$p_0 = p\left(1 + \frac{\varkappa - 1}{\varkappa} \frac{\varrho\, w^2}{2p}\right)^{\frac{\varkappa}{\varkappa-1}}; \qquad \text{(IV, 2.7)}$$

mithin haben wir als Staudruck bei Berücksichtigung von $\varkappa \frac{p}{\varrho} = a^2$ sowie $w/a = \mathrm{Ma}$

$$p_0 - p = p\left[\left(1 + \frac{\varkappa - 1}{2} \frac{\varrho\, w^2}{\varkappa p}\right)^{\frac{\varkappa}{\varkappa-1}} - 1\right]$$

$$= p\left[\left(1 + \frac{\varkappa - 1}{2} \mathrm{Ma}^2\right)^{\frac{\varkappa}{\varkappa-1}} - 1\right]. \qquad \text{(IV, 2.8)}$$

Wir wollen annehmen, daß $\mathrm{Ma} \leqq 1$ ist, womit auch

$$\frac{\varkappa - 1}{2} \frac{\varrho}{\varkappa p} w^2 = \frac{\varkappa - 1}{2} \mathrm{Ma}^2 < 1$$

wird, wir können dann die erste runde Klammer von Gl. (IV, 2.8) in eine binomische Reihe[252] entwickeln und erhalten, wenn $\varrho w^2/2$ ausgeklammert wird,

$$p_0 - p = \frac{\varrho\, w^2}{2}\left(1 + \frac{1}{2^2}\,\mathrm{Ma}^2 + \frac{2-\varkappa}{2^3\cdot 3}\,\mathrm{Ma}^4 + \frac{(2-\varkappa)\,(3-2\varkappa)}{2^4\cdot 3\cdot 4}\,\mathrm{Ma}^6 + \ldots\right) \tag{IV, 2.9}$$

und mit $\varkappa = 1{,}405$

$$p_0 - p = \frac{\varrho\, w^2}{2}\,(1 + 0{,}25\,\mathrm{Ma}^2 + 0{,}0248\,\mathrm{Ma}^4 + 0{,}00058\,\mathrm{Ma}^6 + \ldots)\,. \tag{IV, 2.10}$$

Die letzten beiden Gleichungen konvergieren für mäßige Werte von Ma sehr gut. Mit $\mathrm{Ma} = 1$ erhalten wir aus der letzten Gleichung

$$p_0 - p = 1{,}2754\,\frac{\varrho\, w^2}{2}\,,$$

mithin einen um etwa 27,5% größeren Staudruck, als es einer inkompressiblen Strömung entsprechen würde.

Nehmen wir an, daß $p = 10332\ \mathrm{kp/m^2}$ und $T = 288°K$ ist, also $\varrho = p/gRT = 0{,}1249\ \mathrm{kps^2/m^4}$ und $a = \sqrt{\varkappa g\,RT} = 341\ \mathrm{m/s}$, so erhalten wir aus der letzten Gleichung

$$p_0 = 19592\ \mathrm{kp/m^2}\,;$$

der entsprechende aus Gl. (IV, 2.7) berechnete Wert von p_0 unterscheidet sich nur in der fünften Stelle. Für die Dichte im Staupunkt haben wir

$$\varrho_0 = \varrho\left(\frac{p_S}{p}\right)^{\frac{1}{\varkappa}} = 0{,}1249\left(\frac{19592}{10332}\right)^{0{,}7117} = 0{,}197\ \mathrm{kps^2/m^4}$$

und für die Temperatur

$$T_0 = T\left(\frac{p_S}{p}\right)^{\frac{\varkappa-1}{\varkappa}} = 288\left(\frac{19592}{10332}\right)^{0{,}2883} = 346{,}3\,°\mathrm{K}\,.$$

Die Temperatur hat also im Staupunkt um $346{,}3°\mathrm{K} - 288°\mathrm{K} = 58{,}3\ \mathrm{grd}$ zugenommen. Es ist zu berücksichtigen, daß die bei Benutzung von

---

[252]
$$(1 \pm x)^n = 1 \pm \binom{n}{1} x + \binom{n}{2} x^2 \pm \binom{n}{3} x^3 + - \ldots \qquad |x| < 1$$
$$= 1 \pm nx + \frac{n(n-1)}{2}\,x^2 \pm \frac{n(n-1)\,(n-2)}{2\cdot 3}\,x^3 + - \ldots$$

Gl. (IV, 2.9) berechnete Temperaturerhöhung im Staupunkt nur für Werte von $\mathrm{Ma} \leqq 1$ gilt.

Bei Werten von $\mathrm{Ma} > 1$ ist die Strömung in der Nähe des Staupunktes nicht mehr adiabatisch, so daß hier Gl. (IV, 2.7 bzw. 9) nicht anzuwenden ist. Es tritt nämlich vor dem vorn abgerundeten Körper (z. B. Staurohr) ein Verdichtungsstoß auf. Die beim Verdichtungsstoß auftretende Druckerhöhung ist jedoch geringer als wenn sie adiabatisch erfolgen würde. Auf diese Vorgänge gehen wir auf S. 369ff. im einzelnen ein.

Will man die Dichteabnahme als Funktion der Machschen Zahl bei einer Strömung längs einer Düse (Abb. IV, 1.5) bestimmen, d. h. vom Ruhezustand ($w = 0$, p_0, ϱ_0, T_0) bis zum Druck $p < p_0$, so hat man Gl. (IV, 1.13) nach p/p_0 aufzulösen:

$$\frac{p}{p_0} = \left(1 - \frac{\varkappa - 1}{2} \frac{\varrho_0}{\varkappa p_0} w^2\right)^{\frac{\varkappa}{\varkappa - 1}}.$$

Es ist aber $p/p_0 = (\varrho/\varrho_0)^\varkappa$ und $\varkappa p_0/\varrho_0 = a_0^2$, also mit $w/a_0 = \mathrm{Ma}_0$

$$\varrho = \varrho_0 \left(1 - \frac{\varkappa - 1}{2} \frac{\varrho_0 w^2}{\varkappa p_0}\right)^{\frac{1}{\varkappa - 1}} = \varrho_0 \left(1 - \frac{\varkappa - 1}{2} \mathrm{Ma}_0^2\right)^{\frac{1}{\varkappa - 1}}. \qquad \text{(IV. 2.11)}$$

Nehmen wir an, daß $(\varkappa - 1)\, \mathrm{Ma}_0^2/2 < 1$, d. h. $\mathrm{Ma}_0 < 2{,}22$, so ergibt die binomische Entwicklung

$$\varrho = \varrho_A \left(1 - \frac{1}{2} \mathrm{Ma}_0^2 + \frac{2 - \varkappa}{2^3} \mathrm{Ma}_0^4 - \frac{(2 - \varkappa)(3 - 2\varkappa)}{2^4 \cdot 3} \mathrm{Ma}_0^6 + - \ldots \right. \qquad \text{(IV, 2.12)}$$

und mit $\varkappa = 1{,}405$

$$\varrho = \varrho_0 (1 - 0{,}5\, \mathrm{Ma}_0^2 + 0{,}07437\, \mathrm{Ma}_0^4 - 0{,}00236\, \mathrm{Ma}_0^6 + - \ldots).$$

Mit $\mathrm{Ma}_0 = w/a_0 = 1$ erhalten wir $\varrho = 0{,}572\, \varrho_0$; die genaue aber umständlichere Gl. (IV, 2.11) gibt den Wert 0,5715. Das Druckverhältnis bei $\mathrm{Ma}_0 = 1$ bekommt man dann aus $p/p_0 = (\varrho/\varrho_0)^\varkappa = 0{,}572^{1{,}405} = 0{,}456$. Dieser Wert entspricht nicht dem auf S. 353 berechneten kritischen Druckverhältnis $p_{cr}/p_0 = 0{,}527$, da dort $w/a^* = \mathrm{Ma}^*$ gesetzt, hier aber $w/a_0 = \mathrm{Ma}_0$ angenommen wird (vgl. kleinen Kreis in Abb. IV, 1.2).

Da nach Gl. (IV, 2.3) die Schallgeschwindigkeit a^* im engsten Querschnitt der Wurzel aus der dort vorhandenen Temperatur T^* proportional ist, anderseits im Raume $w = 0$, T_0, die dort vorhandene Schallgeschwindigkeit den Wert $a_0 = \sqrt{\varkappa g R T_0}$ hat, so folgt nach Gl. (IV, 1.21)

$$\frac{a^*}{a_0} = \sqrt{\frac{2}{\varkappa + 1}}\,; \qquad \text{(IV, 2.13)}$$

ferner ist nach Gl. (IV, 1.17) und Gl. (IV, 1.22)

$$\frac{p^*}{p_0} = \left(\frac{2}{\varkappa + 1}\right)^{\frac{\varkappa}{\varkappa - 1}} \quad \text{und} \quad \frac{\varrho^*}{\varrho_0} = \left(\frac{2}{\varkappa + 1}\right)^{\frac{1}{\varkappa - 1}} \quad \text{sowie} \quad \frac{T^*}{T_0} = \frac{2}{\varkappa + 1}\,. \tag{IV, 2.14}$$

2.4 Energiesatz. Bei inkompressiblen Flüssigkeiten haben wir als Ausdruck des Energiesatzes die Bernoullische Gleichung abgeleitet (Bd. I, S. 104ff.):

$$\frac{\varrho\, w^2}{2} + p = \text{const},$$

d. h. die Summe von kinetischer Energie und Druckenergie beides pro Volumeneinheit ist konstant. Diese Gleichung läßt sich auch in der Form schreiben:

$$\frac{w^2}{2g} + \frac{p}{g\varrho} = \text{const};$$

die Glieder haben die Dimension einer Länge, also: Geschwindigkeitshöhe plus Druckhöhe ist konstant. Die Konstante, die zunächst für eine Stromlinie abgeleitet war, ist im ganzen Flüssigkeitsgebiet dieselbe, wenn es sich um Potentialströmungen handelt.

In der Form der letzten Gleichung wollen wir den Energiesatz für bewegte Gase ableiten, also für den Fall, daß $\varrho \neq \text{const}$ ist und dadurch Wärmeerscheinungen auftreten. Wir gehen aus von der Gleichung

$$\frac{w^2}{2g} + \int \frac{dp}{g\varrho} = \frac{w^2}{2g} + \int v^* dp = \text{const}\,[253]. \qquad \left(\frac{1}{g\varrho} = v^*\right)$$

Wegen

$$d(pv^*) = v^* dp + p dv^*$$

ist

$$\frac{w^2}{2g} + pv^* - \int p dv^* = \text{const}. \tag{IV, 2.15}$$

---

[253] Eine Ortshöhe z tritt in dieser Gleichung nicht auf, da p den üblichen Druck bezeichnet, wie er mit Flüssigkeitsmanometern (z. B. U-Rohren) gemessen wird, nicht aber den vollständigen Druck

$$p_v = p - g\varrho z,$$

wie er z. B. mit dem Barometer gemessen wird. Wir können $p = p_v + g\varrho z$ benutzen, da wir annehmen, daß die *vertikalen* Bereiche, in denen die Strömungen vor sich gehen, nicht so groß sind (wie bei meteorologischen Problemen), daß eine Änderung von ϱ infolge der *aerostatischen Druckverteilung* berücksichtigt werden müßte (vgl. Bd. I, S. 107).

Wir führen jetzt den in der Thermodynamik benutzten Wärmeinhalt pro kp, die Enthalpie i ein, wobei

$$i = u + \frac{1}{I}\, p v^* = u + \frac{1}{I} \frac{p}{g\varrho} \tag{IV, 2.16}$$

ist. Die Enthalpie i und die innere Energie u sind in kcal/kp gemessen, während I das mechanische Wärmeäquivalent

$$I = 427 \text{ kpm/kcal} \tag{IV, 2.17}$$

bezeichnet. Da

$$u = c_v T = \frac{1}{\varkappa - 1} \frac{1}{I} \frac{p}{g\varrho}$$

ist, haben wir für die Enthalpie nach Gl. (IV, 2.17)

$$i = \frac{1}{\varkappa - 1} \frac{1}{I} \frac{p}{g\varrho} + \frac{1}{I} \frac{p}{g\varrho} = \frac{\varkappa}{\varkappa - 1} \frac{1}{I} \frac{p}{g\varrho}\,. \tag{IV, 2.18}$$

Gleichung (IV, 2.16) geht wegen Gl. (IV, 2.17) über in:

$$\frac{w^2}{2g} + Ii - I\left(u + \frac{1}{I} \int p\, dv^*\right) = \text{const}$$

oder (nach dem ersten Hauptsatz der Thermodynamik) mit

$$u = \frac{1}{I} \int p\, dv^* = \mathfrak{q}, \qquad [\mathfrak{q}] = \text{kcal/kp},$$

$$\frac{w^2}{2g} + Ii - I\mathfrak{q} = \text{const}$$

und in Differentialform

$$\frac{w\, dw}{g} + I\, di = I\, d\mathfrak{q}. \tag{IV, 2.19}$$

Faßt man bei der Integration die Integrationskonstanten zusammen, so bleibt bei adiabatischen Zustandsänderungen, d. h. nach dem zweiten Hauptsatz der Thermodynamik, mit s als Entropie wegen

$$I \frac{d\mathfrak{q}}{T} = I\, ds \overset{(>)}{=} 0 \tag{IV, 2.20}$$

$$\frac{w^2}{2g} + Ii = \text{const.} \tag{IV, 2.21}$$

Dies ist der Energiesatz bei idealen Gasen und adiabatischer Zustandsänderung. Da bei idealen Gasen und konstanten spezifischen Wärmen

$$i = c_p T \qquad [c_p] = \text{kcal/kp grd} \qquad \text{(IV, 2.22)}$$

ist, kann man dem Energiesatz auch die Form geben:

$$\frac{w^2}{2g} + I c_p T = \text{const.} \qquad \text{(IV, 2.23)}$$

Wendet man den Energiesatz in dieser Form z. B. auf eine Strömung mit der Geschwindigkeit w von links nach rechts gegen einen in Ruhe befindlichen Körper, so erhält man mit T in genügender Entfernung vom Körper und mit T_0 im Staupunkt $(w = 0)$

$$w^2 = 2gIc_p(T_0 - T).$$

Dividiert man diese Gleichung durch $a^2 = \varkappa g R T$, so wird

$$\frac{w^2}{a^2} = \text{Ma}^2 = \frac{2Ic_p(T_0 - T)}{\varkappa R T}$$

und nach T_0 aufgelöst unter Berücksichtigung von $R = I(c_p - c_v)$

$$T_0 = T\left(1 + \frac{\varkappa - 1}{2}\,\text{Ma}^2\right). \qquad \text{(IV, 2.24)}$$

2.5 Hugoniotsche Gleichung. Das Auftreten von Verdichtungsstößen, wie wir sie in IV, 1.3 bei der Strömung durch eine Lavaldüse kennengelernt haben, wurde zum ersten Mal von Hugoniot[254] einwandfrei behandelt. Von ihm stammt die Gleichung, aus der sich die Zunahme der Dichte bei der plötzlichen Druckerhöhung im Verdichtungsstoß berechnen läßt. Bezeichnet m die pro Sekunde durch die Flächeneinheit strömende Masse, so lauten die drei Grundgleichungen:

1. Kontinuitätsgleichung $\quad m = \varrho w = \hat{\varrho}\hat{w} \qquad (\text{F} = \text{const})$

2. Impulsgleichung $\quad \hat{p} - p = m(w - \hat{w}) = m^2\left(\frac{1}{\varrho} - \frac{1}{\hat{\varrho}}\right)$

3. Energiegleichung $\quad I(\hat{\imath} - i) = \frac{1}{2g}(w^2 - \hat{w}^2).$

Aus 1. und 2. erhält man

$$(\hat{p} - p)\left(\frac{1}{\varrho} + \frac{1}{\hat{\varrho}}\right) = m^2\left(\frac{1}{\varrho^2} - \frac{1}{\hat{\varrho}^2}\right) = w^2 - \hat{w}^2$$

[254] Hugoniot, H.: Mémoire sur la propagation du mouvement dans les corps et spécialement dans les gases parfaits. J. de l'École polyt., Paris 1887, Heft 57. S. 1—97, und 1889, Heft 58, S. 1—125.

und mit 3.

$$(\hat{p} - p)\left(\frac{1}{\varrho} + \frac{1}{\hat{\varrho}}\right) = 2gI(\hat{\imath} - i).$$

Es ist nach Gl. (IV, 2.17)

$$2gI(\hat{\imath} - i) = 2gI(\hat{u} - u) + 2\left(\frac{\hat{p}}{\hat{\varrho}} - \frac{p}{\varrho}\right)$$

und in die letzte Gleichung eingesetzt

$$(\hat{p} - p)\left(\frac{1}{\varrho} + \frac{1}{\hat{\varrho}}\right) = 2gI(\hat{u} - u) + 2\left(\frac{\hat{p}}{\hat{\varrho}} - \frac{p}{\varrho}\right)$$

oder zusammengefaßt

$$(p + \hat{p})\,\frac{\hat{\varrho} - \varrho}{\varrho\hat{\varrho}} = 2gI(\hat{u} - u). \qquad \text{(IV, 2.25)}$$

Es ist nach Gl. (IV, 2.17) mit $i = c_p T$ und $u = c_v T$

$$c_p T - c_v T = c_v T(\varkappa - 1) = u(\varkappa - 1) = \frac{1}{I}\frac{p}{g\varrho},$$

also

$$u = \frac{1}{I(\varkappa - 1)}\frac{p}{g\varrho}$$

und in Gl. (IV, 2.25) eingesetzt, wenn noch mit $\hat{\varrho}/p$ multipliziert wird,

$$\frac{p + \hat{p}}{p}\,\frac{\hat{\varrho} - \varrho}{\varrho} = \frac{2}{\varkappa - 1}\left(\frac{\hat{p}}{p} - \frac{\hat{\varrho}}{\varrho}\right)$$

oder

$$\frac{\hat{p}}{p} - \frac{\hat{\varrho}}{\varrho} = \frac{\varkappa - 1}{2}\left(\frac{\hat{p}}{p} + 1\right)\left(\frac{\hat{\varrho}}{\varrho} - 1\right). \qquad \text{(IV, 2.26)}$$

Aus dieser „Hugoniotschen Gleichung" kann zu jedem Wert von $\hat{\varrho}/\varrho$ der Wert $\hat{p}/p$ oder umgekehrt berechnet werden. Abbildung IV, 2.7 zeigt $\hat{p}/p = f(\hat{\varrho}/\varrho)$. Man kann der Hugoniotschen Gleichung noch eine einfachere Form geben, wenn man Gl. (IV, 3.20a), d. h.

$$\frac{\hat{\varrho}}{\varrho} = \frac{\varkappa - 1 + (\varkappa + 1)\dfrac{\hat{p}}{p}}{\varkappa + 1 + (\varkappa - 1)\dfrac{\hat{p}}{p}}$$

nach $\hat{p}/p$ auflöst, also

$$\frac{\hat{p}}{p} = \frac{(\varkappa+1)\frac{\hat{\varrho}}{\varrho} - (\varkappa-1)}{\varkappa+1-(\varkappa-1)\frac{\hat{\varrho}}{\varrho}} = \frac{\frac{\varkappa+1}{\varkappa-1}\frac{\hat{\varrho}}{\varrho} - 1}{\frac{\varkappa+1}{\varkappa-1} - \frac{\hat{\varrho}}{\varrho}};$$

diese Formel läßt sich nach einigen Umformungen auch aus Gl. (IV, 2.26) ableiten. Im Grenzwert $\lim \hat{p}/p \to \infty$, wird also $(\hat{\varrho}/\varrho)_{\max} = (\varkappa+1)/(\varkappa-1) = 5{,}94$; größer kann $\hat{\varrho}/\varrho$ nicht werden, da sonst $\hat{p}/p < 0$ würde.

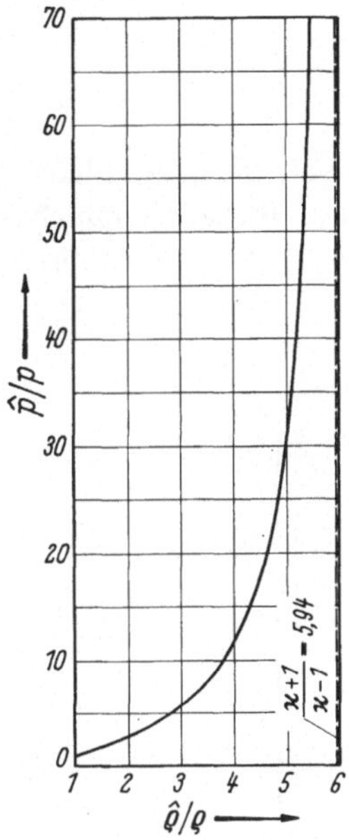

Abb. IV, 2.7. $\hat{p}/p = f(\hat{\varrho}/\varrho)$ Hugoniotsche Gleichung

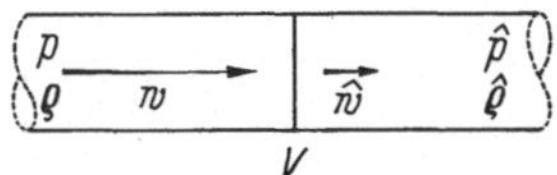

Abb. IV, 2.8. Ein mit der Geschwindigkeit w sich von links nach rechts bewegender Verdichtungsstoß (V) in einem Koordinatensystem, das sich ebenfalls mit der Geschwindigkeit w bewegt

Dies besagt, daß bei einem Verdichtungsstoß, einerlei wie groß der Drucksprung $\hat{p} - p$ auch sein möge, die Dichte höchstens auf das $(\varkappa+1)/(\varkappa-1) = 5{,}94$fache komprimiert werden kann ($\varkappa = 1{,}405$).

Wir nehmen jetzt an, daß sich ein Verdichtungsstoß oder eine Detonationsfront (hervorgerufen z. B. durch eine Explosion) in einem Rohre mit der Geschwindigkeit w von rechts nach links bewegt. Betrachten wir den Vorgang in einem Koordinatensystem, das sich ebenfalls mit der Geschwindigkeit w bewegt, so ist der Verdichtungsstoß V in Ruhe (analog wie beim Verdichtungsstoß in einer Lavaldüse) vgl. Abb. IV, 2.8 und wir haben nach Gl. (IV, 1.12)

$$w\hat{w} = \frac{\hat{p}-p}{\hat{\varrho}-\varrho} = \frac{p}{\varrho}\,\frac{\frac{\hat{p}}{p}-1}{\frac{\hat{\varrho}}{\varrho}-1}$$

oder mit $\varrho w = \hat{\varrho}\hat{w}$

$$w = \sqrt{\frac{p}{\varrho}}\sqrt{\frac{\hat{\varrho}}{\varrho}}\sqrt{\frac{\frac{\hat{p}}{p}-1}{\frac{\hat{\varrho}}{\varrho}}}\,.$$

Setzen wir $p = p_0 = 10332\ \mathrm{kp/m^2}$ und $\varrho = \varrho_0 = 0{,}125\ \mathrm{kps^2/m^4}$, so wird

$$w = 287{,}6 \sqrt{\frac{\hat{\varrho}}{\varrho}} \sqrt{\frac{\frac{\hat{p}}{p} - 1}{\frac{\hat{\varrho}}{\varrho} - 1}}\,. \qquad \text{(IV, 2.27)}$$

Da es sich um eine Detonation handeln soll, wird das Druckverhältnis groß sein, z. B. $\hat{p}/p = 30$; aus der Hugoniotschen Kurve erhalten wir damit $\hat{\varrho}/\varrho = 5$ und somit aus der letzten Gleichung

$$w = 287{,}6 \sqrt{5} \sqrt{\frac{29}{4}} = 1730\ \mathrm{m/s}.$$

Man erkennt, daß sich Verdichtungsstöße bei großen (d. h. endlichen) Druckanstiegen mit Geschwindigkeiten fortpflanzen, die ein vielfaches der Schallgeschwindigkeit sein können.

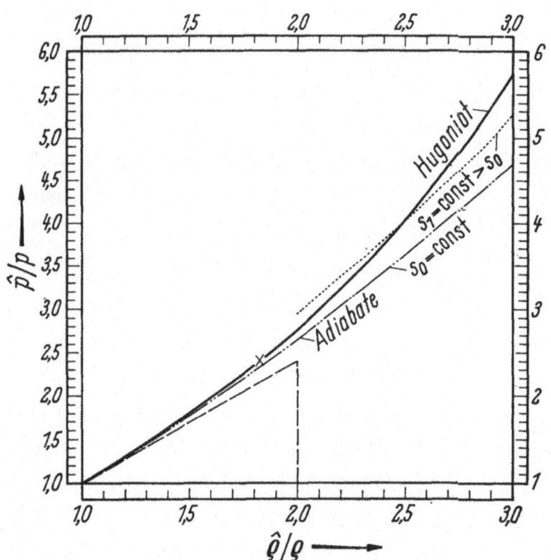

Abb. IV, 2.9. Die Hugoniotsche Kurve

In Abb. IV, 2.9 ist ein Teil der Hugoniotschen Kurve (bis $\hat{\varrho}/\varrho = 3{,}0$) in vergrößertem Maßtab gezeichnet. Die Tangente im Ursprung der Kurve ergibt das Verhältnis $\hat{p}/p$ zu $\hat{\varrho}/\varrho$ gleich 2,4 zu 2. Nach Gl. (IV, 2.27) ist also mit $\varrho = \hat{\varrho}$ im Berührungspunkt der Tangente

$$w = 287{,}6 \sqrt{\frac{1{,}4}{1}} = 340{,}5 \sim 341\ \mathrm{m/s},$$

in Übereinstimmung mit Gl. (IV, 1.23) bei $T_A = 288\,°K$

$$w = a_0 = \sqrt{\frac{dp}{d\varrho}} = \sqrt{g\varkappa R T_0} = 341 \text{ m/s}.$$

Die Hugoniotsche Kurve kann auch dazu dienen, die gestrichelte Kurve der Abb. IV, 1.6 zu bestimmen. In Abb. IV, 2.10 sind der Druck p, die Dichte ϱ und die Geschwindigkeit w vom kleinsten Querschnitt

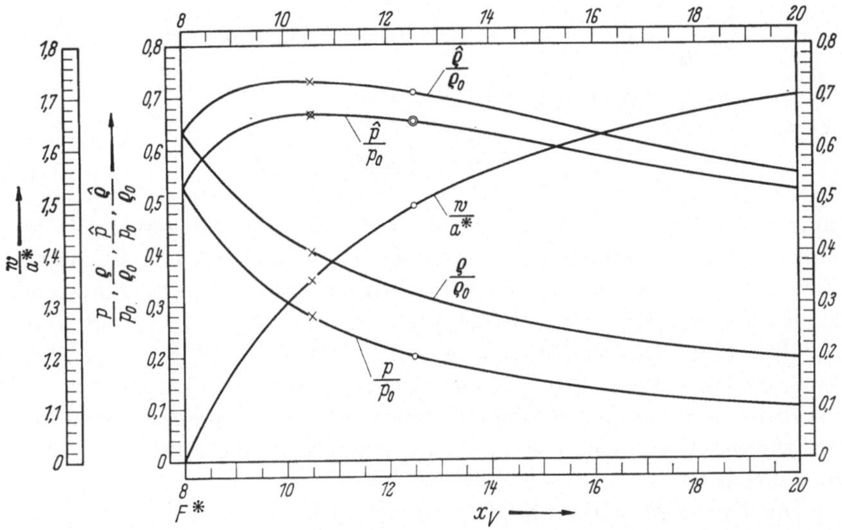

Abb. IV, 2.10. p, $\hat{p}$, ϱ, $\hat{\varrho}$, w/a^* als Funktion von x_V (V = Venturirohr) stromabwärts vom kleinsten Querschnitt der Lavaldüse

F^* (in Abb. IV, 1.5 bei $x = 8$) entsprechend der adiabatischen Expansion bis zum Behälter $B(x = 20)$ aufgetragen und zwar in dimensionslosen Größen p/p_0, ϱ/ϱ_0 sowie w/a^*.

Nehmen wir beispielsweise den Verdichtungsstoß bei $x = 10{,}5$ an, so ist wegen $w\hat{w} = a^{*2}$ und $\varrho w = \hat{\varrho}\hat{w}$

$$\frac{\hat{\varrho}}{\varrho} = \left(\frac{w}{a^*}\right)^2$$

und, da bei $x = 10{,}5$ der Wert $w/a^* = 1{,}348$ ist, haben wir

$$\frac{\hat{\varrho}}{\varrho} = 1{,}348^2 = 1{,}817.$$

Aus Abb. IV, 2.9 erhalten wir zu diesem Wert (gekreuzt)

$$\frac{\hat{p}}{p} = 2.40$$

und aus Abb. IV, 2.10 den Wert $p/p_0 = 0{,}278$ (gekreuzt). Mithin ist

$$\frac{\hat{p}}{p_0} = \frac{\hat{p}}{p}\frac{p}{p_0} = 2{,}40 \cdot 0{,}278 = 0{,}667 \text{ (Kreuz im Kreis).}$$

Der Wert $\hat{\varrho}/\varrho_0$ ergibt sich aus Abb. IV, 2.10 zu

$$\frac{\hat{\varrho}}{\varrho_0} = \frac{\hat{\varrho}}{\varrho} \cdot \frac{\varrho}{\varrho_0} = 1{,}817 \cdot 0{,}403 = 0{,}732 \text{ (gekreuzt).}$$

In Abb. IV, 2.9 ist auch die Adiabate

$$\frac{\hat{p}}{p} = \left(\frac{\hat{\varrho}}{\varrho}\right)^{\varkappa}$$

eingezeichnet, die sich bei kleinen Werten von $\hat{\varrho}/\varrho$ sehr eng an die Hugoniotsche Kurve anschmiegt. Die Adiabate ist auch eine Kurve konstanter Entropie $s = s_0 = \text{const}$. Legt man durch einen höheren Punkt der Hugoniotschen Kurve (z. B. bei $\hat{p}/p = 4$ und $\hat{\varrho}/\varrho = 2{,}5$) eine Linie (punktiert) konstanter Entropie $s = s_1 = \text{const}$, so ist $s_1 > s_0$. Beim Vorgang eines Verdichtungsstoßes wächst somit die Entropie, so daß der Strömungsvorgang, bei dem die Überschallgeschwindigkeit beim Verdichtungsstoß auf Unterschallgeschwindigkeit herabgesetzt wird, nicht umkehrbar ist.

Die Kurve $\hat{p}/p_0$ in Abb. IV, 2.10 läßt sich — unter Umgehung der Hugoniotschen Gleichung — auch sehr leicht aus Gl. (IV, 1.20) ableiten. Schreibt man die Gleichung in dimensionslosen Größen, so erhält man

$$\frac{\hat{p}}{p_0} = \frac{p}{p_0} + \frac{\varrho}{\varrho_0} \cdot \frac{\varrho_0}{p_0} a^{*2} \left(\frac{w^2}{a^{*2}} - 1\right)$$

oder nach Gl. (IV, 1.18)

$$\frac{\hat{p}}{p_0} = \frac{p}{p_0} + \frac{2\varkappa}{\varkappa + 1} \frac{\varrho}{\varrho_0} \left(\frac{w^2}{a^{*2}} - 1\right) \tag{IV, 2.28}$$

Es ist z. B. bei $x = 12{,}5$ (kleine Kreise) mit $\varkappa = 1{,}405$

$$\frac{\hat{p}}{p_0} = 0{,}20 + 1{,}17 \cdot 0{,}318(1{,}49^2 - 1) = 0{,}653\text{. (Doppelkreis)}$$

Der Wert von $\hat{\varrho}/\varrho_0$ ergibt sich aus

$$\frac{\hat{\varrho}}{\varrho_0} = \frac{\hat{\varrho}}{\varrho}\frac{\varrho}{\varrho_0} = \frac{w^2}{a^{*2}} \cdot \frac{\varrho}{\varrho_0}$$

und ist bei $x = 12,5$

$$\frac{\hat{\varrho}}{\varrho_0} = 1{,}49^2 \cdot 0{,}32 = 0{,}71 \text{ (kleiner Kreis)}.$$

Der Verdichtungsstoß ist, mathematisch gesehen, eine Unstetigkeit, besitzt in Wirklichkeit aber eine endliche, wenn auch sehr geringe Dicke. Die Struktur des Verdichtungsstoßes hat J. ACKERET[255] zusammenfassend behandelt. Es ist danach nicht nur die Wärmeleitung (L. PRANDTL[256]), sondern auch die Reibung (HAMEL) zu berücksichtigen, wie es R. BECKER und RAYLEIGH getan haben (Literatur bei ACKERET). Es ist bemerkenswert, daß die Dicke des Verdichtungsstoßes mit zunehmendem Drucksprung abnimmt. Nach PRANDTL[256] ist die Dicke $5 \cdot 10^{-4}$ mm bei $\hat{p}/p = 1{,}2$, nach R. BECKER $4{,}5 \cdot 10^{-4}$ mm bei $\hat{p}/p = 2$ und $1{,}20 \times 10^{-4}$ mm bei $\hat{p}/p = 5$.

2.6 Die Toeplersche Schlierenmethode. Wir wollen jetzt zeigen, auf welche Weise es möglich ist, die Besonderheit von Überschallströmungen auch optisch zu erkennen. Die Sichtbarmachung von Strömungsvorgängen leidet ja unter der grundsätzlichen Schwierigkeit, daß man wegen der Homogenität der Flüssigkeiten und Gase die einzelnen Teilchen auf ihren Bahnen nicht verfolgen kann.

Bei Flüssigkeiten kann man diese Schwierigkeit häufig dadurch umgehen, daß man der Flüssigkeit kleine Fremdkörper beimischt, die sich beispielsweise in der Farbe vom strömenden Medium unterscheiden, im übrigen aber die gleiche Dichte haben und den Strömungscharakter nicht beeinträchtigen. Bei Gasen ist dies sehr viel schwieriger, und es ist nahezu unmöglich, wenn es sich um Überschallströmungen handelt.

Wollte man z. B. die Lage des Verdichtungsstoßes in einer Lavaldüse (Abb. IV, 1.5—7) sichtbar machen, so wäre es kaum möglich, die plötzliche Änderung der Geschwindigkeit optisch zu erkennen, und wollte man den damit verbundenen Druckanstieg mittels eines in die Düse hineingebrachten Gerätes in einem Punkte messen, so würde dieses Gerät selbst — einerlei wie klein es sein möge — die Strömung in diesem Punkte grundsätzlich ändern. Das Gleiche gilt für eine Messung des Temperaturanstieges am Ort des Verdichtungsstoßes. Es bleibt somit nur die Veränderung der Dichte; und hier ist es, wo A. TOEPLER[257] eine geniale

[255] ACKERET, J.: Gasdynamik, Handbuch der Physik (GEIGER u. SCHEEL), Bd. 7, Berlin: Springer 1927, S. 328.

[256] PRANDTL, L.: Zur Theorie des Verdichtungsstoßes. Z. f. d. ges. Turbinenwesen 1906, S. 241—245, oder Ges. Abh.[65], 2. Teil, S. 935—942.

[257] TOEPLER, A.: Beobachtungen nach einer neuen optischen Methode, Bonn: Cohen 1864, Ostwalds Klassiker d. exakten Wiss. Nr. 157; und: Beobachtungen nach der Schlierenmethode. Poggend. Ann. 127 (1866) 556, 128 (1866) 126, oder: Ostwalds Klassiker der exakten Wiss. Nr. 158.

Methode ersonnen hat, Dichteänderungen sichtbar zu machen, ohne einen Fremdkörper in die Strömung einzuführen. Das geschieht auf dem Wege über den Brechungsexponenten; dieser ändert sich nämlich mit der Dichte im jeweiligen Punkt des strömenden Gases.

Wir wollen die Wirkungsweise der Methode erklären an Hand einer, gegenüber der Toeplerschen verbesserten, Versuchsanordnung, die von L. Mach[258] entwickelt wurde und die im wesentlichen auch L. Prandtl und andere benutzten. In der Mitte der Abb. IV, 2.11 ist der zu untersuchende Strömungsvorgang, in unserem Beispiel die zweidimensionale

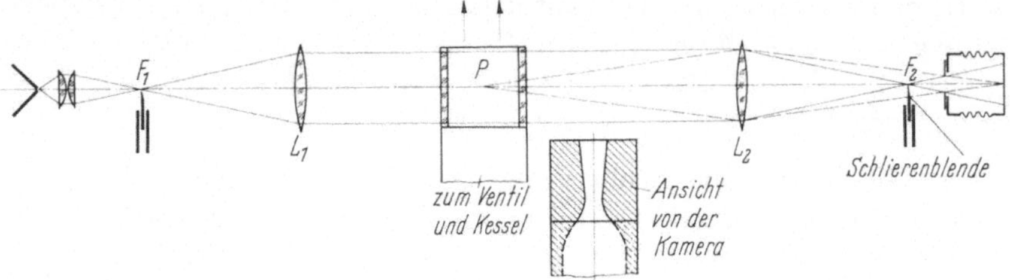

Abb. IV, 2.11. Toeplersche Schlierenmethode (schematisch)

Strömung durch eine Lavaldüse (Richtung von unten nach oben) schematisch dargestellt. Die Ansicht der Lavaldüse, deren parallele Seitenwände aus optisch einwandfreien Glasplatten bestehen, ist gesondert gezeichnet und zwar von der rechts befindlichen Kamera aus gesehen. Die Strömung erfolgt aus einem Druckkessel über ein Großventil (nicht gezeichnet), so daß eine Einschnürung und, darauf folgend, eine Erweiterung der Strömung im Ventil vermieden wird.

Links in der Abbildung ist eine Bogenlampe angedeutet, deren Lichtstrahlen durch einen Kondensor im „Punkte" F_1 vereinigt werden und weiterhin, durch die Linse L_1 parallel gerichtet, die Strömung durchsetzen und auf die Linse L_2 treffen. Diese Linse ist so angeordnet, daß sie die Mittelebene der zweidimensionalen Strömung scharf auf der Mattscheibe der Kamera bzw. dem Film abbildet. Der unscharfe Rand des Brenn-„Punktes" F_1 des Kondensors wird durch eine Blende abgeschirmt.

Dicht vor der Kamera ist der wichtigste Teil der Toeplerschen Methode schematisch dargestellt: die Schlierenblende. Sie besteht aus einer scharf geschliffenen Kante (wie eine Rasierklinge), die durch eine besonders feine Mikrometerschraube in der Höhe verstellbar ist. Befindet sich die Kante gerade noch unterhalb des Fokus F_2, so sieht man

[258] Mach, L.: Optische Untersuchungen von Luftstrahlen. Ber. d. Wiener Akad., math. phys. Kl., 106, IIa (1897) 1025—1074.

auf der Mattscheibe ein hell erleuchtetes Bild der Lavaldüse. Schraubt man nun die Schlierenblende etwas höher, etwa bis zur Mitte des Brenn-„Punktes", so wird das Bild der Unterschallströmung durch die Lavaldüse auf der Mattscheibe etwas dunkler erscheinen, sonst aber kaum Einzelheiten zeigen. Wird jetzt der Druck im Kessel gegenüber der Atmosphäre, in die die Luft strömt, genügend erhöht, so tritt an einer bestimmten Stelle der Strömung ein Verdichtungsstoß auf. Dabei erfährt — wie wir gesehen haben — an der Stelle die Dichte eine plötzliche Vergrößerung.

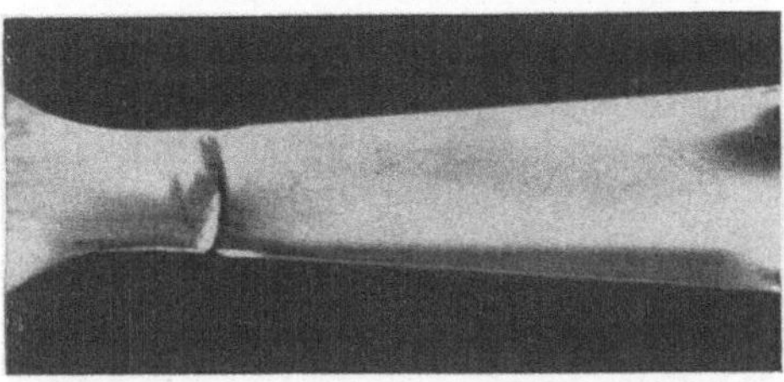

Abb. IV, 2.12. Verdichtungsstoß in einer Lavaldüse

Aus optischen Gründen wird ein Lichtstrahl, der durch einen solchen Verdichtungsstoß geht, nach unten abgelenkt, und zwar ist der Ablenkungswinkel proportional dem Dichtegradienten[259]. Die Größe der Ablenkung, d. h. die Empfindlichkeit der Methode, ist offenbar um so größer je größer die Brennweite der Linse L_2 ist.

Bei der soeben beschriebenen Stellung der Schlierenblende fällt dieser nach unten abgelenkte Lichtstrahl auf die Schlierenblende; es muß also an der Stelle des Verdichtungsstoßes eine dunkle Linie sichtbar werden. Die ersten derartigen Bilder sind von E. Magin[260] hergestellt. Das in Abb. IV, 2.12 gezeigte Photo ist einer Arbeit von L. Prandtl[261] entnommen. Man erkennt deutlich die Stelle des Dichtegradienten und damit die Lage des Verdichtungsstoßes.

Erhöht man den Druck im Kessel noch mehr, so kann man erreichen, daß sich in der Lavaldüse eine adiabatische Expansion einstellt. Hat

---

[259] Mach, E., u. P. Salcher: Optische Untersuchungen der Luftstrahlen. Ber. d. Wiener Akad., 98, IIa (1889) 1303—1309; vgl. auch die gründliche Darstellung (Vorzüge und Nachteile verschiedener Schlierenanordnungen enthaltend) von H. Wolter: Schlieren-Phasenkontrast und Lichtschnittverfahren, Handbuch d. Phys. (S. Flügge), Bd. 24, Grundlagen der Optik, Berlin/Göttingen/Heidelberg: Springer 1956, S. 556—588 bzw. 645; oder auch H. Schardin: Das Schlierenverfahren. Erg. d. exakt. Naturwiss. 20 (1942) 303.

[260] Magin, E.: Optische Untersuchung über den Ausfluß von Luft durch eine Laval-Düse. Diss. Göttingen 1906 (mündl. Prüfung 5. Dez. 1906!) aber erst gedruckt 1908 als Mitteilungen über Forschungsber. a. d. Gebiet des Ingenieurwesens des VDI.

[261] Prandtl, L.: Neue Untersuchungen über die strömende Bewegung der Gase und Dämpfe. Phys. Z. 8 (1907) 23—30, oder Ges. Abh.[65], 2. Teil, S. 943—956.

man vorher die Flanken der Düse mit einer groben Feile aufgerauht, so gehen von diesen kleinen Unebenheiten Wellen aus; diese haben in den einzelnen Punkten der Düse verschiedene Neigung, d. h. einen verschiedenen Machschen Winkel α, entsprechend der Beziehung

$$\sin \alpha = \frac{a}{w} .$$

Da die Geschwindigkeit in Strömungsrichtung zunimmt, werden die Machschen Wellen flacher.

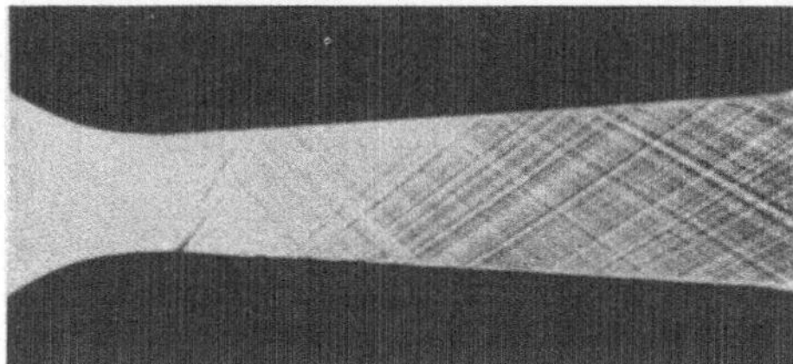

Abb. IV, 2.13. Adiabatische Expansion in einer Lavaldüse

Abb. IV, 2.13 zeigt eine von E. MAGIN[260] hergestellte Aufnahme; der Kesseldruck war etwa 10 kp/cm². Man erkennt deutlich die Machschen Wellen, aus deren Winkeln zur Horizontalen man die Geschwindigkeiten berechnen könnte.

Im allgemeinen ist die Befestigung der Schlierenblende so ausgeführt, daß die Blende um den Punkt F_2 geschwenkt werden kann. Beträgt die Drehung 90°, so würde die Blende in Abb. IV, 2.11 als senkrechter Strich durch F_2 erscheinen. Um die Abb. IV, 2.12 und 13 zu erhalten, müßte die Anordnung der Lavaldüse ebenfalls um 90° geschwenkt werden, d. h. der aus der Düse austretende Strahl wäre horizontal.

Aber nicht nur zweidimensionale sondern auch rotationssymmetrische Strömungen lassen sich mit der Schlierenmethode untersuchen. Abbildung IV, 2.14 zeigt die Strömung um ein fliegendes Geschoß[262]. Statt der in Abb. IV, 2.11 angedeuteten Bogenlampe wird ein elektrischer Funke benutzt. Aus der Neigung der Verdichtungswelle zur Horizontalen, in diesem Fall etwa $\alpha = 23°$, läßt sich die Geschoßgeschwindigkeit zu $w = 341/0{,}4$ m/s $= 875$ m/s bestimmen.

Da die Linsen L_1 und L_2 in Abb. IV, 2.11 wegen des erwünschten großen Gesichtsfeldes große Durchmesser haben müssen sowie lange Brennweiten (die die Empfindlichkeit der Methode erhöhen), ergibt sich eine viel Platz einnehmende Versuchsanordnung. Es werden deshalb

---

[262] Nach C. CRANZ: Lehrbuch der Ballistik, Bd. III (1913); vgl. auch B. GLATZEL: Elektrische Methoden der Momentphotographie. Sammlung Vieweg H. 21.

häufig statt Linsen sphärische oder parabolische Spiegel benutzt, die einen geknickten Strahlengang bedingen und damit die Versuchsanordnung sehr viel kürzer werden lassen.

Der Vollständigkeit halber sei noch das sogenannte Schattenverfahren nach DVORAK[263] erwähnt. Im wesentlichen kommt es bei dieser Methode darauf an, den zu untersuchenden Vorgang mit einer möglichst punktförmigen Lichtquelle (z. B. elektrischer Funken) zu beleuchten und das auf eine weiße Wand geworfene Schattenbild zu beobachten

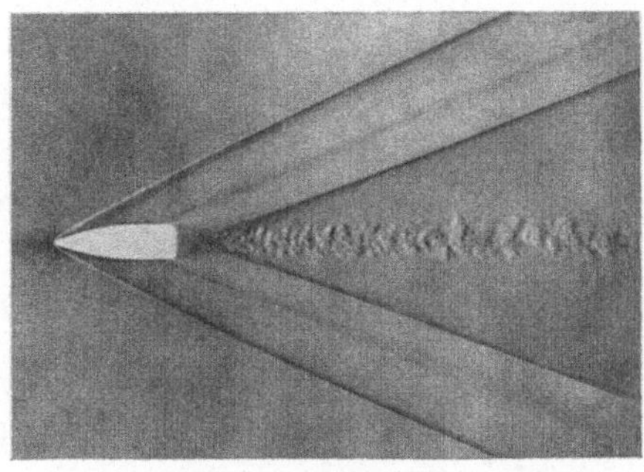

Abb. IV, 2.14. Strömung um ein fliegendes Geschoß, $w = 875$ m/s

bzw. zu photographieren. Die Bilder geben jedoch bedeutend weniger Einzelheiten, als die nach dem Toeplerschen Verfahren gewonnenen.

Auf die sogenannte Interferenzmethode[264] soll hier nicht eingegangen werden, da eine ausführliche Erklärung der Auswertung der Bilder zu viel Platz erfordern würde.

3 Potentialströmung

(Reibungsfreie, stationäre, rotationslose Strömung, zweidimensional)

3.1 Potentialgleichung. Da wir annehmen, daß es sich um eine Strömung ohne Rotation[265] handelt, bei der also in jedem Raumpunkte die Beziehung

$$\frac{\partial v}{\partial y} - \frac{\partial u}{\partial x} = 0$$

---

263 DVORAK, V.: Über eine neue einfache Art der Schlierenbeobachtung Ann. Phys. Chem. N. F. (1880) S. 502.

264 MACH, E., u. P. SALCHER: Über die in Pola und Meppen angestellten ballistisch-photographischen Versuche. Ber. Wiener Akad. 98, II a (1889) 303—09, sowie 1310—1326, und L. MACH: Weitere Versuche über Projektile. Ber. Wiener Akad. 105, IIa (1896) 605, und Fußnote 258.

265 Vgl. O. TIETJENS: Strömungslehre, Bd. 1, Berlin/Göttingen/Heidelberg: Springer 1960, S. 130.

gilt, können wir eine Potentialfunktion $\Phi(x, y)$ definieren, deren Ableitungen

$$\frac{\partial \Phi}{\partial x} \equiv \Phi_x = u \quad \text{und} \quad \frac{\partial \Phi}{\partial y} \equiv \Phi_y = v$$

sind. Es ist — wie wir bereits im 1. Bd., S. 113 gesehen haben — die mathematische Formulierung der Erhaltung der Masse, d. h. die Kontinuitätsgleichung, angewandt auf ein in Bewegung befindliches Medium, die eine Differentialgleichung der obigen Potentialfunktion liefert. Die Kontinuitätsgleichung lautet

$$\frac{\partial(\varrho u)}{\partial x} + \frac{\partial(\varrho v)}{\partial y} = u\,\frac{\partial \varrho}{\partial x} + v\,\frac{\partial \varrho}{\partial y} + \varrho\left(\frac{\partial u}{\partial x} + \frac{\partial v}{\partial y}\right) = 0 \qquad \text{(IV, 3.1)}$$

oder mit

$$\frac{\partial \varrho}{\partial x} = \frac{d\varrho}{dp}\,\frac{\partial p}{\partial x} = \frac{1}{a^2}\,\frac{\partial p}{\partial x}, \qquad \frac{\partial \varrho}{\partial y} = \frac{d\varrho}{dp}\,\frac{\partial p}{\partial y} = \frac{1}{a^2}\,\frac{\partial p}{\partial y}$$

$$\frac{u}{a^2}\,\frac{\partial p}{\partial x} + \frac{v}{a^2}\,\frac{\partial p}{\partial y} + \varrho\left(\frac{\partial u}{\partial x} + \frac{\partial v}{\partial y}\right) = 0.$$

Eliminiert man $\partial p/\partial x$ und $\partial p/\partial y$ mittels der Eulerschen Gleichungen:

$$\varrho\left(u\,\frac{\partial u}{\partial x} + v\,\frac{\partial u}{\partial y}\right) = -\frac{\partial p}{\partial x}, \qquad \varrho\left(u\,\frac{\partial v}{\partial x} + v\,\frac{\partial v}{\partial y}\right) = -\frac{\partial p}{\partial y},$$

so erhält man

$$\frac{\partial u}{\partial x}\left(1 - \frac{u^2}{a^2}\right) + \frac{\partial v}{\partial y}\left(1 - \frac{v^2}{a^2}\right) - \frac{uv}{a^2}\left(\frac{\partial u}{\partial y} + \frac{\partial v}{\partial x}\right) = 0 \qquad \text{(IV, 3.2)}$$

oder mit Benutzung der Potentialfunktion

$$\Phi_{xx}\left(1 - \frac{\Phi_x^2}{a^2}\right) + \Phi_{yy}\left(1 - \frac{\Phi_y^2}{a^2}\right) - 2\,\frac{\Phi_x \Phi_y}{a^2}\,\Phi_{xy} = 0. \qquad \text{(IV, 3.3)}$$

Wir haben somit eine nichtlineare Differentialgleichung in Φ mit a als Funktion der Geschwindigkeit. Eine Superposition von Lösungen, deren jede für sich die Randbedingungen erfüllt, ist deshalb nicht möglich.

Bei sehr großen Schallgeschwindigkeiten, wie sie bei tropfbar flüssigen Medien auftreten, wo also u^2/a^2, v^2/a^2, $uv/a^2 \ll 1$ ist, geht die obige Gleichung in die bekannte Laplacesche Gleichung für inkompressible Flüssigkeiten $\Phi_{xx} + \Phi_{yy} = 0$ über. Nehmen wir z. B. an, die Geschwindigkeiten an der Spitze von Wasserpropellern sei etwa 30 m/s[266], so

[266] Viel größer darf die Geschwindigkeit nicht sein, wenn man Kavitation vermeiden will, vgl. J. ACKERET: Kavitation (Hohlraumbildung) Handb. d. Exp. Phys. (WIEN-HARMS)[42], Bd. 4, 1. Teil, S. 463—486.

haben wir mit $a = 1500$ m/s für den Klammerausdruck $(1 - 30^2/1500^2) = (1 - 4 \cdot 10^{-4})$.

Analog wie bei der inkompressiblen Strömung kann man auch hier eine Stromfunktion Ψ definieren:

$$\Psi = \int \varrho(u\,dy - v\,dx) \qquad \text{bzw.} \qquad \frac{\partial \Psi}{\partial x} = -\varrho v, \qquad \frac{\partial \Psi}{\partial y} = \varrho u.$$

Auch in diesem Fall stehen die Kurven $\Psi = \text{const}$ senkrecht auf den Kurven $\Phi = \text{const}$; sie bilden jedoch — bei genügend dichtem Maschennetz — keine Quadrate sondern Rechtecke mit dem Seitenverhältnis ϱ_0/ϱ, wo ϱ_0 die Dichte des Anfangszustandes bezeichnet[267]. Aus diesem Grunde kommt eine Anwendung der komplexen Funktion und der Methode der konformen Abbildung hier nicht in Betracht.

3.2 Linearisierung der Potentialgleichung. Um die Differentialgleichung (IV, 3.2 bzw. 3) so zu vereinfachen, daß sie einer Lösung zugänglich wird, muß man vor allem versuchen, eine lineare Gleichung zu erhalten. Zu dem Zwecke beschränken wir uns auf solche Strömungsvorgänge, die von einer einfachen geradlinigen Strömung nur wenig abweichen. In Abb. IV, 2.5 und 6 hatten wir z. B. derartige Strömungen; oder wir

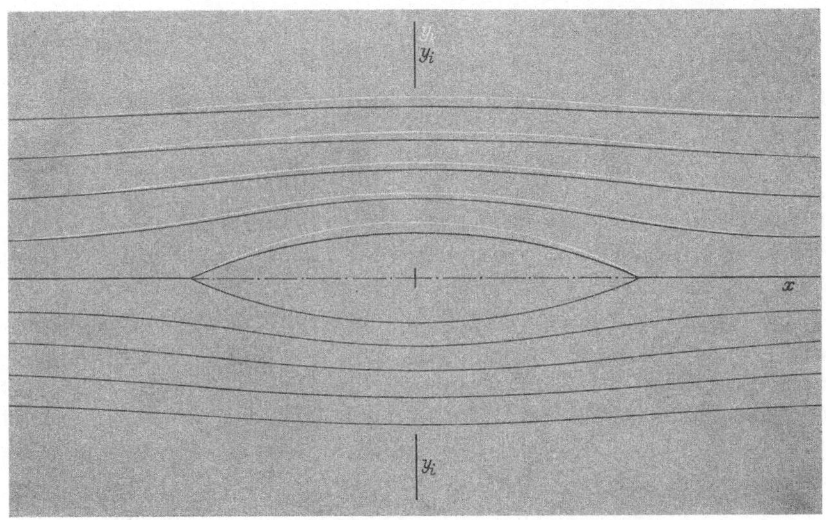

Abb. IV, 3.1. Strömung um ein Sichelprofil; die schwarzen Kurven (untere Hälfte) entsprechen einer inkompressiblen, die weißen einer kompressiblen Strömung, $Ma = 0{,}6$; die schwarzen Kurven auf der oberen Hälfte sind Stromlinien einer inkompressiblen Strömung um die weiße Sichelkontur

[267] Vgl. A. Busemann: Gasdynamik, Handb. d. Exp. Phys., S. 341—460; auf S. 409 ist das Netz $\Phi = \text{const}$ und $\Psi = \text{const}$ bei einer Umströmung eines Kreiszylinders gezeichnet (Ma = 0,4).

betrachten in Abb. IV, 3.1 eine Strömung um ein schlankes Profil (Kreisbogenzweieck).

Wir nehmen dabei an, daß die Strömung aus einer (durch das Profil) ungestörten Grundströmung $\bar{u} = \text{const}$ und aus den beiden Störungsgeschwindigkeiten $u'(x, y)$ und $v'(x, y)$ besteht. Dabei setzen wir voraus, daß u' und ihre Ableitungen sowie v' nebst Ableitungen klein gegenüber $\bar{u}$ sind, so daß ihre Quadrate und Produkte vernachlässigt werden können. Gehen wir mit

$$u = \bar{u} + u', \quad v = v'$$

in Gl. (IV, 3.2) ein und streichen die Quadrate der Störungsglieder, so erhalten wir

$$\frac{\partial u'}{\partial x}\left(1 - \frac{u^2}{a^2}\right) + \frac{\partial v'}{\partial y} = 0.$$

Obwohl a die von u abhängige, d. h. ortsveränderliche Schallgeschwindigkeit ist, setzen wir näherungsweise

$$\frac{u^2}{a^2} \approx \frac{\bar{u}^2}{\bar{a}^2} = \overline{\text{Ma}}^2,$$

wobei $\bar{a}$ die auf die Grundströmung bezogene Schallgeschwindigkeit ist, mithin:

$$\frac{\partial u'}{\partial x}(1 - \overline{\text{Ma}}^2) + \frac{\partial v'}{\partial y} = 0. \tag{IV, 3.4}$$

Führen wir noch das Potential $\Phi'(x, y)$ der Störungsbewegungen u' und v' ein, so wird

$$\Phi'_{xx}(1 - \overline{\text{Ma}}^2) + \Phi'_{yy} = 0. \tag{IV, 3.5}$$

Hiermit haben wir die gesuchte partielle Differentialgleichung 1. Grades. Wegen der Linearität gilt die letzte Gleichung nicht nur für Φ' sondern auch für das Gesamtpotential $\Phi = \overline{\Phi} + \Phi'$.

Es muß jedoch berücksichtigt werden, daß die letzten beiden Gleichungen für die nächste Umgebung eines Staupunktes keine Gültigkeit haben, da hier u' nicht mehr klein gegenüber $\bar{u}$ ist, sondern von derselben Größenordnung wird. Ferner ist zu bemerken, daß die beiden letzten Gleichungen nicht für den Fall $\overline{\text{Ma}} = 1$ gelten. Die Strömung bei $\overline{\text{Ma}} = 1$ muß einer besonderen Behandlung vorbehalten bleiben. Je nachdem, ob $\text{Ma} > 1$ oder $\text{Ma} < 1$ ist, hat man in Gl. (IV, 3.4 oder 5) zwei ganz verschiedene Differentialgleichungen, und hier sieht man vielleicht am deutlichsten, daß die Überschallströmungen ihrem Wesen nach von den Unterschallströmungen verschieden sein müssen. Ist beispielsweise $\text{Ma} = 1.6$, so hat man in

$$1{,}56\, \Phi_{xx} - \Phi_{yy} = 0$$

den hyperbolischen Typ einer Differentialgleichung

$$\left(\frac{x^2}{a^2} - \frac{y^2}{b^2} = 1 \quad \text{Hyperbel}\right),$$

ist hingegen Ma = 0,6, so wird

$$0{,}64\,\Phi_{xx} + \Phi_{yy} = 0$$

zu einem elliptischen Typ einer Differentialgleichung

$$\left(\frac{x^2}{a^2} + \frac{y^2}{b^2} = 1 \quad \text{Ellipse}\right).$$

3.3 Unterschallströmung bei schlanken Profilen.[268, 269] Es ist ohne weiteres aus Gl. IV, 3.5 zu ersehen, daß man die Laplacesche Gleichung der inkompressiblen Flüssigkeit erhält, wenn in $\Phi = \bar{\Phi} + \Phi'$ die Variable x beibehalten, aber statt $y = y_k$ ($k \equiv$ kompressibel) die neue Variable y_i ($i \equiv$ inkompressibel) entsprechend

$$y_k = y_i \frac{1}{\sqrt{1 - \overline{\text{Ma}}^2}} \quad \text{sowie} \quad \Phi_i = \lambda \Phi_k \qquad \text{(IV, 3.6)}$$

eingeführt wird. Die Größe λ ist eine zunächst unbekannte Konstante, über die später verfügt wird. Da

$$\frac{\partial^2 \Phi_k}{\partial y_k^2} = \frac{\partial^2 \Phi_k}{\partial y_i^2}(1 - \overline{\text{Ma}}^2)$$

ist, geht

$$\frac{\partial^2 \Phi_k}{\partial x^2}(1 - \overline{\text{Ma}}^2) + \frac{\partial^2 \Phi_k}{\partial y_k^2} = 0 \quad \text{über in} \quad \frac{\partial^2 \Phi_i}{\partial x^2} + \frac{\partial^2 \Phi_i}{\partial y_i^2} = 0.$$

Hat man die letzte Gleichung mit den bekannten Methoden der Potentialtheorie z. B. für ein schlankes Profil eines Kreisbogenzweiecks (Abb. IV, 3.1) gelöst[270] und die Stromlinien gezeichnet (schwarze Kurven

---

[268] Glauert, H.: The Effect of Compressibility on the Lift of an Aerofoil. Trans. Roy. Soc. Lond. (A) 118 (1928) 113—119.

[269] Prandtl, L.: J. of Aeronaut. Research Inst. Tokyo Imp. Univ. 5, 65 (1930) 25—34, od. Ges. Abh.[65], 2. Teil, S. 998—1003, und: Allgemeine Betrachtung über die Strömung zusammendrückbarer Flüssigkeiten. Z. angew. Math. Mech. 16 (1936) 129—142, oder Ges. Abh.[65], 2. Teil, S. 1004—1025.

[270] Zum Beispiel mit der Methode der konformen Abbildung, vgl. O. Tietjens: Strömungslehre, Bd. 1, Berlin/Göttingen/Heidelberg: Springer 1960, S. 262ff. Um die beiden Stromlinienbilder in der oberen Halbebene besser voneinander unterscheiden zu können, ist in der Abbildung das Profil doppelt so dick gezeichnet, wie es höchstens sein dürfte, um den Voraussetzungen $u', v' \ll \bar{u}$ zu genügen.

untere Halbebene), so braucht man nur zu gegebenen Werten von x die Ordinaten y_i der unteren Stromlinien mit dem Faktor $1/\sqrt{1-\overline{\mathrm{Ma}}^2}$ zu multiplizieren und die so erhaltenen Punkte mit Kurven zu verbinden. Diese Kurven, die in der oberen Halbebene als weiße Kurven gezeichnet sind, stellen dann die Stromlinien der kompressiblen Strömung dar. In der Abbildung ist $\overline{\mathrm{Ma}} = 0{,}6$ angenommen, mithin $1/\sqrt{1-\overline{\mathrm{Ma}}^2} = 1{,}25$.

Zum Vergleich mit der kompressiblen Strömung sind in der oberen Halbebene auch noch die inkompressiblen Stromlinien um die *weiß* gezeichnete Profilhälfte hinzugefügt; und zwar sind die Stromlinien so gewählt, daß sie am linken (und am rechten) Rande des Strömungsbildes mit den Stromlinien der kompressiblen Strömung zusammenfallen. Man erkennt, daß bei der kompressiblen Strömung die Auswirkung des Profils (weiß) auf die Strömung nicht so schnell nach außen abklingt wie bei der inkompressiblen Strömung.

Um die Konstante λ in Gl. (IV, 3.6) zu bestimmen, gehen wir davon aus, daß in entsprechenden Punkten die Neigungswinkel der „kompressiblen" Stromlinien gegenüber denjenigen der „inkompressiblen" in gleichem Maße vergrößert werden wie die Ordinaten y_k verglichen mit y_i (affine Transformation). Mithin ist nach Gl. (IV, 3.6), wenn wir statt der kleinen Neigungswinkel δ die Werte $\tan\delta$ setzen,

$$\tan\delta_k = \frac{1}{\sqrt{1-\overline{\mathrm{Ma}}^2}}\tan\delta_i .$$

Berücksichtigen wir, daß

$$\tan\delta_k = \frac{v_k'}{\bar{u}+u_k'} \approx \frac{v_k'}{\bar{u}} \quad \text{und} \quad \tan\delta_i = \frac{v_i'}{\bar{u}+u_i'} \approx \frac{v_i'}{\bar{u}}$$

ist, so haben wir

$$v_k' = \frac{1}{\sqrt{1-\overline{\mathrm{Ma}}^2}}\, v_i'$$

oder

$$\underline{\underline{v_k'}} = \frac{1}{\sqrt{1-\overline{\mathrm{Ma}}^2}}\frac{\partial \Phi_i}{\partial y_i} = \frac{\lambda}{\sqrt{1-\overline{\mathrm{Ma}}^2}}\frac{\partial \Phi_k}{\partial y_k}\frac{\partial y_k}{\partial y_i} = \frac{\lambda}{1-\overline{\mathrm{Ma}}^2}\,\underline{\underline{v_k'}}$$

mithin $\lambda = 1 - \overline{\mathrm{Ma}}^2$. Bei dieser sogenannten Stromlinienanalogie entspricht der Druckverlauf bei der kompressiblen Strömung nicht demjenigen der inkompressiblen. Für den Druckverlauf $\partial p/\partial x$ ist das erste Glied der Eulerschen Gleichung

$$\varrho\bar{u}\,\frac{\partial u'}{\partial x} = \varrho\bar{u}\,\frac{\partial^2 \Phi}{\partial x^2}$$

maßgebend. Da nun mit $\lambda = 1 - \overline{\mathrm{Ma}}^2$

$$\frac{\partial^2 \Phi_k}{\partial x^2} = \frac{1}{1 - \overline{\mathrm{Ma}}^2} \frac{\partial^2 \Phi_i}{\partial x^2}$$

wird, sind die Zusatzdrücke der kompressiblen Strömung um

$$\Delta p_k = \frac{1}{1 - \overline{\mathrm{Ma}}^2} \Delta p_i \qquad \text{(IV, 3.7)}$$

vergrößert.

Fragt man anderseits nach der Form des Profils, das bei einer kompressiblen Strömung den gleichen Druckverlauf wie bei der inkompressiblen haben soll, so ist in Gl. (IV, 3.6) $\lambda = 1$ zu setzen (Potentiallinienanalogie). Bei einem solchen Profil muß also

$$v_k' = \frac{\partial \Phi_k}{\partial y_k} = \frac{\partial \Phi_i}{\partial y_i} \frac{\partial y_i}{\partial y_k} = v_i' \sqrt{1 - \overline{\mathrm{Ma}}^2}$$

sein. Dividiert man die Gleichung durch $\bar{u}$, so erhält man mit $\delta \approx \tan \delta$

$$\delta_k = \sqrt{1 - \overline{\mathrm{Ma}}^2}\, \delta_i .$$

Um bei einer kompressiblen Strömung den gleichen Druckverlauf am Profil wie bei einer inkompressiblen Strömung zu erhalten, muß also das Profil um den Faktor $\sqrt{1 - \overline{\mathrm{Ma}}^2}$ (<1) dünner ausgeführt werden (Prandtl-Glauertsche Analogie).

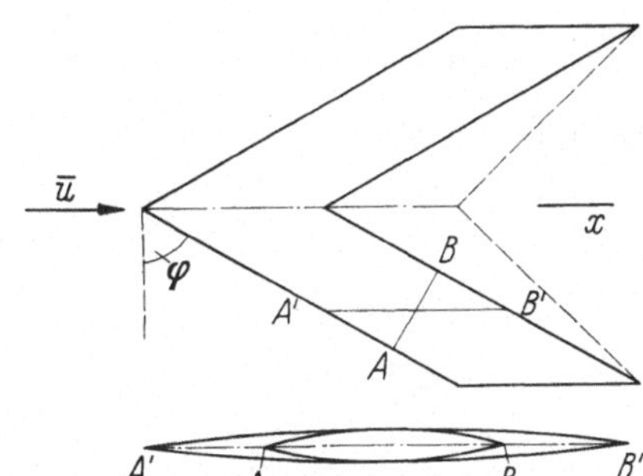

Abb. IV, 3.2. Tragfläche in Pfeilform nach A. BETZ

Bei $\overline{\mathrm{Ma}} = 0{,}7$ ist der Faktor $\sqrt{1 - \overline{\mathrm{Ma}}^2} = 0{,}71$, bei $\overline{\mathrm{Ma}} = 0{,}8$ nur 0,6. Für größere Machsche Zahlen ist die Analogie kaum noch anwendbar, weil an bestimmten Punkten des Profils die Schallgeschwindigkeit auftreten kann. Nach einem Vorschlag von ALB. BETZ kann man eine Streckung des Profils (bei gleichbleibender Dicke) dadurch erreichen, daß man dem Tragflügel eine Pfeilform gibt (Abb. IV, 3.2), wie das heutzutage im allgemeinen geschieht. Als Profil A B des Tragflügels sei der Einfachheit halber ein Kreisbogenzweieck angenommen; für die Strömung ist jedoch das Profil A′ B′ maßgebend, und es ist $\overline{A'B'} = AB/\sin(90° - \varphi)$. Ist z. B. $\varphi = 60°$, so haben wir $\overline{A'B'} = 2\overline{AB}$. Aus Festigkeits- und aus flugmechanischen Gründen ist die Hinterkante des Tragflügels durchweg in der Art ausgeführt, wie es die gestrichelten Geraden angeben.

Wie bereits erwähnt wurde, erfordern die Fälle, in denen sich die Machsche Zahl dem Werte „eins" nähert, d. h. die „schallnahen" oder „transsonischen" Strömungen, eine besondere Untersuchung[271, 272].

Ebenso wie in Abb. IV, 3.1 die kompressible Strömung um ein Kreisbogenzweieck mit zunehmender Machscher Zahl langsamer nach außen hin abklingt als die inkompressible Strömung, ist es auch mit den Stromlinien längs einer schwach gewellten Wand (Abb. IV, 2.5). Auf diese Vorgänge wollen wir hier aus Platzmangel nicht eingehen und nur auf die ausführliche Arbeit von J. Ackeret[273] hinweisen.

3.4 Überschallströmungen, Strömung um einen (unendlich) kleinen Kantenwinkel, konvex bzw. konkav. Da Ma > 1 sein soll, schreiben wir Gl. (IV, 3.5) in der Form

$$\frac{\partial^2 \Phi'}{\partial x^2}(\mathrm{Ma}^2 - 1) - \frac{\partial^2 \Phi'}{\partial y^2} = 0,$$

wo Φ' das Zusatzpotential bezeichnet, das der Grundströmung $\overline{\Phi} = \bar{u}x$ überlagert wird. Wir vermuten, daß bei Überschallströmungen der Machsche Winkel von entscheidender Bedeutung sein wird:

$$\sin\alpha = \frac{a}{\bar{u}} = \frac{1}{\mathrm{Ma}} \quad \text{bzw.} \quad \mathrm{Ma}^2 - 1 = \cot^2\alpha$$

und haben deshalb

$$\frac{\partial^2 \Phi'}{\partial x^2}\cot^2\alpha - \frac{\partial^2 \Phi'}{\partial y^2} = 0. \qquad \text{(IV, 3.8)}$$

Wie wir gleich zeigen werden, ist

$$\Phi' = F_1(y - x\tan\alpha) + F_2(y + x\tan\alpha) \qquad \text{(IV, 3.9)}$$

---

[271] Vgl. K. Oswatitsch: Gasdynamik, Wien: Springer 1952.

[272] Truckenbrodt, E.: Ein Verfahren zur Berechnung der Auftriebsverteilung an Tragflügeln bei Schallanströmung, Jahrb. wiss. Ges. Luftfahrt 1956, S. 113. Truckenbrodt, E.: Zur Anwendung der Ähnlichkeitsregeln der kompressiblen Strömung in der räumlichen Tragflügeltheorie. Z. Flugwiss. 5 (1957) 341—346. Vgl. auch H. Schlichting u. E. Truckenbrodt: Aerodynamik des Flugzeuges, Bd. 2, Berlin/Göttingen/Heidelberg: Springer 1960, S. 146ff.

[273] Ackeret, J.: Über Luftkräfte bei sehr großen Geschwindigkeiten insbesondere bei ebenen Strömungen. Helv. phys. Acta 1 (1928) 301—322. Ackeret, J.: Luftkräfte an Flügeln, die mit größerer als Schallgeschwindigkeit bewegt werden. Z. Flugtechn. Motorluftschiff. 16 (1925) 72—74.

eine allgemeine Lösung; F_1 und F_2 sind zunächst willkürliche, stetige und differenzierbare Funktionen, die erst durch die Randbedingungen bestimmt werden. Es ist

$$\left.\begin{aligned} u' &= \frac{\partial \Phi'}{\partial x} = \left(\frac{\partial F_2}{\partial(y + x\tan\alpha)} - \frac{\partial F_1}{\partial(y - x\tan\alpha)}\right)\tan\alpha\,, \\ v' &= \frac{\partial \Phi'}{\partial y} = \frac{\partial F_1}{\partial(y - x\tan\alpha)} + \frac{\partial F_2}{\partial(y + x\tan\alpha)} \end{aligned}\right\} \quad \text{(IV, 3.10)}$$

und

$$\frac{\partial^2 \Phi'}{\partial x^2} = \left(\frac{\partial^2 F_2}{\partial(y + x\tan\alpha)^2} + \frac{\partial^2 F_1}{\partial(y - x\tan\alpha)^2}\right)\tan^2\alpha\,,$$

$$\frac{\partial^2 \Phi'}{\partial y^2} = \frac{\partial^2 F_1}{\partial(y - x\tan\alpha)^2} + \frac{\partial^2 F_2}{\partial(y + x\tan\alpha)^2}\,,$$

folglich, in Übereinstimmung mit Gl. (IV, 3.8),

$$\begin{aligned} \frac{\partial^2 \Phi'}{\partial x^2}\cot^2\alpha - \frac{\partial^2 \Phi'}{\partial y^2} &= \frac{\partial^2 F_2}{\partial(y + x\tan\alpha)^2} + \frac{\partial^2 F_1}{\partial(y - x\tan\alpha)^2} \\ &\quad - \frac{\partial^2 F_1}{\partial(y - x\tan\alpha)^2} - \frac{\partial^2 F_2}{\partial(y + x\tan\alpha)^2} = 0\,. \end{aligned}$$

Wir wollen jetzt Gl. (IV, 3.9) auf den speziellen Fall der Umströmung einer schwach nach außen geknickten Wand anwenden (Abb. IV, 3.3). Das Gas strömt mit Überschallgeschwindigkeit $\bar{u}$ ($> a$) von links nach rechts; es erfährt im Punkte E eine Störung, die sich mit Schallgeschwindigkeit ins Innere der Strömung fortpflanzt. Dabei teilt sich das von der Strömung eingenommene Gebiet in zwei Teile: in ein Gebiet, in das die mit Schallgeschwindigkeit sich ausbreitende Störung nicht eindringen kann, eben weil die Anströmungsgeschwindigkeit $\bar{u} > a$ ist und in einen Bereich, in dem die Störung zur Auswirkung kommt. Die beiden Gebiete werden durch die Machsche Linie EB voneinander getrennt; die Gerade EB bildet mit der Horizontalen den Winkel α entsprechend der Beziehung $\sin\alpha = a/\bar{u}$.

Links der Geraden EB ist $\bar{u} = \text{const}$, d. h. $u' = 0$, $v' = 0$; diese Randbedingung wird mit $F_1 = 0$ und $F_2 = 0$ für $x\tan\alpha < y$ berücksichtigt.

Rechts der Geraden ist nach Abb. IV, 3.3, wenn $\tan\vartheta \approx \vartheta$ gesetzt wird, und man den Winkel im Gegenuhrzeigersinn positiv rechnet,

$$\underline{u'} = v'\tan\alpha = \underline{-\vartheta\bar{u}\tan\alpha} \quad \text{wegen} \quad -\underline{v'} = \vartheta(\bar{u} + u') \approx \underline{\vartheta\bar{u}}; \qquad \text{(IV, 3.11)}$$

diese Randbedingung wird nach Gl. (IV, 3.10) durch

$$F_1 = v'(y - x\tan\alpha) \quad \text{und} \quad F_2 = 0$$

befriedigt.

Gl. (IV, 3.11) gilt sowohl für die Umströmung eines konvexen Kantenwinkels (Abb. IV, 3.3) als auch für die Umströmung eines konkaven Kantenwinkels (Abb. IV, 3.4), wenn das Vorzeichen von ϑ (negativ im Uhrzeigersinn gerechnet) berücksichtigt wird. Der Kantenwinkel ϑ ist in den Abbildungen zwar klein gewählt, so daß die Quadrate der Störungsgeschwindigkeiten gegenüber dem Quadrat der Grundgeschwindigkeit $\bar{u}$ klein sind, wie es im Hinblick auf die „linearisierten" Differentialgleichungen erforderlich ist; in anderer Hinsicht sind die beiden

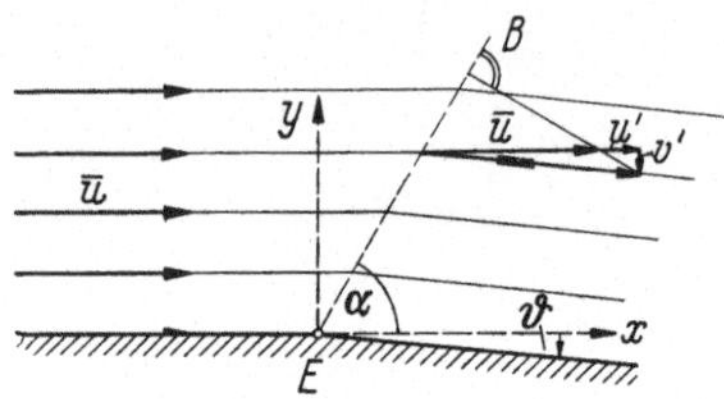

Abb. IV, 3.3. Überschallströmung längs einer um einen kleinen Winkel nach außen geknickten Wand

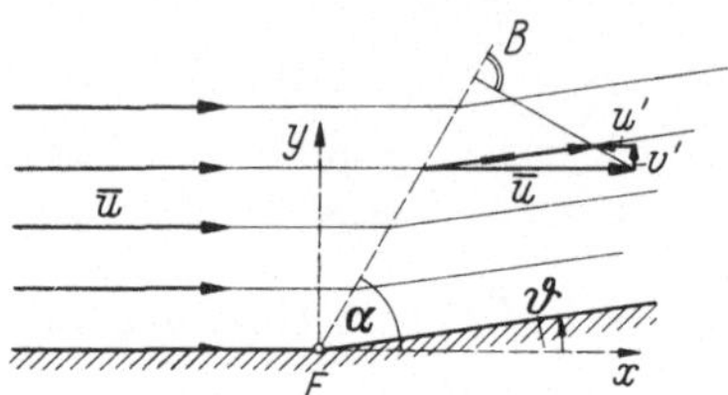

Abb. IV, 3.4. Überschallströmung längs einer um einen kleinen Winkel nach innnen geknickten Wand

Abbildungen jedoch nicht zufriedenstellend. Einmal tritt an der Machschen Linie EB der Abb. IV, 3.3 eine plötzliche Geschwindigkeitszunahme auf, was der Wirklichkeit nicht entspricht, zum anderen entspricht der Machsche Winkel α wohl dem Wert $\sin \alpha = a/\bar{u}$ nicht aber dem Wert $a/(\bar{u} + u')$ bzw. bei Abb. IV, 3.4 dem Werte $a/(\bar{u} - u')$.

3.5 Überschallströmung um einen endlichen konvexen Kantenwinkel, numerische Näherungslösung. In Abb. IV, 3.5 sei der Punkt E der Abb. IV, 3.3 gleichsam in die Länge gezogen, von $\vartheta = 0$ bis $\vartheta = -18°$ und die Richtungsänderung sei in 18 Stufen vorgenommen, also um je 1° oder um $\pi/180 = 0{,}01745$. Die anströmende Geschwindigkeit sei $u = 1{,}25\,a$, wobei a die örtliche Schallgeschwindigkeit ist, also $\sin \alpha = 1/\mathrm{Ma} = 1/1{,}25 = 0{,}8$, $\alpha = 53{,}1°$, $\tan \alpha = 1{,}333$. Nach Gl. (IV, 3.11) ist mit $\vartheta = -1°$

$$u_1 = u + u' = u\left(1 + \frac{\pi}{180}\tan \alpha\right) = 1{,}0232\,u$$

und die Machsche Zahl

$$\frac{u_1}{a} = \mathrm{Ma}\,\frac{u_1}{u} = 1{,}25 \cdot 1{,}0232 = 1{,}279\,.$$

Mit Zunahme der Machschen Zahl von 1,25 bis 1,279 nimmt aber die Temperatur ab.

Auf S. 369 haben wir für die Temperaturzunahme längs einer Stromlinie bis zum Staupunkt (p_0, ϱ_0, T_0) den Ausdruck

$$T_0 = T\left(1 + \frac{\varkappa - 1}{2}\,\mathrm{Ma}^2\right) \qquad \text{(IV, 3.12)}$$

abgeleitet; in unserem Beispiel ist also mit $T = 288°\mathrm{K}$

$$T_0 = 288°\mathrm{K}(1 + 0{,}2025 \cdot 1{,}25^2) = 379{,}1°\mathrm{K}.$$

Da es sich hierbei um eine adiabatische Zustandsänderung handelt (Entropie = const) können wir uns den Vorgang auch in umgekehrter Richtung denken, d. h. von der Temperatur $T_0(u = 0)$ ausgehend bis zur Temperatur $T = 288°\mathrm{K}$ bei der Machschen Zahl $u/a = 1{,}25$ und darüber hinaus zu größeren Machschen Zahlen.

Bei der obigen Machschen Zahl $u_1/a = 1{,}279$ ist die Temperatur also gleich

$$T_1 = \frac{T_0}{1 + \frac{\varkappa - 1}{2}\left(\frac{u_1}{a}\right)^2} = \frac{379{,}1°\mathrm{K}}{1 + 0{,}2025 \cdot 1{,}279^2} = 284{,}6°\mathrm{K}\ (< T = 288°\mathrm{K}).$$

Der Wert $\sqrt{288/284{,}6} = 1{,}006$ ist nach Gl. (IV, 2.3) in erster Näherung gleich a/a_1, wenn a_1 die lokale Schallgeschwindigkeit bezeichnet, die also der Temperatur T_1 entspricht. Es ist somit

$$\mathrm{Ma}_1 = \frac{u_1}{a_1} = \frac{u_1}{a}\,\frac{a}{a_1} = 1{,}279 \cdot 1{,}006 = 1{,}287,$$

also

$$\sin\alpha_1 = \frac{1}{\mathrm{Ma}_1} = 0{,}7771, \quad \alpha_1 = 51{,}0°, \quad \tan\alpha_1 = 1{,}235.$$

Geht man in dieser Weise schrittweise vor und bestimmt aus

$$u_n = u_{n-1}\left(1 + \frac{\pi}{180}\tan\alpha_{n-1}\right)^{274}$$

die Größen

$$\frac{u_n}{a} \quad \text{sowie} \quad T_n = \frac{T_0}{1 + \frac{\varkappa - 1}{2}\left(\frac{u_n}{a}\right)^2},$$

so erhält man bei $-\vartheta = 18°$

$$\frac{u_{18}}{a} = 1{,}658 \quad \text{sowie} \quad T_{18} = \frac{T_0}{1 + \frac{\varkappa - 1}{2}\left(\frac{u_{18}}{a}\right)^2} = 243{,}1°\mathrm{K}$$

[274] u_n bedeutet in diesem Zusammenhang nicht die x-Komponente, sondern den Betrag der Geschwindigkeiten verschiedener Richtungen.

und damit

$$\mathrm{Ma}_{18} = \frac{u_{18}}{a}\,\frac{a}{a_{18}} = 1{,}658\,\sqrt{\frac{288}{243{,}1}} = 1{,}805, \qquad \alpha_{18} = 33{,}7^\circ.$$

In dieser Weise sind die in Abb. IV, 3.5 angegebenen Temperaturen und Winkel berechnet worden. Bei adiabatischen Zustandsänderungen er-

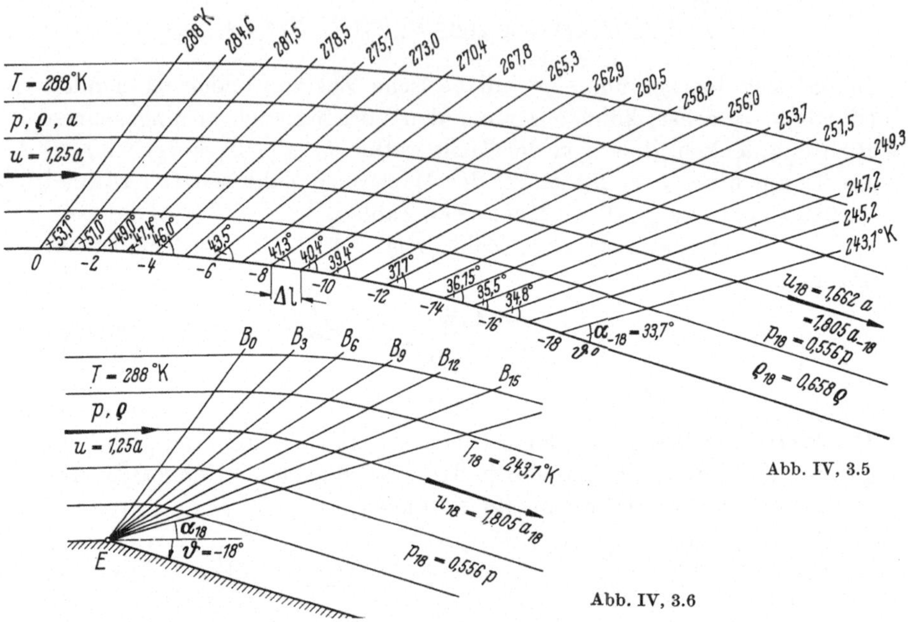

Abb. IV, 3.5. Überschallströmung längs einer konvex geformten Wand durch schrittweise Näherung ($\Delta\vartheta = -1^\circ$, $\vartheta = -18^\circ$)

Abb. IV, 3.6. Überschallströmung um einen Kantenwinkel von $\vartheta = -18^\circ$ bei Verwendung von Abb. IV, 3.5

hält man aus der allgemeinen Gasgleichung

$$\frac{p_{18}}{p} = \left(\frac{T_{18}}{T}\right)^{\frac{\varkappa}{\varkappa-1}} = \left(\frac{243{,}1}{288}\right)^{3{,}469} = 0{,}556,$$

sowie

$$\frac{\varrho_{18}}{\varrho} = \left(\frac{T_{18}}{T}\right)^{\frac{1}{\varkappa-1}} = \left(\frac{243{,}1}{288}\right)^{2{,}469} = 0{,}658.$$

Läßt man die Längen Δl nach Null konvergieren, so erhält man die Strömung um eine Kante mit $\vartheta = -18^\circ$ wie in Abb. IV, 3.6 dargestellt. Aus der Abb. IV, 3.5 sind die Machschen Linien EB_0, EB_3, EB_5 usw. übernommen. Der Übergang vom Druck p bis $p_{18} = 0{,}556\,p$ erfolgt jetzt im Raume $EB_0\,B_{18}E$.

Die expandierende Strömung bleibt dieselbe wie in Abb. IV, 3.6, wenn man die geneigte Wand rechts von E fortläßt, aber dafür sorgt, daß die Luft in ein Unterdruckgebiet strömt. Läßt man z. B. Luft aus einem Kessel mit Überdruck (p_0) durch eine zweidimensionale Lavaldüse mit Überschallgeschwindigkeit in einen Raum strömen, wo der Druck geringer als der Druck p am Ende der Lavaldüse ist, so hat man einen der Abb. IV, 3.6 entsprechenden Vorgang. In diesem Zusammenhang hat erstmalig Th. MEYER[275] derartige Strömungen untersucht. Wir können aus Platzmangel nicht auf die Meyersche Lösung der Differentialgleichung eingehen und wollen nur erwähnen, daß als Resultat eine Beziehung von p/p_0 und p_{18}/p_0 zu dem Expansionswinkel ϑ abgeleitet wird. In unserem Beispiel ist

$$\frac{p}{p_0} = \left(\frac{288}{379{,}1}\right)^{\frac{\varkappa}{\varkappa-1}} = 0{,}385 \quad \text{und} \quad \frac{p_{18}}{p_0} = \left(\frac{243{,}1}{379{,}1}\right)^{\frac{\varkappa}{\varkappa-1}} = 0{,}214.$$

3.6 Überschallströmung gegen einen Keil mit konkaven Flächen. In ähnlicher Weise wie in Abb. IV, 3.5 die Machschen Linien bei Annahme negativer Werte von ϑ berechnet wurden, läßt sich dies auch mit positiven Werten von ϑ durchführen. Während wir auf S. 388 ff. eine konvexe Begrenzungsfläche von $\vartheta = 0$ bis $-18°$ hatten, ist bei positiven ϑ-Werten die Begrenzung eine konkave Fläche.

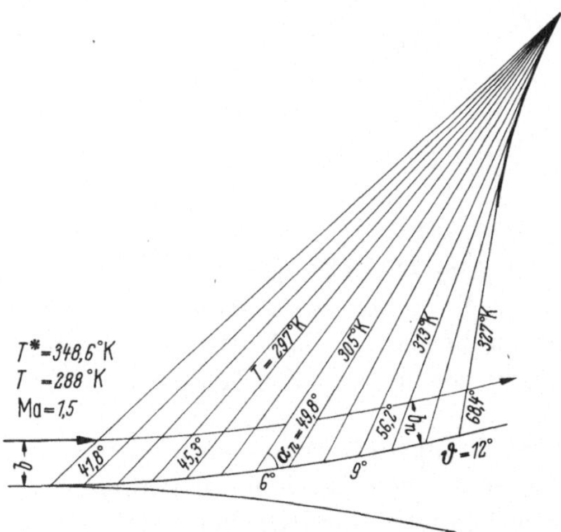

Abb. IV, 3.7. Überschallströmung gegen einen Keil; die Machschen Linien schneiden sich in einer Verdichtungskurve

275 MEYER, TH.: Über zweidimensionale Bewegungsvorgänge in einem Gas, das mit Überschallgeschwindigkeit strömt. Diss. Göttingen 1907, Mitteilungen über Forschungsarb. auf dem Gebiet des Ingenieurwesens, VDI 1908.

Der Abb. IV, 3.7 ist eine horizontale Anströmung bei $\mathrm{Ma} = u/a = 1{,}5$ zugrunde gelegt bei einer Temperatur von $T = 288\,^\circ\mathrm{K}$. Die örtliche Schallgeschwindigkeit bei dieser Temperatur ist $a = \sqrt{g\varkappa R T}$. Aus Gl. (IV, 3.12) folgt, daß

$$T_0 = T\left(1 + \frac{\varkappa - 1}{2}\,\mathrm{Ma}^2\right) = 288\,^\circ\mathrm{K}\,(1 + 0{,}2025 \cdot 1{,}5^2) = 419{,}3\,^\circ\mathrm{K}.$$

ist. Nehmen wir als schrittweise Änderung von ϑ wieder 1°, so folgt nach Gl. (IV, 3.11), da ϑ positiv ist,

$$u_n = u_{n-1}\left(1 - \frac{\pi}{180}\tan\alpha'_{n-1}\right);$$

ferner haben wir mit

$$\frac{u_n}{a} = \mathrm{Ma}\,\frac{u_n}{u} \quad \text{und} \quad T_n = \frac{T_0\,(= 419{,}3\,^\circ\mathrm{K})}{1 + \frac{\varkappa - 1}{2}\left(\frac{u_n}{a}\right)^2}.$$

in erster Näherung

$$\frac{a}{a_n} = \sqrt{\frac{T}{T_n}}$$

und somit

$$\mathrm{Ma}_n = \frac{u_n}{a_n} = \frac{u_n}{a}\,\frac{a}{a_n},$$

woraus sich

$$\frac{1}{\mathrm{Ma}_n} = \sin\alpha_n$$

und damit α_n ergibt.

Man erkennt in Abb. IV, 3.7, daß die immer steiler werdenden Machschen Linien sich in der stark ausgezogenen Verdichtungslinie schneiden. Es ist zu bemerken, daß diese Verdichtungskurve immer steiler ist als die links vor ihr liegenden Machschen Linien.

3.7 Schiefer Verdichtungsstoß. Wie man aus Beobachtungen (Schlierenmethode) weiß, tritt unter bestimmten Bedingungen (auf die wir später noch zurückkommen werden) bei einer Überschallströmung längs einer geknickten Wand, Abb. IV, 3.8, ein sogenannter schiefer Verdichtungsstoß EB auf. Der Winkel, um den die Wand im Punkte E geknickt ist, sei mit ϑ bezeichnet und der Winkel der Stoßfront gegenüber der Vertikalen mit ζ (gelegentlich wird von anderen Autoren statt ζ der Winkel $\sigma = 90^\circ - \zeta$ benutzt).

Die von links nach rechts gerichtete Geschwindigkeit w ($>a$) sei in eine zur Stoßfront normale Komponente w_n und in eine tangentiale Komponente w_t zerlegt. Oberhalb der beiden Geschwindigkeitsdreiecke ist in der Abbildung eine — gestrichelt gezeichnete — Kontrollfläche angegeben, die aus zwei Stromlinien und zwei Geraden parallel der Stoßebene besteht.

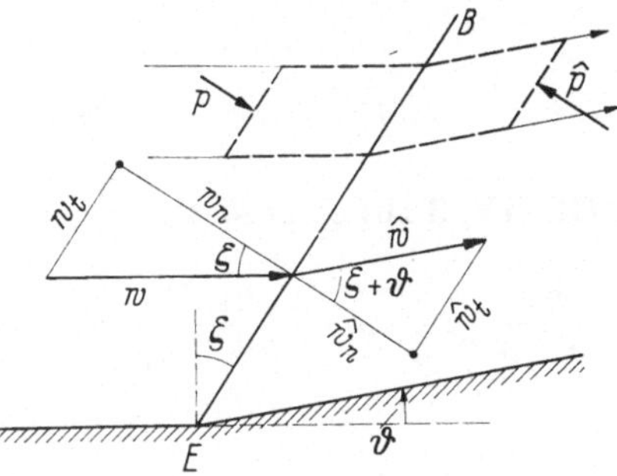

Abb. IV, 3.8. Überschallströmung längs einer geknickten Wand; schiefer Verdichtungsstoß *E B*

Nach der *Kontinuitätsgleichung* ist

$$\varrho w_n = \hat{\varrho}\,\hat{w}_n\,; \tag{IV, 3.13}$$

ferner ist nach dem *Impulssatz* senkrecht zur Stoßebene

$$\hat{p} - p = \varrho w_n^2 - \hat{\varrho}\,\hat{w}_n^2 \tag{IV, 3.14}$$

und parallel

$$\varrho w_n w_t = \hat{\varrho}\,\hat{w}_n \hat{w}_t, \qquad \text{also} \qquad w_t = \hat{w}_t\,.$$

Die *Energiegleichung* liefert die Beziehung

$$\left.\begin{aligned} &\frac{w_n^2 + w_t^2}{2} + \frac{\varkappa}{\varkappa - 1}\,\frac{p}{\varrho} = \frac{\hat{w}_n^2 + \hat{w}_t^2}{2} + \frac{\varkappa}{\varkappa - 1}\,\frac{\hat{p}}{\hat{\varrho}} \\ &\text{oder wegen } w_t = \hat{w}_t \\ &\frac{w_n^2}{2} + \frac{\varkappa}{\varkappa - 1}\,\frac{p}{\varrho} = \frac{\hat{w}_n^2}{2} + \frac{\varkappa}{\varkappa - 1}\,\frac{\hat{p}}{\hat{\varrho}} = \frac{\varkappa}{\varkappa - 1}\,\frac{p_0}{\varrho_0}, \end{aligned}\right\} \tag{IV, 3.15}$$

wo p_0 und ϱ_0, die Größen im Kessel sind ($w_0 \equiv 0$), aus dem die Luft durch eine geeignete Lavaldüse strömt. Aus der letzten Gleichung folgt

$$p = \varrho\left(\frac{p_0}{\varrho_0} - \frac{\varkappa - 1}{2\varkappa}\,w_n^2\right)$$

und

$$\hat{p} = \hat{\varrho}\left(\frac{p_0}{\varrho_0} - \frac{\varkappa - 1}{2\varkappa}\,\hat{w}_n^2\right),$$

also

$$\hat{p} - p = \frac{p_0}{\varrho_0}(\hat{\varrho} - \varrho) - \frac{\varkappa - 1}{2\varkappa}(\hat{\varrho}\hat{w}_n^2 - \varrho - w_n^2). \qquad \text{(IV, 3.16)}$$

Nach Gl. (IV, 3.14) ist wegen $w_t = \hat{w}_t$

$$\hat{p} - p = \varrho(w_n^2 - w_t^2) - \hat{\varrho}(\hat{w}_n^2 - w_t^2)$$

oder

$$\hat{\varrho}\hat{w}_n^2 - \varrho w_n^2 = -(\hat{p} - p) - (\hat{\varrho} - \varrho)\, w_t^2$$

und in Gl. (IV, 3.16) eingesetzt,

$$\frac{2\varkappa}{\varkappa - 1}(\hat{p} - p) = \frac{2\varkappa}{\varkappa - 1}\frac{p_0}{\varrho_0}(\hat{\varrho} - \varrho) + \hat{p} - p - (\hat{\varrho} - \varrho)\, w_t^2$$

oder

$$\frac{\varkappa + 1}{\varkappa - 1}(\hat{p} - p) = (\hat{\varrho} - \varrho)\left(\frac{2\varkappa}{\varkappa - 1}\frac{p_0}{\varrho_0} - w_t^2\right). \qquad \text{(IV, 3.17)}$$

Gleichung (IV, 3.14) läßt sich unter Berücksichtigung von Gl. (IV, 3.13) schreiben:

$$\hat{p} - p = \varrho^2 w_n^2 \frac{\hat{\varrho} - \varrho}{\varrho\hat{\varrho}} \qquad \text{(IV, 3.18)}$$

oder

$$\frac{\hat{p} - p}{\hat{\varrho} - \varrho} = w_n \hat{w}_n$$

(vgl. Gl. (IV, 1.12)) und, da nach Gl. (IV, 3.17)

$$\frac{\hat{p} - p}{\hat{\varrho} - \varrho} = \frac{2\varkappa}{\varkappa + 1}\frac{p_0}{\varrho_0} - \frac{\varkappa - 1}{\varkappa + 1}\, w_t^2$$

ist, haben wir mit

$$a^{*2} = \frac{2\varkappa}{\varkappa + 1}\frac{p_0}{\varrho_0}$$

$$w_n \hat{w}_n + \frac{\varkappa - 1}{\varkappa + 1}\, w_t^2 = a^{*2}; \qquad \text{(IV, 3.19)}$$

a^* ist — wie bisher — die kritische Schallgeschwindigkeit, d. h. die Schallgeschwindigkeit im kleinsten Querschnitt der Lavaldüse. Ist $w_t \equiv 0$, so geht w_n bzw. $\hat{w}_n$ in w bzw. $\hat{w}$ über und Gl. (IV, 3.19) in Gl. (IV, 1.19): aus dem schiefen Verdichtungsstoß ist der gerade Verdichtungsstoß entstanden.

Es soll jetzt die Neigung der Stoßlinie berechnet werden, d. h. der Winkel ζ als Funktion von p und $\hat{p}$, bzw. von den dimensionslosen Größen p/p_0 und $\hat{p}/p_0$. Da $\cos\zeta = w_n/w$ ist, und

$$w^2 = \frac{2\varkappa}{\varkappa - 1} \frac{p_0}{\varrho_0} \left[1 - \left(\frac{p}{p_0}\right)^{\frac{\varkappa-1}{\varkappa}}\right], \qquad \text{(IV, 3.20)}$$

haben wir einen Ausdruck der Größe w_n abzuleiten. Gl. (IV, 3.18) mit $\varrho + \hat{\varrho}$ multipliziert, ergibt

$$\varrho w_n^2 \frac{\hat{\varrho}^2 - \varrho^2}{\hat{\varrho}} = (\hat{p} - p)(\varrho + \hat{\varrho})$$

und Gl. (IV, 3.15) wegen $\hat{w}_n^2 = \varrho^2 w_n^2/\hat{\varrho}^2$

$$\frac{w_n^2}{2} \frac{\hat{\varrho}^2 - \varrho^2}{\hat{\varrho}^2} = \frac{\varkappa}{\varkappa - 1}\left(\frac{\hat{p}}{\hat{\varrho}} - \frac{p}{\varrho}\right).$$

Die vorletzte Gleichung durch die letzte dividiert, gibt

$$\frac{2\varkappa}{\varkappa - 1} \varrho\hat{\varrho} = \frac{(\hat{p} - p)(\varrho + \hat{\varrho})}{\frac{\hat{p}}{\hat{\varrho}} - \frac{p}{\varrho}} = \frac{(\hat{p} - p)(\varrho + \hat{\varrho})}{\varrho\hat{p} - \hat{\varrho}p} \varrho\hat{\varrho}$$

oder

$$\frac{2\varkappa}{\varkappa - 1} (\varrho\hat{p} - \hat{\varrho}p) = \varrho\hat{p} - \varrho p + \hat{\varrho}\hat{p} - \hat{\varrho}p,$$

also

$$\left(\frac{\varkappa + 1}{\varkappa - 1} \hat{p} + p\right)\varrho = \left(\frac{\varkappa + 1}{\varkappa - 1} p + \hat{p}\right)\hat{\varrho}$$

oder

$$1 - \frac{\varrho}{\hat{\varrho}} = 1 - \frac{\frac{\varkappa + 1}{\varkappa - 1} p + \hat{p}}{\frac{\varkappa + 1}{\varkappa - 1} \hat{p} + p} = \frac{2(\hat{p} - p)}{(\varkappa - 1)p + (\varkappa + 1)\hat{p}}. \qquad \text{(IV, 3.20a)}$$

Es ist nach Gl. (IV, 3.14) bei Berücksichtigung von Gl. (IV, 3.13)

$$\varrho w_n^2 \left(1 - \frac{\varrho}{\hat{\varrho}}\right) = \hat{p} - p,$$

also haben wir mit der vorigen Gleichung den gesuchten Ausdruck von w_n:

$$w_n^2 = \frac{(\varkappa - 1)p + (\varkappa + 1)\hat{p}}{2\varrho}. \qquad \text{(IV, 3.21)}$$

Es ist somit, wenn die letzte Gleichung durch Gl. (IV, 3.20) dividiert wird:

$$\frac{w_n^2}{w^2} = \cos^2 \zeta = \frac{[(\varkappa - 1)\, p + (\varkappa + 1)\, \hat{p}]\, (\varkappa - 1)}{4\varkappa \dfrac{\varrho}{\varrho_0} p_0 \left[1 - \left(\dfrac{p}{p_0}\right)^{\frac{\varkappa-1}{\varkappa}}\right]}.$$

Dividiert man Zähler und Nenner durch p und berücksichtigt, daß $\varrho p_0/\varrho_0 p = (p_0/p)^{\frac{\varkappa-1}{\varkappa}}$ ist, so wird mit $\varkappa = 1{,}405$

$$\cos^2 \zeta = \frac{(\varkappa - 1)^2 + (\varkappa^2 - 1)\, \hat{p}/p}{4\varkappa \left[(p_0/p)^{\frac{\varkappa-1}{\varkappa}} - 1\right]} = \frac{0{,}164 + 0{,}974\, \hat{p}/p}{5{,}620\, [(p_0/p)^{0{,}288} - 1]} = f_1 \left(\frac{p}{p_0}, \frac{\hat{p}}{p_0}\right). \tag{IV, 3.22}$$

Um eine Beziehung zwischen dem Winkel ϑ und den Größen p/p_0 und $\hat{p}/p_0$ zu erhalten, leiten wir einen Ausdruck für $\zeta + \vartheta$ ab. Es ist, da $w_t = \hat{w}_t$

$$\tan (\zeta + \vartheta) = \frac{\hat{w}_t}{\hat{w}_n} = \frac{w_n}{\hat{w}_n} \frac{w_t}{w_n} = \frac{w_n}{\hat{w}_n} \tan \zeta .$$

Wegen der Symmetrie der Ausgangsgleichungen ist entsprechend Gl. (IV, 3.21)

$$\hat{w}_n^2 = \frac{(\varkappa - 1)\, \hat{p} + (\varkappa + 1)\, p}{2\hat{\varrho}}$$

und somit

$$\frac{w_n^2}{\hat{w}_n^2} = \frac{(\varkappa - 1)\, p + (\varkappa + 1)\, \hat{p}}{(\varkappa - 1)\, \hat{p} + (\varkappa + 1)\, p} \frac{\hat{\varrho}}{\varrho},$$

also wegen $\varrho/\hat{\varrho} = \hat{w}_n/w_n$

$$\frac{w_n}{\hat{w}_n} = \frac{(\varkappa - 1)\, p + (\varkappa + 1)\, \hat{p}}{(\varkappa - 1)\, \hat{p} + (\varkappa + 1)\, p};$$

folglich ist

$$\tan (\zeta + \vartheta) = \frac{(\varkappa - 1)\, p + (\varkappa + 1)\, \hat{p}}{(\varkappa - 1)\, \hat{p} + (\varkappa + 1)\, p} \tan \zeta$$

und mit $\varkappa = 1{,}405$

$$\tan (\zeta + \vartheta) = \frac{0{,}405\, p + 2{,}405\, \hat{p}}{0{,}405\, \hat{p} + 2{,}405\, p} \tan \zeta = f_2 \left(\frac{p}{p_0}, \frac{\hat{p}}{p_0}, \zeta\right). \tag{IV, 3.23}$$

Zu jedem Wertepaar p/p_0, $\hat{p}/p_0$ läßt sich nach Gl. (IV, 3.22) ein Wert von ζ berechnen und mit diesem ζ zu demselben Wertepaar nach der letzten Gleichung die Größe $\zeta + \vartheta$ bestimmen. Damit hat man die gesuchte Beziehung zwischen ϑ und $(p/p_0, \hat{p}/p_0)$.

In Abb. IV, 3.9 ist nach TH. MEYER[275] entsprechend Gl. (IV, 3.22) die Kurvenschaar $\zeta = \text{const} = 0°, 5°, 10°, 12°$ usw. als Funktion von p/p_0 und $\hat{p}/p_0$ dargestellt. Auf der Geraden $p = \hat{p}$ hat man keinen Druckanstieg und damit keinen Verdichtungsstoß. Der äußeren Kurve $\zeta = 0$

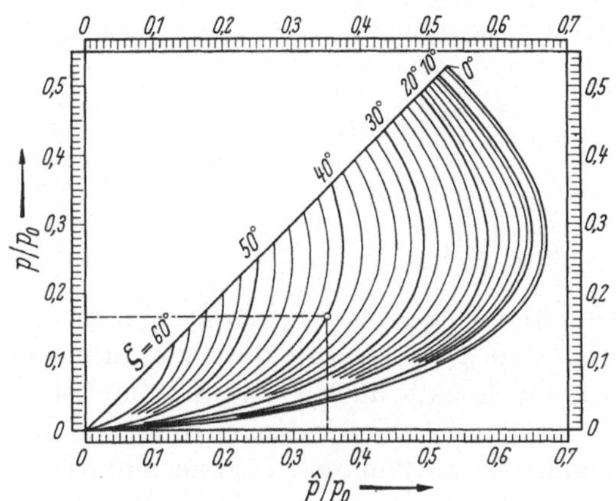

Abb. IV, 3.9. Die Kurvenschaar ζ = const als Funktion von $\hat{p}/p_0$ und p/p_0

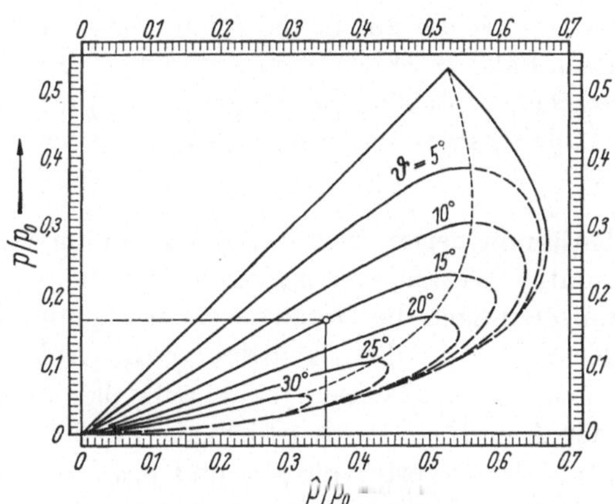

Abb. IV, 3.10. Die Kurvenschaar ϑ = const als Funktion von $\hat{p}/p_0$ und p/p_0

entsprechen gerade Verdichtungsstöße; das dazwischen liegende Gebiet ist das der schiefen Verdichtungsstöße.

Abb. IV, 3.10 zeigt die unter Benutzung von Gl. (IV, 3.23) erhaltenen Kurven $\vartheta = \text{const}$ in Abhängigkeit von den Wertepaaren p/p_0, $\hat{p}/p_0$. Die Gerade bezieht sich wieder auf Strömungen ohne Verdichtungsstöße; die äußere Kurve entspricht dem Winkel $\vartheta = 0$, d. h.

einer geradlinigen Wand mit senkrechten Verdichtungsstößen. Das dazwischen liegende Gebiet gehört wieder den schiefen Verdichtungsstößen. Die punktierte Kurve, die durch die Höchstwerte der geschlossenen Kurven $\vartheta = \text{const}$ geht, trennt das Gebiet in zwei Teile. Physikalisch realisierbar ist bei den schiefen Verdichtungsstößen im allgemeinen nur der linke Teil (ausgezogene Kurven).

Bei einer bestimmten Machschen Zahl, d. h. wegen

$$\text{Ma}^2 = \frac{w^2}{a^2} = \frac{\frac{2\varkappa}{\varkappa - 1}\frac{p_0}{\varrho_0}\left[1 - (p/p_0)^{\frac{\varkappa-1}{\varkappa}}\right]}{\varkappa\frac{p}{\varrho}} = \frac{2}{\varkappa - 1}\left[\left(\frac{p_0}{p}\right)^{\frac{\varkappa-1}{\varkappa}} - 1\right], \tag{IV, 3.24}$$

bei einem bestimmten Wert von p/p_0 erhält man aus Abb. IV, 3.10 zu beliebigen Werten von $\hat{p}/p_0$ ($> p/p_0$) die dazugehörenden Ablenkungswinkel ϑ. Man kann deshalb in Abb. IV, 3.8 die bisher angenommene Wand (rechts vom Punkte E) fortdenken und hat dann einen um ϑ abgelenkten Strahl, der im Punkte E beginnt und sich in einem Raume mit dem Druck $\hat{p}/p_0$ ($> p/p_0$) erstreckt. Diese Vorgänge eines aus einer Lavaldüse austretenden Parallelstrahles gaben seinerzeit Anlaß zu der Meyerschen Arbeit[275].

Jetzt können wir auch die auf S. 355 offen gelassene Frage beantworten, was in dem Falle geschieht, wenn der Außendruck, bzw. der in Abb. IV, 1.6 bezeichnete Behälterdruck, größer als p_{B1} aber kleiner als p_{B2} ist. In diesem Falle entsteht am Düsenende ein schiefer Verdichtungsstoß.

3.8 Überschallströmung gegen einen Keil mit geradliniger Begrenzung. Anstatt zu bestimmten Werten von p/p_0 und $\hat{p}/p_0$ die Werte ζ und ϑ zu berechnen, kann man auch die Druckverhältnisse eliminieren und zu gegebenen Werten von ϑ (halber Keilwinkel) die Abhängigkeit des Winkels ζ (Stoßfront) von der Machschen Zahl aufstellen (Abb. IV, 3.11). Entnimmt man der Abb. IV, 3.10 zu beliebigen Punkten einer Kurve $\vartheta = \text{const}$ die zugehörigen Werte von p/p_0 und $\hat{p}/p_0$ und bestimmt aus Abb. IV, 3.9 die zu diesen Wertepaaren gehörenden Winkel ζ, so kann man $\zeta = f(p/p_0)$ für konstante Werte von ϑ auftragen (damit ist $\hat{p}/p_0$ eliminiert). Ersetzt man jetzt noch die Abszisse p/p_0 durch die lokale Machsche Zahl entsprechend Gl. (IV, 3.24), so erhält man $\zeta = f(\text{Ma})$ für konstante Werte von ϑ (in Abb. IV, 3.11 die ausgezogenen Kurven). Beispiel: $\vartheta = \text{const} = 15°$; der Abb. IV, 3.10 entnehmen wir zu einem an sich beliebigen Punkte auf $\vartheta = 15°$ das Wertepaar $\hat{p}/p_0 = 0{,}350$, $p/p_0 = 0{,}164$ und bestimmen aus Abb. IV, 3.9 das zu diesem Wertepaar gehörende $\zeta = 40°$. Dem Wert $p/p_0 = 0{,}164$ entspricht nach Gl. (IV, 3.24) die Machsche Zahl 1,84. In Abb. IV, 3.11 ist über $\mathrm{Ma} = 1{,}84$ der Wert $\zeta = 40°$ als kleiner Kreis eingetragen. In dieser Weise lassen sich die ausgezogenen Kurven $\zeta = f(\mathrm{Ma})$ bei $\vartheta = \mathrm{const}$ bestimmen.

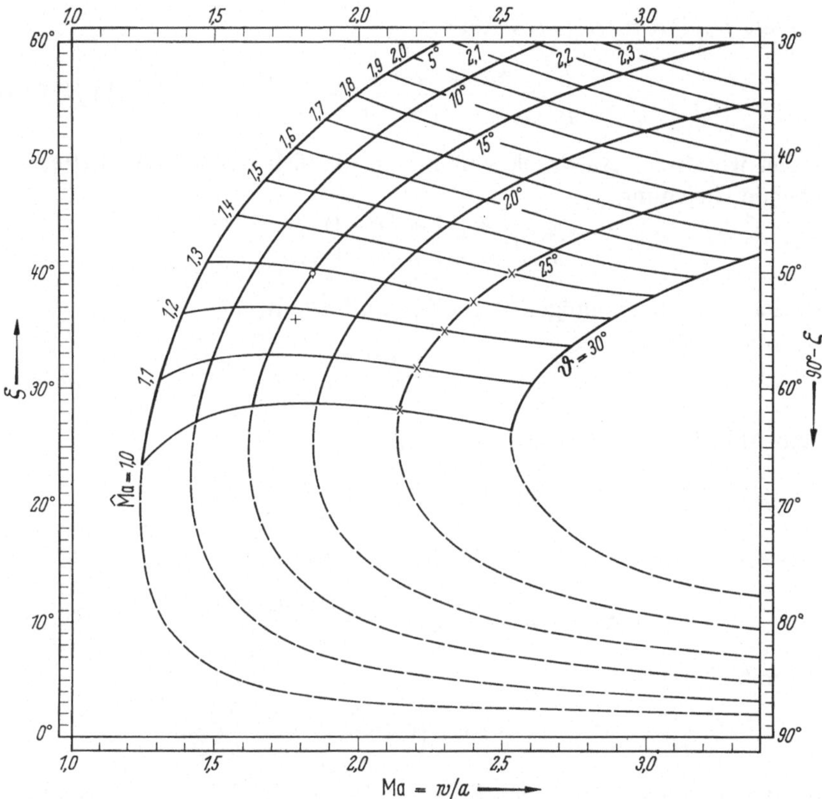

Abb. IV, 3.11. Der Stoßfrontwinkel ζ als Funktion der Machschen Zahl für konstante Werte des Ablenkungswinkels ϑ

Man kann auch eine Formel ableiten, die den Zusammenhang zwischen ϑ, ζ und Ma direkt angibt, hat dabei allerdings die Beziehung zu den Druckverhältnissen verloren. K. Oswatitsch[276] gibt (ohne Ableitung) die Formel

$$\cot \vartheta = \cot \zeta \left[\frac{(\varkappa + 1)/2}{\cos^2 \zeta - 1/\mathrm{Ma}^2} - 1 \right].$$

[276] Oswatitsch, K.: Gasdynamik, Wien: Springer 1952, S. 275, vgl. auch F. Schubert: Zur Theorie des stationären Verdichtungsstoßes. Z. angew. Math. Mech. 23 (1943) 129—138.

Eine inhaltlich gleiche, in der Form aber verschiedene Beziehung zwischen ϑ, ζ und Ma ergibt sich wie folgt: Nach Gl. (IV, 3.21) ist mit $\varkappa p/\varrho = a^2$

$$2\varkappa \frac{w_n}{a^2} = \varkappa - 1 + (\varkappa + 1)\frac{\hat{p}}{p}$$

und mit $w_n/a = w \cos \zeta/a = \mathrm{Ma} \cos \zeta$

$$\frac{\hat{p}}{p} = \frac{2\varkappa \mathrm{Ma}^2 \cos^2 \zeta - (\varkappa - 1)}{\varkappa + 1}. \qquad \text{(IV, 3.24 a)}$$

Setzen wir diesen Ausdruck von $\hat{p}/p$ in die sich aus Gl. (IV, 3.20a) ergebende Gleichung

$$\frac{\varrho}{\hat{\varrho}} = \frac{\varkappa + 1 + (\varkappa - 1)\hat{p}/p}{\varkappa - 1 + (\varkappa + 1)\hat{p}/p},$$

so erhält man nach einigen einfachen Umformungen

$$\frac{\varrho}{\hat{\varrho}} = \frac{\varkappa - 1 + 2/\mathrm{Ma}^2 \cos^2 \zeta}{\varkappa + 1}. \qquad \text{(IV, 3.24 b)}$$

Nach Abb. IV, 3.8 ist wegen $\hat{w}_t = w_t$

$$\cot(\zeta + \vartheta) = \cot \zeta \frac{\hat{w}_n}{w_n}$$

und somit, da wegen der Kontinuitätsgleichung $\hat{w}_n/w_n = \varrho/\hat{\varrho}$ ist,

$$\cot(\zeta + \vartheta) = \cot \zeta \frac{\varkappa - 1 + 2/\mathrm{Ma}^2 \cos^2 \zeta}{\varkappa + 1}, \qquad \text{(IV, 3.25)}$$

also mit $\varkappa = 1.405$

$$\cot(\zeta + \vartheta) = \cot \zeta \left(0{,}1684 + \frac{0{,}8316}{\mathrm{Ma}^2 \cos^2 \zeta}\right).$$

Mit dieser Formel sind die Kurven $\vartheta = g(\mathrm{Ma})$ für $\zeta = \mathrm{const}$ bzw. $\zeta = \mathrm{f}(\mathrm{Ma})$ für $\vartheta = \mathrm{const}$ der Abb. IV, 3.11 geprüft und die gestrichelten Kurven, für welche die Genauigkeit der obigen Methode nicht ausreicht, berechnet. Das gestrichelte Gebiet ist jedoch physikalisch nicht ohne weiteres realisierbar.

In Abb. IV, 3.12 haben wir die Strömung gegen einen Keil mit einem halben Öffnungswinkel von $\vartheta = 15°$. Bei einer Anströmung von $\mathrm{Ma} = 1{,}84$ erhalten wir aus Abb. IV, 3.11 als Stoßfrontwinkel $\zeta = 40°$ (kleiner Kreis in der Abbildung). Die Machschen Linien vor dem Verdichtungsstoß sind gestrichelt gezeichnet. Um die Machsche Zahl hinter der Stoßfront zu erhalten, bilden wir

$$\hat{\mathrm{Ma}} = \frac{\hat{w}}{\hat{a}} = \frac{\hat{w}}{w}\frac{w}{a}\frac{a}{\hat{a}}$$

und, da nach Abb. IV, 3.8

$$\frac{\hat{w}}{w} = \frac{\sin \zeta}{(\sin \zeta + \vartheta)}$$

ist, haben wir in

$$\hat{\mathrm{Ma}} = \frac{\sin \zeta}{\sin(\zeta + \vartheta)} \mathrm{Ma} \frac{a}{\hat{a}} \qquad \text{(IV, 3.26)}$$

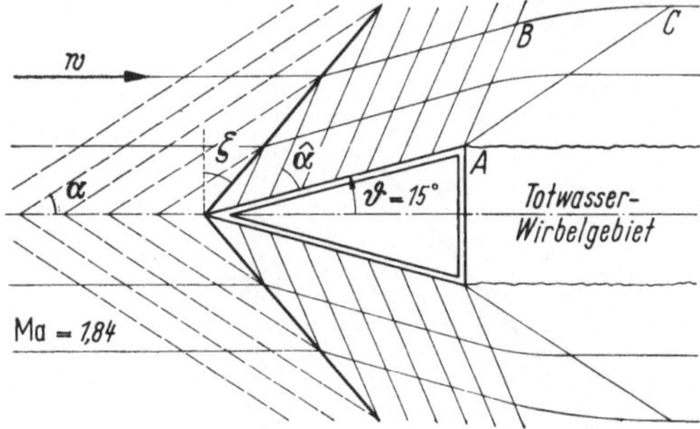

Abb. IV, 3.12. Überschallströmung gegen einen Keil mit einem Öffnungswinkel von $2\vartheta = 30°$

den Wert von $a/\hat{a}$ einzusetzen. Die Größe $\hat{a}/a$ läßt sich als Funktion von Ma cos ζ angeben. Dividiert man $\hat{a}^2 = \varkappa \hat{p}/\hat{\varrho}$ durch $a^2 = \varkappa p/\varrho$ und setzt in $\hat{a}^2/a^2 = (\hat{p}/p) \cdot (\varrho/\hat{\varrho})$ die Gln. (IV, 3.24a und 24b) ein, so wird

$$\frac{\hat{a}^2}{a^2} = \frac{2\varkappa \mathrm{Ma}^2 \cos^2 \zeta - (\varkappa - 1)}{(\varkappa + 1)^2} (\varkappa - 1 + 2/\mathrm{Ma}^2 \cos^2 \zeta) \qquad \text{(IV, 3.27)}$$

und mit $\varkappa = 1.405$

$$\hat{a}^2/a^2 = (0{,}486\, \mathrm{Ma}^2 \cos^2 \zeta - 0{,}070)(0{,}405 + 2/\mathrm{Ma}^2 \cos^2 \zeta) = f(\mathrm{Ma} \cdot \cos \zeta).$$

Abb. IV, 3.13 zeigt, daß die nach dieser Formel berechnete Kurve eine nahezu lineare Beziehung zwischen $\hat{a}/a$ und Ma cos ζ liefert. Die gestrichelte Näherungsgerade entspricht der Gleichung

$$\frac{\hat{a}}{a} = 0{,}695 + 0{,}305\, \mathrm{Ma} \cos \zeta. \qquad \text{(IV, 3.28)}$$

Wir berechnen jetzt zu einem bestimmten Wert von ϑ z. B. $\vartheta = 25°$ für verschiedene Werte von ζ nach Gl. (IV, 3.26) die Werte $\hat{\mathrm{Ma}}$; dabei entnehmen wir der Abb. IV, 3.11 zu den jeweiligen Wertepaaren von ϑ und ζ den Wert Ma und zu dem betreffenden Wert von ζ aus Abb. IV, 3.13 den Wert $\hat{a}/a$. Beispiel: $\vartheta = 25° = \mathrm{const}$, $\zeta = 40°$; nach Abb. IV, 3.11

ist bei $\vartheta = 25°$ und $\zeta = 40°$ der Wert Ma = 2,53, also Ma cos ζ = 2,53 cos 40° = 1,94; aus Abb. IV, 3.13 ergibt sich somit $\hat{a}/a = 1{,}284$ (Gl. IV, 3.28 liefert $\hat{a}/a = 1{,}286$). Mithin ist

$$\hat{\mathrm{Ma}} = \frac{\sin\zeta}{\sin(\zeta+\vartheta)}\,\mathrm{Ma}\,\frac{a}{\hat{a}} = \frac{\sin 40°}{\sin 65°}\,2{,}53\,\frac{1}{1{,}284} = 1{,}40.$$

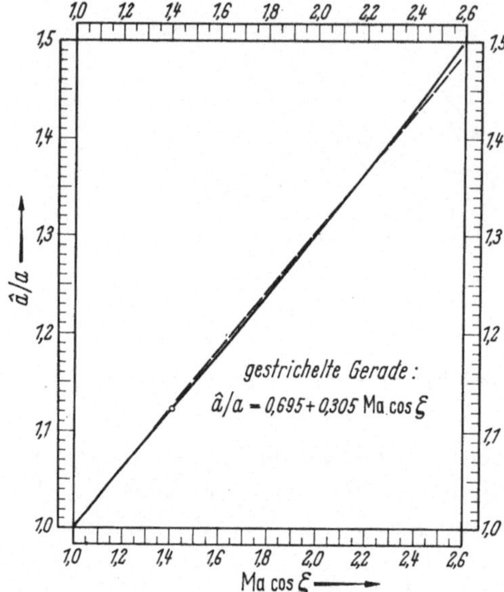

Abb. IV, 3.13. $\hat{a}/a$ als Funktion von Ma cos ζ

Tragen wir jetzt die jeweils benutzten Werte von $\zeta = 30°, 35°, \ldots 50°$ als Ordinate über die damit berechneten Werte von $\hat{\mathrm{Ma}}$ als Abszisse auf, so erhalten wir für $\vartheta = 25°$ die Abb. IV, 3.14. Aus dieser Kurve können wir für runde Werte von $\hat{\mathrm{Ma}} = 1{,}0, 1{,}1 \ldots 2{,}0$ die zugehörigen Werte von ζ abgreifen (Kreuze) und in Abb. IV, 3.11 übertragen (Kreuze). Führt man diese Berechnung von $\hat{\mathrm{Ma}}$ mit den anderen Werten von ϑ = const aus und verbindet die somit auf den Kurven ϑ = const erhaltenen Schnittpunkte, so ergibt sich die in Abb. IV, 3.11 gezeichnete Schar der Kurven $\hat{\mathrm{Ma}}$ = const = 1,0; 1,1; … 2,0. Die Kurve $\hat{\mathrm{Ma}} = 1{,}0$ schneidet die Kurven ϑ = const etwas oberhalb der Scheitelpunkte.

In unserem Beispiel der Abb. IV, 3.12 ist Ma cos ζ = 1,84 cos 40° = 1,41 und also nach Abb. IV, 3.13 $\hat{a}/a = 1{,}123$ (kleiner Kreis); mithin ist

$$\hat{\mathrm{Ma}} = \frac{\sin 40°}{\sin 55°}\,\frac{1{,}84}{1{,}123} = 1{,}29.$$

Diesen Wert hätte man auch direkt der Abb. IV, 3.11 entnehmen können (kleiner Kreis). Der Wert $\hat{\alpha}$ ergibt sich aus

$$\sin\hat{\alpha} = \frac{1}{1{,}29} = 0{,}78, \quad \text{also} \quad \hat{\alpha} = 51^\circ.$$

Von der Machschen Linie AB ab tritt eine Ablenkung der Stromlinien bis in die Horizontale bei C ein, verbunden mit einer Druckabnahme, ähnlich wie in Abb. IV, 3.6. Hinter dem Keil bildet sich ein Totwasser-Wirbelgebiet aus, wie auch in Abb. IV, 2.14 ersichtlich.

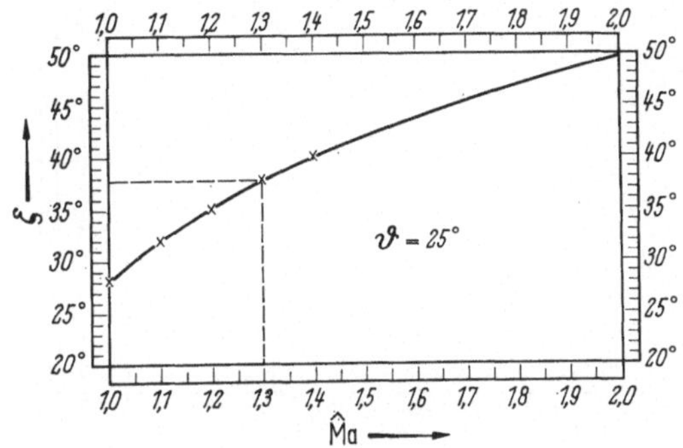

Abb. IV, 3.14. Der Stoßfrontwinkel ζ als Funktion von $\widehat{\text{Ma}}$ für $\vartheta = 25° = \text{const}$

Um das Druckverhältnis $\hat{p}/p$ zu berechnen, gehen wir auf die Hugoniotsche Kurve Abb. IV, 2.9 zurück. Es ist

$$\frac{\hat{a}^2}{a^2} = \frac{\hat{T}}{T} = \frac{\hat{p}}{\hat{\varrho}}\,\frac{\varrho}{p} = \frac{\hat{p}}{p} \cdot \frac{\varrho}{\hat{\varrho}};$$

dividiert man also beliebige Werte der Ordinate $\hat{p}/p$ durch die dazugehörigen Abszissen $\hat{\varrho}/\varrho$ der Abbildung und trägt diese Quotienten als Abszisse über die Ordinate $\hat{p}/p$ auf, so erhält man $\hat{p}/p = f(\hat{T}/T)$ (Abb. IV, 3.15). In unserem Beispiel ist $\hat{a}^2/a^2 = 1{,}123^2 = 1{,}26 = \hat{T}/T$ und damit $\hat{p}/p = 2{,}14$ (kleiner Kreis in Abb. (IV, 3.15); dieser Wert ist in Übereinstimmung mit dem Quotienten aus $\hat{p}/p_0 = 0{,}350$ und $p/p_0 = 0{,}164$ der Abb. IV, 3.9. Für den Quotienten der Dichten erhält man aus der Hugoniotschen Kurve (Abb. IV, 2.9) den zu $\hat{p}/p = 2{,}14$ gehörigen Wert $\hat{\varrho}/\varrho = 1{,}70$.

Lassen wir die Anströmungsgeschwindigkeit in Abb. IV, 3.12 geringer werden, so wird nach Abb. IV, 3.11 auch der Winkel ζ kleiner, d. h. die Stoßfront wird steiler; dabei nimmt ebenfalls $\widehat{\text{Ma}}$ ab. Bei $\text{Ma} = 1{,}63$ und einem $\zeta = 28{,}5°$ kommen wir zu $\widehat{\text{Ma}} = 1{,}0$, d. h. die

Geschwindigkeit hinter der Stoßfront ist gleich der örtlichen Schallgeschwindigkeit $\hat{a}$. Die Strömung in Abb. IV, 3.12 geht über in die von Abb. IV, 3.16.

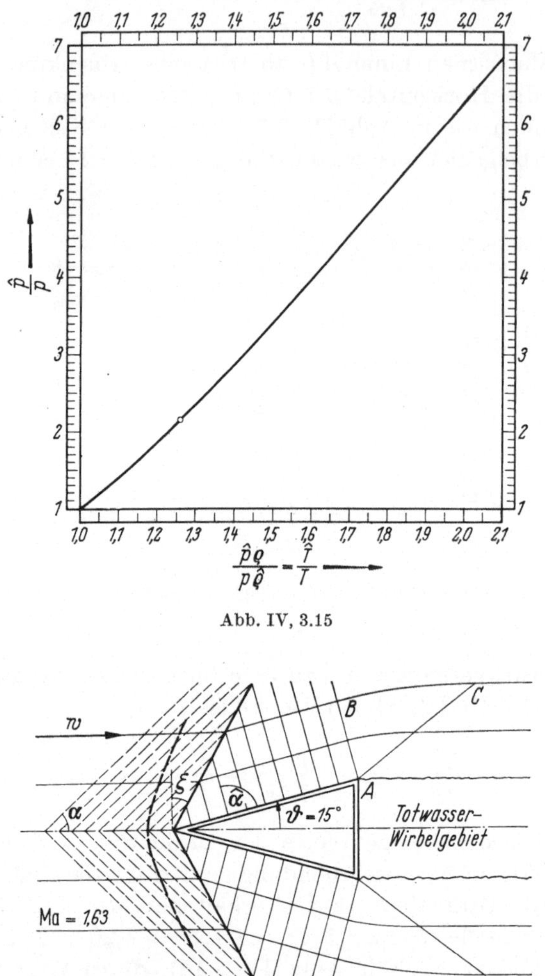

Abb. IV, 3.15

Abb. IV, 3.16. Überschallströmung gegen einen Keil, bei der die Geschwindigkeit hinter der Stoßfront gleich der örtlichen Schallgeschwindigkeit ist

Nimmt die Anströmungsgeschwindigkeit noch mehr ab, d. h. wird Ma $< 1{,}63$ (bei $\vartheta = 15°$) so rückt der schiefe Verdichtungsstoß vom Keil ab, etwa wie die gestrichelte Kurve zeigt. Ein derartiger Verdichtungsstoß tritt immer dann ein, wenn der angeströmte Körper vorn abgerundet ist. Die Behandlung der Vorgänge beim abgelösten Verdichtungsstoß ist deswegen besonders schwierig, weil hier Überschall- und Unterschallströmungen nebeneinander auftreten; es ist das Gebiet der schallnahen Strömungen.

Man entnimmt der Abb. IV, 3.11, daß mit größer werdendem ϑ auch die Machsche Zahl, die für ein Anliegen der Stoßwelle erforderlich ist, zunimmt. Es fragt sich, wie groß darf der halbe Keilwinkel (ϑ) werden, damit bei beliebig großen Machschen Werten noch ein Anliegen der Stoßfront gewährleistet ist und bei welchem Wert von ζ dieses geschieht. Wir setzen deshalb in Gl. (IV, 3.25) $1/\mathrm{Ma}^2 = 0$ und bilden die Ableitung der rechten Seite der Gleichung nach ζ. Die Ableitung gleich Null gesetzt, liefert den Wert $\tan^2 \zeta = (\varkappa - 1)/(\varkappa + 1)$ also $\zeta = 22{,}3°$; damit ergibt sich nach (Gl. IV, 3.25) für $\vartheta_{\max}$ der Wert $\cot \vartheta = 0{,}9872$, also $\vartheta_{\max} = 45{,}36°$. Bei einem Keil von etwas mehr als 90° Öffnungswinkel wird auch bei sehr großen Machschen Zahlen die Kopfwelle sich vom Keile lösen.

3.9 Stoßpolaren. Man kann die Beziehungen zwischen den physikalischen Größen $\hat{\mathrm{Ma}}$ sowie Ma und den geometrischen Größen ϑ und ζ beim Verdichtungsstoß auch noch in anderer Weise darstellen. Wir entnehmen zu dem Zweck aus der Abb. IV, 3.11 zu konstanten Abszissenwerten Ma die dazugehörigen Wertepaare ϑ und ζ und tragen diese Winkel über Ma auf. In Abb. IV, 3.17 ist das zum Wert $\mathrm{Ma} = 2{,}3$

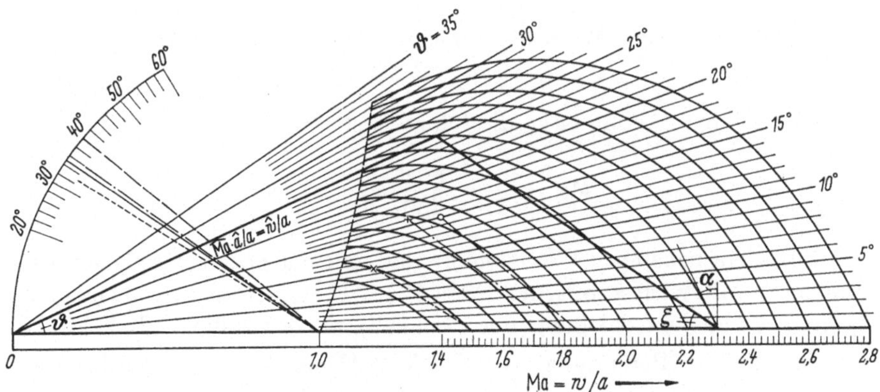

Abb. IV, 3.17. Stoßpolarendiagramm über $\mathrm{Ma} = w/a$

gehörende Wertepaar $\vartheta = 25°$ und $\zeta = 35°$ durch stärkere Linien gekennzeichnet. Die freien Schenkel dieser beiden Winkel schneiden sich in einem Punkte. Führt man diese Auftragung beim gleichen Wert von $\mathrm{Ma} = 2{,}3$ — unter Benutzung von Abb. IV, 3.11 — für weitere Wertepaare von ϑ und ζ durch und verbindet die sich ergebenden Schnittpunkte, so erhält man eine von Ma $= 2{,}3$ ($\vartheta = 0$) ausgehende Kurve. Eine solche Kurve, auf der zu jedem Ablenkungswinkel ϑ (bei gegebenem Ma) der Winkel ζ der Stoßfront entnommen werden kann, nennen wir eine Stoßpolare. In der Abbildung sind die Stoßpolaren zu Ma $= 1{,}4$; $1{,}5$; bis $2{,}8$ gezeichnet.

Wir wollen jetzt die dem Winkel ζ gegenüberliegende Seite des stark ausgezogenen schiefwinkligen Dreiecks bestimmen. Aus Abb. IV, 3.18 folgt, wenn die fragliche Seite zunächst mit b bezeichnet wird,

$$\sin\zeta = \frac{h}{\mathrm{Ma}}, \quad \sin\xi = \sin(\pi - \xi) = \frac{h}{b}, \quad \text{also} \quad \frac{\sin\zeta}{\sin\xi} = \frac{b}{\mathrm{Ma}}$$

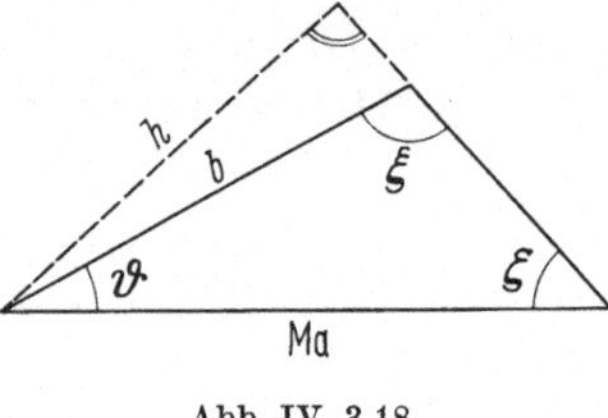

Abb. IV, 3.18

und, da $\sin\xi = \sin(\pi - \xi) = \sin(\zeta + \vartheta)$ ist,

$$b = \frac{\sin\zeta}{\sin(\zeta + \vartheta)}\,\mathrm{Ma},$$

also bei Berücksichtigung von Gl. (IV, 3.26)

$$b = \hat{\mathrm{Ma}}\,\frac{\hat{a}}{a}.$$

Die Größe $\hat{a}/a$ ist bei gegebenem Ma und ζ nach Gl. (IV, 3.27) bzw. nach der Näherungsformel Gl. (IV, 3.28) zu berechnen. In dem Beispiel des stark ausgezogenen Dreiecks (Ma $= 2{,}3$, $\vartheta = 25°$, $\zeta = 35°$) ist somit

$$\frac{\hat{a}}{a} = 0{,}695 + 0{,}305\,\mathrm{Ma}\cos\zeta = 0{,}695 + 0{,}305 \cdot 2{,}3 \cdot \cos 35° = 1{,}27, \tag{IV, 3.29}$$

und, da die Strecke $\hat{\mathrm{Ma}} \cdot \hat{a}/a$ die Länge 1,525 hat,

$$\hat{\mathrm{Ma}} = \frac{\hat{w}}{\hat{a}} = \frac{1{,}525}{1{,}27} = 1{,}20.$$

Zu jedem beliebigen Wert von Ma und einem gegebenen Ablenkungswinkel ϑ läßt sich somit aus Abb. IV, 3.17 sofort der Stoßwinkel ζ (durch Parallelverschiebung der „Sehne") an der linken Winkelskala ablesen und bei Benutzung von Gl. (IV, 3.29) der Wert von $\hat{\mathrm{Ma}}$ bestimmen. Die Änderung der örtlichen Machschen Zahl durch den Verdichtungsstoß läßt sich aus der Abbildung somit leicht berechnen und damit auch die Änderung der Machschen Linien. Bei $\vartheta = 0$ geht der Verdichtungsstoß in die unendlich kleine adiabatische Verdichtung über; die Tangente an die Stoßpolare (bei $\vartheta = 0$) bildet also mit der Vertikalen den Machschen Winkel, da $\alpha = \pi/2 - \zeta$ ist.

Das Verhältnis der Geschwindigkeiten nach und vor dem Verdichtungsstoß, d. h. $\hat{w}/w$ ist gleich dem Quotienten aus $\hat{\mathrm{Ma}} \cdot \hat{a}/a = \hat{w}/a$

und Ma $= w/a$. Es ist also aus Abb. IV, 3.17 durch Division der dem Winkel ζ gegenüber liegenden Strecke durch die von Ma zu erhalten; im vorliegenden Beispiel ist

$$\frac{\hat{\mathrm{Ma}} \cdot \hat{a}/a}{\mathrm{Ma}} = \frac{\hat{w}}{w} = \frac{1{,}525}{2{,}30} = 0{,}663 \quad \left(\text{nach Abb. IV, 3.8} = \frac{\sin\zeta}{\sin(\zeta + \vartheta)}\right)$$

und somit nur von ζ und ϑ abhängig. Während das Verhältnis der Geschwindigkeiten (das von a unabhängig ist) ohne weiteres abgelesen werden kann, trifft dieses nicht zu für die Änderung der Geschwindigkeiten; diese ist nämlich von a abhängig, a selbst aber wiederum eine Funktion von w. Die örtliche Schallgeschwindigkeit nimmt mit zunehmendem w ab wegen der dabei auftretenden Temperaturabnahme.

In Abb. IV, 3.17 bedeutet also eine Verdoppelung der Machschen Zahl keineswegs eine Verdoppelung der Geschwindigkeit w. Will man das erreichen, so muß man die Geschwindigkeit auf die kritische Schallgeschwindigkeit a^* als Einheit beziehen, da diese bei gleichbleibender Temperatur T_0 konstant ist. Nach Gl. (IV, 1.21) ist mit $T_0 = 288°\mathrm{K}$

$$a^{*2} = \frac{2\varkappa}{\varkappa + 1} g R T_0 = \frac{2{,}810}{2{,}405} \cdot 9{,}81 \cdot 29{,}3 \cdot 288 = 311^2\, m^2/\mathrm{s}^2.$$

Über Ma* aufgetragene Stoßpolaren sind von A. BUSEMANN[277] eingeführt worden. Diese Stoßpolaren sind Teile von sogenannten Strophoiden, die bei gegebenen Ma*-Zahlen rein rechnerisch bestimmt werden können. Legt man die Anströmung w in die x-Achse, so hat nach dem Verdichtungsstoß die abgelenkte Geschwindigkeit $\hat{w}$ eine $\hat{u}$- und $\hat{v}$-Komponente, die mit der kritischen Schallgeschwindigkeit a^* nach A. BUSEMANN auf die Gleichung einer Kurve dritter Ordnung mit der u-Achse als Symmetrieachse führt.

Der größte Wert von Ma* ist nach Gl. (IV, 3.30) gleich $\sqrt{(\varkappa + 1)/(\varkappa - 1)} = \sqrt{2{,}405/0{,}405} = 2{,}437$; bei diesem Wert geht die Strophoide in einen Kreis über. Abbildung IV, 3.19 zeigt die Stoßpolaren zu den Werten: Ma* $= 2{,}437$; 2,4; 2,3...1,1. Die Strecken von 0 bis Ma* ($\vartheta = 0$) werden am Einheitskreis gespiegelt. Dabei geht $(\mathrm{Ma}^*)_{\max}$ in den Punkt $1/2{,}437 = 0{,}410$ über; der Durchmesser ist also $2{,}437 - 0{,}410 = 2{,}027$, mit dem Mittelpunkt $(0{,}410 + 2{,}437)/2 = 1{,}424$. Bei Annahme

---

[277] BUSEMANN, A.: Verdichtungsstöße in ebenen Gasströmungen. Vorträge aus dem Gebiet der Aerodynamik, Aachen 1929, hrsg. von GILLES, HOPF u. von KÁRMÁN, Berlin: Springer 1930, S. 162, und: Gasdynamik. Handb. d. Experimentalphysik, Bd. 4, 1. Teil, Leipzig: Akad. Verl. Ges. 1931, S. 436ff., vgl. auch R. SAUER: Einführung in die theoretische Gasdynamik, 3. Aufl., Berlin/Göttingen/Heidelberg: Springer 1960, S. 140ff.

der Temperatur $T_0 = 288\,°K$ lassen sich auch die Werte der Geschwindigkeiten in m/s angeben (untere Einteilung).

Danach ist bei einem gegebenen Ma* (z. B. Ma* $= 1{,}75$ bzw. $w = 1{,}75 \cdot 311 = 542$ m/s) die von diesem Punkt ausgehende Stoßpolare (strich-punktiert) der geometrische Ort aller Werte von $\hat{\mathrm{Ma}}^* = \dfrac{\hat{w}}{a^*}$ bzw.

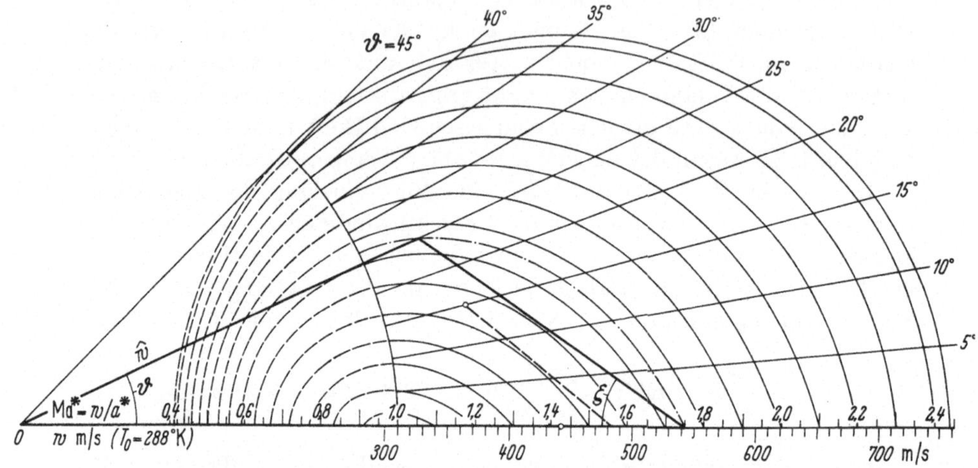

Abb. IV, 3.19. Stoßpolarendiagramm über Ma* $= w/a^*$ nach A. BUSEMANN[277]

$\hat{w}$, die bei den verschiedensten (möglichen) Ablenkungswinkeln ϑ auftreten können. In der Abbildung hat die Geschwindigkeit bei $\vartheta = 25°$ den Wert $\hat{w} = 360$m/s); die Machsche Zahl ist also $\hat{\mathrm{Ma}}^* = 360/311 = 1.16$. Der dem Werte $\hat{w}$ gegenüberliegende Winkel ist der Stoßwinkel ζ.

Die Differenz $w - \hat{w}$ läßt sich zu jedem ϑ ohne weiteres ablesen (im Beispiel: $w - \hat{w} = 542 - 360 = 182$ m/s), hingegen läßt sich nicht ohne weiteres die Änderung der lokalen Machschen Zahl $\mathrm{Ma} - \hat{\mathrm{Ma}}$ angeben, wie es in Abb. IV, 3.17 möglich ist. Das stark ausgezogene Dreieck der Abb. IV, 3.19 entspricht demjenigen von Abb. IV, 3.17. Um das zu zeigen, wollen wir die Beziehung zwischen Ma* und Ma ableiten:

Aus Gl. (IV, 1.14) ergibt sich mit $p \to 0$

$$\frac{\varkappa - 1}{2}\, w_{\max}^2 = \varkappa\, \frac{p_0}{\varrho_0},$$

und, da wegen $p = \text{const}\, \varrho^\varkappa$

$$\varkappa\, \frac{p}{\varrho} = \varkappa\, \text{const}\, \varrho^{\varkappa - 1} = \frac{dp}{d\varrho} = a^2$$

ist, mit Gl. (IV, 1.14)

$$a^2 = \frac{\varkappa - 1}{2}\,(w_{\max}^2 - w^2). \qquad \text{(IV, 3.30)}$$

Ferner ist nach Gl. (IV, 1.18)

$$a^{*2} = \frac{2\varkappa}{\varkappa + 1}\,\frac{p_0}{\varrho_0} = \frac{\varkappa - 1}{\varkappa + 1}\,w_{\max}^2\,. \qquad \text{(IV, 3.31)}$$

Aus den beiden letzten Gleichungen folgt:

$$\mathrm{Ma}^2 = \frac{w^2}{a^2} = \frac{2}{(\varkappa + 1)/\mathrm{Ma}^{*2} - (\varkappa - 1)}, \quad \mathrm{Ma}^{*2} = \frac{w^2}{a^{*2}} = \frac{\varkappa + 1}{2/\mathrm{Ma}^2 + (\varkappa - 1)}, \qquad \text{(IV, 3.32)}$$

also mit $\varkappa = 1{,}405$

$$\mathrm{Ma}^2 = \frac{2}{2{,}405/\mathrm{Ma}^{*2} - 0{,}405}, \quad \mathrm{Ma}^{*2} = \frac{2{,}405}{2/\mathrm{Ma}^2 + 0{,}405}.$$

Dem Wert $\mathrm{Ma}^* = 1{,}75$ der Abb. IV, 3.19 entspricht somit der Wert $\mathrm{Ma} = 2{,}3$ in Abb. IV, 3.17. Es mag darauf hingewiesen werden, daß auch Abb. IV, 3.17 rein rechnerisch bestimmt werden kann; man braucht nur mittels Gl. (IV, 3.25) zu konstanten Werten von Ma und verschiedenen Werten von ζ die Ablenkungswinkel ϑ berechnen.

Die Stoßpolaren links vom Kreis $\mathrm{Ma}^* = 1$ sind gestrichelt gezeichnet, da nur die Schnittpunkte der ϑ-Strahlen mit den ausgezogenen Stoßpolaren im allgemeinen physikalisch realisierbar sind. Nach der Erfahrung (Experimenten) ist zu jedem $w (> a^*)$ auch $\hat{w} > a^*$. Dem gestrichelten Teil der Stoßpolaren kommt eine Bedeutung zu in den Fällen, bei denen der Verdichtungsstoß — wie in Abb. IV, 3.16 — sich vom Körper gelöst hat.

Die Tangente an den Kreis zeigt, daß der Ablenkungswinkel ϑ auch bei der größten Geschwindigkeit ($\mathrm{Ma}^* = 2{,}437$) nur wenig größer als 45° sein kann; dies ist in Übereinstimmung mit dem Wert $\vartheta_{\max} = 45{,}36°$, den wir auf S. 405 abgeleitet haben. Der diesem Wert zugeordnete Stoßwinkel beträgt $\vartheta = 22{,}3°$; das entspricht auch dem Winkel, den die Tangente an den $\mathrm{Ma}^*_{\max}$-Kreis mit der Ma*-Achse bildet.

Zum Schluß wollen wir noch die beiden Abbildungen IV, 3.17 und IV, 3.19 auf den Strömungsvorgang von Abb. IV, 3.12 anwenden: $\mathrm{Ma} = 1{,}84$ ($\alpha = 32{,}9°$, $\vartheta = 15°$), Abb. IV, 3.17 liefert $\zeta = 40°$ (gestrichelte Gerade) und den Wert $\hat{\mathrm{Ma}} \cdot \hat{a}/a = 1{,}44$; mit

$$\frac{\hat{a}}{a} = 0{,}695 + 0{,}305 \cdot 1{,}84 \cos 40° = 1{,}125$$

ist also

$$\hat{\text{Ma}} = 1{,}445/1{,}125 = 1{,}285, \quad \text{also} \quad \hat{\alpha} = 51{,}25°\,;$$

ferner ist $\hat{w}/w = 1{,}44/1{,}84 = 0{,}785$.

Um Abb. IV, 3.19 anwenden zu können, berechnen wir mit Ma $= 1{,}84$ nach Gl. (IV, 3.32)

$$\text{Ma}^{*2} = \frac{2{,}405}{2/\text{Ma}^2 + 0{,}405} = 1{,}554^2, \quad \text{also} \quad w = 1{,}554 \cdot 311 = 483 \text{ m/s}$$

und entnehmen der Abbildung (gestrichelte Linie) $\hat{w} = 378$ m/s, also $w - \hat{w} = 483 - 378 = 105$ m/s, sowie ebenfalls $\zeta = 40°$.

3.10 Staudruck bei Überschallströmungen. Wie auf S. 404 bereits erwähnt, hat man bei vorn abgerundeten Körpern, z. B. einem Stau- oder Pitotrohr, bei Überschallströmungen immer einen vom Körper abgelösten Verdichtungsstoß. Wir wollen auf die Gestalt dieser sogenannten Kopfwelle nicht eingehen, sondern nur vermerken, daß die mittlere Stromlinie vor dem Körper einen geraden Verdichtungsstoß erfährt (Abb. IV, 3.20). Hier steigt der Druck p vor der Kopfwelle auf $\hat{p}$ hinter der Kopfwelle; die Geschwindigkeit sinkt dabei von w bis $\hat{w}$, während die Dichte von ϱ auf $\hat{\varrho}$ zunimmt. Beim Weiterströmen auf der mittleren Stromlinie nimmt $\hat{w}$ ab und wird im Staupunkt S gleich Null, d. h. $\hat{w}_0 = 0$. Die damit verbundene Drucksteigerung von $\hat{p}$ bis $\hat{p}_0$ erfolgt adiabatisch (Unterschallbereich).

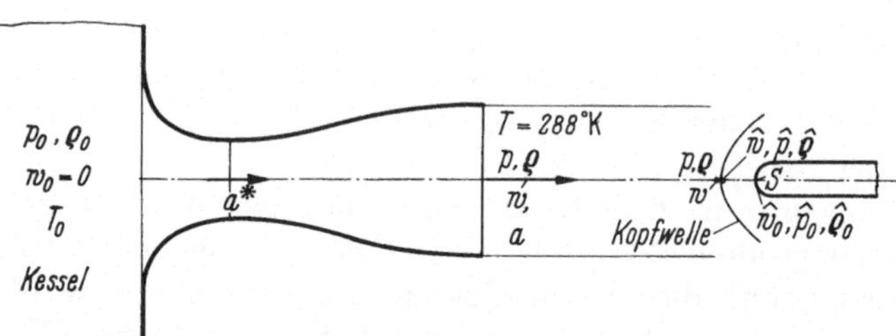

Abb. IV, 3.10. Staudruck bei Überschallströmungen

Die gesamte Druckerhöhung auf der mittleren Stromlinie setzt sich somit aus einem „unstetigen" Teil $\hat{p} - p$ und einem stetigen Teil $\hat{p}_0 - \hat{p}$ zusammen. Bezieht man, wie üblich, die Druckdifferenzen auf $\varrho w^2/2$ als Einheit, so ist

$$\frac{\hat{p}_0 - p}{\varrho w^2/2} = \frac{\hat{p} - p}{\varrho w^2/2} + \frac{\hat{p}_0 - \hat{p}}{\varrho w^2/2} = n_1 + n_2 = n\,.$$

Den unstetigen Anteil n_1 erhält man aus Gl. (IV, 1.20)

$$n_1 = \frac{\hat{p} - p}{\varrho w^2/2} = 2\left(1 - \frac{a^{*2}}{w^2}\right) = 2\left(1 - \frac{1}{\mathrm{Ma}^{*2}}\right) \qquad \text{(IV, 3.33)}$$

und, wenn nach Gl. (IV, 3.32) Ma* durch Ma ersetzt wird,

$$n_1 = \frac{\hat{p} - p}{\varrho w^2/2} = 2\left(1 - \frac{2 + (\varkappa - 1)\,\mathrm{Ma}^2}{(\varkappa + 1)\,\mathrm{Ma}^2}\right) = \frac{4}{\varkappa + 1}\left(1 - \frac{1}{\mathrm{Ma}^2}\right). \qquad \text{(IV, 3.34)}$$

Um den stetigen Anteil n_2 zu erhalten, berücksichtigen wir, daß im Falle $\mathrm{Ma} \leq 1$ die Druckerhöhung (adiabatisch) von p bis p_0 im Staupunkt

$$p_0 - p = p\left[\left(1 + \frac{\varkappa - 1}{2}\,\frac{\varrho w^2}{\varkappa p}\right)^{\frac{\varkappa}{\varkappa - 1}} - 1\right] \qquad \text{(IV, 3.35)}$$

beträgt. Da, wie bereits erwähnt, die Drucksteigerung hinter der Kopfwelle von $\hat{p}$ bis $\hat{p}_0$ adiabatisch verläuft, brauchen wir nur in der letzten Gleichung die fraglichen Größen mit einem Dach zu versehen, d. h.

$$\hat{p}_0 - \hat{p} = \hat{p}\left[\left(1 + \frac{\varkappa - 1}{2}\,\frac{\hat{\varrho}\hat{w}^2}{\varkappa \hat{p}}\right)^{\frac{\varkappa}{\varkappa - 1}} - 1\right].$$

Da nach der Kontinuitätsgleichung $\hat{\varrho}\hat{w} = \varrho w$, ferner $w\hat{w} = a^{*2}$ ist, haben wir mit $\varkappa p/\varrho = a^2$

$$n_2 = \frac{\hat{p} - p + p}{\varrho w^2/2}\left[\left(1 + \frac{\varkappa - 1}{2}\,\frac{a^{*2}}{a^2}\,\frac{p}{\hat{p}}\right)^{\frac{\varkappa}{\varkappa - 1}} - 1\right]; \qquad \text{(IV, 3.36)}$$

der erste Faktor läßt sich leicht umformen: bei Berücksichtigung von Gl. (IV, 3.34) wird

$$\frac{\hat{p} - p}{\varrho w^2/2} + \frac{p}{\varrho w^2/2} = \frac{4}{\varkappa + 1}\left(1 - \frac{1}{\mathrm{Ma}^2}\right) + \frac{2}{\varkappa\,\mathrm{Ma}^2} = \frac{4}{\varkappa + 1} - \frac{2(\varkappa - 1)}{\varkappa(\varkappa + 1)\mathrm{Ma}^2}. \qquad \text{(IV, 3.37)}$$

Berücksichtigt man, daß mit Gl. (IV, 3.32)

$$\frac{a^{*2}}{a^2} = \frac{\mathrm{Ma}^2}{\mathrm{Ma}^{*2}} = \frac{2 + (\varkappa - 1)\,\mathrm{Ma}^2}{\varkappa + 1}$$

ist, so lautet die eckige Klammer von Gl. (IV, 3.36)

$$\left[\left(1 + \frac{\varkappa - 1}{2}\,\frac{2 + (\varkappa - 1)\,\mathrm{Ma}^2}{\varkappa + 1}\,\frac{p}{\hat{p}}\right)^{\frac{\varkappa}{\varkappa - 1}} - 1\right]. \qquad \text{(IV, 3.38)}$$

Wegen $\hat{p} - p = \varrho(w^2 - a^{*2})$ und $\varkappa p/\varrho = a^2$ haben wir

$$\frac{\hat{p}}{p} = \frac{\hat{p} - p}{p} + 1 = \frac{\varkappa\varrho(w^2 - a^{*2})}{\varkappa p} + 1$$

$$= \varkappa\left(\mathrm{Ma}^2 - \frac{\mathrm{Ma}^2}{\mathrm{Ma}^{*2}}\right) + 1 = \frac{2\varkappa\,\mathrm{Ma}^2 - (\varkappa - 1)}{\varkappa + 1};$$

setzen wir die inverse Größe in Gl. (IV, 3.38) ein, so wird mit Gl. (IV, 3.37) der Ausdruck für n_2

$$n_2 = \left(\frac{4}{\varkappa + 1} - \frac{2(\varkappa - 1)}{\varkappa(\varkappa + 1)\,\mathrm{Ma}^2}\right)\left[\left(1 + \frac{\varkappa - 1}{2}\,\frac{\varkappa - 1 + 2/\mathrm{Ma}^2}{2\varkappa - (\varkappa - 1)/\mathrm{Ma}^2}\right)^{\frac{\varkappa}{\varkappa - 1}} - 1\right]. \quad \text{(IV, 3.39)}$$

Für $\mathrm{Ma} = 1$ geht die Gleichung über in

$$n_2 = \frac{2}{\varkappa}\left[\left(\frac{\varkappa + 1}{2}\right)^{\frac{\varkappa}{\varkappa - 1}} - 1\right].$$

Den gleichen Wert erhalten wir aus Gl. (IV, 3.35), wenn wir diese in der Form

$$\frac{p_0 - p}{\varrho w^2/2} = \frac{p}{\varrho w^2/2}\left[\left(1 + \frac{\varkappa - 1}{2}\,\mathrm{Ma}^2\right)^{\frac{\varkappa}{\varkappa - 1}} - 1\right]$$

schreiben oder mit $2p/\varrho w^2 = 2/(\varkappa \cdot \mathrm{Ma}^2)$

$$\frac{p_0 - p}{\varrho w^2/2} = \frac{2}{\varkappa\,\mathrm{Ma}^2}\left[\left(1 + \frac{\varkappa - 1}{2}\,\mathrm{Ma}^2\right)^{\frac{\varkappa}{\varkappa - 1}} - 1\right] \quad \text{(IV, 3.40)}$$

und $\mathrm{Ma} = 1$ setzen.

Den asymptotischen Wert erhalten wir aus Gl. (IV, 3.39) mit $\mathrm{Ma} \to \infty$

$$\lim_{\mathrm{Ma} \to \infty} n_2 = \frac{4}{\varkappa + 1}\left[\left(\frac{(\varkappa + 1)^2}{4\varkappa}\right)^{\frac{\varkappa}{\varkappa - 1}} - 1\right],$$

oder, da $\varkappa = 1{,}405$ angenommen wird,

$$\lim_{\mathrm{Ma} \to \infty} n_2 = 1{,}663\,[1{,}029^{3{,}469} - 1] = 0{,}173.$$

Setzen wir zur numerischen Berechnung in Gl. (IV, 3.39) $\varkappa = 1{,}405$, so wird

$$n_2 = \left(1{,}663 - \frac{0{,}240}{\mathrm{Ma}^2}\right)\left[\left(1 + 0{,}2025\,\frac{0{,}405\,\mathrm{Ma}^2 + 2}{2{,}81\,\mathrm{Ma}^2 - 0{,}405}\right)^{3{,}469} - 1\right]. \quad \text{(IV, 3.41)}$$

Abbildung IV, 3.21 zeigt den unstetigen Anteil n_1 als Funktion von Ma entsprechend Gl. (IV, 3.34), den stetigen Anteil n_2, nach der letzten Gleichung berechnet, sowie die Summe $n_1 + n_2 = n = f(\mathrm{Ma})$. Ferner ist der Verlauf des Staudruckes im Unterschallbereich nach Gl. (IV, 3.40) aufgetragen.

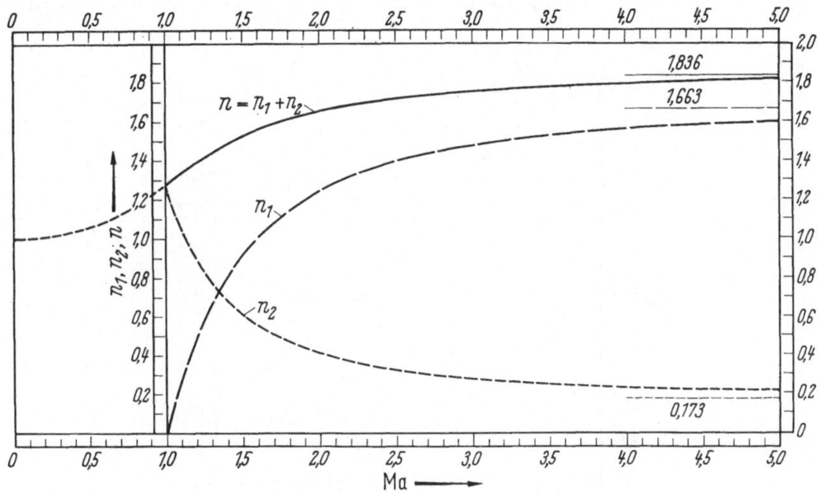

Abb. IV, 3.21. Stetiger (n_2) und unstetiger (n_1) Anteil einer Staudruckströmung, sowie die Summe $n = n_1 + n_2$

Von dem Staudruck $\hat{p}_0$ unterscheidet sich der sogenannte Ruhe- oder Kesseldruck p_0 (Abb. IV, 3.20), d. h. der Druck, der in einem Kessel sein müßte, um bei Anwendung einer geeigneten Lavaldüse die Machsche Zahl Ma in der freien Atmosphäre $p = 10332\,\mathrm{kp/m^2}$ bei $T = 288°\,\mathrm{K}$ zu erreichen. Nach Gl. (IV, 3.40) ist

$$\frac{p_0}{p} = \left(1 + \frac{\varkappa - 1}{2}\,\mathrm{Ma}^2\right)^{\frac{\varkappa}{\varkappa - 1}}$$

und anderseits

$$\frac{\hat{p}_0}{p} = 1 + \frac{\varkappa}{2}\,\mathrm{Ma}^2 \cdot n,$$

also

$$\frac{\hat{p}_0}{p_0} = \frac{1 + \frac{\varkappa}{2}\,\mathrm{Ma}^2 \cdot n}{\left(1 + \frac{\varkappa - 1}{2}\,\mathrm{Ma}^2\right)^{\frac{\varkappa}{\varkappa - 1}}}.$$

In Abb. IV, 3.22 ist $\hat{p}_0/p_0 = f(\text{Ma})$ aufgetragen (n ist der Abb. IV, 3.21 entnommen); man erkennt, daß $\hat{p}_0$ mit größer werdendem Ma immer mehr hinter dem Ruhedruck p_0 zurückbleibt. Die Differenz $p_0 - \hat{p}_0$ wird als Ruhedruckverlust bezeichnet und der Quotient $\hat{p}_0/p_0$ als Drosselfaktor.

Der Quotient $\hat{p}_0/p_0$, der auch gleich $\hat{\varrho}_0/\varrho_0$ ist, hat immer einen Wert $\leqq 1$; der Quotient $\hat{T}_0/T_0$ hingegen ist gleich Eins, wie sich aus dem

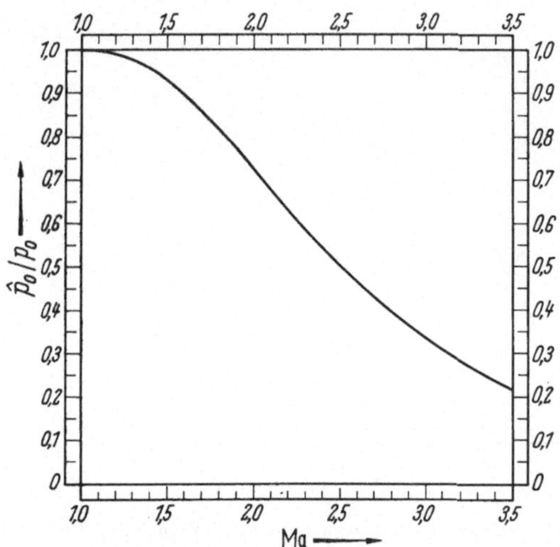

Abb. IV, 3.22. Der Quotient von Staudruck ($\hat{p}_0$) zum Kesseldruck (p_0, $w = 0$) als Funktion der Machschen Zahl der Anströmung

Energiesatz leicht beweisen läßt. Man kann aber auch zeigen, daß $\hat{T}_0 = T_0$ ist, indem man $\hat{T}_0 = \hat{p}_0/\hat{\varrho}_0\, gR$ berechnet, z. B. für Ma $= 2$; Gl. (IV, 3.34) ergibt

$$\frac{\hat{p}}{p} = 1 + \frac{\varkappa}{2}\,\text{Ma}^2 \cdot n_1 = 1 + 0{,}7025 \cdot 4 \cdot 1{,}25 = 4{,}51\,.$$

Aus der Hugoniotschen Kurve (Abb. IV, 2.9) erhalten wir zu $\hat{p}/p = 4{,}51$ den Wert $\hat{\varrho}/\varrho = 2{,}66$. Es ist ferner

$$\frac{\hat{p}_0}{\hat{p}} = \frac{1 + \frac{\varkappa}{2}\,\text{Ma}^2 \cdot n}{1 + \frac{\varkappa}{2}\,\text{Ma}^2 \cdot n_1} = \frac{1 + 0{,}7025 \cdot 4 \cdot 1{,}66}{1 + 0{,}7025 \cdot 4 \cdot 1{,}25} = 1{,}255\,,$$

also

$$\frac{\hat{\varrho}_0}{\hat{\varrho}} = \left(\frac{\hat{p}_0}{\hat{p}}\right)^{\frac{1}{\varkappa}} = 1{,}255^{0{,}7117} = 1{,}175\,.$$

Da

$$\hat{p}_0 = p\,\frac{\hat{p}}{p}\,\frac{\hat{p}_0}{\hat{p}} = 10332 \cdot 4{,}51 \cdot 1{,}255 = 58500\ \mathrm{kp/m^2}$$

und mit $\varrho = 0{,}125\ \mathrm{kp\,s^2/m^4}$ ($T = 288°\,\mathrm{K}$)

$$\hat{\varrho}_0 = \varrho\,\frac{\hat{\varrho}}{\varrho}\,\frac{\hat{\varrho}_0}{\hat{\varrho}} = 0{,}125 \cdot 2{,}66 \cdot 1{,}175 = 0{,}390\ \mathrm{kp\,s^2/m^4}$$

ist, haben wir

$$\hat{T}_0 = \frac{\hat{p}_0}{\hat{\varrho}_0\, g R} = \frac{58500}{0{,}390 \cdot 9{,}81 \cdot 29{,}3} = 522°\,\mathrm{K},$$

d. h. den gleichen Wert, den man bei $\mathrm{Ma} = 2$ aus

$$\hat{T}_0 = T_0 = T\left(1 + \frac{\varkappa - 1}{2}\,\mathrm{Ma}^2\right) = 288°\,\mathrm{K}\,(1 + 0{,}2025 \cdot 4) = 522°\,\mathrm{K}$$

erhält.

Bei einem Flugzeug, das mit $\mathrm{Ma} = 3$ in großer Höhe ($T = 223°\,\mathrm{K} \equiv - 50°\,\mathrm{C}$) fliegt, ist die Temperaturerhöhung im Staupunkt gleich

$$T_0 - T = T\,\frac{\varkappa - 1}{2}\,\mathrm{Ma}^2 = 223°\,\mathrm{K} \cdot 0{,}2025 \cdot 9 = 406°\,\mathrm{K}.$$

3.11 Charakteristikenmethode. Diese Methode zeichnet sich — außer daß sie (in ihrer einfachsten Form) leicht verständlich und anschaulich ist — dadurch aus, daß sie sehr viel leistet bei Überschallströmungen, die nahezu adiabatisch verlaufen, bei denen also eine Entropievergrößerung vernachlässigt werden kann. Sie ist eine wertvolle Ergänzung zu den Strömungen mit Verdichtungsstößen (Entropievergrößerung), die, wie wir gesehen haben, mit der Methode der Stoßpolaren behandelt werden können.

Wir gehen auf die Strömung $\mathrm{Ma} = 1{,}25$ um eine konvexe Kante (Abb. IV, 3.6) zurück. Mit den in Abb. IV, 3.5 angegebenen Machschen Winkeln α_n hat man auch die örtlichen Machschen Zahlen $\mathrm{Ma}_n = 1/\sin\alpha_n$ und erhält wegen

$$T_0 = T\left(1 + \frac{\varkappa - 1}{2}\,\mathrm{Ma}^2\right) = 288°\,\mathrm{K}\left(1 + \frac{\varkappa - 1}{2}\,1{,}25^2\right) = 379{,}1°\,\mathrm{K}$$

als kritische Schallgeschwindigkeit

$$a^* = \sqrt{\frac{2\varkappa}{\varkappa - 1}\, g R T_0} = 356{,}9\ \mathrm{m/s}.$$

Mit diesem Wert von a^* ist

$$T^* = \frac{a^{*2}}{g \varkappa R} = 315{,}3°\,\mathrm{K}$$

und somit

$$\mathrm{Ma}_n^* = \mathrm{Ma}_n \frac{a_n}{a^*} = \mathrm{Ma}_n \sqrt{\frac{T_n}{T^*}}.$$

Für $\vartheta = -6°$ ist z. B. $T_n = T_0 \Big/ \left(1 + \frac{\varkappa - 1}{2} \mathrm{Ma}_n^2\right) = 270{,}4°\,\mathrm{K}$ und demnach

$$\mathrm{Ma}_n^* = \frac{1}{\sin \alpha_n} \sqrt{\frac{T_6}{T^*}} = \frac{1}{\sin 43{,}5°} \sqrt{\frac{270{,}4}{315{,}3}} = 1{,}346.$$

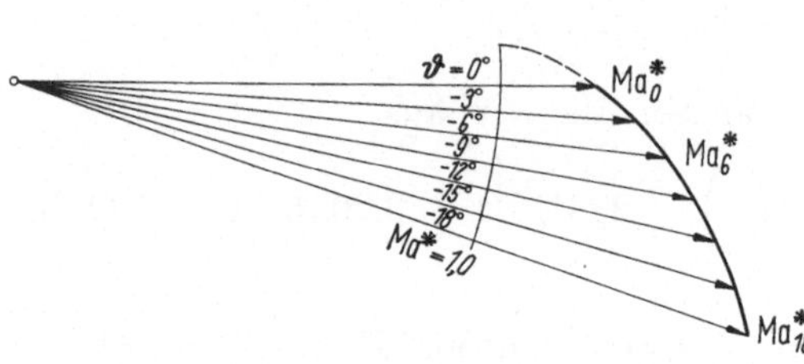

Abb. IV, 3.23. Hodograph einer Überschallströmung um eine Kante von $\vartheta = -18°$

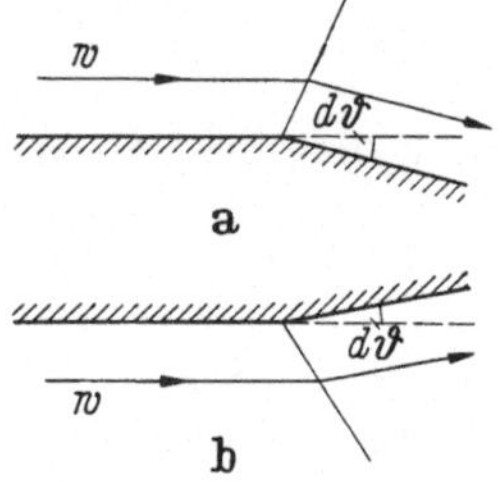

Abb. IV, 3.24

Trägt man die in dieser Weise berechneten Machschen Zahlen Ma_0 bis Ma_{-18} von einem Punkt zu den jeweiligen Winkeln $\vartheta = 0$ bis $\vartheta = -18°$ auf, so erhält man Abb. IV, 3.23, wenn man die Endpunkte der Ma*-Strecken miteinander verbindet. Da die Ma*-Werte die Geschwindigkeiten — gemessen in Einheiten von a^* — sind, kann man die geraden Strecken der Abbildung auch als Geschwindigkeitsvektoren auffassen und die Verbindungslinie der Endpunkte als Hodographen[278]. Dieser Hodograph enthält gleichsam alle Daten, die bei einer Strömung um einen Kantenwinkel von $-18°$ in Frage kommen. Bei gegebener Anfangstemperatur ($T = 288°\,\mathrm{K}$) und gegebener Machscher Zahl der Anströmung kann man — die obige Rechnung rückwärts gehend — aus dem Hodographen zu jedem Punkte der Strömung die Geschwindigkeit und Temperatur ableiten und mit den Formeln auf S. 390 die Drucke und Dichte berechnen. Der Hodograph ist eine für die Strömung mit Überschall gleichsam charakteristische Kurve. Wir werden jetzt einen mathematischen Ausdruck des Hodographen ableiten:

Setzen wir in Gl. (IV, 3.11) die Anströmungsgeschwindigkeit $\bar{u} \equiv w$, den sehr kleinen Winkel $\vartheta \equiv d\vartheta$ und die damit verbundene Geschwindigkeitsänderung $u' = dw$, so haben wir mit $dw/w = d\mathrm{Ma}^*/\mathrm{Ma}^*$

$$\cot \alpha \frac{d\,\mathrm{Ma}^*}{\mathrm{Ma}^*} \pm d\vartheta = 0\,; \qquad \text{(IV, 3.42)}$$

[278] Vgl. O. Tietjens: Strömungslehre, Bd. 1, Berlin/Göttingen/Heidelberg: Springer 1960, S. 280 ff.

das positive Vorzeichen bezieht sich dabei auf eine Strömung wie z. B. in Abb. IV, 3.24a, das negative Vorzeichen auf eine Strömung wie in Abb. IV, 3.24b (ϑ wird positiv im Gegenuhrzeigersinn gerechnet)[279].

Da

$$\cot^2 \alpha = \frac{1}{\sin^2 \alpha} - 1 = \frac{w^2 - a^2}{a^2}$$

ist, erhält man bei Berücksichtigung von Gl. (IV, 3.30 und 31) für den letzten Ausdruck

$$\frac{\frac{2}{\varkappa + 1} w^2 - \frac{2}{\varkappa + 1}\left(\frac{\varkappa - 1}{2} w_{\max}^2 - \frac{\varkappa - 1}{2} w^2\right)}{a^{*2} - \frac{\varkappa - 1}{\varkappa + 1} w^2}$$

$$= \frac{w^2 - a^{*2}}{a^{*2} - \frac{\varkappa - 1}{\varkappa + 1} w^2} = \frac{\mathrm{Ma}^{*2} - 1}{1 - \frac{\varkappa - 1}{\varkappa + 1} \mathrm{Ma}^{*2}}.$$

Man hat somit als Lösung der obigen Differentialgleichung

$$\int \sqrt{\frac{\mathrm{Ma}^{*2} - 1}{1 - \frac{\varkappa - 1}{\varkappa + 1} \mathrm{Ma}^{*2}}} \frac{d\,\mathrm{Ma}^*}{\mathrm{Ma}^*} \pm \vartheta = \mathrm{const} \begin{array}{l} = C_1 \\ = C_2. \end{array}$$

Um in der daraus folgenden Gleichung $C_1 - C_2 = 2\,\vartheta$ den Faktor 2 zu vermeiden, setzt man als Konstante $C_1 = 2\lambda$ und $C_2 = 2\mu$, so daß

$$\lambda - \mu = \vartheta \qquad \text{(IV, 3.43)}$$

wird. Führt man die Quadratur aus, so erhält man

$$\left.\begin{array}{l} 2\lambda \\ 2\mu \end{array}\right\} = \pm\,\vartheta + \frac{1}{2} \arccos \left[\varkappa - \frac{\varkappa + 1}{\mathrm{Ma}^{*2}}\right] + \\ + \frac{1}{2} \sqrt{\frac{\varkappa + 1}{\varkappa - 1}} \arccos \left[\varkappa - (\varkappa - 1)\,\mathrm{Ma}^{*2}\right] - 90^\circ; \qquad \text{(IV, 3.44)}$$

dabei werden λ und μ nach dem Vorgang von R. SAUER in Winkelgraden gemessen.

Jedes Wertepaar von Ma* und ϑ, das man aus der letzten Gleichung für einen Wert $\lambda = \mathrm{const}$ bzw. $\mu = \mathrm{const}$ erhält, befriedigt also die Differentialgleichung (IV, 3.42). Die Kurven der Gl. (IV, 3.44) für

---

[279] Wir beziehen uns im folgenden auf die Ausführungen von R. SAUER: Einführung in die theoretische Gasdynamik, 3. Aufl., Berlin/Göttingen/Heidelberg: Springer 1960, S. 98 ff.

$\lambda = \text{const}$ bzw. $\mu = \text{const}$ sind leicht zu berechnen; mit $\lambda = 0$ und $\varkappa = 1{,}405$ wird

$$\vartheta = 90^\circ - \frac{1}{2} \operatorname{arc\,cos} \left(1{,}405 - \frac{2{,}405}{\mathrm{Ma}^{*2}}\right) - \\ - \frac{2{,}437}{2} \operatorname{arc\,cos} (1{,}405 - 0{,}405\, \mathrm{Ma}^{*2}).$$

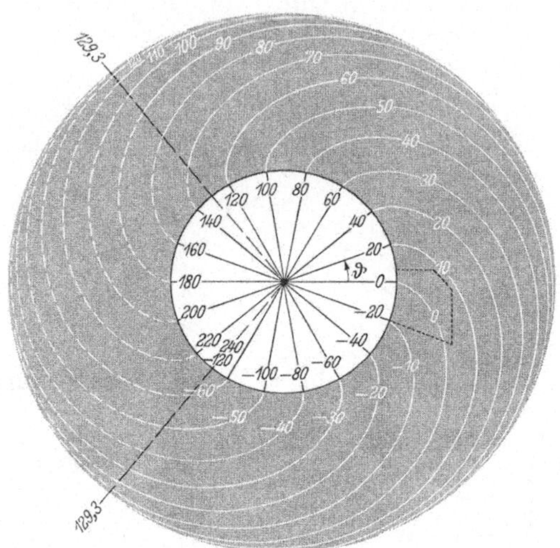

Abb. IV, 3.25. Die Epizykloiden $\lambda = 0^\circ, \pm 10^\circ \pm 20^\circ$ usw.

Beispielsweise erhält man mit $\mathrm{Ma}^* = 1{,}5$

$$\vartheta = 90^\circ - \frac{1}{2} \operatorname{arc\,cos} 0{,}3360 - 1{,}21\overline{9} \operatorname{arc\,cos} 0{,}4936$$

also

$$\vartheta = 90^\circ - 35{,}18^\circ - 1{,}219 \cdot 60{,}42^\circ = -18{,}84^\circ.$$

In dieser Weise ist die Kurve $\mathrm{Ma}^* = f(\vartheta)$ für $\lambda = 0$ berechnet worden[280]. Man erkennt aus Gl. (IV, 3.44), daß bei $\mathrm{Ma}^* = 1$ der Winkel ϑ gleich Null oder allgemein gleich 2λ bzw. -2μ wird, da $\operatorname{arc\,cos}(+1) = 0$ und $\operatorname{arc\,cos}(-1) = 180^\circ$ ist. Setzt man den Größtwert von Ma^*, d. h.

$$\mathrm{Ma}^*_{\max} = \sqrt{\frac{\varkappa + 1}{\varkappa - 1}} = 2{,}437$$

[280] Die Kurve ist eine Epizykloide: Ein Punkt auf der Peripherie eines Kreises vom Durchmesser (2.437—1) beschreibt eine solche Kurve, wenn dieser Kreis außen an dem Kreis von $\mathrm{Ma}^* = 1$ abrollt. Wenn der abrollende Kreis sich um 180° gedreht hat, ist der berührte Kreisbogen am festen Kreise gleich $0{,}5\,(2{,}437-1) \cdot 90^\circ = 129{,}3^\circ$.

in die Gleichung, so wird $\vartheta = \vartheta_{\max}$ und bei der Kurve $\lambda = 0$ gleich

$$\vartheta_{\max} = 90^\circ - \frac{1}{2}\, 2{,}437 \cdot 180^\circ = -\,129{,}3^\circ.$$

Da die goniometrischen Ausdrücke in Gl. (IV, 3.44) von ϑ unabhängig sind, erhält man die Kurven $\lambda = \pm\, 10^\circ$, $\pm 20^\circ$ usw. wenn die zu $\lambda = 0$

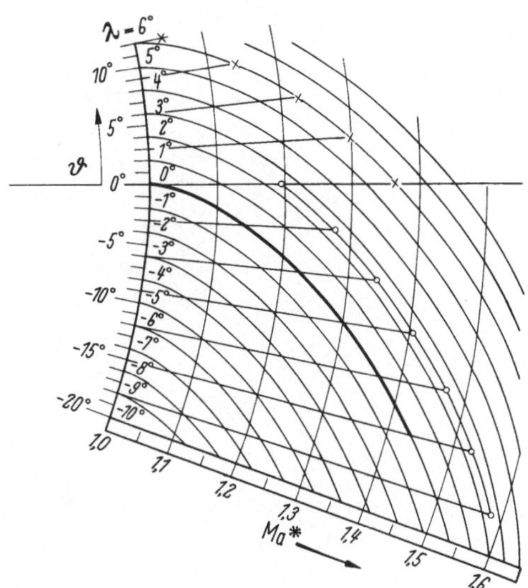

Abb. IV, 3.26. Das in Abb. IV, 3.25 schwarz punktiert umrandete Gebiet in größerer Ausführung und feiner unterteilt

berechnete Kurve um die Winkel $\pm 20^\circ$, $\pm 40^\circ$ usw. um das Zentrum gedreht wird, wie in Abb. IV, 3.25 gezeigt; dabei erstreckt sich der physikalisch realisierbare Teil des Kurvenbildes von $\vartheta = 0$ bis $\vartheta = \pm\, 129{,}3^\circ$, entsprechend dem Größtwert von Ma*.

Abb. IV, 3.26 zeigt einen kleinen Teil des Kurvenbildes von Abb. IV, 3.25 (durch punktierte Geraden dort gekennzeichnet) in vergrößertem Maßstabe und feiner unterteilt: $\vartheta = \pm\, 1^\circ$ und ebenfalls $\lambda = \pm\, 1^\circ$. In dieses Kurvenbild sind die Werte des Hodographen Ma* $= f(\vartheta)$ der Abb. IV, 3.23 als kleine Kreise eingetragen; sie entsprechen der Kurve $\lambda = 2{,}5^\circ$ von $\vartheta = 0^\circ$ bis -18°. Wie man sieht, fügt sich die auf S. 416 näherungsweise berechnete Kurve des Hodographen sehr gut in das Kurvenbild ein.

Wir werden erkennen, daß die Hodographen sämtlicher Überschallströmungen (soweit sie näherungsweise als adiabatisch angesehen werden können) der Abb. IV, 3.26 entnommen werden können, wenn diese vergrößert und erweitert sowie genügend fein unterteilt wird. Beispielsweise hat ein mit Ma* $= 1$ horizontal strömendes Gas, das um eine Kante von $\vartheta = -15^\circ$ abgelenkt wird, den Wert $\lambda = 0^\circ$; der Hodograph, oder die Kurve $\lambda = 0°$ erstreckt sich von $\vartheta = 0°$ bis $-15°$ (in Abb. IV, 3.26 stärker ausgezogen). Bei gegebener Temperatur des anströmenden Gases lassen sich, wie früher erläutert, zu jedem Punkt der Strömung, alle interessierenden Daten, wie lokale Machsche Zahl, Temperatur, Druck, Dichte usw. berechnen. Die auf S. 388 ff. beschriebene Näherungsmethode ließe sich, nebenbei bemerkt, auf diesen Fall $\mathrm{Ma}^* = \mathrm{Ma} = 1$ garnicht anwenden, da in der Näherungsgleichung (IV, 3.11) der Faktor $\tan\alpha = \tan 90°$ unendlich wird.

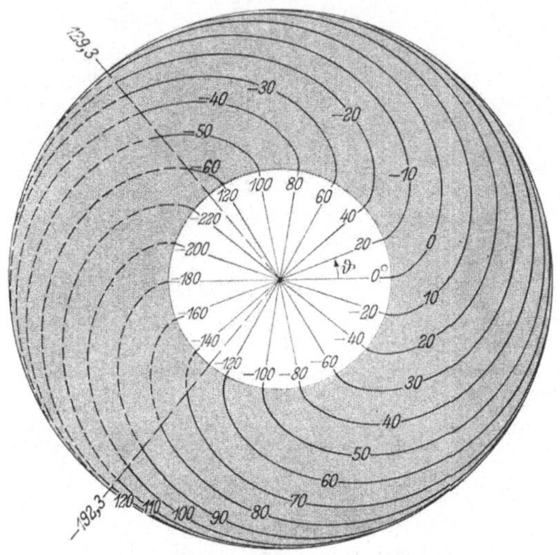

Abb. IV, 3.27. Die Epizykloiden $\mu = 0°, \pm 10°, \pm 20°$ usw.

Bei einer gegebenen Strömung ist der Wert von λ und ϑ eindeutig bestimmt; es gilt aber nicht die Umkehrung, daß ein gegebenes Wertepaar λ und ϑ die Strömung eindeutig bestimme. Das geht schon daraus hervor, daß z. B. den Werten $\lambda = 2{,}5°$ und $\vartheta = 0°$ bis $\vartheta = -18°$ die ganz verschiedenen Strömungen der Abb. IV, 3.5 und 6 in gleicher Weise zugeordnet sind, wenn man in der ersteren Abbildung die aus geraden Stücken bestehende Wand durch eine stetig gekrümmte ersetzt; es ist offenbar noch eine Angabe bezüglich der Strömungsbegrenzung erforderlich.

Statt zu dem Wert von λ noch denjenigen von ϑ anzugeben, hat es sich als sehr zweckmäßig erwiesen, über das λ-Netz (Abb. IV, 3.25) noch ein entsprechendes μ-Netz zu zeichnen. Abbildung IV, 3.27 zeigt ein solches μ-Netz mit Bezifferung nach Gl. (IV, 3.44). In Abb. IV, 3.28 sind für den Bereich von $\vartheta = -25°$ bis $\vartheta = +25°$ beide Netze übereinander gezeichnet; dies Epizykloiden-Diagramm ist erstmalig von

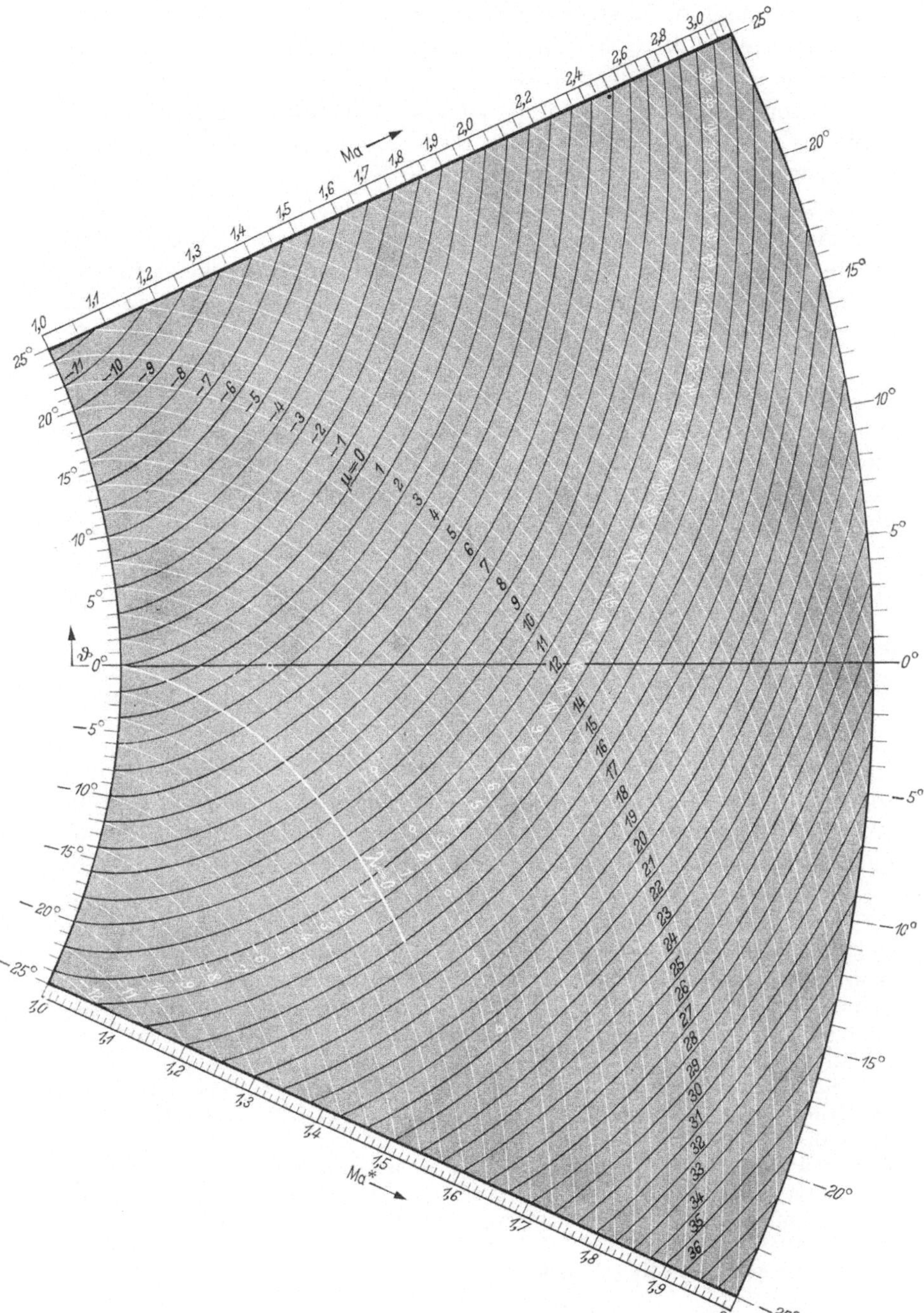

Abb. IV, 3.28. Charakteristiken-Diagramm mit λ = const (weiß) und μ = const (schwarz)

L. Prandtl und A. Busemann[281] angegeben worden. Jedem Punkte des ringförmigen Bereiches ist bei genügend feiner Unterteilung ein Wertepaar λ, μ zugeordnet. Diese λ, μ Werte betrachten wir fernerhin als krummlinige Koordinaten; es sind die Charakteristiken der Strömung[282].

Angewandt auf die Strömung um eine Kante haben wir wegen Gl. (IV, 3.43) $\lambda = 2{,}5°$ und $\mu = \lambda - \vartheta = 2{,}5°$ bzw. $\mu = 2{,}5° - (-18°) = 20{,}5°$. Der durch kleine Kreise gehende Hodograph in Abb. IV, 3.26 ist durch die Zahlen $\lambda = 2{,}5°$, $\mu = 2{,}5°$ bis $20{,}5°$ gekennzeichnet (Abb. IV, 3.28). Der in Abb. IV, 3.26 stärker ausgezogene Hodograph hat demnach die Koordinaten $\lambda = 0°$, $\mu = 0°$ bis $15°$ (in Abb. IV, 3.28 stärker ausgezogen).

Auch bei Verdichtungsströmungen, wie z. B. bei der Strömung gegen einen Keil (Abb. IV, 3.7) lassen sich die Charakteristiken leicht bestimmen. Die in der Abbildung angegebenen Machschen Winkel liefern auch die lokalen Machschen Zahlen und bei Annahme von $\mathrm{Ma} = 1{,}5$ sowie $T = 288°\,\mathrm{K}$ des anströmenden Gases wegen

$$T^* = \frac{2}{\varkappa + 1} T_0 \quad \text{und} \quad T_0 = T\left(1 + \frac{\varkappa - 1}{2} \mathrm{Ma}^2\right)$$

auch

$$\frac{w_n}{a^*} = \mathrm{Ma}_n^* = \mathrm{Ma}_n \sqrt{\frac{T_n}{T^*}}.$$ [283]

Die Geschwindigkeitsvektoren in den Punkten 0°, 3°, 6°, 9° und 12°, bezogen auf die kritische Schallgeschwindigkeit a^* als Einheit, sind in Abb. IV, 3.29 von einem Punkt aus aufgetragen und die Hodographenkurve gezeichnet. Die fünf durch die Pfeile gekennzeichneten Punkte

---

[281] Prandtl, L., u. A. Busemann: Näherungsverfahren zur zeichnerischen Ermittlung von ebenen Strömungen mit Überschallgeschwindigkeit. Festschrift zum 70. Geburtstage von Prof. A. Stodola, S. 499—509, Zürich (1929), vgl. auch Oswatitsch[276] (S. 306f.). Siehe auch A. Steichen: Beiträge zur Theorie der zweidimensionalen Bewegungsvorgänge in einem Gase, das mit Überschallgeschwindigkeit strömt. Diss. Göttingen, 1909.

[282] Auf den Zusammenhang der Charakteristiken mit der allgemeinen Differentialgleichung (IV, 3.3) wollen wir nicht eingehen; vgl. dazu J. Ackeret: Gasdynamik. Handbuch der Physik (Geiger u. Scheel), Bd. 7, S. 315ff., sowie R. Sauer[279] (S. 107ff.); ferner R. Sauer: Anfangswertprobleme bei partiellen Differentialgleichungen (Bd. 62 der Reihe: Grundlehren der mathematischen Wissenschaften in Einzeldarstellungen), 2. Aufl., Berlin/Göttingen/Heidelberg: Springer 1958.

[283] Oder auch nach Gl. (IV, 3.32)

$$\mathrm{Ma}_n^{*2} = \frac{\varkappa + 1}{\dfrac{2}{\mathrm{Ma}_n^2} + \varkappa - 1}.$$

des Hodographen sind als Kreuze in Abb. IV, 3.26 eingetragen. Bis auf einen Punkt liegen sie sehr gut auf der Kurve $\lambda = 6°$. Wegen $\lambda - \mu = \vartheta$ lauten die Charakteristiken also: $\lambda = 6°$, $\mu = 6°$ bis $-6°$. Daß der Punkt bei $\vartheta = 12°$ nicht auf die Kurve $\lambda = 6°$ fällt, hängt damit zusammen, daß der Wert von $\tan\alpha$ in Gl. (IV, 3.11) mit Annäherung an $\mathrm{Ma}^* = 1$ sehr groß wird, so daß selbst der an sich geringe Schritt von $\vartheta_n - \vartheta_{n-1} = 1°$ in der Näherungsrechnung nicht klein genug ist.

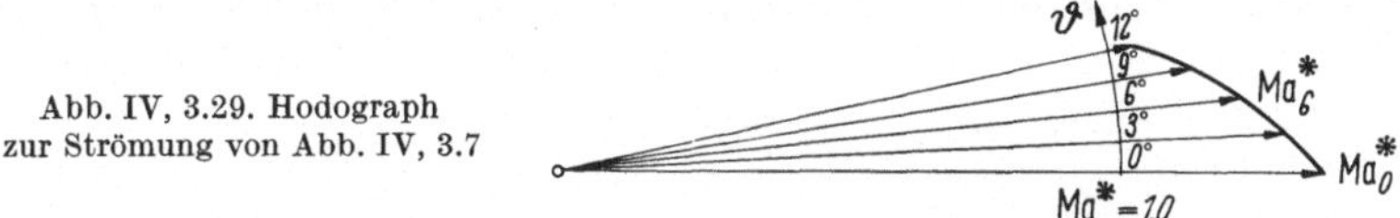

Abb. IV, 3.29. Hodograph zur Strömung von Abb. IV, 3.7

Bezüglich der Breite b_n zwischen Keil und Stromlinie ist wegen der Kontinuitätsgleichung $b_n \mathrm{Ma}_n^* \varrho_n = b \mathrm{Ma}^* \varrho$ mit $\mathrm{Ma}^* = 1{,}363$ ($\mathrm{Ma} = 1{,}5$)

$$\frac{b_n}{b} = \frac{1{,}363}{\mathrm{Ma}_n^* \left(\dfrac{T_n}{288}\right)^{\frac{1}{\varkappa - 1}}}.$$

Während die Differenz der Charakteristiken $\lambda - \mu = \vartheta$ auf Strahlen durch den Ursprung konstant ist, erhält man für die Summe

$$\lambda + \mu = \frac{1}{2} \arccos\left[\varkappa - \frac{\varkappa + 1}{\mathrm{Ma}^{*2}}\right] + \\ + \frac{1}{2}\sqrt{\frac{\varkappa + 1}{\varkappa - 1}} \arccos\left[\varkappa - (\varkappa - 1)\,\mathrm{Ma}^{*2}\right] - 90° \qquad \text{(IV, 3.45)}$$

einen Ausdruck, der von ϑ unabhängig und also auf Kreisen um den Ursprung konstant ist. Durch Einsetzen von runden Werten: $\mathrm{Ma}^* = 1{,}1$; 1,2; 1,3 usw. bis $\mathrm{Ma}^* = 2{,}0$ lassen sich aus der letzten Gleichung leicht die zugehörigen Werte von $\lambda + \mu$ berechnen. Trägt man dann auf Millimeterpapier (in genügend großem Maßstab) die Werte Ma* als Funktion der berechneten Werte $\lambda + \mu$ auf, so kann man die Werte von Ma* für runde Werte von $\lambda + \mu$ d. h. für $\lambda + \mu = 1°, 2°, 3°$ usw. ablesen. Diese Werte sind in der Tabelle S. 426 bis $\lambda + \mu = 54°$ angegeben. Die dritte Kolonne gibt die Werte von Ma entsprechend Gl. (IV, 3.32). In der vierten Kolonne ist α nach der Beziehung $\sin\alpha = 1/\mathrm{Ma}$ eingetragen. Die fünfte Kolonne gibt die Werte von p/p_0 nach Gl. (IV, 3.24)

$$\frac{p_0}{p} = \left(\frac{\varkappa - 1}{2}\,\mathrm{Ma}^2 + 1\right)^{\frac{\varkappa}{\varkappa - 1}}$$

berechnet und die sechste Kolonne T/T_0 entsprechend Gl. (IV, 2.11)

$$\frac{T_0}{T} = \frac{\varkappa - 1}{2}\,\mathrm{Ma}^2 + 1\,.$$

3.12 Zweidimensionale Düsenströmung. Zunächst sei nochmals kurz auf die Strömung längs einer mehrmals um einen sehr kleinen Winkel $\varDelta\vartheta$ nach außen geknickten Wand eingegangen (Abb. IV, 3.30). Der Winkel $\varDelta\vartheta$ sei $-2°$ und die Machsche Zahl der Anströmung $\mathrm{Ma}^* = \mathrm{Ma} = 1{,}0$. Vor dem ersten Knick haben wir $\lambda = 0$ und $\mu = 0$. Beim ersten

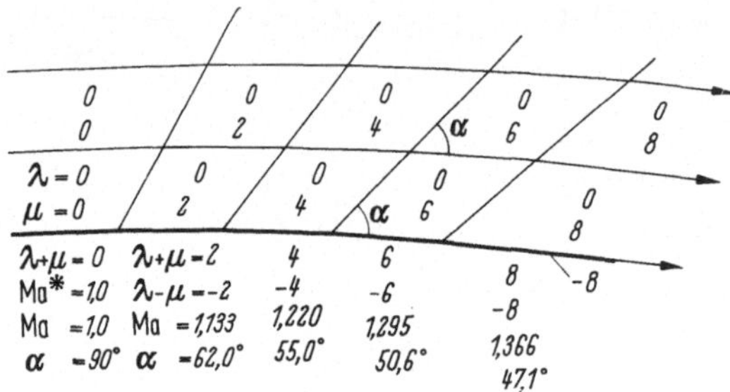

Abb. IV, 3.30. Strömung um eine mehrmals um $\varDelta\vartheta = -2°$ geknickte Wand mit den Charakteristiken-Zahlen λ und μ

Knick ändert sich die Strömungsrichtung um $\vartheta = \lambda - \mu = -2°$, verbunden mit einer Geschwindigkeitszunahme entsprechend $\lambda + \mu = 2°$. Nach Abb. IV, 3.28 bzw. der Tabelle hat die Geschwindigkeit von $\mathrm{Ma}^* = \mathrm{Ma} = 1{,}0$ bis $\mathrm{Ma}_1^* = 1{,}110$ bzw. $\mathrm{Ma}_1 = 1{,}133$ zugenommen; der Machsche Winkel ist dabei von 90° auf 62° gesunken. Innerhalb des Bereiches 0 über 2 bleibt die Geschwindigkeit nach Größe und Richtung konstant. Beim zweiten Knick in der Wand wird $\vartheta = -4°$, mithin $\mu = 4°$ und $\lambda + \mu = 4°$, also nach der Tabelle $\mathrm{Ma}_2 = 1{,}220$ und $\alpha_2 = 55{,}0°$ usw. Läßt man die Schritte $\varDelta\vartheta$ nach Null und die Anzahl der Schritte nach Unendlich konvergieren, so erhalten wir als Hodographen statt der diskreten Punkte im Grenzwert eine stetige Kurve; die Charakteristiken dieser Kurve lauten: $\lambda = 0°$, $\mu = 0°$ bis 8° (Abb. IV, 3.28).

In Abb. (IV, 3.31) haben wir eine zweidimensionale Quellströmung zwischen ebenen Wänden. Da es sich um eine Überschallströmung handelt, kann sie nur in einem Gebiet $\mathrm{Ma} \geqq 1$ vorhanden sein, vgl. R. Sauer[277] (S. 21f.). Der halbe Öffnungswinkel der Düse sei 12°. Außer den Wänden sind 5 Stromlinien 0°, ±4°, ±8° eingezeichnet. Auf der linken Seite ist der Düsenanfang in vergrößertem Maßstab gezeichnet. Damit die berechneten Machschen Linien nicht zu dicht erscheinen, so daß noch Platz für die Zahlen der Charakteristiken bleibt, wählen wir einen verhältnismäßig großen Schritt von $\Delta\vartheta = \pm 4°$. Wir sind uns dabei bewußt, daß wegen der Endlichkeit des Schrittes $\Delta\vartheta$ die Geschwindigkeiten sich in Richtung und Größe unstetig auf den Machschen Linien ändern, ähnlich wie das in Abb. IV, 3.30 der Fall ist.

Am Anfang der Düse möge das mittlere Drittel der Strömung eine Geschwindigkeit in Richtung der Düsenachse ($\vartheta = 0°$) haben, die beiden übrigen Drittel die Richtung $\pm 8°$. Die Machsche Zahl der Strömung am

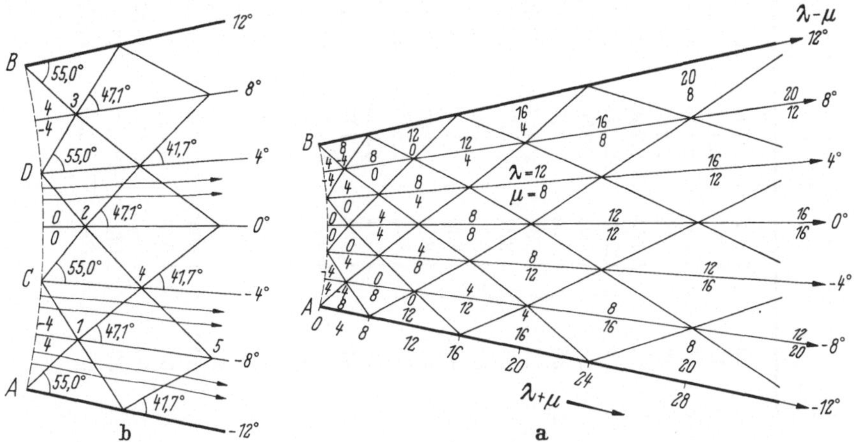

Abb. IV, 3.31. Strömung zwischen zwei divergierenden Wänden (Quellströmung) mit den Stromlinien, den Machschen Linien sowie den Charakteristiken-Zahlen λ und μ

Anfang der Düse sei Ma = Ma* = 1,0. Damit ergeben sich die Charakteristiken $\lambda = 4°$, $\mu = -4°$; $\lambda = 0°$, $\mu = 0°$; $\lambda = -4°$, $\mu = 4°$; sie sind in der Abbildung von oben nach unten eingetragen. Die Summe $\lambda + \mu$ ist jeweils für die drei Drittel gleich Null, also Ma* = Ma = 1,0; die Differenzen $\lambda - \mu = 4° - (-4°) = 8°$ für das obere Drittel und $\lambda - \mu = -4° - 4° = -8°$ für das untere Drittel.

Am unteren Anfang der Düse, vom Punkte A bis zur Stromlinie $-8°$, wird die Strömung auf der noch zu berechnenden Machschen Linie um $-4°$ auf $-12°$ (halber Düsenwinkel) abgelenkt; die Charakteristiken lauten also $\lambda = -4°$, $\mu = 8°$, da damit $\vartheta = \lambda - \mu = -12°$ wird. Die Geschwindigkeit nimmt dabei zu und zwar, da $\lambda + \mu = 4°$ ist, nach der Tabelle auf S. 426 von 1,0 auf Ma* = 1,173 oder Ma = 1,220. Damit ist wegen $\sin\alpha = 1/\text{Ma} = 1/1{,}22 = 0{,}82$ auch der Machsche Winkel $\alpha = 55{,}0°$ gegeben, den wir bis zur untersten Stromlinie ($-8°$) einzeichnen und in Abb. IV, 3.31 b den Punkt 1 erhalten. Die entsprechenden Überlegungen können wir in den Punkten B, C und D anstellen und die Punkte 2 und 3 bestimmen. In Abb. IV, 3.31 a sind die Charakteristiken nach der ersten Geschwindigkeitsänderung eingetragen: 8°

Die von der Summe der Charakteristiken $\lambda + \mu$ abhängigen Größen Ma*, Ma, α, p/p_0, T/T_0

$\lambda+\mu$ [°]	Ma*	Ma	α [°]	$\frac{p}{p_0}$	$\frac{T}{T_0}$
0	1,000	1,000	90,00	0,527	0,832
1	1,068	1,084	67,30	0,477	0,808
2	1,110	1,133	61,97	0,449	0,795
3	1,412	1,177	58,17	0,424	0,781
4	1,173	1,220	55,04	0,401	0,769
5	1,200	1,258	52,64	0,381	0,578
6	1,228	1,295	50,60	0,363	0,747
7	1,253	1,332	48,66	0,345	0,736
8	1,277	1,366	47,05	0,329	0,726
9	1,300	1,402	45,56	0,313	0,716
10	1,323	1,436	44,13	0,298	0,706
11	1,346	1,472	42,85	0,284	0,696
12	1,367	1,506	41,66	0,270	0,686
13	1,388	1,540	40,54	0,257	0,676
14	1,410	1,573	39,48	0,245	0,667
15	1,428	1,608	38,45	0,233	0,658
16	1,447	1,642	37,50	0,221	0,648
17	1,467	1,677	36,60	0,210	0,638
18	1,485	1,710	35,79	0,200	0,629
19	1,503	1,747	34,95	0,190	0,620
20	1,520	1,780	34,18	0,180	0,611
21	1,540	1,816	33,43	0,171	0,602
22	1,557	1,850	32,72	0,162	0,593
23	1,574	1,883	32,08	0,153	0,584
24	1,592	1,920	31,44	0,145	0,575
25	1,607	1,952	30,81	0,137	0,566
26	1,622	1,987	30,22	0,130	0,556
27	1,640	2,025	29,63	0,123	0,546
28	1,656	2,062	29,04	0,116	0,537

$\lambda+\mu$ [°]	Ma*	Ma	α [°]	$\frac{p}{p_0}$	$\frac{T}{T_0}$
29	1,672	2,100	28,49	0,109	0,529
30	1,688	2,135	27,93	0,103	0,520
31	1,704	2,174	27,40	0,097	0,511
32	1,718	2,213	26,85	0,091	0,502
33	1,733	2,253	26,34	0,086	0,493
34	1,748	2,294	25,83	0,081	0,483
35	1,763	2,336	25,34	0,076	0,474
36	1,778	2,377	24,86	0,071	0,466
37	1,793	2,423	24,40	0,067	0,457
38	1,807	2,464	23,95	0,062	0,448
39	1,820	2,508	23,51	0,058	0,440
40	1,835	2,550	23,09	0,055	0,432
41	1,850	2,595	22,67	0,051	0,423
42	1,863	2,640	22,27	0,048	0,415
43	1,872	2,685	21,87	0,044	0,406
44	1,890	2,733	21,48	0,041	0,398
45	1,903	2,781	21,08	0,038	0,390
46	1,915	2,827	20,72	0,035	0,382
47	1,928	2,875	20,35	0,033	0,374
48	1,940	2,923	20,00	0,031	0,367
49	1,952	2,975	19,65	0,029	0,359
50	1,964	3,025	19,30	0,027	0,351
51	1,977	3,078	18,95	0,025	0,343
52	1,988	3,132	18,60	0,023	0,335
53	2,000	3,188	18,28	0,021	0,327
54	2,012	3,250	17,92	0,019	0,319
⋮	⋮	⋮	⋮	⋮	⋮
129,3	2,437	∞	0,00	0,000	0,000

über $-4°$, $4°$ über $0°$, $0°$ über $4°$ und $-4°$ über $8°$; die Summe ist konstant $= 4°$, während die Differenz den Winkel der jeweiligen Strömungsrichtung angibt.

Bei A, C, und D sind je 2 benachbarte Stromlinien eingezeichnet, welche die Richtungsänderung der Geschwindigkeit auf den Machschen Linien A 1, C 1 und D 2 erkennen lassen. Innerhalb des Dreiecks A 1 b ist die Geschwindigkeit nach Größe und Richtung konstant. Beim Weiterfließen rechts von Punkt 1 nimmt die Geschwindigkeit auf den von 1 ausgehenden Machschen Linien zu, verbunden mit einer Richtungsänderung um $\pm 4°$. Die Geschwindigkeitsrichtung im Gebiet b 145 beträgt $-8°$; die Charakteristiken in diesem Gebiet lauten deshalb 0° über 8°, da $\lambda - \mu$ dann gleich $-8°$ ist. Die Geschwindigkeit hat dabei wegen $\lambda + \mu = 8°$ nach der Tabelle den Wert Ma* $= 1{,}277$ oder Ma $= 1{,}366$ erreicht; dadurch ist der Machsche Winkel der von Punkt 1 ausgehenden Machschen Linien entsprechend $1/\text{Ma} = \sin \alpha$ bestimmt: $\alpha = 47{,}1°$. In dem dreieckigen Bereich links von b ist die Richtung der Geschwindigkeit wieder $-12°$ mithin ist $\lambda = 0°$, $\mu = 12°$ und die lokale Machsche Zahl entsprechend $\lambda + \mu = 12°$ nach der Tabelle Ma $= 1{,}506$, also $\alpha = 41{,}7°$. In dieser Weise sind die Machschen Linien der Abb. IV, 3.31a bestimmt worden.

Man beachte die Gesetzmäßigkeit und Symmetrie der Charakteristiken-Ziffern: Auf der mittleren Stromlinie ($\vartheta = 0°$) sind λ und μ einander gleich und nehmen um den gewählten Schritt $\Delta\vartheta = 4°$ zu; auf (den Bereichen zwischen den Machschen Linien von links oben nach rechts unten ist stets λ konstant und auf solchen von links unten nach rechts oben ist $\mu =$ const.

3.13 Herstellung einer Überschall-Parallelströmung. Im Gegensatz zu Unterschallströmungen, bei denen ein beliebiger, wenn nur entsprechend sanfter Übergang zum Parallelstrom genügt, ist bei Überschallgeschwindigkeiten ein für jede Düse speziell berechneter Übergang zur Parallelströmung erforderlich. Es sei die Aufgabe gestellt, die Strömung der Abb. IV, 3.31 von der Stelle $\lambda + \mu = 20°$ ab in einen Parallelstrom zu ändern. Das bedeutet, daß die Machschen Linien, die man als Verdünnungswellen ansehen kann und die an der Düsenwand als Verdünnungswellen reflektiert werden, im Parallelstrom nicht mehr vorkommen dürfen. Das wird nach L. PRANDTL[281] (S. 115) „dadurch erreicht, daß die Wand an jedem Punkt, an dem eine Welle auftritt, eine passende Richtungsänderung erfährt. Die Verdünnungswelle würde ohne Richtungsänderung an der Wand als Verdünnungswelle reflektiert; gibt man der Wand einen solchen Knick, daß dieser für sich allein eine gleich starke Verdichtungswelle ergeben würde, so löschen Verdünnung und Verdichtung sich gegenseitig aus“.

In Abb. IV, 3.32 ist der Übergang zur Parallelströmung bei Annahme einer verhältnismäßig großen Richtungsänderung von $\Delta\vartheta = 4°$ gezeigt. Aus Abb. IV, 3.31 sind die Charakteristiken bis 16 über 4 (Neigungswinkel der Düsenwand 12°) übernommen; die lokale Machsche Zahl ist entsprechend $16° + 4° = 20°$ gleich 1,780 (Tabelle S. 426). Am Ende des Bereiches 16° über 4° bzw. 4° über 16° wird die Wand um $\mp 4°$ geknickt, hat also die Richtung von $\pm 8°$. Im neuen Bereich 16°

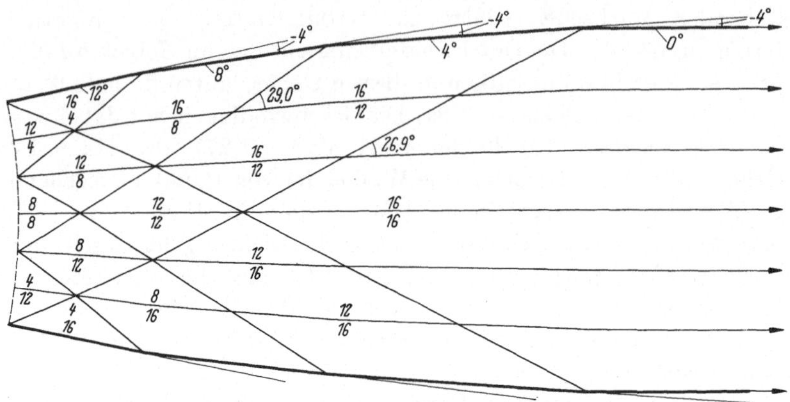

Abb. IV, 3.32. Herstellung einer Überschall-Parallelströmung mit den Stromlinien, den Machschen Linien sowie den Charakteristiken-Zahlen λ und μ

über 8° ist die Differenz gleich $16° - 8° = 8°$ (gleich der Wandneigung) und die Summe $16° + 8° = 24°$ entsprechend $\mathrm{Ma} = 1{,}920$; die lokale Machsche Zahl hat also von 1,780 bis 1,920 zugenommen. Beim Übergang zum nächsten Charakteristikenbereich 16° über 12° ist die lokale Machsche Zahl entsprechend $16° + 12° = 28°$ nach der Tabelle gleich 2,062, also $\alpha = 29{,}0°$. Dieser Winkel ist in Abb. IV, 3.32 eingetragen und der freie Schenkel mit der Wand zum Schnitt gebracht. In diesem Punkt wird die Wand nochmals um 4° geknickt und der Winkel $\alpha = 26{,}9°$ — entsprechend $\mathrm{Ma} = 2{,}213$ bei $\lambda + \mu = 16° + 16° = 32°$ — eingetragen. Im Schnittpunkt des freien Schenkels mit der Wand wird diese zum dritten Mal um 4° geknickt und damit parallel zur Düsenachse gebracht.

Bei den durchweg aus Metall hergestellten Düsenwänden bekommen diese nicht Knicke sondern einen stetigen Verlauf. Um diesen genauer als nach Abb. IV, 3.32 zu bestimmen, ist es zweckmäßig, den „Schritt" oder „Sprung" kleiner als 4° zu wählen. Eine Richtungsänderung von 1° oder 2° dürfte im allgemeinen genügen. Abb. IV, 3.33 zeigt die obere Hälfte der Düse bei $\Delta\vartheta = 2°$. Das mit der Machschen Zahl $\mathrm{Ma} = 1{,}64$ (entsprechend $\lambda + \mu = 16°$ der Tabelle) durch den Querschnitt der

Düse ($\pm 12°$) strömende Gas wird in der ersten Machschen Linie auf Ma $= 1{,}71$ (entsprechend $\lambda + \mu = 18°$) beschleunigt und behält dann innerhalb der $\lambda + \mu = 18°$-„Rhomben" diese Geschwindigkeit; die mit einem Punkt gekennzeichneten Winkel haben bei Ma $= 1{,}71$ die Größe $\alpha = 35{,}8°$. Beim Weiterströmen wird die Geschwindigkeit auf der nächsten Machschen Linie entsprechend der Machschen Zahl Ma $= 1{,}78$ $(\lambda + \mu) = 20°$ beschleunigt; die Winkel mit 2 Punkten sind somit gleich $34{,}2°$. Beim Übergang zum Bereich mit der Charakteristiken-

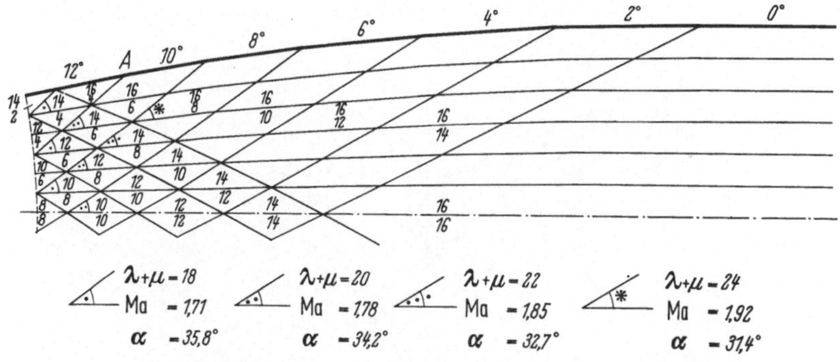

Abb. IV, 3.33. Wie in Abb. IV, 3.32 jedoch bei kleinerem Winkel $\Delta\vartheta = 2°$

summe $16° + 6° = 22°$ wird die Machsche Linie im Punkte A nicht reflektiert, da wir hier den ersten Knick von $2°$ haben. Dort, wo die Gebiete $16°$ über $6°$ und $14°$ über $8°$ zusammentreffen, ändert die Stromlinie ihre Richtung um $2/3$ von $2°$. Die Strömung von $16°$ über $6°$ nach $16°$ über $8°$ erhält die Machsche Zahl 1,92 (entsprechend $\lambda + \mu = 24°$) und also den Machschen Winkel (mit Stern) $\alpha = 31{,}4°$ mit der um $4/3°$ abgelekten Stromlinie. Der freie Schenkel dieses Winkels bis zur Wand durchgezogen bestimmt die Länge des Wandstückes mit der Neigung $\lambda - \mu = 16° - 6° = 10°$. In dieser Weise werden die Längen der Wandstücke von $8°$, $4°$ usw. erhalten.

Aus dem Vergleich der Abb. IV, 3.32 mit 33 erkennt man, wie man vorzugehen hat, wenn man den „Schritt" oder „Sprung" verkleinern will. Bei einem Schritt von $1°$ würden die Charakteristiken der Ausgangsdreiecke lauten: $13°$ über $1°$, $12°$ über $2°$, $11°$ über $3°$ usw. bis $7°$ über $7°$, $6°$ über $8°$ usw. bis $1°$ über $13°$.

3.14 Strömung um eine schräg gestellte ebene Platte. In Abb. IV, 3.34 haben wir eine Strömung um eine Platte mit einem Neigungswinkel von $-10°$ zur Horizontalen. Die Machsche Zahl der horizontalen Anströmung sei Ma $= 1{,}5$; dies entspricht nach der Tabelle den Werten $\lambda = 6°$ und $\mu = 6°$, also $\lambda + \mu = 12°$ und einem Machschen Winkel $\alpha_0 = 41{,}7°$.

An der Oberseite der Vorderkante bildet sich ein „Verdünnungsfächer“ aus, ähnlich demjenigen von Abb. IV, 3.6 auf S. 390. Wenn wir die Umlenkung der Strömung um 10° in fünf „Schritten“ vornehmen, haben wir die in Abb. IV, 3.34 oben angegebenen Charakteristiken, deren Differenz bekanntlich der jeweiligen Winkeländerung entspricht, und deren Summe nach der Tabelle die Machsche Zahl sowie den Machschen Winkel liefert. Beispielsweise entspricht (nach 3 Schritten) den

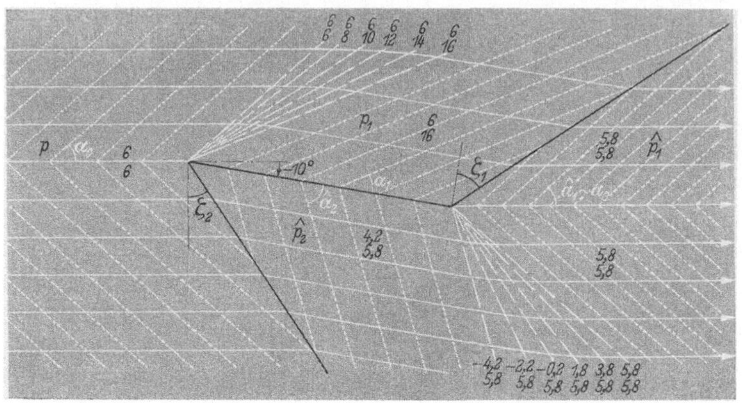

Abb. IV, 3.34. Strömung um eine geneigte ($\vartheta = -10°$) ebene Platte mit den (punktierten) Machschen Linien, den (gestrichelten) Machschen Linien der beiden Verdünnungsfächer, den beiden Verdichtungsstößen, sowie den Stromlinien

Charakteristiken 6° über 12° nach der Tabelle die Machsche Zahl Ma $= 1{,}71$ und der Machsche Winkel 35,8° zu der um $3 \cdot \varDelta\vartheta = -6°$ gedrehten Horizontalen. Nach dem Verdünnungsfächer strömt das Gas mit der Machschen Zahl 1,85 ($\lambda + \mu = 22°$) bei einem Machschen Winkel von $\alpha_1 = 32{,}7°$ parallel zur Platte, bis es auf den von der hinteren Kante ausgehenden schiefen Verdichtungsstoß trifft.

Zu der Machschen Zahl $\mathrm{Ma} = 1{,}85$ und dem Winkel $|\vartheta| = 10°$ gehört nach Abb. IV, 3.17 oder 11 der Stoßfrontwinkel $\zeta_1 = 47°$ sowie nach Abb. IV, 3.17 der Wert $\hat{\mathrm{Ma}} \cdot \hat{a}/a = 1{,}605$. Nach Gl. (IV, 3.28) ist $\hat{a}/a = 0{,}695 + 0{,}305\,\mathrm{Ma} \cos \zeta$, in unserem Falle also gleich 1,079 und somit $\hat{\mathrm{Ma}} = 1{,}605/1{,}079 = 1{,}49$; der dazu gehörende Machsche Winkel ist nach $1/\hat{\mathrm{Ma}} = \sin \hat{\alpha}$ gleich $\hat{\alpha}_1 = 42{,}1°$, also etwas größer als der Machsche Winkel $\alpha_0 = 41{,}7°$ der Anströmung. In Abb. IV, 3.35 sind zu dem Bereich $\mathrm{Ma} = 1{,}0$ bis $1{,}5$ nach der Tabelle die Werte von $\lambda + \mu$ aufgetragen; unserem Wert von $\hat{\mathrm{Ma}} = 1{,}49$ entspricht der Wert $\lambda + \mu = 5{,}8° + 5{,}8° = 11{,}6°$, also etwas weniger als der entsprechende Wert der Anströmung.

An der Unterseite sind die Strömungsvorgänge umgekehrt: Die Strömung beginnt mit einem schiefen Verdichtungsstoß: Nach Abb. IV, 3.11 ist $\zeta_2 = 33°$ bei Ma $= 1{,}5$ und $|\vartheta| = 10°$, ferner nach Abb. IV, 3.17 $\hat{\text{Ma}} \cdot \hat{a}/a = 1{,}20$ (Länge vom Ursprung bis zum Kreuz) und also $\hat{a}/a = 0{,}695 + 0{,}305\,\text{Ma}\cos\zeta_2 = 1{,}078$, mithin $\hat{\text{Ma}} = 1{,}20/1{,}078 = 1{,}115$. Nach Abb. IV, 3.35 gehört zu dem Wert $\hat{\text{Ma}} = 1{,}115$ die

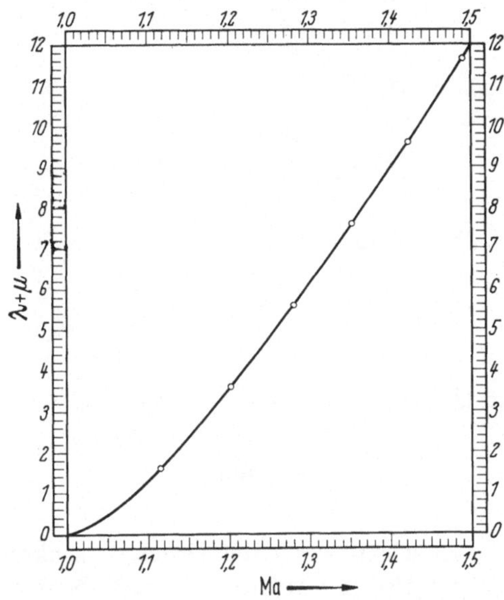

Abb. IV, 3.35. Die Summe der Charakteristiken $\lambda + \mu$ als Funktion der Machschen Zahl

Summe $\lambda + \mu = 1{,}6°$; da die Differenz $\lambda - \mu = -10°\,(=\vartheta)$ sein muß, ergibt sich $\lambda = -4{,}2°$, $\mu = 5{,}8°$. Der Machsche Winkel hinter dem Verdichtungsstoß ist — wegen $1/\hat{\text{Ma}} = 1/1{,}115 = 0{,}90$ — also $\hat{\alpha}_2 = 64{,}2°$ bzgl. der Plattenrichtung.

Am unteren Ende der Platte haben wir wieder einen Verdünnungsfächer, durch welchen die Strömung in die Horizontale gedreht wird. Nehmen wir wieder $\Delta\vartheta = 2°$ an, so erhält man die in Abb. IV, 3.34 unten rechts angegebenen Charakteristiken; z. B. entspricht den Charakteristiken $\lambda + \mu = -0{,}2° + 5{,}8° = 5{,}6°$ nach Abb. IV, 3.35 die Machsche Zahl 1,28 und also der Machsche Winkel $(1/1{,}28 = 0{,}781 = \sin\alpha)$ $\alpha = 52{,}3°$ gegenüber der um $+2\,\Delta\vartheta = +4°$ gedrehten Plattenrichtung.

Die Plattenoberseite erfährt durch die Strömung einen Unterdruck gegenüber dem Druck p der ungestörten Strömung, die Plattenunterseite dagegen einen Überdruck. Bezeichnet p_1 den Druck auf der Oberseite, so ist bei Benutzung der Tabelle mit Ma = 1,85

$$\frac{p_1}{p} = \frac{p_1}{p_0}\left(\frac{p_0}{p}\right)_{\mathrm{Ma}=1} = \frac{0{,}162}{0{,}527} = 0{,}307\,.$$

Um einen entsprechenden Ausdruck $\hat{p}/p$ für die Unterseite zu erhalten, berücksichtigen wir, daß nach Gl. (IV, 3.21)

$$\frac{2\varrho\, w_n^2}{\varkappa+1} = \frac{\varkappa-1}{\varkappa+1}\, p + \hat{p}$$

ist, oder wegen $\varkappa p/\varrho = a^2$

$$\frac{\hat{p}}{p} = \frac{2\varkappa}{\varkappa+1}\,\frac{w_n^2}{a^2} - \frac{\varkappa-1}{\varkappa+1}$$

und, da nach Abb. IV, 3.8 $w_n/w = \cos\zeta$ ist,

$$\frac{\hat{p}}{p} = \frac{2\varkappa}{\varkappa+1}\,\mathrm{Ma}^2\cos^2\zeta - \frac{\varkappa-1}{\varkappa+1} = 1{,}17\,\mathrm{Ma}^2\cos^2\zeta - 0{,}169\,,$$

also mit Ma = 1,5 ($\lambda + \mu = 12°$) und $\zeta \equiv \zeta_2 = 33°$

$$\frac{\hat{p}}{p} = 1{,}683\,.$$

Die resultierende Kraft wirkt — wie der Druck — senkrecht zur Platte. Bei Reibungsfreiheit ist also der Auftrieb in erster Näherung gleich dem Kosinus, der Widerstand dem Sinus des Winkels ϑ proportional.

3.15 Überschallströmung um ein symmetrisches Profil. Zum Schluß wollen wir noch einmal die Verbindung der Stoßpolaren- und Charakteristikenmethode an einem Beispiel erläutern. Wir untersuchen die in Abb. IV, 3.36 gezeigte ebene Strömung um ein sog. Linsenprofil. In der im Beispiel angewandten Charakteristikenmethode sei der „Schritt" $\Delta\vartheta = 2°$. Der Umriß des Profils setzt sich aus Geradenstücken zusammen, bei denen die Richtung von zwei aufeinanderfolgenden Stücken um 2° verschieden ist. Die Geschwindigkeit ändert sich nach Größe und Richtung unstetig auf den Machschen Linien; die Geschwindigkeit zwischen zwei Machschen Linien ist also nach Richtung und Größe konstant. Diese Voraussetzungen sind durch die endlichen Schritte von λ und μ bedingt.

Die Machsche Zahl der Anströmung sei $\mathrm{Ma}_0 = 1{,}780$; dies entspricht nach der Tabelle auf S. 426 einem Wert von $\lambda + \mu = 20°$ und einem Machschen Winkel von $\alpha_0 = 34{,}2°$. Der halbe Winkel an der vorderen (und hinteren) Kante des Profils sei $\vartheta = 16°$.

Der Abb. IV, 3.11 entnehmen wir zu Ma $= 1{,}780$ und $\vartheta = 16°$ den Winkel der Stoßfront $\zeta = 36°$ (stehendes Kreuz in der Abbildung) und der Abb. IV, 3.17 den Wert $\hat{\mathrm{Ma}} \cdot \hat{a}/a = 1{,}34$ (Strecke vom Ursprung bis zum stehenden Kreuz); die Richtung der Strecke von Ma $= 1{,}780$

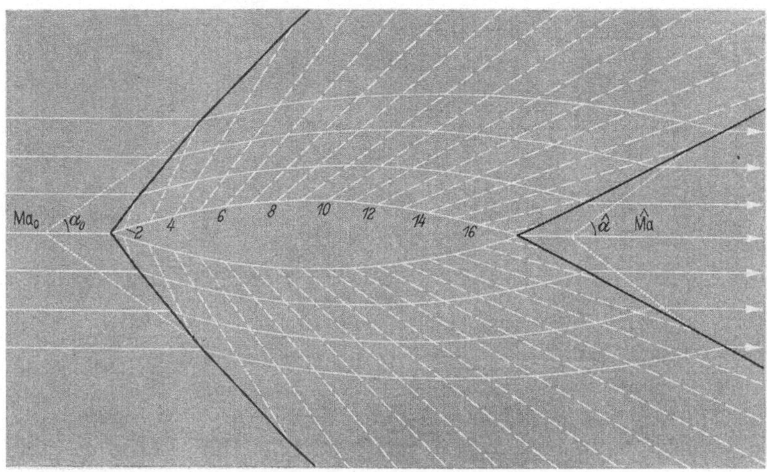

Abb. IV, 3.36. Strömung um ein „Sichel"-Profil; punktierte Geraden bezeichnen die Machschen Linien vor und hinter dem Profil, die Verdichtungsstöße, die (gestrichelten) Machschen Linien der Verdünnungsfächer sowie die Stromlinien

bis zum stehenden Kreuz (strich-punktiert) gibt ebenfalls die Richtung $\zeta = 36°$. Nach Gl. (IV, 3.28) auf S. 401 ist mit Ma $= 1{,}780$ und $\zeta = 36°$

$$\frac{\hat{a}}{a} = 0{,}695 + 0{,}305 \,\mathrm{Ma} \cdot \cos\zeta = 1{,}135,$$

mithin

$$\frac{\hat{\mathrm{Ma}} \cdot \dfrac{\hat{a}}{a}}{1{,}135} = \frac{1{,}340}{1{,}135} = 1{,}18 = \hat{\mathrm{Ma}}.$$

Diesem Wert der Machschen Zahl entspricht nach der Tabelle auf S. 426 ein $\lambda + \mu = 3°$ (hinter dem Verdichtungsstoß). Da $\lambda - \mu = \vartheta = 16°$ ist, folgt für den Anfang der Oberseite des Profils (Index O)

$$\lambda_O = 9{,}5° \quad \text{und} \quad \mu_O = -6{,}5°.$$

Hinter dem von der Vorderkante ausgehenden schiefen Verdichtungsstoß haben wir in Abb. IV, 3.36 einen Verdünnungsfächer. In Abb. IV, 3.37 sind die Vorgänge an der Oberseite der Vorderkante vergrößert gezeichnet. Der Verdünnungsfächer setzt sich, wie in der Abbildung gezeigt, aus „Elementarverdünnungsfächern“ zusammen, die jeweils von einem Knick in der Kontur des Profils ausgehen. In Abb. IV, 3.38 sind die entsprechenden Vorgänge am Ende des Profils gezeichnet.

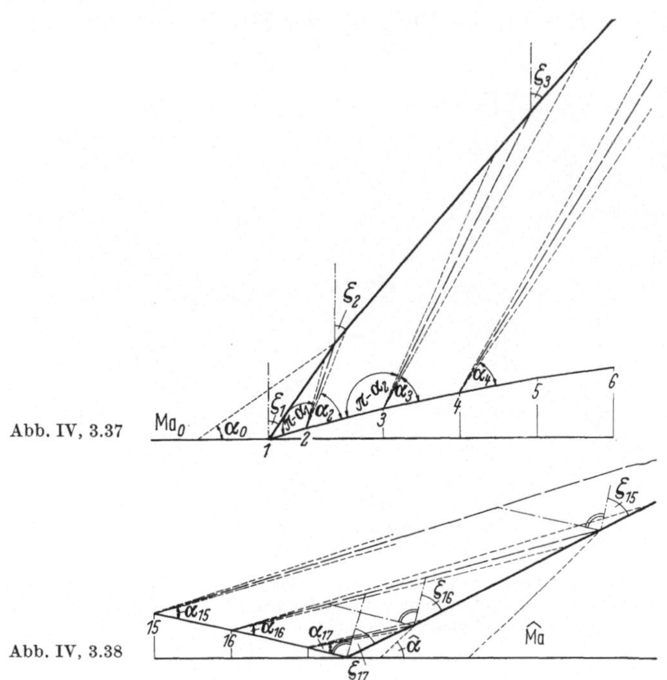

Abb. IV, 3.37. Die Vorgänge an der Oberseite der Vorderkante des Profils von Abb. IV, 3.36

Abb. IV. 3.38. Die Vorgänge an der Oberseite der Hinterkante des Profils von Abb. IV, 3.36

In der folgenden Tabelle sind die in Frage kommenden Größen des vorderen und hinteren Teiles des Profils angegeben; der Index *o* bedeutet dabei die Oberseite, der Index *u* die Unterseite des Profils.

		1	2	3	4	5
λ_o	[°]	9,5	9,5	9,5	9,5	9,5
μ_o	[°]	−6,5	−4,5	−2,5	−0,5	1,5
$\vartheta_o = \lambda_o - \mu_o$	[°]	16	14	12	10	8
$\lambda_o + \mu_o$	[°]	3	5	7	9	11
Ma		1,18	1,26	1,33	1,40	1,47
α	[°]	58,2	52,6	48,7	45,6	$42,\overline{9}$
ζ	[°]	36,0	39,6	42,6	45,3	
λ_u	[°]	−6,5	−4,5	−2,5	−0,5	1,5
μ_u	[°]	9,5	9,5	9,5	9,5	9,5
$\vartheta_u = \lambda_u - \mu_u$	[°]	−16	−14	−12	−10	−8

		13	14	15	16	17
λ_O	[°]	9,5	9,5	9,5	9,5	9,5
μ_O	[°]	17,5	19,5	21,5	23,5	25,5
$\vartheta_O = \lambda_O - \mu_O$	[°]	−8	−10	−12	−14	−16
$\lambda_O + \mu_O$	[°]	27	29	31	33	35
Ma		2,03	2,10	2,17	2,25	2,34
α	[°]	29,6	28,5	27,4	26,3	25,3
ζ	[°]		52,5	51,5	50,4	49,3
λ_u	[°]	17,5	19,5	21,5	23,5	25,5
μ_u	[°]	9,5	9,5	9,5	9,5	9,5
$\vartheta_u = \lambda_u - \mu_u$	[°]	8	10	12	14	16

Die Winkel ζ_2, ζ_3 usw. der Stoßfront sind, wie vorher bei der Bestimmung von ζ_1 beschrieben, der Abb. IV, 3.11 entnommen; die Machsche Zahl der Anströmung und die Richtung der Geschwindigkeit sind konstant und nur der Winkel ϑ ändert sich um jeweils 2°. Am Ende des Profils (Abb. IV, 3.38) ist bei der Bestimmung von ζ_{15}, ζ_{16}, ζ_{17} zu berücksichtigen, daß nicht nur ϑ sich ändert, sondern auch die Machsche Zahl Ma_{15} usw., sowie die Richtung der Senkrechten, die mit dem Verdichtungsstoß den Winkel ζ_{15} usw. bildet.

Zur Berechnung des hinteren Verdichtungsstoßes entnehmen wir für Ma = 2,34 und $|\vartheta| = 16°$ der Abb. IV, 3.17 den Wert

$$\hat{\mathrm{Ma}} \cdot \frac{\hat{a}}{a} = 1{,}97,$$

und, da mit $\zeta_{17} = 49{,}3°$

$$\frac{\hat{a}}{a} = 0{,}695 + 0{,}305\ \mathrm{Ma} \cos\zeta = 1{,}16$$

ist, erhalten wir $\hat{\mathrm{Ma}} = 1{,}97/1{,}16 = 1{,}70$, also $\hat{\alpha} = 36°$, d. h. etwas kleinere Werte als die der Anströmung.

Der von der vorderen Kante des Profils ausgehende Verdichtungsstoß ist gekrümmt. Deshalb ist die Strömung hinter der Kopfwelle, streng genommen, nicht adiabatisch. Da die Krümmung (Abb. IV, 3.36) jedoch nur sehr gering ist, kann man die Strömung zwischen den Verdichtungsstößen näherungsweise als adiabatisch ansehen und die λ-Werte an der Oberseite, sowie die μ-Werte an der Unterseite des Profils als konstant annehmen.

Man erkennt in Abb. IV, 3.36 sehr deutlich die plötzliche Abnahme des Abstandes von zwei benachbarten Stromlinien vor und hinter der Kopfwelle; das Produkt ϱw hat im Verdichtungsstoß zugenommen. Im Verdünnungsfächer von 1 bis 17 nimmt das Produkt ϱw dauernd ab und bedingt nach der Kontinuitätsgleichung die Zunahme des Abstandes der Stromlinien voneinander.

Namen- und Sachverzeichnis

Anleitung für die Benutzung des Fadenkreuzes

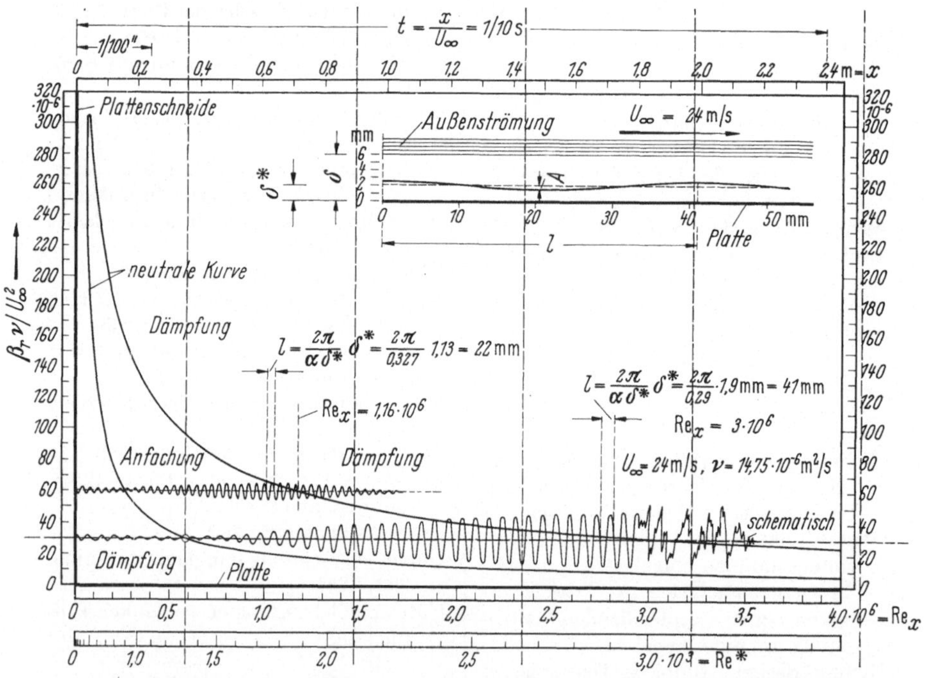

Um die Koordinaten des kleinen Kreises in der Abbildung zu bestimmen, legt man das Cellophanblatt mit dem Fadenkreuz (hier gestrichelt gezeichnet) auf die Abbildung in der Weise, daß eines der Kreuze auf dem kleinen Kreis liegt und die Achsen *gleiche* Werte auf den Ordinaten (und damit auch auf den Abszissen) anzeigen. Die Ordinate ist $\beta_r \nu / U_\infty^2 = 30$; die Abszissen sind $\mathrm{Re}_x = 0{,}58 \cdot 10^6$, $\mathrm{Re}^* = 1{,}32 \cdot 10^3$, $x = 0{,}36$ m.

DG 721/47/69